Sibylle Backmann, Hans-Jörg Künast,
Sabine Ullmann, B. Ann Tlusty (Hg.)

Ehrkonzepte in der Frühen Neuzeit

Institut für Europäische Kulturgeschichte
der Universität Augsburg

Colloquia Augustana Band 8

Herausgegeben von
Johannes Burkhardt und Theo Stammen

Ehrkonzepte in der Frühen Neuzeit

Identitäten und Abgrenzungen

Herausgegeben von
Sibylle Backmann, Hans-Jörg Künast,
Sabine Ullmann und B. Ann Tlusty

Redaktion: Ute Ecker-Offenhäußer

Akademie Verlag

Gedruckt mit Unterstützung der Stadt Augsburg

Die Deutsche Bibliothek – CIP-Einheitsaufnahme

Ehrkonzepte in der frühen Neuzeit : Identitäten
und Abgrenzungen / hrsg. von
Sibylle Backmann ... – Berlin : Akad. Verl., 1998
(Colloquia Augustana ; Bd. 8)
ISBN 3-05-003096-8

ISSN 0946-9044

Der Akademie Verlag ist ein Unternehmen der R. Oldenbourg-Gruppe.

Das eingesetzte Papier ist alterungsbeständig nach DIN/ISO 9706.

Druck: GAM Media GmbH, Berlin
Bindung: Druckhaus „Thomas Müntzer“ GmbH, Bad Langensalza

Printed in the Federal Republic of Germany

Vorwort

Die Analyse zeitgenössischer Ehrvorstellungen gehört mittlerweile zum festen Kanon der Forschungsparadigmen bei der Darstellung frühneuzeitlicher Lebenswelten. Das Interesse am Ehrbegriff der Vormoderne steht außerdem in engem Zusammenhang mit den Innovationen einer zunehmend historisch-anthropologisch orientierten Sozialgeschichte. Dabei wächst die Rezeption derjenigen Quellen, die uns über die normativen Texte hinaus Einblick in die Verwendungsstrategien und Bedeutungsmuster von Ehrkonzeptionen geben. Auf der Basis der reichen Augsburger Archivbestände aus der Epoche der Frühneuzeit – deren Erhebung und Auswertung sich das Institut für Europäische Kulturgeschichte zur Aufgabe gestellt hat –, wurden mehrere Projekte zu dieser Thematik gefördert. Unter vergleichender Gegenüberstellung mit den Forschungen aus anderen Regionen des Alten Reiches wurden die Augsburger Ergebnisse auf einer internationalen Tagung, die das Institut für Europäische Kulturgeschichte vom 20. bis 22. Juli 1995 veranstaltete, diskutiert.

Dem ehemaligen Geschäftsführenden Direktor des Instituts Prof. Dr. Jochen Brüning gilt unser Dank für seine spontane Bereitschaft, mit der er die Initiative zur Durchführung der Tagung aus den Reihen der Stipendiaten und Mitarbeiter aufgriff. Prof. Dr. Johannes Burkhardt hat dankenswerterweise zunächst als Kondirektor und schließlich als nachfolgender Geschäftsführender Direktor das Vorhaben von der ersten Planung bis zur Publikation der Tagungsergebnisse mit steter Diskussionsbereitschaft und zahlreichen, wertvollen fachwissenschaftlichen Ratschlägen begleitet. Um die organisatorischen Belange zur Durchführung der Tagung kümmerten sich umsichtig Frau Dr. Cornelia Weber und Frau Heide Esmann. Die Tagung wurde großzügig finanziert durch die Deutsche Forschungsgemeinschaft. Dem Evangelisch-Lutherischen Dekan von Augsburg Dr. Rudolf Freudenberger danken wir für die gewährte Gastfreundschaft bei St. Anna, wodurch die Veranstaltung einen angenehmen Rahmen erhielt. Die Drucklegung des

Bandes wurde durch einen beachtlichen Kostenzuschuß der Stadt Augsburg ermöglicht.

Die redaktionelle Textbearbeitung leistete Frau Ute Ecker-Offenhäußer M.A. souverän und mit großer Sorgfalt. Unterstützt wurde sie beim Lesen der Korrekturen durch Sabine Gärtner, Silke Niemann, Theresia Hörmann, Elke Seefried und Andreas Wendlberger. Unser Dank gilt nicht zuletzt dem Akademie Verlag für die konstruktive und angenehme Zusammenarbeit.

Augsburg, im Mai 1997 — Die Herausgeber

Inhaltsverzeichnis

III.

IV.

Abkürzungsverzeichnis

AE	Archiv der Erzdiözese
AKG	Archiv für Kulturgeschichte
Akt.	Akten
ARG	Archiv für Reformationsgeschichte
Art.	Artikel
Fol.	Folium
BayHstA	Bayerisches Hauptstaatsarchiv
BDLG	Blätter für deutsche Landesgeschichte
Bü.	Büschel
CM	Collegium Medicum
Fasz.	Faszikel
fl.	Gulden
GG	Geschichte und Gesellschaft
GR	Geistlicher Rat
GRP	Geheime Ratsprotokolle
GWU	Geschichte in Wissenschaft und Unterricht
HAB	Herzog August Bibliothek
HAP	Hochzeitsamtsprotokolle
HHStA	Haus-, Hof- und Staatsarchiv
HR	Hofrat
HStA	Hauptstaatsarchiv
HV	Historischer Verein
HWA	Handwerkerakten
HZ	Historische Zeitschrift
kr.	Kreuzer
Lit.	Literalien
MGH	Monumenta Germaniae Historica
NA	Neuburger Abgabe
NDB	Neue Deutsche Biographie
ND	Neudruck
PaP	Past and Present
RP	Ratsprotokolle
SuStB	Staats- und Stadtbibliothek
StA	Stadtarchiv
StaatsA	Staatsarchiv
SOWI	Sozialwissenschaftliche Informationen
Tom.	Tomus

VD-16	Verzeichnis der im deutschen Sprachbereich erschienenen Drucke des 16. Jahrhunderts
WestfZ	Westfälische Zeitschrift
ZB	Zentralbibliothek
ZBLG	Zeitschrift für bayerische Landesgeschichte
ZSRG.G	Zeitschrift der Savigny-Stiftung für Rechtsgeschichte, Germanistische Abteilung
ZHF	Zeitschrift für Historische Forschung
ZHVS(N)	Zeitschrift des Historischen Vereins für Schwaben (und Neuburg)

Einführung

Sibylle Backmann und Hans-Jörg Künast

Im August 1591 fand zwischen Caspar Aufschlag und Caspar Rauner, die beide Soldaten der Augsburger Stadtgarde waren, eine mit blanken Waffen ausgetragene Auseinandersetzung um verletzte Ehre auf offener Straße vor zahlreichem Publikum statt. Dieser Kampf endete für Rauner tödlich. Die beiden hatten zuvor mit weiteren Freunden ein Gasthaus besucht, dort Karten gespielt und reichlich getrunken. Das tragische Ereignis nahm seinen Anfang mit dem Vorwurf Rauners gegen Aufschlag, durch seine Weigerung, der Tischgesellschaft eine Runde zu bezahlen, verletze er die Regeln der Geselligkeit. In der Folge kam es zu einem Wortwechsel, der in der Beleidigung Aufschlags als *hundsfud* gipfelte. Der Anstoß für die weitere Eskalation des Streits kam von einem Weber, der ebenfalls Gast der Tischrunde gewesen war und Rauner mit der Androhung *Er hat dich nun hundsfud gehaissen, wilt Dus von im leiden, ich wolt dich selbs in das Angesicht schlagen, wan du woltest ein Landsknecht sein, und solliches gedulden* bedrängte, seine Ehre zu verteidigen.[1] Daraufhin versetzte Aufschlag Rauner einen Faustschlag. Wenig später, nach weiteren Provokationen und Handgreiflichkeiten und nachdem sich beide Seiten bewaffnet hatten, endete die Auseinandersetzung mit dem Totschlag Rauners.

Aus der Perspektive des modernen Betrachters ist diese Gewalteskalation aus einem scheinbar nichtigen Anlaß zunächst nur schwer verständlich, denn die Beteiligten riskierten ja nicht nur bewußt eine harte Strafe durch die Obrigkeit,[2] sondern auch ihr Leben. Das zentrale Motiv für den Konflikt aus zeitgenössischer Sicht benennt der Kommandant der Soldaten in einer Petition an den Augsburger Rat. Aufschlag wäre gezwungen gewesen, Rauner anzugreifen *zu errettung seiner Ehren*, denn *er Rauner, nit allein ihne auffschlager an seinen Ehren gröblich*

---

[1] Zu diesem Fall vgl. B. Ann Tlusty: The Devils' Altar. The Tavern and Society in Early Modern Augsburg. Diss. University of Maryland 1994. S. 417-421, bes. S. 419.

[2] Caspar Aufschlag wurde vom Augsburger Stadtgericht mit einem fünfjährigem Stadtverweis bestraft.

verlötzt, sondern auch [...] *ihme fürgeworffen haben soll, als were er auffschlager, der mannlichait vnnd Redllichait nit, sich mit ainem zu balgen.*[3]

Vergleichbare Auseinandersetzungen um Ehre sind in den Augsburger Archiven für die Frühe Neuzeit in großem Umfang überliefert. Sie waren Anstoß und Ausgangspunkt für eine Gruppe junger Historikerinnen und Historiker, sich zunächst in internen Diskussionen und schließlich im Rahmen einer Tagung mit dem Themenkomplex 'Ehre' zu beschäftigen. Aus unterschiedlichen fachwissenschaftlichen Forschungszusammenhängen[4] entwickelten sich bei der Konzeption dieser Tagung parallele Problemstellungen: Worin bestand die konkrete Bedeutung des verwendeten Ehrbegriffs in den jeweiligen Quellen? Wie lassen sich die – häufig nicht direkt ausgesprochenen – Intentionen der beteiligten Kontrahenten in den Ehrenhändeln entschlüsseln und welche sozialen Funktionen erfüllte die Zu- und Aberkennung von Ehre in den städtischen bzw. ländlichen Gesellschaften? Diese Fragestellungen knüpfen an den aktuellen Diskurs über den frühneuzeitlichen Ehrbegriff an.[5]

In der älteren historischen Forschung wurde Ehre als standesgebundenes Differenzierungsmerkmal aufgefaßt, das die ständische Gesellschaft des Mittelalters und der Frühen Neuzeit von der modernen Klassengesellschaft scheide.[6] Demgegenüber wird heute betont, daß Ehrverhalten eine epochenübergreifende und universale kulturelle Strategie und damit als ein Phänomen von 'langer Dauer' zu verstehen ist.[7] Die neuere Forschung – vor allem vertreten durch Martin Dinges – überwand ferner die Statik und Elitefixierung älterer Ansätze zur Ehreforschung mit deren vergeblichen Versuch, das Phänomen theoretisch zu fixieren durch die

---

3 B. A. Tlusty (Anm. 1) S. 420.

4 Sibylle Backmann arbeitet über die Handelsbeziehungen zwischen Augsburg und Venedig (Kaufmannsehre und Kreditwürdigkeit), Hans-Jörg Künast über den Augsburger Buchdruck und -handel (Konflikte zwischen den alten, ehrbaren Zünften der Buchbinder, Formschneider, Illuministen und Krämer sowie den neuen Berufen der Buchdrucker und -händler), Sabine Ullmann erforscht die Geschichte jüdischer Landgemeinden in Schwaben (verminderte Ehre einer 'Randgruppe') und B. Ann Tlusty untersucht die Bedeutung von Gasthäusern und Trinkritualen für die frühneuzeitliche Gesellschaft (Geschlechterehre). Neben den Bandherausgebern sind noch Jörg Rogge (Ehre und Politik), Mark Häberlein (Ehrebegriff der Augsburger Eliten) und vor allem Kathy Stuart (Unehrlichkeit) zu nennen; letztere gehörte auch zu den Initiatoren der Tagung.

5 Vgl. zuletzt die bereits veröffentlichten Ergebnisse des Bielefelder Kolloquiums 1993. Verletzte Ehre. Ehrkonflikte in Gesellschaften des Mittelalters und der Frühen Neuzeit. Hg. von Klaus Schreiner, Gerd Schwerhoff. Köln, Weimar, Wien 1995.

6 Die ältere Literatur und die Definitionsversuche von Ehre finden sich zusammengefaßt bei Friedrich Zunkel: Ehre, Reputation. In: Otto Brunner, Werner Conze, Reinhart Koselleck: Geschichtliche Grundbegriffe. Historisches Lexikon zur politisch-sozialen Sprache in Deutschland. Bd. 2. Stuttgart 1975. S.1-63.

7 Martin Dinges: Ehre als Thema der historischen Anthropologie. Bemerkungen zur Wissenschaftsgeschichte und zur Konzeptionalisierung. In: Verletzte Ehre (Anm. 5) S. 29-62, bes. S.30, 60; Ludgera Vogt: Zur Logik der Ehre in der Gegenwartsgesellschaft. Differenzierung - Macht - Integration. Frankfurt am Main 1997.

Rezeption soziologischer und ethnologischer Forschungsansätze von Norbert Elias, Max Weber, Georg Simmel, und vor allem Pierre Bourdieu.[8] Als Ergebnis der aktuellen Ehreforschung läßt sich vorerst festhalten, daß in der Frühen Neuzeit eine Vielzahl von Ehrkonzepten existierten, die sich teilweise gegenseitig stützten, teilweise im Widerspruch zueinander standen. Ehre wird deshalb als mehrstufiges komplexes Kommunikationssystem zur Regelung sozialer Beziehungen konzeptionalisiert und funktioniert dabei als Code, der die "Transformation bestimmter gesellschaftlicher Funktionen in eine andere Semantik"[9] erlaubt, so daß Konflikte zu einer Frage der Ehre umformuliert und ausgetragen werden konnten. Ehre wird in diesem Sinne als ein Medium verstanden, durch das soziale Wertschätzung zugeteilt oder entzogen und so die soziale Reputation einer Person innerhalb der Gemeinschaft festgelegt wird. Das Verhalten des einzelnen wurde im beobachteten Zeitraum unter dem Maßstab der Ehre permanent öffentlich bewertet, gemeinschaftskonformes Verhalten wurde mit Ehrzuwachs belohnt, Devianz mit Ehrentzug oder Schande bestraft. Dabei war die Stellung des einzelnen auf dem gesellschaftlichen Achtungsmarkt entscheidend für seinen Handlungsspielraum innerhalb einer Gesellschaft. Sie sicherte den Zugang zu materiellen und sozialen Hilfeleistungen informeller Beziehungsnetze oder Institutionen sozialer und ökonomischer Zusammenarbeit. Ehre wurde so zum 'symbolischen Kapital',[10] das sich wieder materialisieren ließ. Inhalt und Bedeutung von Ehre ergeben sich dann jeweils aus dem Zusammenhang, in dem die Ehrauseinandersetzungen stattfanden. Ehrkonflikte müssen deshalb kontextgebunden, d.h. in Abhängigkeit von Ort, Zeit und sozialer Zugehörigkeit der Handelnden analysiert werden.

---

8 Es wurde darauf verzichtet, die inzwischen umfangreiche Literatur zum Thema Ehre an dieser Stelle aufzunehmen. Als Überblick zum aktuellen Forschungsstand sowie zur Rezeptionsgeschichte der soziologischen und ethnologischen Forschungsbeiträge durch die Historiographie sind geeignet: Martin Dinges: Die Ehre als Thema der Stadtgeschichte. Eine Semantik im Übergang vom Ancien Régime zur Moderne. In: ZHF 16. 1989. S. 409-440; ders.: Ehrenhändel als kommunikative Gattungen: Kultureller Wandel in der Frühen Neuzeit. In: AKG 75 (1993) S. 359-393; ders.: Ehre als Thema der historischen Anthropologie. Bemerkungen zur Wissenschaftsgeschichte und zur Konzeptualisierung. In: Verletzte Ehre (Anm. 5) S. 29-62. Klaus Schreiner, Gerd Schwerhoff: Verletzte Ehre. Überlegungen zu einem Forschungskonzept. In: Verletzte Ehre (Anm. 5) S.1-27. Neuerdings erfolgt aus soziologischer Sicht eine ausführliche Darstellung und Analyse der oben genannten Theoretiker bei L. Vogt (Anm. 7) S. 65-224. Neben Elias, Weber, Simmel und Bourdieu werden des weiteren Thorstein Veblen, Erving Goffman, Alexis de Tocqueville, Axel Honneth, Wilhelm Korff und James S. Coleman vorgestellt.

9 M. Dinges: Ehre als Thema der Stadtgeschichte (Anm. 8) S. 411.

10 Zum Begriff von Ehre als symbolisches Kapital vgl. Pierre Bourdieu: Entwurf einer Theorie der Praxis auf der ethnologischen Grundlage der kabylischen Gesellschaft. Frankfurt am Main 1979. S. 335ff. Zur Transformierbarkeit der verschiedenen Kapitalformen vgl. Pierre Bourdieu: Ökonomisches Kapital, kulturelles Kapital, soziales Kapital. In: Reinhard Kreckel (Hg.): Soziale Ungleichheit. Göttingen 1983 (Soziale Welt, Sonderbd. 2). S.183-198.

Das Ziel des vorliegenden Bandes ist es keineswegs, diese Vielfalt frühneuzeitlicher Ehrphänomene in ihrer Gesamtheit und in ihrem Formen- und Bedeutungswandel zu dokumentieren. Vielmehr soll er den heuristischen Wert des Konzepts der Ehre an ausgewählten thematischen Beispielen für die historische Forschung erweisen. Ehre wird dabei als eine zentrale Kategorie zur Erfassung frühneuzeitlicher Lebenswelten angesehen, wobei sie nicht nur den systematischen Zugriff auf die Normensysteme verschiedener sozialer Gruppen ermöglicht. Die Analyse von Ehrkonflikten gibt vielmehr auch Auskunft darüber, welche Verhaltensweisen in unterschiedlichen Kontexten als gesellschaftskonform angesehen wurden und inwieweit der einzelne gesellschaftliche Vorgaben als verbindlich akzeptierte. Durch unterschiedliche Vorstellungen von Ehre konstituierten die Gesellschaften dieser Epoche also ihre kollektive und individuelle sowie soziale und geschlechtliche Identität, entsprechend ihrem Stand und ihrer Berufszugehörigkeit. In Auseinandersetzungen um Ehre wurden zum einen die Grenzen zwischen Ehrbarkeit und Unehrlichkeit, zum anderen aber auch die Hierarchien innerhalb und zwischen sozialen Gruppen immer wieder neu definiert und bestätigt. Ehre hatte in der Frühen Neuzeit so vor allem eine sozialstrukturierende Funktion. Mit anderen Worten: Über Ehrzuweisungen bzw. Ehrabsprechungen erfolgte neben der Bildung individueller und kollektiver Identitäten somit auch die Integration und die Marginalisierung von Individuen und sozialer Gruppen innerhalb der frühneuzeitlichen Gesellschaft.

Mit einer sprachwissenschaftlichen Untersuchung des Ehrbegriffs wird der vorliegende Sammelband von HANS WELLMANN eingeleitet, der ausleuchtet, was die Zeitgenossen jeweils unter Ehre verstanden und so den historischen Wandel des Ehrbegriffs erfaßt. Er untersucht dabei den Ehrbegriff nicht nur in semasiologischer, sondern auch in onomasiologischer Hinsicht. Bedeutungs- und bezeichnungsgeschichtlichen Aspekten folgt schließlich eine Analyse von Funktion und Wirkung von Ehre im Sprachgebrauch sowohl der Quellentexte als auch der modernen Darstellungen. Dort erweist sich Ehre auch aus sprachwissenschaftlicher Perspektive als Regulativ, das die soziale Zugehörigkeit und das gesellschaftliche Verhalten steuert und damit Identität bestimmt.

PETER SCHUSTER plädiert nicht nur für eine kontextgebundene Analyse der Semantik von Ehre, sondern bezieht auch ihre soziale, politische und rechtliche Funktion in seine Untersuchung mit ein. Am Begriffspaar von Ehre und Recht, dem im mittelalterlichen Sprachgebrauch zentrale Bedeutung zukam, überprüft er diesen Ansatz in exemplarischer Weise. In einem ersten Teil steht die Ehre im politisch-rechtlichen Kontext, also die ständische Ehre im engeren Sinn, im Mittelpunkt. Der Begriff Ehre wurde – so seine erste These – dazu verwendet, um Ansprüche auf Macht, Besitz oder Rache zu formulieren, die nicht durch kodifiziertes Recht legitimiert waren. Ehre regelte die politischen und sozialen Beziehungen gesellschaftlicher Stände auf einer informellen Ebene und ergänzte dadurch das kodifizierte Recht. Der zweite Teil seines Aufsatzes beschäftigt sich mit der Bedeutung der Ehre in den sozialen Beziehungen spätmittelalterlicher Stadtbewohner und dem Stellenwert der Ehre im Strafrecht. Schuster bekräftigt – in Übereinstimmung mit der jüngeren kriminalhistorischen Forschung –, daß das Nebeneinander von Recht und Ehre bis zum ausgehenden Mittelalter im städtischen Zusammenleben funktionierte. Dies änderte sich im 16. Jahrhundert grundlegend, als das Strafrecht eine bislang nicht gekannte moralische Aufladung erfuhr. Wer sich dem Appell zur Besserung entzog, unterlag nunmehr der verstärkten Gefahr der sozialen Ausgrenzung und Stigmatisierung. Auch wenn Obrigkeit und Zunftbürgertum über ein ähnliches Programm moralischer und pädagogischer Reinigung verfügten, so gerieten Ehre und Recht aufgrund dieser Entwicklung doch in Konflikt miteinander. Während die Obrigkeit Ehre zunehmend als moralisch-rechtliche Kategorie zum Ausbau der Staatsgewalt ansah, begriff das Zunfthandwerk Ehre zuallererst als eine soziale Kategorie zur Sicherung von Ressourcen und Privilegien. Ehre erscheint in diesem Kontext dann als Kampfbegriff gegen Entwicklungen, die von der historischen Forschung als Zivilisationsprozeß und Sozialdisziplinierung beschrieben werden.

Mit dem Themenkomplex Herrschaft, Staat und Ehre setzt sich auch WOLFGANG WEBER auseinander – allerdings aus einer völlig neuen Perspektive. Einem politisch-ideengeschichtlichen Ansatz folgend belegt er am Beispiel der Werke führender Theoretiker des ausgehenden 16. und 17. Jahrhunderts, auf welche Weise die im Konzept der Ehre enthaltenen Herrschafts- und Ausbeutungschancen wahrgenommen und diskutiert wurden. Weber weist nach, daß im Zuge der Verwissenschaftlichung des politischen Denkens am Ende des 16. Jahrhunderts ein förmliches Programm der psychopolitischen Mobilisierung, Konditionierung und Strukturierung entstand. Ehrestandards sollten durch die Staatsmacht definiert und die Verteilung des 'sozialen Kapitals' der Ehre innerhalb der Gesellschaft der Frühen Neuzeit durch eine systematische staatliche Prämierungspolitik monopolisiert werden. Im Zuge der staatlichen Herrschaftsbildung und des Machterhalts kam der Ehre in der Frühen Neuzeit also eine staatstragende Funktion zu. Wolfgang Weber billigt der Ehrepolitik des Fürstenstaates innerhalb des Alten Reiches schließlich eine besondere Qualität zu: Die Überbetonung der Ehre und Würde des Staates sowie der Staatsmacht führte zu einem Mangel an Zivilcourage innerhalb der deutschen politischen Kultur, der auch durch die deutsche Aufklärung nicht beseitigt werden konnte.

Mit der normativen Ebene befaßt sich auch der Beitrag von HELMUT PUFF. Anhand der Ehelehren von Juan Luis Vives, Antonio de Guevara, Andreas Musculus und vor allem Johann Fischart untersucht er die literarische Konstruktion von Ehre in bezug auf das Geschlechterverhältnis. Die 'Ehre der Ehe' kann deshalb besonderes Interesse beanspruchen, weil hier teilweise überlagernde Konzepte von Ehre sichtbar werden, die Puff als personengebundene, interpersonale und transpersonale Ehre sowie Ehrkonzepte, deren Geltungsbereich außerhalb der Institution Ehe liegen, bezeichnet. Sein Ziel ist es, spezifische Gestaltungen des

Ehrencodes an ausgewählten literarischen Werken zu verdeutlichen, um die Denkstrukturen der Didaxe offenzulegen. Dabei vertritt Puff die Ansicht, daß die Verwendung des Ehrbegriffs Funktionen erfüllt, die durch Geschlechterkonzepte und deren literarischen Kontext bedingt sind. Gemeinsam ist den Eheschriften des 16. Jahrhunderts eine durch das Genre bedingte Betonung des sittlichen gegenüber dem sozialen Charakter der Ehre. Demgegenüber gibt es deutliche Unterschiede bei den geschlechtsspezifischen Konzepten der Ehre, die in Abhängigkeit von den Adressaten der didaktischen Schriften interpretiert werden müssen.

MARTIN DINGES betont in seinem Überblick zu Ehre und Geschlecht, daß männliche und weibliche Ehre in der Frühen Neuzeit unterschiedlich konzipiert wurden. Während männliche Ehre an die Erfüllung verschiedener Verhaltenserwartungen wie der Sicherung eines standesgemäßen Haushaltseinkommens, des Schutzes des Hausfriedens oder der Verteidigung der Ehre weiblicher Familienmitglieder gebunden war und deshalb stets mehreren Lebensbezügen – dem Beruf, dem sozialen und ökonomischen Status – zugeordnet wurde, galt weibliche Ehre als vorwiegend sexuell bestimmt. Entsprechend wurde die Ehre von Frauen in dieser Epoche meist durch die Beleidigung 'Hure' verletzt. Der Vorwurf der Prostitution zielte jedoch nicht nur auf die Sexualehre der Frau, sondern auch auf anderweitige gesellschaftliche und ökonomische Rollenerwartungen. Prostitution, so Martin Dinges, war ein universales Symbol der Verletzung des geordneten gesellschaftlichen Zusammenlebens. Sie gefährdete nicht nur die Sexualordnung, sondern auch die Ehe als Norm gesellschaftlicher Bindungen und nicht zuletzt die Ökonomie des Haushalts. Daß die Identität von Frauen weitgehend von ihrer Sexualehre bestimmt wurde, sieht Martin Dinges allerdings keineswegs allein als einen Ausdruck von Männerherrschaft, denn Frauen bewiesen eine hohe Akzeptanz gegenüber ihrer zugeschriebenen Rolle. Geschlechtsspezifische Ehrkonzepte gaben zwar den Rahmen für das Verhalten von Männern und Frauen vor; diese zeigten aber hohe Kreativität bei dessen tatsächlicher Umsetzung, wie die geschlechtsspezifische Analyse der Gewaltanwendung zeigt.

Der Zusammenhang von Ehre und Gewalt steht auch im Mittelpunkt des Beitrags von MARK HÄBERLEIN. Er analysiert Ehrenhändel innerhalb der Augsburger Führungsschicht des 16. Jahrhunderts mit der Intention, einen Zugriff auf das Normensystem dieser sozialen Gruppe zu erhalten. Dabei kann er nachweisen, daß die Gewaltbereitschaft in der städtischen Elite kaum geringer war als bei der übrigen Bevölkerung. Die tieferen Ursachen für oft tödlich endende Auseinandersetzungen um Ehre waren Konflikte, die spezifisch für die städtischen Eliten waren: Prestigekonflikte zwischen altem Stadtpatriziat und sozialen Aufsteigern, Konkurrenz um materielle Ressourcen, Zwist zwischen versippten Familienverbänden und politische Machtkämpfe. Neben persönlichen und geschlechtsspezifischen Facetten des Ehrkonzepts spielte hier vor allem die standesspezifische Ehre eine entscheidende Rolle. Dabei war der Ehrbegriff der Kaufleute in Augsburg bereits im 16. Jahrhundert weitgehend individualisiert – im Gegensatz zum nach wie vor kollektiven Ehrbegriff der Zünfte. Die persönliche und familiäre Ehre hing – zumindest was die Männer anging – damit bereits von individueller Leistung ab. Sichtbar wurde diese vor allem im ökonomischen Erfolg des einzelnen. Derjenige, der im geschäftlichen Leben scheiterte, verlor neben Hab und Gut auch seine Ehre.

Im Gegensatz zu Mark Häberlein richtet RENATE DÜRR ihr Interesse auf eine weibliche Gruppe, die sozial der städtischen Unterschichten zuzurechnen ist. Sie untersucht, wie Mägde im frühneuzeitlichen Schwäbisch Hall ihre Identität im Spannungsfeld zwischen weiblicher Ehre und Standesehre in der Hierarchie des 'Ganzen Hauses' fanden. Dabei greift Renate Dürr sowohl auf normativ-literarische Quellen als auch auf Gerichtsakten zurück. Das Selbstbild dieser Frauen und die Fremdbestimmung durch die städtische Gesellschaft klafften weit auseinander und führten so zu Identitätskonflikten. Davon besonders betroffen war knapp ein Drittel der Mägde, die zwar aus höheren Schichten stammten, aber durch Schicksalsschläge wie Konkurs oder frühen Tod der Eltern gezwungen waren, in fremde Dienste zu treten. Sie beanspruchten aufgrund ihrer Sozialisation den Status einer 'ehrbaren Bürgerstochter' für sich, der jedoch ihrer neuen sozialen Situation als Dienstmagd nicht mehr entsprach. Mit großer Beharrlichkeit und nicht ohne Erfolg wehrten sich diese Frauen gegen eine Einstufung in den 'untersten Hausstand' durch die Obrigkeit.

Mit nonkonformen Verhalten von Frauen – allerdings ganz anderer Art – beschäftigt sich auch der folgende Aufsatz: Im Rahmen ihrer Forschungen zur frühneuzeitlichen Trinkkultur fragt B. ANN TLUSTY, was geschah, wenn Frauen gegen die allgemein anerkannten Verhaltensregeln verstießen, indem sie sich männliche Rollen aneigneten. Während es für Männer durchaus ehrenhaft war, Trinkfestigkeit zu beweisen, verletzten betrunkene Frauen in der Öffentlichkeit gleich zwei zentrale Normvorstellungen: Die Ehre der Frau war nicht nur im engeren Sinn sexuell definiert, sondern sie war auch mit ihrer Aufgabe verknüpft, Kinder zu gebären und aufzuziehen sowie die Versorgung der Familie durch sparsame Haushaltsführung zu sichern. Betrunkene Frauen jedoch galten als sexuell haltlos, zudem wurde ihnen der Vorwurf gemacht, die Haushaltsressourcen zu vergeuden. In zeitgenössischen bildlichen und literarischen Darstellungen wird schließlich folgerichtig exzessiver Alkoholgenuß von Frauen generell in den Zusammenhang mit Prostitution und Hexerei gestellt; sowohl die Hure als auch die Hexe verkörperten die Perversion der Frau.

Analogien zwischen städtischer Ehre und weiblicher Ehre thematisiert ULINKA RUBLACK. Ausgehend von den typischen Darstellungen, mit denen Städte als zu verteidigende Jungfrau, begehrte Braut oder als vergewaltigte Frau versinnbildlicht wurden, fragt sie nach der Wirkungskraft dieser Bilder auf die gesellschaftliche Einstellung gegenüber Frauen besonders in Kriegszeiten. In drei Abschnitten belegt Ulinka Rublack ihre These: Auf Einblattdrucken wurde die im Krieg besiegte Stadt als geschändete Jungfrau oder – falls sie der Belagerung durch feindliche Soldaten widerstand – als wehrhafte Magd in Rüstung abgebildet. Demgegenüber galt die 'leichtfertige' Frau als Symbol des Verrats an der städtischen Ehre. Diese Stereotypen hatten als Leitbilder Auswirkung auf die gesellschaftliche Realität, denn schon der gesellige Umgang mit Soldaten, die häufig einem Heiratsverbot unterlagen, machte solche Frauen in den Augen der städtischen Obrigkeit prinzipiell der Prostitution verdächtig. Diese Frauen gefährdeten nicht nur die eigene Ehre oder die ihrer Familie, sondern verletzten auch die Ehre der ganzen städtischen Gemeinde. Die Obrigkeit reagierte dementsprechend hart: Frauen, denen sexuelle Beziehungen mit Soldaten nachgewiesen wurden, traf als Strafe der Stadtverweis.

MERRY WIESNER beschreibt die Veränderung der Position der Frau innerhalb der Arbeitswelt des Zunfthandwerks. Noch im Spätmittelalter waren Frauen sowohl in den Arbeitsprozeß der gewerblichen Betriebe als auch in die religiösen und sozialen Aktivitäten der den Zünften nahestehenden Laienbruderschaften eingebunden. Noch im 15. Jahrhundert setzte eine Entwicklung ein, die sich in der Reformation verstärkte und nach dem Dreißigjährigen Krieg ihren Abschluß fand: Mit einer Frau zu arbeiten, galt zunehmend als ehrenrührig und konnte im schlimmsten Fall zum Ehrverlust eines Handwerkers führen, der Frauen neben sich in der Werkstatt akzeptierte. Diese zunehmend männlich orientierte Ausprägung des zünftischen Ehrenkodex führte im 16. und 17. Jahrhundert zur Verdrängung der Frauen aus dem Zunfthandwerk. Gleichzeitig wurden die Frauen auch innerhalb der religiösen Bruderschaften auf die passive Rolle von Empfängerinnen karitativer Hilfeleistungen beschränkt. Während Frauenarbeit auf das 'Haus' im weitesten Sinne reduziert wurde, wobei man diese Hausarbeit gegenüber der gewerblichen Arbeit zunehmend abwertete, erfuhr Männerarbeit durch ihre enge religiöse Anbindung an Laienbruderschaften eine Sakralisierung als Berufsarbeit. Letztendlich führte dies auch zu geschlechtsspezifischen Unterschieden in der religiösen Praxis: Während die männliche Frömmigkeit weiterhin in traditionellen Bahnen verlief, erhielt die weibliche Religiosität eine individuellere und introvertierte, insofern 'modernere' Ausprägung.

Wie schon die Verdrängung der Frauen aus dem Arbeitsprozeß im Zunfthandwerk belegt, eignete sich Ehre besonders als Instrument der Ausgrenzung unerwünschter Personen oder sozialer Gruppen. Die schwerwiegendste Attacke auf die Ehre einer Person war zweifelsohne die Beschuldigung, Hexe bzw. Zauberer zu sein. GUDRUN GERSMANN geht in ihrer Untersuchung der Frage nach, wie und mit welchem Erfolg Injurienklagen im Fürstbistum Münster als Instrument zur Abwehr dieser massiven Ehrverletzung angestrengt wurden. Der Vorwurf, eine Hexe oder ein Zauberer zu sein, war zwar Bestandteil des ortsüblichen Beleidigungsrepertoires, im Zuge der Hexenverfolgungen in der ersten Hälfte des 17. Jahrhunderts erhielt er aber eine besondere Brisanz. Um einem Hexenprozeß und dem drohenden Scheiterhaufen zu entgehen, standen Verdächtigten zwei unterschiedliche Verteidigungsstrategien zur Verfügung: Man konnte sich der Wasserprobe unterwerfen, einer im Münsterland weitverbreiteten Praxis des Gottesurteils, dessen Beweiskraft auch von Probanden selbst akzeptiert wurde. Weitaus wirksamer, aber auch mit erheblichen Kosten verbunden war eine Injurienklage, mit deren Hilfe die persönliche Ehre des Angegriffenen vor Gericht gegebenenfalls wiederhergestellt wurde. Der Erfolg des gerichtlichen Verfahrens hing vom richtig gewählten Zeitpunkt der Klage und vom 'Ehrkapital' des jeweiligen Klägers ab; entscheidend war letztlich, ob die Verdächtigen über einen guten Leumund verfügten.

Mit den Täufern steht eine religiöse Minderheit im Mittelpunkt des Beitrags von GERHILD SCHOLZ WILLIAMS. Anhand des vielfach aufgelegten 'Märtyrerspiegels' von Tielemann J. van Braght analysiert die Autorin den dort verwendeten Ehrbegriff der Männer und besonders der Frauen, die sich der radikalen Reformation anschlossen. In der Textsammlung, die im wesentlichen aus fingierten Verhörprotokollen und Glaubensbekenntnissen besteht, werden die Inquisitoren zu Verrätern der Ehre Gottes stilisiert, die später durch Gottes Rache für ihre Sünden bestraft werden. Bei der Folter setzten die Verfolger bezeichnenderweise immer wieder neben den körperlichen Torturen auch besondere Formen symbolischer Entehrung ein, welche die Täufer in den Augen der Öffentlichkeit diffamierten. Demgegenüber erscheinen die gepeinigten Täufer im Text als Zeugen des wahren Glaubens, die bibelfest ihren Peinigern entgegentraten, Entehrungen ruhig ertrugen und ihren Märtyrertod als mutigen Akt öffentlicher Ehrerweisung gegenüber Gott zelebrierten. Gerhild Scholz Williams betont dabei besonders die aktive Rolle vieler Frauen in der Täuferbewegung, die im Disput mit den Theologen und Verhörern 'ihren Mann' gestanden hätten.

Auch die jüdische Bevölkerung wird von der historischen Forschung als religiöse Minderheit und im Hinblick auf die vielfältigen Formen der Marginalisierung, die von einer langen literarischen und ikonographischen Tradition antijüdischer Stereotypenbildung bis zu individuellen und kollektiven Gewaltakten reichen, zu den 'ehrlosen' Randgruppen der frühneuzeitlichen Gesellschaft gezählt. Diese sozialgeschichtliche Einordnung steht u.a. im Beitrag von SABINE ULLMANN zur Diskussion. In bewußter Umkehrung der Perspektive richtet sich ihr Forschungsinteresse gerade nicht auf die Erscheinungsformen der Ausgrenzung, sondern auf die Strukturen und Konfliktmuster christlich-jüdischen Zusammenlebens. Am Beispiel des schwäbischen Landjudentums, das hinsichtlich seiner Siedlungsformen mit dem Typus der 'Judendörfer' als struktureller Sonderfall der Koexistenz gelten kann, werden die Beziehungsgeflechte auf gemeindlicher, religiöser, wirtschaftlicher und geselliger Ebene in diesen außergewöhnlichen Dorfgemeinschaften analysiert. Dabei zeigt sich, daß die in der Literatur oftmals sehr pauschal formulierte Grenzziehung zwischen 'ehrbaren' und 'ehrlosen' Bevölkerungsgruppen keineswegs generell wirksam war, sondern sich äußerst komplex gestalten konnte. Das 'Konzept der Ehre' wird somit zu einem methodischen Instrument für die Analyse der christlich-jüdischen Beziehungsgeschichte, in dem durch die Überprüfung der Wirksamkeit jüdischer 'Ehrlosigkeit' vertiefte Einsichten in die Grenzziehungen zwischen den beiden Gruppen ermöglicht werden.

Als klassische Randgruppe in der Frühen Neuzeit gelten die sogenannten 'Unehrlichen'. Hier bezeichnete die Unehrlichkeit die rechtliche Zurücksetzung bestimmter Berufsgruppen, verbunden mit sozialer Distanzierung und Verachtung im Unterschied zur sog. 'Ehrlosigkeit' als Folge unehrenhaften Verhaltens. Die Unehrlichkeit des Scharfrichters basierte auf seinen Strafvollzugsaufgaben und wirkte bei sozialen Kontakten mit ehrlichen Personen ansteckend. Wurde der Scharfrichter jedoch zur medizinischen Behandlung aufgesucht, kam es erstaunlicherweise nie zu Unehrlichkeitskonflikten – ein Paradox, das sehr eindringlich die Ambivalenz des Umgangs mit Unehrlichen verdeutlicht. KATHY STUART untersucht, nach welcher sozialen und symbolischen Logik die Zeitgenossen diese zwei Rollen des Scharfrichters als jemand, der sowohl tötet als auch heilt, in Einklang brachten. Daß Scharfrichter von Patienten aller Stände bis zur Mitte des 18. Jahrhunderts häufig konsultiert wurden, führt Kathy Stuart schließlich nicht allein auf besondere anatomische Kenntnisse zurück, die der Scharfrichter in Ausübung seiner Funktionen im Strafvollzug erworben hatte, sondern auch auf die zeitgenössische symbolische Assoziation von Hinrichtung und 'Heilung'. Sie interpretiert öffentliche Hinrichtungen als religiöses Ritual, in dessen Verlauf die Leiche des Verurteilten eine Heiligung erfuhr. Wie Heiligenreliquien wurde den Leichen so sakrale Kraft zugesprochen, die auch medizinisch wirksam war. Durch ihren privilegierten Zugang zu Leichenteilen – die zu Medikamenten verarbeitet in keiner Apotheke fehlten und von dort auch von studierten Ärzten bezogen wurden –, sicherten sich die Scharfrichter zudem einen entscheidenden Wettbewerbsvorteil.

Das Thema Unehrlichkeit und Tod in der Frühen Neuzeit steht auch im Zentrum des Beitrages von DAVID LEDERER über die Einstellung der frühneuzeitlichen Gesellschaft zu Selbstmördern. Die Theologen des 16. Jahrhunderts werteten schon den versuchten Selbstmord als Angriff auf die Ehre Gottes, denn ein potentieller Selbstmörder verwirkte seine Erlösung als höchstes Gottesgeschenk, indem er das Recht auf Entscheidungsfreiheit über Leben und Tod für sich beanspruchte, obwohl dieses allein Gott zustand. Da er somit direkt die Autorität Gottes anzweifelte, bedrohte er indirekt auch die Legitimationsgrundlage der Obrigkeiten als Exekutoren gottgewollter Ordnung. Konsequenterweise wurde versuchter Selbstmord strafrechtlich geahndet und erfolgreichen Selbstmördern als sichtbares Zeichen der Ehrlosigkeit ein christliches Begräbnis verweigert. Dabei wurden jedoch in der Praxis sowohl die Lebensumstände des 'Täters' als auch die Folgen für die Hinterbliebenen mit berücksichtigt, wobei der bisherige Leumund des Selbstmörders und seiner Familie eine entscheidende Rolle spielte. Ein stilles Begräbnis innerhalb der Friedhofsmauern war weniger entehrend als eine Beerdigung auf dem Areal für ungetaufte Kinder oder in ungeweihter Erde. David Lederer verweist zudem auf die große Diskrepanz in den Wahrnehmungen und Beurteilungen von Selbstmord durch die unterschiedlichen Gesellschaftsgruppen, die letztlich ihre

Ursache in den divergenten Erfahrungshorizonten der Beteiligten hatten: War Selbstmord in den Augen der Elite eng mit der persönlichen Ehre verbunden, hatte Selbsttötung in der Vorstellungswelt des Volkes eine andere Bedeutung, denn Selbstmord wurde als Ursache von Mißernten und Hungersnöten gedeutet. Da die Koinzidenz von Subsistenzkrisen und Selbstmorden besonders in den unteren Schichten empirisch nachweisbar zu den Alltagserfahrungen gehörte, wird dieser von den Zeitgenossen konstruierte logische Zusammenhang auch für den modernen Betrachter leicht nachvollziehbar.

Abschließend skizziert HERMANN ROODENBURG die Forschungslage zum Thema Ehre in der frühmodernen Gesellschaft der Republik der Vereinigten Niederlande. Hierbei vergleicht er die bisherigen Ergebnisse der Ehreforschung mit den Besonderheiten in den Niederlanden und weist gleichzeitig auf bestehende Forschungslücken hin. Obwohl z. B. die Frauen in der Gesellschaft der Niederlande viel stärker in den Arbeitsprozeß eingebunden waren als in vielen anderen Regionen Europas und ihre Rolle in der Öffentlichkeit für Reisende augenfällig war, wurde die weibliche Ehre in den Niederlanden ebenso wie in mediterranen Gesellschaften oder in Mitteleuropa im Gegensatz zu den berufsbezogenen Ehrkonnotationen der Männer vorwiegend sexuell definiert. Es wäre jedoch zu untersuchen, ob diese auffallende Teilnahme an der Öffentlichkeit nicht dazu führte, daß die Niederländerinnen eine größere Bereitschaft zeigten, ihre Ehre selbst zu verteidigen. Die besondere Sozialstruktur der Niederlande hatte gleichfalls zur Folge, daß der ständische Ehrenkodex in den Niederlanden weniger ausgeprägt war als in der frühmodernen Gesellschaft Frankreichs oder des Reiches. Da sich der Lebensstil des Adels und des Bürgertums in den Niederlanden weitgehend angeglichen hatte, bildete sich spezifisch aristokratisches Ehrverhalten nur am einzigen höfischen Zentrum, dem Hof der Oranier, heraus. Hermann Roodenburg konstatiert auch, daß unehrliche und randständige Gruppen in den dynamischen wirtschaftlichen Zentren der Niederlande weniger stigmatisiert wurden als in deutschen Städten. Als besonderes Desiderat der Forschung sieht Hermann Roodenburg eine Analyse des Ehrverhaltens in niederländischen Städten, die das Phänomen der sogenannten 'Gebuurten', eine Art Nachbarschaftsverein, hervorbrachten. Das Aktenmaterial einer Vielzahl weltlicher und kirchlicher Institutionen, vor denen Ehrenhändel ausgetragen und beigelegt werden konnten, böte dafür eine breite Quellenbasis.

Wenn der vorliegende Band mit diesem Ausblick auf weitere Forschungsfelder endet, so entspricht dies ganz den Intentionen der Herausgeber, die bewußt keine Synthese angestrebt hatten, sondern weitere – durchaus auch widersprüchliche Beiträge – zur aktuellen Diskussion um das methodische Instrument der frühneuzeitlichen Ehrkonzepte beisteuern wollten.

I.

Der historische Begriff der 'Ehre' – sprachwissenschaftlich untersucht

Hans Wellmann

1. Zu dem Problem: Gibt es eine Geschichtlichkeit des Begriffs 'Ehre' oder nicht?

Um historische Themen wie dieses über 'Das Konzept der Ehre in der Frühen Neuzeit' bearbeiten zu können, stützen wir uns im wesentlichen auf sprachliche Quellen, also Texte. Damit richtet sich die Betrachtung von vornherein auf beides: auf die Inhalte der Texte, deren Aussagewert zu interpretieren ist, und auf die sprachliche Form, in der diese Inhalte zu uns sprechen. Sprachliche Zeichen, wie in diesem Falle das Wort 'Ehre', aber folgen dem historischen Wandel – und zwar nicht weniger als die Dinge und die Verhältnisse, auf die sie sich beziehen. Sprachliche Form und sprachlicher Inhalt unterliegen indes nicht denselben, sondern grundsätzlich verschiedenen Gesetzen des Wandels. Und dasselbe gilt auch für den Wandel der Wortinhalte und den Wandel der Begriffe, auf die sie bezogen werden. Es trifft eben nicht zu, daß "das Abbildende und das Abzubildende in ihrer Struktur übereinstimmen."[1] Die Geschichte der Inhaltsstruktur eines Wortes ist nicht die gleiche wie die Geschichte der Struktur der Wirklichkeit, auf die sie sich bezieht. Es waren Einsichten wie diese, die Wittgensteins entschlossene Wendung vom 'logischen Positivismus' hin zur 'Philosophie der Alltagssprache' bewirkt haben. In der Sprache lassen sich die Strukturen der Wörter und Wortverbindungen nicht als Abbilder der Weltausschnitte erklären, auf die sie sich beziehen, sondern als Produkte aus den – oft sehr verschiedenen – Modi, über sie zu sprechen, die von den Sprechern/Schreibern einer Zeit als ihr gemeinsames Verständigungsmittel verwendet worden sind. Ihre Inhalte sind durch die Gebrauchsformen festgelegt, in denen man über sie spricht – ob man sie nun als 'Sprachspiele' bezeichnet oder anders.

Die Bedeutung eines Wortes wie 'Ehre' ist dann jedenfalls, wenn diese Voraussetzungen gelten, durch die allgemein üblichen Gebrauchsformen mündlicher und schriftlicher Kommunikation bestimmt, in denen das Wort vorkommt. Das,

---

[1] So z. B. über die Philosophie des 'Tractatus' von Ludwig Joseph Johann Wittgenstein, Justus Hartnack: Wittgenstein und die moderne Philosophie. Stuttgart 1962. S. 22.

worauf es sich bezieht, seine Referenzgröße, ist dann etwa der Begriff 'Ehre' oder ein anderer Begriff, jedenfalls etwas anderes als der Inhalt des Wortes 'Ehre', dessen Bedeutungs- und Verwendungsgeschichte die historische Semasiologie beschreibt. Zwei Möglichkeiten sind nun denkbar:

a) Der Begriff 'Ehre' ist ein absoluter und unterliegt nicht dem geschichtlichen Wandel. Wenn und soweit das der Fall ist, vereinfacht sich unsere Aufgabe: Wir haben diesen Begriff zu definieren. Man könnte dann für den Begriff der 'Ehre' etwa sagen, daß er einen abstrakten (einerseits fremd-, andererseits selbstbestimmten) Wert darstellt, dessen Inhalt von zwei ungleichen semantischen Polen (einem soziozentrischen und einem anthropozentrischen) bestimmt ist, einerseits – von außen betrachtet – durch die Anerkennung und Achtung der anderen (insbesondere Gruppen, Schichten) als 'Ansehen', und andererseits durch das Selbstwertgefühl, das jemand daraus und aus seiner Reflexion auf diese Verhältnisse, damit aus 'selbstgemachten' Ideen, als Regulativ eines moralischen und gesellschaftlichen Handelns ableitet (und als seine Identität versteht; dazu s.u.). Dann beschränkt sich die weitere sprachwissenschaftliche Arbeit darauf, herauszufinden, wie sich die Arten, ihn zu benennen, im Laufe der Zeiten gewandelt haben.

In der mittelhochdeutschen Literatur haben die Dichter Ehre zweifellos als eine zeitlose Größe angesehen, und die *êre* zu einer moralischen Person, die in das Leben der Ritter regulierend eingreifen kann, stilisiert. Diese literarische Setzung (fiction) entsteht durch Hypostasierung als Stilfigur der 'Personifikation', die eine Art Allegorie erzeugt: *daz vrou Saelde und vrou Êre / sich sîn underwunden.*[2]

b) Die andere Denkmöglichkeit ist, davon auszugehen, daß auch der Begriff der 'Ehre' selbst dem Wandel unterlegen ist. Diese Vorstellung ist aus Beiträgen von Historikern mit Titeln wie 'Römische Wertbegriffe',[3] 'Die Ehrauffassung im Wandel der Gesellschaft'[4] oder Beiträgen wie dem über 'Ehre, Reputation' in dem 'Historischen Lexikon zur politisch-sozialen Sprache in Deutschland'[5] abzuleiten. Dieser Kerngedanke bestimmt die Thematik unserer Tagung.

Welche Auffassung ist nun die richtige? Handelt es sich bei dem, was man mit Wörtern wie 'Ehre' bezeichnet, um etwas Unwandelbares, zum Beispiel ein Grundprinzip oder einen zeitlosen Wert des menschlichen Verhaltens, wie es

---

2 'Gute Frau', 13. Jh.; zit. nach: Deutsches Wörterbuch von Jacob und Wilhelm Grimm. Neubearbeitung. Hg. von der Berlin-Brandenburgischen Akademie der Wissenschaften und der Akademie der Wissenschaften zu Göttingen. Stuttgart, Leipzig 1993. Bd. 7. Dorther stammen auch die anderen Belege, die nicht gesondert nachgewiesen werden.

3 Römische Wertbegriffe. Hg. von Hans Oppermann. Darmstadt 1974.

4 Hermann Schultes: Die Ehrauffassung im Wandel der Gesellschaft. In: GWU 15. 1964. S. 540-552.

5 Friedrich Zunkel: Ehre/Reputation. In: Geschichtliche Grundbegriffe. Historisches Lexikon zur politisch-sozialen Sprache in Deutschland. Hg. von Otto Brunner, Werner Conze, Reinhart Koselleck. Stuttgart 1975. Bd. 2. S. 1-63.

symbolische Darstellungen oder allegorische Bilder des Begriffs nahelegen? Oder ist dieser Begriff eine zwar 'ideelle', aber historisch veränderliche Größe? Beim Studium der Texte drängt sich schließlich eine Lösung auf, die zwischen beiden Denkmöglichkeiten vermittelt. Zunächst ein Beispiel: *do ritten zwai hundert guoter ritter und kneht* [...] *für Regenspurg die stat und ruoften den bürgern, daz sie zuo in heruz chœmen* [...] *und ain er an in begiengen.*[6] Hier wie an vielen anderen Stellen zeigt sich, daß das, was mit *er(e)*[7] bezeichnet wird, ein mindestens 'zweistelliger' Begriff ist. Er beschreibt die Relation zwischen Wertvorstellungen einer kollektiven Größe auf der einen Seite und denen individueller (zählbarer) Personen auf der anderen.[8] Daß der Begriff 'Ehre' aus dieser zweistelligen Relation gebildet ist, erscheint als sein konstanter, sich nicht ändernder Inhalt. Und als Variable seines geschichtlichen Wandels erscheint es, daß die beiden Größen (eine kollektiv und eine individuell gefaßte), die der Begriff zueinander in Beziehung setzt, im Wandel der Zeit verschieden interpretiert werden.

Im folgenden muß es darum gehen, dies zu ermitteln, und zwar erstens die Beziehung zwischen Ausdrucks- und Inhaltsseite des Wortes, also die Semantik des Sprachzeichens *er(e)*, zweitens die Referenz dieses Wortes, mit seiner Inhalts- und Ausdrucksseite, seine Anwendung auf den Begriff der 'Ehre' – so, wie er eben gefaßt wurde. Die Aufgabe ist damit, auch den Zusammenhang zwischen der Bedeutungsgeschichte des Wortes selbst und der Bezeichnungsgeschichte von Wörtern für 'Ehre', ihre Anwendung auf Ehrbegriffe des Menschen, zu rekonstruieren. Diese Thematik wird mit dem Slogan 'Wort und Wirkung' umschrieben. Beachtet man die genannten Unterschiede nicht, liegt die Gefahr allzu rasch nahe, statt klarer Erkenntnis das zu bekommen, was Wittgenstein das 'Mystische' einer wissenschaftlichen Aussage nennt. Probleme können 'selbstgemacht' sein und erst dadurch entstehen, daß Sätze, mit denen man über sie spricht, unscharf, schief, falsch oder so formuliert sind, daß andere nicht entscheiden können, ob sie wahr oder falsch sind. Eine solche Gefahr droht gerade dem, der nach griffigen Formulierungen sucht, die gut klingen und einprägsam wirken sollen.

---

[6] Die Chroniken der deutschen Städte. Hg. von der Historischen Commission bei der königlichen Akademie der Wissenschaften. Leipzig 1865. Bd. 4. S. 89.

[7] *ere, ehre* usw.

[8] Z. B. eines Standes, einer Stadt, hier: des Bürgers von Regensburg bzw. *zwai hundert guoter ritter und kneht.*

2. *er(e)* und *Ehre* als 'faux amis' des Lesers

Zu den Regeln, denen erfolgreiche Kommunikation folgen soll, gehört auch: 'Sag deine Sache in angemessener Art und Weise und so klar wie nötig.'[9] Ein Vorläufer dieser Maxime ist in dem 'clare et distincte' des Descartes zu suchen, wenn sie nicht nur auf die Erkenntnis, sondern auf deren Formulierung angewendet werden kann. Das erfordert beim Rückgriff auf historische sprachliche Zeugnisse, das Wort, das Lexem der Quellen nicht mit dem des heutigen Sprachgebrauchs gleichzusetzen, in unserem Falle also mittelhochdeutsch und frühneuhochdeutsch *er, eer, ehr(e), Ehre* usw. nicht mit neuhochdeutsch *Ehre*, wie es zum Beispiel in dem Satz geschieht: *Die religiöse Justiz der jüdischen Gemeinden sah ihre wichtigste Aufgabe darin, Gottes Ehre gegen jede Anfechtung zu schützen.*[10] Offenbar ist hier der Name Gottes gemeint, bei dem der Gläubige nicht schwören oder fluchen solle. Oder: In der großen Gesamtdarstellung von Richard van Dülmen über 'Kultur und Alltag in der frühen Neuzeit' liest man zum Thema 'Ehre in der frühen Neuzeit' Sätze wie: "Der Stadtbürger blieb wie der Bauer und der Adelige weitgehend an die Tradition gebunden und orientierte sich in seinem Handeln vor allem am Erhalt und an der Vermehrung seiner Nahrung und Ehre."[11]

Was ist gemeint? Die Worte *Erhalt, Vermehrung, Nahrung* und *Ehre* deuten darauf hin, daß hier der Wortlaut frühneuhochdeutscher Texte einfach unverändert (und unkommentiert) in das heutige Deutsch übernommen worden ist. Sie können dadurch zu 'faux amis' des Lesers werden, d.h. ihn irreführen. Der Wortgebrauch der Quellen mit Lexemen wie *Erhalt* (Erhaltung), *Nar*[12] und *Ehre* ist aus den Quellen übernommen. *Nahrung* oder *Nar* wird man hier mit Einkommen wiedergeben, *Ehre* mit Ansehen, jedenfalls wenn man die Sache so darstellen will, daß sie Lesern von heute 'klar und deutlich' wird.

Daß Sachverhalte durch die – manchmal wörtliche – Übernahme historischer Bezeichnungen in zeitgenössische Texte undeutlich, mißverständlich, falsch wiedergegeben werden, weil es so zu Überlagerungen, Interferenzen zwischen zwei ganz verschiedenen Sprachstufen kommt, ist Germanisten von einem anderen Zusammenhang her wohlbekannt: aus der Übersetzungskritik. Im 19. Jahrhundert, das doch als das 'historische Jahrhundert' katexochen gilt, hielten es Übersetzer mittelhochdeutscher Literaturwerke oft für das beste, in der Wortwahl und im

---

9 H.P. Grice: Logic and conversation. In: Speech acts. Ed. von Peter Cole, Jerry L. Morgan. New York 1975. (Syntax and Semantics. Bd. 3). S. 41-58.

10 Adolf Schlatter: Die Geschichte des Christus. Stuttgart 1921; zit. nach Deutsches Wörterbuch (Anm. 2) Bd. 7. Sp. 181.

11 Richard van Dülmen: Kultur und Alltag in der frühen Neuzeit. Bd. 2: Dorf und Stadt: 16. - 18. Jahrhundert. München 1992. S. 82.

12 'was man zum Leben braucht, insbesondere Getreide, Früchte usw.'; vgl. *Nahrung*.

Satzbau so nah wie möglich am alten Text zu bleiben. Wenn es im Nibelungenlied (10,3) zum Beispiel heißt:

dise herren muosen pflegen
des hoves unt der êren,

dann übersetzte dies Karl Simrock zum Beispiel so:

die Herren mußten pflegen
des Hofes und der Ehren.[13]

Was sollen hier *pflegen* und *êren* bedeuten? Mittelhochdeutsch *êren* kann auch eine Singularform sein. Und *pflegen* bedeutet oft soviel wie 'sich einer Sache annehmen'. Mit Rücksicht auf Überlegungen dieser Art übersetzt Helmut de Boor ein Jahrhundert später: "Sie hatten dafür zu sorgen, daß die Hofhaltung der Bedeutung ihrer Herren entsprach".[14]

Eine Übersetzung dieser Art gilt uns heute als wirklich 'historisch', d.h. als 'historisch angemessen', und die 'historisierende Übersetzung' Karl Simrocks als 'ahistorisch'. Insofern kann man die zitierte Formulierung van Dülmens mit der Übersetzung Simrocks vergleichen. Hier wie dort wird das Verstehen historischer Sachverhalte doch sehr – durch die Wahl von mittelhochdeutschen oder frühneuhochdeutschen Wörtern – erschwert und nicht erleichtert. Eine prinzipielle Unterscheidung zwischen der Sprache der Gegenwart, in der wir uns über historische Sachverhalte verständigen, und der Sprache der Epoche, von der unsere Quellen Zeugnis ablegen, kann hier den Mißverständnissen Abhilfe schaffen. Die Frage ist nur, wie man dabei am besten vorgeht.

Es kann – mit den von der Mediävistik entwickelten Techniken – etwa so aussehen, daß historische Inhalte in der Sprache der Gegenwart sinngemäß und frei wiedergegeben werden, historische Wortzeugen aber mitgenannt werden, allerdings so, daß sie graphisch, also in der Schreibung ihrer Zeit, semantisch, durch Kennzeichnung ihrer historischen Bedeutung, etwa in Anführungsstrichen oder durch die Nennung eines Synonyms, oder aber pragmatisch, insbesondere durch Verdeutlichung mit einem Beispiel aus der Jetztzeit, als solche markiert werden.

Dazu gehört das in der Linguistik praktizierte Verfahren, alle Sprachzeugen als 'objektsprachlich' zu markieren (z. B. durch Kursivdruck) und ihre historischen Bedeutungen durch eine eigene graphische Ausdrucksform davon abzuheben. Oder man verwendet Äquivalente aus einer anderen Sprache, wie es sich zum Beispiel Helmut de Boor in seiner Literaturgeschichte zunutze macht, wenn er die lateinischen Synonyme, wie z. B. bei der Interpretation des berühmten Reichsgedichts ('Reichstons') Walthers von der Vogelweide, einsetzt: "Über die richtige Lebensführung nachdenkend, sieht der Dichter das Ziel darin, *êre unde varnde guot* = *honestum* und *utile* mit *gotes hulde* = *summum bonum* in Übereinstim-

---

[13] Das Nibelungenlied. Übersetzt von Karl Simrock. 52. Aufl. Stuttgart 1893. S. 4.

[14] Das Nibelungenlied. Hg. von Helmut de Boor. 21. Aufl. Wiesbaden 1979. S. 5.

mung zu bringen".[15] So oder so, es kommt darauf an, die aus der Übersetzungswissenschaft wohlbekannten 'faux amis'[16] zu erkennen und zu vermeiden.

3. Der Bedeutungsfächer des Wortes und das Bezeichnungsfeld des Begriffs

Neben dieser Unterscheidung (mhd., frühnhd. *êre, eer, ehr(e), Ehre* – nhd. *Ehre*), die 'Störungen' in der Kommunikation zwischen dem heutigen Leser solcher geschichtlicher Darstellungen, wie ich sie genannt habe, und ihren Autoren vermeiden helfen soll, sind auch die Irrtumsquellen zu nennen, die die 'historische Verständigung' zwischen dem heutigen Historiker und seinen alten Quellen betreffen. Wörter, wie z. B. *êre*, mit denen er es dort zu tun hat, können ja in ihrer 'usuellen' oder in einer 'aktuellen' Bedeutung vorliegen. Die erste läßt sich mit einem Rückgriff auf zeitgenössische Wörterbücher[17] oder wissenschaftlich-historische Wörterbücher[18] ermitteln. Die zweite (aktuelle Textbedeutung) ist zwar zum Teil durch sie bedingt, zum Teil aber auch durch den Kontext angereichert, spezifiziert oder abgewandelt. In den neuen Lieferungen des 'Deutschen Wörterbuchs' sind aber selbst solche 'aktuellen Verwendungsbedeutungen' so gut miterfaßt und dokumentiert, daß an dem angemessenen Textverständnis kein Zweifel bleiben kann. Ein Beleg: *an ehren, nasen, bärten gestümmelt* (1653, Schweiz).

Über die aktuelle Bedeutung dieses durch Metonymie entstandenen Euphemismus (für Genitalien in der Pluralform: *ehren*) gibt zum Beispiel erst der erweiterte Kontext Aufschluß, der im Wörterbuch nicht mitabgedruckt werden kann. Was den Ehrbegriff einer Zeit ausmacht, sagen uns nicht – jedenfalls nicht primär – solche stilisierten Verwendungsweisen ('aktuellen Bedeutungen'), sondern die Belege mit 'usueller' Bedeutung des Wortes.

Diese wiederum ist, wie schon gesagt, nicht mit dem Inhalt des Begriffs 'Ehre' in der betreffenden Zeit deckungsgleich. Beide, der usuelle Wortinhalt und der Begriffsinhalt (das 'Noem'), unterliegen einem historischen Wandel mit eigenen Gesetzlichkeiten. Schon deshalb kann es nicht der gleiche Wandel sein, wie nach-

---

15 Helmut de Boor: Die höfische Literatur. Vorbereitung, Blüte, Ausklang. 1170-1250. München 1962. S. 18.

16 Sie entstehen z. B., wenn engl. *floor* durchgehend mit dt. *Flur* wiedergegeben wird, *self-conscious* mit *selbstbewußt*, frz. *figure* mit *Figur*, statt, je nach Kontext, z. B. mit *Aussehen, Gesicht* o.ä.

17 Wie z. B. das von Josua Maaler: Die Teütsch spraach. Dictionarum Germanicolatinum novum. Zürich 1561. VD-16 M:393 (ND Hildesheim, New York 1971).

18 Wie z. B. Deutsches Wörterbuch (Anm. 2) oder Deutsches Fremdwörterbuch. Hg. von Hans Schulz u.a. 7 Bde. Berlin 1974-1983.

folgend gezeigt werden soll: Zunächst einige Hinweise auf Unterschiede zwischen dem Inhalt des Wortes *Ehre* und dem Begriff der 'Ehre':

> *mein muot mich zwingt*
> *zuo dienst singen der frawen zart*
> *in aller eere ich das thuo.* (1526/60)

Die Wortverbindung *in aller eere ich das thuo* bedeutet, wenn sie sich, wie hier, auf den Frauendienst bezieht: 'ohne sie zu begehren'. Das ist eine feste Bedeutung, wie sie auch sonst in Fügungen mit dem Wort *Ehre* vorkommt, die sich auf die Beziehung zwischen Mann und Frau beziehen (vgl. z. B. *ein Küßchen in Ehren*). Sie gehört zur Geschichte des Wortinhaltes in dieser Wortverbindung von *Ehre*, nicht zur Geschichte des Begriffs 'Ehre'. Das gleiche gilt auch für andere phraseologische Verbindungen. Ein Beispiel dafür bietet der folgende Satz aus der 'Comödienprobe' von Christian Weise (1695): *unser Herr Pfarr spricht, alle Wörter, die auf ein us ausgehen, die seyn lateinisch* [...] *sein Wort in Ehren* [...] *so wird ein Ochsen-fuß, ein Milch-muß auch lateinisch sein.*

Nicht nur diese festen Wortverbindungen, die wir Phraseologismen nennen, haben ihre eigene Wortgeschichte. Das gleiche gilt auch für die Verbindungen, die – besonders seit dem späteren Mittelalter und der Frühen Neuzeit zunehmend durch Zusammenschreibung – als eigene Wortbildungen – und dann mit eigener Geschichte – markiert werden. Das *Ehrenwort* bezeichnete im Frühneuhochdeutschen z. B. die Redewendung, mit der man jemandem höflich entgegenkommt: [Er] *wünschte seiner Majestät* [...] *alles Glück und Wolergehen; worauf ihm Motenchuma mit dergleichen Ehrenworten und höflicher Bedanckung begegnete.* (1665)

Als performativen Ausdruck, wie wir ihn vom 20. Jahrhundert her kennen, mit dem man also die Wahrheit des Gesagten bezeugt, gibt es das *Ehrenwort* erst seit 1700. Und in dieser Form hat es dann 'Gesellschaftsgeschichte' und auch 'Literaturgeschichte' gemacht. Daß der Ausdruck selbst eine ganz eigene, vom Begriff 'Ehre' unabhängige Entwicklung durchgemacht hat, war noch bis in die jüngste Zeit zu beobachten. Er ist "im polit. Sprachgebrauch eher tabuisiert, [...] seit der sogenannten 'Ehrenwort'-Pressekonferenz, auf der Ministerpräsident Barschel im September 1987 die deutsche Öffentlichkeit täuschte".[19] Also Wortgeschichte, nicht Begriffsgeschichte – ebenso wie bei den Wortzusammensetzungen *Ehrgeiz* und *Ehrenwort* oder der Wortableitung *ehrlich.* Wortbildungen tendieren ebenso wie phraseologische Ausdrücke, wenn sie für den allgemeinen Sprachgebrauch wichtig werden, zur 'lexikalischen Verfestigung', Verselbständigung und nach längerer Zeit auch Isolierung. Das bedeutet zugleich einen Verlust an Motivation durch das Ausgangswort (hier: *Ehre).* Dann sind sie auch für die Begriffsgeschichte (z. B. von 'Ehre') keine geeigneten Belege. Etwas Ähnliches ist im Prin-

---

[19] Hermann Paul: Deutsches Wörterbuch. 9. Aufl. Tübingen 1992. S. 195.

zip für eine weitere Art historischer Eigenentwicklung festzustellen: für die Herausbildung einer besonderen 'Zweitbedeutung' des Ausgangswortes *Ehre* durch 'semantische Derivation' in Fällen wie den folgenden: *am mäntag darnach was ain hof und ain gesellenstechen* [...] *man hett zwen täntz und gab ain eere hertzog Hannsen, ain guldins häftlin, die ander eere gab man graf Oswalden von Tierstain mit ainem guldin ring.*[20]

Das Wort *e(e)re* hat hier die Bedeutung von lateinisch *munus* oder *palma*. Sie ist in der weiteren Entwicklung des Neuhochdeutschen verloren gegangen. Der Grund dafür: Das synonyme, aber deutlichere Kompositum *Ehrenpreis* hat diese Stelle im Bezeichnungssystem des Neuhochdeutschen eingenommen und das Ausgangswort *Ehre* in dieser 'abgezweigten' Bedeutung verdrängt.

Wenn alle diese Verbindungen mit dem Wort *Ehre*, die sich semantisch verselbständigt haben, quasi zu Fertigteilen, zu eigenen 'Versatzstücken' im neuhochdeutschen Sprachgebrauch geworden sind, bleibt aber noch reichlich Belegmaterial übrig, das sich für unseren nächsten Schritt eignet, der vom Wort-Inhalt zum Begriffs-Inhalt 'Ehre' führen soll. Mit Recht betonen die Semantikforscher seit Wittgenstein: Die Bedeutung des Wortes ist sein Gebrauch. Dabei zeigt sich nun, daß das Wort polysem sein kann. Es hat dann verschiedene Bedeutungen. Begriffe dagegen können zwar unscharf und schwer zu definieren sein, sind aber im Prinzip monosem (und definierbar).

Zunächst zur Polysemie des Wortes. Sie spiegelt sich in dem Bedeutungsfächer, der sich aus der Vielfalt der Textzeugnisse rekonstruieren läßt. Einige Belege zur Illustration: *dieselbe ehre, die auff hebreisch: cabod, auff kriechsch: doxa und auff latinisch: gloria heyßt, auff deutsch hieße: herlickeyt* (Luther).
Der folgende Beleg dokumentiert dagegen die Bedeutung 'Ruhm':

> *er wolt ziehen zum heiligen Grabe*
> *nach éhr und Ritterschaft* (1582)

Dagegen liegt die Bedeutung 'Ansehen/Ehre' in einem Kontext wie dem folgenden vor: *das ich gröblichen an meinen eren angetast und geschmähet bin* (Pirckheimer; 1511).

---

[20] Die Chroniken der deutschen Städte. Hg. von der Historischen Commission bei der königlichen Akademie der Wissenschaften. Leipzig 1892. Bd. 22. S. 122.

Der 'Bedeutungsfächer'

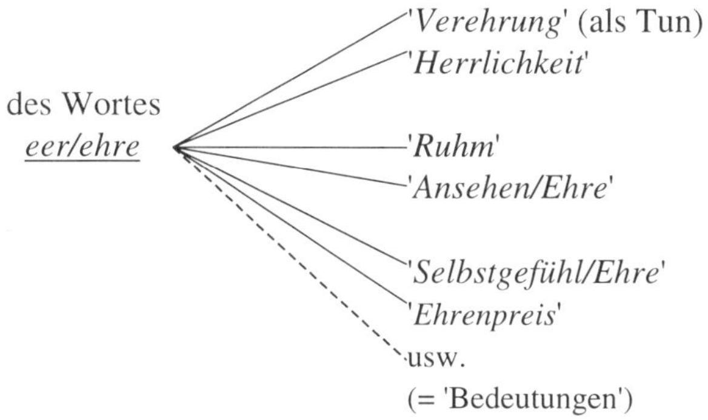

Der skizzierte Bedeutungsfächer des polysemen Wortes zeigt uns, wohin die Suche der usuellen Zeitbedeutungen des Ausgangswortes (*eer/ehre* usw.) führt. Das dokumentieren wortgeschichtliche Darstellungen und historische Wörterbücher. Soweit die Wortgeschichte – also die Geschichte von *e(h)r(e)* – aus der Sicht der historischen Semantik. Geht es aber nicht um sie, sondern um die Begriffsgeschichte, so ist methodisch ein neuer Schritt zu tun, der in eine andere Richtung führt: Er bringt uns erst dazu, auch die Wörter bzw. Wortverbindungen mitzuerfassen und systematisch mitzuberücksichtigen, die annähernd dasselbe wie das Wort *eer/ehre* bedeuten.

Das 'Bezeichnungsfeld'

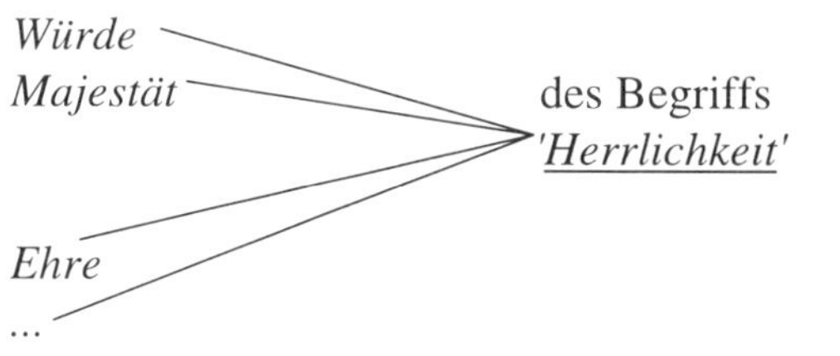

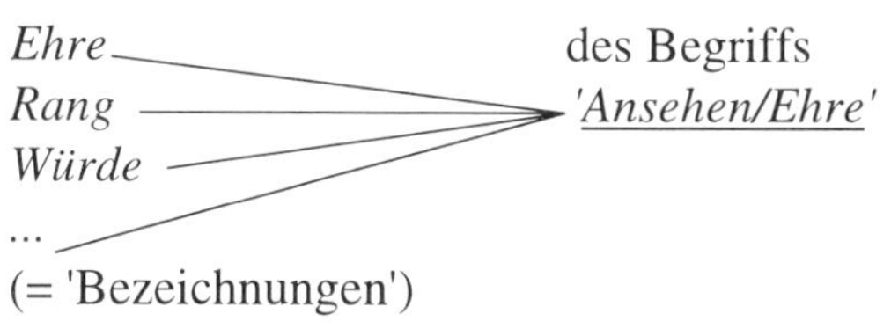

Für den Begriff der 'Herrlichkeit' ergibt sich dann z. B., daß er nicht nur durch das Wort *Ehre*, sondern auch durch die Wörter *Würde, Majestät* usw. ausgedrückt wird. Auf die Frage 'Womit bezeichnet man diesen Begriff?' kommt also ein ganzer 'Bezeichnungsfächer' in den Blick (ein begriffliches 'Wortfeld'). Entsprechend ergibt sich auch für den Begriff 'Ehre/Ansehen' als auf die Geltung im gesellschaftlichen Umfeld gerichtetes Ehrverständnis ein ganzes Feld von Bezeichnungen, das von dem Wort *Ehre* über *Rang, Ansehen* bis hin zu *Würde* reicht, z. B. in Kontexten wie den folgenden: *eines grossen mans son, welchen ich seiner wirde* (= mhd., frühnhd. *ere*) *vnd hoheit halben nit nennen darf* (Musculus) oder *ein Mädchen ohne Vermögen* (= mhd. *guot*) *und ohne Rang* (= mhd. *ére*) *hat ihn in ihre Schlinge zu ziehen gewußt* (Lessing).

Diese methodische Konsequenz wird nun aber in den wenigsten Fällen tatsächlich gezogen, weder in den Darstellungen von van Dülmen noch in der von Friedrich Zunkel.[21]

4. Zur Wirkung von Wort und Begriff

Die Wirkungen, die den Historiker bei der Frage nach dem Wort und nach dem Begriff besonders interessieren müssen, sind wie folgt zu unterscheiden: Die Wirkung des Wortes *er(e)* erfolgt einmal über seine 'Konnotationen' (emotionale und assoziative Begleitvorstellungen), die seinen Inhalt als etwas Erwünschtes erscheinen lassen, und über die Konnotationen seines Antonyms, Gegenwortes (*schande*: als Bezeichnung für ein Tun, das mit allen Mitteln zu vermeiden hat, wer auf seine *ere* bedacht ist).

Weniger deutlich, aber viel intensiver ist die Wirkung, die vom 'denotativen' Inhalt ('Bezeichnungsinhalt') des Wortes ausgeht. Es kann z. B. durch den Ausdruckswillen des Autors bestimmt sein, diesen Wert so zu sichern, wie es in dem Beispiel *lîp und êre / Minne, ich dorch dich wage* (Eilhart, 12. Jh.) geschieht. Die Wirkung kann aber auch in der konkreten appellativen Funktion begründet liegen, die den Adressaten des Textes zu einem bestimmten Handeln veranlaßt, wie es etwa bei Fügungen wie *das unehrliche Hantwerk* (16. Jh.) mit der damals noch ganz durchsichtigen, nicht idiomatisierten Adjektivbildung 'un-ehr-lich' der Fall ist, in denen der Leser veranlaßt wird, die damit Bezeichneten abzulehnen und zu verurteilen. Insoweit geht es um die Färbung des Wortinhalts durch den Kontext bzw. durch die impliziten Intentionen seines Verfassers.

Wenn man davon absieht, bleibt als fester Kern des historisch sich verändernden Begriffs 'Ehre' die 'mehrstellige Relation' übrig, die primär durch zwei soziologisch faßbare Größen bestimmt ist: eine davon ergibt sich jeweils aus dem

---

[21] R. van Dülmen (Anm. 11) S. 82 bzw. F. Zunkel (Anm. 5).

Kontext, in dem steht, um wessen Ehre es sich handelt, wie in den Fügungen *des Mannes Ehre, wîps êre; juncfrawliche ere; man von ehre* usw. Die Person wird individuell oder als einer Gruppe angehörig bezeichnet (*Ehre der Familie* usw.). Die zweite, die für den Begriff der 'Ehre' konstitutiv ist, ist aus den Kollokationen abzuleiten, die das Wort im allgemeinen Sprachgebrauch der Zeit aufweist. Für den begrifflichen Inhalt von 'Ehre/Ansehen' sind im Spätmittelalter vor allem die folgenden konstitutiv:

eer/ehre + got:	*die gotes er; eer gotes vnd der heiligen; göttliche ehre; ehre sei gott* usw.
rîche:	*des rîches ere; keisserliche ere; kúnklich eer; er (König Artus) truoc der êren krône* usw.
der ritter:	*ritterlîche êren* usw.
der bürger:	*eer eines radtsherren; bürgerliche ehre* usw.

Die erste Reihe von Verbindungen weist dann in Richtung auf den Begriff der 'Herrlichkeit, Verehrung', die zweite, dritte und vierte Kollokationsreihe auf den Begriff von 'weltlicher Ehre' als Ansehen in der Gesellschaft, wie er im Spätmittelalter als soziale Norm verstanden wurde, die das Handeln der Menschen regulierend beeinflußte. Das geschah nach Auskunft literarischer Texte des Früh- und Hochmittelalters in den durch Feudalismus bestimmten Schichten zunächst dadurch, daß 'Ehre/Ansehen' als absoluter Wert verstanden wurde und damit von denen, die sie als verbindlich ansahen, zugleich als "Gruppenabzeichen"[22] verwendet wurde. Diese begriffliche Seite des Wortinhalts (sein 'Noem') sagt etwas darüber aus, was der Begriff im Kopf des Lesers oder Hörers aufgrund des Sprachgebrauchs der Zeit projiziert. Es näher zu bestimmen, bedeutet, es einzugrenzen. Dafür geben uns die Texte der mittelalterlichen Literatur mehrere Hinweise:

a) Der begriffliche Inhalt des Wertes 'Ehre' ist bestimmt durch sein 'komplementäres' Verhältnis zu einem anderen, gleichgeordneten Wert, der am entsprechenden Leitwort zu erkennen ist: *lîp unde êre / Minne, ich dorch dich wage* (Eilhart; 12. Jh.; s.o.). Hier wird der Wert der 'Ehre' sehr umfassend verstanden, als geistig-seelisches Komplement zur physischen Existenz. Andere Belege zeigen, daß umgekehrt das Wort *lîp* (Leib und Leben) als Komplement zu *êre* verstanden wird.
b) Zugleich erscheint 'Ehre' als Teilbegriff einer lexikalisch fundierten Hierarchie. Davon spricht das berühmte 'Tugendsystem' der mittelalterlichen Literatur, in dem

[22] Hermann Bausinger: Deutsch für Deutsche. Dialekte, Sprachbarrieren, Sondersprachen. Frankfurt am Main 1972.

êre auch als Synonym zu *weltlich hulde* verstanden wird.[23] In Opposition zu dem Begriff *lîp* bezeichnet der Wert der *êre* soviel wie Anerkennung, Ansehen, Würde, und dieser Wert erfordert als 'Supplement' (semantische Ergänzung) den Begriff des Besitzes (z. B. *guot*). In diesem 'Wertsystem' hat die 'Ehre' ihre volle Geltung nur, wenn dieser Wert gleichzeitig von dem *summum bonum* der *gotes hulde* (göttliche Gnade; Gottgefälligkeit) überstrahlt wird: *wie man driu dinc erwurbe/ der keines niht verdurbe./ diu zwei sint êre und varnde guot/ daz dicke einander schaden tuot,/ daz dritte ist gotes hulde,/ der zweier übergulde.*[24]

Einen dritten Fingerzeig gibt die Frage, welche 'exklusive' Funktion der Begriff 'Ehre/Ansehen' hat. Welche pragmatische Wirkung hat der Begriff 'Ehre/Ansehen' in dem Sinne, daß er andere von der Gesellschaft ausschließt? Darüber geben Belege wie der folgende Auskunft: *in einem kleinen Städgen ist es sehr empfindlich, wenn Kesselbüsser,* [...] *Düppenträger, Schornsteinfeger, Gäuchler, Lotterbuben, Bossenmacher* [...] *sich in unsre Gesellschaft eindringen und aller Ehren fähig werden* (Möser; 18. Jh.).

Der Satz setzt voraus, daß die genannten Gruppen, weil sie teilweise zu den unehrlichen Berufen gezählt wurden, keinen Zugang zu den Zünften hatten. Hier fassen wir die Funktion des Ehrbegriffs als ein soziales Regulativ, das die Zugehörigkeit – damit auch die Identität – einerseits und das gesellschaftliche Verhalten andererseits steuert. Es ist gar nicht unmittelalterlich gedacht, wenn wir diesen Begriff heute mit dem modernen Wort 'Identität' bezeichnen. Wer sich an die gesellschaftlichen Normen hält, die mit den Begriff der 'Ehre' gesetzt werden, bewahrt seine Identität, wer es nicht tut, verspielt und verliert sie, sei es so wie Iwein, der über seiner Abenteuerlust ganz die gesellschaftlichen Aufgaben des Ritters vernachlässigt, sei es so wie Erec, der über seiner leidenschaftlichen Liebe die gesellschaftlichen Pflichten des Herrschers versäumt. In beiden Fällen bedeutet, wie uns diese Epen Hartmanns von Aue lehren, der Verlust der *êre* (als ritterliche Identität) Gefahr für Leib und Leben. Und nur über diese Gefährdung und die Bewährung in der Gefahr ließ sich über die Identität auch die gesellschaftliche Rolle und Stellung (als Ritter, Herrscher) wieder zurückgewinnen.

Insoweit sagt uns der Gebrauch des Wortes aufgrund seiner verschiedenen Kollokationen und Referenzen etwas über den begrifflichen Inhalt des Wortes sowie dessen pragmatische Funktion (als Regulativ usw.) aus. Das ist so lange objektiv beschreibbar, wie die gesellschaftliche Funktion im usuellen, überindividuellen Sprachgebrauch zu fassen ist.

---

23 Bei Wolfram von Eschenbach nach: F. Maurer: Tugend und Ehre. In: Wirkendes Wort 2. 1951/52. S. 75.

24 *jâ leider des mac niht gesîn, daz guot und weltlich êre und gotes hulde mêre zesamene in ein herze komen,* klagt Walther von der Vogelweide in Lied 8, 14-17. Hg. von Karl Lachmann. 13. Ausg. von Hugo Kuhn. Berlin 1965.

c) Etwas ganz anderes ist es dann, wenn dem Begriff ein besonderer 'begrifflicher Zuschnitt' gegeben wird, der das Handeln manipulativ zu steuern gestattet. Hier tritt die Sprachkritik mit Recht an die Seite der Sprachwissenschaft. Sie kann sich dabei auf den individuellen wie auf den kollektiven Pol der 'Ehre'-Relation richten. Diese Kritik ist in der realistischen Literatur des 19. Jahrhunderts z. B. in den Werken Arthur Schnitzlers zu finden, wenn der Autor die Sinnlosigkeit des Ehrverständnisses der Offiziere in der k. und k.-Monarchie aufdeckt. Eine literarische Sprachkritik an der Manipulation der Bürger, die über den politischen 'Zuschnitt' von Begriffen wie 'Ehre' in totalitärem Sprachgebrauch des 20. Jahrhunderts läuft, finden wir dagegen bei George Orwell; sie erfolgt durch seine fiktive 'Newspeak': Unter den Begriffen, die eliminiert werden sollten, wird im 'Appendix to George Orwell's novel 1984' an erster Stelle *Honour* genannt – noch vor *Justice, Morality* und *Democracy*!

Ehre und Recht. Überlegungen zu einer Begriffs- und Sozialgeschichte zweier Grundbegriffe der mittelalterlichen Gesellschaft

Peter Schuster

Die Ehre ist in aller Munde. Während Historiker Tagungen abhalten, Aufsätze und Bücher schreiben, stilisieren die Boxer Graciano Rocchigiani und Henry Maske ihren zweiten Faustkampf im Jahr 1995 erneut als 'Eine Frage der Ehre' und beharren durch Affären zum Rücktritt gezwungene Politiker wie der sächsische Innenminister Eggert oder verurteilte Weiße-Kragen-Täter wie Eckhard von Brauchitsch aller politischer, moralischer und juristischer Würdigung ihres Verhaltens zum Trotz darauf, daß durch die ihnen zur Last gelegten Handlungen ihre Ehre unangetastet geblieben sei. Was die Genannten jeweils meinen, ist unklar: Die Ehre erscheint als eine mit beliebiger Semantik füllbare Worthülse. Der Verdacht liegt nahe, daß Historiker, die der Ehre in der Geschichte und insbesondere für die sozialen Beziehungen in vormodernen Gesellschaften so hohe Bedeutung beimessen, in Wirklichkeit auf der Suche nach der, wenn man diese Anspielung nachsehen mag, 'honour we have lost' sind.[1]

In meinem eigenen Forschungsschwerpunkt, der Geschichte des Strafrechts im Mittelalter, kommt der Ehre auf vielfältige Art eine prominente Rolle zu. Ehrenstrafen werden als obrigkeitliche und genossenschaftliche Sanktionsmittel vorgestellt.[2] Das Verhalten vor Gericht und in Konfliktsituationen, insbesondere bei

---

1 Gelegentlich sollte man jedoch darauf hinweisen, daß auch unsere Vorfahren ihre Schwierigkeiten mit Inhalt und Definition von Ehre hatten. Hegel trifft m.E. den Kern, wenn er den subjektiven Faktor herausstellt. Die 'romantische Ehre' ist für ihn die Vorstellung der Person von sich selbst. "Dieser Wert ist auf der jetzigen Stufe ebenso unendlich als das Subjekt sich unendlich ist." Insofern kann Ehre "den mannigfaltigsten Inhalt haben". Georg Wilhelm Friedrich Hegel: Vorlesungen über die Ästhetik, erster und zweiter Teil. Hg. von Rüdiger Bubner. Stuttgart 1971. S. 616f. Auf meiner Suche nach der Ehre habe ich vielfältige Anregungen von Freunden und Kollegen bekommen. Insbesondere danke ich Kerstin Beier und Ulrich Meier für die kritische Lektüre des Textes.

2 Zuletzt umfassend und mit einer Fülle weitergehender Literatur Gerd Schwerhoff: Verordnete Schande? Spätmittelalterliche und frühneuzeitliche Ehrenstrafen zwischen Rechtsakt und sozialer Sanktion. In: Mit den Waffen der Justiz. Zur Kriminalgeschichte des

Gewalthändeln, erfassen die modernen Analytiker mit dem Konzept der Ehre und stellen es als gleichwertiges, konkurrierendes Normensystem neben das Recht.[3] In der Forschungsarbeit zur Konstanzer Strafrechtspraxis im Spätmittelalter mußte ich jedoch das für mich erstaunliche Phänomen feststellen, daß sowohl in den Rechtstexten als auch in den Buß- und Strafurteilen die Ehre selten erwähnt wird. In den Satzungen des 14. und 15 Jahrhunderts, dem sog. Codex Sachs von 1389 und dem sog. Roten Buch aus den dreißiger Jahren des 15. Jahrhunderts, wird die Ehre nur im Zusammenhang mit den Pflichten und Aufgaben der politischen Amtsinhaber und bei nichtzahlenden Schuldnern genannt.[4] Auch Ehrenstrafen, etwa der Pranger, scheinen im 15. Jahrhundert zumindest in der Bodenseestadt fast aus der Übung gekommen zu sein.

Der genauere Blick in die Forschungsliteratur half nicht, wie sonst des öfteren, der Irritation beizukommen. Während etwa Claude Gauvard in ihrer großen Untersuchung zur Kriminalität im spätmittelalterlichen Frankreich das Gewaltphänomen aus dem Prinzip der verletzten Ehre herleitet und dem mit der Überschrift 'L'honneur blessé' Rechnung trägt, sieht Jacques Chiffoleau für das spätmittelalterliche Avignon die Ehre im Verblühen. Daß so selten physische Rache geübt und häufiger die Gerichte zur Wahrnehmung der Vergeltung bemüht wurden, erklärt er aus einer sich wandelnden Gesellschaft, "où le vieux code de l'honneur (qui exclue précisement la plainte devant le juge) ne s'impose plus avec la même rigueur."[5]

Die Verwirrungen, die der Begriff der Ehre erzeugt, mögen damit zusammenhängen, daß trotz der momentanen Konjunktur des Themas seit vielen Jahren niemand mehr den Versuch unternommen hat, den Stellenwert der Ehre im Mittelalter und ihre Semantik einer genauen Überprüfung zu unterziehen. Hier offenbart sich ein Desiderat der Forschung, das der vorliegende Beitrag zumindest in einer ersten Skizze, die sich in Teilen der Vorläufigkeit ihrer Ergebnisse durchaus bewußt ist, füllen will. Dieses Ansinnen erfordert zunächst eine Bestandsaufnahme: Wer

---

späten Mittelalters und der Frühen Neuzeit. Hg. von Andreas Blauert, Gerd Schwerhoff. Frankfurt am Main 1993. S. 158-188.

3 Vgl. insbesondere Susanna Burghartz: Leib, Ehre, Gut. Delinquenz in Zürich Ende des 14. Jahrhunderts. Zürich 1990; dies.: Disziplinierung oder Konfliktregulierung? Zur Funktion städtischer Gerichte im Spätmittelalter: Das Züricher Ratsgericht. In: ZHF 16. 1989. S. 385-408; Gerd Schwerhoff: Köln im Kreuzverhör. Kriminalität, Herrschaft und Gesellschaft in einer frühneuzeitlichen Stadt. Bonn 1991 und die im Verlauf des Textes erwähnten Aufsätze von Martin Dinges.

4 Beide Satzungen liegen ediert vor: Vom Richtebrief zum Roten Buch. Die älteste Konstanzer Ratsgesetzgebung. Hg. von Otto Feger. Konstanz 1955 (Konstanzer Geschichts- und Rechtsquellen. Bd. 7). S. 131-164; Das Rote Buch. Hg. von Otto Feger. Konstanz 1949 Konstanzer Stadtrechtsquellen. Bd. 1), hier S. 73 und 100f.

5 Jacques Chiffoleau: La Violence au Quotidien. Avignon au XIVe siècle d'après les Régistres de la Cour Temporelle. In: Mélanges de l'Ecole française de Rome. Moyen Age. Temps modernes 92. 1980. S. 325-371, hier S. 354. Claude Gauvard: "De grace especial." Crime, Etat et Société en France à la fin du Moyen Age. 2 Bde. Paris 1991, hier S. 705-752.

spricht wann über Ehre im Mittelalter? Welche Bedeutung hat die Ehre für die gesellschaftlichen und sozialen Beziehungen? Des weiteren will ich versuchen, den Ehrbegriff im Mittelalter dem der Frühen Neuzeit entgegenzustellen. Lassen sich Übergänge und Wandlungsprozesse festmachen? In welche Zeit fallen sie? Worauf sind sie zurückzuführen? Ich werde dabei die Bedeutung der Ehre und, soweit es mir möglich ist, ihre Semantik und deren Wandel auf zwei Ebenen betrachten. Im ersten Teil steht die Ehre im politisch-rechtlichen Kontext, also die im engeren Sinne ständische Ehre im Mittelpunkt. Der zweite Teil untersucht die Bedeutung der Ehre in den sozialen Beziehungen spätmittelalterlicher Stadtbewohner und den Stellenwert der Ehre im Strafrecht.

1. Die ständische Ehre

Es ist ein naheliegendes Verfahren, zunächst einschlägige Wörterbücher und Lexika zu konsultieren. Das 'Lexikon des Mittelalters' teilt Ehre in zwei Bedeutungsebenen: theologisch-philosophisch und politisch-rechtlich. Theologisch-philosophisch wird Thomas von Aquins Standpunkt ausführlich referiert, auf den ich später nur kurz zurückkomme. Die politisch-rechtliche Dimension wird mit Verweisen auf die Stichworte *Honor*, *Lehen* und *Ritter* erledigt.[6] Unter dem Lemma *Honor* finden sich zwei Verweise, einer auf den von Peter Rassow als Leitbegriff der Reichspolitik Friedrich Barbarossas herausgestellten *honor imperii*, den wir ebenfalls im folgenden aufgreifen werden, der andere auf das englische *honour*. Auch unter diesen Begriffen findet sich wenig Erhellendes. Erfolglos war auch die Suche im 'Dictionary of the Middle Ages', wo *honor* oder das englische Wort *honour* nicht als Schlagworte geführt werden. Entschädigt für dieses Manko werden wir im mittellateinischen Wörterbuch von Charles du Fresnes Du Cange. *Honor* wird nach Du Cange synonym verwendet für die Würde (*dignitas*) hoher kirchlicher Ämter (*usurpatus potissimum pro majoribus et excellentioribus in Ecclesia dignitatibus, ut sunt Episcopatus, Presbyteratus et Diaconatus*). Eine weitere Bedeutung des Wortes *honor* ist *beneficium* oder *praedium*, also Lehen oder Besitz. Schließlich belegt Du Cange noch die Verwendung des Wortes zur Benennung von Herrschafts- und Verwaltungsträgern einer Stadt bzw. Provinz (*Honores appellatae etiam provinciarum vel urbium praefectura*e).[7] Bemerkenswert an den

---

6 Karl Willigis Eckermann: Art. Ehre. In: Lexikon des Mittelalters. Hg. von Robert-Henri Bautier u.a. München 1986. Bd. 3. Sp. 1662f.

7 Charles du Fresne Du Cange: Glossarium mediae et infimae latinitatis. Bd. 4. o.O. 1883-1887 (ND Graz 1954). S. 228f. Das Mediae Latinitatis Lexicon Minus. Hg. von Jan Frederick Niermeyer. Leiden 1976. S. 495-498, nennt, ohne die von Du Cange benannten Bedeutungsfelder zu überschreiten, 24 Bedeutungen des Wortes *honor*. Ebenfalls nicht über Du Cange

von Du Cange benannten Bedeutungsebenen des Wortes *honor* ist die Nähe der mittellateinischen Semantik zur Begriffsbedeutung im klassischen Latein.[8] Zudem überrascht zunächst, daß dem Wort keine ethische Dimension innewohnt. Das Fehlen dieser semantischen Ebene ist auch für die alt- und mittelhochdeutschen Wörter *êra* und *ere* festgestellt worden. Insbesondere Friedrich Maurer hat herausgestellt,

> "daß erstaunlicherweise im 12. und beginnenden 13. Jahrhundert das Wort ere so gut wie überhaupt nicht den 'inneren' Sinn hat; daß in fast allen deutlich zu fassenden Belegen der großen Dichtungen aus vorstaufischer und staufischer Zeit das Wort als 'Ansehen, Anerkennung, Geltung, Würde' und dergleichen zu verstehen ist."[9]

Übersetzer und Interpreten mittellateinischer, alt- und mittelhochdeutscher Quellen haben mit der Bedeutungsvielfalt des Wortes *ere* bzw. *honor* wiederholt zu kämpfen gehabt. Paul Kehr berichtete etwa Anfang der dreißiger Jahre von einem Privileg des Papstes Anaklet II. für den sizilianischen Grafen und späteren König Roger II., nach dem Roger 1130 der *honor Neapolis* übertragen worden war. Kehr übersetzt dies mit "Recht auf oder Hoheit über Neapel", fügt aber in einer Fußnote resignierend hinzu: "Was unter *honor Neapolis* zu verstehen sei, ist nicht so einfach zu sagen, da das Wort *honor* im älteren Mittelalter alles bedeutet: die Ehre, das Recht, den Besitz, das Lehen, den Anspruch."[10] Er verweist dazu auf einen Aufsatz von Dietrich Schäfer, der auf einem 1921 vor der Preußischen Akademie der Wissenschaften gehaltenen Vortrag basiert. Schäfer hatte dort die Semantik des Wortes *honor* präzisieren wollen. Anhand einer Fülle von Beispielen versucht er nachzuweisen, daß *honor* im Mittelalter vorwiegend im Sinn von Recht, Besitz und Lehen benutzt wurde. Seine Belege für die Verwendung des Wortes *honor* im Sinne von Recht verdienen besondere Beachtung. So sei der Eid des Erzbischofs Albero von Trier anläßlich seiner Investitur durch Lothar von Supplinburg, nichts *ad diminutionem regii honoris* getan zu haben, mit den Worten

---

hinaus weist Eduard Brinckmeier: Glossarium Diplomaticum. Erläuterung schwieriger [...] lateinischer, hoch- und besonders niederdeutscher Wörter und Formeln [...] des gesamten Mittelalters. Bd. 1. Gotha 1856 (ND Aalen 1967). S. 1003f.

[8] Es sei nur auf den *cursus honorum*, den Weg der Mitglieder des Adels durch hohe Staatsämter im antiken Rom, verwiesen. Das Staatsamt, also das rein Äußerliche, begründete den *honos* oder *honor*. Vgl. Werner Dahlheim: Die griechisch-römische Antike. Bd. 2: Stadt und Imperium: Die Geschichte Roms und seines Weltreiches. Paderborn 1992. S. 138.

[9] Friedrich Maurer: Tugend und Ehre. In: Ritterliches Tugendsystem. Hg. von Günther Eifler. Darmstadt 1970 (Wege der Forschung. Bd. 61). S. 238-252. Zitate S. 245f. Einige Zeilen später bekräftigt und erweitert Maurer seinen Befund zur Semantik des Wortes *ere* noch einmal: "Ere bedeutet vielmehr Würde, Ansehen, Geltung, Auszeichnung, Macht und dergleichen."

[10] Paul Kehr: Die Belehnungen der süditalienischen Normannenfürsten durch die Päpste (1059-1192). In: Abhandlungen der Preussischen Akademie der Wissenschaften. Phil.-Hist. Klasse 1934. Berlin 1935. S. 1-52, bes. S. 40.

zu übersetzen, daß er nichts zur Minderung der königlichen Rechte unternommen habe. In ihrer Erklärung zum Streit um die Investitur bekräftigten 1121 die deutschen Fürsten, *ut in hoc regnum honorem suum retineat*, was Schäfer in dem Sinne übersetzt, daß das Reich dort sein Recht bewahre. Neun Jahre zuvor hatte Bischof Azo von Aqui an Heinrich V. geschrieben, daß in Mailand ein Erzbischof ohne seine Beteiligung gewählt und geweiht worden sei und bezeichnet dies als *contra imperii vestri honorem*. Schäfer übersetzt diesen Passus mit "gegen das Recht des Reiches."[11] Durch Schäfers vehement vorgetragenes Plädoyer für eine Übersetzung des Wortes *honor* mit Recht, statt wie in vielen ihm vorliegenden und von ihm kritisierten Übersetzungen mit Ehre, ist jedoch nur scheinbar Klarheit gewonnen. Den entscheidenden Schritt hin zu der Frage, warum in den mittelalterlichen Quellen über Rechte mit dem Wort *honor* und nicht mit dem näherliegenden Wort *jus* gesprochen und argumentiert wird, geht Schäfer nicht.

Schäfers Deutung der Semantik des Wortes *honor* ist in der deutschen Mediävistik nicht ohne Einfluß geblieben. Otto Brunner benutzt die Gleichsetzung von Ehre und Recht eher beiläufig in seinem großen Werk 'Land und Herrschaft', wenn er über die Motive des fehdeführenden Adligen schreibt: "Vielmehr fordert jede Kränkung des Rechts, und das heißt der 'Ehre', zur Rache heraus [...]. Denn Unrecht dulden, auf Rache verzichten, würde den Verlust der Ehre bedeuten."[12] Dieser Satz verschleiert m.E. auf subtile Weise das Verhältnis von Ehre und Recht im ständischen System. An seinem Thema, der Fehde, läßt sich jedoch das komplizierte Verhältnis von Ehre und Recht genauer herausarbeiten. Beziehungen zwischen Lehnsherr und Lehnsnehmer oder auch zwischen gleichberechtigten Parteien wie etwa Kaiser und Papst waren in der Regel rechtlich verbrieft. Oft jedoch waren Geltungsdauer, Reichweite und Inhalt der getroffenen Vereinbarungen umstritten. Dafür lassen sich zahlreiche Beispiele anführen. Eines der bekanntesten ist der Streit um die Geltungsdauer der im Wormser Konkordat von 1122 geschlossenen Vereinbarungen zwischen Kaiser und Papst. Die päpstliche Seite ließ bald verlauten, daß die im Calixtinum Heinrich V. gewährten Zugeständnisse für seine Nachfolger keine Geltung haben. Auch die Nachfolger Heinrichs V. schöpften den Interpretationsrahmen, den der Vertragstext offenließ, weidlich aus.[13]

---

11 Dietrich Schäfer: Honor, citra, cis im mittelalterlichen Latein. In: Sitzungsberichte der Preussischen Akademie der Wissenschaften. Berlin 1922. Phil.-Hist. Klasse 1921. S. 372-381. Zitate S. 373-375. Mit Schäfers Deutung des Wortes *honor* hat sich detailliert und kritisch Gunther Wolf: Der 'Honor Imperii' als Spannungsfeld von Lex und Sacramentum im Hochmittelalter. In: Lex und Sacramentum im Mittelalter. Hg. von Paul Wilpert. Berlin 1969 (Miscellanea Medievalia. Bd. 6). S. 189-207 auseinandergesetzt. Leider wurde ich auf diesen Aufsatz erst nach Fertigstellung des Manuskripts aufmerksam, so daß er nicht mehr berücksichtigt werden konnte.

12 Otto Brunner: Land und Herrschaft. Grundfragen der territorialen Verfassungsgeschichte Südostdeutschlands im Mittelalter. 2. Aufl. Brünn, München, Wien 1942. S. 26.

13 Vgl. nur das Urteil Jacques Le Goffs: Als politischer Kompromiß gedacht, "läßt das Wormser Konkordat widersprechende Aussagen zu, und es wird oft durch den Kaiser vergewaltigt."

Konkurrierende Rechtsinstanzen und ungeklärte Rechtskompetenzen taten ein Übriges. Die von Brunner angeführte Fehde zwischen Gamaret Fronauer und Friedrich III. im Jahre 1460 mag ein für das Mittelalter typisches Rechtsproblem veranschaulichen. Nachdem Gamarets Bruder Gerhart gestorben war, hatte er unter den Papieren ein kaiserliches Mandat gefunden, das den Untertanen der Herrschaft Orth befahl, fortan Gerhart Fronauer zu gehorchen, da dieser die Herrschaft vom Kaiser gekauft habe. Gamaret reklamierte als Erbe seines Bruders die Herrschaft Orth nach Gerharts Tod für sich, während der Kaiser die Rückgabe der Herrschaft verlangte. Beide brachten durchaus plausible Gründe für ihre Position vor. "Was aber den Fall fast unlösbar machte, war die Frage des dafür zuständigen Gerichtes. Für Fronauer kam das Landrecht in Frage, in dem seine Standesgenossen die Urteiler bildeten, Friedrich III. aber forderte Behandlung der Frage vor dem Hofgericht, in dem er selbst die Urteiler nach freier Wahl ernannte."[14] Nachdem schließlich Friedrich ein Verfahren vor dem Hofgericht durchgesetzt hatte, wehrte sich Fronauer mit der Fehdeerklärung gegen das dort gefällte Urteil zu seinen Ungunsten. Eine Fehde oder ein Konflikt wurden demnach geführt, weil es keine allgemein anerkannten und durchsetzungsfähigen rechtlich-objektiven Instanzen gab, die den Konflikt mit friedlichen Rechtsmitteln hätten beilegen können. Es gab zwar die Möglichkeit, auf Gerichte oder eigens zur Vermeidung einer Fehde zusammengesetzte Schiedsgerichte zurückzugreifen, um strittige Rechtsfragen gütlich beilegen zu können. Sie setzten aber den Konsensus beider Parteien voraus und basierten auf Freiwilligkeit.[15]

Fronauers scheinbar sinnloses Unterfangen, sich dem übermächtigen Kaiser in der Fehde zu stellen, bringt nun die Ehre in diesen Rechtsstreit hinein. Diesen Sachverhalt hat Brunner sehr präzise erklärt: "Wer sein Recht [...] nicht zu erhalten vermag, würde mit seinem Recht, das er sich widerstandslos nehmen läßt, auch auf seine Ehre verzichten. Denn Ehre (*honos*) und subjektiver Rechtsanspruch fallen im mittelalterlichen Denken in eins."[16]

Jacques Le Goff: Das Hochmittelalter. Frankfurt am Main 1965 (Fischer Weltgeschichte. Bd. 11). S. 95. Grundlegend immer noch Adolf Hofmeister: Das Wormser Konkordat. Zum Streit um seine Bedeutung. Sonderausgabe mit einem Vorwort von Roderich Schmidt. Darmstadt 1962. Zur Diskussion in der deutschen Geschichtswissenschaft um die Bedeutung und Reichweite des Konkordats, vgl. das Vorwort von Roderich Schmidt, S. V-XXII.

14 O. Brunner (Anm. 12) S. 50f.

15 Zur Schiedsgerichtsbarkeit und das Verhältnis von Recht, Macht und Ehre vgl. Herbert Obenaus: Recht und Verfassung der Gesellschaften mit St. Jörgenschild in Schwaben. Untersuchungen über Adel, Einung, Schiedsgericht und Fehde im fünfzehnten Jahrhundert. Göttingen 1961 (Veröffentlichungen des Max-Planck-Instituts für Geschichte. Bd. 7).

16 O. Brunner (Anm. 12) S. 55. Brunners Satz klärt m.E. einen irritierenden Befund, auf den Hillay Zmora bei ihrer Analyse von 200 Fehden in Franken zwischen 1440 und 1550 gestoßen ist. Sie stellte empirisch fest: "Zunächst wurde eine Fehde fast nie unmittelbar durch eine Ehrverletzung ausgelöst. Fehden waren letztendlich Konflikte um die materiellen Ressourcen um Herrschaft." Daß dennoch häufig von Ehre geredet wird, bleibt Hillay Zmora

Prüfen wir Brunners behauptete Identität von Ehre und subjektivem Rechtsanspruch, indem wir den Sprachgebrauch des Wortes einer genaueren Betrachtung unterziehen. Urkunden und andere Quellen begründen Standpunkte und Ansprüche oft mit der Aufzählung legitimierender Substantive. Die dort auftretenden Kollokationen des Wortes Ehre sind aufschlußreich. Aus der Fülle der Beispiele seien einige beliebig herausgegriffen. 1521 erinnerte Kaiser Karl V. in Worms an des Reiches *Ere, Nutz und Merung*,[17] König Maximilian führte in der Ordnung des Gemeinen Pfennigs 1495 *Ere, Wirde und Nutz des heiligen Reichs* an.[18] 1338 sahen die deutschen Kurfürsten das Reich *an sin eren, rechten und guden* [Gütern] gefährdet.[19] In den lateinischen Quellen sind die Verbindungen ähnlich: Als Papst Innozenz IV. Friedrich II. wegen Meineids auf dem Konzil von Lyon 1247 absetzte, führte er auf der Liste der von Friedrich gebrochenen Eide auch an, daß er die seinen Vorgängern beschworene Unterstützung und Schutz der kirchlichen Ehre, Rechte und Besitzungen, gebrochen habe:

> *Deinde, cum in Alamannia esset, eidem Innocentio et, ipso defuncto, bone memorie Honorio pape predecessori nostro et eius successoribus ac ipsi ecclesie Romane, presentibus imperii principibus atque nobilibus, iuravit honores, iura et possessiones Romane ecclesie pro posse suo servare ac protegere bona fide* [...]. *Sed horum trium iuramentorum temerarius extitit violator non sine proditionis nota et lese crimine maiestatis.*[20]

Konrad III. belobigte 1148 den jungen König Heinrich für seinen Einsatz *ad honorem et utilitatem regni.*[21] Schließlich sei noch auf die Goldene Bulle hingewiesen, die im 13. Kapitel bestimmte, daß alle von den Kaisern anderen Personen, gleich welchen Standes, gewährten Privilegien und Rechte nicht die Freiheiten, Gerichtsherrschaften, Rechte, Ehren oder Herrschaften der geistlichen und weltlichen Kur-

---

rätselhaft: "Ob jede Beeinträchtigung von Besitz- und Herrschaftsrechten einer Ehrenkränkung gleichgekommen wäre, bleibt dahingestellt." Brunners Zitat sowie der vorliegende Aufsatz sollten das 'Dahingestellte' beantwortet haben. Hillay Zmora: Adelige Ehre und ritterliche Fehde: Franken im Spätmittelalter. In: Verletzte Ehre. Hg. von Klaus Schreiner, Gerd Schwerhoff. Bonn 1995. S. 92-109, hier S. 93.

17 Deutsche Reichstagsakten unter Kaiser Karl V. Bd. 2. Bearb. von Adolf Wrede. 2. Aufl. Göttingen 1962 (Deutsche Reichstagsakten. Jüngere Reihe. Bd. 2). S. 223.

18 Neue und vollständigere Sammlung der Reichsabschiede [...]. Bd. 2. Frankfurt am Main 1747 (ND Osnabrück 1967). S. 16.

19 Jean-Marie Moeglin: Fürstliche Ehre und verletzte Ehre der Fürsten im spätmittelalterlichen Deutschen Reich. In: Verletzte Ehre (Anm. 16) S. 77-91, hier S. 79. In derselben Quelle wird noch der *kurfursten er, recht, frieheyt und gewanheyt* angeführt.

20 MGH, Epp. saec. XIII. Bd. 2. Berlin 1889. Nr. 124. S. 90.

21 MGH, DD reg. et imp. Germ. IX. Wien u.a. 1969. S. 356. Bei der Bestätigung der kaiserlichen Verleihungen seiner Vorgänger an das Kloster Stablo würdigte er dreißig Jahre zuvor die Rolle der Kirche für den Zusammenhalt des Reiches und für ihren Beitrag zu *Stabilitas et honor regni*. MGH, DD reg. et imp. Germ. IX. Wien u.a. 1969. S. 9.

fürsten beeinträchtigen dürfen.[22] Es ist auffällig, daß, soweit ich es übersehe, die Ehre fast ausschließlich mit den Worten Recht, Nutzen, Würde, Freiheit und Stand verbunden wird. Insbesondere der Wortverbindung *ius et honor* kommt eine zentrale Bedeutung zu.[23] Ehre würde ich in diesen Aufzählungen als die umfassende Kategorie deuten. Die anderen Substantive dienen der genaueren Erläuterung, welche Dimensionen der Ehre im Einzelfall gemeint waren. Mit dem Herausstellen der Ehre betont der Aussteller einer Urkunde seine oder seines Adressaten Ansprüche auf Rechte, Privilegien, Handlungen und Besitz, die er aus dem persönlichen und gesellschaftlichen Rang in der ständischen Hierarchie oder aber aus geschlossenen Verträgen und Übereinkünften herleitet. Roger II. hat demnach mit der oben erwähnten Übertragung des *honor Neapoli* die Rechts- und Machtansprüche der Stadt Neapel übertragen bekommen. Pointierter ausgedrückt: Das Reden über Ehre ist innerhalb der ständischen Ordnung Reden über den Anspruch auf Macht.[24] Mit dem Wort Ehre wird er erhoben oder bestätigt und in ein euphemistisches Gewand gekleidet.

Deutlich wird die überaus wichtige Rolle des Ehrbegriffs im politisch-rechtlichen Raum auch in der Stadt bzw. Bürgergemeinde. Die Bürgergemeinde in der mittelalterlichen Stadt war zwar vielfach genossenschaftlich verfaßt, aber in sich hierarchisch geordnet. Rats- und damit herrschaftsfähig war vor allem die besondere Ehrbarkeit.[25] Johann von Soest dichtet 1495: *Wy men wol eyn statt*

---

22 *Preterea statuimus et hoc imperiali perpetuo sanccimus edicto, quod universa privilegia et littere quibuscumque personis, cuiuscumque status, preminentie vel dignitatis existant, seu civitatum, opidorum et quorumlibet locorum universitatibus super quibuscumque iuribus, gratiis, emunitatibus, consuetudinibus seu rebus aliis eciam proprio motu seu alias a nobis vel recolende memorie divis Romanorum imperatoribus et regibus predecessoribus nostris sub quibuscumque verborum tenoribus concessa et concesse seu a nobis vel successoribus nostris, Romanorum imperatoribus et regibus, inantea concedenda seu concedende non debeant aut possint libertatibus, iurisdictionibus, iuribus, honoribus seu dominiis principum electorum sacri imperii ecclesiasticorum et secularium aut alicuius ipsorum in aliquo penitus derogare* [...]. Quellen zur Verfassungsgeschichte des Römisch-Deutschen Reiches im Spätmittelalter (1250-1500). Ausgewählt und übers. von Lorenz Weinreich. Darmstadt 1983 (Ausgewählte Quellen zur deutschen Geschichte des Mittelalters. Freiherr vom Stein-Gedächtnisausgabe. Bd. 33). S. 358.

23 Besonders Friedrich I. bediente sich intensiv dieser Formel. 1160 belehnte er die Familie von Baux mit ihren ererbten und rechtmäßig erworbenen Besitzungen und gestattete ihr, in Arles, Aix und auf ihrer Burg Münzen zu schlagen. Das Recht und die Ehre des Reiches sollten davon jedoch unberührt bleiben: *Hec autem omnia supradicta eis concedimus et confirmamus salvo per omnia iure et honore imperiali.* MGH, DD reg. et imp. Germ. X, 2. Hannover 1979. Nr. 316, S. 139. Vgl. ähnlich S. 231: *salvo iure et honore imperiali* und 331: *salvo iure et honore imperii Romane.* Auch Dritten konzedierte er *ius et honor*. Vgl. S. 103, 250, 309, 331.

24 Die Zulässigkeit dieser Wortbedeutung konzediert auch D. Schäfer (Anm. 11) S. 375, ohne jedoch näher auf den entsprechenden Übersetzungsvorschlag Giesebrechts zu einem Passus des Konstanzer Vertrags näher einzugehen.

25 So auch Jörg Rogge: Ehrverletzungen und Entehrungen in politischen Konflikten in spätmittelalterlichen Städten. In: Verletzte Ehre (Anm. 16) S. 110-143, bes. S. 110.

regyrn sol: *Men sol erweln dy wysen alten/Dy dan dy gotz gebotte halten/Vnd alther from vnd erbar syn.*[26] Im zweiten Straßburger Stadtrecht finden wir zur Besetzung des Rates die Bestimmung: *Statutum est, ut duodecim vel plures, si necesse fuerit, honeste et ydonee persone sapientes et discrete tam inter ministeriales quam inter cives ponantur annuatim consules civitatis* [...].[27] Was die Ehrbarkeit der Kandidaten für Ratsämter ausmachte, wird im eigentlichen Sinne nirgends festgelegt. Nach dem Pariser Magister Nikolaus von Oresme (gestorben 1382) ist Ehrbarkeit *honestement gouverner sa chose familiare et tenir estat. Grant estat* bedeute *grande honorableté*, den unter diesen stehenden sozialen Gruppen schreibt Nikolaus entsprechend *petite honorableté* zu. Aufstieg innerhalb dieses Systems ist nach Nikolaus von Oresme durchaus möglich. Aus den von der politischen Macht ausgeschlossenen Handwerken können einige unter bestimmten Voraussetzungen durchaus in einen Stand der Ehre versetzt werden, der sie zu politischer Teilhabe aufsteigen läßt: *mes nientmoins, aucuns telz ou leur enfans pevent estre peu a peu disposéz a aucune vertu, et venir a estat honorable.*[28]

Zuwachs an Ehre wird hier, wie seit dem 13. Jahrhundert generell, mit dem Erwerb und Nachweis besonderer Tugend verbunden. Auch diese beiden Begriffe stehen in einem engen Zusammenhang und überlappen sich gelegentlich. Petrus Abelard etwa sah bereits im 12. Jahrhundert den Sünder sich von der Ehre der Tugend entfernen (*ab honestate virtutis*).[29] Ehre beschreibt den besonderen Anspruch und Rang desjenigen, der sie besitzt; Tugend begründet ihn. In diesem Sinne hat auch Thomas von Aquin im 13. Jahrhundert die Ehre verstanden, wenn er sie, antike Argumentationsmuster aufnehmend, als *praemium virtutis* definiert.[30] Unter

---

26 Zit. nach Ulrich Meier: Burgerlich vereynung. Herrschende, beherrschte und 'mittlere' Bürger in Politiktheorie, chronikalischer Überlieferung und städtischen Quellen des Spätmittelalters. In: Bürgerschaft. Rezeption und Innovation der Begrifflichkeit vom Hohen Mittelalter bis ins 19. Jahrhundert. Hg. von Reinhart Koselleck, Klaus Schreiner. Stuttgart 1994 (Sprache und Geschichte. Bd. 22). S. 43-89, hier S. 72f.

27 Urkunden zur städtischen Verfassungsgeschichte. Hg. von Friedrich Keutgen. Berlin 1901 (ND Aalen 1965) (Ausgewählte Urkunden zur deutschen Verfassungs- und Wirtschaftsgeschichte. Bd. 1). S. 102.

28 Belege bei Ulrich Meier: Mensch und Bürger. Die Stadt im Denken spätmittelalterlicher Theologen, Philosophen und Juristen. München 1994. S. 102-106. Die Wendung *peu à peu* ist hier nicht zufällig. Sozialer Aufstieg, darin waren sich mittelalterliche Denker einig, kann nur gradweise erfolgen. Dazu und zum Gesamtproblem sozialer Mobilität vgl. Klaus Schreiner: Sozialer Wandel im Geschichtsdenken und in der Geschichtsschreibung des späten Mittelalters. In: Geschichtsschreibung und Geschichtsbewußtsein im späten Mittelalter. Hg. von Hans Patze. Sigmaringen 1987 (Vorträge und Forschungen. Bd. 31). S. 237-286, bes. S. 256f.

29 Peter Abelard's Ethics. An Edition with Introduction, English Translation and Notes. Hg. von David Edward Luscombe. Oxford 1971. S. 74.

30 Friedrich Zunkel: Art. Ehre, Reputation. In: Geschichtliche Grundbegriffe. Historisches Lexikon zur politisch-sozialen Sprache in Deutschland. Hg. von Otto Bruner, Werner Conze, Reinhart Koselleck. Bd. 2. Stuttgart 1975. S. 1-65. Für die Antike hat Friedrich Klose herausgestellt: "Daß honos häufig mit virtus verbunden erscheint, ist nicht verwunderlich, da

Tugend im politischen Raum verstand die spätmittelalterliche Gesellschaft, wiederum in Anknüpfung an antike Autoren, die Fähigkeit, das Allgemeine, das Wesen der Dinge zu erkennen. Insbesondere *prudentia* und *iustitia* nahmen eine Schlüsselstellung ein, jene Tugenden also, die die rechte Urteilsfindung im Rat und auch bei Gericht zum Gegenstand hatten. Ausschließlich dies legitimierte und befähigte zu einer exponierten gesellschaftlichen Stellung.[31] Dies gilt für Stadt- und Adelsgesellschaft gleichermaßen. So konnte 1516 der Nürnberger Ratskonsulent Dr. Christoph Scheuerl die Herrschaft des Nürnberger Patriziats genau in diesem Sinne begründen: *Das gemain völklein hat kainen gewalt: es steet inen auch nicht zu, dieweill aller gewalt von gott und das wolregirn gar wenigen und allein denen so vom schöpfer aller ding und der natur mit sonderlicher weyshait begabet sein verlihen ist.*[32] Tugend und Ehre erscheinen in den Texten des Spätmittelalters gelegentlich synonym gebraucht worden zu sein: Ihre besondere Fähigkeit, das Wesen der Dinge zu erfassen, ihre Tugend demnach, legitimierte z. B. die Mitglieder des Konstanzer Rats im 15. Jahrhundert bei der Urteilsfindung von der Satzung abzuweichen und kraft eigener Verantwortung Recht zu sprechen. Das entsprechende Gesetz spricht jedoch nicht von Tugend. Den Ratsmitgliedern wird vielmehr die Vollmacht erteilt, zu urteilen, wie *uch dann uwer er und aid wiset.*[33] In nämlichem Sinne wurde 1424 dem Luzerner Rat von den Hundertern das Recht gewährt, den jeweils neuen Rat zu besetzen, *als sy ir eid und ir ere wist*.[34]

Besondere Tugend begründet also die höhere Ehre. Aus der Tugend lassen sich Ansprüche herleiten und begründen, die vermeintliche Rechte sind oder erst allmählich zu Rechten werden können, aber nicht müssen. Aufgrund dieses Befundes bekommen Du Canges Bedeutungsfelder des Wortes *honor* einen Sinn: mit der Ehre verbindet sich Tugend, die Macht in Form von Lehen, Ämtern, Besitz und Herrschaft legitimiert. Ehre im politisch-rechtlichen Kontext, so meine These, umschreibt im Mittelalter den Anspruch auf Rang, Vorrang bzw. Superiorität. Mit der Ehre, so mein Vorschlag, verbindet sich im Mittelalter eine Semantik, die im poli-

---

die virtus die notwendige Voraussetzung für jede Art von honos ist." Friedrich Klose: Die Bedeutung von honos und honestum. Breslau 1933. S. 92. Vgl. auch Aristoteles: Nikomachische Ethik. Hg. von Günther Bien. Hamburg 1972. S. 85 (1123b, 35): "Denn die Ehre ist der Tugend Preis, und den Guten wird sie zuerkannt." Hinweise auf einen engen Zusammenhang von *dignitas* und *honor* bei G. Wolf (Anm. 11) S. 206f.

31 Vgl. dazu Otto Brunner: Das 'ganze Haus' und die alteuropäische 'Ökonomik'. In: ders.: Neue Wege der Verfassungs- und Sozialgeschichte. 2. Aufl. Göttingen 1968. S. 103-127, bes. S. 113-115. Belege für eine Verwendung des Begriffes Tugend in philosophisch-theoretischen Texten zur Legitimierung von Herrschaftspartizipation bei U. Meier: Burgerliche vereynung (Anm. 26) passim.

32 Zit. nach Eberhard Isenmann: Die deutsche Stadt im Spätmittelalter (1250-1500). Stadtgestalt, Recht, Stadtregiment, Kirche, Gesellschaft, Wirtschaft. Stuttgart 1988. S. 132.

33 Das Rote Buch (Anm. 4) S. 101.

34 Anton Philipp von Segesser: Rechtsgeschichte der Stadt und Republik Lucern. Bd. 2. Lucern 1854. S. 189, Anm. 1.

tisch-rechtlichen Raum jenseits des kodifizierten Rechts Herrschafts- und Besitzverhältnisse strukturiert und legitimiert.[35] Und zwar in doppelter Weise, denn Ehre kann erworben und erwiesen werden. Wenn Salimbene von Parma behauptet: "Denn die Ehre ist nicht sowohl dessen, dem sie erwiesen wird, als vielmehr im gleichen oder noch höheren Grade dessen, der sie erweist",[36] so kann das auch dahingehend interpretiert werden, daß die Anerkennung der Ansprüche des Ranghöheren den eigenen Rang – und damit die eigene Macht – befestigt. In den Begriffen der Zeit: die eigene ständische Ehre befestigt sich in der Treue zum Ranghöheren.[37] So bestätigt denn auch um 1325 ein Glossator zum 'Sachsenspiegel', daß *alle ehre von der trewe und glauben herkompt.*[38] Der *honor*, so hat es Gerd Althoff zusammengefaßt, "bestimmt also den Rang, und der Rang ist – sicher nicht nur im Mittelalter, aber hier in besonderer Weise – etwas existentiell Wichtiges, weil von ihm alle Möglichkeiten der Mitwirkung, der Einflußnahme und Gestaltung in den Lebens- und Herrschaftsordnungen des Mittelalters abhängen."[39] Doch auch wenn Ehre und Treue so eng verbunden sind, so erweist sich die Ehre insgesamt nicht als einseitiges Konstrukt zur Privilegierung der mit höherer Ehre und damit höherem Rang und weitergehenden Rechts- und Machtansprüchen ausgestatteten Stände. Gerade in der Institution der Fehde zeigt sich, daß mit dem Rekurs auf die Ehre durchaus faktische Machtverhältnisse in Frage gestellt und rechtmäßiger Widerstand geleistet werden kann. Ehre, so könnte man zusammmenfassen, regelt die sozialen und politischen Beziehungen gesellschaftlicher Stände auf einer gleichsam informellen Ebene und erweist sich so als das für das Mittelalter zentrale

---

35 Eine alternative Deutung, die jedoch meiner Übersetzung von Ehre als Macht- oder Rechtsanspruch nahekommt, legen die Überlegungen von Gadi Algazi nahe. Er verweist in seiner Auseinandersetzung mit Brunners 'Land und Herrschaft' darauf, daß es im Mittelalter kein einheitliches Rechtsbewußtsein gegeben habe, weil es auch kein einheitliches Recht gegeben hat: "Im deutschen Spätmittelalter war keine Klasse oder professionelle Gruppe mit der exklusiven Autorität ausgestattet, zu definieren, was Recht war [...]." Das Herausstellen der Ehre könnte insofern auch als der Anspruch begriffen werden, festzulegen, welchen Rechtsmitteln und -instanzen man sich unterwarf. Vgl. Gadi Algazi: "Sie würden hinten nach so gail." Vom sozialen Gebrauch der Fehde im 15. Jahrhundert. In: Physische Gewalt: Studien zur Geschichte der Neuzeit. Hg. von Thomas Lindenberger, Alf Lüdtke. Frankfurt am Main 1995. S. 49f., Zitat S. 49.

36 Die Chronik des Salimbene von Parma. Nach der Ausgabe der Monumenta Germaniae bearb. von Alfred Doren. Bd. 1. Leipzig 1914 (Die Geschichtsschreiber der deutschen Vorzeit. Bd. 93). S. 81.

37 Die enge Verbindung von Treue und Ehre betont auch Friedhelm Guttandin: Das paradoxe Schicksal der Ehre. Zum Wandel der adeligen Ehre und zur Bedeutung von Duell und Ehre für den monarchischen Zentralstaat. Berlin 1993. S. 79-92.

38 Zit nach J.-M. Moeglin (Anm. 19) S. 84.

39 Gerd Althoff: Compositio. Wiederherstellung verletzter Ehre im Rahmen gütlicher Konfliktbeendigung. In: Verletzte Ehre (Anm. 16) S. 64.

"Mittel der sozialen Selbsterhaltung"[40] sozialer Individuen, Gruppen und Stände. Damit ergänzt sie das Recht.[41]

Dieses Ergebnis wird an dem durch die Forschungen Peter Rassows berühmt gewordenen Leitbegriff zur Benennung der Reichspolitik Friedrich Barbarossas, dem *honor imperii*, bestätigt. Ausgehend von der Untersuchung des sog. Konstanzer Vertrags zwischen Friedrich und Papst Eugen III. im Jahre 1153, versuchte Rassow durch Herausarbeitung des spezifischen Sinngehalts des Wortes *honor* in dem Kontrakt die politische Strategie Friedrichs gegenüber dem Papsttum zu bestimmen. Dreimal erwähnt der Konstanzer Vertrag die Ehre der Vertragspartner. Zunächst verpflichtete sich Friedrich in seiner Eigenschaft als Vogt der Römischen Kirche den *honor* des Papstes und die Regalien des heiligen Petrus zu erhalten und zu verteidigen. Der Papst versicherte im Gegenzug, Friedrich ohne Schwierigkeiten und Widerspruch zum Kaiser zu krönen und bei der Aufrechterhaltung und Mehrung des *honor imperii* zu unterstützen.[42] Rassow selbst hat herausgestellt, daß gerade diese Sätze einen stark formelhaften Charakter haben: Friedrichs Versprechen stehe in auffallender Nähe zum Krönungseid Lothars III. von 1133 und zu früheren Verträgen zwischen Kaiser und Papst. Friedrichs Bekenntnis, den *honor* des Papstes zu verteidigen, so Rassow, "zeigt nur, daß hier für die Stellung des deutschen Königs als Kaiser dem Papst gegenüber Formeln gebraucht worden sind, die von früher her feststanden, und an denen Friedrich Änderungen vorzunehmen keinen Anlaß hatte."[43] Auch die Versicherung des Papstes, zum Erhalt des

---

[40] Georg Simmel: Soziologie. Untersuchungen über die Formen der Vergesellschaftung. Leipzig 1908. S. 532.

[41] Das komplementäre Verhältnis von Ehre und Recht hat auch Friedhelm Guttandin herausgestellt. Er irrt jedoch, wenn er für das Mittelalter feststellt: "Gemeinsam haben ritterliche Ehre und die Ehre des ritterlichen Kaufmanns die Abwesenheit einer Rechtsordnung, über die unabhängig vom guten Willen der je Einzelnen deren sozialen Beziehungen hätten reguliert werden können. Man kann nun in beiden Fällen die Ehre als dasjenige Normgefüge ansehen, das Ritter oder Kaufleute auch ohne staatliches Recht zu einem gesitteten Zusammenleben veranlaßt." F. Guttandin (Anm. 37) S. 125. Ein staatliches Recht hat es natürlich im Mittelalter gegeben, selbst die Fehde war durch das Recht geregelt. In der Mehrzahl der Konflikte, etwa im zivilrechtlichen Bereich, haben das Recht und die Gerichte zwischen den Konfliktpartnern vermittelt und ein Urteil gesprochen. Die Ehre stellte keinen Ersatz, sondern eine Ergänzung des Rechts dar.

[42] Im Zusammenhang zitiert: *Honorem papatus et regalia beati Petri sicut deuotus et specialis aduocatus sancte Romane ecclesie contra omnes homines pro posse suo conseruabit et defendet, que nunc habet.* [...]. *Dominus uero papa apostolice auctoritatis uerbo una cum predictis cardinalibus in presentia legatorum domini regis promisit et obseruabit, quod eum sicut carissimum beati Petri filium honorabit et uenientem pro corone sue plenitudine sine difficultate et contradictione, quantum in ipso est, imperatorem coronabit, et ad manutenendum atque augendum ac dilatandum honorem imperii pro debito officii sui iuuabit.* Peter Rassow: Honor Imperii. Die neue Politik Friedrich Barbarossas 1152-1159. Durch den Text des Konstanzer Vertrages ergänzte Neuausgabe. Darmstadt 1961. S. 118. Vgl. dazu insgesamt G. Wolf (Anm. 11).

[43] P. Rassow (Anm. 42) S. 56.

honor imperii beizutragen, hatte Tradition. Eugen III. verwandte hier "Wendungen, die er ein halbes Jahr zuvor in seiner Antwort auf Friedrichs Wahlanzeige gebraucht hatte. Es waren Formeln, die an der päpstlichen Kurie für den zum Kaiser zu krönenden deutschen König üblich waren."[44]

Ohne Vorbild hingegen war der dritte Bezug auf die Ehre im Konstanzer Vertrag. Wer dem König nach päpstlicher Ermahnung hinsichtlich der königlichen Rechte und Ehren Gerechtigkeit zu erweisen weigerte, so versicherte der Papst, werde mit dem Kirchenbann belegt.[45] Hier wurde in einem gleichsam bilateralen Vertrag ein "juristisch präzises Rechtshilfeabkommen" vereinbart, das in dieser Verbindlichkeit ohne Vorbild war.[46] Rassow hat auf subtile und überzeugende Weise herausgearbeitet, daß hier der König nicht eine generelle Unterstützung der königlichen Rechtssprechung durch Kirchenstrafen anstrebte, im Gegenteil. Vielmehr versicherte er sich mit dieser Vereinbarung der politischen Loyalität des Papstes in einem konkreten Konflikt, den Rassow in Friedrichs Auseinandersetzung mit Roger von Sizilien um den Herrschaftsanspruch auf das ehedem dem Reich zugehörige süditalienische Land vermutet. "Rogers Reich war ein leider seit langer Zeit abhanden gekommener Teil des Imperiums, des *honor imperii*. So verstanden sollte der zweite Vertragsartikel, wenn es zum Krieg gegen Roger kam und wenn er siegreich beendet war, sich als Rechtsgrundlage für den Kaiser erweisen, um den *honor imperii* wiederherzustellen. [...] Gänzlich ausgeschlossen war durch diesen Artikel offensichtlich der päpstliche Anspruch auf die Lehnshoheit über das sizilianische Reich."[47]

Die politischen Weiterungen, die sich gerade aus diesem Passus des Konstanzer Vertrags zwischen Papst und Kaiser ergaben, können hier beiseite gelassen werden. Ebenso wenig können wir an dieser Stelle verfolgen, inwiefern das Betonen des *honor imperii* mit der gerade unter dem Staufer forcierten römisch-rechtlichen und sakralen Erhöhung des Reichsbegriffs (*sacrum imperium*) verbunden war.[48] Wir bescheiden uns mit der Frage, wieso hier zwischen königlichen Rechten und Ehren unterschieden wurde. An dem Konflikt um Sizilien wird deutlich, daß Friedrich hier keine Rechte besaß, sondern aus der Geschichte des Reiches begründete Rechtsansprüche, auf die er den Papst verpflichtete. Der Begriff *honor imperii* ist demnach laut Rassow zu interpretieren als "politischer Rechtsanspruch",[49] in einem

---

44 P. Rassow (Anm. 42) S. 58.

45 *Quod si regi ad apostolicam ammonitionem de iure et honore regio iustitiam exhibere contempserint, excommunications sententia innodentur.* Zit. nach P. Rassow (Anm. 42) S. 119.

46 P. Rassow (Anm. 42) S. 59.

47 P. Rassow (Anm. 42) S. 60f.

48 Vgl. dazu Gottfried Koch: Sacrum Imperium. Bemerkungen zur Herausbildung der staufischen Herrschaftsideologie. In: Ideologie und Herrschaft im Mittelalter. Hg. von Max Kerner. Darmstadt 1982 (Wege der Forschung. Bd. 530). S. 268-302, bes. S. 286. Vgl. auch insbesondere G.Wolf (Anm. 11) S. 206f.

49 P. Rassow (Anm. 42) S. 60.

Sinne also, wie wir den Begriff *honor* oben entwickelt haben. Rassows Fazit schließlich verschiebt jedoch den Horizont der Semantik des Wortes, indem er bilanziert: "Zum juristischen Zentralbegriff seiner Reichspolitik erhob er [= Friedrich] den 'honor imperii'." Dagegen ist einzuwenden, daß der *honor* Friedrich einen weiten politischen Handlungsspielraum gegenüber dem Papst bot, gerade weil er kein juristisch handhabbarer Begriff war. Er konnte den Papst des Vertragsbruchs bezichtigen, falls sein politisches Handeln den Reichsinteressen zuwiderlief. Insofern müssen wir, auch wenn wir Rassows Argumentation im Kern folgen können, den *honor imperii* nicht als juristischen, sondern als politischen Zentralbegriff der Reichspolitik unter Friedrich verstehen, der durch die Einbringung in den Konstanzer Vertrag den Papst zur Unterstützung königlicher Rechtsansprüche verpflichtete.

Den Wandel der Semantik der Ehre vom Mittelalter zur Frühen Neuzeit zu beschreiben, fällt für den politisch-rechtlichen Bereich aufgrund fehlender Vorarbeiten schwer. Mein vorläufiger Eindruck, gestützt auf wenige Hinweise in der Sekundärliteratur, ist der, daß sich Ehre vom Mittelalter zur Frühen Neuzeit von einem offensiv eingesetzten Instrument zur Formulierung politisch-rechtlicher Ansprüche zu einer Defensivwaffe wandelt. Für die Frühe Neuzeit hat Martin Dinges auf verschiedene Untersuchungen zur Ehre des französischen und spanischen Adels hingewiesen, in denen "die Konzeptualisierung der Ehre als Abwehrideologie eines Standes" gegen aufstrebende soziale Gruppen und absolutistische Machtkonzentration des Königs gedeutet wird.[50] Stellt man diesen Befunden etwa Jean-Marie Moeglins Darstellung des Gebrauchs der Ehre in fürstlichen Urkunden des Spätmittelalters entgegen, sind signifikante Unterschiede festzustellen. Seit der Mitte des 14. Jahrhunderts bestätigten die deutschen Fürsten Urkunden, vermehrt mit Verweis auf ihre fürstlichen Ehren und nicht mehr wie zuvor mit Verweis auf ihre Treue. Hinter diesem sprachlichen Wandel, der ständische Verpflichtung durch ständischen Anspruch ersetzt, standen möglicherweise reale politische Veränderungen.

> "Es ist sicherlich kein Zufall, daß [...] es den Fürsten im 15. Jahrhundert gelang, sich viel deutlicher als früher eine Anzahl Vorrechte zuerkennen zu lassen. Ihre fürstliche Ehre zu unterstreichen, hieß deutlich zu zeigen, daß sie sich von den übrigen Ständen der Gesellschaft unterscheiden; so bereitete die Semantik den Weg für eine bessere Definition fürstlicher Vorrechte. In der Verbreitung der Formel 'bei unserer fürstlichen Ehre' spiegelte sich zum einen das Bedürfnis, der Bedeutung der eingegangenen politischen Verpflichtung auch sprachlich

---

[50] Martin Dinges: Die Ehre als Thema der Stadtgeschichte. Eine Semantik am Übergang vom Ancien Régime zur Moderne. In: ZHF 16. 1989. S. 409-440, hier S. 413.

> Ausdruck zu verleihen; zum anderen artikulierte sich hier ein verstärktes Selbstbewußtsein der Fürsten des Reiches [...]."[51]

Es wäre zu untersuchen, ob das für andere Gruppen des Adels in gleicher Weise gilt. Mit schwindender Macht, so könnte man dann vermuten, bewahrte sich der Adel in der Frühen Neuzeit den Begriff der Ehre, wandelte jedoch seine Semantik. Ebenso plausibel scheint es mir jedoch, anzunehmen, daß wir hier keinen zeitlichen Wandel der Ehrsemantik beobachten, sondern nur verschiedene Möglichkeiten des Einsatzes der Ehre, die als Code zur Formulierung von Rechts- und Machtansprüchen sowohl defensiv als auch offensiv eingesetzt werden konnte. Beide Deutungen sprechen dafür, daß eine vergleichend angelegte Analyse des adligen Einsatzes des Ehrbegriffs ein wichtiges hermeneutisches Verfahren zur Ermittlung realer politischer Machtverhältnisse und Machtansprüche in der vormodernen Ständegesellschaft sein kann.[52]

2. Ehre in den Alltags- und Sozialbeziehungen spätmittelalterlicher Stadtbewohner

Jüngere kriminalhistorische Untersuchungen haben auf der Ebene des alltäglichen Lebens ebenfalls das Nebeneinander von Recht und Ehre im Mittelalter herausgestellt. Wenn um 1430 in Nürnberg ein Seilersohn den Stadtknechten vorwarf, *sie hetten einem ein messer wider got, wider ere und wider recht genomen,*[53] verwies er damit auf die für ihn geltenden Normensysteme. Das göttliche sowie das von Menschen gesetzte Recht waren gleichsam die Klammern, zwischen denen sich die individuelle Ehre durchzusetzen und zu bewahren hatte. Darauf hat, so Susanna Burghartz in ihrer Studie zur Ratsgerichtsbarkeit im spätmittelalterlichen Zürich, die Rechtssprechung durchaus Rücksicht genommen. Das Ratsgericht vermittelte zwischen allgemeinem städtischen Friedensinteresse und persönlicher Ehre der Bürger und Einwohner.[54]

Das Nebeneinander zweier handlungsprägender Normensysteme, nämlich Ehre und Recht, funktionierte, so meine zweite These, bis zum ausgehenden Mittelalter. Dabei darf aber nicht übersehen werden, daß zumindest in den Städten der Rat seit dem 14. Jahrhundert nach einem Gewaltmonopol strebte, das bedeutende Formen privater Konfliktbeilegung – etwa Rache und Selbstjustiz –, die wesentlich dem

---

51 J.-M. Moeglin (Anm. 19) S. 85. Vgl. auch Karl Friedrich Krieger: Fürstliche Standesvorrechte im Spätmittelalter. In: BDLG 122. 1986. S. 91-116.

52 F. Guttandin (Anm. 37) gibt darüber, trotz des verheißungsvollen Titels, keinen Aufschluß.

53 Nürnberg StaatsA. Reichsstadt Nürnberg. Amts- und Standbuch 196. Fol. 15^{r}.

54 S. Burghartz: Disziplinierung (Anm. 3) passim.

Ehrcode folgten, sanktionierte.[55] Auch im Strafrecht vollzogen sich im Spätmittelalter Wandlungen, die es nahelegen, daß der Aspekt der individuellen Ehre bzw. Ehrverletzung zumindest seitens der Obrigkeit gegenüber dem Aspekt des Friedbruchs gegen die Stadt oder den Rechtskreis zurücktrat. Gerade in älteren Rechtskodifikationen stand das Bemühen, Täter und Opfer bzw. Kläger und Angeklagte zu versöhnen im Mittelpunkt richterlicher Aufgaben. Nach dem Augsburger Stadtrecht konnte der Kläger gezwungen werden, eine Bußleistung vom Täter anzunehmen und damit den Frieden zwischen den Konfliktparteien zu bestätigen.[56] Symbolisch tritt die Vorrangigkeit des Täter-Opfer-Ausgleichs bereits dadurch hervor, daß beispielsweise in Konstanz seit dem 14. Jahrhundert dem Kläger, so er vorhanden war, zwei Drittel, dem Rat und damit der Stadt nur ein Drittel der Buße zustanden. Wie wichtig die Klägerbuße, auch im Verhältnis zur Buße an die Stadt noch zu Beginn des Spätmittelalters erachtet wurde, belegt der Passus des Konstanzer Richtebriefes aus der Mitte des 13. Jahrhunderts, der das Verfallen von Bußen im Todesfall regelte. Während der Rat die an ihn zu richtende Buße mit dem Tod des Schuldners für verfallen erklärte, sollte die Bußschuld an den Kläger bestehen bleiben.[57] Das Zurücktreten der Ratsbuße hinter die Klägerbuße und die damit reflektierte Höherbewertung der verletzten Ehre des Klägers gegenüber dem verletzten Stadtfrieden, kehrte sich spätestens im 15. Jahrhundert um. Es ist symptomatisch, daß spätestens seit dieser Zeit in Konstanz die Stadtbuße durch den Todesfall des Schuldners nicht wie zuvor abgegolten war, sondern wie ehedem nur die Klägerbuße auf die Erben überging.[58] Gleichzeitig verlor die Klägerbuße in der

---

[55] Vgl. Peter Schuster: Dschungel aus Stein? Theorie und Realität der Stadt im Mittealter. In: KEA. Zeitschrift für Kulturwissenschaften 8. 1995. S. 191-208, bes. S. 203-208.

[56] Das Stadtbuch von Augsburg, insbesondere das Stadtrecht vom Jahre 1276. Hg. von Christian Meyer. Augsburg 1872. S. 114f. (*umbe die wunden*): *Wolte aber der clager der buzze niht naemen diu redelich und gefuge waere, so sol iener fur die ratgaben gen, unde suln die ratgaeben viere von in gaeben, unde swelhe buzze die viere schephen die sol iener naemen, unde sol in niht furbaz noeten. Wolte er des den burgern wider sin, so sol der vogt unde die burger ienen noeten, daz er die buzze noeme, unde suln disen die wile schaermen; unde sol auch der vogt keine buzze naemen, e daz der clager gestillet waerde.* Ähnlich Stadtbuch von Augsburg S. 124 (Meineid).

[57] [...] *swer dekein buosse beschuldet gegen dem Rate und gegen der statt um dekeiner slachte sache; stirbet der, vnd ist die buosse dannoch nit ingenommen noch gewert, si si vürbürgot oder niht: so sol si ganzelich ab sin gegen dem Rate vnde gegen der Stat, vnde nit gegen dem kleger.* Der Schaffhauser Richtbrief. Die ältesten Satzungen der Stadt aus dem Jahr MCCLXLI. Hg. von Johannes Meyer. Schaffhausen 1857. Dieser Richtbrief ist die Abschrift einer älteren Konstanzer Rechtsquelle. Vgl. Vom Richtebrief zum Roten Buch (Anm. 4) S. 25*.

[58] Siman Seklar, 1445 in eine Messerstecherei verwickelt, hatte noch 1456 nicht die gesamte Strafschuld entrichtet. Im sog. Strafbuch notierte der Schreiber 1456: *er ist tod und hat der rat den erben die buß halb abgelassen.* Konstanz StadtA. Bände L 806. Bertschi Brüttel erbte die Buße seines Sohnes wegen Messerstecherei. 1451, zehn Jahre nach der Tat, notiert das Strafbuch: *Bertschi Bruttel sol noch by der straff, so sin sun Hensli gestrafft ward* [...] *bezalen.* Konstanz StadtA. Bände L 802. Fol. 15.

Rechtssprechung rapid an Bedeutung. Seit dem späten 14. Jahrhundert behielt sich der Rat das Recht vor, die Klägerbuße mit dem Vorbehalt zu versehen, sie bei unbotmäßigem Verhalten des Klägers in die Verfügung des Rates zu stellen. In Konstanz hatte es Nesen Hubermen 1430 – während einer tiefen innenpolitischen Zerreißprobe der Stadt – gewagt, den Ratsknechten *bärliche worte* entgegenzuschleudern. Der Rat sprach gegen die Frau die drakonische Strafe von drei Jahren Stadtverweis aus. Strafverschärfend verfügte das Gremium, daß die Täterin in diesen drei Jahren nicht näher als zwei Meilen an die Stadt herankommen durfte. Den beleidigten Ratsknechten konzedierte der Rat *sechs jar an ir gnad und an ains rauts gnad, ob sy zu hart sin wölt.*[59] 1448 erhielt Veren Felixin wegen unziemlicher Worte gegen die Klosterfrauen von Lindau neben einem halben Jahr Stadtverweis ein Jahr auf Gnade von Frau Ursel von Schellenburg, Chorfrau ebendort. Einschränkend bestimmte der Rat, *ob sy aber darinn zu hart sin wölt, so sol ir sträf an aim raut stän.*[60] Auch nominell verlor die Klägerbuße und damit der Täter-Opfer-Ausgleich an Gewicht. Während für die Jahre 1384 und 1389 jeweils zwischen dreißig und vierzig Klägerbußen in den Konstanzer Ratsbüchern verzeichnet sind, sank ihre Zahl in den Jahren 1430 bis 1460 auf durchschnittlich sechs pro Jahr.[61] Der Wiederherstellung der verletzten Ehre des Klägers bzw. Opfers in einem Rechtskonflikt maß der Rat als Organ der Niedergerichtsbarkeit in dem Maß weniger Bedeutung zu, als er den Bruch des städtischen Friedens in den Mittelpunkt seiner Rechtssprechung rückte.

Eine solche Entwicklung tat jedoch der Ehre als handlungsleitendem Wertesystem der spätmittelalterlichen Gesellschaft wenig Abbruch. Gerade bei Gewaltdelikten ist der Gesichtspunkt der Ehre unübersehbar und von der Forschung gerade in den letzten Jahren als zentrale Kategorie zur Erklärung des Gewaltverhaltens im Spätmittelalter bemüht worden. Claude Gauvard etwa stellt zu Beginn ihres Kapitels zur Gewalt apodiktisch fest: "L'honneur est au cœur de la violence."[62] Der spezifische Ablauf der Mehrzahl spätmittelalterlicher Gewalthändel scheint Gauvards These zu untermauern. Bei meinen Untersuchungen zur Delinquenz im spätmittelalterlichen Konstanz hat sich Jacques Chiffoleaus Befund für das spätmittelalterliche Avignon bestätigt, wonach Gewalthändel in der Mehrzahl der Fälle festen Regeln folgten. Selten kam es spontan und unvermittelt zur Gewalt. Am

---

59 Konstanz StadtA. B I 5. S. 197.

60 Konstanz StadtA. B I 7. Fol. 217^{v}. Weitere Fälle B I 8. S. 174; B I 11. S. 54; A.P. von Segesser (Anm. 34) S. 629.

61 Auf Einzelnachweise verzichte ich an dieser Stelle. Die Daten wurden erhoben aus den Konstanzer Ratsbüchern. Konstanz StadtA. B I 1 und B I 5 bis B I 11.

62 C. Gauvard (Anm. 5) S. 705. Vgl. auch S. Burghartz: Disziplinierung (Anm. 3); Peter Schuster: Der gelobte Frieden. Täter, Opfer und Herrschaft im spätmittelalterlichen Konstanz. Konstanz 1995; Katharina Simon-Muscheid: Gewalt und Ehre im spätmittelalterlichen Handwerk am Beispiel Basels. In: ZHF 18. 1991. S. 1-31 und Nicole Gonthier: Cris de Haine et Rites d'Unité. La Violence dans les Villes, XIIIe-XVIe siècle. Turnhout 1992.

Anfang standen in der Regel beleidigende Worte. Durch das Ziehen einer Waffe wurde die Eskalation angedroht, auf die der Kontrahent zu reagieren hatte. Es ist bemerkenswert, daß in diesen stark ritualisierten Auseinandersetzungen selten Verwundete oder Tote zurückblieben. Das Ziehen des Messers als Androhung zum Letzten zu gehen, stellte im Regelfall die durch Beleidigungen verletzte Ehre wieder her.[63]

Dieser Kampf um die Ehre interessierte die Instanzen der Niedergerichtsbarkeit jedoch wenig. Beleidigungen wie das Messerziehen waren Friedbrüche, die der Rat zu sanktionieren versuchte. Es ist bemerkenswert, daß ihn die Bürger bei dieser Sanktionsabsicht recht unterschiedlich unterstützten. Nur bei Beleidigungen und anderen Wortdelikten traten sie häufig als Kläger auf. In den von mir zwischen 1430 und 1460 erfaßten Konstanzer Ratsurteilen wegen Denunziation bzw. übler Nachrede klagten die Opfer in 28 von 50 Fällen. Bei Beleidigungen ist die Quote ebenfalls überdurchschnittlich hoch. 143 Urteile gegen Beleidiger waren in 44 Fällen von der Klage des Opfers begleitet. Bei Gewaltdelikten ergibt sich indes ein genau entgegengesetzter Befund. Siebenmal wurde ein Waffeneinsatz und nur dreimal eine Verwundung angezeigt. Bei insgesamt 519 Gewaltdelikten (ohne Mord und Totschlag) liegt damit die Quote in diesem Deliktfeld mit weniger als zwei Prozent bemerkenswert niedrig. Als Ergebnis ist festzuhalten, daß seltener geklagt wurde, je schwerer, nach modernen Maßstäben, das Delikt wog.[64]

Das eigentümliche Ergebnis unterstreicht wiederum eine von Jacques Chiffoleau getroffene Feststellung über die Avignoneser Gesellschaft des 14. Jahrhunderts. Sie habe das städtische Gericht in einem Konflikt funktional einzusetzen gewußt.[65] Dem verbal oder anderweitig Attackierten stand es offen, unter Berufung auf seine Ehre gewalttätig Rache zu üben, oder aber die Rache durch eine Klage vor dem Gericht zu bewirken. Beides waren gesellschaftlich anerkannte Wege, die eigene Reputation wiederherzustellen. Legal war indes nur der Weg der Rache durch Anrufung des Gerichts. Insofern wurden durch die gewalttätige, dem Gesetz der Ehre folgende Rache fortwährend Verstöße gegen das Recht produziert. Ehre und Recht erscheinen so als zwei komplementäre, aber auch disjunkte Steuerme-

---

63 Vgl. P. Schuster: Der gelobte Frieden (Anm. 62) und J. Chiffoleau (Anm. 5). Claude Gauvard betont ebenfalls die Bedeutung beleidigender Worte für die Eskalation des Konflikts. C. Gauvard (Anm. 5) passim, bes. S. 715: "L'injure, telle que nous pouvons la cerner, qu'elle soit paroles ou geste, est un motif sérieux de rixe et homicide." Für gewalttätige Auseinandersetzungen unterstreicht auch sie, zumindest implizit, einen regelhaften Verlauf: "La rixe n'est pas une bataille mais une affaire entre deux individus dont le dialogue est devenu impossible." (S. 710).

64 Auf Einzelnachweise wird verzichtet. Vgl. Konstanz StadtA. B I 5 bis B I 11.

65 "Mais si nombre de bagarres de moindre gravité echappent à la justice, il faut imaginer que le recours au tribunal est une des vengeances possible dans cette société urbaine [...]." J. Chiffoleau (Anm. 5) S. 354. Zum Wechselspiel von Fremd- und Selbstregulierung vgl. insbesondere Martin Dinges: Die Ehre als Thema der historischen Anthropologie. In: Verletzte Ehre (Anm. 16) S. 29-62, bes. S. 48-50.

chanismen der sozialen Beziehungen. Ähnlich wie im politisch-rechtlichen Raum erscheint Ehre als neben dem kodifizierten Recht stehendes, informelles Normensystem, das die Alltagsbeziehungen regelt.

Bemerkenswert ist in diesem Zusammenhang, daß Entehrung, Ehrabsprechung und Unehre im Strafrecht des Mittelalters keine bedeutenden Rollen spielen. Sie sind vielmehr als ein Bestandteil traditioneller Praktiken der Selbstjustiz anzusehen. Die im Spätmittelalter praktizierten obrigkeitlich verfügten und durchgeführten Ehrenstrafen, darauf haben unabhängig voneinander Esther Cohen und Gerd Schwerhoff verwiesen, waren "Sanktionen, die von kleineren und überschaubaren Gemeinschaften schon seit langem und eher informell verhängt worden waren."[66] Ihre Integration in das staatliche Sanktionssystem war zwar im Spätmittelalter unübersehbar erfolgt, doch auch als die Sanktionsinstrumente zur Minderung der Ehre wie Pranger, Halseisen etc. installiert waren, scheinen sie keine hohe Bedeutung gehabt zu haben. In Konstanz etwa wurden im 15. Jahrhundert nur sporadisch ehrmindernde Strafen ausgesprochen. Zwischen 1420 und 1495 sind nur sechs Prangerstrafen nachweisbar, fünf davon wegen Gotteslästerung, die zudem mit Stadtverweisung geahndet wurden.[67] Ehrmindernd war sicher auch die Vertreibung aus der Stadt mit Rutenschlägen, die einem Bilderschänder und einem Vater, der seine Tochter mißbraucht hatte, widerfuhren,[68] oder die schändliche Ausfahrt auf einer Karre, die einer Christin, die mit einem Juden sexuellen Umgang hatte, zugemutet wurde.[69]

Bemerkenswert ist, daß Formen der Ehrminderung zumeist mit dem Stadtverweis einhergingen. Damit ergibt sich die Frage, welchen Sinn diese Ehrenstrafen hatten. Richteten sie sich gegen die Delinquenten, die als Stadtverwiesene kaum den Zeugen ihrer Ehrminderung wieder begegnet sind oder waren sie nicht eher symbolische Akte, die insbesondere bei Blasphemiedelikten der öffentlichen Wie-

---

66 G. Schwerhoff: Verordnete Schande (Anm. 2) S. 158; Esther Cohen: The Crossroads of Justice. Law and Culture in Late Medieval France. Leiden, New York 1993 (Brill's Studies in Intellectual History. Bd. 36). S. 162: "The extra-legal, cultural origins of the vocabulary were evident in all punitive rituals. The pillory, the stocks, the whipping-cart and the gallows all carried a dual significance: based upon the most fundamental perceptions and ideas of contemporary culture, they were designed to show the power of political authority in a universally intelligible language." Anschaulich belegt Klaus Schreiner diese These am Beispiel des entehrenden Rittes auf einem Esel. Klaus Schreiner: Gregor VIII., nackt auf einem Esel. Entehrende Entblößung und schandbares Reiten im Spiegel einer Miniatur der "Sächsischen Weltchronik". In: Ecclesia et Regnum. Beiträge zur Geschichte von Kirche, Recht und Staat im Mittelalter. Festschrift für Franz-Josef Schmale zum 65. Geburtstag. Hg. von Dieter Berg, Hans-Werner Goetz. Bochum 1989. S. 155-202.

67 Konstanz StadtA. B I 6, S. 448; B I 8, S. 221, Friedrich Wielandt: Pranger und Prangerstrafe in Konstanz. In: ZSRG.G 54. 1934. S. 253-257.

68 Konstanz StadtA. B I 8. S. 121,5 und 131.

69 Konstanz StadtA. B I 4. S. 175. In Basel wurde eine christliche Frau für dieses Delikt in den Käfig gesetzt und danach der Stadt verwiesen. Basel StaatsA. Ratsbücher A 3. Fol. 13^{v}. (1394).

derherstellung der Ehre Gottes dienten? Ähnliche Fragen ergeben sich bei der letzten Variante der Konstanzer Praxis von Ehrenstrafen, dem Ohrenabschneiden bei Dieben. Ersparte man ihnen den Galgen, so wollte man sie doch kennzeichnen, um andere zu warnen. Äußerlich gekennzeichnet, diente die Strafe in erster Linie der sozialen Ausgrenzung.[70] Daß mit dieser Strafe die Ehre verloren ging, war ein Begleit-, aber nicht zentraler Zweck dieser Strafpraxis. Einer delinquenten Gruppe wurde durch das Gericht jedoch explizit die Ehre abgesprochen: Schuldnern, die ihr vor dem Rat geschworenes Schuldversprechen nicht einhielten. Zwischen 1445 und 1457 befand der Rat über sechs Konstanzer Bürger, die ihre Schuld nicht entrichtet hatten, daß sie *hinfur für maineidig und erloß gehalten und furo an raut noch an gericht niemer mer gesetzt werden noch zu dehainen zugen nit nutz sin sol.*[71] Diese sechs Konstanzer waren offenbar die einzigen 'Ehrlosen' in der Bodenseemetropole um 1450. Ihre Ehrlosigkeit begründete sich interessanterweise aus dem gleichen Sachverhalt, mit dem eidbrüchige Lehnsnehmer nach dem 'Sachsenspiegel' ehrlos wurden.[72] Beide, Lehnsnehmer wie Schuldner, verloren ihre Ehre aufgrund der Nichteinhaltung ihrer beschworenen Verpflichtung. Faktisch traf diese Form der Infamie indes nur wenige. Dieser Befund bestätigt zunächst Ernst

---

[70] Eine Interpretation des Ohrenabschneidens als Maßnahme, um männliche Täter unfruchtbar zu machen, bietet E. Cohen (Anm. 66) S. 168, an.

[71] Konstanz StadtA. A IV 2. Fol. 3. Rechtliche Grundlage war das Satzungsbuch der Stadt, das sog. Rote Buch, das über Schuldner, die ihr gelobtes Rückzahlungsversprechen nicht einhielten, verfügte: *Es sond och all solich, die ir aid also übersehen und nit haltent, als fur mainaidig und erloß gehalten und furo an raut noch an gericht niemer gesetzt werden, noch zu dehainem zugen nit nutz sin in dehain wiß.* Das Rote Buch (Anm. 4) S. 73. – In Basel verfügte der Rat im Jahr 1411, daß der, der einen Meineid leistete, *der sol in der stett buch, das darumb sonders gemaht ist, gesetzt werden und verschriben werden, daz er ewiclichen ein verworfener mensche sol sin aller eren und wirdickeiten, und daz er ze keinem gezugen niemer genommen sol werden umb kein sach* [...]. Rechtsquellen von Basel. Hg. von Johannes Schnell. Bd. 1,1. Basel 1856. Nr. 93, S. 92. Vgl. für das 13. Jahrhundert, wo Schuldnern neben dem Verlust der Ehre auch die Exkommunikation drohte; Ernst Meyer: Über das Schuldrecht der deutschen Schweiz in der Zeit des XIII. bis XVII. Jahrhunderts. Breslau 1913 (Untersuchungen zur deutschen Staats- und Rechtsgeschichte. Bd. 115). S. 132. Gerade Schuldner waren Hauptadressaten der in Deutschland nur vereinzelt verbreiteten Schandbriefe und -bilder; vgl. Guido Kisch: Ehrenschelte und Schandgemälde. In: ZSRG.G 51. 1931. S. 514-520. Wie ernst diese Form der öffentlichen Schmähung genommen wurde, belegt die ewige Stadtverweisung für Breyd Hymlerin, die 1446 Regensburger Bürgern und Bürgerinnen Schmäh- und Scheltbriefe, die *Treue, Ehre und Gelimpf* der Adressaten berührten, an die Haustüren geheftet hatte. Steffen Wernicke: "Weil ich mich gegen meinen benannten Mann vergessen [...]." Frauen vor Gericht. In: Regensburger Frauenspuren: eine historische Entdeckungsreise. Hg. von Ute Kätzel, Karin Schrott. Regensburg 1995. S. 64-85, hier S. 73.

[72] *Swe so truwelos beredet wert, oder herevluchtich ut des rikes denste, deme verdelet men sin ere unde sin lenrecht, unde nicht sin lif.* Sachsenspiegel I, Landrecht. Hg. von Karl August Eckhard. Hannover 1933 (ND 1973) (Bibliotheca Rerum Historicarum. Rechtsbücher. Bd. 1). S. 102 (Landrecht I, 40).

Schubert, der, wie so oft cum grano salis, betont hat: "Unehrlichkeit als Rechtsbegriff [ist] zugleich das Prinzip, das am meisten überschätzt wurde."[73]

Doch soll solch abschwächende Feststellung unser Interesse an den Folgen des Ehrverlustes für diese sechs Konstanzer Bürger nicht mindern. Drei der ehrlosen Konstanzer Bürger haben wir in den Steuerbüchern finden können, und insofern zumindest feststellen können, ob der Verlust des symbolischen Kapitals der Ehre mit einem ökonomischen Verfall einherging. Cunli Huch, einen Fischer, traf die Ehrenstrafe 1454, als er, der seit 1418 in den Steuerbüchern verzeichnet ist, bereits ökonomisch darniederlag. Er zahlte nach seiner Ehrenstrafe, wie schon 1450 bis 1452 keine Steuern mehr. Der Fischer Heinrich Guttinger war 1440 für ehrlos erklärt worden. 1439 und 1440 zahlte er keine Steuern. Jedoch blieb seine Vermögensentwicklung zwischen 1432 und 1460 insgesamt von der Ehrenstrafe unberührt. Mit gewissen Schwankungen versteuerte er, der vor der Strafe Vermögenswerte zwischen 300 und 400 Pfund Pfennige angegeben hatte, nach 1440 zwischen 400 und 600 Pfund Pfennige. Im Jahr vor und in den beiden Jahren nach seiner Ehrenstrafe gab er mit 600 bzw. 690 Pfund das höchste Vermögen an. Der dritte rekonstruierbare Fall betrifft den Bäcker Konrad Wolgemut, dem ebenfalls 1440 die Ehrenstrafe auferlegt worden war. Er versteuerte in den Jahren vor 1440 konstant 2900 Pfund Pfennige, von 1441 bis 1448 war das Vermögen mit 2700 Pfund Pfennige nur geringfügig niedriger und blieb in den Folgejahren auf hohem Niveau. Eine Wirkung zeitigte die Strafe allenfalls insoweit, als er von 1441 auf 1442 umgezogen zu sein scheint. Eine Korrelation von Ehrverlust und ökonomischen Niedergang belegen die genannten Beispiele jedoch nicht.[74]

Wenn gerichtlich verfügte Ehrenstrafen selten und von geringer Wirkung waren, wenn die gewalttätige Ehre als Selbstjustiz bestraft und somit Verstöße gegen das Recht produzierte, sollte die Beziehung von Ehre und Recht im mittelalterlichen Strafrecht nicht überbetont werden. Das Recht, so meine dritte These, kümmert sich im Mittelalter wenig um die Ehre und vice versa. Weiteren Forschungen bleibt es vorbehalten, noch einen Schritt weiterzugehen: Der rechtliche Diskurs über Ehre kreiste in der mittelalterlichen Stadtgesellschaft um die Zugangsberechtigung zu politischen Ämtern. Die Ehrenstrafen, soweit sie kodifiziert wurden und nicht nachträglich von Historikern als solche qualifiziert worden sind, betrafen bis ins Spätmittelalter die Amts- und Gerichtsfähigkeit der Betroffenen und demnach nur einen Ausschnitt ihrer sozialen Reputation. Genauen Aufschluß über die Wir-

---

[73] Ernst Schubert: Soziale Randgruppen und Bevölkerungsentwicklung im Mittelalter. In: Saeculum 34. 1988. S. 294-339, hier S. 296f.

[74] Daten ermittelten aus Konstanz StadtA. Bände L 1 bis L 38 (Steuerbücher). Die Jahrgänge 1418, 1425, 1428, 1433, 1440, 1450 und 1460 liegen ediert vor: Die Steuerbücher der Stadt Konstanz. Teil 1: 1418-1460. Bearb. vom Stadtarchiv Konstanz. Konstanz 1958 (Konstanzer Geschichts- und Rechtsquellen. Bd. 9). Wolgemut findet sich dort seit 1425 erfaßt. 1440 ist er unter Nr. 628, 1460 unter Nr. 1081 genannt. Guttinger: 1440, Nr. 1616; 1450, Nr. 2038; 1460, Nr. 2710. Huch: 1440, Nr. 1619; 1450, Nr. 2045.

kung dergestaltiger Ehrverluste zu gewinnen, scheint mir nur über Analysen einzelner Lebensläufe möglich zu sein.

Im 16. Jahrhundert vollzog sich ein entscheidender qualitativer Umschlag, der die Ehre in den Mittelpunkt des gesellschaftlichen Diskurses rückte und meiner Kenntnis nach bisher nicht systematisch analysiert worden ist.[75] Empirisch ist festzustellen: 1. Ehrenstrafen und damit die juristisch verfügte Unehre nehmen zu (*infamia iuris*). 2. Die Unehrbarkeit bestimmter Berufs-, Sozial- und Personengruppen gewinnt an Bedeutung (*infamia facti*).[76] 3. Die Produktion von Rechtsnormen nimmt zu. Alle drei Phänomene stehen m. E. in einem engen Wechselverhältnis zueinander. Mit den zunehmenden Ehrenstrafen wird sinnfällig, daß das Strafrecht seit dem 16. Jahrhundert einen neuen, moralischen Impetus annimmt. Mit der Strafe soll, stärker als im Spätmittelalter, ein erzieherischer und moralischer Druck auf den Delinquenten ausgeübt werden. Vordergründig wird dies allein daran erkennbar, daß seit dem späten 15. Jahrhundert, erst recht im 16. Jahrhundert, in Ordnungen und Gesetzen Gottes Zorn explizit angedroht wird.[77] "Gottes Strafandrohung", so Heinrich R. Schmidt, "hat einen pädagogischen Zweck. Der erzieherische, ins Gewissen zielende Appell der Obrigkeit verlangt nach Buße, Umkehr, Besserung."[78] Wer diesem erzieherischen Appell nicht nachgab, unterlag im Gegensatz zum Mittelalter der Gefahr sozialer Ausgrenzung und Stigmatisierung. Erst im 16. Jahrhundert wurde dann auch der Nichtsnutz, der gesellschaftlich nicht wertvolle Kleinkriminelle, kreiert. Pejorative Namen für ansässige Bürger wie *Jacob Bächler, genannt der unnutz Bächler*[79] sind mir aus dem

---

[75] Auch M. Dinges: Die Ehre als Thema der historischen Anthropologie (Anm. 65) S. 36 sieht einen entscheidenden Wandel seit dem 16. Jahrhundert: "Unstreitig scheint die zunehmende Ausdifferenzierung, Aufblähung und Verschriftlichung der Ehrsemantik seit dem 16. Jahrhundert. Scheinbare Nebensächlichkeiten gewinnen damit eine neue Bedeutung und hermeneutische Signifikanz. Karl-Sigismund Kramer hat beobachtet, daß seit der Wende vom 15. zum 16. Jahrhundert die Angst um die Ehre bzw. ihren Verlust die Köpfe erreichte. Seit eben dieser Zeit haben Ratsschreiber, die Beleidigungen notieren mußten, ihre Furcht vor der Ehrminderung durch die Niederschrift beleidigender Worte und Wörter mit Schutzformeln abzusichern versucht: "Mit Verlaub zu sagen, mit Gebühr zu melden, mit Zuchten zu schreiben, salva reverentia, salvo honore, reverendo, reverenter, salva venia, honor sit auribus: dies all sind Formeln, die vor ehrenrührigen Worten eingeschoben werden, vor Hure, Dieb, Schelm usw., genauso, als bringe schon die Niederschrift eine Gefährdung mit sich." Karl-Sigismund Kramer: Grundriß einer rechtlichen Volkskunde. Göttingen 1974. S. 50f.

[76] Zur Trennung von *infamia iuris* und *infamia facti* vgl. insbesondere Jutta Nowosadtko: Die Ehre, die Unehre und das Staatsinteresse. Konzepte und Funktionen von "Unehrlichkeit" im historischen Wandel am Beispiel des Kurfürstentums Bayern. In: GWU 44. 1993. S. 362-409.

[77] Vgl. Peter Schuster: Das Frauenhaus. Städtische Bordelle in Deutschland 1350-1600. Paderborn 1992. S. 178f.

[78] Heinrich R. Schmidt: Die Ächtung des Fluchens durch reformatorische Sittengerichte. In: Der Fluch und der Eid. Hg. von Peter Blickle. Berlin 1993. (ZHF. Beihefte. Bd. 15). S. 65-120, hier S. 69.

[79] Konstanz StadtA. H IV 18. Fol. 1 (1527).

Spätmittelalter nicht bekannt. Bächler und Seinesgleichen traf ein Sanktionsprogramm, das ihnen gleichsam vorbeugend für ihre Lebensweise ein Wirtshaus- oder Spielverbot auferlegte. Zwar waren derartige Strafen bereits im Spätmittelalter bekannt, sie wurden jetzt aber allgemein, verfolgten pädagogische Ziele und grenzten deviante Personen kollektiv aus. Zwischen 1526 und 1548 verfügte der Konstanzer Rat gegen 81 Personen entsprechende Strafen.[80]

Soziale Ausgrenzung kennzeichnete in gleicher Weise den Ehrdiskurs der Zünfte. Die Ehre diente dort nicht, wie die ständische Ehre im Mittelalter, als informelle Kategorie zur Legitimierung von Rang- und Statusunterschieden, die (fast) jedem seine spezifische Ehre beließ, sondern Ehre wurde auch und vor allem zum Mittel sozialer und gesellschaftlicher Ausgrenzung und Diffamierung.[81] Auch wenn Zünfte und Obrigkeit mit dem Konzept der Ehre ein ähnliches Programm moralischer und pädagogischer Reinigung verfolgten, so gerieten Ehre und Recht doch mit dieser Entwicklung in einen Konflikt. Während die Gerichte im 16. Jahrhundert zunehmend Ehrenbußen "im Sinne einer Sozialdisziplinierung" instrumentalisierten, "weil diese als empfindlicher als Geldbußen galten und deshalb als wirksamer eingestuft wurden",[82] ging es den Zünften und Handwerken um Ressourcen und Privilegien. Zugespitzt formuliert: die Ehre im Recht war zuallererst eine moralisch-rechtliche, die Ehre der Handwerke zuallererst eine soziale Kategorie. Ehre und Unehre wurden dementsprechend anders eingesetzt und bewertet, und es entstanden Konfliktlinien. Nicht zufällig traten die Zünfte seit dem späten 15. Jahrhundert gehäuft korporativ als Gnadenbitter auf, um die rechtlich verfügte Strafe eines Mitgliedes zu verhindern: mit dem Begriff der Ehre wurde der seit dem 15. Jahrhundert zunehmende Einfluß des Rechts auf den Alltag zurückgewiesen.[83] Ein zentraler Grund für die Unehrlichkeit der niederen Polizeibediensteten in der frühneuzeitlichen Gesellschaft ist hier zu suchen. In Nürnberg, so habe ich mit Andrea Bendlage in einem kürzlich erschienenen Artikel belegt, setzten die Handwerker seit dem frühen 16. Jahrhundert ihren Ehrbegriff gezielt als Mittel gegen

---

80 Konstanz StadtA. H IV 18. Fol. 1-28.

81 Beate Schuster: Die freien Frauen. Dirnen und Frauenhäuser im 15. und 16. Jahrhundert. Frankfurt am Main 1995 (Geschichte und Geschlechter. Bd. 12). S. 418f. stellt die These auf, daß eine Moral der Seßhaftigkeit, die sich durch Christlichkeit, Ehrbarkeit und Leben in einem Haushalt definierte, im 16. Jahrhundert zu einem generellen Trend zur Ausgrenzung der Nichtseßhaften/Fahrenden führte.

82 Jutta Nowosadtko: Betrachtungen über den Erwerb von Unehre. Vom Widerspruch 'moderner' und 'traditionaler' Ehren- und Unehrenkonzepte in der frühneuzeitlichen Ständegesellschaft. In: Ehre. Archaische Momente in der Moderne. Hg. von Ludgera Vogt, Arnold Zingerle. Frankfurt am Main 1994. S. 230-248, hier S. 239.

83 Beispiele bei Karl Schué: Das Gnadenbitten in Recht, Sage, Dichtung und Kunst. Ein Beitrag zur Rechts- und Kulturgeschichte. In: Zeitschrift des Aachener Geschichtsvereins 40. 1918. S. 143-286, bes. S. 178f.

die Staatsgewalt ein.[84] Die von den Handwerken prononcierte Unehrlichkeit der Stadtknechte und -schützen grenzte diese zum einen sozial aus, indem ihnen Tätigkeiten im Handwerk mit dem Hinweis auf ihre Unehrlichkeit verwehrt wurden. Zum anderen minderte die Unehrlichkeit die Autorität der Polizeibediensteten. Seitens des Nürnberger Rates ist zwar wiederholt die Ehrminderung der Exekutivbediensteten durch die Handwerke beklagt worden, doch blieben die obrigkeitlichen Interventionen letztlich folgenlos. Eine Eingabe der Basler Gerichtsknechte aus dem frühen 16. Jahrhundert belegt eindrucksvoll, warum die Handwerke mit ihrem Ehrkonzept gegen die niederen Polizeichargen, und damit m. E. auch gegen die Disziplinierung durch den Rat vorgingen. Nicht der Umgang mit Blut und Hinrichtungen barg für die niederen Polizeikräfte die Gefahr, von den Handwerken die Ehre abgesprochen zu bekommen, sondern der konsequente Vollzug schärferer Gesetze, die auch vor traditionell selbstverwalteten Lebensbereichen wie Familie und Haushalt nicht haltmachten.[85] Bei einer intensivierten Strafverfolgung des Ehebruchs, so wie es der Basler Rat verfügt habe, sei nach Meinung der Gerichtsknechte unklar, *wievil empfindungen daraus ervolgen würden.* Hinter ihrer darin zum Ausdruck kommenden Sorge um die innere Sicherheit der Stadt, standen ganz reale Ängste. Die Basler Gerichtsknechte befürchteten, *weder tag noch nacht vor ihnen* [den Bürgern] *sicher* [zu] *sein. Bevorab, wo etwa einer undere uns von sinem dinste solte abkomen, so dörft er sich uff ehrsam zunfften oder sonst bey erlichen leuten nit mer finden lassen.*[86] Wie ihre Nürnberger Kollegen hatten sie die Sorge, von jungen Handwerkern verspottet und verprügelt sowie mit dem Konzept der zünftischen Ehre ausgegrenzt und um ihre materielle Zukunft gebracht zu werden. Die Ehre der Handwerke erscheint somit auch als Kampfbegriff gegen Entwicklungen, die die Forschung seit längerem mit den Begriffen Zivilisationsprozeß und Sozialdisziplinierung zu umschreiben versucht: Sie wandte sich gegen ein sich ausweitendes Recht, das im Gegensatz zum Mittelalter weniger eine Instanz des

---

[84] Andra Bendlage, Peter Schuster: Hüter der Ordnung. Bürger, Rat und Polizei in Nürnberg im 15. und 16. Jahrhundert. In: Mitteilungen des Vereins für Geschichte Nürnbergs 82. 1995. S. 37-55.

[85] Vgl. zu den unterschiedlichen Ehrkonzepten von Handwerken und Obrigkeit und deren Auswirkungen auf eine Strafverfolgung scheinbar privater Delikte im häuslichen Bereich (in diesem Fall Ehebruch) das anschauliche Beispiel des Augsburger Handwerkers Frosch in der Studie von Lyndal Roper: The Holy Household. Women and Morals in Reformation Augsburg. New York 1989. S. 203-205. Auch Roper kommt zu dem Ergebnis, daß trotz scheinbar gleichgerichteter Ziele der Ehrkonzepte von Rat und Zünften, obrigkeitlich kontrollierte und zünftische Ehre im Widerspruch zueinander standen und Konflikte zwischen Rat und Handwerken hervorriefen: "Despite the Council's investment in a guild-influenced ideal of marriage and household, its policing policies worked to strengthen its mistrust of craftspeople and guilds, and to expose a disorder for which it had neither secular nor spiritual remedy." (S. 205). Vgl. jetzt auch die deutsche Ausgabe unter dem Titel: Das fromme Haus. Frauen und Moral in der Reformation. Frankfurt am Main 1995, bes. S. 176-178.

[86] Basel StaatsA. Straf und Polizei C 10. Fol. 2. Vgl. insbesondere auch A. Bendlage, P. Schuster (Anm. 84).

Konfliktausgleichs sein wollte, als vielmehr ein umfassendes System der moralischen Orientierung, das nicht nur Bußen verhängte, sondern auch Ehre entzog. Die zünftische Ehre prägte sich umso stärker aus, als das Recht Ehre bzw. ihren Entzug als Sanktionsmittel vermehrt einsetzte und insgesamt einen stärkeren Normierungsdruck entfaltete.

Von diesem Normierungsdruck waren insbesondere alle außergerichtlichen, wesentlich einem tradierten Ehrkonzept folgenden Formen der Konfliktbeilegung betroffen. Das nachdrücklichste Beispiel ist die Eindämmung der außergerichtlichen oder gerichtlich kontrollierten Komposition bei Tötungsdelikten. Beharrlich hielt sich zwar in einzelnen Regionen, etwa Südtirol, noch bis ins 18. Jahrhundert die Komposition zwischen Hinterbliebenen und Tätern, doch hatten bereits Ende des 15. Jahrhunderts Rechtsordnungen dem endgültigen Niedergang des Täter-Hinterbliebenen-Ausgleichs den Boden bereitet, so daß "die Sühne im größten Teile Deutschlands seit der Mitte des 16. Jahrhunderts im Verschwinden begriffen ist."[87] In Köln, so hat Gerd Schwerhoff nachgewiesen, ging die Obrigkeit im 16. Jahrhundert streng auch mit solchen Tätern ins Gericht, die einen Ausgleich und Frieden mit den Hinterbliebenen schon vorbereitet hatten.[88] Ein fundamentaler Wandel war auch der durch die Zucht- und Sittenordnungen vorbereitete obrigkeitliche Eingriff in die Hoheitsrechte des *pater familias*.

Die Inschrift am Münsteraner Krameramtshaus, *Ehre ist Zwang genug*, könnte somit als leitmotivische Überschrift für das spannungsgeladene Verhältnis von Ehre und Recht in der Frühen Neuzeit stehen.[89] Die Überformung der Ehre durch das Recht wurde in der Folge zu einem zentralen Konfliktfeld der frühneuzeitlichen Gesellschaft und begründet letztlich den schleichenden Untergang des Ehrkonzeptes. Beispielhaft hat Ute Frevert einen späten Konflikt von Ehre und Recht herausgearbeitet. Die Ehre hat in der Neuzeit im adligen und militärischen Duell ihr letztes Residuum, weil bis hin zu Wilhelm II. preußische und deutsche Könige

---

87 Rudolf His: Das Strafrecht des deutschen Mittelalters. Teil 1: Die Verbrechen und ihre Folgen im allgemeinen. Weimar 1920 (ND Aalen 1964). S. 314-321, bes. S. 319, Anm. 4 und 320 (Zitat).

88 Vgl. G. Schwerhoff: Köln im Kreuzverhör (Anm. 3) S. 275-286, bes. 280f. Dort findet sich auch die ältere einschlägige Literatur zum Totschlag und zu Totschlagsühnen. Zwar stand auch noch im 17. Jahrhundert einer Sühneabmachung zwischen Täter und Kläger nichts im Wege, doch hielt es, so Eberhard Schmidt, den Gang der Justiz nicht auf. Symptomatisch dafür ist eine Stellungnahme der Geheimen Räte zu Berlin von 1655. *Es kann aber E.Ch.D. diese transactio inter accusatorem et reum keineswegs präjudiciren, daß Sie nicht per viam inquisitionis durch den Fiscal prozediren lassen können.* Zit. nach Eberhard Schmidt: Einführung in die Geschichte der deutschen Strafrechtspflege, 3., völlig durchgearbeitete Aufl. Göttingen 1965. S. 201. Vgl. dazu auch K. Schué (Anm. 83) S. 151f. u. Anm. 3 mit Beispielen aus Nürnberg und Augsburg.

89 Für den Hinweis danke ich Prof. Heinz Holzhauer, Münster.

den Duellzwang dieser Gruppen bejahten und durch informellen Einfluß sowie durch Gnadenakte die vorgesehene strafrechtliche Sanktion unterliefen.[90]

3. Fazit

Mein Überblick für das 12. bis 16. Jahrhundert sollte zumindest ein vorläufiges Fazit haben. Zuallererst plädiere ich für eine genaue, kontextgebundene Analyse der jeweiligen Semantik von Ehre sowie ihrer sozialen, politischen und rechtlichen Funktion. Sie unterlagen ständigem Wandel, so daß ein allgemein verbindlicher Ehrbegriff illusorisch erscheint. Doch kann gerade der Wandel den Blick schärfen. Für die Analyse des Ehrkonzepts in der Frühen Neuzeit könnte sich insofern das Mittelalter als Spiegel erweisen, der die Konturen historischer, kultureller und rechtlicher Tradition für den spezifischen Einsatz der Ehre widergibt. Eine genaue Analyse, wie hier vorgeschlagen, könnte zudem die Frage klären, welche moderne Definition von Ehre, sei es von Bourdieu, Simmel oder Weber, nun die höchste Kongruenz zum mittelalterlichen Gebrauch der Ehre hat. Um dies zu beantworten, bedarf es m. E. jedoch noch weiterer Vorarbeiten. Die Arbeit mit dem Begriffspaar Ehre und Recht weist einen Weg für weitere Forschungen. Es eröffnet für das Verständnis der Semantik der Ehre und ihrer gesellschaftlichen Funktion wesentliche Erkenntnismöglichkeiten. Ehre und Recht waren im Mittelalter Schlüsselkategorien zur Regulierung der politischen und sozialen Beziehungen. Ehre umschreibt den subjektiven Rechtsanspruch eines Individuums oder einer Rechtspersönlichkeit, sei es auf Macht, Besitz oder Rache. Die soziale und gesellschaftliche Funktion der Ehre ist so lange unumstritten, als das Recht und die Institutionen des Rechts keine Allgemeingültigkeit und keine durchsetzungsfähigen Strukturen entwickelt haben. Mit zunehmender Verrechtlichung der Gesellschaft und der damit einhergehenden Tendenz zur Durchsetzung eines staatlichen Gewaltmonopols verlor die Ehre seit

---

[90] Ute Frevert: Ehrenmänner. Das Duell in der bürgerlichen Gesellschaft. München 1991. passim. Max Weber überschätzt m.E. die Widerstandskraft der Ehre gegen das Recht, wenn er schreibt: "Das Recht der Staatsanstalt stellt sich Zwangsmitteln anderer Verbände nicht selten in den Weg [...]. Aber nicht immer mit Erfolg. Die auf dem 'Ehrenkodex' des Duells als Mittel des Streitaustrags beruhenden, dem Wesen nach meist ständischen Verbände und Gruppen mit ihren Zwangsmitteln: im wesentlichen Ehrengerichte und Boykott, sind im allgemeinen die stärkeren und erzwingen meist mit spezifischem Nachdruck (als 'Ehrenschulden') gerade staatsanstaltlich nicht geschützte oder perhorreszierte, aber für ihre Gemeinschaftszwecke unentbehrliche Verbindlichkeiten (Spielschulden, Duellpflicht). Die Staatsanstalt hat vor ihnen teilweise die Segel gestrichen." A la longue hat sich in diesem Konflikt das Recht gegenüber dem Ehrenzwang durchgesetzt. Max Weber: Wirtschaft und Gesellschaft. Grundriss der verstehenden Soziologie. 5., überarb. Aufl., besorgt von Johannes Winckelmann. Tübingen 1972. S. 185f.

der Frühen Neuzeit ihre Funktion als ergänzendes und konkurrierendes Normensystem zum Recht. Sie wurde zumindest von der Obrigkeit zunehmend als anachronistische Last gesehen bzw. unter obrigkeitliche Verfügungsgewalt genommen. Auf der Tagung in Augsburg, aus der dieses Buch hervorgegangen ist, formulierte Wolfgang Weber den bemerkens- und bedenkenswerten Satz, daß der Territorialstaat der Frühen Neuzeit zu seiner Durchsetzung die Verfügungsgewalt über die Ehre gewinnen mußte.[91] Diese Feststellung könnte für die ständische Ehre wie für die Ehre im Strafrecht Gültigkeit haben. Vielleicht wurde ob dieser eminent wichtigen Bedeutung der Ehre gerade in der Frühen Neuzeit so viel über sie geredet.

---

91 Vgl. dessen Beitrag in diesem Band.

II.

Honor, fama, gloria. Wahrnehmungen und Funktionszuschreibungen der Ehre in der Herrschaftslehre des 17. Jahrhunderts

Wolfgang Weber

Einleitung

Angesichts der vorherrschenden historisch-anthropologischen Konzeptualisierung des Forschungsfeldes der Ehre[1] läßt sich derzeit weder durch eine Befassung mit der Ehre anhand ideengeschichtlicher Quellen noch mit einem herrschaftlich-politisch orientierten Erkenntnisinteresse an der Ehre viel Ehre einlegen. Denn Ideengeschichte wird in dieser Perspektive gemeinhin mit der Geschichte einer bestimmten, nämlich der wissenschaftlich am höchsten entwickelten Form von Ideen, also der Theorie, gleichgesetzt und als Geschichte realitätsferner Kopfgeburten dünnster literater Eliten von vornherein ausgeblendet.[2] Und Herrschaft und Politik erscheinen als Indikatoren überholtester (nämlich historistischer) oder überholter (sozialgeschichtlich-modernisierungstheoretischer) Geschichtsbefassung und damit im besten Fall uninteressant, weil einerseits nicht herrschaftlich-staatliche Fremd-, sondern gesellschaftlich-gruppenbezogene Selbstregulierung für den historischen Wandel der Ehre entscheidend sei und andererseits von dem modernisierungstheoretisch "leichtfertig angenommenen Bedeutungsverlust der Ehre insgesamt in der Moderne" tatsächlich kaum gesprochen werden könne.[3]

---

1 Vgl. vor allem die zahlreichen Beiträge von Martin Dinges, dem die Aktualisierung dieser Thematik wesentlich zu verdanken ist, zuletzt: Die Ehre als Thema der historischen Anthropologie. Bemerkungen zur Wissenschaftsgeschichte und zur Konzeptualisierung. In: Verletzte Ehre. Ehrkonflikte in Gesellschaften des Mittelalters und der Frühen Neuzeit. Hg. von Klaus Schreiner, Gerd Schwerhoff. Köln, Weimar, Wien 1995. S. 29-62.

2 Vgl. ausdrücklich Martin Dinges: Michel Foucault, Justizphantasien und die Macht. In: Mit den Waffen der Justiz. Zur Kriminalitätsgeschichte des späten Mittelalters und der frühen Neuzeit. Hg. von Andreas Blauert, Gerd Schwerhoff. Frankfurt am Main 1993. S. 189-212, hier S. 194: "Im Unterschied zur Ideengeschichte reiht Foucault aber nicht Höhenkammtexte aneinander."

3 Zusammenfassend M. Dinges: Die Ehre als Thema der historischen Anthropologie (Anm. 1) S. 39f., 49f. und 58-60, Zitat S. 59, in Auseinandersetzung hauptsächlich mit Ute Frevert: Ehrenmänner – Das Duell in der bürgerlichen Gesellschaft. München 1991.

Demgegenüber ist auf zwei bislang offenbar unbeachtet gebliebene Innovationen aufmerksam zu machen. Erstens ist die jüngere Ideengeschichte dabei, sich zu einer Geschichte aller derjenigen Wahrnehmungen, Wertzuschreibungen und Verhaltensreflexionen fortzuentwickeln, welche – sozial, politisch und kulturell zu identifizierende bzw. identifizierbare – Individuen und Gruppen im Hinblick auf öffentliche Herrschaft und öffentliche Konflikte hervorbringen. Mit anderen Worten, politische Ideen werden nunmehr primär als Ort reflektorischer Verarbeitung spezifischer, historisch jeweils zurechenbarer Probleme eines soziopolitisch-kulturell wesentlich erweiterten Feldes und grundsätzlich in ihrem jeweiligen empirisch-praktischen Entstehungs- und Geltungszusammenhang analysiert.[4] Zweitens sind deshalb die unzweifelhaften rationalistischen, institutionalistischen und apologetischen Verengungen herkömmlicher Definitionen von Politik, Herrschaft und Staat in voller Auflösung begriffen, wird öffentliche Herrschaft empirisch als umfassender sozialer, kultureller und im engeren Sinne politischer Komplex erfolgreicher Machtbestrebung und Machtausübung konkret anzugebender Akteure konzipiert und entsprechender Erforschung geöffnet.[5] In dieser Ausrichtung dürften jedoch beide Ansätze auch für die historische Anthropologie im allgemeinen und deren Befassung mit dem Phänomen der Ehre im besonderen nicht völlig ohne Belang sein.

Ehre und Herrschaft – theoretische Vorüberlegung

Nach den eindrucksvollen Ergebnissen nicht nur der historisch-anthropologischen, sondern auch der soziologischen[6] Ehreforschung muß dem soziokulturellen Konstrukt Ehre unmittelbar verhaltensprägende und damit gesellschafts- und geschichtsbeeinflussende Wirkung zugeschrieben werden. Diese Wirkung beruht auf der besonderen Befähigung der Ehre, zentrale Wertsetzungen und Verhaltenser-

4 Ein einschlägiger programmatischer Aufriß fehlt allerdings bisher, vgl. als mehr oder weniger weitgehende Umsetzungen dieses Konzepts etwa Pipers Handbuch der politischen Ideen. Hg. von Iring Fetscher, Herfried Münkler. 5 Bde. München, Zürich 1984-1989 oder Wolfgang Weber: Prudentia gubernatoria. Studien zur Herrschaftslehre in der deutschen politischen Wissenschaft des 17. Jahrhunderts. Tübingen 1992 (Studia Augustana. Bd. 4).

5 Vgl. hierzu umfassend demnächst: The Origins of the Modern State in Europe. 7 Bde. Oxford 1995-(1998), besonders Bd. 3: Power Elites and State Building. Hg. von Wolfgang Reinhard. Oxford 1996, sowie für einen deutschsprachigen Entwurf Wolfgang Reinhard: Das Wachstum der Staatsgewalt. Historische Reflexionen. In: Der Staat 31. 1992. S. 59-75.

6 Max Weber: Wirtschaft und Gesellschaft. 5. Aufl. Tübingen 1980. S. 531-540 u.ö.; Honor and Shame. Hg. von John Peristiany. London 1965; Pierre Bourdieu: Entwurf einer Theorie der Praxis auf der ethnologischen Grundlage der kabylischen Gesellschaft. Frankfurt am Main 1976; Sighard Neckel: Status und Scham. Zur symbolischen Reproduktion sozialer Ungleichheit. Frankfurt am Main 1991.

wartungen einer Gruppe oder Gesellschaft direkt im Persönlichkeitskern des Individuums zu verankern, d.h. zu subjektiven Bedürfnissen transformieren zu können. Entsprechende Sozialisation, Erziehung oder Akkulturation vorausgesetzt, internalisiert das Individuum gesellschaftliche Ehrerwartung zu persönlichem Ehrgefühl. Anschließend setzt es dieses Ehrgefühl möglichst penibel und expressiv in entsprechendes, gegebenenfalls selbst größte Gefahr und den Tod nicht scheuendes Verhalten um, um auf diese Weise internen und externen Sanktionen der Beschämung, Peinlichkeit, Scham oder Schande zu entgehen bzw. Belohnungen in Gestalt gesteigerter Selbst- und Fremdachtung teilhaftig zu werden. Ergebnis ist nicht nur Festigung der je eigenen individuellen, sondern auch der Identität der je eigenen Gruppe oder Gesellschaft.[7] Ehre erweist sich damit als höchst effizientes Strukturbildungs-, Konditionierungs- und Mobilisierungsinstrument, dessen zielgerichteter Einsatz vor allem davon abhängt, wer die Standards der Ehre inhaltlich festzulegen vermag.

In der Perspektive der historischen Anthropologie sind zumindest die frühneuzeitlichen Gesellschaften durch eine schier unübersehbare Vielfalt diverser sich überlappender, ergänzender, verstärkender oder widersprechender, also sowohl potentiell gemeinschaftsstiftender als auch konfliktproduzierender Ehrkonzepte gekennzeichnet. Die jeweilige inhaltliche Füllung dieser Konzepte wird auf einen komplexen, wandelbaren Prozeß je spezifischer oder übergreifender, zumeist eher informeller Kommunikation zurückgeführt. Einzelne oder mehrere konkret in ihren Orientierungen und Interessen bestimmbare Träger oder Exekutoren einer Definitionsmacht existieren mit Ausnahme der Fälle institutionalisierter Ehrenormierung z. B. in Zünften demnach kaum, vielmehr bleiben die Beteiligten weitgehend anonym.[8] Es gibt keinen Anlaß, diesen Befund grundsätzlich anzuzweifeln, sehr wohl aber, ihn zu ergänzen.

Unwiderlegbar (und als eigentliche Existenzbedingung [Aktenproduktion!] auch der historisch-anthropologischen Ehreforschung forschungspraktisch höchst positiv zu werten) ist die Tatsache und Wirkungsmächtigkeit herrschaftlich-staatlicher Intervention bei der *Durchsetzung* von Ehrestandards. Unlogisch und äußerst erklärungsbedürftig wäre die Annahme, daß diese entscheidende, doch auch

---

[7] Vgl. zusammenfassend zu diesem Wirkungsmechanismus S. Neckel (Anm. 6); Leon Wurmser: Die Maske der Scham. Die Psychoanalyse von Schameffekten und Schamkonflikten. Berlin, Heidelberg 1991 sowie aus der soziologischen Diskussion zu spezifischeren Aspekten Peter L. Berger: On the obsolence of the concept of honor. In: European Journal of Sociology 2. 1970. S. 339-347 oder Bernd Wegener: Gibt es Sozialprestige? In: Zeitschrift für Soziologie 14. 1985. S. 209-285. Zu den sozial schädlichen Tendenzen zwanghaft ehrgeiziger Charaktere vgl. demgegenüber aus heutiger Sicht beispielsweise Peter Fiedler: Persönlichkeitsstörungen. Weinheim 1995. S. 86.

[8] Martin Dinges: Die Ehre als Thema der Stadtgeschichte. Eine Semantik im Übergang vom Ancien Régime zur Moderne. In: ZHF 16. 1989. S. 409-440; ders.: Ehrenhändel als 'kommunikative Gattungen'. Kultureller Wandel und Volkskulturbegriff. In: AKG 75. 1993. S. 359-393.

kostenträchtige Mithilfe bei der Exekution derartiger Normen ohne Verknüpfung mit den oder gar gegen die Interessen der Betreiber der Staatsgewalt gewährt worden sei. Im Gegenteil ist gerade bei einer modernen, realistischen Betrachtung der Staatsbildung als eines umfassenden Machtergreifungs- und Herrschaftsformierungsprozesses angebbarer sozialer Akteure anzunehmen, daß diese Befassung mit der Ehre einem nicht lediglich diffusen, sondern durchaus konkreten Herrschaftsinteresse entsprach.

Bei diesem Interesse könnte es zunächst einfach darum gegangen sein, im Rahmen derjenigen Leistungen, welche die Staatsgewalt für ihre Untertanen erbringt, um geduldet, geschätzt oder gar gefördert zu werden, eben auch entsprechende Ehrevorstellungen zu bedienen. Man darf vermuten, daß dieser Zusammenhang die Grundlage frühneuzeitlicher herrschaftlich-staatlicher Ehrebefassung bildet. Nachdem es sich bei dem Konzept der Ehre jedoch wie gesagt um ein äußerst wirkungsträchtiges Instrument der Strukturbildung, Konditionierung und Mobilisierung handelt, ist darüber hinaus zu unterstellen, daß die Betreiber der Staatsgewalt zumal in der Phase des Aus- und Aufbaus ihrer Herrschaftssysteme zum Staat Bestrebungen entwickelten, sich direkt der im Konzept der Ehre enthaltenen Herrschafts- und Ausbeutungschancen zu bedienen. Systematisch-theoretisch ist diese staatlich-politische Funktionalisierung von Ehrerwartungen und Ehrebedürfnissen wenigstens ansatzweise erkannt und diskutiert.[9] Für die Frühe Neuzeit historisch akzentuiert und analysiert wurde sie bisher jedoch noch kaum.[10]

---

9 Vgl. nach den Bemerkungen in M. Webers (Anm. 6) Herrschaftssoziologie allgemein-unspezifisch beispielsweise Peter Baumann: Die Motive des Gehorsams bei Max Weber. Eine Rekonstruktion. In: Zeitschrift für Soziologie 22. 1993. S. 355-370; Hans Haverkamp: Soziologie der Herrschaft. Analyse von Struktur, Entwicklung und Zustand von Herrschaftszusammenhängen. 2. Aufl. Opladen 1986; Martin Roderick: A Sociology of Power. London 1977 oder spezieller: William J. Goode: The Celebration of Heroes: Prestige as a Control System. Berkeley 1978. In modernisierungstheoretischer Verkürzung ignoriert wird die Ehrefrage z. B. in: Social Control and the State. Historical and comparative Essays. Hg. von Stanley Cohen, Andrew Scull. 2. Aufl. Oxford 1986.

10 Im Rahmen der historisch-anthropologischen Ehreforschung zur Kenntnis genommen werden vornehmlich diejenigen Staatsinterventionen, die auf die Zerstörung gesellschaftlich-gruppenspezifischer Ehrestrukturen zielen. Vgl. exemplarisch Jutta Nowosadtko: Umstrittene Standesgrenzen: Ehre und Unehrlichkeit der bayerischen Schergen. In: Verletzte Ehre (Anm. 1) S. 166-182; dies.: Die Ehre, die Unehre und das Staatsinteresse. Konzepte und Funktionen der 'Unehrlichkeit' im historischen Wandel am Beispiel des Kurfürstentums Bayern. In: GWU 44. 1993. S. 362-381; dies.: Betrachtungen über den Erwerb von Unehre. Vom Widerspruch 'moderner' und 'traditionaler' Ehren- und Unehrenkonzepte in der frühneuzeitlichen Ständegesellschaft. In: Ehre. Archaische Momente in der Moderne. Hg. von Ludgera Vogt, Arnold Zingerle. Frankfurt am Main 1995. S. 230-248; ferner zusammenfassend Klaus Schreiner, Gerd Schwerhoff: Verletzte Ehre – Überlegungen zu einem Forschungskonzept. In: Verletzte Ehre (Anm. 1) S. 1-28; andere Beiträge thematisieren den Gebrauch von Ehrekonzepten in politischen Konflikten in spätmittelalterlichen Städten, vgl. Jörg Rogge: Ehrverletzungen und Entehrungen in politischen Konflikten in spätmittelalterlichen Städten. In: Verletzte Ehre (Anm. 1) S. 110-143 und Jean-Marie Moeglin: Fürstliche Ehre und verletzte

Lediglich für den jüngsten, erschreckenden derartigen Versuch, nämlich die völkisch-nationalsozialistische Ehrepolitik, liegt zumindest eine knappe moderne Studie vor.[11]

Logisch ableitbar und anhand verstreuter Hinweise in den wenigen vorliegenden Studien wenigstens exemplarisch zu untermauern sind dennoch immerhin die folgenden Annahmen: Daß erstens der herrschaftlichen Aneignung und Funktionalisierung von Komponenten der Ehre entsprechende Erkenntnis der Wirkungszusammenhänge und Erschließbarkeit von Ehre vorausgehen mußte, zweitens zumindest rudimentär die Entwicklung entsprechender ehrepolitischer Strategien erforderlich war, drittens diese Strategien bevorzugt an der Ehrekonkurrenz ansetzten, die als unvermeidliches Ergebnis der Dynamik von gesellschaftlicher Ehrerwartung und individueller Ehrerbietung zu betrachten ist, und viertens Akzeptanz zuerst bei denjenigen Individuen und Gruppen gefunden wurde, die in den nichtherrschaftlich-staatlichen Ehrekontexten nicht oder nach eigener Auffassung nicht ausreichend zum Zuge kamen. Auch in diesem soziokulturellen Bereich fungierten die Betreiber des Staates mithin zunächst als Anbieter zusätzlicher und korrigierender, konkurrierender Leistungen, wiewohl sie dieses Angebot unauflöslich mit ebenso konkurrierenden und zusätzlichen Ausbeutungsabsichten und -zumutungen verknüpften. Schließlich darf die besondere Dialektik herrschaftlich-staatlichen Ehregebrauchs nicht übersehen werden: Erfolgreiche Implementierung herrschaftlicher Ehrestandards von 'oben' nach 'unten' setzt inhaltliche Anpassung dieser Standards an 'unten' bestehende Vorstellungen und demonstrative Akzeptanz dieser Standards auch 'oben' voraus. Das heißt aber, diese Standards können auch von 'unten' nach 'oben' eingefordert werden und unterliegen inhaltlicher Beeinflussung auch von 'unten'.[12] Eine vollständige Monopolisierung der Definitionsmacht über die Ehre 'oben' erscheint daher systematisch unmöglich, was al-

---

Ehre der Fürsten im spätmittelalterlichen Deutschen Reich. In: Verletzte Ehre (Anm. 1) S. 77-91; schon seit längerem werden Ehreaspekte außerdem in Untersuchungen von Rangstreitigkeiten und den Formen herrschaftlich-gesellschaftlicher Repräsentation untersucht. In diesen Zusammenhang gehört die von der historischen Anthropologie als empirisch nicht haltbar abgelehnte These von Norbert Elias, daß der frühmoderne Hof eine Institution zur 'Domestizierung des Adels' auch im Hinblick auf die Kontrolle und Funktionalisierung der Ehre des Adels gewesen sei (Norbert Elias: Die höfische Gesellschaft. Untersuchungen zur Soziologie des Königtums und der höfischen Aristokratie. Frankfurt am Main 1983; zur Kritik vgl. jetzt Jeroen Duindam: Myths of Power. Norbert Elias and the Early Modern European Court. Amsterdam [1995]. S. 81-93).

11 Arnold Zingerle: Die 'Systemehre'. Stellung und Funktion von 'Ehre' in der NS-Ideologie. In: Ehre (Anm. 10) S. 96-116.

12 Ein bevorzugtes Medium dieses Prozesses sind die obrigkeitskritischen Schmähschriften, vgl. beispielsweise die einschlägigen Angaben bei Ulinka Rublack: Anschläge auf die Ehre. Schmähschriften und -zeichen in der städtischen Kultur des Ancien Régime. In: Verletzte Ehre (Anm. 1) S. 381-412, hier besonders S. 384-394, allerdings ohne Beachtung der hier unterstellten eigentlichen Relevanz des Phänomens.

lerdings nicht ausschließt, daß derartige Monopolisierungsversuche stattgefunden haben und entsprechend rekonstruiert werden können.

Der vorliegende Beitrag konzentriert sich seiner politisch-ideengeschichtlichen Anlage entsprechend auf die Teilproblematik der herrschaftstheoretischen Aneignung und strategischen Konzeptualisierung frühmoderner Ehrepolitik. Ich versuche nachzuweisen, daß im Zuge der Verwissenschaftlichung des herrschaftlich-politischen Denkens am Ausgang des 16. Jahrhunderts auch ein höchst modern anmutendes Programm psychopolitischer Mobilisierung, Konditionierung und Strukturierung mittels Ehre entwickelt wurde, dessen mögliche praktische Umsetzung in der historisch-empirischen Forschung über die Ehre beachtet werden muß.

Zur Wahrnehmung der Ehre in der *Politica* des 17. Jahrhunderts

Schon der Aufstieg des spätmittelalterlichen Fürstentums, das zunehmend problematische Verhältnis dieses Fürstentums zur Kirche, deren allmähliche Transformation zur päpstlichen Monarchie, die Rezeption des römischen Rechts und die Entstehung der Juristenprofession, die laikale Kulturerneuerungsbewegung des Humanismus und der dissonante Verchristlichungsschub der Reformation und Konfessionalisierung bewirkten im 16. Jahrhundert eine Steigerung geistiger Befassung mit den Voraussetzungen, Formen, Funktionen und Wirkungen weltlicher Ordnung. Zur Ausbildung eines zur Autonomie strebenden, systematisch begründeten und argumentierenden, spezifische Textgattungen hervorbringenden politikwissenschaftlichen Diskurses und damit zur Begründung einer eigenen Politikwissenschft (zeitgenössisch *Politica* oder *Studium politicum*) kam es jedoch erst am Ausgang des Säkulums, angesichts der Zuspitzung der konfessionellen, sozialen, kulturellen und politischen Widersprüche, Spannungen und Tendenzen der Epoche zur umfassenden objektiven und subjektiv-mentalen Krise.[13] Entsprechend verstand sich die neue *Politica*, deren Betreiber vor allem auf die Etablierung einer Politikerprofession nach dem Vorbild der Kleriker, Juristen oder Mediziner zielten,[14] als umfassende Krisenbewältigungs- und Krisenpräventionswissenschaft. Entscheidendes Mittel zur Wiederherstellung und dauerhaften Stabi-

---

[13] Eine zusammenfassende Darstellung dieser Krise fehlt, vgl. zuletzt die einschlägigen Passagen besonders des Kapitels VI bei Heinz Schilling: Aufbruch und Krise. Deutsche Geschichte von 1517 bis 1648. 2. Aufl. Berlin 1994. Nach Winfried Schulze: Ende der Moderne? Zur Korrektur unseres Begriffs der Moderne aus historischer Sicht. In: Zur Diagnose der Moderne. Hg. von Heinrich Meier. München, Zürich 1990. S. 69-98 läßt sich der Umbruch um 1600 sogar mit der gegenwärtigen Krise der Moderne vergleichen.

[14] Vgl. hierzu künftig Wolfgang Weber: Die Erfindung des Politikers. Zu einem gescheiterten Professionalisierungskonzept der deutschen Politikwissenschaft des 17. Jahrhunderts [32 S.].

lisierung geordneter Verhältnisse war für sie die Herrschaft. Worum es ihr ging, war demgemäß die Aufrüstung der öffentlichen Herrschaft zur ordnungserzwingenden Staatsgewalt auf zwei Wegen: einerseits mittels Ausstattung der Träger der Staatsgewalt mit effizientem Herrschaftswissen, entsprechenden Herrschaftskompetenzen und geeigneten Herrschaftsmitteln; andererseits mittels kulturell-psychischer Vertiefung der 'Fügsamkeit' (Max Weber) der Herrschaftsobjekte, also der Untertanen. Erst im letzten Drittel des 17. Jahrhunderts, angesichts einer sich nunmehr in der Regel absolutistisch konsolidierenden und modernisierenden Staatsgewalt, schwächte sich der herrschaftsunterstützende Akzent der *Politica* wesentlich ab, traten herrschaftslimitierende oder gar herrschaftskritische Motive vor allem in Gestalt naturrechtlicher und aufklärerischer Normierungen in den Vordergrund.[15]

Im Rahmen ihrer vielfältigen Versuche, die anthropologischen, sozialen und kulturellen Voraussetzungen und Wirkungszusammenhänge guter öffentlicher Ordnung zu diagnostizieren und zielgerichteter Optimierung zugänglich zu machen, stießen die Politologen geradezu unvermeidlich auch auf den Komplex der Ehre. In ihrer Mehrheit waren sie von Anfang an der Überzeugung, daß Herrschaft eine Frage der Kenntnis und zielgerichteten Nutzung menschlicher Affektivität sei: *a notitia affectuum rectum imperium.*[16] Sich die erwiesenen Prägekräfte der Ehre zunutze zu machen, unternahmen außerdem in dieser Periode verstärkt bereits zwei andere relevante Mächte, der Humanismus und die Kirchen. Die humanistische Moralistik leitete von ihrer Zielbestimmung der *dignitas et excellentia hominis* (Giannozzo Manetti) ein umfängliches, anspruchsvolles Bildungsprogramm ab, dessen Akzeptanz dadurch erhöht werden sollte, daß man seine Kenntnis und Verinnerlichung als besonders ehrenvoll und ehrenträchtig, seine Unkenntnis oder Ablehnung jedoch als unehrenhaft oder gar schändlich auszuweisen versuchte. Je weniger durchsetzungsfähig sich diese idealistische Argumentation erwies und je pessimistisch-resignativer die humanistische Anthropologie und Sozialphilosophie um 1600 geriet, umso unverblümter wurde nun jedoch auch an den eigentlich problematischen Affekt des 'fleischlichen' Ehrgeizes appelliert, d.h. äußerliche, unmittelbare, diesseitige, materielle Ehre als Belohnung tugendhaft-moralischen Bemühens und Verhaltens in Aussicht gestellt. Beide einschlägigen

15 Eine genauere Darlegung dieser Entwicklung findet sich bei W. Weber: Prudentia gubernatoria (Anm. 4).

16 Justus Lipsius: Libri sex politicarum sive doctrina civilis [zuerst Leiden 1589]; zit. nach der enzyklopädisch kommentierten Ausgabe von Johann Friedrich Reinhard: Theatrum prudentiae Elegantioris ex Justi Lipsii libris Politicarum erectum. Berlin 1702. Liber IV. Cap. V. S. 1091. Vgl. zur Bedeutung des Verfassers und seiner Richtung meine Hinweise weiter unten.

Grundwerke zur späthumanistisch-christlichen Ehrekonzeption, die nicht zufällig um 1600 entstanden, variieren diese Ansätze.[17]

Die Ehre Gottes zur hierarchischen Strukturbildung und Konditionierung sowie Mobilisierung der Gläubigen zu nutzen, gehörte seit langem zum Programm der christlichen Kirche. Im Gefolge der Konfessionalisierung intensivierte sich diese Bemühung erheblich, vor allem, weil sich wegen der nunmehr bestehenden Konkurrenz verschiedener christlicher Konfessionen der Konditionierungs- und Mobilisierungsbedarf dramatisch erhöhte. Die signifikant verstärkte Forderung nach mehr Ehrfurcht vor Gott und dessen treuesten Dienern[18] verband sich mit einer Ausweitung des Angebots von Belohnungen vor allem in Form von Ehrerweisungen für besonders konformes, eifriges Verhalten. Die jesuitische Schulausbildung z. B. setzte offen auf die *aemulatio honesta*; jeder Schüler erhielt einen *aemulus*

---

17 Marquard Freher: Tractatus de existimatione adquirenda, conservanda et amittenda, sub quo & de gloria, & de infamia [...]. Basel 1591; Johannes Meursius: De Gloria liber unus. Leiden 1601. Vgl. auch Johannes Conrad Dürr: Dissertatio de honore, & variis ejus generibus. Altdorf 1654 sowie die Artikel: Ehrbarkeit, Ehr-Begierde, Ehre, Ehrgeitz. In: Zedlers Universal-Lexikon aller Wissenschaften und Künste. Bd. 8. Halle, Leipzig 1734. Sp. 412-419 und 441-448 und Scham, lat. Pudor. In: Zedlers Universal-Lexikon. Bd. 34. Halle, Leipzig 1742. Sp. 841-846. Zur Kenntnis des Wirkungsmechanismus von Ehre und Schande in speziellerem Zusammenhang zusammenfassend Robert Burton: Anatomie der Melancholie (1621). Hg. von Ulrich Horstmann. Zürich, München 1988. S. 209f. (Scham und Schande als Melancholieauslöser) und S. 227-234 (Ehrgeiz). Bezug genommen wird regelmäßig auf die einschlägigen Stellen bei Aristoteles und Cicero; Burton bezieht sich darüber hinaus in seiner vielgelesenen Enzyklopädie auf eine Vielzahl bedeutender medizinischer Werke seiner Zeit, v.a. Felix Platter. Aus der Literatur zur klassischen humanistischen dignitas hominis-Konzeption vgl. jetzt mit weiteren Verweisen August Buck: Vives 'Fabula de homine' im Kontext der 'dignitas hominis' Literatur der Renaissance. In: Juan Luis Vives. Sein Werk und seine Bedeutung für Spanien und Deutschland. Hg. von Christoph Strosetzki. Frankfurt am Main 1995. S. 1-8; zum Einbau der Ehre in die humanistischen Erziehungskonzepte Anthony Grafton, Lisa Jardine: From Humanism to the Humanities: Education and the Liberal Arts in Fifteenth and Sixteenth-Century Europe. Cambridge/Mass. 1986. Eine politische Erweiterung des humanistischen Programms der Steigerung der Bildungsbereitschaft mittels Ehre stellt bereits dar Jakob Wimpfeling: Germania (1501). In: Staatslehre der frühen Neuzeit. Hg. von Notker Hammerstein. Frankfurt am Main 1995. S. 9-95, besonders S. 52-64.

18 Vgl. exemplarisch Hans-Christoph Rublack: Eine bürgerliche Reformation. Nördlingen. Gütersloh 1982. S. 27-30, 49, 51-53 u.ö., u.a. mit der Legitimierung einer neuen Zuchtordnung durch Bezug zur Ehre Gottes, und ders.: Grundwerte in der Reichsstadt im Spätmittelalter und in der Frühen Neuzeit. In: Literatur in der Stadt. Bedingungen und Beispiele städtischer Literatur des 15. bis 17. Jahrhunderts. Hg. von Horst Brunner. Göppingen 1982. S. 9-36, besonders S. 20, 25-27 (Ehre Gottes als Kernnorm der Ehre der Stadt, des Gemeinen Nutzens usw.), für ein Beispiel aus der Ideengeschichte den anonymen Fürstenspiegel: Princeps in compendio [ca. 1620] (In: N. Hammerstein (Anm. 17) S. 483-540) S. 485-489, ferner für Beispiele aus der Praxis Werner Freitag: Konfessionelle Kulturen und innere Staatsbildung. Zur Konfessionalisierung in westfälischen Territorien. In: Westfälische Forschungen 42. 1992. S. 75-191, hier S. 166-171 (Abschnitt: 'Gottesdienst und Sakramente – Von der Ehrfurcht gegenüber Gott'; bezeichnend ist u.a. die erst jetzt durchgängig geforderte Aufgabe des stehenden zugunsten des knieenden Kommunionempfangs).

als Wettstreiter zur Seite gestellt, Eifer und Leistung wurden in Rängen, Titeln und Preisen gemessen.[19]

Die Grundlage dieser Programme und Praktiken bildeten fortgeschrittene Kenntnisse über die Psyche und den Affekthaushalt der Individuen, die parallel sowohl in der christlichen Morallehre und Pastoralmedizin als auch in der humanistischen Moralphilosophie entwickelt wurden und gerade um 1600 in eine blühende affektwissenschaftliche Debatte mündeten.[20]

Auf die differierenden Ausgangskonzepte der verschiedenen politikwissenschaftlichen Richtungen im Hinblick auf die Systematisierung des Begriffsfeldes der Ehre kann hier nicht im Detail eingegangen werden. Festgehalten sei jedoch, daß sie grundsätzlich die christlich-humanistische Verknüpfung der Prädikate der Ehre (*honor, existimatio, gloria, fama bona*) mit Wertmotiven, also ausgezeichneter christlicher Normerfüllung, moralisch-ethischer Untadeligkeit, überragender geistiger Bildung oder außerordentlichem öffentlichem Verdienst, teilten. Sie übernahmen diese Idealisierung werthaft verstandener Ehre, moralisch zulässigen, vernünftigen, erwünschten und geforderten Ehrestrebens und sittlich notwendiger Ehrfurcht und lehnten umgekehrt moralisch bedenklichen, bloß äußeren, scheinbaren Ruhm, entsprechend unvernünftigen falschen Ehrgeiz u.ä. insofern grundsätzlich ab, als sie ihr unmittelbares Ziel der Ordnungsstabilisierung durch Herrschaft und Gehorsam prinzipiell dem höheren Ziel der Ermöglichung guten Lebens zwecks Erlangung ewigen Heils unterordneten.

Durch besondere Entschiedenheit hierbei zeichnete sich verständlicherweise die wichtige Teilströmung der *Politica christiana* aus.[21] Eines ihrer zentralen Werke in diesem Themenbereich, die 'Meditatio de vanitate gloriae humanae' des braunschweigischen Kanzlers, Juristen und Politologen Eberhard von Weyhe

---

[19] Gustav Weicker: Das Schulwesen der Jesuiten nach den Ordensgesetzen. Halle 1863; Mabel Lundberg: Jesuitische Anthropologie und Erziehungslehre in der Frühzeit des Ordens (ca.1540-ca.1650). Uppsala 1960; Allan P. Farrell: The Jesuit Code of liberal Education: Development and Scope of the Ratio Studiorum. Milwaukee 1938; Aldo Scaglione: The Liberal Arts and the Jesuit College System. Amsterdam, Philadelphia 1986 (umfassend zur jesuitischen Praxis in Einordnung in die humanistische und römisch-katholische Ehrekonzeptionen der Zeit); genereller Franz Haider: Die Ehre als menschliches Problem. Versuch einer pädagogischen Orientierung. München, Paderborn 1972. Den grundsätzlichen Konflikt christlicher, gesellschaftlicher und staatlicher Ehrkonzepte läßt ferner gut erkennen Michael Gierens: Ehre, Duell und Mensur. Darstellung und Begründung der christlich-ethischen Anschauungen über Ehre und Ehrenschutz. Paderborn 1928.

[20] Vgl. hierzu mit reichen Literaturverweisen zuletzt Thomas Müller: Rhetorik und bürgerliche Identität. Studien zur Rolle der Psychologie in der Frühaufklärung. Tübingen 1990; Ursula Geitner: Die Sprache der Verstellung. Studien zum rhetorischen und anthropologischen Wissen im 17. und 18. Jahrhundert. Tübingen 1992 und Michael Schrijvers: Spinozas Affektenlehre. Bern, Frankfurt am Main, New York 1992.

[21] Vgl. Wolfgang Weber: Staatsräson und christliche Politik. Johann Elias Keßlers 'Reine und unverfälschte Staats-Regul christlicher Fürsten und Regenten' (1678). In: Aristotelismo politico e ragion di stato. A cura di A. Enzo Baldini. Florenz 1995. S. 157-180.

(1553 - nach 1633),[22] plädiert mit Luther dafür, daß *nullum discrimen sit hominum nisi bonorum & improborum*. Weyhe behauptet, daß *boni homines* an ihrer letztlich durch Gott bewirkten und zugelassenen *bona fama* zu erkennen seien und fordert, daß diese *honesta fama vel gloria* den eigentlichen Anlaß öffentlicher Wertschätzung (*existimatio publica*) darstellen müsse. Auch Weyhe sieht sich jedoch veranlaßt – und das ist der eigentliche Grundtenor seiner gesamten Schrift –, die von ihm als besonders gravierend empfundene zeitgenössische Verdunkelung wahren Verdiensts und wahrer Ehre durch weltlich-äußerliche *gloria, ambitio, arrogantia, ostentatio* und *curiositas*, die nahezu alle Herzen befallen hätten und aus der verwerflichen Selbstliebe, der *radix omnium malorum*, entsprängen, zu beklagen.[23] Auch auf dieser Ebene zeichnete sich mithin das oben angedeutete Dilemma ab, eigentlich verwerfliche, aus der sinnlichen Natur des Menschen entspringende Handlungsmotive für christlich-moralisch-politische Ziele nutzen zu müssen.

Die wichtigste Lösung dieser Problematik, sich die soziopolitische Funktionalität und Produktivität gesellschaftlicher Ehre und individuellen Ehrestrebens erschließen und bewahren zu können, ohne den eigentlich normativen Wesensgehalt dieses Geltungskonzepts aufzugeben, bestand zunächst in der Konstruktion eines vor- oder nachgeordneten (sekundären), d.h. moralisch-religiös indifferenten, weil auf wertneutrale Mitteldinge (*adiaphora*) bezogenen Wirkungsbereichs der Ehre. Bereits in der christlichen Lehre angelegt,[24] nahm diese Perspektive in der sozialphilosophischen und politikwissenschaftlichen Diskussion mit der Konversationslehre Stefano Guazzos 'De civili conversatione' (zuerst italienisch 1574) wirkungsvolle Gestalt an.[25] In der deutschen *Politica* wurde sie unter anderem durch

---

[22] Eberhard von Weyhe: Meditatio de vanitate gloriae humanae. Frankfurt am Main 1610. Zitate S. 61f., zur Biographie des Verfassers und zum Gesamtwerk vgl. die Hinweise bei Michael Stolleis: Geschichte des öffentlichen Rechts. Bd. 1. München 1988. S. 189f. u.ö.

[23] E. von Weyhe (Anm. 22) S. 68f. u.ö., vgl. auch die Verurteilung der beiden wichtigsten aus der Selbstliebe entspringenden Laster Ehrgeiz und Neid in dem geflügelten Satz: *Ambitio & Avaritia conjunctae tales pestes sunt quae omnem aequitatem, & humanitatem ex animinis mortalium obliterare solent*, zit. nach J.F. Reinhard (Anm. 16) S. 1265. Auch Luther subsumierte bezeichnenderweise sowohl Geldgier als auch Ehrbegierde unter das Laster der Habsucht, vgl. zusammenfassend jetzt Ricardo Rieth: 'Habsucht' bei Martin Luther. Ökonomisches und theologisches Denken, Tradition und Wirklichkeit im Zeitalter der Reformation. Weimar 1996. S. 75, 127-130, 186-198 u.ö. Für die gesamte zeitgenössische Debatte um die Zerstörung gemeinschaftlicher Harmonie und Stabilität durch lasterhafte Selbstliebe vgl. Winfried Schulze: Vom Gemeinnutz zum Eigennutz. Über den Normenwandel in der ständischen Gesellschaft der Frühen Neuzeit. In: HZ 243. 1986. S. 591-626, hier besonders S. 620f.

[24] Vgl. knapp Roman Heiligenthal: Gebot I. In: Theologische Realenzyklopädie. Hg. von Gerhard Krause, Gerhard Müller. Bd. 12. Berlin u.a. 1984. S. 124-130, hier S. 128.

[25] Vgl. zu diesem Text und dessen Ausstrahlung nach Deutschland grundlegend Emilio Bonfatti: La 'Civil conversazione' in Germania. Letteratura del compartamento da Stefano Guazzo a Adolph Knigge 1574-1788. Verona 1979. Allerdings finden sich Ansätze zur Konzipierung von Tugenden des gesellschaftlichen Umgangs (virtutes homileticae) auch bereits bei

Johannes Althusius aufgegriffen und eingearbeitet.[26] Inhaltlich entwickelte sie die Auffassung, daß die *adiaphora* den Postulaten zwar nicht unbedingt der *honestas*, aber doch zumindest des *decus* unterlägen, d.h. anständig-höfliche Anerkennung und Behandlung erforderten. Auch weltlich-äußerliche Ehre durfte und mußte damit im Zeichen des *decorum* akzeptiert werden.[27] Nach ihr zu streben und sie zu gewähren erschien demzufolge legitim, erwünscht und angesichts des mit ihr verknüpften Effekts der Ermöglichung, Erleichterung und Verbesserung menschlich-gesellschaftlichen Umgangs diesseits bzw. jenseits aller sozialen, kulturellen, moralischen und konfessionell-religiösen Unterschiede nichts weniger als notwendig, wie eben zeitgenössisch die existentiell bedrohliche konfessionelle Konfrontation lehrte.

Den weiteren Schritt, nämlich die Verkoppelung des *decorum* mit der christlichen Legitimierung der weltlichen Ordnung insgesamt bzw. deren wichtigsten, zeitgenössisch vorwärtsdrängenden höchsten Trägern, den Fürsten, unternahmen grundsätzlich Denker aller Konfessionen, in besonderer Entschiedenheit jedoch die lutherischen. Dabei konnten sie sich auf eine unmißverständliche Feststellung ihres Reformators stützen:

> *Ein Furst lest fur ihm die knie beugen, kredentzen, drumb, das Gott inen in das Amt gesetzt hab, und Gott hat die ehrerbiettung gebotten und, wen du ehrest, die hoher sind denn du, so ehrestu gott selbst in denselbigen personen.*[28]

Die entscheidende herrschaftstheoretische Zuspitzung durch Ausweis der Ehre als tragendes Herrschaftsprinzip und Zuschreibung unstillbaren (und deshalb herrschaftlich aufzufangenden bzw. zu nutzenden) Ehrgeizes sowohl des Adels als auch des Pöbels, also den beiden wichtigsten Untertanengruppen, leisteten schließlich die modernen Politikdenker Machiavelli, Botero und Lipsius, wobei diese sich auf zahlreiche antike Vordenker, so auch Aristoteles, stützen konnten.

Bereits Aristoteles beschreibt die Monarchie, die empirisch verbreitetste Staatsform des frühneuzeitlichen Europa, als ein genuin auf Ehre gegründetes und auf

---

Aristoteles, vgl. Die Nikomachische Ethik. Hg. und übersetzt von Olof Gigon. München 1972. IV: 12-15. S. 145-151.

26 Civilis conversationis libri duo. Editum a Philippo Althusio. Hannover 1601. S. 1-3, 7-9 u.ö. Zu beachten ist hier die systematische Einarbeitung sämtlicher entsprechend auslegbarer Bibelaussagen, vom Buch der Weisheit über Jesus Sirach bis zu den Paulusbriefen, sowie bereits die (s.u.) tendenzielle Gleichsetzung von *honestum* und *decorum*.

27 Vgl. den Schlüsselartikel: Wohlanständigkeit. In: Zedlers Universal-Lexikon aller Wissenschaften und Künste. Bd. 58. Leipzig, Halle 1748. Sp. 82-92, mit ausführlichen Hinweisen zur Geschichte des Konzepts und zeitgenössischer Spezialliteratur.

28 Martin Luther: Der 117. Psalm ausgeleget. 1530. In: D. Martin Luthers Werke. Kritische Gesamtausgabe, Schriften. Bd. 31/I. Weimar 1913. S. 219-257, hier (Zitat) S. 246. Zur Verschmelzung von *honestum* und *decorum* am Ende des 17. Jahrhunderts vgl. Manfred Beetz: Frühmoderne Höflichkeit. Komplimentierkunst und Gesellschaftsrituale im altdeutschen Sprachraum. Stuttgart 1990.

Ehre zielendes politisches System. Historisch gehe sie darauf zurück, daß einem einzelnen oder dessen Geschlecht um besonderer Tugend oder Verdienste für das Volk bzw. den Staat willen die höchste Ehre alleiniger Herrschaft übertragen worden sei. Zum eigentlichen Handlungsmotiv dieses nunmehrigen Königs und zum Prinzip von dessen gesamter Herrschaft sei somit das Bestreben geworden, seine legitimitäts- und positionsverbürgende Ehre nebst deren normativen Grundlagen zu bewahren und angesichts unvermeidlicher Rivalität mit anderen Thronanwärtern fortlaufend zu steigern. Pflicht- und realitätsbewußte Könige stellten sich daher stets den ehrenvollsten Aufgaben und seien besonders empfindlich gegenüber Kränkungen ihrer Ehre, behandelten aber auch ihre Untertanen penibel nach deren jeweiliger Ehre und Würde, ehrten Tugend und Verdienst und versetzten sich so in die Lage, ihre Ämter und Reiche unbeschädigt an ihre jeweiligen Nachfolger weiterzugeben.[29]

Noch Montesquieu übernahm diese Argumentation und deutete ihre gesellschaftlich-politischen Konsequenzen an:

> *Die monarchische Regierung setzt* [...] *Auszeichnungen, Rangunterschiede, voraus* [...]. *Es liegt in der Natur der Ehre, daß sie ein Bevorzugen und Besserstellen verlangt. Sie ist mithin, nach Lage der Sache, in dieser Regierung zu Hause. Ehrgeiz ist in einer Republik Gift. In der Monarchie wirkt er Gutes. Er haucht dieser Regierung Leben ein.* [...] *Die Ehre setzt alle Teile des Staatskörpers in Bewegung und bindet sie durch eben dieses Streben aneinander. So findet sich, daß jeder das allgemeine Wohl betreibt, indem er seine privaten Interessen zu betreiben glaubt. Philosophisch betrachtet, werden unleugbar alle diese Glieder des Staates von einem falschen Ehrebegriff gelenkt. Aber diese falsche Ehre ist der Öffentlichkeit genauso nützlich wie die wahre Ehre den ihrer würdigen einzelnen. Und ist es nicht schon viel, daß man die Menschen dazu bringt, alle schweren Anstrengungen verlangenden Taten zu vollbringen, die keinen anderen Lohn gewähren als das Aufsehen, das sie erregen?*[30]

En passant beweisen diese Bemerkungen, daß die ideengeschichtliche Errungenschaft, Eigennutz positiv als Faktor gesellschaftlicher Selbstregulierung aufzufassen und zuzulassen, ihr Objekt nicht ausschließlich im materiellen Individualinteresse, sondern bereits im immateriellen Zentralwert der ständischen Gesellschaft

---

[29] Aristoteles: Politik. Hg. von Olof Gigon. München 1979. V: 10, S. 187-193. Annähernd systematische humanistische Umsetzungen dieses Ansatzes stellten dar Hubert Giphanus: Commentarii in Decem libros Ethicorum Aristotelis. Frankfurt am Main 1608 (Index!) und Petrus Antonius Finariensis: De dignitate principum [1466]. Heidelberg 1602, vgl. zusammenfassend Bruno Singer: Die Fürstenspiegel in Deutschland im Zeitalter des Humanismus und der Reformation. München 1981. S. 67-69.

[30] Vom Geist der Gesetze (1748). Hg. und ausgewählt von Kurt Weigand. Stuttgart 1976. III: 7, S. 124f.

selbst, nämlich eben der Ehre, fand.[31] Wichtiger im vorliegenden Zusammenhang sind jedoch ihre Grundlagen, die von den modernen Politikdenkern beigebrachten Erweiterungen des aristotelischen und humanistischen Ehrekonzepts.

Machiavelli radikalisierte die herrschaftspraktischen Konsequenzen des aristotelischen Ansatzes. Die Aufrechterhaltung und fortwährende Steigerung der fürstlichen Reputation (*riputazione*) stellt die psychische Basis der Monarchie dar. Sie beruht auf der Natur der Untertanen, nur solche Monarchen zu akzeptieren, die sich augenscheinlich durch höchste Ehren und Würden auszeichnen, und ist ständig durch den zerstörerischen Ehrgeiz sowohl des Adels als auch des Pöbels bedroht. Ein Fürst muß dementsprechend alles vermeiden, was ihn bei seinen Untertanen verächtlich machen könnte. Weil er sich dabei an denjenigen Vorstellungen orientieren muß, welche die *comuni opinioni* hervorbringen, für die lediglich der äußere Schein zählt, konzentrieren sich auch seine Bemühungen auf die Erzeugung äußerer Ehre. Zu diesem Zweck ist gegebenenfalls auch der Einsatz unmoralischer Mittel erlaubt.[32]

---

[31] W. Schulze: Vom Gemeinnutz (Anm. 23) bezieht sich in seinem Nachweis schon seit Anfang des 16. Jahrhunderts (!) einsetzender Lockerung des Prinzips der Gemeinwohldurchsetzung von 'oben' gegen schädlichen Eigennutz 'unten' ausschließlich auf den materiellen Eigennutz. Auf dessen allmähliche Zulassung führt er auch die Dynamisierung der Ständegesellschaft durch soziale Mobilität zurück, während nach dem oben Angedeuteten (und Feststellungen wie z. B. J. Rogges [Anm. 10. S. 142] zur Steigerung individueller Ehre durch "persönlichen Einsatz" derartige Mobilität auch und bereits auf das individuelle Bedürfnis nach Ehre bzw. die Ehre als Zentralnorm der ständischen Gesellschaft bezogen werden muß; Privilegien, Titel usw. sind demnach nicht als Indikatoren lediglich für Statik anzusetzen, sondern auch für Dynamik, vgl. hierzu auch aus der Gegenperspektive den auf die Aufrechterhaltung von Standesunterschieden, aber nicht die Verunmöglichung jeglicher Mobilität angelegten Polizeiordnungen etwa Michael Stolleis: Luxusverbote und Luxussteuern in der frühen Neuzeit. In: ders.: Pecunia nervus rerum. Zur Staatsfinanzierung in der frühen Neuzeit. Frankfurt am Main 1983. S. 9-61, hier S. 36-40. Ein weiterer, hier nicht näher ausführbarer Aspekt betrifft die Verhüllung materieller Ansprüche und Interessen durch ehrebezogene Begrifflichkeit, vgl. für den Rechtsbereich ("mit allen Ehren, Würden, Recht und Gerechtigkeiten") z. B. den Artikel: Ehr, Dignitas. In: Christoph Besold: Thesaurus practicus cum additionibus Ludovici Dietheri. Editio novissima. Regensburg, Stadt am Hof 1711. Bd. 1. S. 238f., für den Bereich der Beamten die Bezeichnung *honor* für das Amt oder den Begriff *honorarium* für Entlohnung insbesondere schriftstellerischer Tätigkeit.

[32] Vgl. in bequemer deutscher Übersetzung Niccolo Machiavelli: Der Fürst (1513). In: Politische Schriften. Hg. von Herfried Münkler. Frankfurt am Main 1990, besonders Kap. XIX: Von Verachtung und Haß, vor denen man sich fürchten muß (S. 98-106), und Kap. XXI: Was ein Herrscher tun sollte, um Achtung zu erwerben (S. 109-114), sowie die Schlüsselstelle in Kap. XVIII (S. 96-98, hier S. 98): *Der Pöbel hält sich nur an den äußeren Schein und beurteilt die Dinge nur nach ihrem Erfolg. Nun ist aber fast nichts in der Welt als Pöbel, und die wenigen zählen nicht, wenn die vielen im Staat keinen Rückhalt haben.* Zur Interpretation dieser Feststellungen vgl. auch Herfried Münkler: Im Namen des Staates. Die Begründung der Staatsraison in der Frühen Neuzeit. Frankfurt am Main 1987. S. 300-306. Auch bei Zedler heißt es im einschlägigen Artikel Ehre (Anm. 17) eindeutig: *Die innerliche und sich auf Vernunft gründende Ehre ist also diejenige, welche wir zu unsern eigentlichen Zweck*

Giovanni Botero (1540-1617) systematisierte diesen Ansatz unter dem Prinzip der Staatsräson, wobei er die Durchbrechung religiöser, moralischer und rechtlicher Normen allerdings nur für den Fall höchster Staatsbedrohung, also den Staatsnotstand, zuließ.[33] Justus Lipsius (1547-1606) erweiterte den Komplex des fürstlichen Ehrebedarfs und der entsprechenden Ehrestrategien zum übergreifenden Konzept der *auctoritas* als Prinzip jeglicher Staatsgewalt, von dem aus die Auffassungen und das Verhalten nicht nur der Untertanen, sondern auch der Herrschaftsträger zu analysieren, zu bewerten und zu steuern seien.[34] Ausgehend von der Ehrerwartung und dem als legitim angesehenen Anspruch des Einzelnen auf angemessene Ehre verarbeitete darüber hinaus eine weitere politiktheoretisch-naturrechtliche Richtung diese Motive zur Idee einer zunächst ständisch gebunde-

---

machen müssen. Gleichwohl aber müssen wir die äußerliche und unvernünftige Ehre nicht gantz und gar verwerffen. Es ist ein Unterschied zu machen, unter demjenigen, was ein Weiser suchen, und demjenigen, was ein Weiser bey Gelegenheit mitnehmen soll. Die äußerliche ist einmal ein Kennzeichen von der innerlichen. Sie ist kräftig, wenn sie sich auf die innerliche gründet. Hernachmahls so breitet sie sich auch auf andere aus, welches die innerliche nicht thut. Der öffentliche Ruf eines berühmten Mannes bringt ihm eben daher so viel Verehrer, weil er öffentlich ist. Es kann also die äußerliche Ehre ihren Nutzen haben, und deßwegen sucht ein kluger Menschen dieselbige mitzunehmen. Weil der Pöbel uns dienen kann, so müssen wir es gleichfalls nicht versäumen, wenn wir uns bey ihm in Hochachtung setzen können. Er lässet sich durch den äußerlichen Schein betrügen; deßwegen erfordert es die Klugheit, quandoque plus videri, quam esse. Manchmahl mehr zu scheinen als zu seyn. Dieses verträgt sich gantz gut mit der Weisheit. Die innerliche und vernünftige Ehre machen wir zum Haupt-Endzweck, die äußerliche und unvernünftige zum Neben-Zweck.

33 Giovanni Botero: Della Ragione di Stato libri dieci [zuerst 1589], Venedig 1601, mit dem in der bisherigen Forschung kaum beachteten, beigefügten Traktat 'Della Riputazione del Prencipe', vgl. aus den Bemerkungen der einschlägigen Literatur Robert Bireley: The Counter-Reformation Prince. Anti-Machiavellianism or catholic Statecraft in Early Modern Europe. Chapel Hill, London 1990. S. 45-71, hier S. 49f. und 53-56, ferner M.G. Bottaro Palumbo: 'Della ragione della grandezza degli stati': monarchie e repubbliche nell'opera di Botero. In: Artemio Enzo Baldini (Hg.): Botero e la Ragion di Stato'. Atti del convegno di Luigi Firpo. Florenz 1992. S. 105-123.

34 J. Lipsius (Anm. 16) Liber IV. Cap. V. S. 1091-1104 (ausführlich zur Affektnatur des *vulgus*, Liber IV. Cap. IX und X S. 1159-1273 (zur *auctoritas*) und Liber IV. Kap. XI und X. S. 1159-1273 und Liber VI. S. 1774-1880 (desgleichen). Aus der Literatur zur lipsianischen Richtung vgl. grundlegend Gerhard Oestreich: Antiker Geist und moderner Staat bei Justus Lipsius (1547-1606). Hg. und eingeleitet von Nicolette Mout. Göttingen 1989 (jedoch ohne Berücksichtigung von Libri V und VI!) und jetzt Martin van Gelderen: Holland und das Preußentum. Justus Lipsius zwischen niederländischem Aufstand und brandenburg-preußischem Absolutismus. In: ZHF 23. 1996. S. 29-56, mit weiteren Nachweisen. Lipsius' Werk stellte das herrschaftspraktische Zentralwerk der gesamten politikwissenschaftlichen Debatte im Deutschland des 17. Jahrhunderts dar, wie ich in meiner in Anm. 4 erwähnten Studie nachweisen konnte. Es wurde allerdings in seiner Heimat, den Niederlanden, vor allem wegen seiner monarchischen Tendenz weniger breit akzeptiert, wie nunmehr M. van Gelderen herausgearbeitet hat. Zur Rezeption in den außerdeutschen Monarchien der Epoche vgl. die zahlreichen Angaben und Hinweise bei G. Oestreich.

nen, dann freien, allgemeinen individuell-menschlichen Würde, auf deren Achtung und Förderung die Staatsgewalt verpflichtet werden sollte.[35]

Dimensionen der Ehrepolitik im Spiegel der Herrschaftslehre

Komponenten der Ehre spielen bereits bei der Erziehung der Thronfolger eine entscheidende Rolle.

Es ist [...] *allen Menschen sowohl als dennen Fürsten angelegen, ihrer und ihrer Nachkommlingschaft Ehre zu gedenckhen, obschon bei dennen Gemainen sovil daran nit gelegen; bey dennen Fürsten aber hat es ein weith andere Beschaffenheit, als deren Ehr und Hochschäzung in der höche stehet* [und] *ein weit aussehendes Gedächtnis machet, welche Sye mit ihrem ruemwürdigen Lebenswandel verneuern sollen.*[36] *Die jeweils nachfolgende Herrschergeneration soll mittels Sozialisation unter dem Aspekt der historischen fama und gegenwarts- bzw. zukunftsbezogenen gloria ihrer Dynastie zur Loyalität gegenüber der Dynastie und zur Bewahrung und Vermehrung des dynastischen Erbes im umfassendsten Sinne verpflichtet werden. Beim bereits amtierenden Fürsten erscheint die Aneignung richtigen Ehrgefühls, würdigen Verhaltens und angemessenen Ehrgeizes außerdem im Hinblick auf die persönliche psychische Gesundheit und die herrschaftliche Leistungsfähigkeit notwendig: Die Kenntnis und das Verhalten nach den Prinzipien wahrer Ehre, ein guter Ruf oder gar persönlicher Ruhm verschaffen dem Monarchen ein gutes Gewissen, innere Ruhe, Selbstsicherheit und belastungsfähiges Selbstbewußtsein.*[37] *An dieser*

---

[35] Vgl. meine näheren Ausführungen im folgenden Abschnitt und aus der einschlägigen (ergänzungsfähigen) neueren Literatur Józef Tischner: Zur Genese der menschlichen Würde. In: Menschenrechte und Menschenwürde. Historische Voraussetzungen – säkulare Gestalt – christliches Verständnis. Hg. von Ernst-Wolfgang Böckenförde, Robert Spaemann. Stuttgart 1987. S. 317-326.

[36] Vätterliche Ermahnung Kurfürst Maximilians I. (1639). In: Politische Testamente und andere Quellen zum Fürstenethos der frühen Neuzeit. Hg. von Heinz Duchhardt. Darmstadt 1987. S. 119-135, hier (Zitat) S. 123; vgl. dort auch die weiteren Ausführungen zum fürstlichen Geschlecht. Ferner beispielsweise Gundacker Fürst von Liechtenstein: Guettachten wegen Education eines jungen Fürsten und wegen guetter geheimben Raths-Bestellung etc. [nach 1648]. In: N. Hammerstein (Anm. 17) S. 541-566, hier S. 543 u.ö.: Ein "gutes Regiment", zu welchem die Erziehung des Prinzen führen soll, *besteht in: 1. Gottes Ehr und cultum 2. seiner Länder Wolfahrt und Wolstandt 3. seines Hauses conservation und aufnehmen, und 4. seiner Reputation und existimation.*

[37] Vgl. exemplarisch und ausführlich J. Lipsius (Anm. 16) Liber I. Cap. III-VI. S. 213-303 und Liber II. Cap. VI-XVII. S. 565-729, mit den jeweiligen Ergänzungen und Kommentaren des Herausgebers. Als Voraussetzung des Erwerbs wahrer Ehre (*honor, fama*) ist in diesem Zu-

Stelle, der durch Erziehung, religiöse Übung und Beratung zu formenden dispositio animae, ist machiavellische Heuchelei, das bloße Vorschützen der Orientierung an wahrer Ehre, nicht möglich. Sie würde die zu rationalem und deshalb erfolgreichem Handeln unerläßliche magnanimitas und innere fortitudo des Fürsten zersetzen und diesen zu einem unvermeidlich dem baldigen Untergang geweihten Tyrannen und Wahnsinnigen herabsinken lassen.[38]

Mehr oder weniger ausdrücklich abweichende Lösungen sind hingegen in bezug auf die *virtutes Principis ad externos* möglich, die sich je länger desto mehr von moralischen Tugenden zu politisch-herrscherlichen Tüchtigkeiten, d.h. funktionalen Fertigkeiten, fortentwickeln. Zwar gilt prinzipiell die von dem bedeutendsten Politologen der Zeit, Hermann Conring (1606-1681), formulierte Machiavellikritik: *Nec vero vel amor populi parari, nec quis bonus Princeps videri* [!] *potest, si perpetuo improbe se gerat.*[39] Und Machiavellis Behauptung, die Untertanen, insbesondere die breite Masse des *vulgus*, könnten leicht betrogen werden und erwarteten diesen Betrug sogar, wird relativierend die Einsicht entgegengestellt, daß der Fürst stets und unvermeidlich von Neidern und Gegnern umgeben sei, so daß eventuelle Laster oder sonstige ehrebeeinträchtigende Praktiken und Umstände auf Dauer nie verborgen blieben.[40] Dennoch schließt das Ehrverhalten des Fürsten angesichts der Affektnatur des Menschen im allgemeinen und der unstillbaren *ambitiones* des Adels und des Pöbels bzw. auswärtiger Rivalen im besonderen die bloße Demonstration von Ehre, die Ausnutzung äußerlicher Ehrerwartungen und Ehrgelüste, selbstverständlich ein.

---

sammenhang die Orientierung des Verhaltens an der Tugend der Mäßigung (*modestia*) konzipiert, vgl. vor allem S. 651. Zur Unterscheidung guter und schlechter *aemulatio* des Fürsten vgl. auch beispielsweise Revermont de Cerizier: Französischer Tacitus. Sulzbach 1680. S. 90f.

38 Vgl. neben Lipsius (wie vorhergehende Anm.) beispielsweise Georg Schönborner: Libri VII Politicarum. In quibus methodice digestis ars bene constituendi feliciterque administrandi rempublicam [...]. Leipzig 1614. Liber I. Cap. XXV. S. 186-189 und Cap. XXXVII-XXXIX. S. 230-238.

39 Hermann Conring: Animadversiones politicae ad Cap. XV Machiavelli de Principe. In: ders.: Opera. Hg. von Johann Wilhelm Göbel. Bd. 2. Braunschweig 1730. S. 973-1092, hier S. 986. Aus der einschlägigen Literatur grundlegend: Hermann Conring (1606-1681). Beiträge zu Leben und Werk. Hg. von Michael Stolleis. Berlin 1983.

40 N. Machiavelli (Anm. 32) Kap. VIII. S. 98. Der Florentiner räumt zwar ein, daß jedenfalls eine Minderheit durchaus stets in der Lage sei, die wahre Natur eines Fürsten zu durchschauen. Diese Minorität *wagt es* [aber] *nicht, der Meinung der vielen entgegenzutreten, welche der Schild der Majestät des Staates deckt*. Zur Öffentlichkeit des fürstlichen Lebens und der angeblich unstillbaren Neugier, dem lauernden Mißtrauen und ewigen Neid des *vulgus* vgl. J. Lipsius (Anm. 16) Liber II. Cap. VII. S. 581 (*Omnia facta dictaque Principis rumor excipit. Nec magis ei, quam soli, latere contingit.* Der Herausgeber ergänzt einen Satz des Dio: *Vives enim tanquam in quodam theatro orbis terrarum, nec fieri potest, ut vel minimum peccatum tuum (lateat)* und Liber IV. Cap. V. S. 1097-1104).

Ehre ist die zentrale Komponente der fürstlichen und staatlichen Autorität (*auctoritas, majestas*), die zuverlässiger und dauerhafter als die (offene) Gewalt Gehorsam bzw. Herrschaft zu erzeugen und aufrechtzuerhalten in der Lage ist: *Auctoritas est impressa subditis, sive et exteris, opinio reverens de rege ejusque statu.*[41] Ihre Hervorbringung, Bewahrung und umständeangemessene Steigerung soll zwar in erster Linie auf dem Vorliegen wahrer Tugenden und Verdienste beruhen. Nachdem sie jedoch eigentlich in auf äußerer Wahrnehmung beruhender Vorstellung besteht und sich die Menschen nach Cicero *non minus opinione, & fama, quam certa aliqua ratione* bewegen lassen,[42] muß sie auch äußerlich kenntlich gemacht und über äußerliche Zeichen befestigt und verstärkt werden.[43] Entsprechend sind auch alle äußerlichen Umstände und Präsentationen peinlichst zu vermeiden, die das tödlichste Gegenteil von *auctoritas, majestas, eminentia singu-*

---

41 J. Lipsius (Anm. 16) Liber IV. Cap. IX. S. 1160-1236, hier S. 1160, vgl. auch die Definition im zentralen Cap. XII. S. 1373: [est] *eximia quaedam opinio de Imperante,* sowie S. 1374: *vires Imperii in consensu obedientium sunt. Consensus ille ab aestimatione.* Diese Konzeption bildete den Kern der o.a. breiten Lipsius-Rezeption; vgl. ausdrücklich unter dem dynastischen Aspekt auch Peter Müller: Praesidia Domus illustris. Jena 1677. Cap. VII. S. 232-247 (De autoritate seu existimatione [!] Principis). Sie wurde zumeist mit entsprechenden Ansätzen in der christlichen Überlieferung (s. oben Anm. 23 u.ö.) und/oder bei Aristoteles (Monarchie- und Tyrannislehre) verbunden. Das auch in der heutigen (besonders rechtshistorischen) Literatur verbreitete Mißverständnis, *majestas* sei nichts anderes als die lateinische Übersetzung der Bodinischen souveraineté, entbehre also jeglichen politisch-psychischen Moments insbesondere in bezug auf Ehre, Würde usw., wird bereits im einschlägigen Artikel 'Majestät' bei Zedler zurückgewiesen. Vgl. Zedlers Universal-Lexikon. Bd. 19. Halle, Leipzig 1739. Sp. 534-548. Diese Annahme nimmt im übrigen bereits Bodin selbst nicht zur Kenntnis, der seine Konzeption sehr wohl auch praktisch-politisch auffaßte.

42 Cicero, zit. nach J.F. Reinhard (Anm. 16) S. 1279.

43 J. Lipsius (Anm. 16) Liber II. Cap. XVI. S. 679. J.F. Reinhard fügt auf der selben Seite folgende Erläuterungen aus anderen Schriften Lipsius' und dem Tacitus-Kommentar Christoph Forstners hinzu: *Origo Auctoritatis praecipua ab interna magnitudine, id est virtute; etsi externa etiam species, gestus, cultus, aliquid addvnt.* [...] *Eorum igitur, quae verendum populis regem faciunt, duo praecipua sunt: Virtus, & externus morum decor: & virtus iterum, vel aliena, vel sua. Principis propriae Virtutes sunt, sagacitas in pernoscendis civium animis, peritia bellicarum artium, pacis tuendae solertia, adversus subditos casus praeparatio, dexteritas obsecundandi temporibus, maturitas in deliberando, celeritas in exsequendo, constantia in agendo, in promissis veritas, in caeptis magnus animus, in factis inconcussum animi robur, in divinis exacta sacrorum & religionis cura, denique in universae vitae curriculo morum aequalitas & constantia. Has Princeps captatis locorum & temporum occasionibus ostentare debet* [...] *Alienam virtutem intelligo illorum, qui circa Principem sunt, quisque ab illo vel publicis vel palatinis officiis praeficiuntur, vel denique ejus stipendio vivunt.* Vgl. auch J. Lipsius (Anm. 16) Liber IV. Cap. IX S. 1232f. oder für einen weiteren Beleg Christoph Besold: De arcanis rerumpublicarum. Tübingen 1637. Cap. I: De arcanis convententibus statui omni. S. 11-14.

laris usw., nämlich Verachtung (*contemptus*), hervorrufen oder intensivieren können.[44]

Die Theoretiker der Herrschaft und des Staates entfalten demgemäß an dieser Stelle ein umfängliches Panorama von Empfehlungen und Anweisungen an den Fürsten, sich ehrfurchtgebietende, würdevolle Äußerungs- und Verhaltensformen als *via*[e] *ad auctoritatem* anzueignen. Seine Sprechweise (*sermo*) soll stets fest, klar, kurz und verständlich sein. Wiewohl in der Art und Form an die wechselnden Auditorien bzw. deren Vorstellung von würdevoller Rede anzupassen, darf sie jedoch keinesfalls z. B. zu volkstümlich werden: *Lingua enim & dialectus rustica valde contemptum reddit hominem.*[45] Ähnliches gilt für seine Kleidung: *vestitus Principis debet esse aptus, mundus, honestus, incuriosus quidem, sed non indecoro habitu.* Ist er klug, wird er sich auch in ihr an die Erwartungen seiner Untertanen bzw. seiner Umgebung anpassen.[46] In Gesichtsausdruck, Gestik und Körperbewegung sind ebenfalls (freilich nicht übertriebene) gravitätische, gleichmäßige und beherrschte bis zierliche Formen angebracht, weil Häßlichkeit, Hektik, Unstetigkeit und Übertreibung in jedem Fall lächerlich oder befremdend wirken und demzufolge ehrabträglich sind. Nur der nüchterne, sich emotional beherrschende und gesunde Monarch wird allerdings angemessen sprechen, sich bewegen, kleiden und auftreten können. Alkoholismus, Hurerei und fehlende oder mangelnde sonstige Selbstbeherrschung einschließlich des Fluchens sind deshalb nicht nur aus religiösen und moralischen Gründen oder funktional wegen ihrer Schädigung herrscherlichen Reflexions-, Kalkulations- und Handlungsvermögens zu verurteilen, sondern auch wegen ihrer unvermeidlichen Folge, Verachtung bei den Untertanen hervorzurufen.[47] Reputationssteigernd oder ehrabträglich wirken

---

44 Johannes a Chokier: Thesaurus politicus. Marburg 1670. Liber VI. Cap. VI. S. 537: *Odium grave quidem ac virulentum malum, at Contemptus longe gravius letaliusque.* Vgl. auch Bartholomaeus Keckermann: Systema politicae doctrinae. In: ders.: Opera omnia quae extant. Bd. 2. Genf 1614. Liber I. Cap. XI. S. 222: *Princeps omnibus modis tueatur & vindicet honorem, autoritatem & maiestatem suam*, und Cap. XXVI. S. 415f. (fehlende *honor* bzw. *contemptus*).

45 B. Keckermann (Anm. 44) Liber I. Cap. XII. S. 228; vgl. zum gesamten Zusammenhang Liber I. Cap. III. S. 95-97; zusammenfassend J. Lipsius (Anm. 16) Liber II. Cap. XV. S. 667-672, mit Ergänzungen u.a. aus Tacitus: *Sermones tamquam Principes ex oraculo audiri debent; igitur accurati sint necesse est & perfecti, ut venerationem, quae hic spectatur, consequantur. In regno enim omnia ad splendorem quendam majestati consentaneum, omnia ad decus sublimioris fortunae exigi debent: insito hominibus studio, ut nihil non singulare expectent ab eo, qui omnibus praeest.* Lächerlich und Verachtung erregend sind selbstverständlich auch Sprechbehinderungen wie z. B. das Stottern (*debilitas linguae*) oder zu salbungsvolles Reden.

46 Zusammenfassend J. Lipsius (Anm. 16) Liber II. Cap. V. S. 672-677 u.ö., Zitat (aus Christoph Forstners Tacitus-Kommentaren) S. 672, sowie Liber IV. Cap. XII. S. 1357-1361.

47 Zusammenfassend und ausführlich ergänzt durch den Herausgeber: J. Lipsius (Anm. 16) Liber II. Cap. XVI. S. 681-687 (mit Warnungen vor arrogantem und hochmütigem Auftreten, Diskussion der Bedeutung körperlicher Schönheit usw.); Liber II. Cap. XVII. S. 697-702,

sich freilich auch Gesundheit oder Krankheit des Fürsten aus, sein Bildungsstand, Auffassungsvermögen, Verstand usw., ob er sich von Frauen beeinflussen läßt oder nicht, seine (weder zu sparsame noch zu luxuriöse) Lebensweise, schließlich die Lage, Architektur und Ausstattung seines Wohnortes.[48]

Für die Wahrnehmung und Beurteilung der Ehre und Würde des Fürsten durch die Untertanen ist ferner wesentlich, mit welchen Personen er sich umgibt. Im Hinblick auf seine Familie muß die Herkunft und der Ruf der Fürstin untadelig sein, diese muß sich in die ihr zugewiesene Rolle optimal fügen, ihre Ehe darf nicht unfruchtbar bleiben oder nur Töchter hervorbringen, die Erziehung der Kinder muß nachweislich erfolgreich ausfallen.[49] Seine häusliche Dienerschaft, die Hofangehörigen und seine Räte und Minister[50] haben ebenfalls untadelige Herkunft und besten Leumund aufzuweisen, einen würdigen Lebenswandel und Umgang zu pflegen, erkennbar qualifiziert und erfolgreich in ihren jeweiligen Ämtern zu sein sowie eigene Ambitionen zugunsten fortlaufender Steigerung des Ansehens ihres Herrn zu unterdrücken. Sich im Kreis anerkannter Gelehrter, würdiger Geistlicher und erfolgreicher Soldaten oder sonstiger Leistungsträger zu zeigen ist angebracht. Dagegen erscheint das Halten von Narren und Mohren zwecks Unterhaltung eher ambivalent.[51] Majestätische Würde produziert auch die Unterhaltung

---

709-718; Liber IV. Cap. IX. S. 1232-1233 (Gestik, Gesichtsausdruck) und Liber IV. Cap. XII. S. 1387-1401 (vor allem zum Alter und zu körperlichen Gebrechen als Anlaß zur Verachtung); vgl. hierzu z.B. auch B. Keckermann (Anm. 44) Liber I. Cap. XXVI. S. 416. Ein spezifischer Traktat zur Schändlichkeit des Trinkens stammt von Salomon Glassen: Ebrietatis infamia. Gotha 1645.

48 J. Lipsius (Anm. 16) Liber IV. Cap. XII. S. 1387-1401; Liber II. Cap. XVII. S. 721-724 und Liber IV. Cap. XII. S. 1393 (*tarditas ingenii*), Liber II. Cap. XVII. S. 702-709 und Liber IV. Cap. IX. S. 1233-1236 (*habitatio*). Für ein Beispiel der (s.o.) humanistischen Strategie, den Erwerb der *litterae* als besonders ehresteigernd auszugeben, auf der Ebene der Fürstenspiegel vgl. exemplarisch Dietrich Gresemund: Oratoriae ad rerum publicarum rectores oratio. Mainz 1494, passim.

49 J. Lipsius (Anm. 16) Liber II. Cap. XVII. S. 697-709 und Liber IV. Cap. XII. S. 1386f.; vgl. zur entwürdigenden Heirat bzw. Liebe zu einer jungen Frau Liber IV. Cap. XI. S. 1341f.; Liber IV. Cap. XII. S. 1383-1386 (Nachwuchs); zahlreiche weitere Hinweise zur Ehrerelevanz von Heirat und Familie finden sich in den einschlägigen politisch-juristischen Traktaten, so v.a. Nicolaus Myler ab Ehrenbach: Gamologia illustrium Personarum Imperii. Stuttgart 1664.

50 Zur Rangordnung innerhalb der Räte und Minister vgl. die umfänglichen Literaturnachweise und Erörterungen bei Caspar Thurmann: Bibliotheca Statistica. Halle 1701. S. 27f.; zum Anspruch dieser Personengruppe auf Anteil an der fürstlichen *majestas* exemplarisch Nicolaus Myler ab Ehrenbach: Hyparchologica, seu de Officialibus, magistratibus & administris liber singularis. Stuttgart 1678. Cap. VIII. S. 382-463.

51 Vgl. zusammenfassend und ausführlich kommentiert J. Lipsius (Anm. 16) Liber III. Cap. II-XI. S. 738-962, bes. S. 742 (*viri celebres & sapientes in domo Principis decori*), S. 784f. (bei der Auswahl ist die jeweilige *fama* zu beachten), S. 880f. (*dignitas Principis* durch schlechte Helfer beschädigt), S. 885-895 (gute Abstammung, guter Leumund der Helfer), S. 900 (*non infames*), S. 916 (*malus minister regii imperii pudor*), S. 918-922 (*superbia* und *ambitio* als wichtigste Laster fürstlicher Helfer) und S. 927-929 bzw. 946-955 (Verdunklung der *gloria*

und der Auftritt mit einer Leibwache, ferner bleibt der Diskussion die Bedeutung entsprechender *symbola quoque & nomina,* also Denkmale, Beinamen, Titel, Grußformen, Huldigungen, Rituale, Zeremonien usw. keineswegs verborgen.[52]

Damit ist bereits das direkte Verhältnis des Fürsten zur breiten Untertanenschaft angesprochen. Im Hinblick auf Sprache, Kleidung, Körperausdruck und Verhalten gelten die oben angeführten generellen Regeln. Auch die letztgenannten symbolischen Mittel herrscherlicher Reputationssicherung sind vor allem in bezug auf den *vulgus* konzipiert. Das heißt, bei der Beschreibung dieses Verhältnisses verschiebt sich der Akzent zunächst auf die Betonung der Distanz des Fürsten zu den Untertanen. *Nimia familiaritas*, aus der schließlich Verachtung entspringt, entsteht bereits durch zu häufigen öffentlichen Auftritt des Monarchen, weshalb dieser vermieden werden muß.[53] Autoritäts- und ehrefördernd einzuschätzen sind demgegenüber demonstrative Entschiedenheit, Konsequenz und Beständigkeit in Auffassung und Verhalten;[54] demonstrative persönliche Handhabung aller Majestätspflichten mit Ausnahme derjenigen, deren Ergebnis zu Haß oder Verachtung beitragen kann, so z. B. im Fall der Verhängung peinlicher Strafen für einen im

---

des Fürsten durch ehrgeizige Minister) oder B. Keckermann (Anm. 44) Liber I. Cap. III. S. 97.

52 Vgl. zusammenfassend J.F. Reinhard (Anm. 16) S. 679-681, bes. S. 680 mit weiteren Verweisen, sowie für die herrschaftlich-disziplinierenden Funktionen des Zeremoniells im umfassenden Sinn ausführlich C. Thurmann (Anm. 50) S. 19-21 (umfangreiche, kommentierte Literaturzusammenstellung) sowie Julius Bernhard von Rohr: Einleitung zur Ceremoniel-Wissenschaft Der Grossen Herren (Berlin 1728). ND Weinheim 1990, mit der Analyse von Wolfgang Weber: Zeremoniell und Disziplin. J.B. von Rohrs *Ceremoniel-Wissenschaft* (1728/29) im Kontext der frühneuzeitlichen Sozialdisziplinierung. In: Zeremoniell als höfische Ästhetik in Spätmittelalter und früher Neuzeit. Hg. von Jörg Jochen Berns, Thomas Rahn. Tübingen 1995. S. 1-20; der Sammelband enthält noch weitere einschlägige Beiträge. – Hinweise zur Umsetzung dieser Vorstellungen speziell im Heiligen Römischen Reich enthält u.a. Christian Woldenberg (Praes.), Daniel Fischer (Resp.): Dissertatio inauguralis de favore ejus quod publice interest. Rostock 1665 (unpag.). Wertvollste Darlegungen zur Rolle und Funktion von Komponenten der Ehre bei Huldigungen und sonstigen Hofzeremoniellen enthält die geschichtswissenschaftlich weithin unbekannt gebliebene germanistische Studie von Georg Braungart: Hofberedsamkeit. Studien zur Praxis der höfisch-politischen Rede. Tübingen 1988. S. 29-32 und S. 67-123.

53 J. Lipsius (Anm. 16) Liber II. Cap. XVI. S. 685-689, vgl. S. 685: *in familiaritatibus retinet; gravitas, quae ad gloriam requiritur, vix possit* (Plutarch), und Liber IV. Cap. XII S. 1377f. zum weiteren Fehler, der im Falle ihrer Übertreibung ebenfalls höchst gefährlichen *humilitas*.

54 J. Lipsius (Anm.16) Liber IV. Cap. IX. S. 1169-1174 und Liber IV. Cap. XII. S. 1379-1381. Ansehenschädigend wäre jedoch andererseits, z. B. ein Gesetz beizubehalten, an welches sich niemand hält, weil dieser Umstand die Hilflosigkeit eines Herrschers erkennen läßt, vgl. Liber IX. Cap. IX. S. 1177f.

Volk bewunderten oder bemitleideten Verbrecher;[55] exemplarische und demonstrative Strenge (*severitas*) in der Herrschaftsausübung zur rechten Zeit;[56] entschiedene Durchsetzung der Bestrafung aller *crimina laesae majestatis* gegebenenfalls unter Einsatz gezielter Gewalt[57] usw.

Wiewohl der *vulgus* letztlich stets nur durch aus Gewaltanwendung und Gewaltandrohung entspringender Furcht gebändigt werden kann, ist die disziplinierende und bestrafende Autoritäts- und Reputationsbildung jedoch durch die belohnend-milde zu ergänzen. Auch *clementia, lenitas* und *liberalitas* tragen zur Ehrfurcht vor dem Fürsten bei und bekräftigen dessen *fama & gloria*.[58] Er kann sich durch ihren Einsatz vor allem die Aura eines *Pater patriae* aneignen, dessen Autorität fest wie diejenige des Familienvaters ist.[59] Besonders bedeutsam für die Erzeugung und Vertiefung der Ehre, des guten Rufes und des Ruhmes ist außerdem die demonstrative Treue zum gegebenen Wort oder unterschriebenen Vertrag (*fides*).[60]

Als noch wirksamer hat die zielgerichtete Verteilung autoritäts- und ansehenssteigernder Belohnungen (*praemia*) insbesondere in Form öffentlicher Ehren zu gelten. Diese Erörterungen wachsen sich vielfach zu Konzeptionen einer systematischen Prämierungspolitik aus. Deren unmittelbarer Zweck ist spätestens seit Sallust, Livius und Johann Heinrich Boecler (1611-1692), dem zweiten großen zeitgenössischen Theoretiker, klar: *gloria enim industria alitur*, d.h. *videbis semper eo impendi laborem ac periculum, unde honos atque emolumentum speretur*, bzw.: *Solenne est derique imperantibus, ad promptiora obsequia homines etiam praemiis propositis invitare*.[61] Daß sie mittelbar dem Reputationsgewinn des Mon-

---

[55] J. Lipsius (Anm. 16) Liber IV. Cap. IX. S. 1180-1183, freilich soll sich der Fürst nicht zuviel aufladen (*per gradus, nec omnia simul*), um nicht beim unvermeidlichen Scheitern der Verachtung preisgegeben zu sein; Liber IV. Cap. XI. S. 1279-1282.

[56] J. Lipsius (Anm. 16) Liber IV. Cap. IX. S. 1163, 1165-1167 u.ö. (*salutaris severitas*).

[57] J. Lipsius (Anm. 16) Liber IV. Cap. X. S. 1237-1239 u.ö.; Hubert Gigas: Tractatus de crimine laesae maiestatis. Venedig 1557 (politisch-juristisch umfassend); Crimen laesa maiestatis. In: Zedlers Universal-Lexikon. Bd. 6. Halle, Leipzig 1733. Sp. 1645.

[58] J. Lipsius (Anm. 16) Liber II. Cap. XII. S. 622-628.

[59] J. Lipsius (Anm. 16) Liber II. Cap. XII. S. 627. Vgl. aus der Literatur Paul Münch: Die Obrigkeit im Vaterstand. Zur Definition und Kritik des Landesvaters während der frühen Neuzeit. In: Hof, Staat und Gesellschaft in der Literatur des 17. Jahrhunderts. Hg. von Elgar Blühm u.a. Amsterdam 1982. S. 15-40; ders.: "Vater Staat". Staatsmänner als Vaterfiguren? In: Sturz der Götter? Vaterbilder im 20. Jahrhundert. Hg. von Werner Faulstich, Gunther E. Grimm. Frankfurt am Main 1989. S. 67-97.

[60] J. Lipsius (Anm. 16) Liber II. Cap. XIV. S. 638-651, besonders S. 642f.: Zuverlässigkeit schafft Vertrauen und vertieft den Gehorsam der Untertanen in so entscheidender Weise, daß eigentlich vollständig darauf verzichtet werden sollte, *necessitas* zu reklamieren, um ein gegebenes Versprechen aufheben zu dürfen.

[61] Vgl. J. Lipsius (Anm. 16) Liber IV. Cap. XI. S. 1367f. und umfassend Christoph Besold (Praes.), Friedrich Richard Mockhel (Resp.): De praemiis dissertatio. Tübingen 1620, bes. S. 3-6 und S. 21, mit Katalogen entsprechender *Prämien (honoris tituli, laudes ore principis,*

archen dient, bleibt ebenfalls nicht unerkannt. *Aliena haec fama valde ad tuam famam* [facit].[62] *Apud te etiam plerisque honos maneat,* [ut] *magnus* [sis].[63] Selbst höchste Ehrschätzung zu genießen und von dieser höchsten Rangposition aus alle übrigen öffentlichen Ehrezumessungen handhaben zu können, stellt ein unverzichtbares Element der monarchisch-staatlichen *auctoritas* dar. Nicht nur aus finanziellen Gründen, sondern auch herrschaftstechnisch sind dabei zeitlich begrenzte und ideelle Prämierungen zu bevorzugen. Denn nicht materieller Vorteil, sondern Prestigegewinn und Prestigeverlust oder Scham und Schande bilden den besten *stimulus ad virtutem* bzw. die (s.o.) beste Motivation zur Erbringung außerordentlicher Leistungen. Gleichzeitig können diese Prämien beliebig oft und in breitester Variation ausgeteilt werden, ebenso ist gegebenenfalls ihr öffentlicher Widerruf möglich. Schließlich, aber nicht zuletzt finden derartige Ehrungen auch größte Akzeptanz.[64]

So verwundert nicht, daß auch im Hinblick auf eines der wichtigsten Probleme des frühmodernen Staates überhaupt, nämlich der Hebung der Bereitschaft zur Steuerzahlung, der Einsatz von Ehre erwogen wird. *Machet es wie die Priester, oder sehet sonst, daß ihr das Würtzelchen findet, durch welches der Unterthan ihr point d'honneur angespornet wird*, schrieb dazu kein geringerer als der Frühaufklärer Christian Thomasius im Jahr 1717.[65] Ungehorsam oder gar Widerstand der Untertanen wird als Ehrvergessenheit konzipiert, um Scham und Schande zur Prä-

---

magistratuum praeeminentia, symbola honoris, etc.) oder Jacob Bornitz: De praemiis in republica decernendis. Leipzig 1610 sowie Jacob Le Bleu: Dissertationes rerum politicarum. Gießen 1660. I: De poenis et praemiis.

62 J. Lipsius (Anm. 16) Liber III. Cap. I. S. 742.

63 Lipsius (Anm. 16) Liber IV. Cap. IX. S. 1183; B. Keckermann (Anm. 44) Liber I. Cap. XVI. S. 277: *Princeps ad praemia distribuenda sit velocior quam ad irrogandas poenas; nam ita & laudem sibi & honorem conciliabit uberiorem, & virtutem in subditis suis excitabit, tum multiplicabit.*

64 B. Keckermann (Anm. 44) Liber I. Cap. XVI. S. 278-283, mit einer Warnung vor zu häufigen Ehrungen, die letztlich Verachtung schaffen, und Hinweisen auf konkrete Ehreformen (Titel, Orden usw.). Privilegien und Immunitäten erscheinen nicht nur aus finanziellen Gründen problematisch, sondern auch deshalb, weil sie bei den Nichtgeehrten Neid erregten; vgl. auch Georg Mund a Rodach: Tractatus de numeribus, honoribus et oneribus. Nürnberg 1645, besonders Cap. I. S. 8-61, oder ausführlich Gerhard Feltmann: De titulis honorum libri duo. Bremen 1691.

65 Christian Thomasius: D. Melchiors von Osse Testament gegen Hertzog August Churfürsten zu Sachsen. Halle 1717. S. 99, unter Bezug auf freiwillige Zahlungen der Gläubigen (wie z. B. Hochzeitsgelder) an die Priester, welche die Papstkirche geschickt zu einer Frage der Ehre gemacht habe, um die Höhe der Zahlungen zu steigern; vgl. auch den Kommentar S. 91: *Ja, da sitzt es eben, daß das Volck willig sey* [zur Zahlung von Steuern]. Zu Person und Werk insgesamt: Christian Thomasius 1655-1728. Interpretationen zu Werk und Wirkung. Hg. von Werner Schneiders. Hamburg 1989, und demnächst Neue Forschungen zu Christian Thomasius. Hg. von Friedrich Vollhardt. Tübingen 1996.

vention bzw. Verschärfung entsprechender Strafen einsetzen zu können.[66] Und der Vertiefung des Gehorsams und der Opferbereitschaft der Untertanen dient auch die neuartige Konstruktion einer nationalen Ehre, die nach dem Modell der Konzeption und Instrumentalisierung dynamischer Ehre erfolgt:

Dann jene so von Jugend auf in der Geringachtung ihres Vaterlands und Hochschätzung der Feind erzogen worden, pflegen nichts grosses und dem Vaterland ersprießliches anzurathen. Die Beambte, wann sie vermeinen, es wird doch aller Fleiß umbsonst und vergebens sein, werden keinen grossen Eyffer in ihren Verrichtungen spühren lassen: Und wie sollten die Bürger bey ihrer Obrigkeit eintzige Standhafftigkeit erzeugen, wann sie darvor halten, selbe könne sie doch nicht mehr schützen? Was die widersetzliche von öffentlicher Aufruhr abhalten, wann sie glauben, man seye nicht im Stand selbe zu straffen und zum Gehorsam zu verweisen? Und was endlich die Feind an wirklichen Krieg und jammer-vollen Blutstürtzung verhindern, wann sie wider jene, die von den ihrigen selbst nichts mehr, hingegen von Feinden alles zu halten pflegen, den Sieg vernünftiger weiß wohl hoffen können: Denn man pfleget solchen Leuthen, von denen man glaubet, daß ihnen Stärcke und Tapfferkeit, Gerechtigkeit und Weißheit, Höflichkeit und allerhand andere große Tugenden und gute Sitten beywohnen, sich nicht viel zu widersetzen; und was werden die wohlerbaute Vestungen und Mauren einem solchen Feind, der die Burgerlichen Hertzen, das ist das beste Bollwerck, schon in seinem Gewalt hat, für einen Widerstand thun? Der Untertan muß deshalb nicht nur verpflichtet werden, sein Vaterland

66 Vgl. bereits für die Ebene der juristischen Bewältigung des Bauernkrieges die einschlägigen Ausführungen bei Gadi Algazi: "Sich selbst vergessen" im späten Mittelalter. Denkfiguren und soziale Konfigurationen. In: Memoria als Kultur. Hg. von Otto G. Oexle. Göttingen 1995. S. 387-427, hier S. 405-408. Ehrerweisung als *officium subditorum* postuliert u.a. Johann Heinrich Alsted: Politica. In: ders.: Encyclopaedia scientiarum omnium. Leiden 1649. T. III. Liber XXIII. S. 162-272, hier S. 192 (*officia generalia veniunt nomine Amoris, Honoris, oboedientiae, & exhibitionis tributorum.* [...] *Honor est, quo subditi suum magistratum debito cultu prosequuntur*). Schon der früheste und bedeutendste frühabsolutistische Politikdenker des Reiches, Henning Arnisaeus (De Republica seu Relectionis Politicae Libri II. Frankfurt 1615) unterschied nach Aristoteles zwei Arten von Untertanen (Liber II. Cap. XXXIII. S. 520): *Alios pudor in officio continet, alios metus*. Ein weiterer Autor, der mit Tacitus (Annales VI: *Subditi sunt, quibus obsequii gloria relicta est*) den Gehorsam als spezifische Ehre des Untertanen ausweisen möchte, ist Marcus Zuerius Boxhorn: Institutionum politicarum libri duo. Leipzig 1659. Liber I. Cap. III S. 24-36, hier S. 26 und 36. Für den ebenfalls verbreiteten Versuch, dem Gesetz als wichtigstem Herrschaftsinstrument besondere Würde und damit Akzeptanz und Durchsetzungsfähigkeit zu verleihen, vgl. knapp z. B.

> *zu lieben* [und] *zu ehren, sondern auch, wann es dessen Wohlstand also erfordert, für selbiges sein Leib und Leben selbst aufzusetzen.*[67]

Letztes Ziel dieser Ehrepolitik als Teil der fürstlich-staatlichen Autoritätsbildung ist unübersehbar die Wiederherstellung und Nutzung der in der Perspektive der Politikdenker verlorenen Maßstäbe wahrer Moral und Christlichkeit. Wiewohl also (realistischerweise) wertneutrale Ehrestandards und schlechte affektive Ehrebedürfnisse einbezogen und instrumentalisiert werden, geht es doch eigentlich darum, einen auch den Herrscher miteinbeziehenden, dynamischen Prozeß und Wettbewerb fortschreitend verbesserter und vertiefter wahrer Ehre zu installieren. Dieser Befund wird auch durch die Argumentationen unterstrichen, in denen Ehre zuvörderst als natürliche bzw. naturrechtliche Qualität aller Menschen erscheint und dementsprechend vor allem als Mittel und Ansatzpunkt der Verpflichtung herrscherlich-staatlichen Handelns gegenüber den Untertanen ausgebaut wird.

Über einen guten Ruf und anerkannte Würde zu verfügen, gehört wie das Leben und der Körper zum primären menschlichen Eigentum und Eigenrecht. *Ad hanc famam conservandam & consequendam pertinet cura publica disciplinae, morum, & bona educatio, institutio & informatio in scholis vel officinis tradenda.*[68] Dem Recht des Staates bzw. des Fürsten, im Rahmen der Ahndung begangener Verbrechen in dieses Eigentum und Eigenrecht einzugreifen, d.h. es auf Dauer oder begrenzte Zeit zu entziehen, entspricht die Verpflichtung, es gegen *conviciatores & diffamatores* zu verteidigen. *Ad hanc existimationem refero etiam*

Philipp Melanchthon: Oratio de dignitate legum [1543]. In: N. Hammerstein (Anm. 17) S. 176-193.

[67] Hanns Jacob Wagner von Wagenfels: Ehren-Ruff Teutschlands, der Teutschen und Ihres Reichs. Wien 1691. Vorrede unpag., und S. 642 (Zitate), vgl. auch S. 91, S. 107 und S. 194f.: die *Teutsche*[n seien eine] *besondere Völckerschafft*, v.a. *die Prediger* sollen *hochvernünftiges Abscheuen in den teutschen Gemüthern gegen die Frantzosen erwecken* und *Außländer haben grössere Laster als Tugend* usw. Anlaß dieser Publikation sind die französischen Erfolge gegen das Reich; der Verfasser ist kaiserlicher Historicus und Politicus. Vgl. ferner exemplarisch Matthis Quad von Kinckelbach: Teutscher Nation Herrligkeitt. Köln 1609; Sigmund von Birken: Spiegel der Ehren des Erzhauses Österreich. Nürnberg 1668 oder Antonius Bömer, Johann Andreas Pfeffel: Triumphus Novem Seculorum Imperii Romano Germanici. Augsburg 1725. Besondere Verpflichtung, der *teutschen ehr, redlichkeit und biderkeit* bzw. dem *teutschen namen* keine *unehr und schand* zu machen, schreibt u.a. Lazarus Schwendi deutschen Söldnern im auswärtigen Heeresdienst zu (Diskurs und Bedencken über den Zustand des Hl. Reiches [1570]. In: N. Hammerstein (Anm. 17) S. 195-235, hier S. 218f. u.ö.). Kaum eigens erwähnt braucht wohl zu werden, daß über die Zuteilung oder Verweigerung historischen Ruhms für Fürsten die Historiker zu entscheiden beanspruchen, die dementsprechend (als Teil der Gelehrten) umgekehrt besondere Wertschätzung durch den Herrscher erwarten. Für aufschlußreiche Diskussionen zu diesem Problemfeld vgl. beispielsweise Caspar Schoppe, Johannes Fabrus: Infamia Famiani. Sorø 1658.

[68] Johannes Althusius: Politica. 3. Aufl. Herborn 1614 (ND Aalen 1961). Cap. XXXVII. S. 872; zur Sonderstellung des Althusius vgl.: Politische Theorie des Johannes Althusius. Hg. von Karl Wilhelm Dahm u.a. Berlin 1988.

castitatem, statum & dignitatem hominis, quam quis vel a virtutibus, quibus est ornatus, habet, vel a magistratu summo in se collatam, accepit.[69] Sowohl die aus der Tugend entspringende wahre Hochschätzung als auch staatlich bestätigte und verliehene Ehren und Würden sind in diese Verteidigungspflicht einbezogen, und mit dieser Übernahme einer umfassenden Verteidigungspflicht geht die Aneignung eines ebenso umfassenden Definitionsrechts über die Ehre einher, welches gegebenenfalls gegen alle gesellschaftlich-gruppenspezifischen Bestimmungs- und Anwendungsansprüche gerichtet werden kann.[70]

Aus der Pflicht zur Verteidigung allgemein menschlicher und standesspezifischer Ehre[71] leiten viele Politikdenker zunächst jedoch auch eine Förderungspflicht ab, die ein umfangreiches Spektrum umfaßt. Die Sorge des Staates bzw. des Fürsten muß bereits der Vermeidung bzw. Zurückdrängung unehelicher Geburt als häufigster Quelle mangelnder Dignität gelten.[72] Sie umfaßt ferner die Gesundheitsfürsorge (Bekämpfung abscheu- und verachtungserregender Krankheiten), die Erziehung zu Ehrfurcht und ehrenvollem Verhalten (*institutio ad virtutes et honores*) auch durch Verhinderung unmoralischer Einflüsse jedweder Art mittels Zensur (die durch *viri singularis dignitatis* ausgeübt werden soll), wobei dem Kampf gegen das materielle Interesse und die Unzucht bzw. der Einübung in die Ehrfurcht vor dem Alter besondere Bedeutung zukommt, aber auch die Hebung des Bildungsniveaus einschließlich der Sprachfertigkeit und die Gewährung würdiger Lebensumstände (*ut subditi vivant honorifice, commode & iucunde*)

---

69 J. Althusius (Anm. 68) S. 874; B. Keckermann (Anm. 44) Liber I. Cap. XXII. S. 359f. (De custodia honoris & famae subditorum).

70 Vgl. zu diesem Problemkomplex schon M. Freher (Anm. 17), der dem Princeps die Aufgabe zuweist, zwischen positiver *opinio* bzw. *fama* und *böswilligem rumor* zu unterscheiden (S. 3: *Opinio ostendit, fama indicat, rumor tumultuatur*, nach Cornelius Grammaticus), und zu diesem Zweck ausführlich Methoden der Beweissicherung entwirft, in denen den Aussagen des Princeps bzw. seiner Beamten größter Wert zukommt, ferner umfassend Abraham Kaestner (Praes.), Berthold Heinrich Meinicke (Resp.): De fama, hujus amissione et restitutione. Leipzig 1730. Eine knappe Zusammenfassung der Erfassung und Bestrafung des Delikts der Schmach bieten Hubert Giphanus (Praes.), Johannes Baptista Fabricius (Resp.): Disputatio de injuriis. Ingolstadt 1593 oder Werner Theodor Martin (Praes.), Johann Gottfried Steltzner (Resp.): Disputatio theoretico-practica de injuriis. Wittenberg 1677.

71 J. Althusius (Tractatus tres. I: De poenis. Kassel 1611) kennt wie andere Autoren der Zeit deshalb z. B. im Hinblick auf die Strafe der Infamie sowohl eine *infamia juris* als staatliche Maßnahme und eine *infamia facti* als gesellschaftliche Sanktion *quando existimatio & opinio alicujus, juris dispositione non expresse, sed apud viros bonos & graves tacite gravatur* (S. 10). Daß die besondere soziale Bedingtheit des Rechtsguts Ehre auch heute relevant ist (und gesellschaftlich-gruppenspezifischer und staatlicher Definitionsanspruch nach wie vor konfligieren), beweisen die einschlägigen Ausführungen in: Strafrecht. Besonderer Teil 1: Straftaten gegen Persönlichkeits- und Vermögenswerte. Hg. von Reinhard Maurach, Friedrich-Christian Schroeder. Heidelberg, Karlsruhe 1977. S. 199-238.

72 B. Keckermann (Anm. 44) Liber I. Cap. VIII. S. 175-179; die Argumentation beruht hier zusätzlich auf Vorstellungen über eine Vererbbarkeit der Neigung zur Unzucht und sonstigen Schandtaten.

mittels Beratung und Hilfe bei Häuserbau und der Hausgestaltung, Anlage von Parks, Vermeidung von und Unterstützung bei Armut, Verzicht auf entwürdigende *servitus nimia* d.h. Zugeständnis und Achtung von Freiheitsrechten, Anerkennung der jeweils (redlich) erworbenen Titel, Ränge und Auszeichnungen usw.[73]

Derartige umfassende Kompetenzen in der Verteidigung und Förderung menschlicher Ehre und Würde durch den Staat bzw. Fürsten verlangen nach einer systematischen Lösung des Verhältnisses von Herrschaft und menschlicher Würde. Wer sie entwickelt, ist nicht zufällig der zwischen Politikwissenschaft und Rechtswissenschaft pendelnde, weit über das Reich hinaus wirkende größte Denker des ausgehenden 17. Jahrhunderts, Samuel Pufendorf (1632-1694). Er unterscheidet eine natürliche allgemeine, d.h. vorstaatliche Würde aller Individuen von der besonderen, auf den jeweiligen Staat, in dem das Individuum lebt, bezogenen. Diese bürgerliche Ehre, die freilich auf die vorgeordnete natürliche Ehre Rücksicht nehmen muß, wird vom Staat bestimmt:

> *Unter den Bürgern eines Staates muß der Träger der Staatsgewalt die verschiedenen Grade der Würde festsetzen. Dabei berücksichtigt er mit Recht die Vorzüge eines jeden und seine Fähigkeiten, Verdienste um den Staat zu erwerben. Jeder Bürger hat das Recht, den ihm verliehenen Grad an Würde gegenüber seinen Mitbürgern zu behaupten. Aber er muß sich damit auch zufriedengeben.*[74]

---

[73] B. Keckermann (Anm. 44) Liber I. Cap. VIII. S. 179-183; Cap. IX. S. 190-201, Cap. X. S. 201-215, Cap. XII. S. 225-229, Cap. XIV. S. 235-257. Daß aus Beleidigung der Untertanen gefährlichste Aufstände und Staatsuntergang entstehen können, wird insbesondere am Fehler des Tyrannen variiert, sich an den Frauen seiner Untertanen zu vergreifen. Ein weiterer Bereich, in dem Herrschaftslimitierung und Herrschaftsinteresse konvergieren, ist die u.a. von Christian Thomasius (ders. [Praes.], Johann Heinrich von Kalm [Resp.]: Problema juris publici, An poena viventium, eos infamantes, sint absurdae, et abrogandae. Halle 1723) zugunsten der Herrschaft gelöste Frage, ob unehrlich machende Strafen sinnvoll seien oder aufgehoben werden müßten: weil derartige Strafen die Quantität und Qualität leistungsfähiger Untertanen beeinträchtigen, widersprechen sie einer *sanae Politicae,* d.h. sie sind möglichst abzuschaffen.

[74] Samuel Pufendorf: Über die Pflicht des Menschen und des Bürgers nach dem Gesetz der Natur (1673). Hg. und übersetzt von Klaus Luig. Frankfurt am Main 1994. Zweites Buch. Kap. 14. S. 196-199, hier (Zitat) S. 199; ders.: Dissertatio academica de existimatione. In: ders.: Dissertationes academicae selectiores. Lund 1674. S. 195-264 (grundlegend auch zur fürstlichen Ehrepolitik!); Christian Thomasius (Praes.), Zacharias Schmidt (Resp.): Dissertatio de existimatione, fama et infamia extra rempublicam. Halle 1709.

Resümee

Unsere Durchmusterung zentraler politisch-ideengeschichtlicher Werke des ausgehenden 16. und des 17. Jahrhunderts nach Thematisierungen von Komponenten des Komplexes der Ehre hat eine Fülle einschlägiger Befunde ergeben. Diese Befunde belegen, daß die frühmodernen Analytiker der Herrschaft und des Staates die politische Bedeutung und Einsatzfähigkeit der Ehre in breitestem Maße wahrnahmen und förmliche Strategien entsprechender Ehrepolitik entwickelten. Dabei wurden insbesondere dem monarchisch-fürstlichen Herrschafts- und Staatsmodell spezifische Ehrequalifikationen zugeschrieben.

Diese Bezugnahme auf und Handhabung von Komponenten der Ehre konzentrierte sich jedoch nicht ausschließlich auf Herrschaftsapologie und -unterstützung, sondern schloß auch interne und externe kritische Aspekte ein. Sowohl die Herrschenden als auch die Beherrschten sollten zum Eifer für wahre (christliche und moralische) Ehre verpflichtet werden, um gemeinsam das eigentliche, jenseitige Ziel allen diesseitigen Lebens, christliche Erfüllung, zu erlangen. Herrschaft und staatliches Handeln sollten ihre Schranken und wesentlichen Aufgaben demgemäß nicht zuletzt auch in der Achtung und Förderung ständischer und individueller Ehre und Würde finden, die als Unterpfand geordneten, christlichen Lebens galten. Schon Hugo Grotius verpflichtete den Staat auf dieser Grundlage auch dazu, etwaige überzogene gesellschaftliche Ehredurchsetzung zu unterbinden.[75] Andere Autoren scheuten darüber hinaus keineswegs davor zurück, den Ehrgeiz und die Vorrangsucht gerade der Fürsten anzuprangern: *Große Herren pflegen in eusserlichen Ceremonien, und Ehr-Bezeugungen difficiler, und vorsichtiger zu seyn als in Dingen, so ihrer Lande Wolfahrt und Sicherheit betreffen.*[76]

In der praktisch-empirischen Umsetzung dieser Ehrepolitik, die im vorliegenden Rahmen nicht weiter untersucht werden konnte,[77] dürften jedoch die herr-

---

[75] Vgl. Hugo Grotius: De jure belli ac pacis libri tres. Paris 1625. Liber I. Caput I. Articulus X; in der jüngsten deutschen Ausgabe (hg. von Walther Schätzel. Tübingen 1950) S. 140f., wo die Tötung einer Person, die einer anderen einen Backenstreich versetzt hat, als mit wahrer Ehre unvereinbar abgelehnt wird.

[76] C. Thurmann (Anm. 50) S. 21; vgl. auch Ph. Althusius (Anm. 26) S. 72, 283-285 u.ö. – Wie wenig die allgemeine Frühneuzeitforschung diese besondere Qualität der Ehre noch zur Kenntnis nimmt, belegt u.a. Armgard von Reden-Dohna: Prestige und Politik. Ein Konfliktfall zwischen Reichsverfassung und Territorialinteresse. In: Deutschland und Europa in der Neuzeit. Festschrift für Karl Othmar von Aretin zum 65. Geburtstag. Hg. von Ralph Melville u.a. Wiesbaden 1988. S. 259-276. Zur Frage der zeitgenössisch höchst relevanten und geradezu epochenspezifischen Ehre bzw. des Rangs in außenpolitischer Hinsicht, die hier nicht behandelt werden konnte, bereitet Barbara Stollberg-Rilinger eine größere Studie vor.

[77] Wenigstens hingewiesen sei auf folgende Befunde: Zumindest im katholischen Modellfürstentum Bayern fällt die Einführung der meisten hohen Ehrenzeichen (Orden, Medaillen usw.) in das Ende des 17. und das 18. Jahrhundert; vgl. die Zusammenstellung bei Jacob und Otto Leser: Die Ritter- und Verdienstorden, Ehren-, Verdienst- und Dankzeichen [...] des

schaftsapologetisch-affirmativen Akzente überwogen haben. Meines Erachtens markiert die Ehrepolitik des Fürstenstaates eine bisher kaum wahrgenommene Zentralkomponente der deutschen politischen Kultur und damit der bis in das letzte Viertel des 20. Jahrhunderts anhaltenden deutschen Staatsmisere: Die nach den vorliegenden Befunden höchst bewußte Steigerung der Ehre und Würde des Staates und seiner Betreiber war in Deutschland so erfolgreich, daß vernünftige, entschiedene und praktische politische Kritik – mit anderen Worten: Zivilcourage – kaum mehr entstehen konnte oder weitgehend isoliert und deshalb wirkungslos blieb. Auch die deutsche Aufklärung scheint in dieser Hinsicht mehr oder weniger versagt zu haben. Viele ihrer prominenten Repräsentanten setzten im Zweifelsfall lieber auf Anpassung als auf Kritik, welche sie an die Seite des zugleich verachteten und gefürchteten Pöbels hätte rücken oder die eigenen Karrierechancen hätte beeinträchtigen können. Christian Thomasius entschied sich für Unterordnung gerade an derjenigen Stelle, die selbstbewußte Kritik in besonderem Maße hätte legitimieren können, nämlich im Bereich von Religion und Kirche, wie an seiner Stellungnahme gegen Kirchenverwaltung durch die Gemeinde statt durch die Fürsten abzulesen ist:

> *Und wann doch ein Abusus* [der Kirchenhoheit] *seyn soll, so ist es besser und erträglicher, wann es von Vornehmen oder Mächtigen geschieht, als wann es von der Canaille geschieht. Denn wenn itzo der Priester ein Idiote ist und der Fürst hat denselben gesetzt, so gehe ich noch dem Fürsten zu Ehren* [!] *in die Kirche, weil es der Fürst haben will, und er mir andere Dienste thun kann; allein ich soll in die Kirche gehen, um Ignoranten anzuhören; warum? weil die Canaille es haben will* [...], *dann ist es unerträglich, wenn man sich von der Canaille befehlen lassen soll.*[78]

Königreiches Bayern. Straubing 1910. Und nach Wolfgang Lotz (Kriegsgerichtsprozesse des Siebenjährigen Krieges in Preußen. Untersuchungen zur Beurteilung militärischer Leistung durch Friedrich II. Frankfurt am Main 1981. S. 14-20) wurde in Preußen seit Friedrich Wilhelm eine systematische Instrumentalisierung adelig-fürstlicher Ehrebegriffe betrieben, um das Offizierskorps zu verstaatlichen und zu immer höheren, fürstenstaatlich nützlichen Leistungen aufzustacheln. In dieser Traditionslinie dürfte das Napoleon zugeschriebene zynische Diktum stehen: 'Geben Sie mir genügend Medaillen, und ich gewinne Ihnen jeden Krieg'. Gerd Schwerhoffs Ergebnis, daß im Spätmittelalter und der Frühen Neuzeit eine "Enteignung der sozialen Gemeinschaft durch den Staat" im Hinblick auf die Durchsetzung von Ehrestandards "kaum" stattgefunden habe (Verordnete Schande? Spätmittelalterliche und frühneuzeitliche Ehrestrafen zwischen Rechtsakt und sozialer Sanktion. In: A. Blauert, G. Schwerhoff [Anm. 2] S. 158-188, hier S. 162), bedarf demnach der Ergänzung.

[78] Christian Thomasius: Vollständige Einleitung in die Kirchenrechtsgelahrtheit. Frankfurt am Main, Leipzig 1740. Tom. I. S. 317. Vgl. zu dieser Stelle und ihrem Umfeld Horst Dreitzel: Zur Entwicklung und Eigenart der "eklektischen Philosophie". In: ZHF 18. 1991. S. 281-343, hier S. 328 mit Anm. 124.

Zedler plädierte für prinzipielle und taktische Ehrerbietung gegenüber den Mächtigen und Reichen aus einer Mischung naiver Elitengläubigkeit und heimlicher Vorteilserwartung:

> *Wen man verehren müsse? So ist zwar Tugend und Verstand, als die besten Mittel zur Beförderung der Glückseligkeit, so wohl was die Gesellschaft, als eintzelne Personen anbetrifft, allen andern vorzuziehen. Weil aber Macht und Reichthum, wenn sie wohl angewendet werden, gleichfalls als Mittel der Glückseligkeit können angegeben werden: so verdienen zwar solche Personen, die selbige besitzen, keinen besondern Vorzug, weil sie nicht so wohl selbst, als die Glücks-Fälle in ihnen verehret werden, dennoch müssen aber solche, eben ihres Glückes wegen, nicht von uns zu unsern und der Gesellschaft Schaden gäntzlich verachtet, und hintenangesetztet werden. Es ist gut, solche Leute je mehr und mehr zu erheben, um ihnen Gelegenheit zu geben, daß sie mehr nutzen können.*[79]

Ehre und Würde definieren und zur Geltung bringen zu können, so ist abschließend festzuhalten, darf damit tatsächlich weder als überholtes historisches noch als lediglich gesellschaftlich-kulturelles, im Sinne von: politikfernes Problem aufgefaßt werden.[80]

---

[79] Art. Ehre. In: Zedlers Universal-Lexikon (Anm. 17) Sp. 418. Für eine weitere lexikalische Erfassung des Begriffsfeldes der Ehre zum Stand im ausgehenden 18. Jahrhundert vgl. eindrucksvoll Ehr, Ehrbar, Ehre [usw.]. In: Johann Georg Krünitz: Oeconomische Encyclopädie. 10. Theil. Berlin 1777. S. 184-204. Ich beabsichtige, diese Einträge zum Gegenstand einer eigenen Studie zu machen.

[80] Ein unmittelbar überzeugendes Argument ist der Umgang heutiger Politik mit dem "Ehrenwort", vgl. Helmuth Berking: Das Ehrenwort. In: Anatomie des politischen Skandals. Hg. von Rolf Ebbighausen, Sighard Neckel. Frankfurt am Main 1989. S. 355-373.

Die Ehre der Ehe – Beobachtungen zum Konzept der Ehre in der Frühen Neuzeit an Johann Fischarts 'Philosophisch Ehzuchtbüchlein' (1578) und anderen Ehelehren des 16. Jahrhunderts

Helmut Puff

I.

Am Ende seines Versuchs über das 'Nützliche und das Ehrenhafte' ('De l'utile et de l'honneste') wartet Michel de Montaigne (1533-1592) mit einer höchst überraschenden Pointe auf, einer Wendung, die Interpreten immer wieder irritiert hat: die Ehe, heißt es da, sei eine zwar höchst nützliche, aber eigentlich keine ehrenwerte Angelegenheit.[1] Diese ebenso programmatische wie berühmte Abhandlung eröffnet das dritte Buch der 'Essais'. 1588 zuerst erschienen, schlägt dieser Band einen, verglichen mit den beiden vorhergehenden Bänden, ganz neuen Ton einer Sondierung des Selbst im Medium des literarischen Textes an. Wie so oft zuvor, wird der Leser jedoch von der Überschrift auch dieses Essays in die Irre geführt. Die Ehre bzw. Ehrlichkeit, welche im Titel so prominent figuriert, wird in der gedanklichen Durchführung selten bemüht. Montaigne favorisiert, so scheint es, das Thema des Nützlichen vor dem des Ehrwürdigen. In der Schlußpassage aber kommt die Ehre – implizit immer präsent – wieder ins explizite gedankliche Spiel. In einem sentenzenhaften Resümee erteilt Montaigne der Auffassung eine Absage, daß die Schönheit bzw. Ehrenhaftigkeit einer Handlung mit ihrer Nützlichkeit verteidigt werden könnte. Anders gesagt, eine Handlung kann kaum nützlich und ehrenvoll zugleich sein. Die behauptete Unvereinbarkeit der genannten zwei Kategorien, des Nützlichen und des Ehrenhaften, ist es, die abschließend am Beispiel der Ehe demonstriert wird: die Verbindung von Mann und Frau werde als notwendigstes und nützlichstes Ding der menschlichen Gemeinschaft angesehen, obwohl – dem Ratschlag der Heiligen zufolge – der 'gegenteilige Weg' (*le contraire party*), also das Zölibat, als ehrenwerter gelte und der 'ehrwürdigste Beruf' (*la plus venerable vacation des hommes*), also die Priesterschaft, von der Heirat ausgeschlossen sei: 'wie wir fürs Gestüt diejenigen Tiere ausersehen, die am wenigsten

---

[1] Michel de Montaigne: Les Essais. Hg. von Pierre Villey. Paris 1965. S. 790-803, hier S. 803.

geschätzt werden'.[2] Mit diesem ebenso drastischen wie unhöflichen Bild endet der Essay unvermittelt.

Montaignes Versuch liefert indes nur scheinbar eine Antwort auf die Frage nach dem Verhältnis von Nutzen und Anstand in puncto Ehe. Die Schlußpassage könnte nämlich vorgeblich das eine sagen, um durch rhetorische Verkehrung das Gegenteilige zu evozieren. Die vermeintliche Misogamie erwiese sich dann als maskierte Apologie der Ehe. Kreist Montaignes Essay doch um die Grundfrage, wie der einzelne in einer Welt Anstand bewahren könne, in der utilitaristisches Denken und Betrug regieren. Das *honestum* im Sinne Montaignes führt mithin – anders als das *utile* – zum Selbst und zur Urteilskraft des einzelnen. Nach einer eigentlichen Zustimmung des Autors zur Meinung der Heiligen suchen wir als Leser vergeblich. Montaigne liefert keine abschließende Antwort auf den Ehrenwert der Ehe. Vielmehr überläßt er den irritierten Leser seinem eigenen Urteil über die Frage, ob der Ehestand eine ehrenhafte Angelegenheit sei.

Wo Montaigne eine Frage aufwirft, wird sich kaum jemand erdreisten wollen, eine einfache Antwort zu geben. Die Recherche über den Ehe- als Ehrenstand soll daher im folgenden erweitert werden, und zwar auf deutschsprachige Eheschriften des 16. Jahrhunderts. Die Ehre der Ehe kann besonderes Interesse beanspruchen, weil im Schnittpunkt von einzelnem Ehepartner und Paargemeinschaft, Sozialgemeinschaft und Geschlechterrollen mehrere, sich teilweise überlagernde Konzepte der Ehre sichtbar werden: die personengebundene Ehre von Ehemann und Ehefrau, die immer schon geschlechtsspezifisch – gendered – ist; die beiden Eheleuten gemeinsame, sozusagen interpersonale Ehre; die transpersonale Ehre der Sozialinstitution Ehe, jenseits individueller Ehrkonzepte; schließlich Ehrkonzepte, deren Geltungsbereich außerhalb der Sozialinstitution Ehe liegt. Mit anderen Worten, die Landschaft der Ehre – oder, wie Georg Simmel formuliert, der "Bezirk" der Ehre[3] – erweist sich in didaktischen Schriften, die Ehepartner über das richtige Verhalten im Zusammenleben anweisen wollen, als zerklüftet. Und dies, obwohl es sich bei dem nachfolgend präsentierten didaktischen Korpus um ästhetisch wie philosophisch weniger komplexe Texte als die Essays Montaignes handelt, nämlich um Ehelehren von Juan Luis Vives, Antonio de Guevara, Andreas Musculus und Johann Fischart.

Im Gegensatz zur historischen Frühneuzeitforschung, bei der dank anthropologischer Deutungsansätze kulturelle Konstrukte der Ehre in den letzten Jahren vermehrt in die Analyse einbezogen wurden, haben literarische Konstruktionen

---

2 M. de Montaigne (Anm. 1) S. 803: *comme nous assignons au haras les bestes qui sont de moindre estime.*

3 Georg Simmel: Das Geheimnis und die geheime Gesellschaft. In: Soziologie. Untersuchungen über die Formen der Vergesellschaftung. Hg. von Otthein Rammstedt. Frankfurt am Main 1992. S. 396.

der Ehre bisher nur relativ wenig Beachtung gefunden.[4] Dabei muß es, gerade im Hinblick auf historische Ehrkonflikte, instruktiv sein, Verhaltensmodelle zu beobachten, die als normbildend in die soziale Realität entlassen wurden. Die Ehre liefert – nicht nur im Eheschrifttum – einen vielseitig einsetzbaren Code für die Steuerung von Verhalten. Pia Holenstein stellt pointiert fest: "Der Begriff 'Ehre' ist" – in der Literatur des 16. Jahrhunderts – "ungeheuer nützlich, weil er als erwünschtes, richtiges Verhalten ausgegeben (und gleichzeitig nie genau definiert) wird: die Kriterien sind frei wählbar, die dafür versprochene Achtung aber verliert ihren Wert nie".[5] Der folgende Versuch, spezifische Gestaltungen des Ehrencodes an einzelnen literarischen Werken herauszupräparieren, führt jedoch nicht zu historischen Lebenswelten und anthropologischen Ansätzen, sondern zu Denkstrukturen der Didaxe und literarischen Konstruktionen der Geschlechter. Im didaktischen Eheschrifttum gewinnt die Ehre, so meine These, Konzeptcharakter nicht aus sich selbst heraus, sondern via Normierung der Geschlechterrollen. In anderen Worten, die Verwendung des Ehrbegriffs erfüllt Funktionen, die durch Geschlechterkonzepte und deren literarischen Kontext bedingt sind.

---

4 Vgl. Honour and Shame. The Values of Mediterranean Society. Hg. von John G. Peristiany. London 1965; Martin Dinges: Die Ehre als Thema der Stadtgeschichte. Eine Semantik im Übergang vom Ancien Régime zur Moderne. In: ZHF 16. 1989. S. 409-440; Susanna Burghartz: Leib, Ehre und Gut. Delinquenz in Zürich Ende des 14. Jahrhunderts. Zürich 1990; Elisabeth Wechsler: Ehre und Politik. Ein Beitrag zur Erfassung politischer Verhaltensweisen in der Eidgenossenschaft (1440-1500) unter historisch-anthropologischen Aspekten. Zürich 1991; Honor and Grace in Anthropology. Hg. von John G. Peristiany, Julian Pitt-Rivers. Cambridge 1992 (mit historischen Beiträgen von Catherine Lafages, Emmanuel Leroy Ladurie und Julio Caro Baroja); Gerd Scherhoff: Verordnete Schande? Spätmittelalterliche und frühneuzeitliche Ehrenstrafen zwischen Rechtsakt und sozialer Sanktion. In: Mit den Waffen der Justiz. Zur Kriminalitätsgeschichte des späten Mittelalters und der Frühen Neuzeit. Hg. von Andreas Blauert, Gerd Schwerhoff. Frankfurt am Main 1993. S. 158-188. Zur Literatur vgl. George Fenwick Jones: Honor in German Literature. Chapel Hill 1959; Friedrich Maurer: Die Ehre im Menschenbild der deutschen Dichtung. In: Geschichte, Deutung, Kritik. Literaturwissenschaftliche Beiträge dargebracht zum 65. Geburtstag Werner Kohlschmidts. Hg. von Maria Bindschedler, Paul Zinsli. Bern 1969. S. 30-44; Elisabeth Karg-Gasterstädt: Ehre und Ruhm im Althochdeutschen. Beiträge zur Geschichte der deutschen Sprache und Literatur 70. 1948. S. 308-331; Karl Bosl: Leitbilder und Wertvorstellungen des Adels von der Merowingerzeit bis zur Höhe der feudalen Gesellschaft. In: The Epic in Medieval Society. Aesthetic and Moral Values. Hg. von Harald Scholler. Tübingen 1977. S. 18-36, hier S. 29; Hubertus Fischer: Ehre, Hof und Abenteuer in Hartmanns 'Iwein'. Vorarbeiten zu einer historischen Poetik des höfischen Epos. München 1983 (Forschungen zur Geschichte der älteren deutschen Literatur. Bd. 3); Siegfried Christoph: Honor, Shame and Gender. In: Arthurian Romance and Gender. Hg. von Friedrich Wolfzettel. Amsterdam 1995. S. 26-33.

5 Pia Holenstein: Der Ehediskurs der Renaissance in Fischarts 'Geschichtklitterung'. Kritische Lektüre des fünften Kapitels. Bern 1991 (Deutsche Literatur von den Anfängen bis 1700. Bd. 10). S. 127.

II.

Keine andere Eheschrift des 16. Jahrhunderts weist ein so reichhaltiges sprachliches Erscheinungsbild der Ehre auf wie das 'Philosophisch Ehzuchtbüchlein' Johann Fischarts von 1578. Das 'Ehzuchtbüchlein' umfaßt Übersetzungen zweier Schriften des Plutarch zu Ehe (I) und Kindererziehung (III), des 'Coniugium' aus den 'Colloquia familiaria' (Basel 1516) des Erasmus von Rotterdam (IV) sowie eine von Fischart selbst zusammengestellte Kompilation von Aussprüchen zur Ehe, ein Teil, wie Jan-Dirk Müller weiter schreibt, "von krauser Unübersichtlichkeit".[6] Die Lexik der Ehre kennt in diesem Werk schier keine Grenzen. Eine Auswahl der verwendeten Adjektiva mag die Vielfalt des Vokabulars und der neologistischen Wortkombinationen veranschaulichen, wie sie für Fischarts Schreiben konstitutiv ist: *ehrlich,*[7] *erbar,*[8] *erbarlich,*[9] *ehrsam,*[10] *ehrnhafft,*[11] *ehrenmåsig,*[12] *ehrnwürdig,*[13] *ehrwürdig,*[14] *ehrenwerd,*[15] *ehrenreich,*[16] *ehrengeflissen,*[17] *Ehrnergeben,*[18] *ehr-erbitig,*[19] *vnerbar,*[20] *ehrenfråudig,*[21] *ehrverschrayt,*[22] *ehrdiebisch.*[23] An-

6 Jan-Dirk Müller: Von der Subversion frühneuzeitlicher Ehelehre. Zu Fischarts 'Ehezuchtbüchlein' und 'Geschichtklitterung'. In: The Graph of Text and the German Text. Gendered Culture in Early Modern Germany 1500-1700. Hg. von Lynne Tatlock. Amsterdam 1994 (Chloe. Beihefte zum Daphnis. Bd. 19). S. 125. Vgl. Maria E. Müller: Schneckengeist im Venusleib. Zur Zoologie des Ehelebens bei Johann Fischart. In: Eheglück und Liebesjoch. Bilder von Liebe, Ehe und Familie in der Literatur des 15. und 16. Jahrhunderts. Hg. von Maria E. Müller. Weinheim 1988. S. 155-203; P. Holenstein (Anm. 5); Heide Wunder: 'Er ist die Sonn', sie ist der Mond.' Frauen in der Frühen Neuzeit. München 1992. S. 9f., 73, 212, 265-267; Wilhelm Kühlmann: Johann Fischart. In: Deutsche Dichter der frühen Neuzeit (1450-1600). Ihr Leben und Werk. Hg. von Stephan Füssel. Berlin 1993. S. 589-612 (mit Forschungsliteratur); Hans-Jürgen Bachorski: 'Der Treu Eckart in Venusberg'. Namenspiele und Triebverdrängung in Fischarts 'Geschichtklitterung'. In: Variationen der Liebe. Historische Psychologie der Geschlechterbeziehung. Hg. von Thomas Kornbichler, Wolfgang Maaz. Tübingen 1995. S. 202-233. – Text des 'Ehzuchtbüchleins' zitiert nach Johann Fischart: Werke. Dritter Teil. Hg. von Adolf Hauffen. Stuttgart o.J. S. 115-332.

7 J. Fischart: Werke (Anm. 6) S. 139f., 144, 146-148, 153, 165f., 174, 178-180, 183, 200, 207, 241, 249, 254, 262, 276, 287, 294.

8 J. Fischart: Werke (Anm. 6) S. 133, 135, 148, 151, 176f., 193, 205, 238, 266.

9 J. Fischart: Werke (Anm. 6) S. 191, 238.

10 J. Fischart: Werke (Anm. 6) S. 132.

11 J. Fischart: Werke (Anm. 6) S. 117.

12 J. Fischart: Werke (Anm. 6) S. 296.

13 J. Fischart: Werke (Anm. 6) S. 119.

14 J. Fischart: Werke (Anm. 6) S. 131, 176.

15 J. Fischart: Werke (Anm. 6) S. 166.

16 J. Fischart: Werke (Anm. 6) S. 266.

17 J. Fischart: Werke (Anm. 6) S. 133, 139, 183.

18 J. Fischart: Werke (Anm. 6) S. 179.

19 J. Fischart: Werke (Anm. 6) S. 133, 150.

20 J. Fischart: Werke (Anm. 6) S. 138.

ders als bei Montaigne in 'De l'utile et de l'honneste' ist bei Fischart die Ehre allgegenwärtig. Da ist zum einen der rein rechtliche Kontext: ein Kind muß von ehrbaren Eltern geboren sein.[24] Da ist des weiteren der der gesellschaftlichen Reputation: eine Frau wird für ehrlich gehalten.[25] Doppelausdrücke nach dem Muster *zucht vnd ere*, wie sie auch in anderen Eheschriften vorkommen, verankern den Ehrbegriff im Bereich des Sittlich-Moralischen, bleiben jedoch zugleich wenig spezifisch.[26] Aber auch die Ehre des Hauses kommt ins Spiel.[27] Damit sind alle Bedeutungsebenen, von denen oben die Rede war, auf engstem Textraum vereinigt: die personale, interpersonale und transpersonale Ehre.

Diese reiche Ernte im Sprachfeld der Ehre trägt indes nicht eben zur Klarheit der verwendeten Ehrbegriffe bei. Die Omnipräsenz und Vielschichtigkeit des Begriffsarsenals verbietet oft eine präzise lexikalische Eingrenzung dessen, was mit Ehre bei Fischart konnotiert ist. Dazu kommt, daß im 'Ehzuchtbüchlein' die lautliche Nähe von Ehre und Ehe kultiviert wird.[28] Die Membran zwischen beiden Wörtern – ein einziger Buchstabe – erscheint durchlässig. Wortspiele machen sich die lautliche Nähe beider Wörter zunutze und lassen die klanglichen Grenzen verschwimmen.[29] Wer ehlos ist, tendiert zur Ehrlosigkeit; ehrlich hingegen ist, wer sich verehlicht.[30] Ein solches Wort-Konglomerat von Ehre und Ehe ließe sich theologisch immerhin auf den Hebräerbrief Kapitel 13,4 zurückführen: *honorabile connubium in omnibus et torus immaculatus fornicatores enim et adulteros iudi*

---

21 J. Fischart: Werke (Anm. 6) S. 151.

22 J. Fischart: Werke (Anm. 6) S. 202.

23 J. Fischart: Werke (Anm. 6) S. 249. Vgl. *Eh sampt Ehr vnd gut* (S. 144), *Ehlichen vnd ehrlichen Frauen* (S. 202), *Ehrlos vnd Ehlos* (S. 207), *inn der Eh zu der Ehr, die den Ehepersonen* (S. 221), *verehrung* (S. 148, 202), *Ehrenweib* (S. 150), *ehrvergessenhait* (S. 151), *ehrerbietung* (S. 169, 191, 232), *Erbarkeit* (S. 176f., 285), *Hausehr* (S. 260), *ehrenleut* (S. 268), *gleichnehrlichkeyt* (S. 282), *vnehr* (S. 155, 187), *vnehrlich* (S. 167, 247, 295), *ehrlos*, *Ewig Ehr* (S. 206f.).

24 J. Fischart: Werke (Anm. 6) S. 275f.

25 Vgl. *Erbare* bzw. *Ehrliche Matron*. J. Fischart: Werke (Anm. 6) S. 176, 194 u.ö.

26 Vgl. J. Fischart: Werke (Anm. 6) S. 139: *ehr vnd glimpf*, *ehr vnd glauben* (S. 143), *Ehr vnd gut* (S. 144, 229, 248, 254, 262), *ziren vnd ehren* (S. 148), *ehrt vnd schmuckt* (S. 159), *sicher an Ehren gut vnd leib* (S. 160), *ehr vnd trauen* (S. 172), *ehr vnd zucht* (S. 180, 183, vgl. 201, 238), *kron vnd ehr*, *zu ehrn vnd frommen* (S. 258).

27 J. Fischart: Werke (Anm. 6) S. 158f.

28 Zu diesem Verfahren am Beispiel der Namens- und Autornennungen H.-J. Bachorski (Anm. 6) S. 217f. Vgl. Gerhard Schank: Etymologie und Wortspiel in Johann Fischarts 'Geschichtklitterung'. Diss. Freiburg im Breisgau 1974; Dieter Seitz: Johann Fischarts Geschichtklitterung. Untersuchungen zur Prosastruktur und zum grobianischen Motivkomplex. Frankfurt am Main 1974 (These. New York University Ottendorfer Series. N.F. Bd. 6). S. 25, 41-65.

29 J. Fischart: Werke (Anm. 6) S. 146, 151, 174, 176, 183 u.ö.

30 J. Fischart: Werke (Anm. 6) S. 202, 207.

abit Deus.[31] Aber Fischart hat seine Quellen nur oberflächlich christianisiert.[32] Der Begriff wird also vielfach funktionalisiert und das Wort in wechselnden Kontexten unterschiedlich aufgeladen.

Die Verwendung des Ehrvokabulars zielt dabei, so scheint es, in erster Linie auf Differenz. So markiert die Ehre den Unterschied zwischen Matron und Hure. Die Ehre zeichnet den einzelnen oder die Zweiergemeinschaft aus, sofern sie sich den normativen Vorgaben gemäß verhalten und grenzt all dasjenige Verhalten aus, was als unerwünscht gilt: Hurerei und Ehebruch, aufwendige Putzsucht und jegliches maßlose Verhalten.[33] In diesem Sinn individualisiert die Ehre und grenzt ab, so unterschiedlich die Inhalte des mit Ehre Ausgezeichneten im einzelnen auch sein mögen. Die Argumentation ist stellenweise logisch zirkulär, wenn, wie es heißt, Ehre bringt, was ehrlich macht.[34] Demnach ließe sich der Konzeptcharakter der Ehre bei Fischart als einer der Beliebigkeit beschreiben. Die Ehre würde sich wohlfeil an verschiedene Wortelemente und Kontexte anlehnen. Ihre Funktion bestünde in der Veredelung der jeweiligen Aussage. Der Gehalt der Ehre müßte, wenn man diese linguistische Veredelungsstrategie erst einmal erkannt hat, kein besonderes Interesse mehr finden.

Gegen den Schluß, eine Untersuchung Fischartscher Ehrkonzepte lohne kaum, lassen sich indes gewichtige Argumente anführen. Erstens, was den Vergleich mit Fischarts Quellen, und zweitens, was den Vergleich mit einem weiteren Werk Fischarts, der 'Geschichtklitterung', angeht. Beim 'Ehzuchtbüchlein', diesem "bleichgesichtigen Nachgeplapper einer Schrift von Plutarch, einer Sprichwortsammlung und eines Ehedialogs von Erasmus",[35] schöpft Fischart das einschlägige Vokabular der Ehre gerade nicht aus seiner unmittelbaren Vorlage. Das semantische Feld der Ehre ist vielfach frühneuzeitliche Zutat Fischarts (vor allem im 2. Teil).[36] Zwar muß aus dieser Beobachtung keineswegs eine bewußte Gestaltung des Ehrdiskurses im 'Ehzuchtbüchlein' gefolgert werden. Schließlich konnten

---

31 "Die Ehe soll von allen in Ehren gehalten werden, und das Ehebett bleibt unbefleckt, denn Unzüchtige und Ehebrecher wird Gott richten".

32 J. Fischart: Werke (Anm. 6) S. 151.

33 Vgl. auch Oppositionsbildungen wie *vnehr*, *vnerbar*. J. Fischart: Werke (Anm. 6) S. 151 u.ö.

34 J. Fischart: Werke (Anm. 6) S. 148.

35 P. Holenstein (Anm. 5) S. 21.

36 Georg Frölich hat die lateinische Übersetzung des Johannes Stobaeus ins Deutsche übertragen, eine Sammlung von Sentenzen, die unter dem Titel 'Joannis Stobei Scharpffsinniger Sprüche' 1551 bei Johann Oporinus in Basel (VD-16 J:776) veröffentlicht wurde; vgl. Franz Josef Worstbrock: Deutsche Antikerezeption 1450-1550. Teil 1. Boppard 1976. S. 398f. – Zur Quellenfrage vgl. Adolf Hauffen: Die Quellen von Fischarts Ehezuchtbüchlein. In: Zeitschrift für deutsche Philologie 27. 1895. S. 308-350. Die bei Hauffen abgedruckten Quellenauszüge boten erstes Vergleichsmaterial, weitere Überprüfung am Stobaeus-Druck der UB Basel (Basel 1550 [!]) mit der Signatur DJ II 10a, Fol. 361^{r}. Ergänzend dazu S. Ruge: Die Quellen von Fischarts Ehezuchtbüchlein. In: Zeitschrift für deutsche Philologie 33. 1903. S. 284-286.

die Wortzutaten gleichsam mechanisch bei der Bearbeitung einfließen.[37] Immerhin aber macht diese Beobachtung deutlich, daß das Fischartsche Konzept der Ehre nicht in der Spätantike, sondern in Kultur und Literatur der Frühen Neuzeit seinen Ursprung hat.

Zweitens offenbart ein Vergleich mit dem Ehekapitel aus Fischarts Rabelais-Bearbeitung, der 'Geschichtklitterung', daß dort Begriffe und Konzepte der Ehre eine geringere, untergeordnete Rolle spielen.[38] Und das, obwohl an höchst exponierter Stelle, am Kapitelende nämlich, die Ehre als wechselseitiges Respektieren von Mann und Frau angeführt wird: *Die Ehemutter* ist dort *gewarsamer als ein Kettenhund, vnd daß ichs alles beschließ, bringet jren Mann zu Ehren: 'wer wolt sie dann nicht wider Ehren?'*[39] Dieses Kapitel hat Fischart, was für sein Interesse am Thema Ehe spricht, seiner Vorlage (Rabelais' 'Gargantua') zugefügt. Zwar sind beide Schriften Fischarts durch ihr sprachliches Register und einen Autorkommentar intertextuell verknüpft,[40] aber die 'Geschichtklitterung' hat im Vergleich zum 'Ehzuchtbüchlein' "wenig mit moraldidaktischer Belehrung zu tun."[41] Die Verwendung des Ehrvokabulars bei Fischart ist demzufolge an die Intentionalität der jeweiligen Schrift und nicht an das Thema Ehe im allgemeinen geknüpft. Der literarische Code der Ehre ist aufs engste mit der didaktischen Gesamtintention des 'Ehzuchtbüchleins' verbunden.

Anstelle eines Oktroys präziser Bedeutungen oder Konzepte muß eine Interpretation Fischarts also gerade der Omnipräsenz und Polyvalenz der Ehre im 'Ehzuchtbüchlein' Rechnung tragen.[42] Die besondere Qualität der Fischartschen Ehrverwendung wird allerdings erst deutlich, wenn man die Ehrbehandlung im 'Ehzuchtbüchlein' mit der anderer zeitgenössischer Schriften zum Thema in Beziehung setzt.[43] Derer gab es bekanntlich im 16. Jahrhundert nicht wenige:[44] Es *ist*

---

37 Zu dieser Frage auch H.-J. Bachorski (Anm. 6) S. 213f.

38 Edition von P. Holenstein (Anm. 5) S. 57-247. Vgl. auch Johann Fischart: Geschichtklitterung (Gargantua). Text der Ausgabe letzter Hand von 1590. Mit einem Glossar. Hg. von Ute Nyssen. Bd. 1. Düsseldorf 1963. S. 84-106; Johann Fischart: Geschichtklitterung. Synoptischer Abdruck der Fassungen von 1575, 1582 und 1590. Hg. von Hildegard Schnabel. 2 Bde. Halle an der Saale 1969. S. 88-111.

39 Nach der Ausgabe von H. Schnabel (Anm. 38) S. 111. Vgl. auch gelegentliche Wortspiele, S. 95: *Hierumb so allein der Ehnam also ehrlich inn die ewigkeyt* [...] *erhaben wird.*

40 J. Fischart: Geschichtklitterung (Anm. 38) S. 103.

41 W. Kühlmann (Anm. 6) S. 601. D. Seitz (Anm. 28) S. 222 erklärt gerade das Ehekapitel zur Ausnahme: "erzieherisch wirkt er nur da, wo er deutliche Lehren ausspricht und das ist in der Geschichtsklitterung eigentlich nur im 5. Kap. der Fall".

42 Auf die Sinnhaftigkeit von Fischarts 'Sprachwucherungen' hat vor allem D. Seitz (Anm. 28) S. 20, 149 u.ö. hingewiesen

43 D. Seitz (Anm. 28) S. 20: Fischarts "Texte sind in Wortschatz und in syntaktischen Konstellationen durchweg weit entfernt von jenen Standards, wie sie die 'normale' (schriftlich fixierte) sprachliche Kommunikation [...] aufweist. Es müssen also die spezifischen Verfahren, aus denen diese Abweichung von der Normalität resultiert, und ihre Bedeutung analysiert werden."

zweifels on zuwissen, wie zu vnserer zeit nu vilerley Ehbüchlin, so von der Eheleut schuldiger gebür handelen, inn Truck seien auskommen,[45] heißt es in der Vorrede zum 'Ehzuchtbüchlein'.

III.

Der Begriff der Ehre hat nicht erst mit Fischart Einzug in die katechetisch-didaktische Literatur zum Thema Ehe gehalten. Die transpersonale Ehre der Ehe findet seit dem 13. Jahrhundert, nach dem IV. Laterankonzil mit seiner theologischen Rekonzeptualisierung der Ehe, ausführliche Exegeten. Eine in Predigten weit verbreitete und dort als *commendatio* oder *honor matrimonii* bezeichnete Argumentationssequenz beinhaltet beispielsweise eine topische Abfolge von Argumenten über die Würde des Ehestands: Dank göttlicher Einsetzung, Alter der Institution, Ort der Einsetzung (im Paradies) etc. sei dieses Sakrament besonders ausgezeichnet.[46] Diese standardisierte Argumentation über die Ehre der Institution zeichnet sich jedoch gerade durch die Absenz sozialer und geschlechtsspezifischer Ehrvorstellungen aus – ein abstraktes theologisches Konstrukt der Ehre, weitgehend fern von lebensweltlichen Ehrkonzepten. Noch Johannes Freder veröffentlichte eine Apologie der Frauen, dem *hilgen Eestande thon eren* (1543), eine Schrift, die sofort nach Erscheinen aus dem Niederdeutschen ins Lateinische und Hochdeutsche übertragen wurde.[47]

---

44 Vgl. Repertorium deutschsprachiger Ehelehren der Frühen Neuzeit. Bd. 1,1. Hg. von Erika Kartschoke. Berlin 1996.

45 J. Fischart: Werke (Anm. 6) S. 117.

46 Vgl. Nikolaus Paulus: Mittelalterliche Stimmen über den Eheorden. In: Historisch-politische Blätter für das katholische Deutschland 141. 1908. S. 1008-1024; Franz Falk: Die Ehe am Ausgang des Mittelalters. In: Erläuterungen und Ergänzungen zu Janssens Geschichte des deutschen Volkes. Bd. 6. Freiburg im Breisgau 1908. S. 268, 281; Nicole Bériou, David L. d'Avray: Henry of Provins, O.P.'s comparison of the Dominican and Franciscan Orders with the 'Order' of matrimony. In: Archivum Fratrum Praedicatorum 49. 1979. S. 513-517; Nicole Bériou, David L. D'Avray: Modern Questions about Medieval Sermons. Essays on Marriage, Death, History and Sanctity. Spoleto 1994 (Biblioteca Medioevo Latino. Bd. 11); Helmut Puff: The order of matrimony. A meaningful metaphor in Late Medieval and Renaissance literature. In: Le mariage à la Renaissance. Hg. von Claudie Balavoine [erscheint 1997].

47 Johannes Freder: Loff vnd Vnschuldt der Frouwen. Vnd wedderlegginge der Sprőke/ darmede de Frouwesbylde/ dorch de Philosophos/ edder werltwyse Heyden/ vnd etlicke vormeynde Christen geschmehet werden/ Godt vnnd dem hilgen Eestande thon eeren geschreuen. Rostock: Ludwig Dietz, 1543 (VD-16 F:2507); ders.: Apologia pro sexv foemineo ad Dei gloriam et sacri coniugij honorem scripta per M. Ioan. Ireneum, et uersa nunc per Ioannem Broscium Christi ministrum. Frankfurt am Main: Peter Braubach, 1544 (VD-16 F:2511); ders.: Ein Dialogus dem Ehestand zu ehren geschrieben [...] Mit einer Vorrede D. Mart. Luth. Wittenberg: Nickel Schirlentz, 1545 (VD-16 F:2508). Vgl. Scott H. Hendrix: Chris-

Neben dieser theologischen Nobilitierung der Ehe via Ehre halten jedoch besonders seit dem 15. Jahrhundert, mit seiner Ausweitung und Autonomisierung des Ehediskurses, lebensweltlich bestimmte Ehrkonzepte Einzug in die didaktische Eheliteratur. Die populäre Flugschrift 'Von dem Eelichen stadt [sic]' – zwischen 1510 und 1520 in Augsburg siebenmal erschienen – verspricht bereits auf dem Titelblatt denjenigen Paaren *guot vnd eer/ vnd ewige fr°d*, die sich die in der Schrift enthaltene Ehelehre zu eigen machen.[48] Theologische Schriften zur Ehe, die vor der Reformation nur sehr begrenzt Ehrkonzepte enthielten, nehmen besonders nach der Reformation vermehrt solche Konzepte auf, die auf bestehende Sozialordnungen rekurrieren. Nach Luther ist die Ehe schließlich 'ein weltlich ding', und das heißt nicht nur, daß die weltlichen Obrigkeiten für die Institution Ehe zuständig sind, sondern auch, daß sie zur verbindlichen Lebensform für alle erwachsenen Frauen und Männer avanciert.[49] Schon in der Diskussion um die Priesterehe, welche den Ehediskurs in den zwanziger Jahren beherrscht, wird die *gemayne Erberkait* zitiert.[50] Heinrich Bullingers 'Christlicher Eestand' (1540) läßt im Titel anklingen, was der heiligen Ehe *frucht vnd eer: dargegen wie vneerlich die huory vnd der Eebruch sy.*[51] In einer Predigt namens 'Haußfried' (1569) weist Paul Rebhun den Ehemann an, seine Frau zu lieben, weil sie seine Ehre sei.[52] Johannes Mathesius bezieht sich auf das *natürliche vnnd geschriebene Recht*, wenn er

---

tianizing domestic relations. Women and marriage in Johann Freder's Dialogus dem Ehestand zu Ehren. In: The Sixteenth-Century Journal 23. 1992. S. 251-266.

48 Von dem Eelichen stadt. Augsburg: Johann Schönsperger d.J. [um 1510] (VD-16 V:2461). Vgl. Helmut Puff: *... ein schul/ darinn wir allerlay Christliche tugend vnd zucht lernen.* Ein Vergleich zweier ehedidaktischer Schriften des 16. Jahrhunderts [erscheint 1997]; Gerd Brinkhus: Eine bayerische Fürstenspiegelkompilation des 15. Jahrhunderts. München 1978 (Münchener Texte und Untersuchungen. Bd. 66). S. 122-130 u.ö.; ders.: Sermo de matrimonio. In: Die deutsche Literatur des Mittelalters. Verfasserlexikon. Hg. von Kurt Ruh. Bd. 8. Berlin 1992. Sp. 1106f.; Michael Dallapiazza: Minne, hûsêre und das ehlich leben. Zur Konstitution bürgerlicher Lebensmuster in spätmittelalterlichen und frühhumanistischen Didaktiken. Frankfurt am Main 1981 (Europäische Hochschulschriften. Reihe I. Bd. 455). S. 143-146.

49 Martin Luther: Vom ehlichen Leben. In: Martin Luther: Kritische Gesamtausgabe. Bd. 10,2. Weimar 1907. S. 267-304, hier S. 283,8f. Vgl. Lyndal Roper: The Holy Household. Religion, Morals and Order in Reformation Augsburg. Oxford 1989.

50 Anton Firn: Supplication des Pfarrers/ vnnd der Pfarrkinder zů sant Thoman/ aim ersamen radt zů Straßburg/ vberantwort etc. Darauß abzůnemen/ wie die Christliche Ee geliebt/ vnd Teuffelische Hůrerey/ oder Pfaffen keüschait/ wie man es nennen will der gemaynen Erberkait verhasset sey/ vnnd nit mer leydlichen. [Augsburg: Philipp Ulhart d.Ä.] 1524 (VD-16 F:1123).

51 Heinrich Bullinger: Der christliche Ehestand. Zürich: Christopher Froschauer 1540 (VD-16 B:9578).

52 Paul Rebhun: Haußfried. Was für Ursachen den Christlichen eheleuten zubedencken/ den lieben Haußfriede in der Ehe zu erhalten. Nürnberg: Johann vom Berg und Ulrich Neuber, 1569 (VD-16 R:452).

schreibt, *das ein eheweyb von jrem Manne/ Adel/ blut/ ehre/ vnnd gut/ bekomme.*[53] Aber auch die rein nobilitierende Verwendung des Ehrenvokabulars kommt bei diesem beliebten und oft gedruckten Prediger vor: *Darumb ist ein Ehrenweyb nicht allein jhres Mannes augenlust/ sonder auch sein ehrenkrantz.*[54] Gleichsam im Fischartschen Tonfall erscheint 1611 in Magdeburg anonym eine 'Ehrenkrone züchtiger Eheliebe [...] Jtzo allen Ehrenliebenden [...] ain Ehrenspiegel.'[55] Der Nürnberger Prediger Johann Michael Dilherr integriert dann in seinen Ehesermon 'Die Ehre der Ehe' (1662) neben der titelgebenden Ehre der Institution auch den Ehrbegriff der Zünfte und anderer Sozialgruppierungen: *Keine ehrbare Frau und Mann/ der sein haus gern rein hat/ nihmt einen ehelosen Mann/ und einen solchen Raben/ und wilden Vogel/ oder Hemmerling in sein Haus: denn solche Gesellen brennen gemeiniglich/ oder legen Feuer an; lassen einen bösen Stanck hinter sich/ wie ein Widhopf oder Guckuck.*[56]

Als Beispiel jener Vermischung lebensweltlicher mit theologisch-religiösen Konzepten der Ehre, wie sie meiner Auffassung nach den reformatorischen Ehediskurs im 16. Jahrhundert kennzeichnet, soll die Eheschrift 'Wider den Ehteuffel' aus dem Jahr 1556 von Andreas Musculus (1514-1581) ausführlicher dargestellt werden.[57] Musculus entwickelt die ungleichen Ehrverhältnisse auf dem Hintergrund eines egalitären Modells der Ehrverteilung zwischen Mann und Frau. Gottes Schöpfung des Menschen als Mann und Frau bedeutete laut Musculus ursprünglich, daß Eva *nit geringer/ oder grösser wirde/ denn Adam/ sondern mit im in gleich ehr/ wirde und regierung gesatzt* wurde. Solche *gleichheit der ehr und gewalt*, so fügt er an, *hett gedienet zur unvorwandtlichen liebe und freuntligkeit im Ehestand/ dann wo es gleich zugehet/ da ist fried und einigkeit.*[58] Die immerhin langatmig ausgeführte Gleichheit in Ehre und Status ist – die Vergangenheitsform verdeutlicht es – nur Vorspiel für eine Gegenwart, die von Ungleichheit der Geschlechter geprägt ist. Denn nach dem Sündenfall habe Gott Eva zur Strafe *degradiret, etwas* [!] *ihrer ehr entsetzt/ von der seiten* [Adams] *ein wenig bas herab ernidriget.*[59] Die ehemalige Gleichheit der Geschlechter wirke allerdings noch in

---

53 Johannes Mathesius: Ausgewählte Werke. Bd. 2: Hochzeitspredigten. Hg. von Georg Loesche. Prag 1897. S. 221; Susan C. Karant-Nunn: 'Kinder, Küche, Kirche.' Social ideology in the sermons of Johannes Mathesius. In: Germania illustrata. Essays on Early Modern Germany presented to Gerald Straus. Hg. von Andrew C. Fix, Susan C. Karant-Nunn. Kirksville 1992 (Sixteenth-Century Essays and Studies. Bd. 18). S. 121-140.

54 J. Mathesius (Anm. 53) S. 217.

55 Ehrenkrone züchtiger Eheliebe Das ist Eine Wunderschöne Warhafftige Historia vnd Geschicht von bestendiger Trew vnd Keuschheit einer ehrentugentsamen Frawen. Magdeburg 1611.

56 Johann Michael Dilherr: Ehre der Ehe Das ist/ Wolgemeinte Anweisung: Wie man den Ehestand vernünftig und Christlich anfangen/ und fortsetzen solle. Nürnberg 1662. S. 29.

57 Andreas Musculus: Wider den Ehteuffel. In: Teufelbücher in Auswahl. Hg. von Rita Stambaugh. Bd. 4. Berlin 1978. S. 85-132.

58 A. Musculus (Anm. 57) S. 122.

59 A. Musculus (Anm. 57) S. 122.

der Gegenwart nach. Was einst positiv konnotiert war, hat sich nach dem Sündenfall in sein Gegenteil verkehrt: Die Frau *wil den scepter auch in der hand haben.*[60] Das weibliche Geschlecht trägt in sich den Keim zur Rebellion gegen die von Gott als Strafe verordnete Inegalität der Geschlechter. Das heilsgeschichtliche Gedankenfundament wird dabei ohne Umschweife in Verhaltensanweisungen für Mann und Frau übersetzt. Unter dem Vorzeichen des Sündenfalls soll sich *ein from ehrlich weib* in ihre untergeordnete Position fügen und sich dem Regiment ihres Ehemannes willig unterwerfen.[61] Den Ehemann wiederum mahnt der vergangene paradiesische Gleichheitszustand, seine ihm nun untergeordnete Ehefrau glimpflich und rücksichtsvoll zu behandeln.[62] Die etwas degradierte Ehrposition der Frau bleibt dabei, so Musculus, immer an die des Mannes gebunden. Eine Frau bezieht mithin den Grad ihres mit *ehre* umschriebenen Sozialstatus, geschlechtlich abgestuft, nicht aus sich selbst, sondern aus dem Rang ihres Ehepartners. Auf diese Weise gelingt es Musculus, den Standesaspekt der Ehre in sein theologisch inspiriertes Konzept der Geschlechterehre einzubeziehen. In seltsamer Dialektik führt Musculus also gerade die Gleichheit der Geschlechter in Paradies und Jenseits an, um die gegenwärtige Ungleichheit in Ehre und Status zu legitimieren und die Eheleute, gleich welchen Stands, für die Aufrechterhaltung einer hierarchischen Geschlechterordnung in die Pflicht zu nehmen.

IV.

Dieser geschlechtliche Charakter der Ehre in der Ehe wird in Fischarts 'Ehzuchtbüchlein' keineswegs aufgehoben, sondern im Rekurs auf antike Quellen reformuliert. Das Sprichwort *Die Hausehr ligt mehr am Weib, dan am Man* wird bei ihm nicht etwa affirmativ zitiert oder didaktisch für das geforderte Keuschheitsverhalten der Frauen ausgedeutet, sondern mit dem korrigierenden Hinweis versehen, *der Man* sei *ons Weib nichts.*[63] Ehre widerfährt der Ehefrau, wenn sie von ihrem Ehemann mit der Aufsicht über das Haus betraut wird.[64] Aber auch der Ehemann

---

[60] A. Musculus (Anm. 57) S. 124.

[61] A. Musculus (Anm. 57) S. 127, vgl. S. 122: *und wirfft sie gleichwol nit unter die füß Adę/ sondern unterwirffet sie seinem regiment/ das er nun fort ir Herr/ und sie im unterthan sein soll.*

[62] Sogar für die Zukunft entwirft der orthodoxe Lutheraner die Perspektive einer Aufhebung der Ungleichheit und der Rückkehr zum Zustand vor dem Fall. Vgl. A. Musculus (Anm. 57) S. 126: *wenn der apffel darein Eva gebissen/ dermal eins wird verdawet werden/ diß leben ein ende nemmen/ und das ander sich anheben wirt/ das solche straff auch von inen wieder werd genomen/ und sie auch wiederumb zu den vorigen ehren für dem erbfall/ werden eingesetzt werden.*

[63] J. Fischart: Werke (Anm. 6) S. 260.

[64] J. Fischart: Werke (Anm. 6) S. 160.

sollte sich ehrwürdiger betragen, wenn er eine hochstehende Frau heiratet.[65] Indem er als Haupt des Hauses *Tugenden vnd ehrlichen sachen nach-henget, machet er gleicher masen sie auch Ehrengeflissen, züchtig vnd Tugendhaft.*[66] Reziprok wird aber auch die Frau als Erzieherin des Mannes gesehen.[67] Der geschlechtliche Charakter der Ehre konstituiert sich demnach bei Fischart auf ganz andere Weise als bei Musculus. Der Ehemann wird in die Transaktionen der Ehre integriert, weil deren Akzent auf der dynamischen Wechselseitigkeit dieses Ehr- und Eheverhältnisses liegt: *Vnd gewißlich befindet sich das aller kräftigst warzaichen der Ehleut rechter libe zusammen sein, wan sich je ains gegen den anderen schamhaftig, züchtig vnd ehr-erbitig erweiset.*[68] Bernhard Jobin, Fischarts Straßburger Drucker, hat in der Zweitauflage des 'Philosophisch Ehzuchtbüchlein' eine weitere Eheschrift zusammen mit der Fischarts herausgegeben. Diese kann hier den Kreis unserer Recherche insofern sinnvoll erweitern, als sie durch ihre Überlieferungsnachbarschaft besonders geeignet ist, den Beitrag Fischarts zum frühneuzeitlichen Ehediskurs genauer zu bestimmen.

In seine 'Epistolas Familiares' (1539) hatte der spanische Franziskaner Antonio de Guevara (1480-1545) einen Ehetraktat aufgenommen (Brief 55), der von Johann Beat Grass ins Deutsche übertragen wurde.[69] In Form von zehn ausführlichen Regeln liefert Guevara eine Richtschnur zum rechten ehelichen Leben.[70] Häufig erscheint die Ehre bei Guevara als Attribut der Ehefrau, während der Ehemann mit anderen Attributen versehen wird.[71] Die Frauenehre erscheint nämlich, im Unterschied zur Ehre des Mannes, als äußerst verletzlich oder, wie Grass formuliert, *zart.*[72] Der Ehrbeweis sei beispielsweise beim Manne viel schwerer anzutreten als bei einer Frau. Bei ihr genüge es schon, ihre Unschuld in Verdacht zu ziehen, und die Ehre nehme unwiederbringlich Schaden.[73] Aus diesem Grund wird ihr nicht nur vieles untersagt, was dem Ehemann erlaubt ist, vielmehr bedarf sie wegen dieser verletzlichen Position eines Schutzwalls gegen den Verlust von *Reputation/ Keuscheit vnd Ehr* in Gestalt der *schamheit.*[74] Konkret ist darunter etwa

---

65 J. Fischart: Werke (Anm. 6) S. 131.

66 J. Fischart: Werke (Anm. 6) S. 139.

67 J. Fischart: Werke (Anm. 6) S. 151.

68 J. Fischart: Werke (Anm. 6) S. 133.

69 Antonio de Guevara: Sendbrieff. In: Johann Fischart: Philosophisch Ehzuchtbüchlein. 2. Aufl. Straßburg 1591. Fol. T_4^v-Y_4^v. Vgl. Christoph Schweitzer: Antonio de Guevara in Deutschland. In: Romanistisches Jahrbuch 11. 1960. S. 328-375; Tobias Brandenberger: Antonio de Guevaras Eheschriften. Textaussagen und Textfunktion. In: Text und Geschlecht. Hg. von Rüdiger Schnell. Frankfurt am Main [erscheint 1997].

70 Vgl. Anm. 69. Fol. V_1^r-Y_4^v: 4 von diesen Regeln richten sich an den Mann, 4 an die Frau und 2 an beide Partner.

71 A. de Guevara (Anm. 69) Fol. V_8^r: *kein weiser Mann/ vnd kein ehrliche Fraw.*

72 A. de Guevara (Anm. 69) Fol. V_5^r.

73 A. de Guevara (Anm. 69) Fol. V_6^r.

74 A. de Guevara (Anm. 69) Fol. V_4^v.

zu verstehen, daß die Ehefrau in Gesellschaft anderer schweige und nur rede, wenn sie gefragt werde. Auch rät der spanische Franziskaner der Frau *was stands oder wesen die seye*, zwecks Bewahrung ihrer Ehre die männlichen Verwandten ihres Mannes mit Zurückhaltung zu behandeln: *Also würt jr beider Ehr durch die frommkeit/ vnd keuschheit deß Weibes erhalten.*[75] Bei Guevara zielt der Begriff der Ehre nicht allein auf eine korrekte sittliche Haltung, sondern ebenso auf die mit dieser korrekten sittlichen Haltung einhergehende soziale Anerkennung. Guevara sieht die Frau als 'zoon politikon', ein Wesen, das keineswegs außerhalb sozialer Zusammenhänge steht oder ganz allein für den Ehemann lebt. Der Begriff der Ehre verweist hier janusartig nach innen und nach außen: nach innen auf die eheliche Gemeinschaft von Mann und Frau, nach außen auf die Lebenswelt und das Geflecht der Sozialbeziehungen.

Eheliches Wohlleben hängt bei Guevara wie bei Fischart nicht von dem einen, weiblichen Geschlecht ab. Auch Ehemänner müssen, wenn ihnen Hausstand, Besitz und Ansehen alias Ehre lieb sind, ihren Beitrag zum Gelingen der ehelichen Gemeinschaft leisten – etwa durch Nachgiebigkeit. Auf einer Asymmetrie der Geschlechtscharaktere errichtet Guevara ein Verhaltensreglement wechselseitiger Aktionen, bei dem die Lasten symmetrisch auf beide Geschlechter verteilt erscheinen. Die Ehe als Lebensform muß von beiden Eheleuten gemeinsam getragen werden. Das Glück dieser Gemeinschaft der Ungleichen hängt daher nicht unwesentlich von der Balance der verschiedenen Charaktere und dem verantwortungsvollen Ausgleich der Frauenehre mit der Ehre der Männer ab.

V.

Diese ausgeglichene Balance von Ehe- und Ehrenstand ist durchaus nicht die Regel für Autoren des 16. Jahrhunderts, wie an der Schrift eines anderen Autors aus der Romania, des spanischen Humanisten Juan Luis Vives (1492-1540), zu beobachten ist. Im Jahr 1523 veröffentlichte Vives seine Schrift über die 'Erziehung der christlichen Frau' ('De institutione feminae christianae'), der dann fünf Jahre später ein analoges Werk über die 'Pflichten des Ehemannes' ('De officio mariti')

---

75 A. de Guevara (Anm. 69) Fol. V_6^v.

folgen sollte. Beide Schriften erschienen 1544 in Augsburg in einer (im übrigen wenig erfolgreichen) deutschen Übersetzung des Christopher Bruno.[76]

Vives fordert in 'De institutione feminae christianae' eine Erziehung der Frauen, und zwar von frühester Kindheit an. Von einer Frau, die sittlich nicht gebildet worden sei, könne man, so Vives, auch kein eigenständiges moralisches Urteil erwarten.[77] Die Frauen-Erziehung, nach dem Dreiständemodell in die Erziehung der Jungfrauen, Ehefrauen und Witwen aufgefächert, bedient sich eines pädagogischen Leitfadens: der Ehre. Der Begriff der Frauenehre rankt sich dabei um die Keuschheit als *Künigin* [...] *vnder allen tugenden aines weybs*,[78] und zwar gleichgültig, ob es sich um Jungfrauen, Witwen oder Ehefrauen handelt.[79] Da es jedoch vor allem um letztere geht, meint Keuschheit – wie auch bei anderen Humanisten – nicht völlige sexuelle Enthaltsamkeit. Keuschheit erstreckt sich vielmehr als gleichsam universelle Verhaltensanforderung auf sämtliche Lebensäußerungen und -aktivitäten: auf manuelle Beschäftigung, denn Weben gilt als ehrliche Tätigkeit;[80] auf Lektüre, von der Obszönes als 'unehrlich' ausgeschlossen wird;[81] Zurückhaltung im Gespräch;[82] Verzicht auf Schminke;[83] mäßige Kleidung – es sei denn, der Ehemann halte seine Ehepartnerin zum Kleiderschmuck an.[84] Die Aufwertung einer inneren Haltung mit dem Vokabular der Ehre ist in wechselnden thematischen Zusammenhängen dazu ausersehen, das Verhalten der christlichen Frau ganz im Sinn moralisch-sittlicher Makellosigkeit zu steuern. Die Erziehung der drei weiblichen Stände folgt dabei denselben ethischen Prinzipien, welche zugleich für alle sozialen Schichten in gleicher Weise Geltung besitzen. Dabei unterscheidet Vives den gemeinhin üblichen Begriff der Ehre als einer rein äußerlichen Anerkennung, unabhängig von charakterlichen Meriten, von der einzig wahren, sittlichen Ehre als Verdienst für charakterliche Vollkommenheit.

---

76 Juan Luis Vives: De institutione feminae christianae. In: Opera omnia. Bd. 4. Valencia 1783. S. 70-301; ders.: Von vnderweÿsung ayner Christlichen Frauwen Drey Buͤcher. Übersetzt von Christophorus Bruno. Augsburg: Heinrich Steiner, 1544 (VD-16 V:1867); ders.: De officio mariti. In: Opera omnia. Bd. 4. Valencia 1783. S. 302-419; ders.: Von Gebirlichem Thůn und Lassen aines Ehemanns Ain bůch/ Verteütscht vnd erklaͤrt durch Christophorum Brunonem. Augsburg: Heinrich Steiner, 1544 (VD-16 V:1868). Da es in diesem Zusammenhang um deutschsprachige Eheschriften geht, bleibt das lateinische Original unberücksichtigt. Stichproben haben jedoch ergeben, daß das Ehrvokabular auf Vives' Texte zurückgeht.

77 J. L. Vives: Von vnderweÿsung (Anm. 76) Fol. 5^{v}-6^{r}, 9^{r} u.ö.

78 J. L. Vives: Von vnderweÿsung (Anm. 76) Fol. 29^{v} -30^{r}. Vgl. Fol. 6^{r} u.ö.

79 J. L. Vives: Von vnderweÿsung (Anm. 76) Fol. 14^{r} -15^{r}, 23^{r}, 28^{v}, 59^{r}, 60^{v} u.ö.

80 J. L. Vives: Von vnderweÿsung (Anm. 76) Fol. 3^{v}.

81 J. L. Vives: Von vnderweÿsung (Anm. 76) Fol. 9^{v} -12^{r}.

82 J. L. Vives: Von vnderweÿsung (Anm. 76) Fol. 36^{r} -39^{r}.

83 J. L. Vives: Von vnderweÿsung (Anm. 76) Fol. 6^{r}, 18^{v}, 20^{v}, 22^{v}.

84 J. L. Vives: Von vnderweÿsung (Anm. 76) Fol. 24^{v}. Vgl. Fol. 34^{r}.

Kontur gewinnt diese sittliche Auffassung von Ehre als Keuschheit indessen vor allem durch die Geschlechterdifferenz. Die Ehre des Mannes ist nämlich von ganz anderer Machart als die der Frau. Mehr noch, die Ehre wird fast ausschließlich in bezug auf die Frau thematisiert: *Zierliche klaidung der dapfferkait/ steht ainem mann wol an/ aber ainem weib/ geschmuck der ärbarkait.*[85] Im Buch über den Ehemann, das ja nun gerade nicht mehr Verhaltensanweisungen an die Frauen enthält, sondern vor allem an die Ehemänner, ist von der Ehre fast nur die Rede, wenn es um die Ehre der Frau geht.[86] Gleichwohl geht es nicht um den Lobpreis des weiblichen Geschlechts im Sinn der 'Querelle des femmes'. Vives' Ehrkonzept führt geradewegs zur Ungleichheit der Geschlechter. Die Ehefrau besitzt oder verdient Ehre nämlich keineswegs aus sich selbst heraus. Ihre eigene, gleichsam entpersonalisierte Ehre besteht darin, sich ihrem Mann gegenüber richtig, das heißt 'ehrerbietig', zu verhalten. Erst durch Gehorsam erlangen Ehefrauen, laut Vives, Anerkennung und Ansehen in den Augen ihres Ehemannes, der Umwelt und – als letzte Instanz – bei Gott.[87]

Während also die Liebe die Beziehung des Mannes zu seiner Frau reguliert, soll die umgekehrte Beziehung der Frau zu ihrem Mann doppelt gesteuert werden: durch Liebe und Ehrbezeugung.[88] Geradezu perfide mag – aus heutiger Perspektive – anmuten, daß die spezifische Art und Weise der *eererbietung*[89] von Vives nicht vorgegeben wird. Vielmehr soll sich dieses Reverenzverhalten an der individuellen Persönlichkeit des Mannes ausrichten, welche die Frau zuerst zu erforschen hat, um sie dann zur Grundlage ihres Handelns zu machen.[90] So wird z. B. die Ehefrau des französischen Humanisten Guillaume Budé – bezeichnenderweise verschweigt Vives ihren Namen – dafür gelobt, daß sie ihren Mann nicht bei den Studien störe.[91] Das Paradoxon einer weiblichen Erziehung als einer Erziehung auf den Ehemann hin nimmt Gestalt an.

Beim weiblichen Geschlecht, das sich an der sittlich wahren Ehre zu orientieren habe, diagnostiziert Vives jedoch einen Hang zu äußerlicher Ehrsucht.[92] Vehement polemisiert er daher – besonders in seiner Abhandlung über die Pflichten des Ehemanns – gegen Männer, die sich Frauen gegenüber ehrerbietig zeigen. Eine Verhaltenssymmetrie in Form wechselseitigen Ehrverhaltens beim galanten Umgang der Geschlechter würde dem fundamentalen Ziel seiner Erziehung zuwi-

---

85 J. L. Vives: Von vnderweÿsung (Anm. 76) Fol. 20^v.

86 J. L. Vives: Von Gebirlichem Thůn (Anm. 76) Fol. 14^v, 15^v -16^r, 17^r, 19^v, 31^r, 32^r, 34^r u.ö.

87 J. L. Vives: Von vnderweÿsung (Anm. 76) Fol. 29^r; J. L. Vives: Von Gebirlichem Thůn (Anm. 76) fol. 56^r.

88 J. L. Vives: Von vnderweÿsung (Anm. 76) Fol. 64^v. Vgl. ders.: Von Gebirlichem Thůn (Anm. 76) Fol. 25^v -26^r.

89 J. L. Vives: Von vnderweÿsung (Anm. 76) Fol. 1^v, 64^v, 95^r, 97^r u.ö.

90 J. L. Vives: Von vnderweÿsung (Anm. 76) Fol. 64^v -67^r.

91 J. L. Vives: Von vnderweÿsung (Anm. 76) Fol. 75^v -76^r.

92 J. L. Vives: Von vnderweÿsung (Anm. 76) Fol. 92^r -93^r.

derlaufen, der Ausrichtung der Frau auf den Ehemann.[93] Daß auch der Ehemann über das richtige Verhalten unterrichtet wird, ändert kaum etwas daran, daß Vives' Ethik der Ehre der Stabilisierung eines letztlich asymmetrischen Geschlechterkonzepts gilt. Im Kontext seiner Erziehungsschrift für Frauen erweist sich der geschlechtliche Charakter der Ehre in aller Schärfe. Die Bürde der Ehre ist ganz und gar ungleich auf Mann und Frau verteilt. Ehre winkt als Lohn für richtiges, und das heißt keusches, auf den Ehemann ausgerichtetes weibliches Verhalten. Demgegenüber bleibt die Ehre des Mannes eine Leerstelle.

VI.

In Eheschriften des 16. Jahrhunderts konkurrieren verschiedene Funktionalisierungen der Ehre. Den untersuchten Texten ist gemeinsam, daß sie vor allem den sittlichen und weniger den sozialen Charakter der Ehre hervorkehrten, wie es dem Genre der Erziehungsschriften entspricht.[94] Der Diskurs der Ehre ist dabei immer ein Diskurs männlicher Autoren; Frauen nehmen an diesem Diskurs nur als pädagogische Subjekte bzw., besser gesagt, Objekte teil. Die männliche Geschlechtsidentität der Autoren bürgt indes in keiner Weise für die Identität der Ehr- und Geschlechterkonzepte. Unterschiede zwischen einzelnen Schriften liegen vor allem bei den geschlechtsspezifischen Konzepten der Ehre. Typologisch lassen sich die Ehrkonzepte auf die Formel bringen: eine asymmetrische Konstruktion der Ehre als Sache der Frau bei Vives; Ehre als Code für das Verhalten beider Eheleute bei Guevara und Musculus; schließlich Fischart, bei dem das Fluktuieren des Ehrvokabulars zum poetischen Prinzip erhoben wird, was eine Überblendung der Ehe mit der Ehre in all ihren Bedeutungskomponenten zur Folge hat.

Diese zugleich dynamische wie auf gesellschaftliche Harmonie gerichtete Konstruktion der Ehre bei Fischart, dem chronologisch jüngsten Autor, kann meiner Ansicht nach nicht als Ausdruck einer historischen Entwicklung verstanden werden, etwa als Folge einer bürgerlichen Emanzipation im Späthumanismus oder wie dergleichen Formeln und Entwicklungsthesen lauten mögen. Die Erklärung für das je spezifische Konzept der Ehre wird wohl zunächst weniger in historischen Mentalitäten und ihrem Wandel zu suchen sein, sondern in den Bedingungen des überlieferten Textes selbst: Vives richtet sich in 'De institutione feminae christianae' vordringlich an Frauen als Adressaten seiner Didaxe. Erst in 'De officio mariti' liefert Vives ein Analogon, das an Ehemänner gerichtet ist. Die Schriften von Guevara, Musculus und Fischart unterscheiden sich grundsätzlich von

[93] J. L. Vives: Von Gebirlichem Thůn (Anm. 76) Fol. 34^{v}. Vgl. J. L. Vives: Von vnderweÿsung (Anm. 76) Fol. 93^{v}.

[94] Ein systematischer Vergleich sämtlicher erhaltener Eheschriften wurde nicht angestrebt.

dieser Adressatenstruktur. Die genannten Autoren wenden sich mit ihren Ehelehren in ein- und demselben Text an Mann und Frau. Nicht zufällig wird gerade in diesen Texten die Wechselseitigkeit des Ehrverhältnisses in der Ehe stärker akzentuiert. Aussagen zur Ehre, vor allem zur Ehre der Geschlechter, stehen, so meine Interpretation, unter anderem in Abhängigkeit von der Adressatenstruktur der didaktischen Schriften.

Die Asymmetrie der Geschlechterkonstruktion wird jedoch auch bei Fischart, trotz dieser Wechselseitigkeit, nicht grundsätzlich aufgehoben.[95] Wer einzelne Aussagepositionen gegeneinanderhält, wird keine wesentlichen Unterschiede zwischen den einzelnen hier besprochenen Schriften erkennen können, zumal bestimmte Themen für bestimmte Geschlechter reserviert sind: Putzsucht für die Frauen, Spielsucht für die Männer usw. Das schillernde Wechselverhältnis von Ehre und Ehe ist vielmehr Ausdruck einer literarisch-poetischen Strategie, die bei Fischart stärker als bei den zuvor besprochenen Autoren in den Vordergrund tritt. Weniger in der Ideologie liegt meines Erachtens die Besonderheit von Fischarts 'Ehzuchtbüchlein', sondern in einer literarischen Sprechweise, einer Aussageweise, die trotz oder gerade dank ihres poetischen Charakters auf Didaxe zielt.[96]

Heide Wunder hat in ihrer Studie über 'Frauen in der Frühen Neuzeit' Johann Fischart zum programmatischen Propagandisten eines Eheverständnisses gemacht, dessen "Bezugspunkt nicht der Dualismus von Mann und Frau war, sondern das Ehepaar und dessen Bezug zum ersten Menschenpaar."[97] *Er ist die Sonn', sie ist der Mond*, ein Zitat aus Fischarts 'Ehzuchtbüchlein',[98] umreißt in ihrer Darstellung leitmotivisch ein Konzept der Geschlechterrelation, das durch Gemeinsamkeit und geteilte Verantwortung in der Ehe gekennzeichnet ist, nicht durch hierarchische Unterordnung der Ehefrau unter den Ehemann. Und gerade dem gegenseitigen Reverenzverhalten weist Heide Wunder eine herausragende Bedeutung zu, nicht nur als neue, sondern als zentrale Dimension in frühneuzeitlichen Konzepten von der Relation der Geschlechter: "Wenn es schon nicht gelang, daß [...] Liebe die Eheleute verband, Ehemann und Ehefrau als Liebhaber und Venus zusammenlebten, so sollte doch gegenseitige Achtung zwischen den Eheleuten vorhanden sein."[99] Das steht im inhaltlichen Kern der hier entwickelten Interpretation nahe.[100]

95 Vgl. z. B. J. L. Vives: Von Underweÿsung (Anm. 76) S. 133: *Aber verstaͤndige ehrengeflissene Weiber müsen hie das widerspil thun, vnd sich fürnaͤmlich bei vnd vmb jre Maͤnner allein sehen lasen, und wann derselb nicht anwaͤsend, sich daheim einhalten vnd des hauses warten.*

96 Vgl. dazu die Vorrede von J. Fischart: Werke (Anm. 6) S. 117-124, besonders S. 117f. Diese vom Buchdrucker Bernhard Jobin unterschriebene Vorrede stammt allerdings wahrscheinlich von Fischart selbst.

97 H. Wunder (Anm. 6) S. 73.

98 J. Fischart: Werke (Anm. 6) S. 132. Vgl. auch die dieses Bild umspielende Stelle in J. Fischart: Geschichtklitterung (Anm. 38) S. 103.

99 H. Wunder (Anm. 6) S. 266f.

Doch erscheint mir fraglich, ob der Beitrag Fischarts zum Ehediskurs mit Beschreibungskategorien wie 'Vorschlag', 'Aussage' oder 'Überzeugung' allein angemessen zu fassen ist. Der poetisch-sprachliche Überschuß, mit dem Fischart operiert, würde durch eine solche Lesung seines Textes entsorgt.[101] "Die Sprache poetischer Texte", schreibt Ursula Liebertz-Grün, "ist ein Ärgernis für die Literaturwissenschaft"[102] – und nicht nur für sie. An dieses Widersetzliche poetischer Texte heranzuführen, ist indes genau die Aufgabe einer Wissenschaft von der Literatur. Im Fall Fischarts gilt es daher zu begreifen, was die poetische Schreibweise in einem explizit didaktischen Kontext zu leisten vermag. Das sei hier am Beispiel des 'Ehzuchtbüchleins', eines Textes am Grenzrain zwischen Didaxe und Poesie, rekapituliert.

VII.

Der Beitrag Fischarts besteht gerade in der radikalen poetischen Überhöhung einer Verhaltensnorm wechselseitiger Verpflichtung der Geschlechter, einer Norm, die, wie zu sehen war, auch in anderen Stimmen aus dem "Diskursfeld Ehe"[103] im 16. Jahrhundert propagiert wird.

Fischarts spezifische Verwendung der Ehre – vergleicht man sie mit der anderer Autoren – zielt dabei darauf, ein statisches Verständnis von Ehre zu dynamisieren. Die sprachliche Vielfalt der Ehrterminologie ist Teil eines poetischen Verfahrens, welches nicht allein an der Ehre durchexerziert wird: Begriffe werden aufgenommen und durch verschiedene stilistische wie semantische Ebenen dekliniert. Diese Schreibstrategie ist für Fischart immer wieder beschrieben, wenn auch selten konsequent an einzelnen Termini untersucht worden.[104] Sprachlich wird die Dynamisierung der Ehre durch zahlreiche Verbalbildungen kenntlich gemacht;[105]

---

[100] Mit Abstrichen betreffs der Einführung eines modern anmutenden Liebesbegriffs. Eine linguistisch-sprachliche Analyse dieses Begriffs bei Fischart würde einer solchen Deutung meines Erachtens nicht standhalten.

[101] Fischart weist seine Leserschaft gleich zu Beginn des ersten Teiles ausdrücklich auf die immense Bedeutung der Sprache hin, wenn er das Gelingen der Ehe *Mit guter und Kluger Red* in Verbindung bringt. J. Fischart: Werke (Anm. 6) S. 126, vgl. S. 153, 155.

[102] Ursula Liebertz-Grün: Das Spiel der Signifikanten in der 'Melusine' des Thüring von Ringoltingen. In: Ordnung und Lust. Bilder von Liebe, Ehe und Sexualität. Hg. von Hans-Jürgen Bachorski. Trier 1991. S. 211.

[103] Hans-Jürgen Bachorski: Diskursfeld Ehe. Schreibweisen und thematische Setzungen. In: Ordnung und Lust (Anm. 102) S. 511-545.

[104] Am erhellendsten erscheint mir in dieser Hinsicht H.-J. Bachorski (Anm. 6).

[105] Vgl. J. Fischart: Werke (Anm. 6) S. 148: *ehren* (S. 156, 159), *entehren* (S. 166), *erbar, ansehnlich vnd ehrwürdig zuwerden* (S. 176), *zuverehren* (S. 126, 181), *ehren sie jre Ehvermaͤlete* (S. 138) u.ö.

die Adjektiva stehen häufig im Komparativ und umreißen damit ein 'Mehr' bzw. ein 'Weniger'. Damit wird die Ehre – fern aller prädikativer Zuschreibungen – als machbar hingestellt. Ganz in diesem Sinn heißt es: *Vnd das wird ein Ehr geacht,/ Welches auch ehrlich macht*, mit welcher Aussage sich Fischart im Anschluß an den Philosophen Crates gegen den weiblichen Schmuck wendet. Ja, im 'Ehzuchtbüchlein' wird die Ehe insgesamt zur *Schul der Erbarkeit* umfunktionalisiert.[106] Mit anderen Worten, Ehre ist lernbar.

Das Sprachregister der Ehre ist darüber hinaus im 'Ehzuchtbüchlein' Teil einer ganzen Grammatik frühneuzeitlicher Sozialbeziehungen. Die Ehre läßt sich bei Fischart als Umschlagplatz zu anderen Sozialformen verstehen. Kühnerweise bringt der Autor das Verhältnis zwischen Gönner und Schriftsteller mit dem Ehrverhalten zwischen Ehefrau und Ehemann in Verbindung: *Potentaten und Reiche leut, wann sie die Gelehrten vnd Philosophos ehrlich vnd werd halten, ehren sie sich selber* [...] *Gleicher gestalt sind dise Weiber ehrenwerd, die sich jren Männern vnterwürflich machen.*[107] Die Ehre liefert hier und andernorts Begriff und Reglement, mit denen Sozialbeziehungen codiert und – zumindest scheinbar – homogenisiert werden. Mit Ehren-Verhalten ist – in ganz unterschiedlichen Zusammenhängen – die freiwillige Subordination unter eine sittlich-moralische Ordnung beschrieben, eine Ordnung, die in die gestaffelten Instanzen von Gott, Obrigkeit, Eltern und Ehemann ausbuchstabiert wird.[108] Eine solche Konzeptualisierung der Ehre zeitigt den Effekt, daß die Ehe – aus der Sicht des 'Ehzuchtbüchleins' – im Zentrum der geordneten Gemeinschaft steht, oder, zurückgehaltener gesprochen, die gewünschten Beziehungsformen in der Ehe mit denen außerhalb der Ehe vergleichbar gehalten werden.[109] Der Preis für diese Strategie der Darstellung, z. B. die Effeminisierung des literarischen Mäzens, der sich auf der Ebene des Vergleichs in der Rolle der geduldig-gehorsamen Ehefrau wiederfindet, wird wettgemacht durch eine soziale Harmonie, die mittels eines Codes der Ehre Ungleiches zusammenbindet: *wann die Haußfrau Gott gibt, was Gott gebürt, jne mit betten, anrufen und Gottsforcht verehret, dem Mann willfärig ist, sie beyde den Gesatzen der Oberkeyt gehorsamen, den Eltern ehrerbieten, die Kinder ziehen, nieman schänden* [...], *keym sein ehr abschneiden*, dann nennt man das, so Fischart, mit Fug und Recht *billich.*[110] Während andere Texte im binären Code guter und böser Frauen gefangen bleiben, zeigt Fischart Wege aus der Sackgasse

---

106 J. Fischart: Werke (Anm. 6) S. 148 und 177. An anderer Stelle, S. 207: *ware vbungen der Thugend vnd die ban zu ewiger ehr vnd herlichkeyt sind.*

107 J. Fischart: Werke (Anm. 6) S. 166.

108 Vgl. J. Fischart: Werke (Anm. 6) S. 235, 139.

109 J. Fischart: Werke (Anm. 6) S. 210. Auf der Aussageebene: *wer dem Menschen die Eh entzihet, der tilget auch die geschlecht aus, Ja die statt, die Gemeyn, das ganz Menschlich geschlecht,* [...] *vnd das einhällig Regiment diser Welt. Dan wo ist ein ordenlichs leben on die Eh?*

110 J. Fischart: Werke (Anm. 6) S. 235.

der 'Ist'-Zuschreibungen, indem er inhaltlich wie poetisch-formal das 'Werden' akzentuiert (ohne daß er dafür eine Gesamtform gewählt hätte, die modernem Formempfinden auch nur nahekäme).[111] Die der Frau vom Text abgesprochene räumliche Mobilität wird ihr auf dem Feld sittlichen Verhaltens zugestanden, die Möglichkeit moralischer Mobilität in der Annäherung an das Ideal der *Ehrlichen Matron*. Folgt man den befremdlichen Metaphern des 'Ehzuchtbüchleins', erweist sich die vorbildliche Ehe als eine gestaltbare körperliche Einheit, die, so Fischart, wie *ein Armada oder Schiffmacht, ein Feldhör* [= Feldheer] aus einzelnen Stücken neu erschaffen werden kann.[112] Nicht zufällig ist – worauf Jan-Dirk Müller aufmerksam gemacht hat – bei dieser säkular-bürgerlichen Erziehung zur ehrenvollen Ehe die Arbeit als ein Produktions- und Schaffensvorgang besonders gewichtet.[113] Im Fischartschen Textkosmos kennt die *Feldarbeit* nämlich ein Analogon, die *Eharbeit*, welche die manuelle Arbeit an Auszeichnung und Heiligkeit überrundet.[114]

Die Auflösung statischer Ehrkonzepte durch eine poetische Strategie endlicher Variationen besitzt im 'Ehzuchtbüchlein' mithin eine prononciert didaktische Funktion. Der Facettenreichtum des Ehrbegriffs öffnet hier keineswegs der literarischen Subversion Tür und Tor, wie Literaturwissenschaftler sie für Fischer reklamiert haben. In einem didaktischen Kontext erweist sich die poetische Kraft der Sprachvariationen als ein Mittel der Didaxe: *So spürt man* [...] *in täglicher erfarung, das inn Menschlichen äuserlichen händelen nichts die leut also sehr bewege, ermane, weise und lehre, dan so man sie inn jre eygene Natur und 'Anartung füret, sie mit jrem angebornen vrtheyl vnd verstand vberzeuget*, [...] *vnd jnen jr Natürlich Liecht* [...] *herfür ziehet* [...] *das sie, es sey jnen lieb oder leid, sich selbs darvon erkennen.*[115]

Dieser Befund einer strukturellen Dynamik der *Ehre der Ehe* beinhaltet jedoch ein negatives Ergebnis: Die Fluktuation der Ehrbegriffe läßt die einzelnen Konzepte, von denen anfangs die Rede war, eher verschwimmen als deutlich werden. Zwischen den verschiedenen Bedeutungsebenen der Ehre – der Ebene prädikativer Zuschreibung, der Ehre als Effekt von Partnerarbeit und der transpersonalen Ehre der Institution Ehe – tun sich bei Fischart keine Reibungs- oder Bruchflächen auf, so unterschiedlich diese Konzepte auch sein mögen. Der frühneuzeitliche Begriff der Ehre ist schillernd. Ein rein definitorischer Zugang führt, ausgehend von dem hier untersuchten Textcorpus, in begriffliche Aporien.

---

[111] In diesem Zusammenhang ist auf strukturell-sprachlicher Ebene der ständige Wechsel zwischen gebundener und Prosasprache zu beachten. Die beiden Sageweisen beeinflussen sich wechselseitig, wobei die Grenzen zwischen beiden 'Genres' verschwimmen, was wiederum einen bewegt-dynamischen Tonfall erzeugt.

[112] Vgl. J. Fischart: Werke (Anm. 6) S. 167, auch S. 179, 192.

[113] J.-D. Müller (Anm. 6) S. 130-135; D. Seitz (Anm. 28) S. 223-240.

[114] J. Fischart: Werke (Anm. 6) S. 174.

[115] J. Fischart: Werke (Anm. 6) S. 117.

VIII.

In welchem Umfang literarisch-didaktische Verhaltensmodelle rezipiert wurden, bzw. wie solche Verhaltensmodelle auf ihre zeitgenössischen Rezipientinnen und Rezipienten wirkten, ist schwer einzuschätzen.[116] Meine Antwort auf die Frage nach der Wirkung didaktischer Literatur über die Ehe rekurriert wiederum auf eine literarische Quelle. Juan Luis Vives führt – aus eigener Erfahrung, wie er behauptet – in 'De institutione feminae christianae' ein Exempel an, was zum Abschluß veranschaulichen soll, wie sich Autoren vom Schlage eines Vives die soziale Umsetzung didaktischer Lehrinhalte vorgestellt haben mögen.[117]

In einem florierenden spanischen Gemeinwesen, dessen Name der Verfasser verschweigt, sei aus den patrizischen Juvenes eine verwöhnte Jeunesse dorée geworden. Die männliche Jugend lebte also nur noch für Vergnügungen jeglicher Art. Die Elterngeneration sann auf Abhilfe, weil sie den sicheren Verfall des prosperierenden Gemeinwesens voraussah. Nach mühseligen Diskussionen fiel den Stadtvätern endlich ein gangbarer Weg ein, wie die jungen Männer zur Vernunft gebracht werden könnten. Man setzte auf die jungen Frauen als Erzieherinnen eben dieser Juvenes, wohl wissend, daß diese den Frauen sehr zugetan waren. Man machte der weiblichen Jugend klar, daß sie um sicheres Wohlleben in Zukunft betrogen würde, wenn sie sich nicht den *Täntzer*[n]/ *schwetzer*[n] [...] *zecher*[n]/ *vnd spilsüchtigen* ihre Gemeinschaft verweigerten. Und siehe da, der Effekt solcher Verweigerung ließ nicht lange auf sich warten: *Jn kurtzer zeit ist die jugent dermassen verkert worden/ das auß dem aller vntauglichsten vnnd verderbtesten/ gantz weise vnnd gehertzte männer worden sein.*[118] Ehre und Wohlstand des Gemeinwesens waren, so Vives, gerettet – dank dieser von den Patriarchen angezettelten, von den jungen Frauen durchgeführten Erziehungsaktion.

Was immer den Realitätsgehalt dieses Exempels ausmacht, in der literarischen Konstruktion eines Vives wurde der Wirkungskreis von Didaxe um mündliche Kommunikation in der politischen Führungsschicht gruppiert. Durch das abgekartete Zusammenspiel der Geschlechter und Generationen wurde – dank rechter Unterweisung – noch einmal die bedrohte Ordnung des Gemeinwesens gewahrt.

---

[116] Skeptisch z. B. H. Wunder (Anm. 6) S. 64: "Die Wirkung solcher gelehrter Eheschriften war vermutlich begrenzt, obwohl sie in deutscher Sprache abgefaßt waren." Vgl. jedoch auch H. Wunder (Anm. 6) S. 212.

[117] Nacherzählung der *histori* aus J. L. Vives: Von vnderweÿsung (Anm. 76) Fol. 51.

[118] J. L. Vives: Von vnderweÿsung (Anm. 76) Fol. 51ᵛ.

III.

Ehre und Geschlecht in der Frühen Neuzeit*

Martin Dinges

Einleitung: Ehre und Geschlechtsrolle

Das Konzept der Ehre war zentral in den frühneuzeitlichen Gesellschaften. Diese hatten die Vorstellung von Ehre zwar schon aus dem Mittelalter – z. B. als Ehre der Ritter – übernommen, entwickelten das Konzept aber weiter.[1] Neben ständischer Ehre des Adels und berufsständischer Ehre der Handwerker gab es auch die Ehre von Städten, die etwa in der Stadtfahne symbolisiert wurde, oder die Ehre von Ländern, die z. B. durch den Vorrang seiner Botschafter bei fremden Höfen ausgedrückt wurde. Auch war es keineswegs unerheblich, welche Kriegsschiffe zuerst auf hoher See grüßen mußten. Schließlich spricht man in Württemberg von der Ehrbarkeit als Stand. In der Frühen Neuzeit wurde insgesamt die aufwendige Darstellung von genau abgestuften Rangpositionen immer wichtiger und dabei die Ehre zu dem zentralen Bezugssystem.[2]

---

* Dieser Beitrag wurde als Publikumsvortrag geschrieben. Auch im Druck wurde diese Form weitgehend beibehalten.

1 Vgl. zur Begriffsgeschichte Friedrich Zunkel: Ehre, Reputation. In: Geschichtliche Grundbegriffe. Hg. von Otto Brunner, Werner Conze, Reinhart Koselleck. Bd. 2. Stuttgart 1975. S. 115-127. Zu einem anthropologischen Verständnis der Ehre vgl. Martin Dinges: Die Ehre als Thema in der historischen Anthropologie. Bemerkungen zur Wissenschaftsgeschichte und zur Konzeptualisierung. In: Verletzte Ehre. Ehrkonflikte in Gesellschaften des Mittelalters und der Frühen Neuzeit. Hg. von Klaus Schreiner, Gerd Schwerhoff. Köln, Wien 1995. S. 29-62.

2 Vgl. den Versuch von Richard van Dülmen: Dorf und Stadt. München 1992 (Kultur und Alltag in der Frühen Neuzeit. Bd. 2). S. 175-219; zur Forschungssituation Martin Dinges: Der Maurermeister und der Finanzrichter. Ehre, Geld und soziale Kontrolle im Paris des 18. Jahrhunderts. Göttingen 1994 (Veröffentlichungen des Max-Planck-Instituts für Geschichte. Bd. 105). S. 23-42; auf Einzelbelege wird im folgenden weitgehend verzichtet. Für die staatliche Einwirkung auf Ehrkonzepte in der Frühen Neuzeit vgl. den Beitrag von Wolfgang Weber in diesem Band. Zur Frage der hier nicht zu vertiefenden Unehrlichkeit vgl. zuletzt die Lokalstudie von Kathleen Elizabeth Stuart: The Boundaries of Honor – 'Dishonorable People' in Augsburg 1500-1800. Phil. Diss. Yale 1993.

Es ist deshalb nicht erstaunlich, wenn auch die Geschlechtsrollen durch Bezugnahme auf das Konzept der Ehre gestaltet wurden. Der Begriff 'Geschlechtsrolle' umfaßt wesentlich mehr als das natürliche Geschlecht, das darüber bestimmt, ob man Kinder bekommen kann oder nicht. Mit Geschlechtsrolle ist vielmehr eine Summe von Verhaltenserwartungen gemeint, die kulturell geprägt sind und weit über den biologischen 'kleinen Unterschied' hinausgehen. So wird von einem männlichen Vortragenden erwartet, mit Schlips und Kragen am Rednerpult zu stehen und dabei Socken zu tragen, während die Frauen in dieser Hinsicht größere Freiräume haben. Solche Erwartungen sind keineswegs aus dem 'kleinen Unterschied' ableitbar, sondern werden relativ willkürlich festgelegt. Auch das Konzept Ehre beinhaltet solche Festlegungen, welche die Verhaltensspielräume von Männern und Frauen beeinflussen.

Nun denkt man bei der Geschlechtsehre häufig zuallererst an die Geschlechtsehre der Frauen – also in der Regel an die Jungfräulichkeit. Ich werde deshalb mit einem – bewußt vereinfachten – Bild der männlichen Ehre beginnen und gehe dann zu den widersprüchlichen Anforderungen an die männliche Ehre über. Dabei werden die vielschichtigen Verbindungen zur weiblichen Ehre sichtbar, die als nächstes untersucht wird. Ich werde weiter darstellen, wie Männer und Frauen gegenseitig Ehre in Worten und Taten hergestellt oder verletzt haben. Sozialgeschichtlich belangvoll ist es ja nicht, irgendein Konzept in der Geschichte zu verfolgen, sondern nachzuvollziehen, was es für die Zeitgenossen bedeutete und wie sie es sich aneigneten. Damit werden wir schließlich der Beantwortung der Frage näherkommen, ob es eine besondere weibliche oder männliche Ehre gab.

Ein zu einfaches Modell männlicher Ehre: Die Gesellen

In Polizei- und Gerichtsarchiven des frühneuzeitlichen Europa finden sich allenthalben Beschreibungen von Ehrenhändeln mit Provokationen und Schlägereien, die sich meist abends in Wirtshäusern ereigneten, wo sich hauptsächlich Männer beim Genuß von alkoholischen Getränken entspannten. Oft saßen sie dort in Gruppen zusammen, die aus gemeinsamer Berufstätigkeit entstanden. Ob es die Frankfurter Bierbrauergesellen im Jahr der Französischen Revolution waren oder die Tischlergesellen im Dijon des 17. Jahrhunderts, der Ablauf der Ereignisse war immer wieder sehr ähnlich. Es kam ein Vertreter einer anderen Berufsgruppe oder noch besser eine ganze angeheiterte Gesellschaft in die Kneipe, in der schon eine Gruppe saß. Die Neuankömmlinge luden zum Trinken ein, was der Anfang eines friedlichen Wettsaufens werden konnte, bei dem dann abwechselnd eine Runde gezahlt werden mußte.

So kam Anfang Januar 1789 der 58 Jahre alte Bierbrauergeselle Peter Steinmetz in eine Schänke und wurde von dem dort bereits Apfelwein trinkenden

28jährigen Frankfurter Johann Herzog aus dem gleichen Gewerbe mit den Worten begrüßt: *Nun altes Aas trink einmal.*[3] Der Ältere hatte bereits angetrunken die Werkstatt verlassen und empfand nun die Aufforderung des Jüngeren als Beleidigung. Er konterte, dies *sey kein Handwerksbrauch* und nannte Johann Herzog mehrfach einen *Hundsfott.* Um Steinmetz, mit dem er sonst freundliche Beziehungen unterhielt, zu versöhnen, zahlte er ihm eine Maß Apfelwein. Zwischen den beiden Männern war die Situation wohl bereinigt.

Die anderen anwesenden Bierbrauergesellen wollten die verbale Provokation aber so nicht stehen lassen. Einer von ihnen teilte dies Herzog auf dem Weg zur Toilette mit: Er müsse den Hundsfott *auf die Faust mit selbigem ausmachen.* Daraufhin forderte der Jüngere Steinmetz an seinem Tisch zu einer Schlägerei im Hof. In Anwesenheit der anderen Bierbrauer warf er Steinmetz zu Boden und stach mehrfach mit dem Messer in dessen Unterleib. Nach Angaben des Wirtes tranken die anderen Gesellen dem Herzog zu und sagten ihm, *daß sie ihn nunmehro wieder für einen rechtschaffenen Bierknecht erkenneten, da er seinen Hundsfott ausgemacht.*

Steinmetz kam ebenfalls in die Stube zurück, saß dort noch eine Dreiviertelstunde und starb später im Spital. Nach langen Untersuchungen verurteilte das Frankfurter Stadtgericht Herzog zu zehn Jahren Schanzarbeit, Urfehde und Stadtverweisung. Immerhin ersparte es damit dem Delinquenten, der von seinem Meister ein gutes Leumundszeugnis ausgestellt bekommen hatte, die 'poena ordinaria' für Totschlag, nämlich die Todesstrafe mit dem Schwert. Das Gericht scheint also die Meinung eines angesehenen Zunftmeisters in seine Urteilsfindung einzubeziehen. Das deutet auf eine gewisse Toleranz gegenüber den Ehrenhändeln der Gesellen des verfaßten Handwerks hin.

Das Verhalten der Bierbrauergesellen ist uns nicht unmittelbar einsichtig, auch wenn in manchen bayerischen Dörfern noch heute ein Samstagabend ohne eine Rauferei kein gelungener Beginn des Wochenendes sein soll.[4] Was waren die Motivationen der frühneuzeitlichen Handwerksgesellen? In diesem Fall verweisen sie explizit auf den Handwerksbrauch, nach dem die geäußerte Beleidigung eine unerträgliche Verletzung der Ehre des Berufsstandes war. Ansonsten wird in den Quellen leider wenig über die Hintergründe mitgeteilt, denn Polizei oder Gerichte waren meist ausschließlich am Tathergang interessiert. Deshalb müssen wir die Verhaltensweisen selbst genauer beachten. Aus ihnen läßt sich vieles indirekt erschließen: Auffallend ist, daß selbst unter alten Bekannten aus dem gleichen Be-

---

3 Ich danke Dr. Joachim Eibach, Giessen, für die Überlassung des Beispiels, das seinem Projekt 'Ehre und Gewalt im 18. Jahrhundert in Frankfurt am Main' entstammt. Vgl. ein ähnliches Beispiel bei Martin Dinges: Stadtarmut in Bordeaux 1525-1675. Alltag, Politik, Mentalitäten. Bonn 1988. S. 156.

4 Zum historischen Hintergrund vgl. Bernhard Müller-Wirthmann: Raufhändel. Gewalt und Ehre im Dorf. In: Kultur der einfachen Leute. Hg. von Richard van Dülmen. München 1983. S. 79-111.

rufsfeld eine etwas provokative Aufforderung zum gemeinsamen Trinken so schwerwiegende Folgen auslösen konnte. Zwar gehörte es wohl zum guten Ton, daß man entsprechende Einladungen annahm, um zu zeigen, daß noch Frieden zwischen dem Einladenden und dem Eingeladenen herrschte. Jedenfalls hätten die Zeitgenossen die Verweigerung des gemeinsamen Trinkens sofort als Provokation verstanden. Verbale Herausforderungen konnten offenbar nicht einfach übergangen werden; man mußte vielmehr auf sie antworten. Mit dem Spendieren von einer Maß Bier ließ sich der Konflikt zwar noch zwischen den beiden Betroffenen beilegen, aber dies reichte nicht mehr aus, wenn sich Vertreter der anwesenden Berufsgruppe in ihrer Ehre angegriffen fühlten. Der weitere Ablauf zeigt dann die schnelle und bewußt gesuchte Steigerung von beleidigenden Worten zu Gewalttaten. Offenbar trennten die Zeitgenossen also nicht streng zwischen mündlichen Provokationen und handgreiflicher Durchsetzung ihres Standpunktes. Bestimmte Worte konnten sogar nur noch durch Schläge 'ausgemacht' werden. Wenn aber der Einsatz so schnell stieg, daß die Beteiligten bereit waren, durch Messerstiche ihr Leben bzw. später bei Gericht ihre Freiheit zu riskieren, dann war das Gut, um das gestritten wurde, wohl auch recht wichtig. Es handelte sich offenbar um das, was sie als ihre 'Ehre' bezeichneten, sei es als Ehre der eigenen Person oder – wie in unserem Fall – zusätzlich als Ehre der Gruppe, hier etwa der Bierknechte. Anscheinend war auch Herzog, der in der gleichen Schänke wie seine Kollegen einen Apfelwein trinken ging, nicht frei, nach dem Beginn der Eskalation einfach nach Hause zu gehen. Vielmehr verpflichtete die Zugehörigkeit zu einer Zunft oder Gruppe nachgerade unausweichlich zu der Schlägerei. Benahmen sich die Beteiligten hier nicht ähnlich wie manche Tiere? Das Provozieren erinnert stark an entsprechende Drohrituale von Löwen; der Kampf um die Ehre des eigenen Gewerbes in der Kneipe, die man als ein 'soziales Territorium' betrachten kann, erinnert an Revierkämpfe von Hirschen. Wer hier das Sagen behalten wollte, mußte den anderen auf dem Platz besiegen.

Und schließlich ließ die häufige Ankündigung von Rache nach Schlägereien nichts Gutes für die Zukunft erwarten: Der Konflikt um die Ehre war wohl so schwerwiegend, daß die Verlierer ihn weiterführen wollten oder mußten. Tatsächlich rückten sie oft einige Zeit später, manchmal nach Stunden, manchmal erst nach Tagen mit einer größeren Mannschaft an, um 'zurückzuschlagen'. Folglich war nach einem Kampf immer nur die aktuelle Auseinandersetzung entschieden. Die Ehre der siegreichen Gruppe war nur am Tage des Zusammenstoßes größer als die der unterlegenen Handwerker, aber bereits am nächsten Tag konnte deren Ansehen an der Börse der öffentlichen Meinung der Stadt durch erfolgreiche Revanche stark steigen.

Der Streit ging also auch um den Rang der Gruppe in der Stadt. Dieser Rang wurde bei vielen Gelegenheiten öffentlich dargestellt. Ein Beispiel sind die Zünfte, die bei Prozessionen auf mehr oder weniger ehrenvollen Plätzen mitmarschieren durften. Schon vor den Handwerkerverbänden hatten im Mittelalter Stifte und Orden Streit um den besten Platz bei Prozessionen handfest ausgetragen; Familienclans – etwa die Montagues und Capulets bei Shakespeares 'Romeo und Julia' – waren ihnen darin vorangegangen. Manche dieser Ehrenhändel griffen auf die Straße über und arteten in Kämpfe von regelrecht in Schlachtordnung antretenden Kirchengemeinden oder ganzer Dorfschaften aus. Dieses Verhalten gefährdete natürlich erheblich die öffentliche Ordnung.

Solcher Streit betraf aber auch den Rang des einzelnen innerhalb der jeweiligen Gruppe. Versetzen wir uns noch einmal in die Kneipe der Frankfurter Bierknechte und fragen nach dem sozialen Sinn ihrer Handlungsweisen. Offenbar ist doch, daß jeder einzelne, der kräftig saufen konnte, bei den anderen Kumpanen den Gedanken nahelegte, daß er auch sonst viel aushalten kann. Wer mächtig provozierte, der gewann bei seinen Kollegen auch sonst an Ansehen; wer bei der Schlägerei kräftig zulangte, der zeigte Körperkraft, was für keinen Handwerker ein Schaden war. So nahmen die Kollegen an, daß er mit seiner Kraft die Gruppe auch sonst nach außen verteidigen könne. Schließlich stärkten gemeinsam überstandene Situationen von Angst und Streß bekanntlich den Zusammenhalt jeder Gruppe. Die Prügelei war insofern auch für das Gemeinschaftsbewußtsein der Bierknechte förderlich. Wichtig ist hier, daß der einzelne Teilnehmer an einer Schlägerei – je nach Beteiligung am Saufen, Provozieren und Prügeln in der Gruppe – sein eigenes Ansehen jeweils neu mitbestimmte. Denn schon bei der nächsten Prügelei konnte sich das in einem Fall gewonnene Ansehen ändern; allerdings neigten Kollegen dazu, anzunehmen, daß ein guter Schläger auch beim nächsten Mal fest zulangte. Ehre hat demnach also sowohl gruppenbezogene als auch individuelle Aspekte. Ein Bierbrauergeselle hatte Anteil an der Gruppenehre, er bestimmte sie aber durch sein Verhalten auch mit, hatte demnach auch individuell Ehre. Diese wurde durch genau berechnete Herausforderungen auf die Probe gestellt; alle Beteiligten wußten, wann sie aus einem Konflikt noch aussteigen konnten und wann es zu spät war. Solche Herausforderungen führten leicht zur Eskalation bis hin zu Gewalttätigkeiten, die überhaupt bei der Verteidigung von Ehre eine große Rolle spielten. Ehre hing also nicht statisch an einer Person, sondern sie war offenbar sehr veränderlich. Man mußte deshalb ständig um sie kämpfen. Insgesamt scheint deshalb die Ehre ein Konzept zu sein, das gut zu Männern paßte.

So lag es natürlich – insbesondere für Historikerinnen – nahe, ein solches Verhalten – das sich z.T. auch im Duell ausdrückte – als 'typisch männlich' zu betrachten. Schließlich haben wir alle Ingredienzien für ein traditionelles Bild von Männlichkeit beisammen: die Neigung zur Provokation, Gewalttätigkeit, Platzhirsch-Verhalten, Rudelbildung, den Aufbau bzw. das Sich-einordnen in Hierarchien, was Frauen angeblich alles nicht oder zumindest sehr viel weniger ausgiebig betreiben.[5] Auffallend an diesem angeblich typisch männlichen Verhalten ist

---

[5] Zum Zusammenhang von Männlichkeit und Duell vgl. Ute Frevert: Ehrenmänner – Das Duell in der bürgerlichen Gesellschaft. München 1991.

auch seine weite Verbreitung, auf die ich bereits eingangs hinwies: Kneipenschlägereien und Ehrrituale füllen die Polizei- und Gerichtsakten aller frühneuzeitlichen Länder. Schließlich fiel der gerade mit ihren Arbeiten über Augsburg bekannt gewordenen Historikerin Lyndal Roper auf, daß sich die Männer nach ihren Wettsaufereien und Schlägereien recht unbeherrscht verhielten, sich erbrachen und auch sonst die Kontrolle über sich verloren. Sie belästigten schließlich die Frauen zunächst auf der Straße und dann im Ehebett. Daraus schloß sie, daß solche Unbeherrschtheit durchaus typischerweise zur Männerrolle gehörte.[6] Insgesamt verweisen die Auseinandersetzungen um Ehre also nicht nur auf ein erhebliches Gewaltproblem, sondern zeigen die Männer auch als ausgesprochen unbeherrscht und bereit, nicht zuletzt Frauen gegenüber Gewalt anzuwenden. Aber selbst wenn man ein solch schwarzes Bild vom Mann für eine besonders negative Konstruktion einer Geschlechtsrolle durch eine feministisch inspirierte Historiographie hält, dann muß man doch der Frage nachgehen, was diese Prügeleien neben der Ehre mit Männlichkeit zu tun haben. Als erste Antwort drängt sich ja geradezu auf, daß die Männer bei diesen Gelegenheiten ständig zeigen mußten, wie stark sie sind, um nicht nur ihresgleichen, sondern auch die Frauen einzuschüchtern.

Aber schon der Blick auf den eingangs beschriebenen Fall zeigt, daß der Zusammenhang zwischen Ehre und Männlichkeit so einfach nicht zu beschreiben ist. Sicherlich mochte es bei Ehrenhändeln ein herrschendes Modell für Männlichkeit geben, jeder Beteiligte konnte das aber mehr oder wenig bereitwillig und gut erfüllen. Mit anderen Worten konstruierten die beteiligten Männer ihre eigene männliche Ehre in ganz unterschiedlicher Weise. Dementsprechend gab es nicht die eine männliche Ehre, sondern es gab ein herrschendes Modell männlicher Ehre und verschiedene Verwirklichungen. Es gab dominantere und weniger dominante Männer, gewalttätigere und weniger schlagkräftige. Ja, es gab immer mehr oder weniger an ihrer Ehre interessierte Männer.

Und selbst das ist noch eine vorschnelle Verallgemeinerung, wie sich beim Blick auf ein weiteres wichtiges Detail des Falles, das ich bisher nicht mitgeteilt habe, zeigt: Es waren nicht **die** Männer, die in den Archiven immer wieder bei den Prügeleien um Ehre genannt werden, sondern es war insbesondere eine bestimmte Lebensaltersgruppe, nämlich die geschlechtsreifen, aber noch unverheirateten Männer, die also noch nicht durch die Gründung eines Hausstandes stärker in die lokale Gesellschaft integriert waren. Das ist übrigens die gleiche Altersgruppe, die auch bis auf den heutigen Tag am gewalttätigsten ist. Dieser Befund bringt uns

---

6 Lyndal Roper: Männlichkeit und männliche Ehre. In: Frauengeschichte – Geschlechtergeschichte. Hg. von Karin Hausen, Heide Wunder. Frankfurt am Main 1992. S. 154-172. Diese Deutung wird auch in der englischen Ausgabe weiter vertreten. Vgl. Lyndal Roper: Blood and codpeices: masculinity in the early modern German town. In: L. Roper: Oedipus and the Devil. Witchcraft, Sexuality and Religion in Early Modern Europe. London, New York 1994. S. 107-124.

eine erste Differenzierung: In Gruppen und in der Öffentlichkeit prügelten sich am ehesten die unverheirateten Männer, die offenbar vor der Verheiratung einen besonderen Kräfteüberschuß hatten, den sie gewalttätig austobten.

Auch in unserem Beispiel ist es ein 28jähriger Geselle, der schon deshalb nicht verheiratet gewesen sein dürfte, weil in der Regel Meistertitel, Betriebsübernahme und Hochzeit in engem zeitlichen Zusammenhang arrangiert wurden. Statt dessen gehört er genau wie die anderen Knechte, die ihn zu der Schlägerei aufforderten, zu der im 18. Jahrhundert immer größeren Gruppe der Handwerksgesellen, denen eine Etablierung aufgrund der Bevölkerungsentwicklung und der Überbesetzung des Handwerks – also eines Mangels an Meisterstellen bei gleichzeitig zu hoher Zahl von Betrieben – versperrt blieb. Es spricht viel dafür, daß diese altersmäßig tatsächlich jungen oder durch die sozioökonomische Lage in einer Dauerposition als 'Jungmänner' gehaltenen Gesellen ihre Frustration, nicht zu 'ganzen Männern', also Meistern, Haushaltsvorständen und Vätern werden zu können, mit gesteigerter Ehrpusseligkeit und Aggressivität kompensierten. Sie entwickelten den oben beschriebenen, besonders aggressiven männlichen Stil, Ehre öffentlich darzustellen.[7] Dabei unterstrichen sie neben der Schlagfertigkeit und dem demonstrativen Saufen auch die Ungebundenheit der beruflichen Mobilität, die alle drei als Verhaltensweisen zu betrachten sind, die Frauen normalerweise untersagt waren. Was die Gesellen im 16. Jahrhundert auch schon getan hatten, wurde im 18. Jahrhundert dann unter den ungünstigeren ökonomischen Bedingungen und nach der stärkeren Betonung von Ehre seit dem 17. Jahrhundert zu einer immer näher liegenden Option für die Handwerksgesellen: Konnte man schon lebenslang voraussichtlich nicht zum 'ganzen Mann' werden, dann wollte man diese Rolle wenigstens faktisch und symbolisch in Ehrenhändeln darstellen.

Deshalb kann aber weder für die in Mitleidenschaft gezogenen Frauen noch für das Männlichkeitsbild insgesamt Entwarnung gegeben werden, wie der folgende zweite Teil zeigen wird: Selbst die gestandenen Familienväter schlugen sich öffentlich um ihre Ehre. Allerdings bringen sie uns auch auf eine Spur zu den vielschichtigen Anforderungen an männliche Rollen.

---

7 Der folgende Band dürfte dazu Neues bringen: Katharina Simon-Muscheid: Frauenarbeit und Männerehre. Der Geschlechterdiskurs im Handwerk. In: Was nützt die Schusterin dem Schmied? Frauen und Handwerk. 14.-19. Jahrhundert. Hg. von Katharina Simon-Muscheid (im Druck). Wieweit sich das kulturelle Modell der Gesellen auf die Wahrnehmung von Handwerkerinteressen insgesamt in der Zeit starken wirtschaftlichen Drucks auf das Handwerk im 19. Jahrhundert auswirkte, wäre genauer zu erforschen unter Bezugnahme auf Andreas Grießinger: Das symbolische Kapital der Ehre. Frankfurt am Main 1981.

Widersprüchliche Anforderungen an die männliche Ehre

Um diesen komplexeren Zusammenhang von männlichen Geschlechtsrollen und Ehre besser zu verstehen, kann man mit dem Streit um männlichen Alkoholkonsum im 16. Jahrhundert in Augsburg beginnen. Gemeinsames Trinken war wichtig für die Pflege sozialer Beziehungen, nicht zuletzt wegen der Informationen und Aufträge, die man dabei erhielt. Diese dienten auch dazu, ein dem eigenen Stand angemessenes Haushaltseinkommen zu erwirtschaften, das ein ehrenhaftes Haus nach außen auszeichnete. Zur Subsistenz trugen natürlich sowohl Ehemann als auch Ehefrau – durch ihre jeweilige Arbeit bzw. ihre sparsame Haushaltsführung – bei, allerdings war gerade für die Handwerkerhaushalte die Position des Betriebes auf dem städtischen Markt entscheidend von den guten gesellschaftlichen Kontakten des Mannes abhängig. Die Anforderungen an die männliche Geschlechtsrolle, einen wichtigen Beitrag zum Haushaltseinkommen zu erbringen, sind aber nur ein Beispiel dafür, daß die Männer sich auch sonst im Rahmen der Ehrvorstellungen zu bewegen hatten.

So gehörte es auch zur Darstellung der Ehre des Hauses nach außen, daß die Männer das Haus vor Eindringlingen schützen sollten. Es kam nämlich durchaus vor, daß Nachbarn den Hausfrieden verletzten und in trunkenem Zustand oder unter Vorwänden in eine Wohnung eindrangen. Wenig schätzten es etwa die Münsteraner Frauen im Jahre 1624, selbst das Haus verteidigen zu müssen, was sie im Notfall allerdings recht tatkräftig übernahmen.[8]

Auch gehörte es selbstverständlich zu den Pflichten eines jeden Hausvaters, der eine Tochter im heiratsfähigen Alter hatte, auf die Wahrung ihres Rufes peinlich bedacht zu sein, was ein Pariser Fall aus dem 18. Jahrhundert zeigt. Da tauchte spät abends – also bereits zu verdächtiger Stunde – ein Violinenspieler in der ersten Etage eines Mietshauses auf und wurde von dort in die zweite Etage weitergeschickt. Der Mieter unten nahm an, jemand wolle der weiter oben wohnenden Tischlerstochter ein Ständchen bringen. Deren Vater hielt dies aber für eine Unverschämtheit, die nach seiner Meinung der im ersten Stock wohnende Buchhändler angezettelt hatte, um sich für die Zurückweisung seines Heiratsantrages zu rächen.[9] Die Pikanterie bestand darin, daß solch nächtliche Musik von Nachbarn als Hinweis auf einen (privaten) Bordellbetrieb mißverstanden werden konnte. Das hätte die Tochter über kurz oder lang in ihren Heiratschancen gefährdet, weshalb der Vater sehr heftig reagierte.[10] So stürzte der Vater sofort aus seiner Wohnung,

---

8 Christine Schedensack: Gesellschaftliche Konventionen und individuelle Lebensführung. In: Frauenalltag im frühneuzeitlichen Münster. Hg. von Sabine Alfing, Christine Schedensack. Bielefeld 1994. S. 187-277, zum Hausfrieden bes. S. 219-231.

9 Paris. Archives nationales. Bestand: Y 9657, Labatut, 28.12.1760.

10 M. Dinges: Stadtarmut (Anm. 3) S. 152f. Vgl. James R. Farr: Hands of Honor: Artisans and their World in Dijon 1550-1650. Ithaca, London 1988. S. 194.

wies den Musiker schroff zurück und stürmte an die Wohnungstür des Nachbarn, den er sogleich am Kragen packte und über seine Wohnungsschwelle drängte. So wollte er durch lautstarke Erklärungen und entsprechende Gewalttätigkeit jeden Zweifel über die Ehre seiner Tochter ausräumen.[11]

Einen vergleichbaren Fall berichtet Lyndal Roper für Augsburg: Eine zurückgewiesene Magd wollte sich an einem Büchsenmachergesellen dafür rächen, daß er ihren Heiratsantrag nicht angenommen hatte. Sie beauftragte einen befreundeten Knecht, der den angehenden Büchsenmacher mit der Schußwaffe ohne Vorwarnung anschoß, um so die Ehre der zurückgewiesenen Frau wiederherzustellen. Neben der Erzielung eines angemessenen Haushaltseinkommens erwarteten Frauen also oft von Männern auch, den weiblichen Ruf zu verteidigen.[12] Dabei wurde Gewaltanwendung ebensowenig ausgeschlossen, wie sie bei den gemeinsamen Trinkgelagen von Männern, die zu Ehrenhändeln führten, zu vermeiden war. Auffallend ist bei diesen Verhaltenserwartungen, daß sie an die mittleren männlichen Altersgruppen der etablierten Hausväter gerichtet sind. Diese hatten etwas zu verlieren, nämlich den Kredit ihres Betriebes und die Ehre ihres Hauses. Gewalt war also eine durchaus normale Form, eigene Interessen durchzusetzen. Sie war keineswegs nur Ergebnis plötzlicher männlicher Unkontrolliertheit, sondern drückte oft länger bestehende Konflikte aus. Männliche Gewalttätigkeit wurde spätestens im Gesellenalter eingeübt und auch von Frauen in den Situationen eingefordert, in denen es um den Schutz ihrer Ehre ging.

Für ihre Ehrenhändel sollten die Männer nach Ansicht der Frauen durchaus entsprechende Freiräume haben, wie sich aus den Augsburger Gerichtsakten ergibt, die B. Ann Tlusty ausgewertet hat.[13] Zwar sollten natürlich die Kosten für die Getränke so gering bleiben, daß sie das Haushaltsbudget nicht überbeanspruchten. Aber auch die Frauen wußten, daß häufiges geselliges Trinken durchaus konfliktschlichtend wirken und verletzte Ehre sogar wiederherstellen konnte. So war die Tatsache, daß zwei Herren 1624 in Münster mehrfach miteinander getrunken hatten, denn auch für den Stadtrat ein sicheres Zeichen, daß die zwischen ihnen früher vorgefallene Ehrverletzung nun geheilt war. Gemeinsames Trinken war also ambivalent: Es konnte Konflikte fördern und beilegen helfen. Auch sollten sich nach Ansicht der Frauen die Ehemänner nicht zu sehr auf das Zutrinken und Wetttrinken einlassen. Wenn die Männer die Aussteuer der Frau versoffen, konn-

---

[11] Zum 'ehrbaren' Hausvater vgl. Renate Dürr: Mägde in der Stadt. Das Beispiel Schwäbisch Hall in der Frühen Neuzeit. Frankfurt am Main, New York 1995. S. 116 und 127. Zur Gefährdung der Ehre des Hausvaters durch zu freie Sexualität der Ehefrau vgl. Lyndal Roper: The Holy Household. Women and Morals in Reformation Augsburg. Oxford 1991. S. 199.

[12] Lyndal Roper: Will and Honor: Sex, Words and Power in Augsburg Criminal Trials. In: Radical History Review 43. 1989. S. 45-71, bes. S. 60; vgl. M. Dinges: Maurermeister (Anm. 2) S. 100f.

[13] B. Ann Tlusty: Das ehrbare Verbrechen. Die Kontrolle über das Trinken in Augsburg in der Frühen Neuzeit. In: ZHVS 85. 1992. S. 133-155.

ten die Gattinnen mit Hilfe des Stadtgerichtes Wirtshausverbote für den eigenen Mann erreichen, der damit sozial isoliert wurde, was seine Ehre tangierte. Außerdem sollten die ehrenhaften Trinkwettbewerbe nicht zur Gewalttätigkeit gegen die eigene Frau führen. Gewalt sollte auf Außenstehende begrenzt bleiben. Aber auf eine grundlegende Ablehnung des Wirtshausbesuches und die gewalttätige Durchsetzung der eigenen oder Familienehre läßt sich aus diesen Quellen nicht schließen.

Vielmehr lassen die genannten Beispiele ein vielschichtiges Geflecht zwischen der männlichen und der weiblichen Geschlechtsehre erkennen. Männliche Ehre war offenbar eng mit der weiblichen Ehre verbunden: Die Gefährdung der Ehre der Töchter wirkte sich auf die Reputation des Hausvaters sowie des ganzen Hauses – also auch seiner anderen Mitglieder – aus. Das gleiche galt natürlich für die Ehre der Ehefrauen: Auch sie mußte verteidigt werden. Männliche Ehre war also nachgerade abhängig von der Ehre der mit einem Mann durch Eheschließung oder Blutsbande verbundenen Frauen. Dementsprechend kann man davon ausgehen, daß oft die Sexualehre von Frauen nur angegriffen wurde, um dadurch den mit ihr lebenden Mann zu treffen. Der sollte als Hahnrei seine Ehre verlieren, weil er angeblich die eigene Frau nicht befriedigen konnte.

Weibliche Ehre konnte jedenfalls nicht allein von Frauen verteidigt werden, vielmehr spielten dabei die Männer eine je nach dem Einzelfall mehr oder minder wichtige Rolle. Männer wurden von Frauen, wenn sie sich weigerten, ihre Ehre zu verteidigen, durchaus unter Druck gesetzt. So nannte die oben erwähnte Augsburgerin ihren Freund, der nicht sofort wegen des zurückgewiesenen Heiratsantrages Rache üben wollte, einen *haarlosen lügnerischen Mann*, also einen Mann, dessen nicht vorhandener Bartwuchs nach Roper auch auf das Fehlen eines entsprechend entwickelten Penis schließen ließ. Wegen dieses fehlenden Zeichens der Männlichkeit blieb diesem Mann nichts anderes, als Worte zu machen; handeln – also zuschlagen – konnte er nicht.[14] Frauen prägten und prägen auch in anderen Fällen und Ländern – wie in Korsika oder im heutigen Portugal – eine abschätzige öffentliche Meinung gegenüber Männern, die sie für zu zögerlich bei der Verfolgung ihrer Ehrinteressen hielten.[15]

Schließlich ist auch das Haus selbst in besonderer Weise ein räumlich umschriebener Bereich, der die Ehre der dort Wohnenden symbolisiert. Insbesondere Männer durften ihn keineswegs verletzen. Im Languedoc wurde diese Regel im 18. Jahrhundert so streng gehandhabt, daß eine Frau, die gerade alleine war, überhaupt keinen Mann zu sich in die Wohnung lassen durfte.[16] Und aus Bordeloiser Fällen des 17. Jahrhunderts weiß man, daß das Eindringen in das Haus nicht selten

---

[14] L. Roper: Will and Honor (Anm. 12) S. 60.

[15] Vgl. dazu M. Dinges: Maurermeister (Anm. 2) S. 360 mit weiteren Nachweisen.

[16] Yves Castan: Honnêteté et relations sociales en Languedoc 1715-1780. Paris 1974. S. 164.

ein erster Schritt war, in das Bett der Frau zu gelangen.[17] Dementsprechend ausgeprägt war der Sinn der frühneuzeitlichen Menschen für den Schutzeffekt des Hausfriedens. In dem oben zitierten Fall mit dem Violinspieler kann man gut beobachten, wie der Vater die nur musikalisch vorgetragene Attacke auf die Ehre der Tochter dadurch konterte, daß er den Gegner über die Schwelle seiner Wohnung drängte: Damit verletzte er entsprechend die Ehre des Gegners, dem er zeigte, daß er seine Wohnung nicht mehr richtig verteidigen konnte.[18] Durch diesen Akt war der Schaden auf beiden Seiten gleich groß, die Bilanz also ausgeglichen. In jedem Fall ist auch die Ehre des Hauses wieder besonders mit der Ehre der Frauen verknüpft.[19]

Für den Zusammenhang von Geschlecht und Ehre ergibt sich damit ein ganz widersprüchlicher Befund. Männer sind einerseits ziemlich abhängig von der Geschlechtsehre der Frauen, andererseits sollen sie zu deren Schutz beitragen. Während Männer also einerseits in einer Schwächeposition sind, veranlaßt sie andererseits die gesellschaftliche Erwartung, weibliche Ehre zu schützen, dazu, das Sexualverhalten von Frauen auch zu kontrollieren. Damit kämen die Frauen aber in eine untergeordnete Position. Noch verwirrender ist, daß die Frauen einerseits ihre Geschlechtsehre als offenbar hohes Gut selber schützen sollten – und zwar genau vor den Männern –, sie dies andererseits aber nicht immer hinreichend konnten, weshalb sie die Männer dann wieder dazu aufforderten. Und interessanterweise wurde genau in diesem Zusammenhang von ihnen auch erstmals in unserem Kontext die männliche Sexualehre mit dem Hinweis auf den bartlosen Mann angesprochen.

Weibliche und männliche 'Geschlechtsehre'

Die Zwiespältigkeit dieser verschiedenen Rollenanforderungen an Männer und an Frauen bringt uns zur Frage nach der Qualität der weiblichen und männlichen 'Geschlechtsehre' und ihrer Rolle bei der Herstellung von Ehre zwischen den Geschlechtern. Offenbar ist doch ein Kern der geschlechtsspezifisch unterschiedlichen Verpflichtungen aus dem Ehrkonzept die Sexualehre von Männern und Frauen in dem engeren Sinn von Jungfräulichkeit, die durch Männer angegriffen

---

17 M. Dinges: Stadtarmut (Anm. 3) S. 153.

18 Zur Rolle von Wohnungs-, Haus- und Territorialgrenzen vgl. Hermann Heidrich: Grenzübergänge. Das Haus und die Volkskultur in der frühen Neuzeit. In: R. van Dülmen (Anm. 2) S. 17-41 und M. Dinges: Maurermeister (Anm. 2) S. 313f. sowie den Beitrag von Ulinka Rublack in diesem Band.

19 Dieser Zusammenhang wird noch deutlicher bei den Kabylen; vgl. Pierre Bourdieu: Esquisse d'une théorie de la pratique. Genf 1972. S. 34-37 (deutsch: Entwurf einer Theorie der Praxis auf der ethnologischen Grundlage der kabylischen Gesellschaft. Frankfurt am Main 1976).

und beschädigt, von Frauen erhalten, verteidigt und – mancher wird vielleicht staunen – von beiden auch wiederherstellt werden konnte.

Die Jungfräulichkeit war aus der Sicht der schreibenden, deshalb fast ausschließlich männlichen, Zeitgenossen ständig gefährdet, weil die Frauen angeblich an einem fortwährenden Ungleichgewicht der Säfte in ihrem Körper litten. Hier kommen die damaligen medizinischen Vorstellungen ins Spiel, nach denen ein gesunder Körper sich dadurch auszeichnete, daß die vier Säfte – grüne bzw. gelbe und schwarze Galle, das Blut und der Schleim – in einem Gleichgewicht standen. Nun hatte man natürlich beobachtet, daß die Menstruation mit einem Abfluß von Menstruationsblut einhergeht, was als Abgang eines Säfteüberschusses bei den Frauen gedeutet wurde, der ein vorheriges Ungleichgewicht jeden Monat ausgleichen mußte. Weiterhin galt ihre Säftemischung als dominant kühl und feucht, was beides angeblich der Geistestätigkeit schadete. Schließlich hielt man Frauen seit Aristoteles für weniger vernunftbegabt, also auch weniger zur Selbstkontrolle fähig. Das Säfteungleichgewicht sollte angeblich zu entsprechenden seelischen Irritationen führen, die ein stetes sexuelles Verlangen auslösten. Sexuelle Lust wurde also ganz überwiegend den Frauen zugeschrieben. Das hatte für die Männer Folgen: Sie konnten sich immer darauf hinausreden, von einer Frau verführt worden zu sein, weil der herrschende Diskurs nahelegte, daß die Frauen die Männer ständig sexuell aufreizten. Die Verantwortlichkeit für eventuelle Fehltritte wurde dann den Frauen zugerechnet. Sabine Alfing hat das einmal das 'frühneuzeitliche Verursacherinnenprinzip'[20] genannt, was den frauenfeindlichen Zuschreibungsvorgang gut auf den Punkt bringt: Auslöser von sexuellen Handlungen konnten theoretisch nur Frauen sein. Diese mußten dann allerdings auch alle Folgen wie z. B. bei unehelichen Schwangerschaften tragen.

Für die weibliche Sexualehre ist nun die widersprüchliche Folgerung festzuhalten, nach der einerseits die Frauen zwar ein sehr hohes Gut mit der Jungfräulichkeit besaßen, andererseits aber wenig dafür gerüstet waren, dieses selbständig zu verteidigen. Die zeitgenössische Konstruktion der weiblichen Sexualehre macht die Frauen also zu wahren Gralshütern, die aber schlecht gegen die Männer gerüstet waren.

Deren Sexualehre bestand nämlich durchaus darin, jede mögliche Gelegenheit zur Befriedigung wahrzunehmen. Man muß hier allerdings unterscheiden zwischen den verheirateten Männern, denen das offiziell untersagt war, und den unverheirateten, bei denen die gängige Meinung eher großzügig auf entsprechende Handlungen reagierte. Eine Pariserin brachte diesen 'double standard' 1761 auf eine klassische Formel: Für einen Mann sei es immer eine Ehre, viele Frauen zu

---

[20] Sabine Alfing: Weibliche Lebenswelten und die Normen der Ehre. In: Frauenalltag (Anm. 8) passim.

haben; sie verlange aber von ihrem Gatten, daß er gefälligst die Schulden bezahle, die er mit seiner Geliebten mache.[21]

Für junge Frauen ergab sich aus der Vorstellung ihrer gefährdeten Jungfräulichkeit die Verpflichtung, durch ein absolut eindeutiges Verhalten jeden Verdacht von sich zu weisen, sie könnten etwa einen Mann zu sexuellen Handlungen eingeladen haben. Ihr Verhalten wurde bis in die Details der Bewegung und der Kleidung beobachtet. Schließlich spielten Männer nach einer Schwängerung vor Gericht gern jedes Indiz hoch, das auf ein angeblich aufreizendes weibliches Verhalten hinwies.

Dementsprechend argumentierten unehelich Schwangere in all den Orten und Ländern, für die das mittlerweile untersucht ist – ob in Toulouse oder in Münster, in Brandenburg oder in Augsburg – vor Gericht immer nach dem gleichen Muster, wenn sie auf Erfüllung eines Heiratsversprechens oder auf Schadensersatz für den unerwünschten und in Zukunft dann von ihnen zu ernährenden Nachwuchs klagten.[22] Sie unterstrichen erstens, daß der Liebesakt ausschließlich auf männliches Drängen zustandegekommen sei, womit sie deutlich machten, daß sie selbst keinerlei Verlangen gehabt oder gar Begehrlichkeit gezeigt hätten. Denn eigene Lust zuzugeben, hätte ihnen sofort den Vorwurf der Hurerei eintragen können. Und zweitens behaupteten sie immer, daß der Schwängerer ihnen ein Heiratsversprechen gegeben hätte. Damit erkannten sie zumindest die Versorgungslogik an, nach der ein Kind nur in einen Haushalt geboren werden sollte, wo es auch versorgt würde.

Wenn der Stadtrat dann nach Details fragte, zeigten Männer und Frauen eine sehr präzise räumliche Vorstellung vom Ort der weiblichen Ehre. So meinte Conrad Schefelin am 12. Oktober 1496 vor dem Augsburger Rat, *er hab Im* [also dem *haimlichen ortenn* der Frau] *aber die Eer nit genomen, denn er Im nye darein komen sey.*[23] Und umgekehrt präzisierte Anna Peutinger am 17. Januar 1541, ebenfalls vor dem Augsburger Rat, das Verhalten und die Argumentationsweise ihres Liebhabers so: *dieweil Si doch sein were, das Si seins willenns sein sollt vnnd Si allso Irer Junnckfrauschafft beraubt.* Er wollte sie also zu seiner Frau machen; dafür sollte sie seines Willens sein – was wieder Sexualität als vorwiegend männlichen Wunsch thematisiert –, und dann beraubte er sie ihrer Jungfernschaft.

---

21 Paris. Archives nationales. Bestand: Y 9660, Landrin, 7.2.1761.

22 Vgl. z. B. Marie Claude Phan: Les amours illegitimes - Histoires de séduction en Languedoc 1676-1786. Paris 1986; Ulrike Gleixner: 'Das Mensch' und 'der Kerl'. Die Konstruktion von Geschlecht in Unzuchtsverfahren der Frühen Neuzeit (1700-1760). Frankfurt am Main, New York 1994. S. 73-117; Sabine Alfing: Weibliche Lebenswelten und die Normen der Ehre. In: Frauenalltag (Anm. 8) S. 17-185, bes. S. 88f. Zum Hintergrund vgl. Heide Wunder: 'Er ist die Sonn', sie ist der Mond'. Frauen in der Frühen Neuzeit. München 1992. S. 248f.

23 Zit. nach L. Roper: Will and Honor (Anm. 12) S. 68 Anm. 27, sowie das folgende ebendort Anm. 28.

Wichtig an diesen zeitgenössischen Beschreibungen ist, daß die Beteiligten eine ganz handfeste räumlich präzisierbare Vorstellung der weiblichen Ehre und ihres Ortes hatten. Weibliche Ehre wurde damit zu einer Art Gegenstand, den die Betroffene gegen ein Eheversprechen, konkret also gegen Versorgungsansprüche eintauschte. Und es ist bekannt, daß vielerorts die Jungfernschaft so wichtig war, daß zur Hochzeitsnacht die Überprüfung der Bettücher durch die Verwandtschaft gehörte, die dann feststellen wollte, ob der Bräutigam nun wirklich eine Jungfrau geheiratet hatte und in der Lage war, sie zu deflorieren. Sexualehre von Frauen und Männern wurde in diesem Brauch in besonderer Weise öffentlich kontrolliert. Auf die Tricks, auch in diesem Moment zu 'schummeln', muß hier nicht näher eingegangen werden.

Wichtiger ist hier, daß die Jungfernschaft von den Frauen selbst und von den Männern offenbar als ein Gut angesehen wurde, das man gegen etwas anderes tauschen konnte. Konkret wurde dies immer bei gescheiterten Transaktionen, etwa bei unehelicher Schwängerung, die zu nachfolgenden Gerichtsprozessen führte. Dann verlangten die Frauen einen Schadensersatz für die verlorene Jungfernschaft, der sich erstens nach ihrem eigenen sozialen Status bemaß, zweitens den Status des Schwängerers in die Rechnung einbezog und drittens die Umstände der Tat bewertete. Demnach forderte eine sozial höherrangige Frau mehr, erst recht, wenn der Schwängerer sozial niedriger stand oder wenn er besonders grob mit ihr umgegangen war. Die Beträge schwankten zwischen ein paar Monatslöhnen und mehreren Jahreslöhnen.[24] Gerichte ließen sich unter der oben genannten Bedingung eines erwiesenen weiblichen Widerstandes in unterschiedlichem Maß auf dieses Ansinnen der Frauen ein. Die katholischen Gerichte in Münster waren etwas frauenfreundlicher als die strengeren protestantischen in anderen Städten.[25] Jedenfalls bestätigte sogar die obrigkeitliche Gerichtsbarkeit ein konkret materielles Denken im Zusammenhang mit der Sexualehre, das dann in einem Dreieck zwischen den Frauen, den Männern und den Richtern ausgehandelt wurde.

Der Ehrverlust der nicht mehr jungfräulichen Frau bestand nach landläufiger Meinung in einer Verringerung ihrer Heiratsmöglichkeiten. Das ist nur teilweise zutreffend. Auch hier muß man differenzieren: Es gibt viele Fälle, in denen Frauen erst nach mehreren Geburten aus einer 'wilden Ehe', die im Französischen schöner 'union libre', also freie Verbindung, heißt, den entsprechenden Kindsvater heirateten. Hier war das gegenseitige Eheversprechen also ausreichend. Wegen

---

24 S. Alfing: Weibliche Lebenswelten (Anm. 20) S. 88.

25 S. Alfing: Weibliche Lebenswelten (Anm. 20) S. 91-93; L. Roper: Holy Household (Anm. 12) S. 138; Thomas Max Safley: Let no man put asunder. The Control of Marriage in the German Southwest: A Comparative Study, 1550-1600. Kirksville 1984. S. 64-69, 116, 188, 193-195; Sabine Kienitz: Vom Umgang mit Sexualität. Überlebensstrategien und Handlungsspielräume von Unterschichtsfrauen zu Anfang des 19. Jahrhunderts in Württemberg. In: Standpunkte. Ergebnisse und Perspektiven der Frauengeschichtsforschung in Baden-Württemberg. Hg. von Susanne Jenisch. Stuttgart 1993. S. 90-101.

der Heiratsverbote und -einschränkungen mußte es die offiziellere und teurere Hochzeit ersetzen.[26] Noch erstaunlicher für die Vertreter der These einer erfolgreichen Sozialdisziplinierung und Sittenpolizei ist, daß selbst die Nachbarn in diesen Fällen viele Jahre keinen Anstoß an solchen Beziehungen nahmen. Offenbar war also der Leumund der betroffenen Frauen und Männer in ihrem sozialen Umfeld entscheidend für die Reaktionen der Nachbarschaft. Ähnliches gilt für uneheliche Schwangerschaften.[27] Allerdings kommen diese Fälle meist im Unterschichtenmilieu vor. Bei der zünftigen Handwerkerschaft waren die Widerstände gegen entsprechende Verhaltensweisen massiv.[28] Sollte sich aber ein Paar später zu einer Heirat entschließen oder vom Gericht dazu gezwungen werden, dann galt dies selbst bei vielen Gilden und Zünften als eine nachträgliche Heilung der früheren Ehrverletzung – nota bene: immer der Frau und der unehelich geborenen Kinder, nicht des Mannes. Die verlorene Ehre der Jungfräulichkeit konnte dann gewissermaßen nicht weiter gegen diesen Haushalt und seine Nachkommenschaft ausgelegt werden.[29] Es zeigt sich also, daß weibliche Ehre zwar konkret materiell mit der Jungfernschaft verbunden war, diese aber keineswegs ein rein körperliches Konzept war, sondern von der Wahrnehmung durch das soziale Umfeld mit definiert wurde.[30] Man kann deshalb nur in sehr eingeschränktem Sinn von 'Sexualehre' sprechen, weil es bei der Geschlechtsehre der Zeitgenossen eben nicht um ein unverletztes Jungfernhäutchen ging, sondern um einen komplexeren Zusammenhang von Austauschbeziehungen zwischen Männern und Frauen, in dem Sexualität zwar eine wichtige Rolle spielte, aber eben nur ein Faktor neben anderen in der Berechnung des sozialen Austauschs war.

---

26 Olivia Hochstrasser: Unterschichtsfrauen im Karlsruhe des 18. Jahrhunderts. In: Standpunkte (Anm. 25) S. 81-89; S. Alfing: Weibliche Lebenswelten (Anm. 20) S. 94.

27 Renate Dürr: Ursula Gräfin – der Lebensweg einer Haller Magd und ledigen Mutter im 17. Jahrhundert. In: Württembergisch Franken. 1992. S. 169-176.

28 S. Alfing: Weibliche Lebenswelten (Anm. 20) S. 91; J. R. Farr: Hands of Honor (Anm. 10) S. 189.

29 Insgesamt erhält man den Eindruck, daß eine gründlichere sozialgeschichtliche Erforschung der praktischen Handhabung des Ehrkonzeptes die Überzeichnung des einmaligen und endgültigen Verlustes der weiblichen Sexualehre durch Entjungferung oder Schwangerschaft sehr relativieren würde.

30 James R. Farr: The Pure and Disciplined Body: Hierarchy, Morality, and Symbolism in France during the Counter Reformation. In: Journal of Interdisciplinary History 21. 1991. S. 391-414, bes. S. 412. Vgl. neben Susanna Burghartz: Rechte Jungfrauen oder unverschämte Töchter? Zur weiblichen Ehre im 16. Jahrhundert. In: Frauengeschichte (Anm. 6) S. 173-183 zur 'öffentlichen Meinung' im Dorf Regina Schulte: Das Dorf im Verhör. Brandstifter, Kindsmörderinnen und Wilderer vor den Schranken des bürgerlichen Gerichts Oberbayern 1848-1910. Reinbek 1989. S. 166-176 sowie U. Gleixner (Anm. 22) S. 186-202.

Geschlechtsspezifische Ehre in Beleidigungen

Diese komplexen Zusammenhänge zeigen sich auch, wenn man genauer untersucht, wie sich Männer und Frauen gegenseitig beleidigten. Sieht man sich die entsprechenden Forschungen für die Frühe Neuzeit von Maryland über Paris bis nach Schleswig und von Neumünster über Köln bis in den Mittelmeerraum an, dann hat man schnell den Eindruck, als würden Frauen fast ausschließlich als 'Hure' bezeichnet.[31] Um ein paar Kölner Beispiele aus der Zeit um 1600 zu geben: Da ist die Rede von *Hure, lose Pritt* oder *Ehebrecherssche*; das ließe sich noch zuspitzen als *Diebeshure* oder *Pfaffenhure*, auch adjektivische Formen als *diebische, sakramentische* oder *nackige Hure* kommen vor.[32] Beleidiger aus der Stadt Münster steuerten im Jahre 1624 noch die *Schandhure* oder die *meineidige Hure* hinzu.[33] Ich lasse die entsprechenden niederdeutschen, französischen, italienischen und englischen Hurereivorwürfe unerwähnt, die doch alle auf das Gleiche hinauslaufen: Weibliche Ehre scheint bei den Beleidigungen ganz eindeutig von Sexualehre dominiert zu sein.

Aber schon an den Beiwörtern wird die Vielschichtigkeit des Hurereivorwurfs erkennbar. So nimmt die *diebische Hure* ja wohl jemand anderem etwas weg, was ihr nicht gehört – vielleicht nur den (hohen) Lohn für die Prostitution oder wie bei der *Ehebrecherischen* gleich den sexuellen Besitz des Ehegatten. Und die *Schandhure* scheint über die sexuelle Dienstleistung hinaus Ehrkonzepte sehr viel allgemeiner in Frage zu stellen, wie auch die *meineidige Hure* auf einen Zusammenhang von illegitimer Sexualität mit Kriminalität verweist. Die Zeitgenossen selbst deuten uns also etwas an, was weit über eine ahistorisch konstruierte 'Sexualehre' in einem engen Sinn hinausgeht. Auch sie meinen offenbar eine umfassendere Geschlechtsehre, wenn sie 'Hurerei' vorwerfen.

Das wird noch deutlicher, wenn man sich die entsprechende Praxis ansieht: Voreheliche und außereheliche Sexualität gegen Bezahlung war eine umfassende Verletzung einer ganzen Reihe von ehrenvollen Verhaltensweisen, an die mit dem entsprechenden Vorwurf erinnert wurde. So verweigerte sich die Prostituierte der Logik, daß immer eine Frau und ein Mann einander zugeordnet sein sollten, wie es sich die Autoren der Hausväterliteratur und die katholischen und protestantischen Obrigkeiten wünschten. Hurerei gefährdete weiterhin die Ordnung in Häusern, da der relativ hohe Lohn der Prostituierten das Haushaltsbudget belastete, also die ehrenvolle Rangdarstellung des Hauses nach außen tangierte. Außerdem entgingen diese Gelder den legitimen Ehefrauen und Kindern, es war also auch die Erbschaftsordnung betroffen. Weiterhin verausgabten hier Männer Geld für einen

---

31 Vgl. dazu M. Dinges: Maurermeister (Anm. 2) S. 365.

32 Gerd Schwerhoff: Köln im Kreuzverhör. Kriminalität, Herrschaft und Gesellschaft in einer frühneuzeitlichen Stadt. Bonn 1991. S. 316.

33 S. Alfing: Weibliche Lebenswelten (Anm. 20) S. 52.

Austausch gegen Sexualität, der in dieser Form als inakzeptabel galt.[34] Das hängt damit zusammen, daß Sex mit Prostituierten unter der Bedingung geschieht, daß sie für die Verhütung sorgt, also Sexualität ohne Zeugungswunsch oder -möglichkeit zuläßt. Nach der Vorstellung der Zeit war diese gewollt unfruchtbare Sexualität aber sittenwidrig, da wider die Natur und wider Gottes Wille, womit schließlich ein letzter Bezugspunkt frühneuzeitlicher Werte erschüttert wurde.[35] Da durch Hurerei die Ordnung der Geschlechter, der Häuser mit ihrer erwünschten 'standesgemäßen Nahrung' und mit legitimen Paaren sowie die Regelung der Erbschaften angetastet wurde, war mit dem entsprechenden Vorwurf die Verletzung der ganzen öffentlichen Ordnung der frühneuzeitlichen Gesellschaften gemeint, die offenbar eng mit der Ehre der Frauen verknüpft war.[36] Im Hurereivorwurf wird also ein ganz umfassendes Konzept weiblicher Geschlechtsehre thematisiert, das weit über 'Sexualehre' hinausgeht. Zwar mag die Sexualehre bei der Ehre von Frauen im Vordergrund stehen, sie verweist aber auf viele weibliche Aufgabenfelder, die nur sehr mittelbar oder gar nichts mit Sexualität zu tun haben.[37]

Und was erfährt man in den Quellen über die 'Sexualehre' von Männern? Nach dem Gesagten könnte man zumindest erwarten, daß 'gehörnte' Ehemänner, 'Schlappschwänze' oder ähnliche Vorwürfe eine große Rolle im Beleidigungsdiskurs der Frühen Neuzeit spielten. Dem ist aber keineswegs so. Hören wir uns wieder am Kölner Beispiel an, was oft vorkommt. Nach Schwerhoff war "*Schelm* der allgemeinste und am wenigsten präzise Begriff, der allgemein unehrenhaftes Verhalten eines Mannes anprangerte. [...] Der vielleicht gebräuchlichste [...] Vorwurf [war], ein *Dieb* zu sein. *Lecker* und *Faulich* zielten auf asoziale, unzüchtige und arbeitsscheue Verhaltensweisen hin."[38] Und in Münster waren es ebenfalls die Beleidigungen *Schelm* und *Dieb*, welche die männliche Ehre offenbar am besten verletzten. Daneben finden sich seltener der *Hundsfott, Dickert* oder *Pracher Bettler* sowie *Weinverfälscher, Wirt eines Hurenhauses* oder *Landräuber*. Ganz selten kommen *Lügner, Hehler, Lecker* (also ein üppig und sittenlos lebender Mensch) oder *Mörder*, immerhin dreimal *Meineidiger* vor.[39]

---

[34] Das steht übrigens in krassem Kontrast zu der oben beschriebenen konkret materiellen Austauschvorstellung von Jungfräulichkeit gegen Versorgungsansprüche. Diese materiellen Transaktionen hielten die Zeitgenossen für moralisch akzeptabel.

[35] Zum Sexualitätsverständnis in der Frühen Neuzeit vgl. Martin Dinges: Sexualitätsdiskurse in der Frühen Neuzeit. In: SOWI 24. 1995. S. 12-20.

[36] Ausführlicher wird dieser Gedanke entwickelt in Martin Dinges: 'Weiblichkeit' in 'Männlichkeitsritualen'? – Zu weiblichen Taktiken im Ehrenhandel in Paris im 18. Jahrhundert. In: Francia 18. 1991. S. 71-98.

[37] Auf die umfassende Rolle weiblicher Geschlechtsehre weist auch H. Wunder (Anm. 22) S. 250f., 266 hin. Sie unterstreicht zu Recht die aufgrund dieser Überlegungen notwendige konzeptuelle Ausweitung von Begriffen wie 'Politik' und 'Öffentlichkeit', die es erst gestatten würde, frühneuzeitliche Gesellschaften angemessen zu beschreiben.

[38] G. Schwerhoff: Köln im Kreuzverhör (Anm. 32) S. 315f.

[39] S. Alfing: Weibliche Lebenswelten (Anm. 20) S. 52.

Demnach überwogen bei der Verletzung der männlichen Ehre ganz eindeutig Probleme, die der Beleidigte angeblich mit der Eigentumsordnung hatte, sei es als Dieb oder als Betrüger; andererseits wurde die Fähigkeit in Frage gestellt, sich selbst und andere zu ernähren, wenn man jemand etwa als Bettler beschimpfte. Erst dann folgten seltene Anspielungen auf die männliche Sexualehre. Demnach war die männliche Geschlechtsehre nur nachrangig auf Sexualität bezogen, vorrangig aber auf die Fähigkeit, sich und andere standesgemäß zu ernähren, während umgekehrt die Geschlechtsehre der Frauen vorwiegend in der Sexualehre verankert war, auch wenn diese auf andere Verhaltenserwartungen an Frauen, wie sparsame Haushaltsführung, legitime Vererbung und ähnliches verwies.

Wir haben mit dem Ehrkonzept ein gutes Beispiel für die kulturelle Konstruktion von Geschlecht vor uns. Schließlich haben unstreitig beide Geschlechter sexuelle Bedürfnisse und befriedigen diese mehr oder weniger im Rahmen der akzeptierten Möglichkeiten. Trotzdem wurde in der Frühen Neuzeit in ganz ungleicher Weise den Frauen die Verantwortlichkeit für Sexualität einseitig aufgebürdet, indem ihre Ehre sehr viel stärker als Sexualehre konstruiert wurde. Frauen wurde ein bestimmter Platz zugewiesen, indem man unterstellte, ihre Gesellschaftsrolle ließe sich hinreichend durch den 'kleinen Unterschied' definieren. Natürlich wurde auch den Männern ein Platz zugewiesen, aber ihre Geschlechtsrolle wurde offenbar wesentlich weniger durch Sexualität definiert, so daß sie auch weniger durch abweichendes Sexualverhalten in Frage gestellt werden konnte.

'Männerherrschaft' bei den 'Platzzuweisungen'?

Ich habe oben ausgeführt, daß den Frauen durch die Beleidigung als Hure ein 'Platz zugewiesen' wird, denn mit der Beschreibung des ehrenhaften Verhaltens werden Verhaltensmöglichkeiten von Männern und Frauen eingeschränkt oder erweitert. Junge Frauen sollten sich besonders eindeutig verhalten, weil sie sonst riskierten, von Männern als Prostituierte – und das hieß oft gewalttätig – behandelt zu werden. Eine andere Einschränkung ihrer Verhaltensmöglichkeiten betraf etwa den Besuch der Taverne, der in fast allen europäischen Städten den Frauen allenfalls in Begleitung ihrer Ehemänner gestattet war, wenn auch manche Hökerinnen im Gasthaus ihre Geschäfte abschlossen, was aber schon am Rande des Spektrums ehrenhaften weiblichen Verhaltens lag. Unbegleitete Frauen galten schnell als Prostituierte.[40]

[40] Vgl. dazu neben B. Ann Tlusty (Anm. 13) z. B. Thomas Brennan: Public Drinking and Popular Culture in Eighteenth Century Paris. Princeton 1988 und demnächst systematisch Michael Frank: Trunkene Männer und Nüchterne Frauen. In: Männer in der Frühen Neuzeit – Geschlechtergeschichte. Hg. von Martin Dinges. München 1997.

Aus all dem ergibt sich unmittelbar die Frage, wer denn im Bezug auf die Ehre diese Plätze zuwies. Nun wird ehrenhaftes Verhalten auf vielen Wegen definiert, in zeitgenössischen Rechtstexten, in Eheordnungen, in der Hausväterliteratur oder in Predigten.[41] Nach den Kleiderordnungen sollten die verheirateten von den nicht verheirateten Frauen durch entsprechende Hauben und Haartrachten sowie die ehrenhaften von den unehrenhaften Frauen etwa durch entsprechend gefärbte Kleidung unterschieden werden.[42] Diese erwünschte Sichtbarkeit sozialer Ordnung wurde unstreitig von Männern als Gesetzgebern und Predigern, als Juristen und als Polizisten festgeschrieben, hergestellt und notfalls als Richter auch durchgesetzt. Ist deshalb die Verteilung der Plätze mit Hilfe bestimmter Rollenzuweisungen, die sich aus der geschlechtsspezifischen Ehre ergeben, also eine einzige große Verschwörung der Männer gegen die Frauen, also schlicht ein Ausdruck von Männerherrschaft? Das mag zumindest für die juristischen Konzepte und für die Gesetze eine naheliegende – wenn auch nicht weit führende – Erklärung sein. Um die sozialen Logiken zu verstehen, welche die Aufrechterhaltung solcher Zuweisungen ermöglichen, ist es aufschlußreicher zu analysieren, was die Bewohner der Städte und Dörfer selbst taten. Die Ehrkonzepte waren ja nur eine Seite der Medaille, deren andere die individuelle und kollektive Aneignung der Möglichkeiten des Ehrkonzeptes war. Sehen wir uns also genauer an, wie sich die Zeitgenossen gegenseitig beleidigten und beachten genau, was jeweils Männer und Frauen dabei taten.

Auf die unterschiedlich akzentuierten Ehrprofile von Männern mit mehrpoliger Ehre und Frauen mit dominant einpolig auf Sexualehre bezogener Geschlechtsehre habe ich oben schon hingewiesen. Wie nutzten nun die Männer und Frauen die entsprechenden Möglichkeiten?

Aus meinen Forschungen über Pariser Auseinandersetzungen im 18. Jahrhundert ergibt sich auf der Basis von mehreren hundert Beleidigungen zunächst der zu erwartende Befund, daß Männer Frauen meist hinsichtlich ihrer Sexualehre beleidigten. Männer bestärkten damit Frauen in der Rolle von Personen, deren Ehre vorwiegend im Bereich der Sexualität verankert ist. Männer beleidigten sich gegenseitig aber fast nie unter Bezugnahme auf Sexualehre. In ihrem Selbstbild spielte also die eigene Sexualität keine entscheidende Rolle. Demgegenüber beleidigten sich aber Frauen dauernd hinsichtlich ihrer Sexualehre: Offenbar definierten sie selbst ihre Geschlechtsehre ähnlich auf Sexualität bezogen, wie das die Männer taten. Frauen akzeptierten offenbar ihre eigene Rolle in hohem Maße und drückten ihre Konkurrenzen gegen andere – z. B. jüngere, attraktivere und erfolgreichere Frauen – massiv durch Hurereivorwürfe aus. Ebenso werden die eigenen

41 Zuletzt nutzte R. Dürr (Anm. 11) diese Quellengattungen systematischer zur Rekonstruktion eines solchen Diskurses.

42 Vgl. Martin Dinges: Von der 'Lesbarkeit der Welt' zum universalisierten Wandel durch individuelle Strategien. Die soziale Funktion der Kleidung in der höfischen Gesellschaft. In: Saeculum 44. 1993. S. 90-112.

Ängste um Verluste von Partnern im Hurereivorwurf sichtbar. Sich selbst durch die Abgrenzung von einer 'Hure' implizit als treu darzustellen, konnte ihnen möglicherweise nutzen. Frauen beleidigten aber auch die Männer stärker in ihrer Sexualehre als diese selbst. Frauen betonten also im Umgang mit Männern stärker deren Rolle als Geschlechtswesen, für die Sexualität wichtig ist. Das hatte nur einen Haken: Da die Männer in ihrem öffentlich ausgelebten Selbstbild bei Ehrenhändeln der Sexualehre wenig Platz einräumten, dürften die weiblichen Beleidigungen auf geringere Resonanz gestoßen sein, denn Fremdbild und Selbstbild stimmten nicht überein. In solchen Situationen hielten Männer sich in aller Regel auch schon in der Frühen Neuzeit lieber an das Selbstbild. Demgegenüber entsprachen die Beleidigungen der Männer gegen die Frauen auch deren eigenen Injurien; Fremdbild und Selbstbild stimmten hier überein.

Für unsere Frage nach der Platzzuweisung als Ausdruck von Männerherrschaft ergibt sich daraus eine differenzierte Antwort. Zwar wiesen auch bei den Beleidigungen die Männer den Frauen Plätze zu, aber die Frauen zeigten hohe Zustimmung dazu an, indem sie auch selbst eine dominante Definition ihrer Ehre als Sexualehre beförderten. Ihre Versuche, den Männern entsprechende Plätze zuzuweisen, scheiterten an deren Selbstbild. Das beschriebene geschlechtsspezifische Ehrprofil mag Ausdruck von Männerherrschaft sein, diese wurde allerdings durch hohe weibliche Zustimmungsbereitschaft stabilisiert.

Und diese Bereitschaft, sich auf Beleidigungen und Ehrenhändel einzulassen, ging bei den Frauen viel weiter, als das bisher in der Literatur dargestellt wird. Ich habe eingangs die Taten der Männer und anschließend nur die beleidigenden Worte, nicht die Taten der Frauen betrachtet. Wenn wir uns vor einem typischen Klischee bei der Beschreibung von Geschlechterverhältnissen hüten wollen, nach dem die Frauen reden, die Männer aber handeln, dann müssen wir abschließend noch einen Blick auf die Handlungen der Frauen bei Ehrenhändeln werfen, was ich wieder am Beispiel der Pariser Verhältnisse im 18. Jahrhundert tun will.

Aktive Frauenrollen

Ehrenhändel waren damals die typische Form, sich über Ehre auseinanderzusetzen und dabei eben auch handelnd Geschlechtsrollen zu verwirklichen. Gleichzeitig kommen wir damit auf das bereits angesprochene Problem der Männer zurück, Ehre zwar auch gewalttätig herzustellen und zu verteidigen, aber doch gewisse Grenzen nicht zu überschreiten. Wie verteidigten also Männer bzw. Frauen ihre Ehre, und taten sie es auf unterschiedliche Weise? Am Einzelfall werden sowohl die Spielregeln des Ehrenhändels leichter nachvollziehbar als auch die Beteiligung von Frauen und Männern besser erkennbar.

Am 23. Juli 1761 erschien beim Pariser Polizeikommissar Bourgeois die Maurerswitwe Marie Battet, die früher einen Milchladen betrieben hatte. Begleitet wurde sie von ihrer verheirateten Tochter Marie Madelaine LeBel.[43] Die Witwe hatte zu Anfang des Jahres die gesamte Einrichtung ihres Milchladens an Jean Lecornu und seine Frau Germaine Baugé verkauft. Nun mußte aber die Tochter der Milchladenverkäuferin ihr bisheriges Ladenlokal in einer anderen Straße verlassen. Deshalb wollte sie ausgerechnet in der gleichen Rue de la Savonnerie, wo auch der Laden von Germaine Baugé lag, einen neuen Milchladen aufmachen. Zu allem Unglück wohnten die beiden Konkurrentinnen auch noch im gleichen Haus. Dort sollten die Käufer der Milchladeneinrichtung nun nach Aussage der Kläger

> *Feindschaft und gnadenlosen Haß gegen Marie Madelaine LeBel entwickelt haben* [...]. *Aus diesem Grund beleidigt die Frau Baugé, angeblich in Gegenwart und damit von ihrem Gatten dazu ermächtigt, die Klägerinnen ständig als Zuhälterinnen und Betrügerinnen, was im Stadtteil einen Skandal verursacht; um die Klägerinnen daran zu hindern, in das Haus zu kommen, schließt sie das Haupttor, so daß diese wie auch die anderen Bewohner nicht mehr in ihre Wohnung gehen können. Unabhängig von allen diesen Beleidigungen ist die Frau von Lecornu, also Germaine Baugé, nun noch handgreiflich geworden und behandelt die Klägerinnen schlecht, was schon mehrfach und insbesondere heute in dieser Stunde vorkam, als nämlich die Klägerinnen bei der Heimkehr zunächst mit einem Eimer Wasser und dann mit Schlägen durch die Baugé überfallen wurden.*[44]

Der Kommissar schrieb dann ins Protokoll, daß die Mutter an der linken Seite des Kopfes, die Tochter im Gesicht verletzt war. Weiter behaupteten die Klägerinnen, daß sie

> *bei dieser Handgreiflichkeit ihre Spitzenhauben verloren haben, daß die Baugé nicht aufhört, die Tochter zu bedrohen, daß sie sie töten würde, wenn sie die Frechheit besäße, ihren Milchladen, wie geplant, in der Rue de la Savonnerie zu eröffnen, weshalb die Klägerin* [tatsächlich] *nicht wage, den Laden aufzumachen. Und weil die Klägerinnen Interesse haben, die Angreiferinnen in die Schranken zu weisen, um in Ruhe in ihrem Haus leben zu können, ist ihnen geraten worden, sich an den Kommissar zu wenden.*

Der Konflikt zeigt berufstätige Frauen, die sich recht handfest mit Drohungen und Beleidigungen um die Eröffnung eines Milchladens stritten, der die Konkurrenz in der Rue de la Savonnerie verschärfen würde. Männer spielten nur im Hintergrund eine Rolle. Der einzige erwähnte Gatte wurde nicht als handelnde Person,

---

[43] In der Gemeinde Saint Jacques de la Boucherie. Paris. Archives nationales. Bestand: Y 9663, Battet, 23.7.1761.

[44] Paris. Archives nationales. Bestand: Y 9663, Battet, 23.7.1761 (dieses und das folgende Zitat übersetzte der Verfasser).

sondern lediglich als dabeistehender Zuschauer beschrieben. Dies geschah, um juristisch klarzumachen, daß auch er durch die Handlungen seiner Frau mitbelastet wurde, denn nach zeitgenössischer Vorstellung wäre es seine Rolle als Hausvater gewesen, die Gattin zurückzuhalten. Da er das aber nicht tat, stimmte er – so will es die Klägerin suggerieren – implizit ihrem Verhalten zu.

Die betroffene Frau Baugé provozierte zunächst wiederholt, sie behinderte dann den Zugang zum Haus, griff zu einer verschärften Beleidigung der anderen Frauen nicht nur als Hure, sondern gleich als Zuhälterin – damals noch ein Frauenberuf – und auch als Betrügerin, was auf den vorherigen Verkauf der Ladeneinrichtung hinweist.[45] Schließlich wurde sie mit dem Ausgießen des Wassereimers handgreiflich und schlug dann sogar zu, wobei sie die Zeichen weiblicher Ehre, die Hauben, abriß.[46] Hier liegt also ein klarer verbaler und realer Angriff auf die weibliche Ehre der Konkurrentin vor, obwohl es offensichtlich um Geschäftskonkurrenz ging. Das zeigt recht deutlich, wie funktional der Ehrenhändel zum Austragen anderer Konflikte in der Nachbarschaft, im Geschäft oder beim Geldverkehr eingesetzt wurde.[47]

Wichtig an dem Beispiel ist mir auch, daß Frauen als selbständige Hauptakteure dieses Ehrenhändels in Erscheinung treten, denn das war in Paris kein Einzelfall. Vielmehr konnten Frauen wie Männer als 'Teamführer' solche Händel anzetteln. Als Teamführerin bezeichne ich hier die Milchhändlerin, die ihren Mann in eine eher passive Rolle drängte, sowie auf der anderen Seite die Tochter, die von ihrer verwitweten Mutter begleitet wurde. Mag bei der letzteren der verstorbene Vater Grund für das Engagement der Mutter sein, so zeigt die Angreiferin, daß Frauen auch aktiv das Heft in die Hand nahmen und die Männer – hier den Gatten – an den Rand des Teams drängen konnten.[48]

Im gesamten Quellenkorpus stellten die Frauen gut ein Drittel der Klägerinnen, allerdings nur etwa ein Viertel der Beklagten von Ehrenhändeln. Demnach nutzten sie etwas weniger stark das Mittel der Klage zur sozialen Kontrolle ihrer Mitmenschen als die Männer und waren bei gerichtsnotorischen Ehrenhändeln im Verhältnis zu ihrem Bevölkerungsanteil noch geringer beteiligt. Beide Geschlechter beschrieben sich selbst beim Kommissar immer als friedlich, was lediglich der Klageerhebung geschuldet ist, also nichts über die geschlechtsspezifischen Aktionsformen aussagen kann. Männer und Frauen kannten die Spielregeln des Ehrenhändels, sie wußten demnach auch, wie man z. B. durch Ausweichen die Eskala-

---

[45] Zur Prostitution in Paris vgl. Erica-Marie Benabou: La prostitution à Paris et la police des moeurs au XVIIIe siècle. Paris 1987, hier S. 74.

[46] Zur Bedeutung der Haartracht vgl. den Beitrag von Renate Dürr in diesem Band.

[47] Zu dieser Funktion des Ehrenhändels als 'Code' vgl. Martin Dinges: Die Ehre als Thema der Stadtgeschichte – Eine Semantik im Übergang vom Ancien Régime zur Moderne. In: ZHF 16. 1989. S. 409-440.

[48] Die meisten Teams bestanden übrigens aus Verheirateten mit ihrem Anhang wie Dienstboten und/oder Kindern sowie aus Blutsverwandten.

tion der Gewalt bremsen konnte. Durch diese Ritualisierung bestand die Möglichkeit, Konflikte zu entschärfen. Umgekehrt wußten aber die Beteiligten auch, wann der Anschlag auf die Ehre begann. Spätestens mündliche Beleidigungen waren die Warnung, daß es ernst wurde.

Gewalt wurde von Frauen wie von Männern eingesetzt, die Hälfte aller Ehrspieler nutzte sie. Frauen waren insgesamt weniger gewalttätig. Wenn sie es wurden, dann waren sie weniger gefährlich, weil sie keine Hieb- und Stichwaffen verwendeten. Allerdings fällt etwas an ihrem Verhalten auf: Sie provozierten und drohten weniger lang, schlugen statt dessen schneller zu. In gewisser Weise waren sie also effizienter in der Durchsetzung ihres Ziels. Jedenfalls schätzten sie anscheinend die Herausforderungsrituale der Männer, die man als 'Ehrspielbarock' bezeichnen könnte, weniger.

Vor dem Hintergrund der Pariser Fälle läßt sich keineswegs die Vorstellung von meist friedfertigen, allenfalls redenden und schmähenden Frauen aufrechterhalten, deren Ehre von den Männern angegriffen oder geschützt wurde. Vielmehr griffen Frauen gezielt die Ehre anderer an und verteidigten ihre Ehre und damit auch ihre Geschlechtsehre selbständig, handfest und wirksam.

Weitet man den Blick auf das südliche Europa, zu dem Augsburg ja immer ein Tor war, dann könnte in dieser aktiveren Rolle der Frauen eine gewisse Besonderheit der hiesigen Ehrenhändel gegenüber denen in Italien und Spanien liegen. Dort scheinen die Frauen nach den bisherigen Forschungen, die allerdings die Analyse des Ehrkonzeptes bevorzugen, tatsächlich etwas weniger aktiv und strenger auf die Verteidigung ihrer Geschlechtsehre durch Männer festgelegt zu sein. Das gleiche gilt dann entsprechend für Südamerika im Unterschied zu Nordamerika.

Wenn man auch für diese Regionen das tatsächliche Alltagsverhalten genauer betrachten würde, dann würden sich wohl dort ebenfalls größere Handlungsspielräume der Frauen zeigen. Ehrkonzepte sind immer viel rigider und betonen die Geschlechterdifferenz stärker als die Praxis. Fraglos sollten die Ehrkonzepte mit ihrer klassifikatorischen Strenge wie mit ihrem starren geschlechtsspezifischen Zuschnitt Plätze zuweisen und prägten insofern – als herrschender Diskurs – auch teilweise den Alltag.[49] Aber erst in der Aneignung durch die historischen Subjekte wird letzterer vollständig erkennbar.

---

[49] Zu herrschenden und widerständigen Diskursen im Alltag vgl. Martin Dinges: Michel Foucault, Justizphantasien und die Macht. In: Mit den Waffen der Justiz. Hg. von Gerd Schwerhoff, Andreas Blauert. Frankfurt am Main 1993. S. 189-212.

Zusammenfassung

Im Ergebnis zeigt sich also der enge Zusammenhang von Ehre und Geschlecht. Geschlechtsrollen werden in hohem Maße durch Bezugnahme auf die Ehre der Personen konstruiert. Das Konzept Ehre selbst beruht in wesentlichen Aspekten auf der Deutung von Männern und Frauen als Geschlechtswesen. Dabei steht allerdings die weibliche Sexualehre viel mehr als die männliche für die Konstruktion der jeweiligen Geschlechtsrolle im Vordergrund. Durch Bezugnahme auf die Fruchtbarkeit der Frauen werden diese stärker als sexuell bestimmte Wesen gedeutet, während Sexualität bei der männlichen Ehre eine eher vermittelte, nachrangige Bedeutung hat. So wurde aus dem scheinbar naheliegenden Hinweis auf etwas 'Natürliches' eine soziale Rolle konstruiert, welche die Frauen in ihrem Verhalten entscheidend einschränkte bzw. ihnen bestimmte Plätze zuwies. Allerdings wurden auch den Männern bestimmte, mit ihrem Geschlecht verbundene Aufgaben zugewiesen.

Männer und Frauen durften sich nicht beliebig beleidigen lassen, sondern mußten entsprechende Herausforderungen beantworten. Beide Geschlechter hielten sich dabei auch für berechtigt, Gewalt einzusetzen. Allerdings gibt es eine Reihe von Unterschieden: Männer beleidigten sich viel weniger unter Bezugnahme auf ihre Sexualehre als die Frauen. Das Selbstverständnis der Männer wird in dieser Hinsicht von den Frauen nicht geteilt. Der Einsatz von Gewalt spielt im männlichen Verhalten eine größere Rolle, wird allerdings auch in höherem Maße von den Männern erwartet. Allerdings darf diese etwas schematische Gegenüberstellung zwischen männlicher und weiblicher Geschlechtsehre nicht vergessen machen, daß es neben einem Ehrideal immer sehr unterschiedliche Aneignungen der Verhaltensregeln gab: So konnten Männer und Frauen mehr oder minder gewalttätig ihre Ehre verteidigen, sie konnten mehr oder minder schnell provozierend beleidigen. Demnach zeigten sich an der Art ihrer Beteiligung an Ehrenhändeln jeweils dominantere und weniger dominante Männer und Frauen. Lebensalter, Stand, Zivilstand, um hier nur besonders wichtige Merkmale der Person zu nennen, beeinflußten zusätzlich das Verhalten. In bestimmten Phasen der frühneuzeitlichen Entwicklung ist darüber hinaus die gesellschaftliche Nachfrage nach der sichtbaren Darstellung von Ehrenrängen und das staatliche Interesse an der Durchsetzung von Ehrenordnungen recht variabel, was den Rahmen für individuelle Strategien veränderte. Es wäre deshalb wünschenswert, sich genauer anzusehen, wie Männer und Frauen in den jeweiligen Problemlagen ihre Ehre verstanden und mit welchen Mitteln sie diese verteidigt haben.

Dann könnte man auch besser verstehen, warum die Ehre bereits im Mittelalter eine große Rolle spielte, mit der Reformation im Bereich der Ehegesetzgebung an Bedeutung gewann, im 17. Jahrhundert mit Auseinandersetzungen um Unehrlichkeit und Duelle so besonders wichtig wurde, aber bis heute noch einen Beitrag dazu leistet, Geschlechtsrollen mitzugestalten, die jeweils von den Handelnden sehr unterschiedlich angeeignet werden.[50]

50 Variationen der Aneignung des Ehrkonzeptes beschreibt als vorrangigen 'Motor' für historischen Wandel Martin Dinges: Ehrenhändel als kommunikative Gattungen: Kultureller Wandel in der Frühen Neuzeit. In: AKG 75. 1993. S. 359-393. Zur sozialen Aushandlung von Bedeutungen vgl. Martin Dinges: Aushandeln von Armut in der Frühen Neuzeit: Selbsthilfepotential, Bürgervorstellungen und Verwaltungslogiken. In: Werkstatt Geschichte 10. 1995. S. 7-15.

Tod auf der Herrenstube: Ehre und Gewalt in der Augsburger Führungsschicht (1500-1620)

Mark Häberlein

Der Totschlag an Joachim Herwart: Ein Beispiel für gewaltsame Ehrkonflikte

Im Jahr 1535, so berichtet der Augsburger Arzt, Humanist und Geschichtsschreiber Achilles Pirmin Gasser in seiner Chronik, erstach Jeremias Ehem auf der Augsburger Herrenstube Joachim Herwart mit dem Rapier *einer gar geringen Ursachen halben.*[1] Der knappe Eintrag zeugt einerseits vom Unverständnis des Augsburger Intellektuellen gegenüber diesem scheinbar völlig unmotivierten Ausbruch von Gewalt zwischen den Mitgliedern zweier prominenter Augsburger Familien; andererseits erschien der Vorfall Gasser aber doch so bedeutsam, daß er ihn in seine Chronik aufnahm. Eine Rekonstruktion des Konfliktthergangs und des Profils von Opfer und Täter legt in exemplarischer Weise den Zusammenhang von Ehre und Gewalt in der Augsburger Führungsschicht offen, der das Thema dieses Beitrags bildet.

Den Anfang September 1535 protokollierten Aussagen mehrerer Zeugen zufolge[2] erschien Ehem abends auf der Herrenstube, wo Herwart, Georg Pfister, Ulrich Arzt und einige andere Personen beim Nachtmahl saßen, und sprach die Tischgesellschaft mit den Worten an: *last Ir kain guten gesellen mit Euch essen, mein weib hat mich aus geJagt.* In der – ausschließlich männlichen – Runde, in der alle Anwesenden nach übereinstimmender Einschätzung der Zeugen *guter ding* waren, bildeten Frauen das Thema derber Anspielungen und Scherze. Zum Streit kam es, als Jeremias Ehem dem Joachim Herwart einen phallisch geformten Gegenstand – die Zeugen sprachen von einem *Kolben*, *Retich* oder einem *fueßlin von ainem Vogel* – zeigte und scherzhaft seine Männlichkeit in Frage stellte. Nach Aussage des Zeugen Ulrich Arzt soll Ehem geäußert haben: *der dein ist kain nutz*

---

1 Achilles Pirmin Gasser, Wolfgang Hartmann: Der Weitberuempten Keyserlichen Freyen unnd deß H. Reichsstatt Augspurg in Schwaben Chronica. 3. Theil. Basel 1596 (Faksimile-Ausgabe: Augsburg 1984). S. 29.

2 Augsburg StadtA. Strafamt. Urgicht vom 5.9.1535. Die vernommenen Zeugen waren Hans Baumgartners Diener Lorenz Grieninger, Ulrich Arzt, Georg Herwarts Diener Christoph Schmid, Hans Nittinger, Georg Pfister und Matthäus Jäger, der 'Knabe' auf der Herrenstube.

mer, du magst Ine nit mer vffbringen, worauf Herwart geantwortet haben soll: *las mich vber dein barbelin so wirt Sy es wol Inen*. Herwart habe Ehem schließlich aufgefordert, sich *einen anderen Narren* zu suchen, worauf Ehem die Stube verließ. Herwart sei ihm einige Minuten später gefolgt, nachdem mehrere Anwesende vergeblich versucht hatten, ihn zurückzuhalten. Vor der Stube wurde Herwart von Ehem erwartet; die beiden Männer zogen ihre 'Wehren' gegeneinander, und Ehem stach Herwart nieder.

Opfer und Täter gehörten zwei der angesehensten Augsburger Familien an. Joachim Herwart, Mitglied einer der alten Augsburger Patrizierfamilien, war der Sohn des 1529 verstorbenen Christoph Herwart.[3] Als einer der bedeutendsten Augsburger Großkaufleute der Generation Jakob Fuggers des Reichen hatte sich Christoph Herwart im Tiroler Bergbau, im Handel mit Luxuswaren (vor allem im Perlen- und Juwelengeschäft) mit Antwerpen und Lissabon und in den 1520er Jahren sogar im Ostindienhandel betätigt.[4] Er gehörte jahrelang dem Kleinen Rat der Reichsstadt an, und sein hohes Ansehen in der Augsburger Bürgerschaft kommt darin zum Ausdruck, daß während des Schilling-Aufstands von 1524 die Aufständischen dem Rat ihre Forderungen durch Christoph Herwart vortragen ließen.[5] Während Herwarts Schwiegersöhne sein Handelsgeschäft erfolgreich fortsetzten und vor allem Sebastian Neidhart zu einem der bedeutendsten oberdeutschen Kaufleute und Bankiers seiner Zeit aufstieg,[6] scheint sein Sohn Joachim, der 1529

---

[3] Augsburg SuStB. LS Aug 56. Seifertsche Stammtafeln, 'Herwart'.

[4] Die wichtigste Quelle für Herwarts Handelsunternehmungen bildet Deren von Stetten Geschlechterbuch MDXXXXVIII. Hg. von Albert Hämmerle. München 1955. S. 51-72. Vgl. daneben Richard Ehrenberg: Das Zeitalter der Fugger. Geldkapital und Creditverkehr im 16. Jahrhundert. Bd. 1: Die Geldmächte des 16. Jahrhunderts. Jena 1896. S. 218f.; Jakob Strieder: Die Inventur der Firma Fugger aus dem Jahre 1527. Tübingen 1905 (Zeitschrift für die gesamte Staatswissenschaft. Ergänzungsheft 17). S. 20f., 24, 69; ders.: Zur Genesis des modernen Kapitalismus. Forschungen zur Entstehung der großen bürgerlichen Kapitalvermögen am Ausgang des Mittelalters und zu Beginn der Neuzeit, zunächst in Augsburg. 2. Aufl. München 1935. S. 106f., 115-119; Hermann Kellenbenz: Kapitalverflechtung im mittleren Alpenraum. Das Beispiel des Bunt- und Edelmetallbergbaus vom fünfzehnten bis zur Mitte des siebzehnten Jahrhunderts. In: ZBLG 51. 1988. S. 13-50, bes. S. 24-26; ders.: Neues zum oberdeutschen Ostindienhandel, insbesondere der Herwart in der ersten Hälfte des 16. Jahrhunderts. In: Forschungen zur schwäbischen Geschichte. Hg. von Pankraz Fried. Sigmaringen 1991 (Veröffentlichungen der Schwäbischen Forschungsgemeinschaft bei der Kommission für bayerische Landesgeschichte. Reihe 7: Augsburger Beiträge zur Landesgeschichte Bayerisch-Schwabens. Bd. 4). S. 81-96, bes. S. 89-92; Walter Großhaupt: Commercial Relations between Portugal and the Merchants of Augsburg and Nuremberg. In: La Découverte, le Portugal et l'Europe. Actes du Colloque Paris, les 26, 27 et 28 mai 1988. Hg. von Jean Aubin. Paris 1990. S. 359-397, bes. S. 381f.

[5] Die Chroniken der schwäbischen Städte: Augsburg. Bd. 4. Leipzig 1894 (Die Chroniken der deutschen Städte vom 14. bis zum 16. Jahrhundert. Bd. 23). S. 157; Friedrich Roth: Augsburgs Reformationsgeschichte. Bd. 1: 1517-1530. 2. Aufl. München 1901. S. 103-104, Anm. 9.

die Patriziertochter Juliana Langenmantel geheiratet hatte,[7] eher als Verschwender und schlechter Haushalter aufgefallen zu sein. Im Jahre 1531 befahl ihm der Augsburger Rat, sich in das Haus seiner Mutter zu begeben und dieses nicht zu verlassen, ehe er seiner Mutter und seinen Schwägern Bürgschaft geleistet habe. Außerdem sollte er ohne Wissen und Zustimmung seiner Mutter und seiner Schwäger keine Schulden mehr machen.[8] Im Augsburger Steuerbuch des Jahres 1534 erscheint Joachim Herwart ohne Angabe einer eigenen Steuerleistung, während seine im gleichen Haus wohnende Mutter 80 Gulden und sein Bruder Peter 43 Gulden Vermögenssteuer zahlten – wohl ein Indiz dafür, daß Joachim Herwart sein Vermögen nicht selbst verwaltete.[9]

Jeremias Ehem, Angehöriger einer wohlhabenden Kaufmannsfamilie und Stadthauptmann von Augsburg, mußte bereits 1525, zehn Jahre vor dem Vorfall auf der Herrenstube, einmal wegen eines von ihm begangenen Totschlags aus der Stadt fliehen. Er wurde jedoch wieder in die Stadt gelassen, nachdem der Augsburger Rat befunden hatte, daß dieser *von yme nit mutwillig noch frefentlicher weise ist beschehen, dass der entleibt vnd seine zwen gesöllen yn vor angewendt haben.*[10] 1533 war er an einer Auseinandersetzung zwischen einer von seinem Bruder Markus Ehem angeführten zwinglianischen Gruppe und einer altgläubigen Fraktion um Anton Fugger in der Augsburger St. Moritz-Kirche beteiligt, im Zuge derer Ehem, der Zechpfleger von St. Moritz war, und seine Anhänger ein von Fugger in der Kirche angebrachtes Christusbild zertrümmerten.[11] Im folgenden Jahr verkaufte Jeremias Ehem sein Haus in Augsburg für 400 Gulden an seinen Bruder Markus – ein Umstand, der möglicherweise auf finanzielle Schwierigkeiten Ehems zu diesem Zeitpunkt hindeutet.[12]

Bei der tödlich verlaufenden Auseinandersetzung zwischen Jeremias Ehem und Joachim Herwart handelte es sich also primär um einen Konflikt um männliche Ehre zwischen zwei Angehörigen der Augsburger Führungsschicht – hier

---

6 Vgl. nur R. Ehrenberg (Anm. 4) S. 220-224; Wolfgang Zorn: Augsburg. Geschichte einer europäischen Stadt. 3. Aufl. Augsburg 1994. S. 211f., 217.

7 Seifertsche Stammtafeln (Anm. 3) 'Herwart'; Albert Hämmerle: Die Hochzeitsbücher der Augsburger Bürgerstube und Kaufleutestube bis zum Ende der Reichsfreiheit. München 1936 (Privatdruck). Nr. 329.

8 Augsburg StadtA. Ratsprotokoll 16 (1529-1542). Fol. 57ʳ.

9 Augsburg StadtA. Steuerbuch 1534. Sp. 54a.

10 Augsburg StadtA. Ratsprotokoll 15 (1520-1529). Fol. 95ʳ.

11 Chroniken. Bd. 4 (Anm. 5) S. 340-345; Die Chroniken der schwäbischen Städte: Augsburg. Bd. 6. Leipzig 1904 (Die Choniken der deutschen Städte. Bd. 29). S. 53f.; Friedrich Roth: Augsburgs Reformationsgeschichte. Bd. 2: 1531-1537. München 1904. S. 120-122; Götz Freiherr von Pölnitz: Anton Fugger. Bd. 1: 1453-1535. Tübingen 1958 (Studien zur Fuggergeschichte. Bd. 13). S. 265-274.

12 Augsburg StadtA. Evangelisches Wesensarchiv. Urkunden. Nr. 263.

verstanden als Mitglieder des Patriziats und der stubenfähigen Kaufmannschaft[13] –, von denen der eine als schlechter Haushalter, der andere als Gewalttäter bereits einschlägig 'vorbelastet' war. Daneben verdienen jedoch zwei weitere Aspekte dieses Falls Beachtung: Ehems Ehefrau Barbara Huberstammte nicht aus einer angesehenen Patrizier- oder Kaufmannsfamilie, sondern war die Tochter eines Metzgers;[14] die provokativen Bemerkungen Joachim Herwarts – *las mich vber dein barbelin* – gewinnen dadurch auch eine soziale Dimension. Daneben sind in diesem Zusammenhang auch die geschäftlichen Beziehungen zwischen den Familien Ehem und Herwart von Interesse: Jeremias Ehems Bruder Markus war in den 1520er Jahren Teilhaber der Gesellschaft Christoph Herwarts, schied nach dessen Tod 1529 aber aus der Firma aus, wobei Meinungsverschiedenheiten mit Herwarts Schwiegersöhnen offenbar den Hintergrund bildeten.[15] Es ist also durchaus möglich, daß es sich um keine rein persönliche Auseinandersetzung um männliche Ehre, sondern auch um einen bereits länger schwelenden Konflikt zwischen zwei Familien handelte. Bemerkenswert ist schließlich der Ausgang des Falls: Während Ehem aus der Stadt flüchtete, handelten der patrizische Ratsherr Konrad Rehlinger und andere einflußreiche Bürger einen Vertrag zwischen Joachim Herwarts Witwe und dem Mörder ihres Gatten aus, der vorsah, daß Ehem der Witwe 500 Gulden bezahlen sollte, wofür diese auf alle weiteren Forderungen an ihn verzichtete. Der Vertrag nahm ausdrücklich darauf Bezug, daß Ehem und die Herwart-Witwe Juliana Langenmantel miteinander verwandt waren. Das 'Ehrvermögen', über das Ehem als Angehöriger des Patriziats verfügte, sowie die Bande der Verwandtschaft ermöglichten also eine gütliche Beilegung des Konflikts.[16]

Der geschilderte Fall reiht sich ein in eine ganze Serie von gewalttätigen Auseinandersetzungen, die zwischen Angehörigen des Augsburger Patriziats und der Kaufmannschaft im 16. und beginnenden 17. Jahrhundert ausgetragen wurden. Diese Konflikte sind deshalb von besonderem Interesse, weil sie Einblicke in das Normensystem einer frühneuzeitlichen städtischen Führungsschicht gewähren. Der Ethnologe Simon Roberts hat auf den Zusammenhang zwischen Normen und gewalttätigen Konflikten hingewiesen und vorgeschlagen, "daß wir das Funktionieren von Normen und die Anwendung von Gewalt als nebeneinander herlaufende, eng miteinander verbundene Kennzeichen sozialen Lebens überhaupt auffas-

---

13 Vgl. Olaf Mörke, Katarina Sieh: Gesellschaftliche Führungsgruppen. In: Geschichte der Stadt Augsburg von der Römerzeit bis zur Gegenwart. Hg. von Gunther Gottlieb u.a. 2. Aufl. Stuttgart 1985. S. 301-311; Katarina Sieh-Burens: Oligarchie, Konfession und Politik im 16. Jahrhundert. Zur sozialen Verflechtung der Augsburger Bürgermeister und Stadtpfleger 1518-1618. München 1986 (Schriften der Philosophischen Fakultäten der Universität Augsburg. Historisch-sozialwissenschaftliche Reihe. Bd. 29). S. 24-28.

14 A. Hämmerle: Hochzeitsbücher (Anm. 7) Nr. 299.

15 Darauf deuten jedenfalls die Bemerkungen Christoph von Stettens hin, der gleichzeitig mit Ehem aus der Firma ausschied und sich von dessen Schwiegersöhnen, vor allem von Sebastian Neidhart, übervorteilt fühlte. Vgl. A. Hämmerle: Geschlechterbuch (Anm. 4) S. 72.

16 Augsburg StadtA. Reichsstadt. Akten Nr. 258. Vertrag vom 12.10.1537.

sen."[17] Für die historische Annäherung an eine gesellschaftliche Norm wie Ehre erscheinen gewaltsam ausgetragene Konflikte besonders instruktiv, da erst die Analyse von konkreten Konfliktsituationen – Martin Dinges spricht von 'Ehrspielen' – zeigt, wie die Norm im Rahmen der 'Praktiken des Alltags' artikuliert und instrumentalisiert wurde.[18] "Entscheidend", so Dinges, "bleibt für Ehre immer, ob und wie sie in der öffentlichen Auseinandersetzung hergestellt, verteidigt oder bewahrt werden kann."[19]

Schauplätze der Gewalt: Herrentrinkstube und Kaufleutestube

Schauplatz vieler gewalttätiger Konflikte innerhalb der Augsburger Elite waren die beiden institutionellen und sozialen Zentren der städtischen Führungsschicht: die Herrentrinkstube, auch als Herrenstube oder Bürgerstube bezeichnet, und die Kaufleutestube. Zur sozial exklusiven Herrenstube, deren Gründung auf das Jahr 1383 datiert wird, hatten die Vertreter des Patriziats, die mit dem Patriziat verschwägerten Familien, die Patrizier anderer oberdeutscher Reichsstädte sowie Angehörige des Adels Zutritt. Nachdem das Augsburger Patriziat, das bis 1537 auf lediglich sieben Familien zusammengeschmolzen war, 1538 durch Aufnahme von 38 neuen Familien erheblich erweitert wurde, bildete sich in den folgenden Jahren in der vermutlich Ende des 15. Jahrhunderts entstandenen Kaufleutestube, einem zunftübergreifenden Zusammenschluß der nicht-patrizischen Kaufleute, ein institutionelles Gegengewicht: 1539 wurde mit dem Bau eines eigenen Versammlungshauses begonnen, und zwei Jahre später gab sich die Kaufleutestube eine umfangreiche neue Satzung.[20]

---

17 Simon Roberts: Ordnung und Konflikt. Eine Einführung in die Rechtsethnologie. Stuttgart 1981. S. 178.

18 Martin Dinges: Die Ehre als Thema der Stadtgeschichte. Eine Semantik im Übergang vom Ancien Régime zur Moderne. In: ZHF 16. 1989. S. 409-440, bes. S. 434f. und 437.

19 Martin Dinges: Der Maurermeister und der Finanzrichter. Ehre, Geld und soziale Kontrolle im Paris des 18. Jahrhunderts. Göttingen 1994 (Veröffentlichungen des Max-Planck-Instituts für Geschichte. Bd. 105). S. 25.

20 In der Literatur ist ferner immer wieder von einer angeblich 1478 gegründeten 'Gesellschaft der Mehrer', in der sich die mit dem Patriziat versippten Kaufleute zusammenschlossen, die Rede. Tatsächlich ist die Gründung einer solchen Gesellschaft quellenmäßig jedoch nicht faßbar; vielmehr scheint der Begriff nichts anderes zu bezeichnen als die Mitgliedschaft der Herrenstube, die sich 1478 neue Statuten gab. Erst mit der von Karl V. oktroyierten Verfassungsänderung des Jahres 1548 erhielten die 'Mehrer' als Zwischenstand zwischen Kaufmannschaft und Patriziat und die Kaufleutestube Verfassungsrang. Vgl. Pius Dirr: Kaufleutezunft und Kaufleutestube in Augsburg zur Zeit des Zunftregiments 1368-1548. In: ZHVS(N) 35. 1909. S. 125-149; W. Zorn (Anm. 6) S. 172f.; Rolf Kießling: Augsburg zwi-

Im Jahre 1518 mußte Georg Vetter d.J., Sohn des gleichnamigen Augsburger Bürgermeisters,[21] zehn Gulden Strafe zahlen und erhielt ein Jahr Stubenverbot, weil er auf der Herrenstube einen gewissen Leonhard Lang tätlich angriff, nachdem dieser sich geweigert hatte, ihm zuzutrinken. Dem Bericht des Chronisten Wilhelm Rem zufolge stach Vetter *haimlich mit ainem langen auffstecher oder pfriemen zu im und wolt in erstochen haben und schlug in darnach lam.*[22] Zwei Jahre später provozierte Hans Meuting, ein Schwiegersohn Christoph Herwarts, den Grafen Eitel Fritz von Zollern, der bei seinem Besuch auf der Herrenstube *ain groß güldins marschloß am Hals* trug, mit satirischen Bemerkungen über seinen Schmuck: *er bederft kainß guldin schloß am halß, er wurdt baldt gar vnsinig, so schlueg man Im ain eyssinß daran.* Der über diese Bemerkung erzürnte Eitel Fritz von Zollern lauerte Meuting am folgenden Tag auf dem Augsburger Fronhof auf und stach ihn *durch daß maull vnd backen.*[23] 1528 kam es auf der Herrentrinkstube erneut zu einer handgreiflichen Auseinandersetzung zwischen einem Adligen, Sebastian von Knöringen, und einem Vertreter der städtischen Oberschicht, Sigmund Welser.[24] Welser erscheint wenig später noch in einem anderen, reformatorisch-ikonoklastischen Kontext als Gewalttäter: an der Spitze einer Gruppe von jungen Männern war er 1529 an der Zerstörung eines Kruzifixes und zweier von seiner Familie gestifteter Altarbilder in der Augsburger Barfüßerkirche beteiligt. Nach Angaben des in diesem Falle natürlich sehr parteiischen Mönches Clemens

---

schen Mittelalter und Neuzeit. In: Geschichte der Stadt Augsburg von der Römerzeit bis zur Gegenwart. Hg. von Gunther Gottlieb u.a. 2. Aufl. Stuttgart 1985. S. 241-251, bes. S. 244; O. Mörke, K. Sieh (Anm. 13) S. 302f.; K. Sieh-Burens (Anm. 13) S. 24-28, 163-164. Daß es wahrscheinlich keine eigene Gesellschaft der Mehrer gab, weist Jörg Rogge nach; vgl. Jörg Rogge: Für den Gemeinen Nutzen. Politisches Handeln und Politikverständnis von Rat und Bürgerschaft in Augsburg im Spätmittelalter. Tübingen 1996 (Studia Augustana. Bd. 6). S. 187-189.

21 Georg Vetter d.Ä. war zwischen 1514 und 1532 in allen geraden Jahren Augsburger Bürgermeister. Vgl. Paul von Stetten d.J.: Geschichte der adelichen Geschlechter in der freyen Reichs-Stadt Augsburg. Augsburg 1762. S. 76f.; F. Roth (Anm. 5) S. 87, 93 und S. 101, Anm. 1; K. Sieh-Burens (Anm. 13) S. 350. 1524 kam der ältere Georg Vetter wegen eines außerehelichen Verhältnisses ins Gerede – ein Indiz dafür, daß das Verhalten von Mitgliedern dieser Familie wiederholt zur Zielscheibe 'öffentlicher' Kritik wurde. Vgl. Lyndal Roper: The Holy Household. Women and Morals in Reformation Augsburg. Oxford 1989. S. 72.

22 Die Chroniken der schwäbischen Städte: Augsburg. Bd. 5. Leipzig 1896 (Die Chroniken der deutschen Städte. Bd. 25). S. 92.

23 Nach dem Bericht des Chronisten Matthäus Langenmantel: Augsburg SuStB. 2° Cod. Aug. 51. S. 751; vgl. A. P. Gasser, W. Hartmann (Anm. 1) S. 2.

24 Chroniken. Bd. 4 (Anm. 5) S. 197.

Sender wurde Sigmund Welser kurz darauf außerdem der Sodomie, also abweichender sexueller Verhaltensweisen, überführt.[25]

1561 stand Lukas Rehlinger, ein Sohn des patrizischen Augsburger Bürgermeisters Leonhard Christoph Rehlinger, im Mittelpunkt einer Auseinandersetzung auf der Augsburger Herrenstube. Während der Hochzeit des David Höchstetter hatte Rehlinger dessen Verwandten Sigmund Höchstetter *schmählich angetastet* und – angeblich scherzhaft – auf den Kopf geschlagen. Anschließend hatte er auch Hieronymus Rehlinger d.J., ein Mitglied seiner eigenen Sippe, mit dem er aber nur sehr entfernt verwandt war, angegriffen. Der amtierende Bürgermeister nahm Rehlinger daraufhin ein Friedensgelübde ab. Lukas Rehlinger betonte jedoch, daß sein Gelübde nur für eine Nacht gelte, und verhielt sich *ungebürlich* gegenüber dem Bürgermeister, so daß dieser ihn durch die Stadtwache in das Haus seines Vaters geleiten ließ. Eine Fortsetzung des Konflikts auf der für den folgenden Tag angesetzten Nachhochzeit war dadurch geradezu vorprogrammiert.

Auf der Nachhochzeit tanzte Lukas Rehlinger mit der Frau Hieronymus Rehlingers d.J. und nannte dabei ihren Mann einen *Schelm und Bösewicht*, durch den er sein Rapier stechen werde. Aufgrund dieser massiven Drohung wurde Rehlinger verhaftet. In seinem Verhör vor den städtischen Strafherren sagte er aus, daß er gegen Sigmund Höchstetter keine gewalttätigen Absichten gehabt hätte, *aber des jungen Jheronimus Rehlingers halben sei er bedacht gewesen, wo er in nach der hochzeit auf freier reichsstraß betretten hette, daß er ime das liecht wolte ausgebutzt haben, oder aber er hetts ime thun müssen*. Nachdem er gelobte, von allen weiteren Aktionen gegen Hieronymus Rehlinger abzusehen, wurde Lukas Rehlinger schließlich wieder freigelassen. Aufgrund seines unberechenbaren Verhaltens, das schließlich in Mordanschlägen auf seinen Vater gipfelte, wurde Lukas Rehlinger Mitte der 1570er Jahre auf die dringende Bitte seines Vaters hin in ständige Verwahrung genommen.[26]

Ein Jahr später, 1562, gerieten ein Sohn Dr. Lukas Ulstetts und ein Sohn Leonhard Stammlers bei einem Spiel auf der Herrenstube aneinander, *daß ainer den andern liegen haißen und in das maul geschlagen und baid zu der wör griffen und ainander verwundt*.[27] Im Jahre 1582 war dem Chronisten Georg Kölderer zufolge ein Tanz auf der Kaufleutestube von einer tödlich verlaufenen Auseinandersetzung überschattet. Zwischen zehn und elf Uhr nachts seien zwei ledige junge

---

25 Chroniken. Bd. 4 (Anm. 5) S. 214-217; vgl. F. Roth (Anm. 5) S. 305f.; Heinz Schilling: 'Ruhe im Sturm' – der historische Hintergrund der Augsburger Jahreszeiten-Bilder. In: 'Kurzweil viel ohn' Maß und Ziel'. Alltag und Festtag auf den Augsburger Monatsbildern der Renaissance. Hg. vom Deutschen Historischen Museum Berlin. München 1994. S. 10-32, bes. S. 28.

26 Die Chroniken der schwäbischen Städte: Augsburg. Bd. 8. Stuttgart, Gotha 1928 (Die Chroniken der deutschen Städte. Bd. 33). S. 114f., Anm. 3.

27 Chroniken. Bd. 8 (Anm. 26) S. 173.

Männer, der gleichnamige Sohn Ulrich Greiners[28] und ein Mitglied der Familie Linck, aus der Stube auf die Gasse gelaufen und hätten mit ihren Wehren aufeinander eingeschlagen, wobei Linck Greiner schwer verwundete. Greiner habe sich zwar zunächst von seiner Verletzung einigermaßen erholt, sei aber sechs Wochen später *Inn seiner vollen Blüenden Jugendt* plötzlich verstorben. Kölderer zog daraus die ebenso simple wie einleuchtende Lehre: *wer schlegt sucht, der bekombt sy.*[29]

Während wir für das 16. Jahrhundert in der Regel auf die Berichte von Chronisten über derartige gewalttätige Auseinandersetzungen angewiesen sind, da die meisten dieser Fälle nie vor den Rat gelangten, sondern intern auf der Herren- oder Kaufleutestube bestraft und geregelt wurden, ermöglicht uns das im Hausarchiv der Familie von Stetten aufbewahrte Protokoll der Kaufleutestube vom Beginn des 17. Jahrhunderts, die Dimensionen und Hintergründe von Gewalt zwischen Mitgliedern der Augsburger Führungsschicht näher zu bestimmen. Allein in den Jahren 1601 bis 1608 verhängten die Stubenmeister in fünfzehn Streitfällen Bußgelder wegen Tätlichkeiten oder weil die Dolche gezückt worden waren; in dreizehn Fällen handelte es sich bei den Bestraften um Patrizier oder Angehörige der Kaufleutestube. In zehn Fällen wurden beide Kontrahenten bestraft. Der Patriziersohn Daniel Haintzel d.J. wurde Ende 1601 zu einer besonders hohen Geldbuße von 20 fl. verurteilt, weil er Stephan Greiner hinterrücks mit der bloßen Wehr einen Schlag versetzt hatte. Anfang des folgenden Jahres mußte Hans Georg Weiß 6 fl. bezahlen, nachdem er mit Andreas Poßart wegen eines Spiels Streit angefangen und ihn *ain leker gescholtten* hatte; Poßart zog daraufhin seine Wehr und schlug auf Weiß ein, was ihn 14 fl. kostete. Im September 1605 wurde Hans Ulrich Wagner um 4 fl. gestraft, *weyl er ain handel mitt dem toctor gastell hatt gehabtt aines trunkh halben, das dem toctor ain stayß geben ist worden, daran er*

---

28 Ulrich Greiner d.Ä. war von 1541 bis zu seinem Tod im Jahre 1576 Mitglied der Augsburger Kaufleutestube: Archiv der IHK Augsburg. Protokollbuch der Kaufleutestube. Fol. 39. Er heiratete 1553 Euphrosina Occo, eine Tochter des Stadtarztes Dr. Adolph (II) Occo, 1567 in zweiter Ehe Anna Geyrhos: Augsburg StadtA. Stammtafeln von A. Werner und F. Lilienthal, 'Greiner'. Die Firma 'Ulrich Greiner sel. Erben und Gesellschafter' bzw. 'Ulrich Greiner sel. Erben und Jakob Bechler' war zwischen 1584 und 1600 vor allem im Handel mit Oberitalien (Florenz, Verona, Venedig) tätig: Augsburg StadtA. Notariatsarchiv Spreng XXXI. Nr. 59; Spreng 1588. Nr. 18; Spreng XLV 1/2. Nr. 20 1/2; Spreng XLVI. Nr. 56; Spreng XLVII. Nr. 25; Spreng L. Nr. 49, Nr. 89 1/2. Ulrich Greiner d.J. wurde 1582, im Jahr seiner folgenschweren Auseinandersetzung mit Linck, in die Kaufleutestube aufgeonmmen: Archiv der IHK Augsburg. Protokollbuch der Kaufleutestube. Fol. 64.

29 Augsburg SuStB. 2° Cod. S. 40. Fol. 27^r^.

geschediget worden.[30] Sofern die Gründe für die Auseinandersetzungen genannt werden, ging es meistens um das Zutrinken oder Spielen. Auffällig ist ferner die Neigung der Bestraften, ihre Gegner von hinten anzugreifen, zu schlagen oder mit Gegenständen zu bewerfen.

Öffentliche Plätze und Gasthäuser als Schauplätze von Ehrkonflikten

Neben der Herren- und Kaufleutestube bildeten auch öffentliche Plätze und Gasthäuser die Schauplätze für gewalttätige Auseinandersetzungen, an denen Mitglieder der Führungsschicht beteiligt waren. Die Gründe und Formen der Auseinandersetzung waren in der Regel die gleichen. Der Goldschmied Ludwig Saur, der 1541 Mitglied der Augsburger Kaufleutestube war,[31] geriet 1543 in Krumbach *von wegen ains trunckhs* in Streit mit dem Adligen Wilhelm von Riethaim. Erhard Vöhlin, Jakob von Riethaim und Carl von Welden, die den Rat über den Verlauf der Auseinandersetzung in Kenntnis setzten, berichteten, daß beide Männer zu ihren Wehren gegriffen hätten, aber durch die anderen Anwesenden getrennt werden konnten, ehe es zu Gewaltanwendung gekommen sei. Als Wilhelm von Riethaim kurz darauf nach Augsburg *zu der Frau Aichelbergerin* kam, sei Ludwig Saur mit einer geladenen Büchse vor dem Haus erschienen und hätte gerufen: *höre Riethaimer bistu Eeren werdt, so ganng zuo mir herab.* Als Riethaim sich weiterhin im Haus verborgen hielt, habe Saur versucht, durch ein Fenster zu schießen. Einem gewissen Claus Jäger, der Saur die Büchse entreißen wollte, habe Saur durch den Fuß geschossen, *des Er villeicht sterben, oder aber erkrummen muß.* Als einer von Riethaims Knechten eingriff, habe Saur diesen durch einen Stich tödlich verwundet. Die drei Berichterstatter forderten den Augsburger Rat auf, über Saur wegen seiner Gewalttaten gemäß kaiserlichem Recht zu richten.[32]

Saur, der sich zu dieser Zeit nicht in Augsburg aufhielt, ersuchte daraufhin den Rat um sicheres Geleit in die Stadt. Der Rat erlaubte ihm zwar die Rückkehr, gab ihm aber keine Sicherheitsgarantie.[33] Auch als der Abt von Kaisheim um Geleit für Saur nachsuchte, blieb der Rat bei seiner Haltung.[34] Schließlich riskierte Saur doch die Rückkehr nach Augsburg. Für seine Auseinandersetzung mit Riethaim stellte ihm der Rat mit dem Ratskonsulenten Dr. Konrad Heel und dem Patrizier

30 Hausarchiv von Stetten (Aystetten). Nr. 187.

31 Archiv der IHK Augsburg. Protokollbuch der Kaufleutestube. Fol. 39.

32 Augsburg StadtA. Ratsprotokoll 17/I (1543). Fol. 100^r-101^r.

33 Augsburg StadtA. Ratsprotokoll 17/I (1543). Fol. 113^r-113^v.

34 Augsburg StadtA. Ratsprotokoll 17/II (1543). Fol. 39^v, 57^r, 81^r; Ratsprotokoll 18/I (1544). Fol. 7^v.

Hieronymus Rehlinger allerdings zwei einflußreiche Männer als Beistände zur Seite.[35] Der Umstand, daß die Quellen über den Ausgang des Konflikts schweigen, deutet darauf hin, daß der Fall zwischen den Beteiligten beigelegt wurde.

In einem weiteren Konflikt zwischen einem Adligen, dem kaiserlichen Truchseß und Kriegsobersten Hans Walter von Hürnheim, und einem Mitglied der städtischen Führungsschicht, dem 1538 ins Patriziat aufgenommenen Kaufmann Jakob Meuting,[36] bildete im Juli 1550 wiederum der übermäßige Konsum von Alkohol den Ausgangspunkt einer gewalttätigen Auseinandersetzung.[37] Hürnheim hatte sich dem Chronisten Paul Hektor Mair zufolge *vol weins getruncken* und wurde in betrunkenem Zustand von Meuting in dessen Haus geführt, als er Beleidigungen gegen den Kaufmann auszustoßen begann und Meuting tätlich angriff. Mair betont in seiner Schilderung des Konflikts, daß die Kontrahenten *die besten und vertrautesten freunt miteinander gewesen* seien – ein Umstand, der möglicherweise darauf zurückzuführen ist, daß mehrere Schwestern Meutings mit Adligen verheiratet waren[38] – und die beiden häufig gemeinsam gezecht hätten. Daneben weist Mair darauf hin, daß Hürnheim bereits zuvor eine Neigung zu gewalttätigem Verhalten gezeigt hatte: so habe er als Pfleger von Aichach in Bayern *ainen gar alten, erlebten mann, der sein thorwart gewesen, on alle ursach schantlich erstochen*, wodurch er die Ungnade des bayerischen Herzogs auf sich zog.

Mair zufolge hatte Hürnheim Meuting zunächst unterstellt, ihn *ermörden* zu wollen, worauf Meuting die Treppe hinauf flüchtete. Hürnheim folgte ihm, während er das Mobiliar zertrümmerte und gezielt die weibliche Ehre von Meutings Frau und Schwestern angriff. So soll er ausgerufen haben, *wa die hur sei, des Meutings weib mainende, und gesagt, sie sei vor sein hur gewesen, und sie an ime gehabt,* [...] *und habe auch des Meutings schwestern all an im gehabt.* Hürnheims Ausbruch rief den Stadtvogt und die Stadtwache auf den Plan, die den randalierenden Adligen überwältigten und festnahmen. Die daran anschließende Episode diente Mair offenkundig als Exempel dafür, wie hoch die Ehre eines Adligen, der

---

35 Augsburg StadtA. Ratsprotokoll 18/I (1544). Fol. 8r, 11r. Rehlinger wurde kurz darauf durch Bernhard Walther ersetzt: Fol. 58r.

36 Jakob Meuting, Sohn des Fuggerfaktors Lukas Meuting und der Helena Adler, hatte 1536 Sibilla Arzt, Tochter des Hans Arzt und der Anna Oliver, geheiratet. In den Jahren 1549, 1551 und 1557 gewährte er König Ferdinand größere Darlehen; vgl. Robert Steiner: Die Meuting in Augsburg. München 1978 (Genealogia Boica. Bd. 3/1). S. 25, 90. Im Jahr des Konflikts mit Hürnheim entrichtete Meuting in Augsburg 70 Gulden Vermögenssteuer, was auf ein Vermögen zwischen 14 000 und 28 000 Gulden schließen läßt und Meuting als Angehörigen der wirtschaftlichen Oberschicht ausweist: Augsburg StadtA. Steuerbuch 1550. Sp. 72b.

37 Das folgende nach: Die Chroniken der schwäbischen Städte: Augsburg. Bd. 7. Leipzig 1917 (Die Chroniken der deutschen Städte. Bd. 32). S. 207-211.

38 Anna Meuting heiratete 1529 Augustin von Waldenburg, ihre Schwester Helena 1534 Georg Braun von Braitenbach, Sibilla Meuting 1536 Bartholomäus Schrenck von Notzing und Veronika Meuting im folgenden Jahr Hans Beer von Beernthal: R. Steiner (Anm. 36) S. 25f.

selbst die Ehre eines städtischen Bürgers massiv angegriffen hatte, einzuschätzen war. Als Stadtvogt und Wache Hürnheim auf den Weinmarkt führten, habe dieser den Vogt gebeten, *daß er ine doch als ainen rittermessigen vom adel nit also als ain dieb fueren lasse*. Hürnheim versprach dem Vogt *bei seinen ritterlichen ehren, trauen und glauben*, er werde *ungefuert* mit ihm gehen. Entgegen seiner Zusage benutzte Hürnheim jedoch kurz darauf die Gelegenheit, sich hinter einige kaiserliche Gardesoldaten zu flüchten und so der Stadtwache zu entkommen. Als sich Hürnheim später vor dem Augsburger Rat wegen seines Verhaltens verantworten sollte, soll er ausgesagt haben, *der Jacob Meuting lieg in an als ain ehrloser fleischsböswicht und thue ime unrecht*.

Persönliche, standes- und geschlechtsspezifische Facetten des Komplexes 'Ehre' griffen hier eng ineinander. Während ein enges Freundschaftsverhältnis zwischen Hürnheim und Meuting den Hintergrund der Auseinandersetzung bildete, zeigen Hürnheims Angriffe auf die Ehre von Meutings Frau und Schwestern, daß der Adlige ebenso wie Joachim Herwart in der eingangs geschilderten Auseinandersetzung weibliche Ehre in engem Zusammenhang mit weiblichem Sexualverhalten sah. Für den zeitgenössischen Chronisten Paul Hektor Mair war der Fall offenbar in erster Linie aufgrund seiner standesspezifischen Dimension interessant. Die *unritterliche und unadeliche handlung* Hürnheims diente Mair als Beispiel, um die Diskrepanz zwischen adligem Standesbewußtsein und tatsächlichem Verhalten herauszustellen.[39]

1555 kam es auf dem Augsburger Perlach zu einer tätlichen Auseinandersetzung, an der mit Daniel Ulstett,[40] Hieronymus Kraffter[41] und Melchior Manlich[42]

---

39 Der Konflikt findet auch in anderen zeitgenössischen Chroniken und sogar in der rund zwei Jahrhunderte später erschienenen Stadtgeschichte Paul von Stettens Erwähnung. A. P. Gasser, W. Hartmann (Anm. 1) S. 78; Paul von Stetten d.Ä.: Geschichte des Heil. Röm. Reichs Freyen Stadt Augspurg [...]. Bd. 1. Frankfurt am Main 1743. S. 464.

40 Daniel Ulstett, Sohn des Augsburger Stadtpflegers Markus Ulstett und seit 1550 mit einer Tochter des Großkaufmanns Anton Haug verheiratet (Augsburg SuStB. Seifertsche Stammtafeln (Anm 3.) 'Ulstett'), leitete in den 1550er Jahren eine Handelsfirma, die an zahlreichen Wechselgeschäften nach Antwerpen und Venedig beteiligt war: Friedrich Blendinger, Elfriede Blendinger (Hg.): Zwei Augsburger Unterkaufbücher aus den Jahren 1551 bis 1558. Älteste Aufzeichnungen zur Vor- und Frühgeschichte der Augsburger Börse. Stuttgart 1994 (Deutsche Handelsakten des Mittelalters und der Neuzeit. Bd. 18). S. 559 und passim (vgl. Register). Daneben war er im Warenhandel zwischen Antwerpen und Südfrankreich tätig. Im Februar 1557 schickte der Kaufmannn Pierre Assézat aus Toulouse 3248 Ballen Pastell auf vier Booten nach Antwerpen, die für Daniel Ulstett bestimmt waren: Emile Coornaert: Les Français et le Commerce international à Anvers, fin du XVe-XVIe siècle. Paris 1961. Bd. 1. S. 332; Gilles Caster: Le commerce du pastel et de l'épicerie à Toulouse de 1450 environ à 1561. Toulouse 1962. S. 179-180. Zwischen 1564 und 1569 war er Teilhaber und Verwalter der Company of Mines Royal, einer englischen Bergbaugesellschaft, die unter maßgeblicher Beteiligung der Augsburger Haug-Langnauer-Linck-Gesellschaft zustande kam und in der Grafschaft Cumberland Kupfergruben betrieb: R. Ehrenberg (Anm. 4) S. 234; Fritz-Wolfgang Ringling: Sixteenth-Century Merchant Capitalism: The Haug-Langnauer-Linck

drei Angehörige renommierter und erfolgreicher Augsburger Kaufmannsfamilien beteiligt waren. Der Augsburger Rat rügte Ulstett im Juli 1555, weil dieser *mit fürsetzlichem muetwillen ganntz vngewonlicher vnnd verechtlicher weis* Kraffter an einem Ort angegriffen habe, der *fur anndere plätz diser Statt gefreytt* sei und daher *billich für anndere fridlich soll gehalten werden.* Ulstetts Vergehen erschien dem Rat schwer genug, um ihn *andern zu ainem Exempel vnd scheuch* zu bestrafen. In Ansehung der Verdienste seines Vaters, des zeitweiligen Stadtpflegers Markus Ulstett, beließ es der Rat jedoch *aus Gnade* bei einer Turmstrafe von einem Monat, von der Daniel Ulstett acht Tage persönlich absitzen, die übrigen mit drei Gulden pro Tag abgelten sollte. Ulstett, der sich mit der etwas kryptischen Bemerkung rechtfertigte, daß ihn *sein schwager* Hieronymus Kraffter zu diesem Vergehen *höchlich verursacht* habe, ersuchte den Rat, die Strafe auszusetzen, bis er von einer geplanten Geschäftsreise nach Venedig zurückkehre.[43] Ulstetts Vater nutzte die Zeit der Abwesenheit seines Sohnes, um durch erneute Fürbitte das Strafmaß auf eine symbolische Turmstrafe von einem Tag und einer Nacht zu reduzieren. Den Rest der Strafe sollte Daniel Ulstett mit einem doppelten Bußgeld abgelten.[44]

---

and Relatives of Augsburg as a Case Study. Ph.D. diss. University of Rochester 1979. S. 176, 189, 412.

41 Hieronymus Kraffter, der 1554 mit einer Steuerleistung von 400 Gulden zu den reichsten Augsburger Großkaufleuten gehörte, war 1548 zusammen mit seinen Brüdern vom Kaiser geadelt worden. Er war Kreditgeber König Ferdinands und verfügte über gute Beziehungen zu den Kurfürsten Bayerns und der Pfalz. Daneben war er im italienischen Textilhandel, im Tiroler Silbergeschäft, auf den Frankfurter Messen und in Antwerpen aktiv. 1556 ließ er im südtirolischen Bruneck eine Messinghütte errichten. Vgl. Hermann Kellenbenz: Der Konkurs der Kraffter in Augsburg. In: Die alte Stadt 16. 1989. S. 392-402, bes. S. 393-395.

42 Manlich war ein Schwiegersohn des Augsburger Großkaufmanns Anton Haug d.Ä. und gehörte 1543 bis 1562 zu den Teilhabern der Haug-Langnauer-Linck-Gesellschaft, einer der größten Augsburger Firmen ihrer Zeit. Nach seinem Ausscheiden aus der Firma gründete er mit seinen Schwiegersöhnen Philipp Welser und Karl Neidhart ein eigenes Unternehmen, das von 1563 bis 1566 die Pacht der Neusohler Kupfergruben in der Slowakei innehatte und 1571 in großem Umfang mit eigenen und gecharterten Schiffen in den Seehandel zwischen Marseille und der Levante einstieg. 1574 ging das Unternehmen bankrott. Vgl. Friedrich Roth: Zum Bankerott der Firma Manlich in Augsburg im Jahre 1574. In: ZHVS(N) 34. 1908. S. 160-164; André-E. Sayous: Le commerce de Melchior Manlich et Cie d'Augsbourg à Marseille et dans toute la Méditerrannée entre 1571 et 1574. In: Revue Historique 176. 1935. S. 389-411; Christel Warnemünde: Augsburger Handel in den letzten Jahrzehnten des 16. Jahrhunderts und dem beginnenden 17. Jahrhundert. Diss. phil. (masch.) Freiburg 1956. S. 130-133; Hermann Kellenbenz: Manlich, Melchior. In: NDB. Bd. 16. Berlin 1990. S. 37-39. Gerhard Seibold: Die Manlich. Geschichte einer Augsburger Kaufmannsfamilie. Sigmaringen 1995 (Abhandlungen zur Geschichte der Stadt Augsburg. Bd. 35). S. 92-100, 124-127, 133-154 und passim.

43 Augsburg StadtA. Strafbuch 1554-1562. Fol. 32^{v}-33^{v}. Augsburg StadtA. Ratsprotokoll 29/I (1555-1556). Fol. 49^{v}.

44 Augsburg StadtA. Ratsprotokoll 29/I (1555-1556). Fol. 65^{v}, 67^{v}.

Während die Ursache des Konflikts im Dunkeln bleibt, treten zwei andere Aspekte des Falls klar zutage. Da ist zum einen die 'Öffentlichkeit', die der Konflikt dadurch erlangte, daß Ulstetts Attacke auf Kraffter an einem Ort stattfand, für den ein grundsätzliches Friedensgebot bestand, und damit auch als Angriff auf den städtischen Frieden insgesamt empfunden werden konnte.[45] Zum anderen demonstriert der Fall den ambivalenten Charakter verwandtschaftlicher Verbindungen, da Ulstett mit Hieronymus Kraffter seinen eigenen 'Schwager' angriff. Diese Ambivalenz wird anhand eines unmittelbar daran anschließenden Konflikts, den Melchior Manlich mit Daniel Ulstett austrug, noch deutlicher. Nachdem Manlich von der Auseinandersetzung zwischen Ulstett und Kraffter erfuhr, sei er seinem eigenen Bericht nach selbst auf den Perlach gegangen, wo ihm die drei Gebrüder Ulstett, *seine schwäger* begegnet seien. Auf Manlichs Ermahnung *Schonet doch der Erbern Freundschafft* hin, habe sich ein hitziger Wortwechsel entsponnen, in dem Daniel Ulstetts Bruder David dem Melchior Manlich ebenfalls *ain maultaschen* angedroht habe. David Ulstett behauptete hingegen, Manlich sei auf seinen Bruder Daniel zugelaufen, als sie sich gerade auf dem Weg zu ihrem Vater befanden, und hätte ihn mit den Worten angefahren: *wie darfstu so keckh sein, Mein schwager in das angesicht zuschlagen.*[46]

Die Kontrahenten Melchior Manlich und David Ulstett bedienten sich in diesem Fall also des Begriffs 'Schwager' mit unterschiedlicher Intention. Während Manlich den Fall so darstellte, als hätte er zwischen seinen Verwandten – der *Erbern Freundschafft* – den Frieden wiederherstellen wollen, empfand David Ulstett die Tatsache, daß Manlich Hieronymus Kraffter als seinen Schwager bezeichnete, als Parteinahme. Daß indessen auch die Ulstett dem Faktor Verwandtschaft einen hohen Stellenwert beimaßen, läßt sich daraus entnehmen, daß die drei Brüder gemeinsam auftraten und daß sie sich zum Zeitpunkt des Konflikts auf dem Weg zu ihrem Vater befanden.

Die 'Nachzeche' einer Hochzeitsfeier im Wirtshaus des Martin Köllinger bildete 1593 den Schauplatz für eine tätliche Auseinandersetzung zwischen den Kaufleuten Daniel Ostermair und Lukas Fischer. Wie so häufig in derartigen Fällen bildete das Zutrinken mit einem Glas Wein den Ausgangspunkt des Streites. Nach einem heftigen Wortwechsel und gegenseitigen Beschimpfungen – Fischer soll Ostermair einen *schelm vnd hundsfud* genannt haben – gingen die Kontrahenten mit den Wehren aufeinander los, wobei Fischer Ostermair verletzte. Das Verhör Fischers brachte zutage, daß ein *alter Hendell* zwischen den Konfliktpar-

---

45 Zur grundlegenden Bedeutung von 'Öffentlichkeit' für die Konstitution von Ehre vgl. M. Dinges: Die Ehre als Thema der Stadtgeschichte (Anm. 18) S. 418-424, 430, 434. Das allgemeine Friedensgebot für die nähere Umgebung des Rathauses geht Lyndal Roper zufolge auf die Augsburger Zuchtordnung von 1537 zurück und hatte seine Ursprünge in der Befürchtung des Rates, daß sich gewaltsam ausgetragene Konflikte vor dem Rathaus zu städtischen Unruhen ausweiten könnten. Vgl. L. Roper: Household (Anm. 21) S. 83.

46 Augsburg StadtA. Strafamt. Urgicht vom 8.7.1555 (Hieronymus Kraffter/Daniel Ulstett).

teien die tiefere Ursache des Streites war. Zwei Jahre zuvor soll Ostermair sich im Wirtshaus des Wolf Clement in abschätzigen Worten über die Hochzeit des jungen Anton Fugger geäußert haben, was Fischer zu der Entgegnung veranlaßt habe, *er sei nur ein gewirtz kramer, er soll dergleichen Herren nit verachten.*[47] Fischers Bemerkung über Ostermairs sozialen Status wurde von diesem offenkundig als Schmälerung seiner Ehre empfunden, die noch jahrelang nachwirkte. Tatsächlich war Ostermair erst relativ kurze Zeit vor dem Streit mit Fischer in die Augsburger Kaufleutestube aufgenommen worden und zahlte für einen Kaufmann eine vergleichsweise geringe Vermögenssteuer.[48]

Einen weiteren Kontext, in dem Angehörige der Augsburger Führungsschicht ihre Interessen mitunter gewaltsam durchzusetzen versuchten – territoriale Ambitionen und Konkurrenz um Besitz- und Herrschaftsrechte im Augsburger Umland –, legt ein Konflikt zwischen Matthäus Ehem und Raymund Fugger aus dem Jahre 1529 offen. Nachdem ein Bauer in dem schwäbischen Dorf Langenneufnach einen anderen Dorfbewohner mit einem Beil verletzt hatte, ließ ihn Ehem als Gerichtsherr des Dorfes gefangennehmen. Die Tatsache, daß der verhaftete Bauer auf einer Sölde saß, die Raymund Fugger gehörte, nahm Fugger zum Anlaß, mit Gefolge nach Langenneufnach zu ziehen, den Bauern mit Waffengewalt zu befreien und gleichzeitig den Vogt des Ortes gefangenzunehmen und in seine Herrschaft Mickhausen zu führen. Nach Meinung des Chronisten Matthäus Langenmantel war dies *ain grosse gewaltige Handlung, ainen mit gewalt vnnd gewaffneter Handt also einzufallen vnnd vergewaltigen über vnnd wider den Lands friden, die Bunds ainung vnd wider alle Bürgerleiths Pflicht.* Langenmantel zufolge ging es Fugger, der bereits kurz zuvor die Witwe seines Onkels Jakob Fugger und ihren zweiten Ehemann Konrad Rehlinger aus der Behausung ihres verstorbenen Gatten vertrieben hatte, vor allem darum, *sein grossen gewalt* zu demonstrieren und dadurch seine eigenen Ansprüche an das Dorf Langenneufnach zu unterstreichen.[49]

Überblickt man diese Fälle, so bestätigt das Augsburger Material zunächst eine Feststellung, die auch Susanna Burghartz für das spätmittelalterliche Zürich und Valentin Groebner für Nürnberg um 1500 getroffen haben: städtische Ober-

47 Augsburg StadtA. Strafamt. Urgicht vom 22.11.1593 (Lukas Fischer).

48 A. Hämmerle: Hochzeitsbücher (Anm. 7) Nr. 1393; Archiv der IHK Augsburg. Protokollbuch der Kaufleutestube. Fol. 69; Augsburg StadtA. Steuerbuch 1590. Sp. 85c.

49 Augsburg SuStB. 2° Cod. Aug. 69. Fol. 129^{r}-130^{v}. Für eine wesentlich fuggerfreundlichere Darstellung des Konflikts vgl. Chroniken, Bd. 4 (Anm. 5) S. 237-244. Vgl. weiter G. von Pölnitz (Anm. 11) S. 164-166; Heinrich Lutz: Conrad Peutinger. Beiträge zu einer politischen Biographie. Augsburg 1958 (Abhandlungen zur Geschichte der Stadt Augsburg. Bd. 9) S. 302-304. Für einen ähnlichen Konflikt zwischen den Augsburger Kaufleuten Andreas und Lukas Grander und dem Nürnberger Patrizier Anton Tetzel vgl. Valentin Groebner: Ratsinteressen, Familieninteressen. Patrizische Konflikte in Nürnberg um 1500. In: Stadtregiment und Bürgerfreiheit. Handlungsspielräume in deutschen und italienischen Städten des Späten Mittelalters und der Frühen Neuzeit. Hg. von Klaus Schreiner, Ulrich Meier. Göttingen 1994 (Bürgertum. Bd. 7) S. 295.

schichten des Spätmittelalters und der Frühen Neuzeit zeigten eine Gewaltbereitschaft, die der anderer sozialer Schichten, wenn überhaupt, dann nur wenig nachstand.[50] Auch die Anlässe für gewalttätige Auseinandersetzungen – Streit um das Zutrinken, um ein Spiel oder Angriffe auf die männliche Ehre – sind als wenig schichtenspezifisch anzusehen. So hat B. Ann Tlusty bei fast allen Fällen von Gewaltanwendung, die in die Urgichten des Augsburger Strafamts Eingang fanden, eine Beziehung zum 'gesellschaftlichen Trinken' feststellen können. Außerdem betont Tlusty den engen Zusammenhang zwischen Ehre und Trinken. Das gemeinschaftliche Trinken diente der Besiegelung von Verträgen und Geschäftsabschlüssen und war ein Zeichen von Freigebigkeit und Gastfreundschaft, das gerade auch für die städtischen Oberschichten erhebliche Bedeutung hatte.[51] Schließlich stellt auch die Form, in der Patrizier und Kaufleute ihre Auseinandersetzungen austrugen, keine Besonderheit dar. Von der in der Literatur öfters beschworenen Begeisterung städtischer Eliten für das ritterliche Turnier, in dem die Kontrahenten nach festgesetzten Regeln ihre Kräfte messen,[52] ist in den hier betrachteten Quellen jedenfalls nichts zu spüren. Vielmehr scheint es bei derartigen Konflikten die Regel gewesen zu sein, daß die Angreifer ihre Gegner hinterrücks schlugen oder traten und die Überlegenheit ihrer eigenen Waffen rücksichtslos ausnutzten.[53]

Ehrkonflikte und soziale Binnenstruktur der Augsburger Führungsschicht

Dennoch zeigen die Quellen über gewalttätige Auseinandersetzungen zwischen Angehörigen der Augsburger Führungsschicht auch einige Besonderheiten. Zum einen spielte neben geschlechtsspezifischer 'männlicher Ehre' auch sozialer Status

50 Susanna Burghartz: Leib, Ehre und Gut. Delinquenz in Zürich Ende des 14. Jahrhunderts. Zürich 1991. S. 108-111, 116-118, 139-154; V. Groebner (Anm. 49) S. 278-308, bes. S. 289f. Zur Gewaltbereitschaft frühneuzeitlicher Oberschichten vgl. auch Gerd Schwerhoff: Devianz in der alteuropäischen Gesellschaft. Umrisse einer historischen Kriminalitätsforschung. In: ZHF 19. 1992. S. 385-414, bes. S. 391f., 402f.; Martin Dinges: Gewalt und Zivilisationsprozeß. In: traverse. Zeitschrift für Geschichte 1995/1. S. 70-82, bes. S. 75f.

51 B. Ann Tlusty: Das ehrbare Verbrechen. Die Kontrolle über das Trinken in Augsburg in der frühen Neuzeit. In: ZHVS 85. 1992. S. 133-155, bes. S. 134-136, 138-140, 151.

52 Vgl. zuletzt Heinrich Dormeier: Kurzweil und Selbstdarstellung. Die 'Wirklichkeit' der Augsburger Monatsbilder. In: "Kurzweil viel ohn' Maß und Ziel". Alltag und Festtag auf den Augsburger Monatsbildern der Renaissance. Hg. vom Deutschen Historischen Museum Berlin. München 1994. S. 148-221, bes. S. 201-210.

53 Vgl. in diesem Kontext Lyndal Ropers Beobachtungen über die gewaltsame Austragung von Konflikten zwischen Eheleuten im Augsburg der Reformationszeit; L. Roper: Household (Anm. 21) S. 185-194.

eine erhebliche Rolle in vielen Auseinandersetzungen. Die gesellschaftliche Stellung von Jeremias Ehems Frau und Lukas Fischers Charakterisierung seines Kontrahenten Daniel Ostermair als 'Gewürzkrämer' deuten ebenso darauf hin wie die auffallend häufigen gewaltsamen Konflikte zwischen Stadtbürgern und Adligen. Hier spiegelt sich die Tatsache wider, daß die Augsburger Führungsschicht des 16. Jahrhunderts ein differenziertes System darstellte, in dem sich mehrere Hierarchien überlagerten. In diesem System besetzten die Patrizier zwar die höchste Prestigesphäre, doch wurden sie in der Vermögenshierarchie der Stadt nicht selten von 'neureichen' sozialen Aufsteigern aus der Kaufmannschaft übertroffen. Ungeachtet aller Oligarchisierungstendenzen in der Augsburger Führungsschicht vermochte der zünftische Aufsteiger Jakob Herbrot noch in den 1540er Jahren aus dem zünftisch-patrizischen Gegensatz politisches Kapital zu schlagen.[54] Wenn sich eine reiche zünftische Kaufmannsfamilie wie die Kraffter 1548 in einem von Kaiser Karl V. ausgestellten Adelsbrief ihre *erbarkeit, redlichhait, gut adenlich sitten, erbar wesen, herkomen, schicklichhait, tugent, und vernunfft* bestätigen ließ,[55] so verband sich damit der Anspruch auf Gleichrangigkeit mit dem städtischen Patriziat.

Auch innerhalb der kaufmännisch aktiven Oberschicht bestanden Prestigeunterschiede, da die Kaufleute, die sich ganz auf das Geld- und Wechselgeschäft spezialisierten, den Warenhandel, insbesondere wenn er auch den Kleinhandel mit einschloß, nicht als standesgemäß erachteten. Die Brüder Philipp Eduard und Octavian Secundus Fugger brachten dies um 1580 deutlich zum Ausdruck, wenn sie feststellten: *wie die Saphoyer und Cramer uff alle Marckt wöllen herumb ziehen* [...] *diß kauffen und verkauffen ist unserer Profession nit, steet uns nit an.*[56] Die zahlreichen Stamm- und Familienbücher, die Angehörige von Patrizier- und Kaufmannsfamilien gerade in den mittleren Jahrzehnten des 16. Jahrhunderts anlegten und die bezeichnenderweise häufig den Namen 'Geheimes Ehrenbuch' trugen, zeugen von dem familiären Selbstbewußtsein, das sowohl alteingesessene Patrizier- als auch neureiche Aufsteigerfamilien in diesem 'Prestigewettstreit' entwickelten.[57]

Zudem sind bei einigen städtischen Oberschichtfamilien des 16. Jahrhunderts deutliche 'Absonderungstendenzen' von der städtischen Gesellschaft feststellbar. Durch umfangreiche Gütererwerbungen, kaiserliche Standeserhebungen, Heiraten mit dem Landadel und einen an adligen Vorbildern orientierten Lebens- und Repräsentationsstil entwickelten sich vor allem die Familien Fugger und Baumgart-

---

[54] K. Sieh-Burens (Anm. 13) S. 158, 164-170; L. Roper: Household (Anm. 21) S. 23-27.

[55] Ausstellungskatalog "Kurzweil viel ohn' Maß und Ziel". Augsburger Patrizier und ihre Feste zwischen Mittelalter und Neuzeit. Hg. von Pia Maria Grüber. München 1994. S. 54.

[56] Reinhard Hildebrandt: Die 'Georg Fuggerischen Erben'. Kaufmännische Tätigkeit und sozialer Status 1555-1600. Berlin 1966 (Schriften zur Wirtschafts- und Sozialgeschichte. Bd. 6). S. 103.

[57] Vgl. die Beispiele in Kurzweil (Anm. 55) S. 32-43.

ner zunehmend zu 'Sonderstrukturen' innerhalb der Stadtgesellschaft, die auch von ihren Mitbürgern mehr und mehr als Fremdkörper empfunden wurden. Diese Polarisierung wurde durch den konfessionellen Gegensatz zwischen den katholischen Fuggern und Baumgartnern und der evangelischen Bevölkerungsmehrheit noch verstärkt.[58] Anton Fugger betonte bereits 1531 explizit den Zusammenhang zwischen den Grunderwerbungen seiner Familie und ihrem Streben nach adligem Sozialprestige: *denn wir tun es nicht um des Nutzens willen, sondern um der Ehre willen.*[59] Aber auch bei protestantischen zünftischen Aufsteigern wie den Herbrot zeigen sich im Heiratsverhalten und Lebensstil gewisse Aristokratisierungstendenzen.[60] Somit war auch das Verhältnis zwischen Stadtbürgertum und Adel von teilweise gegenläufigen Tendenzen geprägt: bürgerlichem 'Feudalisierungsstreben', adligem Standesbewußtsein und einer Abwehrhaltung gegenüber 'homines novi', aber auch dem Konnubium von Adel und Patriziat sowie der finanziellen Überlegenheit reicher Kaufleute über verarmte Adlige, die sich im regelrechten Ausverkauf von Adelsgütern an wohlhabende Stadtbürger manifestierte.[61] Prestigekonflikte und Ressentiments, die sich aus ständisch begründeten Ehrvorstellungen speisten, konnten bei dieser Konstellation nicht ausbleiben. Hier erscheint es

---

58 R. Hildebrandt: Erben (Anm. 56) S. 41-43, 76, 103, 116, 120-121, 184-186, 189; Olaf Mörke: Die Fugger im 16. Jahrhundert. Städtische Elite oder Sonderstruktur? Ein Diskussionsbeitrag. In: ARG 74. 1983. S. 141-162; Wilhelm Krag: Die Paumgartner von Nürnberg und Augsburg. Ein Beitrag zur Handelsgeschichte des XV. und XVI. Jahrhunderts. München, Leipzig 1919 (Schwäbische Forschungen und Quellen. Heft 1). S. 75-83.

59 G. von Pölnitz (Anm. 11) S. 573, Anm. 107. Vgl. R. Hildebrandt (Anm. 56) S. 186.

60 K. Sieh-Burens (Anm. 13) S. 111.

61 Zu diesen Prozessen vgl. Thomas A. Brady: Patricians, Nobles, Merchants: Internal Tensions and Solidarities in South German Urban Ruling Classes at the Close of the Middle Ages. In: Social Groups and Religious Ideas In The Sixteenth Century. Hg. von Miriam Usher Chrisman, Otto Gründler. Kalamazoo/Michigan 1978 (Studies in Medieval Culture. Bd. 13). S. 38-45, 159-164; Volker Press: Führungsgruppen in der deutschen Gesellschaft im Übergang zur Neuzeit um 1500. In: Deutsche Führungsschichten in der Neuzeit. Eine Zwischenbilanz. Büdinger Vorträge 1978. Hg. von Hans Hubert Hofmann und Günther Franz. Boppard am Rhein 1980 (Deutsche Führungsschichten in der Neuzeit. Bd. 12). S. 29-77, bes. S. 42f., 57f.; Rudolf Endres: Adel und Patriziat in Oberdeutschland. In: Ständische Gesellschaft und soziale Mobilität. Hg. von Winfried Schulze. München 1988 (Schriften des Historischen Kollegs. Kolloquien Bd. 12). S. 221-238, bes. S. 225f., 230f. Instruktiv in diesem Zusammenhang auch Barbara Stollberg-Rilinger: Handelsgeist und Adelsethos. Zur Diskussion um das Handelsverbot für den deutschen Adel vom 16. bis zum 18. Jahrhundert. In: ZHF 15. 1988. S. 273-309. Vgl. ferner speziell auf Augsburg bezogen: Friedrich Blendinger: Die wirtschaftlichen Führungsschichten in Augsburg 1430-1740. In: Führungskräfte der Wirtschaft in Mittelalter und Neuzeit, 1350-1850. Hg. von Herbert Helbig. Limburg an der Lahn 1973 (Deutsche Führungsschichten in der Neuzeit. Bd. 6/7). S. 51-86, bes. S. 58, 71; Rolf Kießling: Bürgerlicher Besitz auf dem Land – ein Schlüssel zu den Stadt-Land-Beziehungen im Spätmittelalter, aufgezeigt am Beispiel Augsburgs und anderer ostschwäbischer Städte. In: Augsburger Beiträge zur Landesgeschichte Bayerisch-Schwabens. Hg. von Pankraz Fried. Bd. 1. Sigmaringen 1979. S. 121-140.

sinnvoll, Valentin Groebners Charakterisierung der Nürnberger Führungsschicht als "immer neu ausbalancierten Zustand" statt als geschlossenes oligarchisches System[62] auch auf andere Reichsstädte – in diesem Fall auf Augsburg – zu übertragen.

Der individuelle Ehrbegriff der Kaufleute

Ein zweiter Aspekt steht damit in engem Zusammenhang. Dem kollektiven Ehrbegriff der Zünfte stand bereits im 16. Jahrhundert ein deutlich individualisierter Ehrbegriff der städtischen Kaufmannschaft gegenüber. Die persönliche Ehre und das Selbstbewußtsein hingen in beträchtlichem Maße von den eigenen Fähigkeiten und Leistungen ab.[63] In Bankrottprozessen etwa wurde der Konkurs von seiten der Gläubiger häufig als logische Folge unehrbarer Verhaltensweisen – Betrug, Verschwendung, Veruntreuung – interpretiert, geschäftliches Scheitern mit dem Verlust der persönlichen und familiären Ehre in Verbindung gebracht. Nach dem Konkurs der Gebrüder Rentz in den 1540er Jahren rechtfertigten deren Gläubiger den Vertrag, den sie mit Hans Rentz und den Kindern seines Bruders Friedrich abzuschließen gedachten, nicht nur mit ihren finanziellen Interessen, sondern auch mit dem Argument, daß dadurch *gemeiner Rentzen namens vnnd stammens, guoter leumbd vnd wesen nit gar vmbgestossen, sonnder also erhalten werde.*[64] Als 1557 die Firma der Brüder Hans und David Weyer – ein Unternehmen, das auf den Handel mit Frankreich spezialisiert war und zu den ersten Opfern des französischen Staatsbankrotts gehörte – ihre Zahlungen einstellen mußte, waren ihre Gläubiger davon überzeugt, daß die Weyer aufgrund individuellen Fehlverhaltens – *auß vbermessig geprauchtem pracht, hoffart, eusseriste*[r] *negligentz, vnnd gevärlichem vnfleiß, gantz vnpillich verschwennden, vnnd dilapidiern, auch mit allerley geüpten Leichtferttigkeit* – gescheitert waren. Die Bankrotteure hatten nach Auffassung ihrer Kreditoren *lanng zeit, annderst nicht Im synn gehapt, dann Ire glaubiger vmb dz vertrautt gelt zubetrüegenn, vnnd dasselbig heimlich zuversteckhen.* Der Konkurs war für sie nichts anderes als *ein lautterer muettwill, vnd betrug.*[65] Jakob Herbrot d.J. brachte den engen Zusammenhang, der im Verständnis städtischer Kaufleute zwischen Ehre und Kredit bestand, zum Ausdruck, als er 1561 während eines Prozesses seiner Firma gegen den Münchner Kaufmann

62 V. Groebner (Anm. 49) S. 300.

63 Vgl. Lyndal Roper: Oedipus and the Devil. Witchcraft, Sexuality, and Religion in Early Modern Europe. London 1994. S. 137: "Less surely anchored in a collective sense of honour than were guildsmen, early capitalists' claim to honour was linked with individual struggle and success."

64 Augsburg StadtA. Ratsprotokoll 22/II (1548). Fol. 5^v-6^v.

65 Augsburg StadtA. Stadtgerichtsakten. Nr. 30. Fol. 41^r, 45^r-45^v.

Georg Dilger um eine Schuldforderung Dilgers über 5 000 fl. in einem Brief an dessen gleichnamigen Sohn den Vorwurf erhob, Dilgers Vater habe die Herbrot *ybell gedractiert, vnnsern trauen vnnd glauben verklainert, des kheinem Ehren Man gepürt*. Sein Vater Jakob Herbrot d.Ä. wolle dies *zu Rettung vnnser aller Ehrn* nicht auf sich beruhen lassen.[66] Als Jakob Herbrot und seine Söhne um 1562/63 in Zahlungsschwierigkeiten gerieten, entrüstete sich einer ihrer Gläubiger, der Ratsdiener und Chronist Paul Hektor Mair, daß die Herbrot *mit allem vortail, list und betrug umbgehn, die leut umb das ir zu bringen*. Der Bankrott Herbrots erschien Mair als Beweis dafür, daß dieser in das *eußerst verderben durch seinen großen bracht und übermessig hoffart geraten* sei.[67] Die Augsburger Fallitenordnung von 1580, in der Bankrotteure mit einer Reihe von sozialen Sanktionen bedroht wurden, zeigt schließlich, wie ökonomischer Mißerfolg auch von obrigkeitlicher Seite als ehrminderndes persönliches Versagen verstanden wurde. Bankrotteure sollten danach nicht mehr an den Zusammenkünften *Ehrlicher Leuth* teilnehmen dürfen; sie sollten bei Hochzeits- und Begräbniszügen am Ende des Zuges gehen und unter den Frauen sitzen, und ihre Kinder durften in der Öffentlichkeit keinen Schmuck tragen, wenn sie nicht von ihrer Mutter das Recht dazu ererbt hatten.[68]

Der Zusammenhang von Ehrkonflikten und Verwandtschaft

Ein dritter Aspekt, der in gewaltsam ausgetragenen Konflikten zwischen Mitgliedern der Augsburger Führungsschicht mitunter eine besondere Rolle spielte, ist schließlich im besonderen Stellenwert verwandtschaftlicher Beziehungen zu sehen. Gemeinsame Handelsinteressen und das Streben, familiäre Allianzen mit wirtschaftlich und sozial Gleichrangigen zu schließen, führten zu einem hohen Grad an verwandtschaftlicher Verflechtung innerhalb der Augsburger Führungsschicht. Wurde Verwandtschaft allgemein als positiver Wert angesehen, so konnte die Nichterfüllung bestimmter Erwartungen an Verwandte zu Konflikten führen.[69]

Das Ineinandergreifen der hier skizzierten Faktoren – sozialer Status, individualisiertes Ehrverständnis und familiäre Verflechtungen – läßt sich an einem ab-

66 München BayHstA. Reichskammergerichtsakten. Nr. 6579. Brief Jakob Herbrots d.J. vom 29.10.1561.

67 Chroniken. Bd. 8 (Anm. 26) S. 166, 168f.

68 Reinhard Hildebrandt: Zum Verhältnis von Wirtschaftsrecht und Wirtschaftspraxis. Die Fallitenordnungen des Augsburger Rates 1564-1580. In: Festschrift für Reinhard Dietrich. Frankfurt am Main u.a. 1976. S. 152-163. Vgl. L. Roper: Household (Anm. 21) S. 134 (die Fallitenordnung wird dort unrichtig auf 1571 datiert).

69 Dazu grundlegend K. Sieh-Burens (Anm. 13) S. 41-132.

schließenden Fallbeispiel, dem Konflikt zwischen Jakob Herbrot und seinem Schwiegersohn Simon Manlich in den Jahren 1541 bis 1545, der sich gleichermaßen um geschäftlichen Mißerfolg, schlechte Haushaltung, Gewalt gegen Frauen und familiäre Ehre drehte, minutiös rekonstruieren.[70] Jakob Herbrot, ein aus der Kürschnerzunft hervorgegangener Augsburger Großkaufmann und Bankier und in den Jahren 1545 und 1547 Zunftbürgermeister,[71] nahm nach der Heirat seiner Tochter Marina mit Simon Manlich seinen Schwiegersohn in sein Handelsunternehmen und sein Haus auf, doch kam es bald zu Dissonanzen zwischen Manlich und seinen Schwiegereltern, die einem handschriftlichen Bekenntnis Manlichs zufolge durch seinen üblen Lebenswandel und seine Verschwendung verursacht wurden. Herbrot kündigte daraufhin seinem Schwiegersohn die Beteiligung am Handel auf. Manlichs Brüder Matthäus und Melchior sowie seine Schwäger Georg Regel, Dr. Ambrosius Jung und Hans Langnauer konnten Herbrot jedoch überreden, es mit seinem Schwiegersohn nochmals zu versuchen. Manlich verpflichtete sich im Gegenzug, sich der Völlerei, des Zutrinkens und Spielens zu enthalten, nicht ohne Einwilligung seiner Schwiegereltern auswärts zu essen oder zu trinken und nichts mehr zu verschenken, zu borgen oder leihen.[72]

Als Simon Manlich sich nicht an diese Abmachung hielt und – offenbar wegen erneuten Zechens und nächtlichen Krawallmachens – 1543 verhaftet und im Turm eingesperrt wurde, verließ Marina Herbrot das Haus ihres Mannes und ging in das Haus ihres Vaters zurück. Simon Manlichs Verwandtschaft protestierte daraufhin vor dem Rat, daß Marina grundlos ihren Mann verlassen und obendrein dessen Silbergeschirr, Leinwand und andere Gegenstände mit sich genommen habe. Sie verlangten, daß Marina Herbrot wieder zu ihrem Mann *heimgehen* und ihm seine Habe zurückbringen solle.[73] Die vom Rat bestellten Schlichter befanden hingegen, daß Marina durch die Trunksucht, Gewalttätigkeit und Unberechenbarkeit ihres Mannes veranlaßt wurde, in das Haus ihres Vaters zu ziehen. Außerdem sagten mehrere Zeugen aus, daß Manlich wiederholt die Ehre seiner Frau und seines Schwiegervaters massiv angegriffen hatte. So bestätigte der Barbier Sebastian Weg, er habe Manlich öffentlich sagen hören, *der Herprot sein Schweher halt Ime*

---

70 Sowohl Katarina Sieh-Burens als auch Lyndal Roper erwähnen diesen Fall, beide allerdings unter einem eingeschränkten Blickwinkel. Während K. Sieh-Burens (Anm. 13) S. 47 in der Hilfeleistung Herbrots für seine Tochter das "tiefverwurzelte Zusammengehörigkeitsgefühl" einer Familie der Augsburger Führungsschicht sieht, betont L. Roper: Household (Anm. 21) S. 188 den Umstand, daß Simon Manlich für seine Verstöße gegen städtische Normen und Verordnungen nie bestraft wurde. Vgl. auch G. Seibold (Anm. 42) S. 34f.

71 Zu Herbrot vgl. Paul Hecker: Der Augsburger Bürgermeister Jacob Herbrot und der Sturz des zünftischen Regiments in Augsburg. In: ZHVS(N) 1. 1874. S. 34-98; Friedrich Blendinger: Herbrot, Jakob. In: NDB. Bd. 8. Berlin 1969. S. 588; K. Sieh-Burens (Anm. 13) S. 109-116, 157-180, 186.

72 Augsburg StadtA. Augsburger Geschlechter. Nr. 13.

73 Augsburg StadtA. Augsburger Geschlechter. Nr. 13; Ratsprotokoll 17/II (1543). Fol. 120^v, 123^v.

nichts, vnnd Er sei ain erloser niemand nutzer man, so lanng bis Er Ime Raittung thue, vnnd halt was Er Ime zugesagt hab. Simon Manlichs Köchin berichtete, ihr Herr habe seine Frau mit den Worten beschimpft *du Erloser sackh, ain hure Im frauen hauß hat mer Ere als du,* [...] *Ich will mir des Herprötischen volckhs abhellffenn vnnd dich ainsmals wider haimschickhen* [...]. *Es ist alles Erloß, vnd erlogen was an dem Volckh ist.* Darüber hinaus stellte Manlich auch durch sein Verhalten immer wieder die Rolle seiner Gattin als ehrbare Hausfrau in Frage – etwa wenn er ihr auftrug, ein Mahl für Gäste vorzubereiten, die er angeblich eingeladen hatte, und dann allein bei Tisch erschien.[74]

Jakob Herbrot und Matthäus Manlich einigten sich Anfang 1544 dahingehend, daß Simon Manlich gegen eine Urfehde und eine Bürgschaft seiner Verwandten aus der Haft entlassen werden sollte. Der Rat delegierte zwei angesehene Mitglieder, Hans Welser und Paul Wittelspeck, einen neuen Vertrag zwischen Herbrot und Manlich auszuhandeln.[75] Während der Verhandlungen signalisierte Simon Manlich wiederholt Versöhnungsbereitschaft,[76] um dann wieder seinem Schwiegervater die Absicht zu unterstellen, ohne Grund seine Ehre und seinen guten Leumund anzutasten.[77] Der Vertrag, der schließlich auf massives Drängen des Rates zustande kam, sah vor, daß aller Zwist und Unwille zwischen den Familien begraben werden und Simon Manlich seinen Schwiegereltern in höflicher Form abbitten sollte. Die Eheleute Simon Manlich und Marina Herbrot sollten *ainannder Inn Eeren, Zuocht, lieb vnnd frundschafft, Eelich vnnd Christlich beiwonen, wie sich Erbern Eeleuten zuthun gebürt.* Manlich sollte sich des übermäßigen Weingenusses, *liederlicher pöser gesellschafft*, der Verschwendung sowie des Fluchens und Gotteslästerns enthalten und dermaßen haushalten, daß er weder sein eigenes Hauptgut noch das seiner Frau angriff. Den Eheleuten wurde untersagt, ohne Einwilligung ihrer Verwandtschaft aus Augsburg wegzuziehen. Ergänzend enthielt der Vertrag einige Vereinbarungen über die Verwaltung des Vermögens des Ehepaares durch Jakob Herbrot und Matthäus Manlich.[78]

Der Konflikt zwischen Jakob Herbrot und Simon Manlich und dessen Verwandtschaft drehte sich vordergründig zunächst um materielle Ressourcen. Jakob Herbrot versuchte, das Eigentum seiner Tochter vor Verschwendung zu bewahren sowie die sparsame und verantwortungsvolle Nutzung desselben sicherzustellen. Manlichs Verwandtschaft zeigte sich ihrerseits besorgt darüber, daß Marina Herbrot mit ihrem Auszug aus dem Haus ihres Mannes auch dessen Güter mitnehmen könnte. Darüber hinaus ging es bei der Auseinandersetzung jedoch auch und vor

---

74 Augsburg StadtA. Augsburger Geschlechter. Nr. 13.

75 Augsburg StadtA. Ratsprotokoll 18/I (1544). Fol. 2^{v}, 3^{r}, 7^{v}.

76 Augsburg StadtA. Ratsprotokoll 18/II (1544). Fol. 99^{v}: Manlichs Aussage, *das er leiden möge, zwischen Ime vnnd seinem Schweher Jacoben Herbrod guetliche vnderhandlung zu pflegen.*

77 Augsburg StadtA. Augsburger Geschlechter. Nr. 13.

78 Augsburg StadtA. Ratsprotokoll 19/I (1545). Fol. 97^{v}-99^{v}.

allem um das 'Gut' der familiären Ehre, das neben finanziellen Ressourcen auch die Dimensionen Prestige, Status und politische Macht umschloß. Manlichs Behandlung seiner Frau stellte nicht nur eine faktische Mißachtung der Ehrbarkeit von Marina Herbrot dar. Seine verbalen Attacken auf seine Frau, seinen Schwiegervater und die Herbrotsche Familie stellten deren Ehre auch direkt in Frage. Da Herbrot in den 1540er Jahren hohe städtische Ämter bekleidete und obendrein als sozialer Aufsteiger von den alteingesessenen Patrizier- und Kaufmannsfamilien mit Argwohn betrachtet wurde, kam Simon Manlichs Angriffen auf die Ehre der Familie seiner Frau geradezu politische Brisanz zu. Daher ist es wohl kein Zufall, daß der Konflikt im selben Jahr beigelegt wurde, in dem Jakob Herbrot erstmals zum Bürgermeister gewählt wurde. Auf der anderen Seite hatte die Familie Manlich in den vorangegangenen Jahrzehnten zweimal die Erfahrung machen müssen, daß sich die städtische Oberschicht der Patrizier und Mehrer auch ihr gegenüber ablehnend verhielt. 1515 hatten die Geschlechter Georg Regels Frau Anna Manlich, 1539 den mit Regel, David von Dettighofen und Ambrosius Jung verheirateten drei Manlich-Schwestern den Zugang zur Herrentrinkstube wegen fehlender sozialer Qualifikation verweigert.[79] Daß eine Reihe von Familienmitgliedern sich für Simon Manlich trotz dessen erwiesenen 'Übelhausens' einsetzte, kann vor diesem Hintergrund mit dem Bestreben erklärt werden, einen weiteren Verlust an familiärem Prestige und Ansehen zu verhindern. Von den zwei Aufsteigerfamilien der Manlich und der Herbrot wollte keine gegenüber der anderen das Nachsehen haben. Für die Herbrot wie für die Manlich hatte die Ehre ihrer Familien somit denselben Stellenwert, den ihr der Patrizier Jakob Meuting im Jahre 1543 beimaß. Die Ehre, so Meuting, war schlicht *das höchst gut vnd clainot, so ye ain mennsch vff erden hett achtet.*[80]

---

[79] P. von Stetten: Geschlechter (Anm. 21) S. 156f., 341; G. Seibold (Anm. 42) S. 24-26.
[80] Augsburg StadtA. Ratsprotokoll 17/II (1543). Fol. 23^{v}.

Die Ehre der Mägde zwischen Selbstdefinition und Fremdbestimmung

Renate Dürr

"Ehre ist, objektiv, die Meinung anderer von unserem Wert und, subjektiv, unsere Furcht vor dieser Meinung",[1] so lautet die bekannte Definition Arthur Schopenhauers. Mit der Betonung der Außen- wie auch der Innenperspektive weist Schopenhauer auf zwei Komponenten der Ehre hin, die im vorliegenden Beitrag mit Blick auf die Mägde näher analysiert werden sollen.

In der Frühen Neuzeit Magd zu werden, bedeutete, sich in einen fremden Haushalt zu integrieren und mit der Herrschaft und den Kindern des Hauses unter einem Dach zu leben und zu arbeiten. Sehr viele Frauen dieser Zeit verdingten sich einige Jahre oder auch mehrere Jahrzehnte zumeist bis zu ihrer Eheschließung, etwa jede siebte von ihnen sogar das ganze Leben, in fremden Haushalten. In Schwäbisch Hall beispielsweise traf dies auf mehr als ein Drittel der in der Stadt am Kocher gestorbenen Frauen zu.[2] Auf dem Land werden es prozentual noch mehr gewesen sein.[3] Das Haus war mit Herrschaft, Kindern und Gesinde als eine ständische Einheit gedacht – d.h. hierarchisch strukturiert, orientiert an Befehlsbefugnissen und Gehorsamsgeboten –, die im Kleinen die gesellschaftliche Ordnung spiegelte und bedingte. Als unterster Hausstand bildete das Gesinde nach zeitgenössischer Vorstellung die Basis des Hauses, auf welcher die gesamte Ordnung des Hauses beruhte. Dies wird in den Tugendkatalogen der Hausliteratur und

---

1 Zit. nach: Ludgera Vogt: Ehre in traditionalen und modernen Gesellschaften. Eine soziologische Analyse des 'Imaginären' am Beispiel zweier Texte. In: Ehre. Archaische Momente in der Moderne. Hg. von Ludgera Vogt, Arnold Zingerle. Frankfurt am Main 1993. S. 291-314, hier S. 306.

2 Für die genauen Nachweise und Zahlenverhältnisse vgl.: Renate Dürr: Mägde in der Stadt. Das Beispiel Schwäbisch Hall in der Frühen Neuzeit. Frankfurt am Main, New York 1995.

3 Michael Mitterauer: Gesindedienst und Jugendphase im europäischen Vergleich. In: GG 11. 1985. S. 177-204.

anderer normativer Traktate deutlich, die insbesondere auf Tugenden der Ein- und Unterordnung großen Wert legten.[4]

Die ständische Auffassung des Hauses hatte für Mägde weitreichende Konsequenzen, die von der Organisation des Arbeitsalltags bis zur Formulierung des Gesinderechtes reichten und sich auch auf ihre Ehre auswirkten. Dies wird beispielsweise in der Auffassung des Leipziger Juristen und Frühaufklärers Adam Friedrich Glafey deutlich, der sich zu Beginn des 18. Jahrhunderts über ständenivellierende Tendenzen seiner Zeit mit den Worten erregte:[5]

> *Und was ist das vor eine gewaltige Inaequalität, wenn ein Herr oder Frau von Stande einer geringen Magd deswegen eine Abbitte thun sollen, weilen sie selbige v.g. eine Schand-Hure geheissen? Denn obwohl ein jeder Mensch einen Grad der Ehre hat, den man ihm nicht nehmen oder kräncken soll: so wird doch durch solchen Amts-Eiffer einer Herrschaft des Gesindes Ehre so wenig gekränket, als eines Kindes, wenn es der Vater schilt und schimpft, weilen ein Herr nicht animum iniurandi, sed corrigendi zu haben scheinet.*[6]

Dreierlei wird hier über die Ehre von Mägden ausgesagt. Erstens: Mägde haben, wie alle Menschen, Ehre, die jedoch zweitens – ständisch bedingt – im Vergleich zur Ehre der Herrschaft als gering anzusehen ist. In der Tradition der Hauslehren vergleicht Adam Friedrich Glafey Mägde mit Kindern, unabhängig von ihrem tatsächlichen Alter. Infolgedessen leiteten sich Beschimpfungen der Mägde aus dem Züchtigungsrecht der Herrschaft ab und seien nicht als Ehrkränkungen zu werten. Das Züchtigungsrecht wiederum ist bis weit in das 19. Jahrhundert hinein als der symbolträchtigste Kern ständischer Herrschaft anzusehen.[7] Mit der angeführten Bezeichnung einer Magd als 'Schand-Hure' schließlich verdeutlicht Adam Friedrich Glafey drittens die geschlechtsspezifische Komponente der Ehre der Mägde.

---

4 Vgl. z. B. die Anforderungen an das Gesinde bei Johann Coler: Eoconomia oder Haußbuch [...]. 1. Theil. Wittenberg o.J. [1592]. Kap. 8 und 9; sowie mehr als hundert Jahre später in z.T. wörtlicher Übereinstimmung damit Johann Georg Zedler: Großes vollständiges Universallexikon [...]. Bd. 19. Halle, Leipzig 1739 (ND Graz 1983). Sp. 223: *Die Gebühr und Schuldigkeit derer Mägde betreffend (sie mögen nun Ausgeberinnen oder Beschlüsserinnen, Köchinnen, Kindermägde, Hauß- oder Viehmägde seyn) so sollen dieselben zuförderst GOtt fürchten, fleißig beten, sich eines stillen, erbaren und züchtigen Lebens und Wandels befleißigen, gegen ihre Herrschaft und Vorgesetzte demüthig, ehrerbietig, willig und gehorsam, auch getreu, emsig, hurtig, arbeitsam und unverdrossen sein, der Hoffart nicht nachhängen, noch sich über ihren Stand und Herkommen, putzen und schmücken, und wie es heut zu Tage gar gemein, ihr verdientes Lohn pur an die Lumpen hängen* [...].

5 Zu Adam Friedrich Glafey vgl. Friedrich Carl Gottlob Hirsching: Historisch-literarisches Handbuch berühmter und denkwürdiger Personen. Bd. 2. Leipzig 1795/96 (ND Graz 1972). S. 65f.

6 Zit. nach: Otto Könnecke: Rechtsgeschichte des Gesindes in West- und Süddeutschland. Marburg 1912. S. 676f.

7 Renate Dürr: 'Der Dienstbothe ist kein Tagelöhner ...' – zum Gesinderecht (16.-19. Jahrhundert). In: Frauenrechtsgeschichte. Hg. von Ute Gerhard. München 1997 (im Druck).

Wie andere Frauen auch, wurden Mägde offensichtlich in erster Linie über den 'Huren-Vorwurf' beleidigt.[8]

Das Miteinander ständischer und geschlechtsspezifischer Komponenten in der Ehre der Mägde ist nicht an sich verwunderlich, sondern muß als eine logische Konsequenz der doppelten Dichotomie des frühneuzeitlichen Hauses – dem Dualismus zwischen Herrschaft und Gesinde auf der einen sowie zwischen Männern und Frauen auf der anderen Seite – angesehen werden. Die Folgen dieser Dichotomie jedoch waren für die einzelnen Hausstände sehr verschieden. Für die Frau des Hauses etwa, die einerseits Herrin des Hauses, andererseits Ehefrau war, implizierte diese Diskrepanz jeweils unterschiedliche, sich zum Teil widersprechende Tugendanforderungen. Als Ehefrauen waren sie in erster Linie zu Gehorsam und Unterordnung gegenüber ihrem Mann verpflichtet, als Hausherrinnen dagegen hatten sie unter Umständen weitreichende Weisungsbefugnisse. Die in den frühneuzeitlichen Ehelehren aufgelisteten Tugendanforderungen an die Frauen des Hauses spiegeln durchgängig, wenn auch in unterschiedlicher Nuancierung, diese Ambivalenz.[9]

Für die Mägde wiederum bedeutete der doppelte Dualismus, daß sie einerseits wie die Töchter des Hauses den Status einer 'Jungfrau' innehatten und denselben Tugendanforderungen wie jene unterstanden. Auch sie hatten auf ihre körperliche Unversehrtheit zu achten, sollten keusch und zurückgezogen leben. Auch ihre Ehre entschied über die Ehre des Hauses mit. Weil sie als Angehörige des untersten Hausstandes aber zugleich eine geringere Ehre besaßen, konnten sie von den Schutzfunktionen der Ehre – die diese besaß, insofern sie gerichtlich einklagbar war – nicht im selben Maße profitieren wie andere Jungfrauen. Dies wird noch in dem 1794 erlassenen und in vieler Hinsicht vergleichsweise liberalen Allgemeinen Landrecht für die Preußischen Staaten sehr deutlich, das im Rahmen des Gesinderechtes festlegte:

---

8 Zur weiblichen Ehre vgl. Susanna Burghartz: Rechte Jungfrauen oder unverschämte Töchter? Zur weiblichen Ehre im 16. Jahrhundert. In: Journal Geschichte. Heft 1. 1991. S. 39-45; dies.: Jungfräulichkeit oder Reinheit? Zur Änderung von Argumentationsmustern vor dem Basler Ehegericht im 16. und 17. Jahrhundert. In: Dynamik der Tradition. Hg. von Richard van Dülmen. Frankfurt am Main 1992. S. 13-40; Martin Dinges: 'Weiblichkeit' in 'Männlichkeitsritualen'? Zu weiblichen Taktiken im Ehrenhandel in Paris im 18. Jahrhundert. In: Francia 18. 1991. S. 71-98; ders.: Der Maurermeister und der Finanzrichter. Ehre, Geld und soziale Kontrolle im Paris des 18. Jahrhunderts. Göttingen 1994. S. 348-375 und den Beitrag von M. Dinges in diesem Band.

9 Vgl. dazu: Renate Dürr: Von der Ausbildung zur Bildung: Erziehung zur Ehefrau und Hausmutter in der Frühen Neuzeit. In: Geschichte der Mädchen- und Frauenbildung. Hg. von Elke Kleinau, Claudia Opitz. Bd.1: Vom Mittelalter bis zur Aufklärung. Frankfurt am Main, New York 1996. S. 189-206.

> *Auch solche Ausdrücke oder Handlungen, die zwischen anderen Personen als Zeichen der Geringschätzung oder Verachtung anerkannt sind, begründen gegen die Herrschaft nicht die Vermuthung, daß sie die Ehre des Gesindes dadurch habe kränken wollen.*[10]

Nach diesem Artikel konnten sich Knechte und Mägde nur wenig Hoffnungen machen, erfolgreich wegen einer Ehrverletzung vor Gericht zu gehen. Das Allgemeine Landrecht bestimmte keine Grenze, ab welcher Ausdrücke oder Handlungen der Herrschaft als Zeichen der Geringschätzung anzusehen wären, woraus man jedoch nicht auf vollkommene Rechtlosigkeit des Gesindes schließen darf.[11] Ebenfalls gegen Ende des 18. Jahrhunderts bemühte sich Johann Georg Krünitz in seiner Abhandlung über das Gesinderecht um die Formulierung einer solchen Grenze. Er verlangte, diejenigen Beschimpfungen der Herrschaft gegenüber seinen Bediensteten zu verbieten, *welche den ehrlichen Nahmen angreifen, und mit welchem dem Gesinde solche Laster und Verbrechen vorgeworfen werden, auf welche die Gesetze den Verlust des ehrlichen Nahmens gesetzt haben.*[12] Als einklagbare Ehrverletzungen einer Magd galten demnach nur sehr schwerwiegende Beleidigungen oder Tätlichkeiten mit nachhaltigen Folgen. Immerhin wurden in vereinzelten Fällen tatsächlich Hausväter für eine Ehrverletzung verurteilt wie etwa Johann Bolten in Wilster, der 1653 *wegen verbal- und realinjurien an seiner dienstmaget* vier Taler Strafe zu entrichten hatte.[13] Worin die Beleidigungen in Wort und Tat bestanden hatten, erfahren wir leider nicht.

Die Diskrepanz der beiden Elemente der Mägde-Ehre – der Ehranforderungen wie die Töchter des Hauses bei gleichzeitig verminderter Ehrfähigkeit – hatte jedoch nicht nur Auswirkungen auf eine eventuelle, gerichtliche Wiederherstellung der Ehre, sondern vor allem fatale Konsequenzen für jene Mägde, deren Ehre als zerstört galt, weil sie etwa wegen eines 'Unzuchtsvergehens' vor Gericht standen.[14] Die Analyse des Schwäbisch Haller Urfehdenbestandes aus den Jahren 1635 bis 1684 zeigt nämlich, daß die Bestrafung durch den Schwäbisch Haller Rat Mägde in aller Regel besonders hart traf. So waren es vorwiegend Mägde, die wegen eines Vorehelichkeitsdeliktes statt der eigentlich angesetzten zehn oder vierzehn Tage bis zu vier Wochen in Haft saßen. Mägde wurden auch bei vergleichsweise geringen Anlässen zu einer Schandstrafe, die in Schwäbisch Hall zumeist in einer

---

10 Allgemeines Landrecht für die Preußischen Staaten von 1794. Textausgabe. Hg. von Hans Hattenhauer. Frankfurt am Main, Berlin 1970. 2. Theil. V. Titel § 78. Vgl. zu der ständisch gestuften Ehrfähigkeit auch: M. Dinges: Maurermeister (Anm. 8) S. 158-160.

11 Vgl. R. Dürr: Dienstbothe (Anm. 7).

12 Johann Georg Krünitz: Das Gesindewesen nach Grundsätzen der Ökonomie und der Policeywissenschaft abgehandelt. Berlin 1779. S. 56f.

13 Karl-Sigismund Kramer: Nachrichten zum Komplex 'Haus und Hof im Volksleben' vorwiegend aus Holstein. In: Kieler Blätter zur Volkskunde 2. 1970. S. 53-103, hier S. 85.

14 Vgl. ausführlich R. Dürr: Mägde (Anm. 2).

viertel- bis halbstündigen Lastersteinstrafe auf dem Rathausplatz bestand, oder zu Landesverweis verurteilt. Bei anderen Frauen dagegen wurden solche Strafen nur verhängt, wenn – aus zeitgenössischer Sicht – erschwerende Tatbestände hinzukamen. Frauen, die keine Mägde waren, erhielten eine Ehrenstrafe oder Landesverweis in der Mehrzahl der Fälle, wenn sie sich mit mehreren Männern oder Soldaten eingelassen hatten. Auch Abtreibungsversuche, eine verheimlichte Schwangerschaft oder ein zusätzliches Diebstahlsvergehen konnten dazu führen. Hingegen erwähnen die Urfehdberichte bei Mägden nur selten erschwerende Gründe. Im Gegenteil hat es hier den Anschein, daß Schandstrafen und Ausweisungen auch bei vergleichsweise harmlosen Begebenheiten verhängt wurden. Die Magd Anna Catharina Näberin aus Kirchberg etwa wurde relegiert, weil sie den Küferknecht *mit ihr Underm schurz spilen* ließ, auch wenn es *ihr zwar nichts geschadet* hatte,[15] und auch Elisabeth Franck nützte es nichts, bei der einmaligen Begegnung mit ihrem Liebhaber in ihrer Kammer nicht schwanger geworden zu sein.[16] Es lag in der Logik des frühneuzeitlichen Strafsystems, diejenigen Frauen einer besonders entehrenden Strafe zu unterziehen, deren Ehre aufgrund bestimmter, als besonders ehrlos angesehener Handlungsweisen oder wegen ihres geringen Standes nur schwer wiederhergestellt werden konnte. Bei Mägden lag der Grund für eine zur Geldbuße und Haftstrafe zusätzlich verhängte Ehrenstrafe in zahlreichen Fällen lediglich in der Geringfügigkeit ihres Standes, weil auch kleine Normverstöße aus obrigkeitlicher Perspektive die Ehre der Mägde nachhaltig verletzten.

Doch nicht nur die Obrigkeit, auch die männliche Bevölkerung scheint – nach den Schwäbisch Haller Urfehdberichten zu urteilen – die Ehre einer Magd, die wegen eines Unzuchtsvergehens vor Gericht gekommen war, für dauerhaft zerstört gehalten zu haben. Während nämlich im allgemeinen drei Viertel der vor dem Haller Rat verhandelten Vorehelichkeitsdelikte vor oder nach der Haft in eine Ehe mündeten (wobei in diesen Zahlen auch die Mägde enthalten sind), verweigerten über die Hälfte der Partner aus dem Territorium und in der Reichsstadt selbst sogar über 86 Prozent der beteiligten Männer eine Heirat der mitangeklagten Magd. Dabei suchten sich die Mägde in der Regel einen Partner, bei dem eine Eheschließung möglich erscheinen mußte. Unter den 88 Dienstbotinnen des Untersuchungszeitraumes gaben nämlich nur vier den Meistersohn als Partner oder Schwängerer an, und sechs ließen sich mit verwitweten oder ledigen Meistern ein. Elf hingegen unterhielten Beziehungen zu Gesellen, und am häufigsten schließlich, und zwar in 37 Fällen, hatten sie sich mit einem Knecht zusammengetan. Aber auch von diesen Partnern wurden Mägde nur selten geheiratet. Kein Geselle nahm die 'gefallene' Magd, was zweifellos seinen Grund in der rigiden Zunftpolitik hatte, die die Erlangung einer Meisterstelle an die eheliche Geburt des Meisters, seiner Frau und seiner Kinder band. Doch entzogen sich auch zahlreiche

---

[15] Schwäbisch Hall StadtA. UF, 4/483. Fol. 1r (17.1.1664).

[16] Schwäbisch Hall StadtA. UF, 4/483. Fol. 9r (9.2.1665).

Knechte einer Heirat – insbesondere sofern sie in der Reichsstadt selbst arbeiteten. Hier ließen sich nur zwei von zwölf Knechten auf eine Ehe mit der Magd ein. Trotz der relativen Übereinstimmung der Partner in Alter und Standeszugehörigkeit kam es also, insbesondere in der Reichsstadt, auch bei Verbindungen mit Gesellen oder Knechten nur selten zu einer Eheschließung mit einer Magd, deren Ehre als angegriffen galt.

Die Unterschiede zwischen Stadt und Land liegen wohl zum einen in dem – an vielen Punkten wahrnehmbaren – Rigorismus in der Stadt, der durch die größere Nähe zu Rat und Geistlichkeit auch die Denk- und Verhaltensweisen der Bevölkerung stärker geprägt hatte als auf dem Land. Ausschlaggebender jedoch war m.E., daß die Diskrepanz der beiden Ehrsysteme in der Stadt spürbarer war. Denn die Mägde waren hier als Hausgenossen in das Zentrum der bürgerlichen Gesellschaft gerückt, deren Ehrbegriffe sehr viel enger an Standesdefinitionen gebunden waren als auf dem Dorf – ohne damit sagen zu wollen, daß die ländliche Gesellschaft davon frei gewesen wäre. Für das Territorium erlassene Kleiderordnungen des Haller Rates unterschieden aber nur zwischen Männern und Frauen und kannten keine ständische Differenzierung zwischen einzelnen Schichten oder zwischen Herrschaft und Gesinde.[17] Die ständisch definierte geringere Ehrfähigkeit fiel in der Stadtgesellschaft folglich stärker ins Gewicht.

In Städten kam es demzufolge häufiger zu Konflikten um die ständische Ordnung des Hauses und die Ehrbarkeit der einzelnen Hausstände als auf dem Land. Dies kann beispielsweise an den vor allem seit der zweiten Hälfte des 17. Jahrhunderts immer aggressiver werdenden Schmähtraktaten über die Unbotmäßigkeit der Mägde abgelesen werden, die sich hauptsächlich auf städtische Verhältnisse bezogen. So war Anfang des 18. Jahrhunderts ein Traktat unter dem Pseudonym Marforius erschienen mit dem Titel: *Kurtze Beschreibung Des zum theil liederlichen Lebens und Wandels Derer anjetzo in grossen Städten sich befindenden Dienst-Mägde, Als da sind Muhmen, Ammen, Köchinnen, Junge=Mägde, Jungfer= und Kinder=Mägde* [...].[18] Diese Schrift, die zwei Auflagen erlebte, ist die Bearbeitung einer anonymen Mägde-Beschreibung aus dem Jahre 1684, die ihrerseits drei Auflagen und noch eine weitere Bearbeitung mit sechs Auflagen erfahren hatte.[19] In diesen Traktaten wird der Weg einer Magd von der Ankunft in der neuen Stadt bis zum Kindsmord und der unvermeidlichen Hinrichtung nach einer

17 Schwäbisch Hall StadtA. 5/1479. KleiderOrdnung auff dem Land/ Deß Heil. Reichs Statt Schwäbischen Hall. Schwäbisch Hall 1686.

18 Marforius (Pseud.): Kurtze Beschreibung Des zum theil liederlichen Lebens und Wandels Derer anjetzo in grossen Städten sich befindenen Dienst-Mägde [...]. o.O. o.J. Vgl. dazu ausführlich R. Dürr: Mägde (Anm. 2).

19 Artige und lustige Beschreibung/ Der Heut zu Tage Durch gantz Europam sich befindenden Dienst-Mägde [...]. o. O. 1689; Expertus Caspar Teutonicus: Kräfftiger Neu-Jahrs-Wunsch, Denen Am Mayn- und Rhein-Strohm jetziger Zeit sich aufhaltenden Sämbtlichen Kinder-Koch- und Dienstmägden Auff das Jahr 1686. Mägdeburg am Rhein 1686.

vorehelichen Schwangerschaft geschildert, wobei sämtliche Stereotype über faule, liederliche, unredliche und vor allem ehrlose Mägde aneinandergereiht werden. Besonders hämisch zeigen sich die Verfasser in bezug auf den Versuch einer Nachahmung städtischer Ehrbarkeit. Kristallisationspunkt war dabei der Vorwurf standesunangemessener Kleidung. So beschreibt Marforius die Hoffart der Mägde unter anderem in folgender Weise: Nachdem sie eine Weile in der Stadt gearbeitet und Bekanntschaft zu Gesellen oder anderen Männern geschlossen haben,

> *werden* [sie] *so einbilderisch, stoltz und hoffärtig, daß sie eher sterben wollen, als daß sie glauben solten, sie wären nicht schön, da sie doch offtmals wie ein gelber Fist, Nacht=Eule oder Meer=Katze aussehen, da gehet es alsdenn an ein schmincken, schniegeln und spiegeln, und ist der Spigel in der Wohnstube ihnen nicht mehr genug, sondern es muß auch einer in der Küche auffgehencket seyn, ja sie tragen auch wol noch einen a parte im Schubsacke bey sich,* [...]. *Bald versaltzen sie das Fleisch, bald lassen sie es anbrennen, bald die Katzen verschleppen und weil sie stets in eingebildeter Schönheit, der Hoffart, Hochmuth und Hurerey (oder Heurath wolte ich sagen) so eiferig nachsinnen und dencken, daß sie kein Essen recht machen, sondern vor Kälber=Liebe fast gantz närrisch werden. Sie kleiden sich viel schöner und köstlicher, als manche Handwercks=Manns=Tochter, ja wol gar als ihre Frauen selber, denn sie tragen die schönsten Fontangen oder Schleppen, pudern die Haare, tragen den Halß biß an die Brüste bloß, daß iedermann die gelben Milch=Flaschen sehen soll, gleich als wenn sie die vornehmsten von Adel wären* [...] *mit einem Worte zu sagen, sie gehen in Kleidern so hoffärtig und unverantwortlich stoltz daher, daß man eines ehrlichen rechtschaffenen Manns=Tochter von einem solchen gewesenen Bauer=Trämpfel nicht unterscheiden und erkennen kann.*[20]

Hiermit wären wir bei dem entscheidenden Punkt angelangt, den auch Kleiderordnungen immer wieder explizit betonen. So verlangte die Schwäbisch Haller Kleiderordnung 1686 von den Mägden, keine Stirnbinden oder Wülschen anzulegen, sondern das Haar geflochten zu tragen, *damit dißfalls ein Underschied/ zwischen einer vornehmen und gemeinen Tochter und Magd gehalten werde.*[21]

Kleiderordnungen versuchten, durch eindeutige Grenzziehungen die ständische Hierarchie nach außen sichtbar zu gestalten. Die Prinzipien der Einteilung bieten infolgedessen aussagekräftige Hinweise auf das Bild, das sich die Obrigkeit von der Gesellschaftsformation machte. Verstöße gegen die Kleiderordnungen wiederum zeigen, wo dieses Bild mit der Selbstwahrnehmung der Betroffenen kollidierte.[22] Durchgängig wurde der Kleidung des Gesindes verstärkte Aufmerksam-

---

[20] Marforius (Anm. 18) Kap. 6, unpag.

[21] Schwäbisch Hall StadtA. 5/1479.

[22] Vgl. die vorzügliche Studie von Daniel Roche: La culture des apparences. Une histoire du vêtement (XVIIe-XVIIIe siècle). Paris 1989.

keit gewidmet. In Nürnberg etwa grenzte die erste gedruckte Kleiderordnung nur zwei Personengruppen von der Masse der Bürger und Einwohner ab, und zwar das Patriziat auf der einen und die Dienstboten auf der anderen Seite.[23] In manchen Gegenden – so in England und in der Stadt Bern – wurden eigenständige Gesinde-Kleiderordnungen erlassen.[24] Häufiger jedoch war eine Integration der Vorschriften in der allgemeinen Kleiderordnung für sämtliche Stände. Dabei sind drei prinzipiell unterschiedliche Einteilungskriterien möglich:

1. Die Mägde werden als Angehörige ihres Herrschaftshauses im Rahmen des herrschaftlichen Standes – wenn auch davon abgesetzt – mitbehandelt. Diesem Prinzip trägt die Regensburger Kleiderordnung von 1661 in Ansätzen Rechnung, wenn sie die erlaubten Kleider der Mägde nach ihren Dienstorten *in vornehmen Diensten* oder *bei geringen Bürgern und Handwerksleuten* unterscheidet. Allerdings werden Mägde auch in dieser Ordnung getrennt von den anderen Ständen als ein eigener siebter Stand betrachtet unter der Überschrift: *Kleidung der Dienstmägde und Dirnen, so hiesiger Stadt recht nicht einverleibt seind* [...].[25]

2. Dies leitet über zu der zweiten Möglichkeit, den Mägden innerhalb der Stadt- und Dorfgesellschaft einen eigenen, von den anderen getrennten Stand zuzuweisen. Diesen Weg beschreitet beispielsweise die Württembergische Landesordnung von 1621.[26] In der darin inbegriffenen Kleiderordnung werden zunächst die Kleider der Bauern und Tagelöhner sowie deren Ehefrauen und Kinder beschrieben. Dann geht es um die Kleidung einfacher Bürger und Einwohner der Stadt, ebenfalls inklusive ihrer Ehefrauen und Kinder. Zu dieser Kategorie gehören aber auch die Handwerksknechte und Gesellen. Sie gehören demnach – wenn auch in abgesetzter Abhängigkeit – zum Meisterhaushalt dazu. Anschließend werden die gehobenen städtischen Stände mit ihren Ehefrauen und Kindern beschrieben: Kauf- und Gewerbeleute, die im Rat, im Gericht oder in anderen höheren Ämtern sitzen. In dieser Kategorie werden außerdem die Sekretäre, Schreiber, Vögte und Amtleute erwähnt, sofern sie nicht von Adel waren. Eine eigene, von allen anderen Kreisen abgetrennte Gruppe schließlich bilden die Dienstmägde – notabene nicht

---

23 Vgl. Jutta Zander-Seidel: Ständische Kleidung in der mittelalterlichen und frühneuzeitlichen Stadt. In: Terminologie und Typologie mittelalterlicher Sachgüter: Das Beispiel der Kleidung. Hg. von der Österreichischen Akademie der Wissenschaften. Wien 1988. S. 59-76, hier S. 61.

24 Zu Bern vgl. Sigrid und Wolfgang Jacobeit: Illustrierte Alltagsgeschichte des deutschen Volkes, 1550-1810. Leipzig u.a. 1985. S. 219; zu England vgl.: Neithardt Bulst: Kleidung als sozialer Konfliktstoff. Problem kleidergesetzlicher Normierung im sozialen Gefüge. In: Saeculum 44. 1993. S. 32-46, hier S. 44, Anm. 54.

25 Zit. nach: Walter Fürnrohr: Das Patriziat der freien Reichsstadt Regensburg zur Zeit des Immerwährenden Reichstages. Eine sozialgeschichtliche Studie über das Bürgertum in der Barockzeit. In: Verhandlungen des Historischen Vereins für Oberpfalz und Regensburg 93. 1952. S. 153-308, hier S. 196.

26 August L. Reyscher (Hg.): Vollständige, historisch und kritisch bearbeitete Sammlung der württembergischen Gesetze. Bd. 12. Tübingen 1841. S. 859-862, Tit. CVI-CIX.

die Knechte. Unabhängig vom Stand ihrer Dienstherrschaft und davon, ob sie in einer Stadt oder auf dem Land arbeiteten, sollte ihre Kleidung jeglichen Schmuck entbehren.

3. Die dritte Variante, der etwa Schwäbisch Hall verpflichtet war, bestand darin, die Mägde mit der gesellschaftlichen Unterschicht, mit Tagelöhnern, Fuhrleuten, niederen Stadtbediensteten u.a., zusammenzufassen.[27]

Augenscheinlich war es auch für die Zeitgenossen nicht leicht, zu definieren, wie denn die Geringfügigkeit des Mägdestandes genau beschaffen sei: geringfügig im Rahmen der häuslichen Ständeordnung, wie andere niedere gesellschaftliche Stände oder im Sinne eines eigenen, außerhalb der städtischen Ordnung stehenden Standes. In der Betonung der Geringfügigkeit des Standes jedoch sind die drei Klassifikationsmodelle miteinander vergleichbar. Philemon Menagius schrieb gegen Ende des 17. Jahrhunderts:

> *Ferner müssen sie* [die Knechte und Mägde] *auch bedencken/ was sie gegen andere Menschen seyn/ nemlich arme/ unterworffene/ dienstbare. Es ist nicht ohn/ daß sie auch so wohl Menschen als andere seyn/ aber nicht Menschen in gleichem Stand mit andern.*[28]

Zwei Jahre nach dem erwähnten Traktat des Marforius erschien eine anonyme Antwort unter dem Titel: 'Die sich selbst verdefendirende Dienst=Magd [...]', in welcher durch ein fiktives Gespräch zwischen einer Magd, Regine, und einer Gesindevermittlerin, Mutter Liese genannt, Marforius' Schrift Kapitel für Kapitel kommentiert wurde. Während Mutter Liese aus Gram über die Schande, die ihr als Gesindevermittlerin und den Mägden angetan worden war, schwer erkrankt ist, zeichnet sich Regine durch ein starkes Selbstbewußtsein aus:

> *Was aber diesen spitzfindigen und Ehren=abschneiderischen Marforium anlanget mit seinem nichtswürdigen Tractätlein, habe ich gethan, wie ich es zu lesen bekommen, als wenn mich ein Esel trete, und habe darzu gelacht* [...].[29]

Wie bei Marforius nahm auch in der Schrift von der 'Dienst-Magd' die Frage standesgemäßer Kleidung der Mägde einen großen Raum ein. Die eben zitierten Passagen des Marforius über die Putzsucht der Mägde kommentiert die Magd Regine mit den Worten:

---

[27] Vgl. die Kleiderordnungen von Schwäbisch Hall 1686 (Anm. 17), 1703, 1720 und 1745 in: Schwäbisch Hall StadtA. 126/1-4.

[28] Philemon Menagius: Die Sieben Teuffel/ welche fast in der gantzen Welt die heutige Dienst-Mägde beherrschen und verführen. [...]. Frankfurt am Main 1693. S. 64.

[29] Die sich selbst verdefendirende Dienst-Magd, das ist: Ein Gespräch Zwischen einer Dienstmagd und einer Trödel-Frauen, über das vor weniger Zeit herausgegebene Leben und Wandel derer Dienst-Mägde grosser Städte Des Marforii. o. O. 1719. S. 7f.

Ihr liebe Mutter Liese, er hält uns ja auch im sechsten Capitul grausam vor übel, daß wir reinlich in Kleidungen einhergehen, viel schöner und köstlicher als die Handwerckmanns=Töchter, schreibet er, welches aber eine Lügen. Und im neundten Capitel schmehlet er auff die Sauerey, und spricht: Es wären so grausam viel faule, garstige, schlumpigte Huren unter uns, daß es ihm graue, wenn er daran gedächte. Aber der gute Herr dencket der Sache nicht weiter nach, als man mit einer Kuhe wirfft, wenn es unsere Herrschafften nicht haben wolten, der Geyer müste uns plagen, daß wir unser bißgen Lohn und Trinck=Geld an die Lumpen alleine hiengen, ach nein, Mutter Liese! [...] *Uber dieses so verwehret es uns ja keine Obrigkeit, sondern siehet uns durch die Finger, und dieser will es uns wehren; Ja die meisten unter uns haben es auch wohl gar Macht, sich wie Handwercksmanns=Töchter zu kleiden, weil sie welche seyn, aber keine Eltern mehr haben, oder doch solche Eltern, die durch Unglücke um das Ihrige gekommen, daß die Töchter unter die Leute gemust.*[30]

Drei interessante Argumente bringt die fiktive Magd Regine in ihrer Aussage vor. So behauptet sie einerseits, daß die Herrschaft selbst auf gute Kleidung der Ehehalten Wert lege. Tatsächlich scheinen die Hausherrn und Hausfrauen nicht selten einen 'unstandesgemäßen' Kleideraufwand ihrer Dienstboten durch Weitergabe oder Vererbung begünstigt zu haben, weil die Beschaffenheit der Kleider der Bediensteten auch den Reichtum des Herrschaftshauses spiegelte.[31] Dies erfahren wir aus zahlreichen Verteidigungsreden vor dem Schwäbisch Haller Einungsgericht, in welchen die Mägde auf den Vorwurf eines Verstoßes gegen die Kleiderordnung erwiderten, daß sie die Kleider von ihrer Herrschaft geerbt hätten.[32] Maria Barbara Bühl erzählte den Einungsherren, daß sie eine einfache Stirnbinde habe anlegen wollen, als ihre Hausherrin sie gedrängt habe, eine samtene zu tragen, da sie schließlich in wenigen Wochen heiraten würde.[33] Das Interesse einiger Hausfrauen an guter Kleidung ihrer Dienstboten zeigt sich auch in vereinzelten Interventionen vor dem Einungsgericht zugunsten ihrer Magd. So bat die Witwe Anna Catharina Hennin die Einungsherren, ihrer Magd eine Haube zu erlauben, weil es derzeit sehr kalt sei.[34] Die Ratsapothekerin Schwäbisch Halls ging noch

---

30 Die sich selbst verdefendirende Dienstmagd (Anm. 29) S. 13f.

31 Vgl. dazu auch D. Roche (Anm. 22) S. 101-104; N. Bulst (Anm. 24) S. 44; Katharina Simon-Muscheid: 'Und ob sie schon einen dienst finden, so sind sie nit bekleidet dernoch'. Die Kleidung städtischer Unterschichten zwischen Projektionen und Realität im Spätmittelalter und in der frühen Neuzeit. In: Saeculum 44. 1993. S. 47-64, hier S. 53.

32 Schwäbisch Hall StadtA. 4/553. Fol. 201^{v}-202^{r} (1.2.1687); Fol. 230^{r} (5.4.1687).

33 Schwäbisch Hall StadtA. 4/553. Fol. 317^{v} (27.9.1687). Sie heiratete am 1.11.1687 den Büchsenmacher und Zeugwarter Clemens Schnizer, 2/45. Fol. 673.

34 Schwäbisch Hall StadtA. 4/553. Fol. 168^{v} (9.11.1686).

einen Schritt weiter. Nach Aussage ihrer Magd hatte sie angeboten, eventuell anfallende Strafgelder für das Tragen einer samtenen Stirnbinde selbst zu erlegen.[35]

Des weiteren erklärt die fiktive Magd Regine die angeblich zu aufwendige Bekleidung vieler Mägde mit dem Argument, daß doch die meisten Mägde Handwerkerstöchter seien und deshalb das Recht hätten, sich dementsprechend zu kleiden. Auch vor dem Schwäbisch Haller Einungsgericht verteidigten sich Mägde auf diese Weise: sie *wißße also nicht, waß sie über ihren standt trage, were ja ein pfarrers tochter,*[36] oder: *sie gehe auch recht daher, ihr Vatter seye ja ein bruch-arzt, Und ja kein taglöhner, oder handwercksmann.*[37] Eine Wirtstochter schließlich brachte vor, daß sie den beanstandeten Wulsch habe machen lassen, damit sie sich *alß eine burgerstochter* – und nicht etwa wie eine Magd – *uffzu füehren* könne.[38]

Diese Argumentation vieler Mägde führt uns zu der Frage, aus welchen Elternhäusern denn die Mädchen und jungen Frauen stammten. Dafür bieten die Schwäbisch Haller Totenbücher eine gute Analysegrundlage, weil sie seit 1635 von sämtlichen Verstorbenen, ohne Ansehen ihres Alters, Standes oder Geschlechtes, eine kurze Skizze des Lebensweges enthalten, die ich für den Zeitraum 1635 bis 1690 mit 482 Berichten über Mägde ausgewertet habe.[39] Dabei zeigt sich zunächst einmal, daß Mägde zwar tatsächlich häufig aus Familien der unteren gesellschaftlichen Schichten kamen – aus der unteren Mittelschicht sowie der eigentlichen Unterschicht –, die einen Anteil von fast 60 Prozent stellten. Zugleich aber bestätigt die Analyse der Totenberichte die Behauptung der fiktiven Magd Regine. Denn fast 30 Prozent der Mägde stammten aus der oberen Mittelschicht sowie der Oberschicht. Wie wir ebenfalls schon von 'Regine' erfahren haben, verdingten sich Töchter aus diesen Familien in erster Linie nach dem Tod ihrer Eltern oder plötzlicher Verarmung. Nur wenige Töchter angesehener Bürgersfamilien konnten jedoch nach Abschluß der Gesindezeit durch die Eheschließung ihren früheren Status wiedererlangen. Dazu gehörte etwa die Pfarrerstochter Anna Catharina Lieb, die die Frau eines Notars wurde.[40] Die Hälfte der Töchter aus Oberschichtsfamilien dagegen mußte durch die Eheschließung nach ihrem Gesindedienst einen gravierenden Statusverlust in Kauf nehmen und heiratete in Familien der unteren Mittel- sowie der Unterschicht, wie Margaretha Hübner, Tochter eines Handelsmannes, die zunächst die Frau eines Soldaten, dann eines Tagelöhners wurde.[41]

---

35 Schwäbisch Hall StadtA. 4/553. Fol. 234^{v}-235^{r} (12.4.1687).

36 Schwäbisch Hall StadtA. 4/553. Fol. 230^{r} (5.4.1687). Vgl. auch Sabine Ehrhardt: Goller und Gugel, Schaube und Schappel. Kleidungsverhalten im Hall des 16. und 17. Jahrhunderts. In: Haus(Ge)schichten. Bauen und Wohnen im alten Schwäbisch Hall und seiner Katharinenvorstadt. Hg. von Albrecht Bedal, Isabella Fehle. Sigmaringen 1994. S. 179-207.

37 Schwäbisch Hall StadtA. 4/553. Fol. 204^{r} (8.2.1687).

38 Schwäbisch Hall StadtA. 4/553. Fol. 204^{v} (8.2.1687).

39 Vgl. zum folgenden ausführlich R. Dürr: Mägde (Anm. 2).

40 Schwäbisch Hall StadtA. 2/72. Fol. 423 (29.8.1687).

41 Schwäbisch Hall StadtA. 2/71. Fol. 287 (20.11.1663).

Für die überwiegende Mehrzahl der Mägde aus den oberen Gesellschaftsschichten führte darum der ungewollte Gesindedienst zu einem tiefen Einschnitt in ihrer Biographie, der mit einem nachhaltigen Statusverlust einherging. In dieser Hinsicht stellten die Kleidervorschriften für Mägde keine nebensächliche Äußerlichkeit dar, sondern konnten zum Symbol für einen erzwungenen und unerwünschten Standeswechsel werden.

Mit ihrem dritten Argument führte die fiktive Magd Regine an, daß auch die Obrigkeit nichts gegen prächtige Kleider der Mägde unternähme und sie damit billige. Die Polemik dieser Behauptung läßt aufhorchen und – im Kontext des zeitgenössischen Diskurses – mißtrauisch werden. Die langandauernden Verhandlungen zwischen Rat und Einungsgericht über den Inhalt und die Ausführungsbestimmungen der ersten Kleiderordnung von 1686 in Schwäbisch Hall vermitteln vielmehr den Eindruck verstärkter Aufmerksamkeit der Obrigkeit in bezug auf diese Frage.[42] Immerhin wurden im ersten Jahr nach Inkrafttreten der Ordnung 163 Personen vor das Einungsgericht zitiert, von denen zwei Drittel in den Monaten Februar bis April angeklagt worden waren. Die große Zahl der Anklagen erklärt sich zum einen damit, daß die Stadtknechte und ihre Frauen für ihre Observationstätigkeit mit einem Drittel der verhängten Kleiderordnungsstrafen entschädigt wurden.[43] Zum anderen scheint auch das System des Strafnachlasses bei Anzeige weiterer Personen wirksam gewesen zu sein. So bat die Magd des Bäckers Friedrich Stadtmanns um Straferlaß, der ihr bewilligt wurde, weil sie andere angezeigt hatte.[44]

Die große Zahl der vor das Einungsgericht zitierten Personen führte zu langen Sitzungen, bei denen die Denunzierten vor der Tür zu warten hatten, bis sie Einlaß bekamen. Auf die Frage, warum sie niemals erschienen sei, erklärte die mehrmals vorgeladene Magd Sibilla Distelbergerin, daß sie es zweimal versucht habe, aber nicht so lange hatte warten können. Das dritte Mal übrigens stand sie vor verschlossenen Türen, weil die Einungsherren die Sitzung offenkundig kurzfristig in die Weinstube verlegt hatten.[45]

---

[42] Schwäbisch Hall StadtA. 5/1479; 4/293, Fol. 254^{v}-255^{r} (9.4.1686), Fol. 484^{r} (28.6.1686), Fol. 542^{r} (12.7.1686); 4/553, Fol. 180^{v} (1.12.1686), Fol. 192^{r} (11.1.1687); 4/294, Fol. 18^{r} (12.1.1687); 4/553, Fol. 195^{v}-196^{r} (18.1.1687), Fol. 199^{r} (24.1.1687), Fol. 234^{r}-235^{v} (12.4.1687); 4/294, Fol. 468^{v} (31.8.1687); vgl. auch S. Ehrhardt (Anm. 36).

[43] Schwäbisch Hall StadtA. 4/553. Fol. 235^{v} (12.4.1687).

[44] Schwäbisch Hall StadtA. 4/553. Fol. 226^{v} (22.3.1687), Fol. 280^{r} (28.6.1687); vgl. auch 4/553, Fol. 217^{r} (8.3.1687); Fol. 234^{v}-235^{r} (12.4.1687); 4/561, Fol. 171$^{r\text{-}v}$ (12.12.1702). Zur sozialen Kontrolle innerhalb städtischer Nachbarschaften vgl. Hermann Roodenburg: Reformierte Kirchenzucht und Ehrenhandel. Das Amsterdamer Nachbarschaftsleben im 17. Jahrhundert. In: Kirchenzucht und Sozialdisziplinierung im frühneuzeitlichen Europa (mit einer Auswahlbibliographie). Hg. von Heinz Schilling. Berlin 1994. S. 129-151, hier S. 138-139; Robert Jütte: Das Stadtviertel als Problem und Gegenstand der frühneuzeitlichen Stadtgeschichtsforschung. In: BDLG 127. 1991. S. 235-269.

[45] Schwäbisch Hall StadtA. 4/553. Fol. 267^{v} (14.6.1687).

Aus der rückschauenden Perspektive kann man kaum mit abschließender Sicherheit beurteilen, ob eine Phase größerer Ruhe in dieser Frage auf ein geringes Interesse des Rates oder auf weitgehende Befolgung der Kleiderordnung schließen läßt. Wenn es auch sicherlich regionale und zeitliche Unterschiede gibt, die zu berücksichtigen sind,[46] so läßt sich in einigen Fällen auch eine Einhaltung der Vorschriften belegen. Immerhin erfahren wir vom Schwäbisch Haller Rat 1728, d.h. acht Jahre nach Erlaß einer veränderten Kleiderordnung von 1720: *Die Kleider-ordnung wirdt löbl. eingehalten.* Nun gelte es, durchzusetzen, daß Männer und Frauen künftig schwarz gekleidet zur Kirche gingen.[47]

Wenn 'Regine' also schlichtweg behauptet, die Obrigkeit würde es den Mägden durch die Finger sehen, so ignoriert sie bewußt normative Bemühungen, die sich in vergleichbarer Weise in sämtlichen Gebieten des deutschen Reiches feststellen lassen. Aus zeitgenössischer Perspektive, so vermute ich, mußte sich dieses Argument gegen die Magd wenden. Meine Annahme wird durch die Beobachtung untermauert, daß die gesamte Inszenierung des fiktiven Gespräches den Mägdegegnern Recht gibt. Immerfort nämlich werden durch den Handlungsrahmen oder durch kleine Bemerkungen stereotype Vorwürfe gegen die Mägde bestätigt: So findet der Vorwurf, daß die Verdingerin als die eigentliche Herrin der Mägde betrachtet würde, eine Bestätigung in der Anrede 'Mutter Liese'. Auch die ständig wiederholten Vermutungen, daß Mägde aus dem Herrschaftshaushalt Nahrungsmittel entwendeten und diese der Gesindevermittlerin brächten, daß sie Einkaufswege verlängerten, um dabei eigenen Betätigungen nachzugehen, und vieles mehr werden in der Inszenierung des fiktiven Gespräches beiläufig wiederholt. Ganz offensichtlich wird die Spitze gegen die Mägde in einer Passage, in welcher 'Regine' auf den Vorwurf der Leichtfertigkeit antwortet:

> *Meine liebe Mutter Liese, nun geht mir erst der Grauel an, wenn ich an das zehende Capitel gedencke, da er uns abermahl vor Huren schilt, die wir uns zu Wittbern in die Dienst dringeten aus Ursachen, solche zu Männern zu bekommen! Ich möchte aber wissen, was dieses den Marforium angienge, wenn wir mit Ehren unter die Haube kommen können, denn immer zu dienen und eine alter Jungfer darbey zu werden, kan uns kein vernünfftiger Mensche zu muthen, es muß nur einmal geheyrathet seyn. Daß er ein paar Exempel anführet, welche vor der Hochzeit sich zusammen gelegt und einander geschwängert haben, was gehet das andere ehrliche Dienst=Mägde an, es wäre nicht gut, daß wir alle solcher Gestalt heyratheten, gesetzt aber, es geschicht, was gehet es andere Leute an, werden wir doch wieder ehrlich gemacht, wenn uns derjenige nehmen muß, welcher uns geschwängert hat, warum lassen sie uns nicht mit frieden, seyn wir ihnen lediger weise zur lie-*

[46] N. Bulst (Anm. 24) S. 46.
[47] Schwäbisch Hall StadtA. 5/1479.

> *ben Unzucht gut genug, müssen wir ihnen auch hernach zum Ehegatten gut genug seyn* [...].[48]

Abgesehen davon, daß sich die fiktive Magd Regine in diesem Punkt täuscht – über die Schwierigkeiten in Verruf geratener Mägde, den Schwängerer zu heiraten, wurde ja schon gesprochen – ist das Crescendo der Argumentation nicht zu überhören, die sich in ihrer Modernität zu Beginn des 18. Jahrhunderts gegen die Mägde gerichtet haben mußte. 'Die sich selbst verdefendirende Dienst=Magd' wurde insofern wohl weder von einer Magd geschrieben, noch verteidigte sie jene. Statt dessen ist sie m.E. als ein neuerliches, äußerst subtiles und im Gegensatz zu den anderen mit großem Vergnügen zu lesendes Lastertraktat anzusehen.

Ob 'Regine' nun die Mägde verteidigte oder verleumdete, interessant ist, daß zahlreiche ihrer Argumente den Ergebnissen einer sozialhistorischen Analyse entsprechen. Dabei fällt auf, daß sowohl die expliziten Lastertraktate als auch 'Die sich selbst verdefendirende Dienst-Magd' besonderes Augenmerk auf die Frage der Diskrepanz zwischen Selbstdefinition und Fremdbestimmung der Mägde gelegt haben. Nach der Idee des ständisch aufgebauten Hauses stellten Mägde den untersten Hausstand dar und sollten sich in diesen Stand fügen:

> *Nun sind ja Dienstmägde mit allem Fug recht arm zu nennen* [...]. *Überdem sind sie auch ihrem Herrn unterworffen* [...]. *Wolten nun solche arme und verlassene Dienstmägde mit Kleyder-Pracht/ mit leichtfertigen auffsetzen/ mit allerley Mode tragen ihre Hoffart sehen lassen/ was wäre dann für ein Verstand dabey* [...].[49]

Die fiktive Magd Regine, zahlreiche Aussagen von Mägden vor dem Einungsgericht und die Analyse der Totenberichte Schwäbisch Halls dagegen zeigen, daß eine solch einfache Zuordnung der Mägde zum untersten Hausstand nicht möglich war, weil nicht wenige von ihnen aus gutem, bürgerlichem Elternhaus stammten und sich gegen eine Einordnung als unterster Hausstand zur Wehr setzten. Symbol dieses Widerspruches war in vielen Fällen die Kleiderordnung, die den unerwünschten Statusverlust äußerlich manifestierte.

In manchen Fällen protestierten Mägde recht lautstark gegen die verhängten Kleiderstrafen. So kam es am 27. September 1687 unter vier angeklagten Mägden zum Tumult, als ihnen wegen der samtenen und taffetinen Stirnbinden eine Strafe von sieben bis zehn Schilling auferlegt worden war. Denn nachdem sie zweimal ohne Erfolg inständig um Nachlaß gebeten hatten, wurde den Einungsherren referiert, *daß sie* [nun] *mit trotzigen Worten nachlaß begehren*, woraufhin sie ins Nebenzimmer gesperrt wurden, bis sie gezahlt hätten. Doch auch diese Drohung schüchterte sie nicht ein, denn den Einungsherren wurde berichtet, daß *obige*

---

48 Die sich selbst verdefendirende Dienstmagd (Anm. 29) S. 19f.

49 Ph. Menagius (Anm. 28) S. 47f.

dienstmägte [...] *noch weiters anhalten* lassen. Diesmal erhielten sie einen Aufschub von acht Tagen.[50]

Der Widerstand gegen eine rigide Einhaltung der ständischen Ordnung des Hauses vor allem durch Töchter aus Familien der Oberschicht muß in der Tat beträchtlich gewesen sein. Denn die Haller Obrigkeit sah sich schließlich gezwungen, bei Töchtern aus gutem Hause eine Ausnahme zu erlassen. Diejenigen Mägde nämlich,

> *so von einer ehrlichen Familie und etwa Pfarrers- oder Beambten Töchter seynd/ ob sie schon dienen/* [sollten] *darunter* [d.h. unter den Kleidervorschriften, R.D.] *nicht verstanden/ sondern ihnen/ sich nach ihrem Stand zu kleiden/ erlaubt seyn.*[51]

Diesen Zusatz findet man in sämtlichen seit 1703 erlassenen Kleiderordnungen der Stadt Schwäbisch Hall.

Zusammenfassung

Thema meines Beitrages waren die Widersprüche zwischen der Außensicht und der Selbstwahrnehmung der Mägde in Bezug auf ihre Ehre. Diese stand im Spannungsfeld ständischer Geringschätzung und den Anforderungen an die weibliche Ehre, welche nicht zwischen 'Jungfrauen' und 'Menscher' unterschied. Gezeigt werden sollte die große Diskrepanz zwischen der Fremdbestimmung als 'unterster Hausstand' und einer zumindest häufig relativ selbstbewußten Selbstdefinition durch die Mägde als 'guter Bürgerstochter', die die ständische Ordnung des Hauses in ihren Grundfesten erschütterte. Arthur Schopenhauers eingangs zitierte Definition der Ehre leicht abwandelnd, könnte man die Ergebnisse darum in folgender Weise zusammenfassen: Ehre ist, objektiv, die Meinung anderer von unserem Wert und, subjektiv, unsere Wut über diese Meinung.

---

50 Schwäbisch Hall StadtA. 4/553. Fol. 226^v.

51 Vgl. die Kleider-Ordnungen von 1703, 1720, 1745 (Anm. 27); vgl. auch Gerd Wunder: Die Bürger von Hall. Sozialgeschichte einer Reichsstadt 1216-1802. Sigmaringen 1980. S. 174.

Crossing Gender Boundaries: Women as Drunkards in Early Modern Augsburg

B. Ann Tlusty

Although drunkenness brings honor to none, it shames a woman more than a man.[1]

I.

According to currently accepted theories of gender relations during the early modern period in Europe, honor for women was primarily defined as sexual honor, and was closely tied to the body – or as Susanna Burghartz put it, to "the use of women's bodies by men."[2] Another, more archaic model of female honor existed, however, that was clearly still a part of early modern mentalities. I refer to a notion of honorable behavior that was associated not just with sexual relations, but with the related functions of reproduction and the provision of nourishment. The most organic vision of this concept appeared in the popular medieval image of the lactating mother, both form and symbol of the eternal provider. Closely associated with this maternal image was the ideal of the 'house mother' (Hausmutter), whose primary role in the household was defined less by her chastity than it was by her serviceability – that is, her material role as nourisher and nurturer, preparing or overseeing the preparation of food for husband, children, and servants. The importance of these activities for a woman's reputation, and therefore her honor, is illuminated by the manipulation of household symbols in critical broadsheets and carnival scenes. A common theme, for example, was the use of spindles, pots, and other household tools by shrewish women as weapons against their husbands.[3]

---

1 Johannes von Schwarzenberg: Ain Büchle wider das zutringken. In: Der Teütsch Cicero. Augsburg: Heinrich Steiner, 1535. VD-16 S: 4746. Fol. 86.: *Wiwol di full/bringt nyemandt eher/So schemt si doch die Weybsbild mehr.*

2 Susanna Burghartz: Rechte Jungfrauen oder unverschämte Töchter? Zur weiblichen Ehre im 16. Jahrhundert. In: Frauengeschichte – Geschlechtergeschichte. Hg. von Karin Hausen, Heide Wunder. Frankfurt am Main 1992 (Geschichte und Geschlechter. Bd. 1). 173-183, bes. 174.

3 See for example Joy Wiltenburg: Disorderly Women and Female Power in the Street Literature of Early Modern England and Germany. Charlottesville 1992. 102, which notes that a woman's honor was lost when she hit a man.

The inverse of sexual honor – the darker side of the virgin maiden and the chaste wife – was represented in the early modern mentality by the prostitute. At the same time, the inverse of the image of 'good mother' and 'good provider' by the sixteenth century was represented by the witch. Good women produced and nourished children, bad women killed and consumed them. As the work of Lyndal Roper and Joy Wiltenburg has shown, for many women, especially in Germany, the point of issue in identifying a witch was not the legal question of the pact or the sexual issue of intercourse with the devil, but the interference of the witch with cycles of reproduction and nourishment; killing children, drying up milk in the breast, contaminating food, causing women to become barren and men impotent.[4] Related to these perversions of motherhood and reproduction were the most fearsome witches of all – the weather witches, who brewed up terrible storms and caused crops to fail or rot in the fields. These women, instead of reproducing and nourishing, were accused of interfering with reproduction and the provision of food. This perversion of the household role is also evident in early modern scenes of witch's gatherings, where again, household tools such as brooms, spindles, and cooking utensils are depicted being abused by witches to stir up their evil and consuming magic.

An honorable woman, then, was not just chaste, but also productive, in the sense of actively managing provisions and taking the responsibility for the nourishment of the household. A dishonorable woman was unchaste, inviting sexual invasion, and destructive, consuming household resources. Thus, it comes as no surprise that the most common forms of insult used to dishonor women were the extremes of these two notions - "whore," the inversion of sexual honor, and "witch," the inversion of household honor.

For men, historians have identified a definition of honor that was broader and more public than that of women, including political and economic notions of status and power. Nonetheless, the honor of men could also be affected by their ability or inability to control household resources, as well as to control their own bodies. And one of the demands of honorable manhood was the ability to drink copiously, even to become drunk, without losing control - economically, physically, or verbally. What was appropriate, even necessary, to early modern definitions of male honor, however, could not possibly be appropriate for women. What happened, then, when women became drunk? How did the image of drunken women fit into the early modern world view? In fact, as we shall see, early modern men ascribed to alcohol the power to destroy the honor of women even as it enhanced the honor of men. Drunkenness for a woman was not only an

---

4 Lyndal Roper: Witchcraft and Fantasy in Early Modern Germany. In: Lyndal Roper: Oedipus and the Devil. London 1994. 199-225; J. Wiltenburg (cf. n. 3 above) 247-250.

encroachment on male territory that could bring her into disrepute; symbolically, it represented an inversion of the gender hierarchy and therefore a perversion of sexually-defined notions of honor.

II.

Why did people drink? Seventeenth-century German legalist Matthias Abele listed forty-five good reasons, among them friendship, honor, virtue, bravery, virility, business and trade, good taste and good company; equally compelling were malice and ill humor, roguishness, envy, defiance, and boredom and idleness, as well as *prospective thirst*.[5] Although Abele's language was grammatically non-gendered, his vocabulary was clearly male – besides virility and business, he included knighthood and manliness as reasons to drink. Abele's list makes clear that the drinks shared by men in the company of their fellows had cultural uses that went beyond physical thirst. For men, social drinking was inseparable from social identity, which was a key element in early modern notions of honor and status. The crucial role played by alcohol in public rituals of male honor I have discussed in detail elsewhere and is not the topic of this paper. It is necessary here only to make a few observations about drinking and male honor to underscore the gender boundaries defined by drinking behaviors.

Male honor in early modern society was a fragile commodity. Honor had to be constantly reestablished and reaffirmed through public displays of honorable behavior. Among other things, this required the public demonstration of power and wealth, for honor was closely tied to a man's ability to provide, both for his household and in public displays of largess. For the early modern householder, then, male honor was defined not only by correct behavior, but also by the economic health of the household.[6] At the same time, participation in the virtually compulso-

---

5 Matthias Abele von und zu Lilienberg: Metamorphosis telae iudiciariae: d.i. seltsame Gerichtshändel. Bd. 2. Nürnberg 1668. 676: *von des zukünftigen Dursts wegen*.

6 In *Germanie, and in the low Countreyes to banquett and feast their friends often ys thought a great and magnificent thing, though not so in other places*. See Robert Ashley: Of Honour (c. 1596). Ed. Virgil Heltzel. San Marino/CA 1947. 53. See also Friedrich Zunkel: Ehre, Reputation. In: Geschichtliche Grundbegriffe. Historisches Lexikon zur politisch-sozialen Sprache in Deutschland. Hg. von Otto Brunner, Werner Conze, Reiner Kosselleck. Stuttgart 1975. Bd. 2. 1-64; George Fenwick Jones: Honor in German Literature. Chapel Hill/NC 1959. 23; Julius Hoffman: Die 'Hausväterliteratur' und die 'Predigten über den christlichen Hausstand'. Berlin 1959. 88. On the requirement for public displays of wealth in general, see Peter Burke: The Historical Anthropology of Early Modern Italy. Cambridge 1987; Fritz Blanke: Reformation und Alkoholismus. In: Zwingliana 9. 1953. 75-89; Fernand Braudel: The Structures of Every-

ry drinking rituals associated with craft and guild gatherings, business transactions, and male sociability, which were necessary to early modern notions of status and identity, could threaten the economic foundation of the household. In fact, as both feminists and writers in the 'men's movement' have come to realize, the constraints and contradictions of early modern patriarchy served not only as a basis for male power, but also as a source of control and constraint of the male psychic identity, which could be oppressive for men as well.[7] A man was expected to verify his masculine identity through generous consumption and provision of alcoholic drinks, while maintaining control of his bodily functions, his household, and his economic viability.[8]

When the pressure proved too great, the household structure began to crack. Men who let tavern drinking get in the way of effective householding were placed by the council under a tavern ban. The ban on tavern visits, normally for one year, was applied most often in cases involving domestic violence and failure to provide. Certainly, one effect of banning a habitual pub crawler from visiting taverns would be a curtailment of his spending and drinking habits, and this was no doubt at least one motive that moved the council to establish such a penalty. The tavern ban, however, affected more than a man's expenditure on drinks. The exclusion from normal male society was an honor punishment with its roots in medieval Germanic law. The right to 'honorable society,' like the right to bear arms, was exclusive to men of honor, and those who were incapable of fulfilling their responsibilities as men were considered unqualified to carry weapons or participate in social rituals.[9] Thus, the ban on tavern visits was often accompanied by restrictions on carrying weapons and walking the streets at night, also symbols of masculinity. However, these restrictions could be applied independently, and the application did not seem necessarily to relate to the crime. Restrictions on social drinking and carrying weapons struck at symbols and rites of masculinity that served to shame, rather than to control.[10]

---

day Life: The Limits of the Possible. New York 1979. 183-186; Simon Schama: The Embarrassment of Riches: An Interpretation of Dutch Culture in the Golden Age. London 1987.

7 See for example Michael Roper, John Tosh: Historians and the politics of masculinity. In: Manful Assertions: Masculinities in Britain since 1800. Eds. Michael Roper, John Tosh. London 1991. 1-24, esp. 6-10.

8 For a description of the social pressure for maintainins bodily functions in spite of immoderate alcohol consumption see L. Roper: Oedipus (cf. n. 4 above) 107-124; on drinkings and manhood see B. Ann Tlusty: Gender and Alcohol Use in Early Modern Augsburg. In: Social History/ Histoire Sociale. November 1994. 241-259.

9 Rudolph His: Geschichte des deutschen Strafrecht bis zur Karolina. München 1928. 93.

10 A husband might therefore be banned from social drinking for suspicion of adultery, although his drinking habits did not seem to be at issue (Augsburg StadtA. Strafamt. Urgicht 28.3.1542, Jörg Fritz); in other cases, repeated drunkenness, household violence, or financial irresponsibility led to weapons restrictions, even when there is no indication that the defendant used a weapon in the incident (See for example Augsburg StadtA. Strafamt. Urgicht 4.10.1540, Hans

The tavern ban should not be understood as an indication that city fathers did not recognize the importance of drinking rituals to male public life. On the contrary; the council often allowed exceptions for men under a tavern ban for rituals associated with professional honor, such as guild drinking bouts or drinking to seal work and trade contracts.[11] In fact, the tavern ban only serves to illuminate the fact that visiting taverns, far from being 'disreputable' or 'undisciplined' behavior, as many historians have claimed, was the earmark of an honorable citizen. The right to participate in tavern sociability implied honorable status within the community; it was revoked only when men failed to live up to the expectations of their status.

III.

Expansive drinking and tavern sociability, then, were both closely associated with early modern codes of masculinity. These codes served not only to define levels of status and honor, but, as Michael Roper and John Tosh have pointed out, also served as "gender boundaries."[12] What happened when women crossed these boundaries? If social drinking and even drunkenness were acceptable, at times necessary aspects of an honorable man's social life, what did excessive or disorderly drinking mean to notions of female honor? After all, virtually everyone in early modern society drank alcohol, and naturally women could not be immune to its negative effects.

In fact, there were female drunkards, but in view of what we know about the general level of alcohol consumption in early modern Germany, drunken women seem to have been surprisingly rare. In the Augsburg case, less than one percent of the fines collected for drunkenness during the sixteenth century came from women.[13] Folklorists have identified a number of types of exclusively female drinking parties that were formally tolerated especially in rural areas, such as those associated with childbirth and Carnival rituals (Hebammenauswahl, Kindsbettzeche, Weiberfastnacht). It is interesting to note, however, that all of these traditions were either associated with formal rites of fertility and reproduction, or

---

Eisenhofer; Augsburg StadtA. Strafamt. Strafbuch 1540-42. Fol. 1^{v}, 4^{v}, 21, 24^{v}, 25, 31^{v}, 37, 39, and Strafbuch 1543-1553. Fol. 1, 3^{v}-4, 35; Gerichtsakten. Generalia. Falitten 1732-1736, in which persons declaring bankruptcy are forbidden to carry weapons or take part in public events).

11 Examples can be found in Augsburg StadtA. Strafamt. Protocolle der Zuchtherren 1540-1542. Fol. 64, 88, 132; 1542-1543. Fol. 83, 125.

12 M. Roper, J. Tosh (cf. n. 7 above) 4.

13 Based on two five-year samples of the records of the Discipline Lords (Augsburg StadtA. Strafamt. Protocolle der Zuchtherren 1540-1544 and 1590-1594).

at least with carnival, when cultural inversion was the norm. In addition, such events seem to have followed carefully prescribed rules of custom and were both financed and controlled by the invariably male village councils.[14] Extremely sporadic evidence suggests the possibility that women in Augsburg occasionally gathered in public taverns in exclusively female social groups, which may have been acceptable behavior on certain occasions, but sources are too scarce to shed any light on such gatherings.[15] Women were also important participants in the drinking rituals that took place at weddings, but while incidents involving men who became drunk at weddings were fairly common, I have not yet found any descriptions of women returning home drunk from weddings or other such gatherings. Whether the lack of further evidence of women's drinking groups is because of the rarity of such gatherings, or only because they rarely resulted in the kind of disorderly behavior that would bring them to the attention of the authorities, must unfortunately remain an open question. Either way, it is clear that public drunk and disorderly behavior resulting from social drinking bouts was the exception for women.

This observation is supported by the reports of visitors to Germany, who also tended to describe German women as remarkably sober, even as they invariably described German men as remarkably drunk. English traveler Fynes Moryson, for example, described German attitudes towards women drinking during the 1590's by noting that *it is a great reproach for any woman to be druncken or to drincke in any the least excesse*.[16] Immoderate drinking, then, at least in public, was primarily a male behavior.

What happened in early modern Europe when women did cross the line into male behaviors? At the least, they would become the object of public ridicule, as occurred in the case of women viewed by their peers as overly domineering. Such women could be subject to charivaris or singled out for ridicule in Carnival rituals.[17] Even more serious was any attempt by a woman to pass as a man, by dressing in men's clothes or even marrying another woman; this inversion of the

---

14 Fritz Heegen: Frauenrechtliches im fränkischen Brauchtum. In: Bayerisches Jahrbuch für Volkskunde 14. 1963. 133-143.

15 A group of seven women gathered at a tavern for an unidentified 'invitation' was described by a defendant in 1541: Augsburg StadtA. Strafamt. Urgicht 31.8.1541, Gerdraut Raumerin. Tradition also has it that the Augsburg tavern known from the 16th-century as the *Weiberschule* was so named because it was frequented by women after shopping at the city market; Ossip D. Potthoff, Georg Kossenhaschen: Kulturgeschichte der deutschen Gaststätte. Berlin 1933 (Reprint: Hildesheim 1992). 75.

16 Fynes Moryson: Shakespeare's Europe: a Survey of the Conditions of Europe at the end of the 16th Century. Ed. Charles Hughes. London 1903. 230-291.

17 Descriptions of charivaris directed against domineering women can be found in J. M. Beattie: The Criminality of Woman. In: Journal of Social History 8. 1975. 80-116, esp. 87, and Richard van Dülmen: Kultur und Alltag in der Frühen Neuzeit. Bd 1: Das Haus und seine Menschen. München 1990. 54-55.

natural order was punishable by death.[18] And in accordance with late medieval anatomical theories, in extreme cases, women who exhibited overtly male behaviors could actually become men. According to the state of anatomical knowledge up to the late 16th century, still based largely on the theories of Aristotle and Galen, the woman's internal sexual organs were essentially the same as the male organs, only inverted. This was explained by the woman's colder nature; just as a flower does not bloom without the sun, the sexual organs remained inside the woman's cooler, moister body. Aristotle's biology was based on the premise that heat was the basis for the perfection of matter, fire being the highest and most perfect of the elements. The woman was thus an inferior creature.[19] Since nature would always strive for perfection, Galen believed that it was possible for women to spontaneously be transformed into men, and a number of medieval writers documented cases of women whose inverted sex organs turned back out, suddenly providing the woman with a virile member and thus changing her sex.[20] Belief in such transmutations persisted until the seventeenth century.[21]

The colder nature of women also served as a context for their perceived sensitivity to alcohol, for alcoholic beverages were generally believed to have a fiery quality that was not compatible with the female temperament. Wine especially was believed to enhance the naturally 'sanguine' nature of men, purging the phlegmatic humors associated with female characteristics. Thus men when they drank became more virile, more sensual, and more ribald and witty, all characteristics considered

---

18 On women who dressed as men in order to gain the advantages of manhood see Kathryn Norberg: Prostitutes. In: A History of Women in the West. Ed. Natalie Davis, Arlette Farge. Vol. 3: Renaissance and Enlightenment Paradoxes. Cambridge/MA 1993. 458-474, esp. 462. Rudolf Dekker, Lotte van de Pol: Frauen in Männerkleidern. Weibliche Transvestiten und ihre Geschichte. Berlin 1990. While German folklore abounds with images of women who successfully pass as men and are rewarded for their courage, cross dressing was in reality a dangerous game that was punishable by death. See Thomas Laqueur: Making Sex: Body and Gender from the Greeks to Freud. London 1990. 136-137.

19 Nancy Tuana: The Weaker Seed: The Sexist Bias of Reproductive Theory. In: Feminism and Science. Ed. Nancy Tuana. Bloomington 1989. 147-171, esp. 149-150. Fire, associated with the 'warmer' male temperament, was viewed as the highest, strongest, and purest of the four elements, and in some texts was described as a representation of God, Heaven and eternity. Helmut Gebelein: Das Element Feuer in Haushalt und Familie. In: Haushalt und Familie in Mittelalter und früher Neuzeit. Hg. von Trude Ehlert. Sigmaringen 1991. 137-151, bes. 140f.

20 For example, as a result of vigorous physical activity; see Merry Wiesner: Women and Gender in Early Modern Europe. Cambridge/MA 1993. 46; see also Londa Schiebinger: The Mind Has No Sex? Women in the Origins of Modern Science. Cambridge/MA 1989. 163-164; T. Laqueur (cf. n. 18 above) 123, 126-129; and Ian Maclean: The Renaissance Notion of Women: A Study in the Fortunes of Scholasticism and Medical Science in European Intellectual Life. Cambridge 1980. 38-39.

21 Evelyne Berriot-Salvadore: The Discourse of Medicine and Science In: A History of Women (cf. n. 18 above) 348-388, esp. 356-358.

completely inappropriate in women.[22] Drunken women, by heating their temperaments and becoming more sanguine, were in effect guilty of inverting the natural order of the physical world.

Although 17th- and 18th-century physicians continued to be concerned that women could develop 'mannish' physical characteristics as a result of overly masculine behaviors,[23] stories of women spontaneously sprouting penises were by then relegated to folklore. Nonetheless, the provocative image of a woman turning into a man persisted, not as a medical reality, but as a symbolic or satirical representation. In his popular 16th-century satirical tract 'Der Zutrincker und Prasser. Gesatze, Ordenung und Instruction' Johannes von Schwarzenberg listed a series of diabolical wonders worked by wine. Under the influence of wine, he warned, shame becomes honor, and honor becomes shame; day is spent as night, and night as day; sheep become wolves, angels become devils, and women become men. It is worth noting that Schwarzenberg did not suggest the opposite possibility – that drinking could turn men into women – any more than he suggested that it could turn devils into angels.[24]

A well-publicized incident involving such a transmutation is depicted on a popular 17th-century broadsheet.[25] In it, a woman who stepped over the line into male drinking territory is shown as being punished for her infraction by having to appear before her husband in a peculiarly male guise. The woman in this case was denounced for encroaching on her husband's territory in two ways – not only was she getting ready to go drinking with female companions, she tried to steal money from her husband's purse to finance the illicit drinking bout. As she pressed the purse against her abdomen to open it, the latch became caught on her skin, and she was forced to wake her sleeping husband to free her from what appears as second and ridiculously male genitals. Her husband, in one version of the story drunk himself when she woke him, agreed to help her only after eliciting a promise that she would remain sober in the future. (Fig. 1)

---

22 The association between blood, wine, and the sanguine temperament is discussed in detail in Bradley Brooks: The Social Functions of Alcohol in Eighteenth-Century Maryland. MA thesis. University of Delaware 1987. 42-52.

23 Strenuous exercise, overstimulation, and excessive indolence were among causes listed for an interruption of menses, which in turn could cause a woman to lapse into hermaphroditism; suggested cures included feminine pursuits such as cooking, staying indoors, marriage and motherhood. See Alexandra Lord: 'To Relieve Distressed Women': Teaching and Establishing the Scientific Art of Midwifery or Gynecology in Edinburgh, London 1720-1805. Ph.D. Diss. University of Wisconsin-Madison 1995. 140, 146-150.

24 Johannes von Schwarzenberg: Der Zudrincker vnd Prasser. Gesatze, Ordenung vnd Instruction. Oppenheim: [Jakob Köbel, um 1513]. VD-16 S:4743.

25 The image circulated during the 17th-century in at least two different versions, which can be found in Zentralbibliothek Zürich. Einblattdruck, Elsass Ia, 2. The example reproduced here is from 1620.

The purse often appeared in early modern German woodcuts as a point of contention between battling spouses, for like pants and sword, it was a symbol of male power in the household. This particular broadsheet, although somewhat absurd, thus illustrates both the inappropriateness of immoderate drinking among women and the assumption of male prerogative in paying for drinks. Although the temperance literature of the sixteenth century most often describes drunkenness as a male vice, drunkenness among women was also attacked, and the moral reformers of the period expressed concern over both of these issues. Not only was alcohol inappropriate for women for physical reasons, because it could heat up their normally cool temperaments and release their disorderly sexual desires, but their expenditure on drinks would undermine the financial authority of the household patriarch and waste household resources.[26]

Drinking women, then, who threatened to invert the natural order of both their own anatomy and of household power, were a matter of particular concern to 16th-century moralists. As already noted, however, disorderly drinking by women seems in reality to have been the exception, rather than the rule. And the minority of women who did drink in a disorderly fashion did so in forms that differed from those of men. The scant number of women who emerge as problem drinkers apparently drank at home, and according to the accounts of their husbands and neighbors, did so alone or only in the company of other members of the household.[27] Thus, their behavior came to the attention of the authorities only when they stepped out of the bounds of their prescribed role as honorable women – when they neglected the household, engaged in illicit sex, fought with neighbors, consorted with Jews, or were labeled drunkards by their husbands as part of more general marital disputes. The consistent exception to this rule were prostitutes, who, as public women, were more likely to engage in public drinking and be found drunk in taverns or on the streets.

In all cases of women arrested for drunkenness, the drunken behavior was universally condemned by relatives, neighbors, and other witnesses, even other

---

26 See for example Hans Sachs' 16th-century tract 'Die Zwelff Eygenschafft eines boszhafftigen verruchten weybs'. In: The Illustrated Bartsch. German Masters of the Sixteenth Century. Vol. 13: Erhard Schoen – Niklas Stoer. Ed. Walter Strauss. New York 1984. 339, which lists drunkenness as one of twelve characteristics of a nasty wife; Sebastian Franck: Von dem greüwlichen laster der trunckenhayt. [Augsburg: Heinrich Steiner, 1528]. VD-16 F:2142. Fol. D_2, wine makes women into whores (*Wievil huren machet der weyn*). Additional literature addressing drunkenness among women is listed in Friedrich von Bassermann-Jordan: Geschichte des Weinbaus. Frankfurt 1923. Bd 2. 1177, and Johannes Janssen: Geschichte des Deutschen Volkes seit dem Ausgang des Mittelalters. Hg. von Ludwig von Pastor. 15. Aufl. Freiburg 1924. Bd. 8. 274-300.

27 Augsburg StadtA. Strafamt. Urgicht 24.12.1641, David Lutz; Urgicht 10.6.1541, Anna Krug; Urgicht 16.11.1594, Michael Dielin. See also Lyndal Roper: The Holy Household: Women and Morals in Reformation Augsburg. Oxford 1989. 184.

women. While drunken men could often count on the support of their fellows, and even their wives, who might testify in their favor in spite of their drunken state, drinking women could not expect support from any quarter. Accusations by husbands and witnesses tended to concentrate on the failure of the female drunkard to live up to their expectations of female honor. Drinking women were charged with shortchanging the household as a result of expenditures on drinks, failing to care for children, abusing servants, or even threatening to burn down the house. Witnesses to Anna Krug's drunkenness in 1541, for example, although admitting that her husband did beat her 'rather viciously,' nonetheless characterized him as a 'poor martyr of a man' and Anna as a 'drunken pot.' In many cases, these charges would be accompanied by hints at unchaste behavior, even where little evidence of an affair existed.[28] Drunkenness, widely tolerated among men as an unavoidable side-effect of normal sociability, was universally condemned as unfitting for an honorable woman.

Also unacceptable were tavern visits by women unaccompanied by their husbands, even if they did not drink immoderately. Unmarried women could be arrested and interrogated for nothing more than sharing a drink with a man, especially if they had fallen under suspicion for sexual crimes in the past.[29] No other questionable behavior was necessary to raise suspicion, for the shared drink implied social intimacy. An expression of this attitude is provided in the case of Rosina Leinauer, wife of a clockmaker, who was arrested in 1591 after sharing two measures of wine in a public tavern with a journeyman formerly employed by her husband. Although she linked the drink to business they had conducted together, and pointed out that they drank only in the large common room in the presence of many witnesses, returning home 'in full light of day',[30] the council nonetheless characterized the behavior as not 'proper or fitting for an honorable woman.'[31]

Even in cases that did not directly involve accusations of sexual crimes, the language of tavern patrons seems to suggest that honorable women did not, or should not, visit taverns alone. Witnesses and defendants in tavern cases tended to describe women alone or in pairs as 'common' (gemein) or 'disreputable'

[28] For example see Augsburg StadtA. Strafamt. Urgicht 10.6.1541, Anna Krug; 10.4.1550, Anna Eytlerin; 21.7.1574, Anna Keppelin; 16.11.1594, Michael Dielen; 27.4.1594, Sibilla Klausenburgerin.

[29] See for example Augsburg StadtA. Strafamt. Urgicht 9.2.1591, Anna Kienlerin; Urgicht 18.9.1592, Zacharias Prenner; Strafbuch 1588-1596. 101.

[30] Augsburg StadtA. Strafamt. Urgicht 16.8.1591, Rosina Leinauer: *beim hellen tag.*

[31] Augsburg StadtA. Strafamt. Urgicht 16.8.1591: *ob sie auch vermain dz solches einer Erbarn frauen gebür oder wol ansthehe.*

(unzüchtig).[32] And, although the tavern keeper's wife, daughter, and female servants were accepted members of tavern society, they also seem to have abstained from drinking with the customers. The one case I have seen in which a tavern keeper's wife admitted to drinking with her customers falls easily into the category of illegitimate behavior, for she, too, was accused of an affair with her drinking partner.[33]

Particularly interesting is the attempt of the authorities to control these drunken women. Normally, women who drank were handled simply as unruly wives, and sent home with a warning to 'house well' under their husbands' authority. But when all else failed, a truncated version of the tavern ban might be applied, in which women had to take an oath not to drink outside the home, and possibly to limit their drinking to a given quantity of wine per day. The limiting of drinking to within the household was essentially a male punishment, intended to address a male behavior, and was part of the wording of the traditional tavern ban. In the case of women, however, it was not possible to underscore their dishonorable behavior by banning them from taverns, because tavern visits were not a right of honorable women. Thus the restrictions placed on women did not specifically include a ban on tavern visits, which would have been as inappropriate as a ban on carrying weapons. Here, the purpose of the restraint seems a rather frustrated attempt to control the offender directly, rather than an honor punishment. At the same time, such a restriction may well have been intended as a criticism of the ineffective husband, who was apparantly unable to control the behavior of his unruly wife.

IV.

Perhaps the most telling aspect of early modern notions of female drunkards, however, is the reverse side of the association of drinking with dishonorable behavior. If immoderate drinking was unacceptable in women, then it seemed to follow that unacceptable women would engage in immoderate drinking. As I noted at the beginning of this article, the most unacceptable of women in early modern society were whores and witches, and these were also the groups most often associated with drunkenness. The association of public drinking with accusations of prostitution I have already touched upon. The effect of alcohol of

---

32 For a discussion on the use of this term to describe prostitutes see Lyndal Roper: 'The common man', 'the common good', 'common women': Gender and Meaning in the German Reformation Commune. In: Social History 12/1. 1987. 1-2.

33 Augsburg StadtA. Strafamt. Urgicht 26.5.1542, Agnes Axtin.

heightening sexual desire, expressed positively by men as 'virility' or 'manliness,' would naturally lead to the downfall of women.[34]

The most wanton of women in the early modern mentality, however, those most guilty of inverting the natural order, were the witches. Many representations of the witches' sabbath show women not only participating in unchaste behavior, but also decidedly drunk.[35] Some women accused of witchcraft also reportedly used a deep, masculine voice to sing ribald drinking songs.[36] The association of alcohol use with the wanton sexuality that supposedly characterized the sabbath is not surprising. Not only did alcohol incite female sexual desires, but contemporary theorists ascribed to women an irrational nature, which was also enhanced by alcohol.[37] The devil certainly would have been clever enough to use this tool to aid in his seduction of women, and such scenes might have served as a warning for women against weakening their ability to resist the devil's temptations by drinking immoderately. Yet the physical association of women with witchcraft was not limited to notions of a natural tendency towards disorder or weakness in the face of the devil's temptations. The bodies of women were themselves mysterious, and those attributes that differentiated them from men were often credited with magic powers – human milk, menstrual blood, afterbirth, even a dead fetus could be used for magical purposes. Spells used by women to improve crops or quiet storms often involved exposing the vagina, which symbolized the female reproductive role.[38] When perverted, the very traits of womanhood that defined their natural role as mother and nourisher could thus become instruments of destruction and sin. As they perverted the female role of bearer and nourisher of children, and became murderers and consumers of children, witches also stepped across the gender boundary into male territory by engaging in disorderly drinking bouts.

---

34 See for example the remark of 17th-century Englishman Richard Allestree: *She who is first a prostitute to Wine, will soon be to Lust also*. B. Brooks (cf n. 22 above) 22.

35 Examples can be seen in Thomas Hauschild e.a.: Hexen: Katalog zur Ausstellung. Hamburg 1979. 11-13, 19, 75; see also Hanns Bächtold-Stäubli: Handwörterbuch des deutschen Aberglaubens. Bd. 8. Berlin, Leipzig 1936-37. 1262-63.

36 L. Roper: Oedipus (cf. n. 4 above) 176 and 191.

37 This was the view held by French political theorist Jean Bodin. Richard S. Dunn: The Age of Religious Wars, 1559-1715. 2nd ed. New York 1979. 129. On the disorderly nature of women, see also I. Maclean (cf. n. 20 above) and J. Wiltenburg (cf. n. 3 above) esp. 7-8.

38 See for example Luisa Accati: The Spirit of Fornication: Virtue of the Soul and Virtue of the Body in Friuli, 1600-1800. In: Sex and Gender in Historical Perspective. Eds. Eward Muir, Guido Ruggiero. Baltimore 1990. 110-140; Lyndal Roper: Exorcism and the Theology of the Body. In: L. Roper: Oedipus (cf. n. 4 above) 171-198. Matossian has identified similar rituals among the peasantry of pre-industrial Russia; see Mary Matossian: The Peasant Was of Life. In: The Peasant in Nineteenth-Century Russia. Ed. Wayne Vucinich. Stanford 1968. 1-40, 11.

V.

According to Elisabeth Koch, early modern theorists saw men as the norm in all social relations and at all levels of belief, and women as the deviation from that norm.[39] Therefore what was the norm for men became the deviation for women, and what reinforced the honor of a man could taint the honor of a woman - whether it was tavern space, alcohol consumption, or power. Immoderate drinking by individual women was nearly always associated with either suspicious sexual behavior or a disorderly household. In its more extreme forms, particularly in the case of group drinking bouts by women that were not sanctioned by community norms, drunkenness among women came to be identified with the sexual power of the prostitute, and the magic power of the witch. Both represented inversions of the natural order and the ultimate perversions of early modern notions of female honor – and both inversions were aided, contempories believed, by the consumption of alcohol.

---

[39] Elisabeth Koch: Maior dignitas est in sexu virili: Das weibliche Geschlecht im Normensystem des 16. Jahrhunderts. Frankfurt am Main 1991. 233.

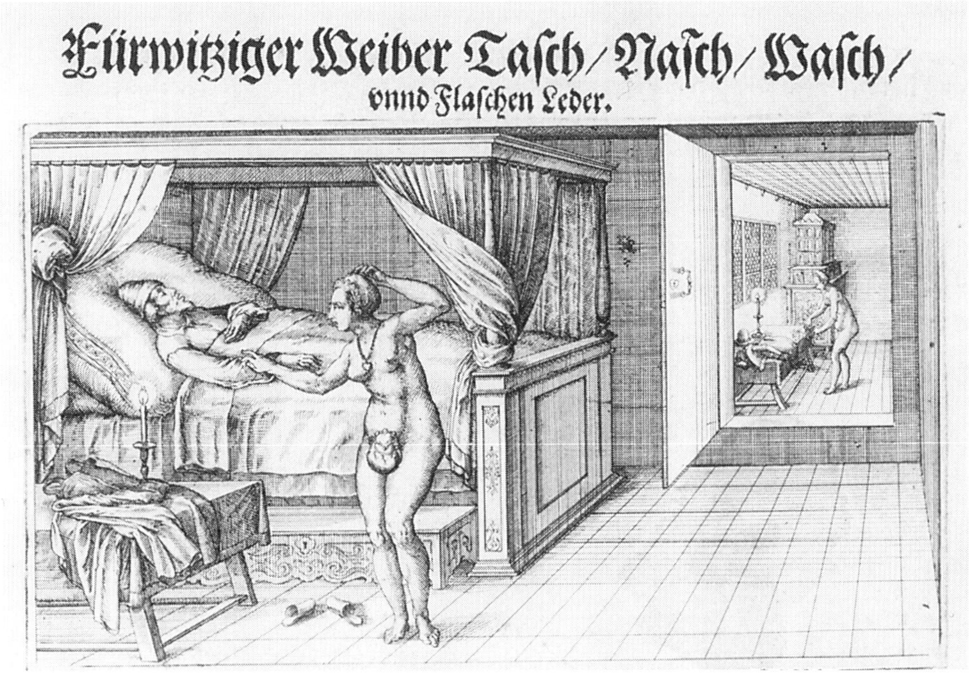

Abb. 1. Fürwitziger Frauen Tasch-, Nasch-, Wasch- und Flaschenleder. Elsaß, 1620. Zürich ZB. Einblattdrucke 1620, Ia,2.

Metze und Magd: Krieg und die Bildfunktion des Weiblichen in deutschen Städten der Frühen Neuzeit*

Ulinka Rublack

I. Einleitung

Dieser Artikel beschäftigt sich mit der Frage, welche Analogien in der Frühen Neuzeit zwischen Stadtkörpern und weiblichen Körpern, zwischen städtischer Ehre und weiblicher Ehre hergestellt wurden. Ausgangspunkt meiner Überlegungen sind die zu Kriegszeiten besonders virulenten Analogiebildungen dieser Art: in ganz Europa wurden Städte gemeinhin als zu verteidigende Jungfrauen, begehrte Bräute oder mehrfach eingenommene Huren dargestellt. Die militärische Einnahme von Städten wurde also über Weiblichkeitsbilder sexualisiert. Neu war dies nicht; wir begegnen hier einer in die Antike zurückreichenden Tradition. Edith Hall hat kürzlich gezeigt, inwiefern die feminisierte Darstellung Asiens in Aeschylus Drama 'Die Persier' der Legitimierung griechischer Herrschaft diente.[1] Bei Herodot lesen wir folgendes über die arabischen Kriegszüge des ägyptischen Monarchen Sesostris: Sesostris errichtete Siegessäulen in den eroberten Städten. Hatte sich der Feind mutig geschlagen, wurden in sie drei Zeilen eingemeißelt: Sesostris' Name, der Ägyptens und seine Herrschaft über das neu eroberte Gebiet. Ergab sich eine Stadt Sesostris kampflos, ließ er ein Bild der weiblichen Genitalien hinzufügen. Herodot bestätigt, in Palästina derartige Säulen selbst gesehen zu haben – auch solche mit eingehauenen weiblichen Schamteilen.[2]

Für Herodot symbolisiert allein die Scheide, daß die männlichen Stadtbewohner sich nicht mutiger als Frauen erwiesen haben.[3] Um Feigheit abzubilden, hätten auch andere Zeichen zur Verfügung gestanden: ein weibischer Mann etwa, die Umrisse einer weiblichen Gestalt oder ein mattes weibliches Tier. Aber die

---

* Dies ist die leicht erweiterte Fassung eines Aufsatzes, der 1995 in Heft 3 der Zeitschrift 'Historische Anthropologie' erschienen ist.

1 Edith Hall: Asia unmanned. Images of victory in classical Athens. In: War and Society in the Greek World. Hg. von John Rich, Graham Shipley. London 1993. S. 108-133.

2 Der Übersetzer merkt und mahnt an, letzteres sei erfunden, Herodotus: The Histories. Hg. von Andrew Richard Burn. 14. Aufl. Harmondsworth 1974. S. 166-168.

3 Herodotus (Anm. 2) S. 167.

(imaginierte oder reale) Wahl fiel auf die weiblichen Schamteile. Das Eindringen in die Stadt wurde damit dem Eindringen in den weiblichen Körper analog gesetzt. Das Zeichen der Schamteile stellte die Stadt als zugängliche Frau dar, die nicht um Freiheit und Ehre kämpfte.

In der Frühen Neuzeit war es gängig geworden, fremde Kontinente, Länder und Städte weiblich zu personifizieren.[4] Amerika wurde als lockende Wilde dargestellt, Deutschland als Dame Germania und die Stadt als Jungfrau. Dies zeugt von einem spezifisch städtischen Ordnungsdenken. In der Jungfrau schien der menschliche Kampf mit Lust stillgestellt. Die Bezwingung der triebhaften Natur ermöglichte Gehorsam, redlichen Güteraustausch (anstatt Habsucht, Geiz und Betrug), Mäßigkeit und somit geordnete Gemeinschaft zur Ehre Gottes. An die moralisch gute Ordnung in der Stadt knüpfte sich die Hoffnung, auch unvorhergesehenen Eroberungen zu widerstehen – so wie die keusche Jungfrau einem möglichen Vergewaltiger.[5]

Im folgenden gilt mein Augenmerk vor allem dem Verhältnis von Repräsentation und Wirklichkeit. Ich frage, wie die Bildlichkeit der weiblichen Stadt, die Darstellung von Ordnung und Herrschaftsansprüchen durch geschlechterbezogene Metaphern in Kriegszeiten auf Einstellungen gegenüber Frauen zurückwirkte. Diese Darstellungsweise, so mein Argument, verstärkte die auf das wehrhafte oder unzüchtige Verhalten von Frauen bezogenen Sinnbildungsprozesse. Die 1615 bewaffnet gegen die Einnahme Braunschweigs kämpfende Gesche Meiburg konnte zum Inbegriff der jungfräulichen Stadt werden, 'Soldatendirnen' verkörperten die Zugänglichkeit der Stadt und wurden scharf bestraft. In drei Abschnitten gehe ich zunächst Darstellungen von Schändungen und der geschändeten Stadt in zeitgenössischen Drucken nach, darauffolgend Beispielen weiblicher Wehrhaftigkeit zum Schutz einer Gemeinde, und rekonstruiere anhand Konstanzer Gerichtsquellen abschließend Geschichten von Frauen, die Beziehungen zu Soldaten unterhielten.

---

4 Angeregt haben mich folgende Studien: Sigrid Weigel: Topographien der Geschlechter. Kulturgeschichtliche Studien zur Literatur. Hamburg 1990. Kap. 2; Louis Montrose: The Work of Gender and Sexuality in the Elizabethan Discourse of Discovery. In: Discourses of Sexuality. From Aristotle to Aids. Hg. von Domna C. Stanton. Ann Arbor 1992. S. 138-184; Ruth Harris: The 'Child of the Barbarian'. Rape, Race and Nationalism in France during the First World War. In: PaP 141. 1993. S. 170-206.

5 *keusche Jungfrauschaft stets ihre Lohnung findet/ Und wer sich selbst beherrscht, auch ander überwindet*: Georg Gloger: Generals Tilly drei Tugenden in Laster verkehret. In: Wir vergehn wie Rauch von starken Winden. Deutsche Gedichte des 17. Jahrhunderts. Hg. von Eberhard Haufe. München 1985. Bd. 1. S. 211.

II. Die geschändete Stadt in zeitgenössischen Drucken

Durch den engen Bezug zwischen der für Zucht sorgenden guten Obrigkeit und dem Frieden[6] stand im Krieg die Ehre der Stadt auf dem Spiel. Die festgefügte Bildlichkeit der Stadt als ewige Jungfrau löste sich auf. Jungfräulichkeit wurde eine Metapher des Übergangs; aus ihr wurde die Braut oder der geschändete Stadtkörper. Mit diesen Zuschreibungen wurden Sieg oder Niederlage gedeutet und um die städtische Ehre gerungen.

In Einblattdrucken und Liedern, in denen Kriegsgegner ihre Deutung von Kampf, Sieg oder Niederlage verbreiteten, war die Metapher der begehrten, geschändeten oder wehrhaften Jungfräulichkeit deshalb allgegenwärtig. Als Ingolstadt 1632 uneinnehmbar schien, spottete man dem Jäger der alten Jungfer: *Darfür der Schweed sich lägert/ begert der Junckfraw bald/ aber man sie ihm wehret/ dann sie ward schon gar alt/ das thet dem Schweeden zoren/ wolt sie außtilgen ganz/ aber sie wolt nit tanzen/ er hett kein schönen Kranz.*[7] Belagerer umwarben die Stadt dagegen in freundlichen Brautgesprächen. 'Breisacher Buhlschaft' wurde ein Gespräch zwischen der Stadt Breisach und Herzog Bernhard benannt, ebenso konversierte die Jungfrau Stralsund mit ihrem Belagerer Oberst Arnheim.[8] In Magdeburg verdichtete der Bezug auf das Stadtwappen die Symbolsprache: über den Burgzinnen erhob sich die Magd mit dem Ehrenkranz in der rechten Hand. Sie triumphierte aus lutherischer Sicht, als Moritz von Sachsen 1551 seine Belagerung aufhob und damit der Antichrist besiegt schien. *Du strahlende Jungfrau unter den deutschen Städten*, hub der Ratssekretär Ritzenberg in seinem Lobgedicht an, *zurecht ist dein Haupt mit dem Siegeskranz umwunden. Denn deine Jungfräulichkeit konnten Verführungskünste, Täuschungen, Drohungen und Waffengewalt*

---

6 Lorenzettis Sienesischer Zyklus des guten und schlechten Regiments im Sala dei Nove (1338-1340) stellte diese typisch städtische Auffassung früh dar. Er zeigt auch, daß Frieden die züchtigen Frauen schützte und Krieg sie männlicher Gewalt auslieferte: ein Reigen von Jungfrauen in der Mitte des geschäftigen Marktplatzes versinnbildlichte das gute Regiment und Frieden. Das tyrannische Regiment und Krieg stellten dagegen drei Einzelszenen dar, in denen wehrlose, furchtvolle Jungfrauen von Soldaten und Männern bedrängt und geraubt wurden; vgl. Randolph Starn, Loren Partridge: Arts of Power. Three Halls of State in Italy, 1300-1600. Berkeley 1992. S. 19. Abb. 1,3.

7 Historische Volkslieder aus dem sechzehnten und siebzehnten Jahrhundert nach den in der K. Hof= und Staatsbibliothek zu München vorhandenen fliegenden Blättern. Hg. von Phillip Max Körner. Stuttgart 1840 (ND Wiesbaden 1972). S. 327f.

8 Julius Becker: Über historische Lieder und Flugschriften aus der Zeit des Dreißigjährigen Krieges. Rostock 1904. S. 51.

nicht verletzen (Abb. 2).[9] Gott hatte ihr diese Kraft verliehen. Welch eine Niederlage bedeutete deshalb die Einnahme der Stadt durch Tilly. Er erhielt den Beinamen *Magdeburgischer Hochzeiter*, und ein kaiserlich-katholisches Hochzeitslied reimte: *Wolauf jhr dapffre Soldaten/ Vnd last vns frölich seyn/ Die Schantz ist vns gerathen/ Wir haben ein Maidlin fein/ Durch Gottes Kraft erworben/ Vnd vnsern Helden Muet/ Nun wöllens wir versorgen/ Mit einem Bräutigam gut.*[10] Doch die Stadt war eine *gezwungene Braut*, und aus lutherischer Sicht gab es keine Hochzeit zu feiern: die Magdeburgische Jungfrau klagte dem Schwedenkönig ihre Schändung. Ihr Leib war verbrannt, verstümmelt und versengt:

> *Wend her dein Angesicht/ schaw die verbrannten Haare*, sprach sie, *Schaw die versengte Stirn/ zuvor als Elphenbein;* [...] *Mein Leib war weiß und klar. Nun hat Ihn Schwerdt vnd Flam geschendet gantz und gar. Hier ist er halb verbrandt/ hier ist er gantz durchstochen/* [...] *Hier ein verstümmelt Glied/ hier ist ein Striem vnd Beul/ Mich wundert/ daß Ich nicht für Schmerzen stetig heul.*[11]

Dies war die Klage des gepeinigten weiblichen Stadtkörpers. In anderen Schriften wurde diese Verbildlichung der Schändung allerdings gerade vermieden. So konnte man auf dem Bild der unberührten Jungfrau beharren, die ihren Kranz zwar verloren, die Keuschheit aber als *schlafendes Mädchen* behalten hatte. An diese Reinheit band sich die Vision der Wiedererstarkung des lutherischen Glaubens.[12]

Doch zunächst sah man die Zerstörung der Magdeburger Magd als Symbol der Glaubensfestigkeit. Tilly, so wurde berichtet, habe ein Bildnis der Magdeburgischen Magd zerhauen und wolle die Stadt Marienburg taufen.[13] Er habe der Statue der Jungfrau den Kopf abgehauen, bestätigte ein anderer Bericht. Ferner habe Tilly gesagt: *du Metz, du hast mirs sawer genugsam gemacht, ehe ich dich bekommen habe, nun will ich deiner auch nicht schonen.*[14] Das über dem Stadttor stehende Wappen, *darinnen die Jungfraw mit dem Kranze geschnitten*, habe er

---

9 Deutsche illustrierte Flugblätter des 16. und 17. Jahrhunderts. Hg. von Wolfgang Harms. Tübingen 1989. Bd. 3. S. 294f. Alle Abbildungen werden mit Erlaubnis der 'Syndics of Cambridge University Library' abgedruckt.

10 Werner Lahne: Magdeburgs Zerstörung in der zeitgenössischen Publizistik. Magdeburg 1931. S. 193; vgl. dazu auch Johannes Burkhardt: Der Dreißigjährige Krieg. Frankfurt am Main 1992, S. 227f.

11 Ein Gespräch/ der Königl: Mayest./ zu Schweden/ vnnd der Magdeburgischen/ Jungfrawen/ so anietzo auß begnadung des Neptuni eine Wasser/ Nymphe [...] [o.D.,o.J., um 1631]. Ausführliche bibliographische Angaben zu den Magdeburger Flugschriften finden sich bei W. Lahne (Anm. 10) S. 214-253.

12 Magdeburgica Puella dormiens. Teil VI. In: Sechserley gantz newe ankommene Aviso. o.O. 1631.

13 W. Lahne (Anm. 10) S. 53.

14 W. Lahne (Anm. 10) S. 133.

heruntergerissen und in Stücke geschlagen.[15] Gegner beschrieben die Magd als hoffärtig und stolz, auch als alte Jungfer, vor allem aber als starrsinnig und wehrhaft protestantisch. *GOTT sey ewig gelobt, Magdenburg ist gedämpfft, vnd jhr Junckfrawschafft ist hinweck*, triumphierte Pappenheim 1631.[16] Blut floß, und ein Reim auf dem Titelblatt einer katholischen Schrift schloß: *So geschicht den stoltzen Mägden recht/ Es ware nie Kein NVSS so hart/ Die endtlich nicht auffbissen ward.*[17] Eine solche Sprache reflektierte ein alltagsweltliches Verständnis für das drängende, ob der Schmach der Zurückweisung gewalttätige Werben um Jungfrauen. Diese Personifizierung der Handlungen legitimierte, daß die bis zuletzt kämpfende, stolze Stadt bei ihrer Einnahme keine Schonung, sondern Schändung als Rache verdiente.

Der Bezug auf die Schwächung der weiblichen Stadt blieb in solchen Drucken rein metaphorisch, obwohl dieser Art der Besetzung natürlich auch immer kollektive Vergewaltigungen der Frauen auf den offenen Plätzen und Gassen der Stadt folgten. Darauf verwiesen Gedichte, um die allgemeine Zerstörung darzustellen. Andreas Gryphius klagte 1636: *Die Türme stehn in Glut, die Kirch ist umgekehret/ Das Rathaus liegt im Graus, die Starken sind zerhaun/ Die Jungfern sind geschändt, und wo wir hin nur schaun/ Ist Feuer, Pest und Tod, der Herz und Geist durchfähret.*[18] Hier waren wirkliche Jungfrauen gemeint, ihr Leid wurde aber zum Emblem einer zerschlagenen Topographie städtischer Ordnung (Turm, Kirche, Rathaus, männliche Stärke) im *Vaterland*. Berichte stellten die Folgen des Kriegs in ähnlichen Reihungen dar. Die öffentliche Schändung der Bürgerinnen wurde ein Glied in der Kette der Plünderungen und Exzesse und damit Teil der Entehrungen, die die Stadt erfuhr. Auf dem Land variierte die Reihung folgendermaßen: der Stralsunder Rat berichtete 1631 von dem Verjagen der armen Bauern und Einwohner, *entnehmung deroselben Viehes/ Kornes vnn alles Vorraths/ ehrlicher Frawen und Jungfrawen schendungen/ verwüstung der Mühlen/ Kirchenbrüche/ niederwerffung der Orgeln/ Glocken/ spolyrung der Kirchen vnd Todtengräber/ vnd dergleichen.*[19] Schändungen bezeichneten darüberhinaus die entkräftete hausväterliche Gewalt. *Der Mann hat müssen sehn sein Ehebette schwächen*, lautete die Klage des Martin Opitz, *der Töchter Ehrenblüht' in seinen Augen brechen/*

15 Fax Magdeburgica. Das ist: Die Magdeburgische WeltFackel [...]. o.O. 1632. C iij.

16 W. Lahne (Anm. 10) S. 67.

17 Bewögliche Considerationes Von der weitbekandten Statt Magdenburg [...]. o.O. 1631.

18 Tränen des Vaterlandes. Anno 1636. In: E. Haufe (Anm. 5) S. 280. Vgl. die ausführliche Interpretation bei Erich Trunz: Weltbild und Dichtung im deutschen Barock. Sechs Studien. München 1992. S. 92-97.

19 Gründlicher/ warhaffter vnnd kurtzer Bericht/ Von der HanseStadt Stralsundt. Der Heubststadt in Pommern/ Wie Anno 1627. Die Einquartierung daselbst begehret/ aber gütlich abgehandlet/ vnd gleichwol folgig Gewalt vnterschiedlich wider sie verübet/ Auch von dero Belagerung/ Stürmung/ vnd was dabey vnnd weiter biß zum Abzuge des Feindlichen Kriegsvolcks vorgangen [...] Stralsund: Augustin Ferber 1631. S. 99.

Vnd sie/ wann die Begier nicht weiter ist entbrandt/ Vnmenschlich vntergehn durch jhres Schänders Hand.[20] Der Stralsunder Bericht beschrieb ebenfalls, *Hauß-vätern* seien *Weiber vnd Kinder für den Augen geschendet* worden.[21] Die Erfahrung der Schändung wurde hier nicht aus der Sicht der Frauen beschrieben, sondern das Grauen und die Entehrung der Männer dargestellt. Sie illustrierte die Ohnmacht des Mannes gegenüber dem siegreichen Schänder, nicht das weibliche Erleben des Ausgeliefertseins gegenüber der eigenartigen Gleichzeitigkeit von männlicher Rachenahme und sexueller Befriedigung.

Während Männer bis zuletzt kämpfen und Mütter ihre Kinder schützen mußten, blieb (gleich der allerdings zuvor geschändeten Lucretia) Jungfrauen ein rettender Ausweg. Berichte, Gedichte und Lieder heroisierten ihren Sturz von Felsen, in Flammen oder Fluten. Dieser Opfertod vereitelte dem Feind den Triumph der Inbesitznahme jungfräulicher Körper und damit die Entehrung der Haus- und Stadtväter. Die listige Selbstbefreiung mancher Jungfrauen aus den Händen der Schänder, um sich in Brunnen zu stürzen, wurde als Heldentat dargestellt,[22] die Häßlichkeit und Macht des Mannes dramatisiert: So wiederholten Magdeburger Berichte die Geschichte von einem einäugigen Soldaten, der eines *ehrlichen Mannes Tochter angefallen* und sie zum Brückentor hinausgeschleppt hatte. Sie weinte unaufhörlich und bat, sich die Tränen abwischen zu dürfen. Als er ihre Hände freigab, *stürzet sie sich im Sprung in die Elbe* und bezeugte damit, daß *noch viel redliche keusche Hertzen in der Stadt gewesen*, die den *Ehren Dieben* zu entrinnen versuchten.[23] Die sich opfernden Jungfrauen repräsentierten die Stärke des städtischen Glaubens und Regiments, der städtischen Moral. Sie setzten den Heldentod der jungfräulichen Stadt ins Bild. Der Topos ist dem antiken Diskurs um den tragischen Tod der Frau eng angelehnt: Die heldenhafte Frau opfert sich durch ihren Tod für Männer, und sie stirbt schweigend.[24]

Die bewußte Verbildlichung der geschändeten Stadt als um Verschonung bittende vergewaltigte Frau ist für Mühlhausen eindrücklich belegt. Als die Stadt im Bauernkrieg vor dem Fall stand, entschieden die Bürger, einen Zug von Frauen zu den Belagerern zu schicken. Der Zug bestand aus 600 wehrlosen Frauen, die mit "zerrissenen Kleidern, mit nackten Füssen und fliegenden Haaren" erschienen, und 500 Jungfrauen mit Wermutkränzen.[25] Die 600 wehrlosen Frauen stellten ver-

---

20 Martin Opitz: Gedichte. Eine Auswahl. Hg. von Jan-Dirk Müller. Stuttgart 1970. S. 37.

21 Gründlicher Bericht (Anm. 19) S. 59.

22 Vgl. z. B. Gründliche vnd Wahrhafftige Relation, Was massen die Vhr=alte/ Christliche [...] Statt Magdeburg [..]. von Graff Tyli [...] angefallen. o.O. 1630. A iii^{v}.

23 Fax Magdeburgica (Anm. 15) C iij^{r-v}.

24 Nicole Loraux: Tragische Weisen, eine Frau zu töten. Frankfurt am Main 1993. S. 41-51.

25 Heide Wunder: 'Er ist die Sonn', sie ist der Mond'. Frauen in der Frühen Neuzeit. München 1992. S. 224.

gewaltigte Frauen dar, wie sie spätmittelalterliche Gesetzestexte beschrieben.[26] Die Jungfrauen glichen trauernden Bräuten, denn Wermutkränze wurden zur Hochzeit getragen, waren aber auch mit Trauer assoziiert.[27] Durch den Zug zeigte sich die Stadt den Belagerer also als besiegte Jungfrau und trauernde Braut. Die männlichen Bürger bekannten damit, daß sie Ehre, Leib und Leben ihrer Frauen nicht mehr zu schützen vermochten. Sie gestanden die Verfügungsgewalt des Belagerers über Stadtkörper und Bürgerinnen ein.[28]

III. Weibliche Wehrhaftigkeit als wehrhafte Stadt

In unentschiedenen Kampfsituationen wurde nicht die Opferhaltung der Frau bedeutungsvoll, sondern ihre Wehrhaftigkeit zum Schutz der Stadt. Heldenmut bei der Rettung einer belagerten, ausgehungerten und kurz vor der Aufgabe stehenden Stadt versinnbildlichte in der Frühen Neuzeit eine Frau: Judith. Wie stand ihre Tat Zeitgenossen vor Augen? Ein 1515 von Hans Schäufelein angefertigtes Wandgemälde in der Reichsstadt Nördlingen bietet hierfür ein Beispiel. Schäufelein malte die Befreiung der Grenzstadt Bethulia für die Bundesstube im Rathaus, dem zeitweiligen Sitzungsort des Rats des Schwäbischen Bundes. Leuchtende Farben und packende Szenen zeigen, wie die "noch jugendliche"[29] Witwe Judith, bewaffnet mit ihrem festen Glauben, Schönheit, Wein und einem versteckten Kurzschwert, in das Lager des *Städtezerbrechers* Holofernes geht, den Betrunkenen tötet, sein abgehauenes Haupt in einem Leintuch versteckt und nach Bethulia zurückkehrt, wo das Haupt des getöteten Feldherrn öffentlich zur Schau gestellt wird. Die Bürgerwehr bricht daraufhin zum Kampf gegen das belagernde Heer des Holofernes auf und sichert Bethulia die Freiheit. Das Bild hatte eine innerstädtische und überstädtische Bedeutung: es drückte sowohl "die Abwehrkraft der Bürgerstadt" aus,

---

26 Vgl. allg. Rudolf His: Das Strafrecht des Deutschen Mittelalters in 2 Teilen. Teil 2: Die einzelnen Verbrechen. ND Aalen 1964. S. 151f.; Eduard Osenbrüggen: Das Alamannische Strafrecht im deutschen Mittelalter. Schaffhausen 1860. S. 237.

27 Lyndal Roper: 'The common man', 'the common good', 'common women': gender and meaning in the German Reformation commune. In: Social History 12. 1987. S. 14-16.

28 Aber die Belagerer zwangen die Mühlhausener Männer, Demut in eigener Person zu bezeugen. Sie mußten wie Büßer ohne Kopfbedeckung, barfuß und mit gefalteten Händen zu ihnen ziehen. So legten sie Hab und Gut, ihr Schicksal sowie das ihrer Frauen, Kinder und das der Stadt in die Hände der Belagerer; vgl. L. Roper (Anm. 27) S. 16.

29 Karl Heinz Schreyl: Schäufeleins Judith-Wandbild im Nördlinger Rathaus. In: Hans Schäufelein. Vorträge gehalten anläßlich des Nördlinger Symposiums im Rahmen der 7. Rieser Kulturtage. Hg. von Stadt Nördlingen, Verein Rieser Kulturtage e.V. Nördlingen 1990. S. 183.

der "Gott gegen die Übermacht der Feinde beisteht",[30] als auch den "Willen des Schwäbischen Bundes, die Freiheit der Städte zu verteidigen".[31]

Die Bewertung der Judith als Frauengestalt hing davon ab, ob ihre Gottgesandtheit oder ihre verführerische Frauenlist hervorgehoben wurde. Die Darstellung des besonderen Mutes einer Frau, wenn es um die Rettung anderer aus einer verzweifelten Lage ging, war weniger umstritten als die des heimtückischen Mords. Aber auch dies erstaunt: Waren Frauen nicht das 'schwache Geschlecht'? An Weiblichkeit knüpften sich scheinbar widersprüchliche Charaktereigenschaften: Einerseits stand sie für Wankelmütigkeit, moralische und körperliche Schwäche und deshalb Abhängigkeit, andererseits aber für Willensstärke, Klugheit und heldenhaftes Handeln zum Schutz der Gemeinschaft. Weiblichkeit wurde durch diese Zuschreibungen offensichtlich als das 'Andere' des männlichen Selbst konstruiert, d.h. es wurden sowohl die Angst vor Unvermögen als auch Begehren nach Überschreitung, beispielsweise grenzenloser Begierde, auf sie projiziert. Dementsprechend bezeichnete sie häufig die Extreme gegenüber der Norm. Frauen wurden deshalb entweder als einfältig oder als besonders klug, schwach oder mutiger als jeder Mann, unschuldig oder unberechenbar und gnadenlos verführerisch dargestellt.[32]

Den besonderen Heldenmut einer Frau bewies im 17. Jahrhundert eine braunschweigische Magd namens Gesche Meiburg. Gesche hatte 1615 die Stadt gegen den belagernden Herzog von Braunschweig-Lüneburg verteidigt. Die intensiven Kriegshandlungen dauerten schon seit drei Monaten an, als es den Braunschweigern in einer Oktobernacht gelang, den Herzog von den Stadtwällen zurückzudrängen. Dabei, so berichtete eine Chronik, hatte auch *ein vnverheyrate Weibsperson Geßke Magdeburgs genant von 34. Jaren alt* auf dem Wall gestanden, *mit einem Schwert/ Streit=Hammer vnd Mußketen armiert*. Sie hatte sich *ritterlich gehalten/ manchen Kriegsman beschedigt/ vnd das Liecht außgeblasen*. Obwohl viele Schüsse auf sie fielen, war sie *vnverletzt blieben*.[33] Die Chronik erwähnte Gesche nur in wenigen Zeilen. Da aber mindestens vier Einblattdrucke die Geschichte über das Jahrhundert hinweg erzählten, wurde der braunschweigische Kampf zunehmend durch die weibliche Heldin Gesche erinnert. Ein im gleichen Jahr in Lübeck gedrucktes Blatt stellte beispielsweise in einem groben Holzschnitt eine ritterliche Gesche Magdeburg im Halbprofil mit einfacher Kleidung, kräfti-

---

30 Hans-Christoph Rublack: Eine bürgerliche Reformation: Nördlingen. Gütersloh 1982 (Quellen und Forschungen zur Reformationsgeschichte. Bd. 51). S. 14.

31 Zit. nach K. H. Schreyl (Anm. 29) S. 193.

32 Vgl. Elisabeth Bronfen: Over Her Dead Body: Death, Femininity and the Aesthetic. Manchester 1992. S. 181.

33 Braunschwygische Kriegshandlung Das ist: Kurtze Beschreib vnd Erzehlung deß jenigen/ was sich in deß Durchleuchtigen Hochgebornen Fürsten vnd Herrn Friderich Vlrichen Hertzogen zu Braunschweyg vnnd Lünenburg vorgenommener Belagerung der Statt Braunschweyg sich von Tag zu Tag [...] zugetragen. o.O. 1616. J ii^{v}.

gen Armen und Händen sowie den oben benannten Waffen dar. In Versen erklärte Gesche, daß sie als Frau von Gott mit genug *Herzt Muth vnd verstandt* ausgerüstet sei, um die *gar hardt berandt*[e] Stadt *gleich einem Kriegsman* zu verteidigen.[34] Ein weiterer Druck übernahm diesen Text und auch das Bild, glich Gesches Gesicht aber der Erscheinung eines Kriegsmanns an: die Haube wurde zum Helm, die Gesichtszüge kantiger und eine haarscharf unter dem rechten Auge angebrachte Narbe zeugte von der abgewendeten Gefahr.[35] Ein lateinischer Einblattdruck pries *Geshe Meiburgias* als Frau mit dem Herzen eines Mannes, stellte sie bildlich aber als jungfräuliche Beschützerin der Stadt dar. So wie die Jungfrau im Wappen Magdeburgs (Abb. 2) über den Burgzinnen erhob sich Gesche über dem Wall. Mit Halskrause, langem Nacken, weiblichen Gesichtszügen, geflochtenem Haar und Ehrenkranz glich sie einer keuschen und jüngeren Magd (Abb. 3). Die heraldische Darstellung der jungfräulichen Stadt war mit der einer wahrhaft wehrhaften Jungfrau zur Deckung gebracht.

Die Belagerungsszene wurde in einem feiner geschnittenen und später entstandenen Augsburger Blatt ausgemalt (Abb. 4). Gesche glich hier einem siegreichen Feldherren vor dem Ort der Schlacht, trug einen verzierten Helm und eine Halskrause. Das Weibliche ihrer Figur wurde auch hier durch den schmalen Oberkörper und die breiten Hüften betont; männlich wirken dagegen die Hände und Arme. Im Bildhintergrund sind die Zelte und Truppen des Belagerers sowie das Kampfgeschehen an einer Stelle des Walls zu sehen. Eine Frauengestalt scheint einen Eimer über die feindlichen Soldaten ausschütten zu wollen. Die Verse nahmen hierauf Bezug. Sie wiederholten zuerst den Text des Lübecker Blatts. Dann berichtete ein Erzähler neu, auch andere Frauen hätten

> *Die Braunschweigische Weiber Ehr/ Erzaiget vnd geleget ein/ Theils auff die Wähl gelauffen sein/ Vnd vndter die Feind vnverdrossen/ Geworffen stain/ vnd starck geschossen/ Sich auch gewöhrt mit gantzer macht/ Mit allen wöhren wol bedacht/ Mit Wasser haiß/ brennendem Hartz/ Offt manchem gmacht die Nasen Schwartz/* [...] */ Das man noch wierdt in manchen tagen/ Von Braunschweigischen Weibern sagen.*[36]

Dieses Verständnis band weibliche Ehre an die Wehrbereitschaft der Jungfrauen und Bürgersfrauen als Teil der Gemeinde. Es legitimierte, daß Frauen nicht der Rückzug an die Kunkel empfohlen wurde,[37] sondern sie zum Schutz der Gemein-

---

[34] Deutsche illustrierte Flugblätter (Anm. 9) Bd. 3. S. 279.

[35] The German Political Broadsheet 1600-1700. Hg. von John Roger Paas. Wiesbaden 1985. Bd. 1. S. 335.

[36] Deutsche illustrierte Flugblätter (Anm. 9) Bd. 3. S. 281.

[37] Zur Abwehr von politisch initiativen Frauen mit dem Argument, sie sollten zum Spinnrad zurück; vgl. Susanna Burghartz: Frauen – Politik – Weiberregiment. Schlagworte zur Bewältigung der politischen Krise von 1691 in Basel. In: Frauen in der Stadt. Hg. von Anne-

schaft politisch und militärisch handeln konnten. Deshalb wurde Gesche auch nicht in der Bildtradition des 'weiblichen Kriegers' in Männerkleidung dargestellt, sondern zunehmend feminisiert. Auch das Wortspiel mit ihrem Namen (Meiburg wurde zu Magdeburg) zeigt das Bestreben, durch ihre Figur die spezifisch für die Stadt eingesetzte wehrhafte Weiblichkeit zu illustrieren.

Diese Wehrhaftigkeit von Frauen gegen Belagerer ist für das 17. Jahrhundert mehrfach belegt, wurde aber vermutlich teilweise auch nur als Topos angeführt. Ein Bericht, der den tapferen Kampf der magdeburgischen Bürger und Soldaten lobte, erwähnte beispielsweise gleich dem obigen Flugblatt, Frauen hätten die Gegner mit Steinen beworfen und heißem Wasser begossen.[38] Gesicherter ist, daß Frauen im Bregenzer Wald im Dreißigjährigen Krieg anstelle der abwesenden Männer die kommunalen Verteidigungsaufgaben übernahmen und die Schweden mit Sensen und Gabeln vertrieben.[39] Gewitzt leisteten auch die Frauen im württembergischen Schorndorf der französischen Belagerung Widerstand. Ludwig XIV. drohte 1688 mit der Einnahme der Stuttgarter Residenz, gab sich dann aber mit der Schorndorfer Festung als Ersatzangebot zufrieden. Die Schorndorferinnen setzten daraufhin den herzoglichen Abgeordneten und den Magistrat im Rathaus gefangen.[40]

Neben diesem kollektiven Widerstand gab es blutige Einzelaktionen. Ein Beispiel hierfür ist die Tat der Wirtin und Metzgersfrau Maria Epple im württembergischen Feuerbach während des Dreißigjährigen Krieges. Sehr zu ihrem Unwillen waren bei den Epples viele Soldaten einquartiert. Maria Epple war das Plündern, Trinken und Notzüchtigen satt, das die Soldateska über das Land brachten. Nach dem jüngsten lothringischen Durchzug hatten sich zwei Soldaten von der Armee abgesondert. Bei den Epples zechten sie und stießen Flüche gegen *ihre Majestet von Schweden* aus. Sie rühmten sich ihrer Mordtaten und drohten Plünderungen in Feuerbach und Zuffenhausen an. In Waiblingen hatten sie schon ihren *Übermuth* getrieben. Angesichts dieser Gefahr für alle, so rechtfertigte sich Maria Epple später vor Gericht, habe sie die Ermordung der Soldaten beschlossen. Die fleissige Kirchgängerin beriet sich mit anderen und beorderte zwei Gesellen mit der Tötung der schlafenden Männer. Der Mord war gleichzeitig aber auch ein Aufschrei ge-

Lise Head-König. Zürich 1993. S. 123; und Memmingen StadtA. Ratsprotokolle von 23.7.1683-11.5.1685. Fol. 18^{v}: 12.9.1683.

38 W. Lahne (Anm. 10) S. 127.

39 H. Wunder (Anm. 25) S. 234; mit weiteren Beispielen für das 18. Jahrhundert.

40 H. Wunder (Anm. 25) S. 218-220. In mehreren württembergischen Orten entflammte Widerstand gegen die Politik im Stuttgarter Schloß, und es ist zu vermuten, daß man sich insbesonders durch die franzosenfreundliche Herzoginwitwe verraten fühlte; vgl. Bernd Wunder: Frankreich, Württemberg und der Schwäbische Kreis während der Auseinandersetzung über die Reunionen (1679-1697). Ein Beitrag zur Deutschlandpolitik Ludwigs XIV. Stuttgart 1971. S. 146.

gen *Gewalt und Pressuren*, die die Bevölkerung auch von den *einquartierten kaiserlichen Soldaten* erdulden mußte. Maria Epple wurde nur geringfügig bestraft.[41]

Solche Vorfälle zeigen, daß die bewaffnete Notwehr von Frauen in Kriegszeiten nicht nur geduldet, sondern als Zeichen der Bereitschaft gesehen wurde, die weibliche und städtische Ehre zu verteidigen. Und so ist es wohl auch zu erklären, daß "die Legende", wie Kurt von Raumer erstaunt schreibt, "merkwürdigerweise von jener Szene nicht Besitz ergriffen" hat, die von der Zerstörung Heidelbergs durch die Franzosen berichtet: "'in das teutsche Haus', berichtet der Universitätssyndikus Runkel, ein verläßlicher Mann, 'welches sie mit Gewalt aufgeschlagen, hatt ein Musquetierer auch Feuer eingelegt, als demselben jedoch meine des Syndikus gewesene Magd, die sich anizo an den Büchsenmacher René verheirathet, umb den Hals gefallen und etlich mahl geküsset, hatt es ihn dergestalt bewogen, daß er selber wider das Feuer mit den Schuhen ausgetretten und so ist das Haus erhalten worden'".[42]

Die Begebenheit könnte, symbolisch gelesen, von der Kraft des Versöhnungskusses erzählen. Doch obwohl die Küsse der Magd hier dem Schutz des Hauses dienten, wurde ein Tabu durchbrochen: die Jungfrau berührte den Feind. *Wo keine Scham, da auch kein Ehr*,[43] lautete ein zeitgenössisches Sprichwort. Es konnte in Notzuchtsfällen zuungunsten einer ledigen Frau zitiert werden, die auch nur freundliche Worte mit dem Angeklagten gewechselt hatte. Von der rechten Scham zeugten dagegen Fußfälle und das Flehen von Frauen in anderen Gassen Heidelbergs.

Die Metze, nicht die Magd, setzte Küsse ein und ihren Willen durch. Eine schwere Geschützart hatte man deshalb *Singerin* oder *scharpffe Metz* benannt. Auf einem Einblattdruck des 16. Jahrhunderts sprach sie:

> *Ich bin ein scharpffe Metz genant/ Wo ich wird in ein Saat gesant/ Do thu ich übern Graben tanzen/ Durch rinckmawr zwinger un schantzen/ Durch kirche haüser keller kuche/ Gewelb stuben kammer thu ich suche/ Vnd was mich irrt am wyderprallen/ Das küssz ich so dass es müß fallen.*[44]

Die Magd stand für die Unschuld und Wehrhaftigkeit der Stadt ein. Die Metze verkörperte, wie wir im folgenden Abschnitt sehen, Verrat an der städtischen Ehre und der *Weiber Ehr* ihrer Bewohnerinnen zu Kriegszeiten.

---

41 Stuttgart HstA. A 309: Bü. 112. Bü. 90e: 1.3.1632.

42 Kurt von Raumer: Die Zerstörung der Pfalz von 1689 im Zusammenhang der französischen Rheinpolitik. München, Berlin 1930 (ND Bad Neustadt a.d. Saale 1982) S. 131.

43 Stuttgart HstA. A309: Bü. 47: 10.2.1627, Michel Thumb.

44 The German Single-Leaf Woodcut: 1500-1550. Hg. von Max Geisberg, Walter Strauss. New York 1974. Bd. 3. S. 1168.

IV. Metzen und Soldatendirnen als Gefahr für die wehrhafte Stadt

Der Haß redlicher Bürger, wie der Feuerbacher Metzgersfrau Maria Epple, richtete sich gegen das Werk undisziplinierter Soldaten – egal ob sie feindlich waren oder nicht. Ihre Einstellung prägte, daß Soldaten als potentielle sexuelle und materielle Plünderer gegen die Grundvorstellung der moralischen Ökonomie verstießen. Ihre Arbeit wurde oft weniger als Schutz denn als Mord und Raub gesehen. Soldaten waren mobil und nicht auf Normengefüge zu verpflichten, die wirtschaftliche und soziale Beziehungen verbindlich machten. Krieg war im 17. Jahrhundert aber Alltag und einquartierte Soldaten ein Teil im Leben vieler gewöhnlicher Leute geworden. Soldaten lebten in den Häusern oder aßen dort, mischten sich unter ländliche und städtische Feste und waren auf Landstraßen und Märkten anzutreffen. Die Gegenwart der Soldaten schürte deshalb die Furcht vor dem Zerfall der städtischen Moral. Einquartierte Soldaten wurden insbesondere für den blühenden städtischen Handel mit geplündertem Gut verantwortlich gemacht; zu viele von ihnen hatten Geld für ungezügelte Geselligkeit und konnten rechtschaffene Bürger mit ihren Waffen einschüchtern. Sie suchten nach Frauen, um sich zu vergnügen, nicht um sich zu binden.

Der Angst vor der Untergrabung der städtischen Moral begegnete man unter anderem durch die scharfe Kontrolle 'leichtfertiger' Frauen. Schon die Bekanntschaft mit Soldaten konnte einer Frau den Ruf verschaffen, leichtfertig zu sein. Die Strafen waren hart. In Konstanz wurde 1674 verordnet, alle *leichtfertigen Metzen*, die sich an Soldaten *henkten*, auszuweisen – und so gingen die meisten Städte vor.[45] Diese Verbannungen geschahen oft ohne eine gesicherte Beweislage oder Einspruchsmöglichkeiten der Betroffenen. Glück hatten diejenigen, denen Ehrenstrafen und Spott vor ihrer Verbannung erspart blieben. Von einem Soldaten geschwängerte Frauen wurden ebenfalls postwendend verbannt. So wurde in südwestdeutschen Städten zur Entlastung städtischer Armenkassen seit langem mit ledigen Müttern verfahren. Die Politik gegenüber leichtfertigen Frauen verschärfte sich kontinuierlich: Fürbitten schonten auch Bürgerstöchter nicht, Ehrenstrafen gingen häufig der Verbannung voraus, Verwandten wurde nicht mehr erlaubt, uneheliche Kinder bei sich im Haushalt aufzuziehen, damit die Frau Arbeit finden konnte. Allen ausgewiesenen Frauen wurde der Wiedereinlaß in die Stadt erschwert. Für den Neuerwerb des Bürgerrechts wurden gute Zeugnisse von Arbeitgebern und Geld verlangt. Ledige Mütter sollten außerdem eine Kaution hinterlegen, die im Fall ihres vorzeitigen Ablebens anstatt städtischer Almosen für die Ernährung des unehelichen Kindes verwendet werden sollte. Diese Verbannungs-

[45] Konstanz StadtA. BI 154: Ratsprotokoll vom 20.10.1674. Fol. 593^{r}.

politik wurde im katholischen Konstanz ebenso wie im protestantischen Memmingen zur gängigen Praxis.[46]

Den schnellen und bleibenden Ausschluß der Frauen aus der städtischen Gemeinschaft motivierte nicht allein die Sorge um den Stadtsäckel. Verbannungen waren symbolische Grenzziehungsarbeit. Memminger Frauen, die wegen Unzucht bestraft wurden, führte man im 17. Jahrhundert vor ihrer Verbannung häufig auf der rot gepflasterten Stadtmauer *hinumb*: dies markierte ihre Übertretung der moralischen Gesetze einer Gemeinschaft, die die Stadtmauer schützte und umschloß.[47] Sie waren das Gegenbild der über Stadt- und Burgzinnen wachenden Jungfrau in der heraldischen Symbolsprache. Durch die verschärfte Verbannungspolitik zu Kriegszeiten reinigte sich die Stadt von Frauen, die Soldaten nicht widerstanden und damit die städtische Zucht untergruben.

Die Frauen waren damit Leidtragende eines strukturellen Problems: stehende Heere wurden geschaffen, Einquartierungen geduldet, aber Soldaten fast nie die Heirat erlaubt. Noch dazu konnten Soldaten natürlich nicht vor städtischen Gerichten verklagt werden, um beispielsweise Alimentationszahlungen zu erwirken. Württembergische Reskripte zeigen, daß die Obrigkeiten das Problem der falschen Eheversprechen der Soldaten deutlich sahen. Sie seien der *irrigen Meinung*, schimpfte ein Reskript, *betreffend die Verehelichung der Militär=Personen* vom Mai 1691, *ob wären sie Ausgewählte an keine Ordnung, wie andere Untertanen, mehr gebunden, sondern ihnen sammtl. in Ehesachen nach Belieben,* [...], *frey und zur Willkür stehe.*[48] Ein Reskript des Jahres 1700 kam ebenfalls auf *täglich einkommenden häuffigen Suppliquen* der Bevölkerung zu sprechen, die Eheversprechen der Soldaten einklagten. Es sei hinlänglich bekannt, schrieb der Herzog, daß den Soldaten zu Fuß und zu Roß ebenso wie denen des Kontingents des Schwäbischen Kreises das Heiraten ohne die Erlaubnis des Offiziers verboten sei. Geschwängerte Frauen, die um die Heiratserlaubnis bäten, seien bislang *anderen zum Exempel* abgewiesen worden. Nichtsdestoweniger scheuten sich aber *Lands= Unterthanen Töchter* nicht, *dem schnurstracks zu wider, sich an die Soldaten zu hencken, in ehelichen Verspruch ein= und gar darüber schwängern zu lassen.* Weiterhin seien alle Gesuche abzulehnen und die *Soldaten militarisch, und die gaile Dirnen der Lands=Ordnung gemäß* zu strafen. Elterliche Zucht wurde gefordert: Untertanen sollten keine *Bulerey* zwischen ihren Töchtern und Mägden

46 Vgl. Ulinka Rublack: Magd, Metz' oder Mörderin: Frauen vor der frühneuzeitlichen Justiz. Frankfurt am Main (im Druck). Kap. 3.

47 Vgl. z. B. auch Memmingen StadtA. Ratsprotokolle von 31.10.1638-30.12.1640. Fol. 119^r: 25.11.1639, Martin Schmidts Witwe wegen Unzucht mit einem Soldaten.

48 Vollständige, historisch und kritisch bearbeitete Sammlung der Württembergischen Gesetze. Hg. von August Ludwig Reyscher. Bd. 19. Tübingen 1849. S. 296f.

mit Soldaten zulassen, und all dies, *damit das Land mit ohnehelichen Kindern nicht ferner überhäufft werde*.[49]

Die von Soldaten häufiger als von anderen Männern angewendete Gewalt bei der Umwerbung von Frauen wurde verdrängt. Die Verantwortung für jegliche Beziehung zu Soldaten wurde primär der Frau, aber auch ihren Eltern oder Meistern zugeschrieben. Die geschwängerte Tochter oder Magd stigmatisierte man sofort als *gaile Dirne*, die ihre Leichtfertigkeit selbst zu büßen hatte. Dieses Begründungsschema entlastete städtische wie territoriale Obrigkeiten elegant von den Kosten ihrer eigenen Politik. Sie entgingen dadurch höheren Soldforderungen, die Soldaten ermöglicht hätten, für Familien aufzukommen, und sie entgingen gleichzeitig der Belastung öffentlicher Mittel durch uneheliche Kinder, die ihre Eheverhinderungspolitik produzierte.

Die Verortung der Soldaten im städtischen Alltagsleben bezeugen die folgenden Konstanzer Beispiele. Als die Truppen Ludwigs XIV. in Süddeutschland eingefallen waren, verstärkte Österreich die Stadtgarnison zum Schutz des Bodenseeraums mit 300 Vorarlberger Soldaten. Sie waren in dem rund 5000 Einwohner zählenden Konstanz einquartiert. Ledige Frauen, die Zeit mit den Soldaten verbrachten, wurden leicht verdächtigt, angeklagt und verbannt. Wie sonst auch, beruhte dieser Marginalisierungsprozeß auf Schuldzuweisungen und Urteilen, die die Verschiedenheit der Lebensgeschichten der Frauen und ihrer Erfahrungen ausblendeten.[50] Sie sollen hier rekonstruiert werden.

Im September 1696 stand beispielsweise die Tochter des Bürgers Adam Böhler vor den Konstanzer Gerichtsherrn, um ihr *liederliches Leben* zu rechtfertigen. Zunächst interessierte ihr Umgang. Sie habe nur eine Gespielin, die Tochter der alten Holzladerin, gab sie an. Sabina habe sie *angelernt, den Eltern dz ihrige zu entführen undt mit ihro zu vertrincken*. Aber nie habe sie Geld von ihren Eltern gestohlen. Allerdings waren Sabina und sie öfter ins *Schweitzerland zum trunck* gegangen und hatten die Zeche geteilt. Das Geld hatte sie teilweise vom Vater *verehrt* bekommen (er gab ihr manchmal vier, fünf Kreuzer Taschengeld) oder von Leuten, denen sie auf dem Konstanzer Fischmarkt Fische fertig zurichtete. Wo kehrte sie sonst ein? In Konstanz war sie nur zweimal im Wirtshaus gewesen. Das eine Mal hatte sie der Wirt gleich *übel geschlagen, weil sie mit einem Furierschützen und Daschenspieler im hinteren Stüblein gewesen*, und das, obwohl sie nichts Unrechtes taten. Der Wirt wurde später befragt und sagte, er habe sie sogar anzeigen wollen. Doch dann kam ihre Mutter und bat, *aus der Sache nichts zu machen*. Tatsächlich beließ er es bei der Empfehlung, sie solle in Zukunft besser auf ihre Tochter aufpassen. Wußte Adam Böhlers Tochter um ihren Ruf, liederlich zu sein? Einmal, so gestand sie, war sie erst um sechs Uhr morgens nach Hause

[49] Vollständige, historisch und kritisch bearbeitete Sammlung (Anm. 48) S. 573.

[50] Vgl. Florike Egmond: Underworlds. Organized Crime in the Netherlands 1650-1800. Oxford 1993. S. 192f.

gekommen. Übernachtet hatte sie bei der Marckstallerin in Kreuzlingen. Aber nichts weiteres war passiert. Mit dem schlechten Ruf tue man ihr unrecht.

Zwei Ratsbeauftragte hatten aber Nachbarn befragt, und die waren anderer Meinung. Johannes Beuter vom Stadtgericht wußte, sie pflege immer Gemeinschaft mit Soldaten, wenn sie auf der Gasse spinne. In diesem Gäßlein sei deshalb ein großer Zulauf, und sie rede mit einem nach dem anderen. Andreas Guldermast bekräftigte, tags wie nachts werde ein *große Gugelfuhr* getrieben: *Item daß sie mit den Soldaten durchaus wohl bekandt seye, also dz man nicht vill gueths von ihr präsumieren könne, im Übrigen aber eigentlich nichts gesehen habe.* Johannes Mahler hatte mehr als Gespräche mit Soldaten beobachtet, sogar eine ganze Menge mehr. Adam Böhlers Tochter sei vor fünf Wochen um zwei Uhr morgens über den Fischmarkt zum Steuerhaus gegangen und habe *den Rockh uber dem Kopf gehabt.* Später seien zwei Soldaten mit einem Schlüssel hinterher gekommen, hätten die Tür aber nicht öffnen können und ärgerlich gerufen, *daß sie einmahl zu dieser Strallhurn miessen, dan sie Ihre nicht umbsonst so vill wein gezahlet haben.* Mahler meinte, er habe die Soldaten dann vertrieben. Im Sommer hatte er außerdem einen Soldaten ohne Schuhe um vier Uhr morgens aus ihrer Kammer gehen sehen. Mahler fügte hinzu, die Mutter sei nicht viel besser. Adam Böhlers Tochter wurde nach einer Haftstrafe entlassen, aber nach drei Monaten wegen vermuteter Unzucht mit einem Fähnrich wieder befragt.[51]

Adam Böhlers Haushalt schien direkt am Fischmarkt zu liegen. Sehen wir im Konstanzer Zensus von 1610 nach, finden wir am Fischmarkt 41 Haushalte verzeichnet, die 79 Haushalter, 107 Kinder, 19 Knechte und 17 Mägde bewohnten.[52] Diese Bewohnerstruktur war recht durchschnittlich und dürfte sich 86 Jahre später (nachdem sich die demographische Struktur vermutlich von den Pestwellen in der Zeit des Dreißigjährigen Krieges wieder erholt hatte) nicht grundlegend geändert haben. Die Zahlen bestätigen, daß die jeweils angrenzenden Nachbarn trotz der Bewohnerdichte und dem mit ihr verbundenen Ein und Aus von Kindern, Jugendlichen, Ehehalten, Erwachsenen, Arbeitskameraden, Freundinnen und Handwerkskunden genau wahrnahmen, ob eine junge Frau mit Soldaten sprach. (Ebenso schnell war Böhlers Tochter im Wirtshaus aufgefallen.) Noch bedeutsamer ist, daß die Zeugenberichte den Eindruck vermitteln, erst die Soldaten hätten ein Gewimmel auf der Gasse und *Gugelfuhr* erzeugt. Sie hatten dort nichts Rechtschaffenes zu suchen und gehörten weg. Aber nicht nur die Gasse wurde den Soldaten zugänglich, sondern das Haus Böhlers und der Körper seiner Tochter: daß ein Mann morgens ohne Schuhe ein fremdes Haus verließ, sprach für sich. Malers Beschreibung des Geschehens auf dem Fischmarkt kann entweder als Tatsachenbericht oder als mit Verachtung gemischte sexuelle Phantasie in Bezug auf eine Soldaten verfügbar erscheinende Frau gelesen werden. Der Rock über dem Kopf

---

[51] Konstanz StadtA. K5: 4.9.1696; 7.1.1697.

[52] Konstanz StadtA. A IV 18: Fol. 29-30.

zeigte, daß Böhlers Tochter vor einer Vergewaltigung floh. Erklärt wurde die Gewalt damit, daß die Soldaten genug davon hatten, immer nur zum Wein einzuladen, ohne Sex zu bekommen. Dies machte Sinn: obwohl Männer in der Regel über mehr Geld als Frauen verfügten, erwarteten sie doch eine Vergütung für Einladungen. Genau dies verwischte die Grenze zwischen ehrbaren Frauen und Huren, denn der bezahlte Wein stellte ein Zwischenglied bei der Erwerbung sexueller Anrechte dar.

Das ständige Ein- und Ausgehen der Männer und die zum Tag gemachte Nacht waren die in fast jeder Erzählung bemühten Symbole der Hurerei und Umkehrung der häuslichen Ordnung. Ein Zeuge berichtete über die Bekanntschaft der Nadlerin Anna Brielin mit Soldaten, es sei die *gemeine Rede, es gehe in ihrem Haus her wie bei einer Hundts Brauthund, wexle die Parthej die ander ab.*[53] Die im Unterschied zum Mann endlos verfügbare Frau machte das Haus offen. Schon Besuche bei Frauen, die kein Mann kontrollierte, schürten nachbarliches Mißtrauen. 1681 sagte die verwitwete Christina Kemper, sie habe im Winter im Haus einer befreundeten Frau gesponnen und genäht. Zwei Soldaten hätten sich zu ihnen gesellt, wobei der eine in einem Buch gelesen und der andere gespielt habe. Nichts Ungebührliches sei vorgefallen. Aber eine Nachbarin bezeugte, als sie eines Morgens um sechs in die Kirche gegangen sei, wäre ein Soldat zu der Tochter der Frau gekommen. Ein anderes Mal hätten sie mit Soldaten Fisch gegessen. Beide seien Huren.[54] Manche Frauen wehrten sich mutig gegen solche Folgerungen. An einem Julimorgen im Jahr 1692 wurde eine Schweizer Näherin inhaftiert, weil sie die Nacht über bei einem Soldaten geblieben war. Sie beharrte darauf, nur mit ihm geredet zu haben. Ihre Vermieterin hatte sie geschickt, um von dem Soldaten Geld zu leihen. Den Räten schleuderte die Näherin schlagfertig ins Gesicht, *wan khein andere Hurenstuckh in Constanz begangen worden, alß sie mit dem Soldaten gethan, seye khein Huer in Constanz.*[55]

Soldaten konnten durch Gerüchte selber dafür sorgen, daß unverheiratete Frauen in Verruf und vor Gericht kamen. Grund der Streitigkeiten konnte Eifersucht sein, wie 1681 zwischen einer Sattlerstieftochter und einem einquartierten Soldaten. Sie habe in einer Nacht sieben Mal mit einem Soldaten *zutun* gehabt, hatte er herumerzählt. Dabei war er nur eifersüchtig, weil sie diesem Soldaten *ein paar Groschen und Stoßärmel, um die er sie gebeten hatte, gegeben, weil er ein armer Tropf sey und gar nichts habe.* Die Streiterei ging weiter. So oft sie ihm eine Suppe anrichtete, dankte er es ihr *mit dem Teufel.* Er nannte sie Hure; sie sagte ihm daraufhin nicht mehr guten Morgen. Er fragte, *ob sie kein Maul habe*? Sie

---

53 Konstanz StadtA. K 5: 14.5.1697.

54 Konstanz StadtA. K 4: 29.4.1681.

55 Konstanz StadtA. K 66: 6.6.1692, Maria Goblerin.

erwiderte, er habe *ein schandliches Maul, in das ihm Donner und Hagel schlagen solle, weil er ihr die Ehre abgelogen habe.*[56]

1693 geriet auch die mit ihrer Stiefmutter zusammenlebende Rosa in Verruf, ein *liederliches Leben* zu führen. Zwei Schwestern aus einem anderen Viertel schienen sie dazu verführt zu haben, zumindest kamen sie immer in ihr Haus und nach ihnen die Soldaten. Der Hufschmied Friedrich Müller faßte zusammen, *der ein Soldat gehe auß der andere ein, in Summa es seye schier ein offenes lueder haus.* Der Kornhändler Hans Ulrich Steigentäsch wohnte erst seit drei Monaten in der Nachbarschaft, reiste viel und enthielt sich jeder Aussage. Ein Posamenter dagegen berichtete, *daß er so wohl tag alß nachts früh als spath Soldaten und handtwerks leuth habe sehen auß und ein gehen, auch die Paradiserin stehts alda sich aufhalten thue, was sie aber getriben, sei ihm nicht bekant.* Das Haus verdeckte das Geschehen, weshalb man Augen und Gehör schärfte, um doch zu sehen und zu verstehen, was sich hinter den Mauern verbergen könne. Nächte waren nicht länger schwarz, sondern warfen plötzlich Licht auf die Besucher: So gab die Frau des Schanzenschreibers an, sie habe oft gesehen, daß die Mädchen nachts *umb 1:2:3: und 4. uhren auch offt früher oder später* Offiziere, Soldaten und andere ledige Kerle aus- und eingelassen hatten. Rosa wurde oft zum Weinholen in ein Wirtshaus geschickt, *in suma, sie seye ein liederliches Weibsbild.* Eine Witwe war schließlich so über dieses *Luderleben* besorgt, daß sie meinte, es wäre nicht verwunderlich gewesen, wenn Gott die ganze Nachbarschaft schon dafür bestraft hätte. Rosa sei für gewöhnlich zwischen Mitternacht und zwei Uhr morgens auf der Gasse gewesen und habe mit Soldaten getan, *was der Brief vermag.*[57]

Diese Töchter, die kein Mann zu kontrollieren schien, lebten nicht zurückgezogen, keusch und gehorsam, sondern nach Lust und Laune. Die drei Monate vor Rosa beklagte Anna Scholl nahm sich ebenfalls ihr Recht auf Geselligkeit heraus. An einem Freitag stahl sie der Mutter einen Fisch aus dem Kamin. Sie verzehrte ihn mit dem ledigen Trompeter auf dem Turm, einem Gefreiten und noch einem Mann. Die ganze Nacht war sie weggeblieben. Als sie vor den Ratsbeauftragten erschien, hatte sie eine Schwangerschaft unterbrochen.[58]

Ob der Beischlaf gewollt oder erzwungen war, läßt sich (wie auch sonst bei illegitimen Verbindungen) schwer aus den Quellen ermitteln. Ledige Frauen versuchten unter anderem auch deshalb durch gestohlenes oder abgespartes Essen, Trinken oder Geld etwas zu den Treffen mit Freunden beizusteuern, weil so ge-

---

56 Konstanz StadtA. K 4: 1.10.1681, Anna Maria Rüht.

57 Konstanz StadtA. K 67: 11.4.1693, Rosa Schnucklin und Köchlinschwestern.

58 Konstanz StadtA. K 4: 25.1.1693. Der Beischlaf erfolgte aber nicht zwangsläufig, selbst wenn Wein zusammen getrunken wurde und man in einem Bett lag. Eine 21jährige Konstanzer Magd traf 1686 einen Soldaten, den sie aus ihrer Heimatstadt Zell kannte. Er lud sie zu einem Trunk ein und holte schnell einen anderen Soldaten für ihre Freundin. Später hatten die Soldaten ihnen eine Bettstatt angeboten und sie sich in *Underröckskleidern* zu ihnen gelegt; vgl. Konstanz StadtA. K 4: 30.1.1686, Hezin.

genüber den Männern keine Schuld offen wurde. Eine verwaiste Schweizer Magd stahl wohlweislich einen halben Gulden und bezahlte *den halben thail* an dem Wein, den sie mit dem Soldaten Pfisterle trank. Kennengelernt hatte sie ihn durch den Dienst bei einem Konstanzer Feldwebel. Aber ihre Beteiligung an der Zeche nützte wenig. Trotz ihres Protests beschlief Pfisterle sie auf einem Gang *zweimahl stante pede und einmahl ligender* Weise und entjungferte sie.[59] Mägde waren der Gefahr einer Vergewaltigung ausgesetzt, wenn sie abends zum Weinholen in Wirtshäuser geschickt wurden. Einer 23jährigen Magd bot ein Soldat 1693 deshalb abends um acht sein Geleit beim Weinholen an. Dann aber löschte er ihr Laternenlicht, faßte sie am Arm und legte sie mit Gewalt auf einer Bank nieder. Bevor er sie vergewaltigen konnte, hörte ein anderer Soldat ihre Schreie und kam ihr zu Hilfe.[60]

Einquartierte Soldaten kamen in Kammern und umwarben Mägde nächtlich mit drängenden Versprechen. Eine 19jährige Magd berichtete beispielsweise, ein Fähnrich sei zu ihr gekommen, habe nicht nachgelassen und sie mit *guten Worten zu Fall gebracht.* Nun war sie schwanger.[61] Die 27jährige Elisabetha Eggenmann bekannte 1688, sie sei von einem Offizier geschwängert worden, *sie wisse aber nit, wie er mit tauf- und zunamen heisse, man heisse Ihne einen Herrn, und seye der lengste under den officieren.* Elisabetha kam aus Rorschach an der schweizerischen Seeseite, ihre Eltern waren beide tot, der Vater ein Barbier gewesen. Sie hatte ein Jahr als Magd in Lindau bei einem Bader gedient, dann bei einem Wirt, in Ravensburg erneut bei einem Bäcker. Von da hatte sie ihren Weg an den Städten des Seeufers entlang nach Konstanz fortgesetzt und sich bei einem Weißbäkker in der Roßgassen verdingt. Der Dienst schien gut, und alleine war sie auch nicht. Ihr Bruder war hier Hutmacherknecht und eine Schwester lebte ebenfalls in der Stadt. Doch nachdem Elisabetha drei Tage bei dem Bäcker gedient hatte, betrat ein dort seit acht Jahren einquartierter Offizier nachts ihre Kammer und entjungferte sie. Elisabetha hatte sich gewehrt, war dann aber ihrer Aussage zufolge willig gewesen. Er hatte ihr ein *Stückhlein Geld verehrt*, das sie nicht hatte annehmen wollen. Der Offizier sagte aus, sie sei zu ihm gekommen, und er habe sie als *Hure zwey oder dreymahl beschlafen*, aber keinesfalls geschwängert. Der Bäkkerknecht berichtete unterstützend, sie sei auch mehrmals in seine Kammer gekommen. Er *seye genöthigt worden* und habe sie kaum mehr aus dem Bett zu bringen vermocht. Elisabetha gab zu, daß sie sich nach dem Offizier mit einem Soldaten und zwei Knechten *verfehlt* hatte, aber der Offizier hatte ihr die Jung-

59 Konstanz StadtA. K 5: 3.7.1699, Anna Barbara Helnlinger.

60 Konstanz StadtA. K 4: 28.4.1693, Maria Baumgart.

61 Konstanz StadtA. K 4: o.D./ 1693, Catharina Wirth, Franziska Schenk. Schreie konnten wenig nützen. Das junge *Dienstmägdlein* einer Zieglersfrau mußte sich ständig gegen Übergriffe wehren. Der Ziegler und sein Sohn arbeiteten nachts in der Ziegelhütte und ließen die Frauen ungeschützt; vgl. Konstanz StadtA. K 4: 10.4.1685, Anna Maria Kerckher.

frauenschaft genommen. Von dem Bäcker war sie zu einem Handelsmann in den Dienst gegangen. Doch bald war ihr Leib geschwollen und sie nur noch zum Spinnen gut. Die Meisterin stellte sie zur Rede, falls sie schwanger sei, solle sie ihre *frucht recht zur welt* bringen und warnte: Elisabetha, daß du das Kind *auf den arm nemenst und dein stückh broth suchest, dan Gott würdt dich nit verlassen.* Bei der Entlassung (Elisabetha war inzwischen gänzlich arbeitsuntauglich) riet sie ihr, nach Rorschach zurückzugehen. Doch was wartete in Rorschach oder anderswo außer Spott und Bettel auf sie, wenn sie mit dem Soldatenkind kam? Außerdem war sie sich nicht ganz sicher, ob sie schwanger war, fühlte sich aber krank. Elisabetha kam ins Konstanzer Spital, brachte dort nächtlich ein Kind zur Welt und *vertranchierte* es im *heimlichen Gemach.*[62]

Wenn eine Frau des Beischlafs mit einem hohen Truppenbediensteten verdächtigt wurde, unterstellte man ihr leicht ein Interesse an Geld und Geschenken. Dies mochte teilweise auch stimmen. 1689 schrieb eine Konstanzer Magd einem Hauptmann, sie wolle das *Miederzeug welches er ihr versprochen.* Ihre Freundin hatte ihr zugeredet, zu ihm ins Quartier zu gehen, denn er werde ihr *unfehlbar etwas verehren.* Aber auch hier gab es eine Vorgeschichte. Ihre Jungfrauenschaft hatte diese Magd ebenfalls, kurz nachdem sie nach Konstanz gekommen war, verloren. Sie hatte sich als 19jährige mit einem *schwarzen Fenderich versündigt.*[63] Auf eine ehrbare Heirat hoffte sie nicht mehr.

Der Verlust der Jungfrauenschaft bedeutete viel. War Zwang im Spiel, war insbesondere für unverheiratete Frauen die rechtliche Anerkennung einer Vergewaltigung durch einquartierte wie durchziehende Soldaten problematisch. Ein württembergisches Reskript verkündete 1646 beispielsweise unumwunden, ledige Frauen, Witwen und verlassene Ehefrauen gäben die Schändung durch Soldaten oft nur vor, um ihre Unzucht mit anderen Männern zu vertuschen und Almosen für einen Bastard zu erlangen. Diese Frauen benötigten für ihr Überleben mit einem unehelichen Kind am dringendsten finanzielle Hilfe. Das Reskript bestimmte, eine von Soldaten vergewaltigte Frau solle ihrem Pfarrer oder vertrauten, *ehrliebenden* Leuten die *Gewalthat* innerhalb eines Monats mitteilen. Diese verständigten daraufhin den Vogt. Nach Ablauf der Monatsfrist sollte die Frau mit der normalen Unzuchtsstrafe belegt werden und somit vier Wochen im Gefängnis verbringen.[64] Wegen der Schande der Vergewaltigung und ihrer sozialen Stellung war es wahrscheinlich, daß diese Frauen länger als einen Monat abwarteten, um sich

---

62 Konstanz StadtA. K 64: 9.7.1688.

63 Konstanz StadtA. K 5: 14.10.1689, Anna Maria Haug.

64 Vollständige, historisch und kritisch bearbeitete Sammlung (Anm. 48) Bd. 13: 'General=Reskript, die angebliche Nothzüchtigung durch Soldaten betreffend', 3.6.1646.

sicher zu sein, daß der Beischlaf ihnen 'geschadet' hatte.[65] Entblößte eine tatsächlich eintretende Schwangerschaft den Fall, war es zu spät. Die Frau sah der Verbannung entgegen und dem Leben mit einem Kind, das sie nicht ernähren konnte.

Die schwache rechtliche und soziale Stellung lediger Frauen, die von einem Soldaten schwanger waren, wurde von diesen nicht immer schamlos ausgenutzt. Es gab Fälle, in denen Soldaten zu ihrem Heiratsangebot standen. Jerg Schulthaiss sagte 1633, wenn er mit einem Beisitz in Konstanz begnadigt werde, wolle er die gerade niedergekommene Magd Verena Schildtknecht *zu ehrn setzen und sich uf wasser undt landt bei tag und nacht willig gebrauchen lassen.*[66] Aber Heiraten wurden hauptsächlich den Stadtgardisten erlaubt, um ihre Integration in die Bevölkerung zu unterstützen. Auch in diesen Fällen mußte aber beispielsweise in Augsburg die Braut ein gewisses Grundvermögen einbringen und nachweisen, keine *liederliche Dirne* zu sein. Bei der Schwäbischen Kreismiliz gab es eine niedrige Quote möglicher Heiratsbewilligungen, wobei die Frauen verpflichtet wurden, im Feld für die Truppen zu waschen und zu nähen. Voraussetzung einer Heirat war, daß eine Frau nicht schwanger war und genügend Geld sowie Arbeitsmöglichkeiten hatte.[67] Noch im 16. Jahrhundert vermittelten Einblattdrucke das Bild, im Heer tummelten sich die Paare. Sie warben junge Frauen und Männer an, den Koch und die Köchin, Schneider und Näherin, Schuhmacher und Spinnerin, die ihr Glück bei der Truppenversorgung und etwas Plündern nebenher machen sollten. Auch der Musketier sprach zu einer jungen Frau:

> *Wol auff mit mir du schönes weyb/ Mitt mir bey den lantzknechten bleyb/ Den mustu zwahen hemmat waschen/ Vnd mir nachtragen sack vn flaschen/ Vnd wo ich mag erlangen preyß/ Das must behalten du mit fleyß/ Wan wir dan kommen von dem hauffen/ Das wir die pewt mögen verkauffen.*[68]

Solche Drucke wurden im 17. Jahrhundert anscheinend wohlweislich nicht mehr verbreitet, denn die Heere quollen vor Konkubinen über. Die Mehrzahl der Soldaten mußte damit rechnen, daß ihre Heiratsgesuche abgelehnt wurden. Sie waren damit neben den katholischen Klerikern die einzige Berufsgruppe, der auf lange Zeit Ehelosigkeit abverlangt wurde. Nicht jedem mochte bei der Verpflichtung klar sein, wie lange sich der Dienst hinziehen würde, wie strikt auf Regeln gesehen wurde oder warum man sich eine Heirat sehnlich wünschen konnte. Frauen vertrauten den Soldaten aber immer wieder, obwohl sie wußten, daß sie sie

---

65 Natürlich gab es Frauen, die vorgaben, von einem Soldaten schwanger zu sein (anstatt beispielsweise von ihrem Vater), aber man kann mit relativer Sicherheit annehmen, daß dies die Minderzahl der Fälle ausmachte.

66 Konstanz StadtA. K 29: 9.4.1633.

67 Vgl. Jürgen Kraus: Das Militärwesen der Reichsstadt Augsburg, 1548-1806. Vergleichende Untersuchungen über städtische Militäreinrichtungen in Deutschland vom 16.-18. Jahrhundert. Augsburg 1980. S. 208f. und S. 304.

68 The German Single-Leaf Woodcut (Anm. 44) S. 1158-1161.

nicht verklagen konnten und ihnen die größere Vorsicht oblag. Die Konstanzer Bürgerstochter Maria Schlessinger berichtete 1696, sie habe einen bei ihrem Meister einquartierten Soldaten lieb gehabt, ein frommer Mensch, der immer gesagt habe, *er welle sie schon einmal heirathen*. Er hatte das Eheversprechen auch nicht mit dem Beischlaf besiegeln wollen.[69] Der 23jährigen Petershausenerin Barbara Blenzig erging es 1697 anders. Ihre Eltern waren gestorben. Nach dem Tod der Mutter war sie in den Dienst gegangen und hatte sich einem Bürgerssohn versprochen. Aber die Verbindung war durch *andere Leute* verhindert worden, vermutlich weil ihr Heiratsgut gering war. An Ostern hatte Barbara einen Soldaten kennengelernt. Er hatte versprochen, sie bis Lichtmeß zu heiraten. Dann war er wegkommandiert worden. Man fragte Barbara vor Gericht, ob sie denn nicht gewußt habe, daß ein Soldat nicht ohne die Erlaubnis des Obristenleutnants heiraten dürfe. Eben dies hatte sie den Soldaten auch gefragt, er aber habe geantwortet: *er wolle es schon zu Weg bringen*. Als er über Nacht bleiben wollte, mahnte sie, es sei Unrecht. Er aber versicherte ihr: *er habe sie genomben und wolle sie behalten*. Inzwischen waren neun Monate und Lichtmeß vergangen.[70]

V. Zusammenfassung

Gleich vielen anderen Frauen mußte Barbara bald der Stadt den Rücken kehren, das Kind auf dem Arm, und sich so *ihr Stücklein Brot* suchen. Wie diese Frauen und ob ihre Kinder überlebten, wissen wir nicht. Ihre Geschichten zeigen uns, daß die Bildlichkeit der jungfräulichen Stadt für Frauen bedeutsam war. Ihr Verhalten verwies direkt auf die städtische Zucht, verteidigte oder beschmutzte damit die städtische Ehre oder markierte ihren ohnmächtigen Verlust. In Berichten und Gedichten war die Schändung der Frauen Emblem einer zerstörten städtischen Ordnung und hausväterlichen Gewalt. Für die städtische Wehrhaftigkeit und Tugend standen Frauen ein, die gegen die Einnahme einer Stadt kämpften, und Jungfrauen, die nach der Niederlage Selbstmord begingen, um ihrer Schändung zu entgehen. Die unzüchtige Frau machte die Stadt dagegen Fremden und der Unmoral zugänglich. Erst ihr Ausschluß stellte das Bild der Reinheit städtischer Jungfrauen und symbolisch den Schutz bedrohter Grenzen wieder her.

---

[69] Konstanz StadtA. K 4: 28.6.1696.

[70] Konstanz StadtA. K 5: 8.1.1697.

MEydeburg die heilige werde Stadt/
Ein Jungfraw für ein Waffen hat.
Bedeut die heilige Christenheit/
Die Gott in ihrem hertzenleit
Stercket vnd tröstet immerdar/
Vnd hilfft ihr fein aus aller fahr.
Welchs er an itztgedachter Stadt/
Herlich vnd wol bewiesen hat.
Gott sei lob/danck/preis/ rhum vnd ehr/
Die Stadt Meidburg durchs Rote Meer
Mit Gottes wort gegangen ist.
Für ihr ging her der HErre Christ — Exo: 14.
Der halff ihr bald aus aller not/
Drumb dancken wir dem lieben Gott.
Den last vns fürchten vnd vertrawen/
Vnd vhest vff sein verheissung bawen.
Sein liebe handt ist nicht verkürtzt/ — Jesa: 59.
Der Herr hat seine feind gestürtzt
Jnns Rote Meer durch seine macht/
Jm staub vnd kot ligt all ihr pracht.
An Magdenburg der Widderchrist/
Redlich zuschanden worden ist.
Die selige/ werde Stadt fürwar
Viel lenger denn ein gantzes iar/
Hat ausgestanden grosse fahr/
Von aller welt verlassen gar.
Der Herr von himmel stund ihr bei/
Das sie ward aller sorgen frei.
Drumb danckt sie Gott inn ewigkeit/
Für seine grosse gnädigkeit.

ERASMVS ALBERVS.

TEutonicas vrbes inter clarissima VIRGO
Iure tuum cingit parta corona caput,
Nam neq̨ blandiciæ potuere, doliq̨, minæq̨,
Nec tibi virgineum vis viuare decus,
Non homini tribuenda, Deo sed gloria soli est,
Incolumi per quem salua pudore manes,
Qui tibi mirificam mutato ex hoste salutem
Contulit, impediens alitis ora Iouis.
Seruauere tuam concordia nobilis arcem
Et constans circa dogmata vera fides,
Hinc tibi gratatur læto grex ore pusillus
Dum vacuis loculis turba prophana gemit,
Grata Deo tanta ne de virtute superbi
Et placida mores in pietate rege
Cætera diuini quæ sors tulit aspera fati
Consule, seruata relligione, boni
At vos nunc animis reliquæ constantibus vrbes
Fidite, falsiloquus qui nequit esse, Deo
Quo necis & vitæ Domino vim dante creatis
Et nequit in media morte perire Fides
Nec deus ipse pios inopes sinet ante perire
Quam bonus & cunctis desinet esse potens

I. R.

Prouerb: 21.
Es hilfft kein weißheit/kein verstand/ kein rat widder den Herren.
Psal: 37.
Bleibe frum/vnd halt dich recht/dann solchem wirds zuletzt wol ghen.

Gedrückt dorch Jochim Louw.

Abb. 2. Erasmus Alberus: Magdeburg, die heilige werte Stadt. [Hamburg]: Joachim Löw, [um 1551/2]. Wolfenbüttel HAB. 95.10 Quodl. 2°, Fol. 63.

Abb. 3. Gesche Meiburg. Wolfenbüttel HAB. Katalog der Graphischen Porträts 1500 bis 1800. Reihe A 13794, S. 375.

Abb. 4. Wahrhaftige Contrafactur einer Braunschweigischen Jungfrau Gesche Meiburg genannt. Augsburg: Daniel Döring, [nach 1615]. Wolfenbüttel HAB. 36.13 Aug 2°, Fol. 885.

The Religious Dimensions of Guild Notions of Honor in Reformation Germany

Merry E. Wiesner

During the 15th-century, craft guilds throughout Germany began explicitly to restrict women's work, limiting the length of time a widow could keep operating a shop after the death of her husband, prohibiting the use of female servants in production processes, and forbidding women to use new tools or machinery. Gradually craft ordinances began to use more exclusively male language, dropping the words *Meisterin* or *Lehrtochter*.

When I first examined this gradual exclusion of women from craft guilds, I attributed it to a number of factors – attempts to limit the number of workshops as the economies of various towns declined, conflicts between guilds and city councils over who had the power to control what went on in the shop, interguild rivalries, and real or fabricated concerns over the quality of products.[1] To these economic and political factors I would now add an ideological one – guild honor. Women were to be kept out of guild shops not only because they had not been formally trained or would work more cheaply, but simply because they were women.

In several earlier articles, I have traced the effects of this growing masculinization of early modern German guilds on women's work opportunities, and on ideas about the meaning of work itself.[2] Here, after outlining the reasons for the de-

---

1 Merry E. Wiesner: Working Women in Renaissance Germany. New Brunswick, New Jersey 1986. 161, 168. This book also gives archival references for many of the changes noted in this and the previous paragraph.

2 Merry E. Wiesner: Guilds, Male Bonding and Women's Work in Early Modern Germany. In: Gender and History 1. 1989. 125-137; Merry E. Wiesner: Wandervögel and Women. Journeymen's Concepts of Masculinity in Early Modern Germany. In: Journal of Social History 24. 1991. 767-782.

velopment of an exclusively male concept of guild honor, I would also like to explore the religious and confessional dimensions of this issue.

Several historians, most recently Mack Walker, have pointed out that social exclusiveness and a concern for maintaining honor and morality became the hallmarks of craft guilds after the Thirty Years War.[3] He lists a number of qualities that could make an individual *dishonorable* and therefore not acceptable in a guild – illegitimacy, servile ancestry, parents who had worked as barbers, skinners, millers, musicians, shepherds, or linen-weavers.[4] To this list we must add having worked next to a woman or in a guild that still accepted women. To give just one example: In 1649 the Frankfurt hat makers refused to take on journeymen who had been trained in Fulda, because the hat makers in Fulda continued to use "all sorts of female servants, maids, women and embroideresses." The abbot of Fulda replied that it had long been the custom in Fulda to employ women as assistants, but now, "since the hat makers here have been insulted and despised because of this, their children, journeymen and apprentices hindered, and the quality of their work denigrated," he agreed to forbid women to work any longer.[5] Cases involving linen-weavers in Saxony, stonemasons in Frankfurt, and brewers in Munich use similar language.[6]

Why guilds that still allowed female labor should have been judged prima facie dishonorable is an interesting question. Jean Quataert proposes one reason, noting that in their attempts to maintain a monopoly on market production, craft guilds devalued all occupations that maintained their connection with household production. She comments: "By the end of the Thirty Years War, household production had become inextricably linked with women's work in the eyes of the threatened craftsmen," who attempted to define both household production and other forms of women's labor as not really work.[7] The male/female dichotomy eventually became more pronounced than the guild/domestic one, so that in the 19th-century women who spun, washed, or ironed in their own homes were not considered workers (and thus eligible for pensions according to the German industrial code), while male shoemakers or tailors who worked in their own homes were.[8]

I agree with Quataert, but would add male bonding as another reason that guild

---

3 Mack Walker: German Home Towns. Community, State, and General Estate 1648-1871. Ithaca, New York 1971. 89.

4 M. Walker (cf. n. 3 above) 104-5.

5 Frankfurt am Main StadtA. Zünfte. Ugb. C-36, Cc (1649-Huter).

6 Rudolf Wissell: Des alten Handwerks Recht und Gewohnheit. Bd. 2. Berlin 1974 (Einzelveröffentlichung der historischen Kommission zu Berlin. Bd. 7). 444; Frankfurt am Main StadtA. Ugb. C-38, Z (1624); München StadtA. Ratsitzungsprotokolle. 1599. Fol. 164.

7 Jean Quataert: The Shaping of Women's Work in Manufacturing. Guilds, Households, and the State in Central Europe, 1648-1870. In: American Historical Review 90. 1985. 1122-1148.

8 J. Quataert (cf. n. 7 above) 1146.

work was increasingly seen as "a learned art and given to men alone."[9] Not only were women excluded, but connections were explicitly established between men, connections which can be traced in the language of early modern guild ordinances. Whereas medieval guild ordinances often spoke about the duty of masters to uphold decorum (*Zucht*), by the 18th-century masters were instructed specifically to uphold male decorum (*Manns-zucht*). For example, an ordinance for the saddlers in Linz in 1750 reads: "All city and rural masters shall take great pains to maintain proper male decorum among themselves and to instruct their apprentices and journeymen in such male decorum." Another from the same city in 1742 for the bakers reads: "This ordinance is proclaimed for the preservation of unity and honorable male decorum (*Ehrbarer Manns-zucht)* among masters, journeymen and apprentices."[10]

This disparagement of female labor spread from craft guilds to the often illegal but still powerful journeymen's associations, leading them to become more hostile to women outside the workplace as well as within it. Journeymen's associations became the most vigorous enforcers of laws against married journeymen and demanded the right to live in all-male journeymen's hostels (*Herberge*) instead of with the guild master's family. Indeed, they began to think of this hostel as their family, and even had their meals sent to them there by the master's wife.

This hostility to married journeymen can be partially explained as an attempt by unmarried journeymen to secure more work places, but the vehemence with which married journeymen and the masters who hired them were attacked hints at something deeper. As their opportunities to become masters or to amass actual capital declined, journeymen became increasingly obsessed by what Andreas Grießinger has called "the symbolic Capital of Honor".[11] Craft guilds had always been concerned about honor, and often demanded higher standards of honor for membership than that required for citizenship or an official position; for example, guilds refused to accept those legitimized after they were born until they were forced to by imperial ordinances in the 18th- and 19th-centuries.[12] Journeymen became the most vigorous guardians of a shop's honor, because they needed to be accepted elsewhere and thus "their careers were more threatened by the taint of dishonor than an established master's was."[13]

Because losing his honor meant a journeyman also lost the right to a workplace, honor was an economic commodity for him in the same way as was his

---

9 München StadtA. Ratsitzungsprotokolle. 1599. Fol. 164.

10 Gerhard Danninger: Das Linzer Handwerk und Gewerbe vom Verfall der Zunfthoheit über die Gewerbefreiheit bis zum Innungszwang. Linz 1981 (Linzer Schriften zur Sozial- und Wirtschaftsgeschichte. Bd. 4). 75.

11 Andreas Grießinger: Das symbolische Kapital der Ehre. Streikbewegungen und kollektives Bewußtsein deutscher Handwerksgesellen im 18. Jahrhundert. Frankfurt am Main 1981. 451

12 R. Wissell (cf. n. 6 above) Vol. 1. 253-4.

13 M. Walker (cf. n. 3 above) 94.

training. At times concern for honor caused journeymen to do things that worked against their own economic interests, however. They developed elaborate initiation rituals, and achieved high prestige by learning and transmitting these rituals, or by serving as a guild officer, even if the time spent resulted in a loss of wages.[14] They refused to work in the shops of masters who were suspected of moral infractions, though this meant a decline in the total number of workplaces available.[15] In some cases they refused to work for any master of a guild deemed less than honorable, simply avoiding certain cities in their travels, despite laws which prohibited this and prison sentences enforcing those laws.[16]

Journeymen forced one another to comply with their code of honor by refusing to work next to any journeyman who had broken the code, and they also reinforced their bonds with each other when they traveled. The traditional journeymen's practice of traveling from town to town assured that the names of those reprimanded or banned would be known throughout a broad area even if a formal guild did not exist; such banning often lasted for decades.[17] Though their local influence was less than that of craft guild masters, the transient status of wandering journeymen gave them a great deal of influence throughout the Empire, perhaps more than they had in the centralized states of western Europe.

Avoiding working next to women also became an important part of journeymen's notion of honor. Journeymen originally objected to women's work for economic reasons, viewing women as taking work places they regarded as rightfully theirs. During the 16th-century, women's work also became a political issue for journeymen; as their opportunities to become masters declined, forcing a master's female servants, wife and daughters out of a shop became one way of demonstrating their power vis a vis the masters. In order to accomplish this, journeymen began to argue that any shop or guild that allowed female labor was tainted. The journeymen's attempts to differentiate their work sharply from that of women came at exactly the same time their actual work situation was becoming more like that of women. No longer was the position of a journeyman necessarily simply a stage in the male life cycle. It was becoming a permanent state for many, leaving them dependent on their masters for wages. Because journeymen generally had no or little real property or goods, their honor was their most important economic asset, in the same way it was for women. A loss of honor for a woman might also bring economic devastation, since it resulted in a loss of marital opportunities. Joan Kelly-Gadol has noted that courtiers during the Renaissance may have been

---

14 A. Grießinger (cf. n. 11 above) 451.

15 R. Wissell (cf. n. 6 above) Vol. 1. 271; Frank Göttman: Handwerk und Bündnispolitik. Die Handwerkerbünde am Mittelrhein vom 14. bis zum 17. Jahrhundert. Wiesbaden 1977 (Frankfurter Historische Abhandlungen. Bd. 15). 153, 280; Strasbourg Archives Municipales. Akten der XV. 1628. Fol. 152, 164.

16 R. Wissell (cf. n. 6 above) Vol. 1. 269, 272.

17 R. Wissell (cf. n. 6 above) Vol. 1. 232, 257; M. Walker (cf. n. 3 above) 83.

increasingly motivated to limit the independence of their female family members because they had become more like women in their dependent status.[18] Could something similar have been operating here with journeymen, at least on a subconscious level?

Whatever the reasons for their hostility to women's work, journeymen carried this idea with them from town to town, and forced guilds in many towns to prohibit work by female servants for the first time in the 17th- and 18th-centuries.[19] As with other aspects of their code of honor, they enforced this by refusing to work with any journeyman who had worked next to a woman, forcing guilds in every city to comply. The first attempts by state authorities to compel journeymen to relax their code of honor precipitated a wave of strikes and riots in the 1720s, and an imperial edict of 1772 permitting women to work in crafts had little actual effect.[20] A later Prussian edict again allowing women to work specifically ordered that journeymen were not to be punished or censured for working next to a woman, but this, too, probably had little effect.[21]

Once the notion that women made a *shop* dishonorable took hold among journeymen, it was not much of a leap to the idea that all contact with women was dishonorable, which helps explain the journeymen's hostility toward marriage and their married colleagues. This is also one reason why they banned any journeyman known to frequent prostitutes or to engage in other forms of 'licentious behavior'; not only was this dishonorable in the way any moral infraction was, but it also meant the individual had had contact with a woman. Though prohibitions of contact with prostitutes were certainly not effective everywhere, they did in some cases lead to a journeyman's being barred from work.[22] Combined with the hostility to marriage, this left journeymen with no sexual outlet, making journeymen's guilds a good example of a group in which the need for male bonding is "functionally equivalent to, and probably more powerful than, the development of a sexual bond."[23]

During the early modern period, then, skilled work in guild shops was increasingly defined as men's work, and the 'mystery' of any 'craft,' the 'secrets of the

---

18 Joan Kelly-Gadol: Did Women Have a Renaissance? In: Becoming Visible. Women in European History. Eds. Renate Bridenthal, Claudia Koonz, Susan Stuard. Boston 1987. 196.

19 R. Wissell (cf. n. 6 above) Vol. 2. 448f.; Karl Heinrich Kaufhold: Das Handwerk der Stadt Hildesheim im 18. Jahrhundert. 2. überarb. Aufl. Göttingen 1980 (Göttinger Beiträge zur Wirtschafts- und Sozialgeschichte. Bd. 5) 118; Nürnberg StadtA. Quellen zur Nürnbergischen Geschichte. 68/III, 1108.

20 M. Walker (cf. n. 3 above) 84; R. Wissell (cf. n. 6 above) Vol. 2. 445; Beata Brodmeier: Die Frau im Handwerk. Münster 1963 (Forschungsberichte aus dem Handwerk. Bd. 9). 19, 36.

21 R. Wissell (cf. n. 6 above) Vol. 2. 445.

22 R. Wissell (cf. n. 6 above) Vol. 2. 140, 271; Benno Schmidt, Karl Bücher: Frankfurter Amts- und Zunfturkunden bis zum Jahre 1612. Frankfurt am Main 1914 (Veröffentlichungen der historischen Kommission der Stadt Frankfurt am Main. Bd. 6). 280.

23 Lionel Tiger: Men in Groups. New York 1969. 9.

trade' as something which should not be shared with women. I will now turn to the religious and confessional dimensions of this process of guild masculinization. Craft guilds and journeymen's associations in both Protestant and Catholic Germany developed increasingly male-specific notions of honor in the 16th- and 17th-centuries, and the religious dimensions of this did not differ as much by confession as we might have expected.

Let us first take a brief look at the religious activities and functions of the guilds before the Reformation. Craft guilds often had special altars in city churches, or separate chapels dedicated to their patron saint; they held processions and services on that saint's name day, and participated as a guild in city-wide religious festivities such as Corpus Christi parades; they erected stained-glass windows depicting their craft. Guild members carried the coffins and paid for masses for the souls of deceased members, and further tried to assure their salvation by making donations for religious purposes and dispensing charity. Guild ordinances often required the members to attend mass a certain number of times a year, and admonished them for blasphemy or inappropriate activities on holy days. Ordinances also included a huge number of moral prescriptions, all revolving around the concept of 'honor' (*Redlichkeit* or *Ehrlichkeit*), which was linked to notions of piety.[24]

Increasingly confraternities with religious, funerary, and caritative purposes that had originally not been tied to one occupational group became linked with specific craft guilds. During times when the number of guild artisans was not enough to pay for the religious services needed by confraternity members (such as periods of plague when there was an increase in funerals), these confraternities also accepted those who were not practitioners of the craft. In towns such as Nuremberg where craft guilds were forbidden after the 14th-century, religious confraternities were established that were specific to one craft, often under the protection of a neighboring bishop (in Nuremberg's case it was the bishop of Eichstätt). Thus even in cities where craft guilds had no economic or political power, they still helped structure the religious life of a good share of urban residents.

The associations that journeymen began to form independent of masters in the 14th- and 15th-centuries also had religious functions. In some areas in some crafts two separate organizations were established, a smaller one made up only of journeymen to handle work-related issues and a larger religious confraternity which included individuals who were not journeymen. In areas where there were two groups, it was the larger confraternity that arranged for memorial masses, erected altars, held regular memorial services, and established special relationships with a local church or chapel; in areas where there was only one group the journeymen's association itself took over these functions, with non-members occasionally

[24] The best survey of guild ordinances in the Middle Ages and early modern period is R. Wissell (cf. n. 6 above).

paying to be included in its memorial services or buried in its special graves.[25] Journeymen's associations also incorporated religious symbolism into their ceremonies, celebrating the entrance of an apprentice into the group with a ceremony modeled on baptism, at which the young man gained a new name.[26]

The religious confraternities affiliated with craft guilds and journeymen's associations often included female members – the wives, widows, and daughters of guild masters as well as women who joined independently by paying the required fee. Craft confraternities were one place in late medieval cities where both men and women could corporatively affirm their religious and social identity. In those guilds which did not have a separate religious confraternity, women could sometimes still pay to be included in the guild's funerary services, with the understanding that this gave them no economic rights within the guild; such women were expected, however, to pray for deceased members and participate in funerals, so that their involvement was not simply financial. Women (in this case primarily the wives, widows, and daughters of guild masters) continued to be included in guild statutes that discussed the guild's religious and caritative functions well after those that discussed guild economic or political functions began to use male-specific language. *Brüder* and *Schwestern* shared spiritual obligations and benefits, while increasingly *Brüder* alone shared economic ones, a distinction that may also be seen in Danish guild statutes.[27]

What happened to all these guild religious activities with the Protestant Reformation? The traditional view is that in Protestant cities at least, they ended; memorial masses were prohibited, confraternities disbanded, separate altars pulled down, saints' days no longer celebrated. This is noted both in histories of the Reformation and in histories of craft and journeymen's guilds, so that the history of Protestantism after the Reformation makes little mention of guilds, and the history of early modern guilds generally makes little mention of religion. The former omission is surprising given the active role played by guilds in introducing the Reformation in many cities. Studies of the role of craft guilds in the 'second Reformation' of the later 16th-century are certainly needed, as are those which evaluate the distinctive role of journeymen's associations. For example, even in cities where craft guilds solidly backed the Reformation, journeymen's associations of-

25 Wilfried Reininghaus: Die Entstehung der Gesellengilden im Spätmittelalter. Wiesbaden 1981. 124.

26 W. Reininghaus (cf. n. 25 above) 86, 214; Knut Schulz: Handwerksgesellen und Lohnarbeiter: Untersuchungen zur oberrheinischen und oberdeutschen Stadtgeschichte des 14. bis 17. Jahrhunderts. Sigmaringen 1985. 137. This also happened in compagnonnages in France; see Cynthia Truant: Independent and Insolent. Journeymen and their 'Rites' in the Old Regime Workplace. In: Work in France: Representations, Meaning, Organization, Practice. Eds. Laurence Kaplan, Cynthia J. Koepp. Ithaca, New York 1986. 142.

27 Grethe Jacobsen: Women's Work and Women's Role. Ideology and Reality in Danish Urban Society. In: Scandinavian Economic History Review 31. 1983. 3-20, esp. 5.

ten opposed it once they realized it cut down on holidays without increasing wages.[28] The latter omission – that is, the omission of religious activities from studies of post-Reformation guilds – is partly because very few studies of guilds, especially in Germany, cross the great divide of 1500, and those interested in their later history tend to be labor or economic historians.[29] Recently this gap has been recognized by a few German historians, such as Wilfried Reininghaus, who commented: "Eine Betrachtung der frühneuzeitlichen Zünfte darf nicht bei ihren ökonomischen Funktionen haltmachen. Wie wirkte sich der Verlust der brüderschaftlichen Aufgaben in den protestantischen Territorien aus, wie der Verlust der militärischer Bedeutung?"[30]

This mutual neglect is misleading, however, for though some religious activities of the guilds did end, others continued. Those which ended included nearly every religious activity in which women participated, so that increasingly guild religious ceremonies, like other guild celebrations, became all-male events. Guilds did not lose their "brüderschaftlichen" functions, as Reininghaus and most others have assumed, but made them, to use the term in its gender-specific sense, more "brüderschaftlich".

The most obvious change which excluded women from guild religious life was the disbanding of confraternities. In Nuremberg, for example, all craft confraternities – which included masters and their wives and journeymen – dissolved themselves or were dissolved by the city council in 1525. When the journeymen formed new groups later in the decade, these were all-male groups, designed primarily to look after the journeymen's economic interests, but still with strong religious overtones of the championing of Christian brotherhood in their ordinances.[31] In other Protestant cities, the confraternities affiliated with journeymen's associations were forced to give up their wealth and goods to general city funds, effectively ending their independent existence.[32]

Though – or perhaps because – these confraternities were disbanded, craft guilds and journeymen's associations assumed many of their religious functions, but these were now limited to male members. Only male guild members appear to have been included by name in memorial services, whereas both male and female

---

28 K. Schulz (cf. n. 26 above) 125.

29 See, for example, Karlheinz Bade: Altes Handwerk, Wanderzwang und Gute Policey: Gesellenwanderung zwischen Zunftökonomie und Gewerbereform. In: Vierteljahrschrift für Sozial- und Wirtschaftsgeschichte 69. 1982. 1-37; Michael Neufeld: German Artisans and Political Repression: The Fall of the Journeymen's Associations in Nuremberg, 1806-1868. In: Journal of Social History 19. 1985/86. 492-502; Klaus Schwarz: Die Lage der Handwerksgesellen in Bremen während des 18. Jahrhunderts. Bremen 1975 (Veröffentlichungen aus dem Staatsarchiv der Freien Hansestadt Bremen. Bd. 44). 38

30 Wilfried Reininghaus: Gewerbe in der frühen Neuzeit. München 1990. 63.

31 Bruno Schoenlank: Soziale Kämpfe vor dreihundert Jahren. Altnürnbergische Studien. Leipzig 1907. 24.

32 K. Schulz (cf. n. 26 above) 195.

confraternity members had been included in earlier memorial masses. The practice of allowing non-guild members to buy into the funerary services of a guild appears to have stopped (though often without specific comment in the records). This change was not explicitly gender-specific, but had a greater impact on women who could not join a guild in the usual manner; women unrelated to guild masters thus lost an opportunity to be part of a funeral society larger than their own families. In guild statutes, those **performing** religious and caritative functions were increasingly described only as men. Women still appeared in these statutes, but now only as recipients of charity, and not its dispensers – as *arme Witfrauen* rather than *Schwestern*.

Guild ceremonies in Protestant areas expressed the increasingly strong links between men in religious terms. In the 'baptism' of a new member into a journeyman's association, not only was he given a new name but a 'godfather' as well, an older journeyman who was responsible for him.[33] Guild members might also be expected to participate occasionally in communion as a group; the 1574 ordinances of the stone masons and bricklayers in Querfurt note that they are to do this twice a year or be forbidden to practice the craft if they did not.[34] The regional organization of wheelwrights on the middle Rhine stipulated in 1599 that all who attended its regional meeting (*Wagnertag*) take part in the opening church service.[35]

The increasingly masculine character of guild religious life was not limited to Protestant cities, however. Louis Chatellier has recently traced the development of Marian sodalities directed by Jesuits in Catholic cities, seeing these as providing training and practice in political actions, which gave members experience for later secular politics. Some of the earliest of these sodalities had female as well as male members, but under the generalship of Acquaviva, beginning in the 1590s, mixed congregations were no longer tolerated and those of women were rejected.[36] Ostensibly this was because all members had to swear an oath to the Blessed Virgin and women were supposedly not free to take oaths on their own.

I have elsewhere pointed out that women very frequently took oaths independently in early modern cities, so we could view this as simply an attempt to justify Jesuit discomfort at being affiliated with groups of women.[37] I think something more is at work here, however. The sodalities were modeled on craft guilds, with the head of each district called the *Zunftmeister*. This *Zunftmeister* was not only to

---

33 W. Reininghaus: Gesellengilden (cf. n. 25 above) 214-15.

34 R. Wissell (cf. n. 6 above) Vol. 2. 153.

35 F. Göttman (cf. n. 15 above) 156.

36 Louis Chatellier: The Europe of the Devout. The Catholic Reformation and the Formation of a New Society. Cambridge 1989. 17.

37 Merry E. Wiesner: Gender and Power in Early Modern Europe. The Empire Strikes Back. In: The Graph of Sex and the German Text. Gendered Culture in Early Modern Germany 1500-1700. Ed. Lynne Tatlock. Amsterdam 1994 (Chloe. Beihefte zu Daphnis. Bd. 19). 213.

oversee the sodality, but also to keep an eye on the guilds in general, issue certificates of good conduct for journeymen and masters who traveled, and rebuke those members who showed signs of unrest. Special separate journeymen's sodalities were often established in areas where journeymen revolted in the 17th-century expressly to counteract radicalism in journeymen. Both craft and journeymen's sodalities could find justification for remaining exclusively male in the fact that the guilds or associations with which they were affiliated or on which they were modeled were generally all male by this point. As artisans' devotional lives in Catholic cities were shaped more and more by Marian sodalities, their primary religious experiences, as well as their occupational experiences, became single-sex ones, a development which had previously been limited to the clergy. Marian sodalities occasionally assisted women, in particular young girls who were thought likely to turn to prostitution, but these women took no part in their ceremonies; as in Protestant cities, women were recipients of charity and not coparticipants in religious rituals.

Guilds in both Protestant and Catholic cities began in the late 16th- or early 17th-centuries to include clauses in their ordinances requiring all masters to demonstrate their adherence to the appropriate confession and allowing them to hire journeymen of a different confession only if they could not find enough otherwise. The confessionalization of guild life restricted the mobility of labor, but it also gave guild labor a religious sanction that no other type of work possessed. Yes, in theory all occupations might be 'callings,' (*Berufe)* but only guild members explicitly linked their labor with the *alte wahre Römische Religion* or the *wahre evangelische Religion.*[38]

This confessionalization points to the first of what I view as the two chief religious implications of growing guild fraternalism. Because guilds retained or even strengthened their ties to religious institutions at the same time that they were excluding women, male labor was sacralized in a way that women's work was not. In my earlier work on guilds I have argued that excluding women became a matter of honor, more than economics, for many guilds, and I would stress here that this honor continued to have a strong religious component even after the Reformation. Both Mack Walker and Andreas Grießinger have pointed out the tremendous role of honor in structuring the German city and work place until well into the 19th-century, and I would nuance their conclusions by adding that this was an honor among men which retained its religious overtones.[39] Female religious groups in German cities were never tied to work in the same way that male groups were; when women in Catholic cities, for example, began to form confraternities in the late 17th- and 18th-centuries – such as those of the rosary, the virgin of the Seven Sorrows, or the Good Death – these were not linked in any way to occupational

---

[38] R. Wissell (cf. n. 6 above) Vol. 1. 152.

[39] M. Walker (cf. n. 3 above) 102-107; A. Grießinger (cf. n. 11 above) passim.

groups and did not have any influence over female labor.[40] This stands in sharp contrast to male workers, who were often required to be a member in a Marian confraternity if they wanted to be employed in Catholic cities.

Second, male religious experience continued to be more corporatively affirmed and organized than female. For men, not only was the civic community as a whole a religious body (a concept which most works on the urban Reformation since Bernd Moeller's have supported) but groups such as guilds within the city shaped how men thought about and practiced piety.[41] In Protestant cities the difference was particularly striking, for women had no group other than the family to structure their religious lives. Though women in Catholic cities did have religious confraternities, these were not formed until the late 17th-century and were fewer in number than those open to men. Even female religious in Catholic cities had fewer groups they could choose to join, for the majority of clerical sodalities were also limited to men. Thus as we explore gender differences in early modern religious life, we find female piety looking somehow more 'modern' than male – more personal, inward-looking, individualistic – while male piety, both Catholic and Protestant, was 'old-fashioned' – corporate, external, public and tied to good workmanship, if not necessarily good works.

Seeing their religious life as more 'modern' is not to say that women welcomed or benefited by their position as a harbinger of things to come. Indeed, it is clear from the few places in Europe where women's guilds did exist, that women recognized the benefits of establishing affiliated religious groups. The dressmakers and linen drapers of Paris, for example, both formed religious confraternities.[42] Such opportunities were simply unavailable to the women of German cities, for after the 16th-century the few women's guilds that had existed in the Middle Ages had disappeared.

---

40 L. Chatellier (cf. n. 36 above) 140, 210.

41 Bernd Moeller: Reichsstadt und Reformation. Gütersloh 1962. (Schriften des Vereins für Reformationsgeschichte. Bd. 180). Bearb. Neuausgabe. Berlin 1987.

42 C. Truant (cf. n. 26 above) 134f.

IV.

Gehe hin und verthedige dich! Injurienklagen als Mittel der Abwehr von Hexereiverdächtigungen – ein Fallbeispiel aus dem Fürstbistum Münster*

Gudrun Gersmann

I.

Im Herzen der Westfälischen Bucht, direkt an der viel befahrenen 'Hansalinie', liegt die Gemeinde Ascheberg. Je weiter man sich von der Autobahn entfernt, desto mehr verfestigt sich der Eindruck von einer Reise in die Vergangenheit. Die dünn bevölkerte, von Wallhecken durchsetzte Parklandschaft des Münsterlandes, in der Wiesen, Weiden und Ackerflächen wie in einem Flickenteppich einander ablösen, wirkt mancherorts so, als sei die Zeit hier spurlos vorbeigegangen: Bis heute konzentriert sich fast alles auf die Landwirtschaft, sind von Industrialisierung nur wenige Spuren zu sehen, tragen die Höfe noch immer die bereits in den alten Kirchenbüchern erwähnten Namen.

Es hat sich, so der erste Eindruck, an den geographischen Gegebenheiten im Ascheberger Raum kaum etwas verändert seit jenem Märztag des Jahres 1628, als unter dem Vorsitz des Richters Engelbert Langenhorst vor dem Gogericht Davensberg die Injuriensache Jörgen Rosenplanter gegen Conrad Tier verhandelt wurde. Rosenplanter war, der Darstellung seines Anwalts Bernhard Kerckering zufolge, kurz zuvor einem unverzeihlichen Vergehen zum Opfer gefallen. Am Sonntag nach Jacobi sei sein Prinzipal, wie Kerckering sagte, in Voßekules Behausung im Kirchspiel Seppenrade in abscheulicher Weise gekränkt worden. Der Beklagte, Conrad Tier, habe ihn an dem nämlichen Ort nicht nur *vor ein Schelm ausgerufen*, sondern mit lauter Stimme hinzugefügt: *Wehrstu auffm wasser, wie soltestu fließen, und wan du wilst, so fliegest du über die beume!*[1]

---

* Im Rahmen dieses Beitrags sollen erste Ergebnisse eines größeren Forschungsprojekts über Möglichkeiten der Abwehr von Hexereiverdächtigungen im ehemaligen Fürstbistum Münster präsentiert werden. Insbesondere stützt sich diese Untersuchung auf die systematische Auswertung der außerordentlich reichhaltigen, bisher noch nicht erschlossenen Quellenbestände des vom Westfälischen Archivamt (Münster) betreuten Archivs Nordkirchen (Archivdepot Cappenberg). Wenn nicht anders angegeben, sind die Akten nicht foliiert.

[1] Archiv Nordkirchen. 12205. Fol. 3.

Das, was im Nachhinein wie eine diffuse, ja unverständliche Drohung anmutet, besaß im Jahre 1628 eine eminente Brisanz und Aktualität, brachten Tiers Sticheleien den Rosenplanter doch unmißverständlich mit magischen Angelegenheiten in Verbindung, oder genauer, mit der zur Identifizierung vermeintlicher Hexen angewendeten Wasserprobe. Und schlimmer noch, nichts anderes wurde ihm unterstellt, als daß er beim Hexenbad *fließen*, mithin vor den Augen aller als Zauberer entlarvt werden würde. Jeder der bei der Schmähung Anwesenden dürfte den Sinn solcher Anspielungen sofort begriffen haben, fand die Kaltwasserprobe während des 17. Jahrhunderts doch überall in Westfalen Anwendung,[2] obgleich sie bei Verfolgungsbefürwortern wie -gegnern heftig umstritten war. Der Trierer Weihbischof Petrus Binsfeld etwa, ein vehementer Verfechter des Hexenwahns, behauptete, daß die Probe *von gemainem Pöfel erfunden* und *vom Teuffel geschmidt* worden sei. Ähnlich mißbilligend äußerte sich der fürstlich-bergische Landschreiber Dietrich Graminaeus, seines Zeichens Autor eines Leitfadens zur Führung von Hexenprozessen: *Etliche vnerfahrene Richter in Teutschland/ nemen ohne fernere nachforschung die Weiber/ welche das geschrey/ oder auch wol die besagung der zauberin verdechtig gemacht/ als baldt gefangen/ vnnd werffen die auff das kalte Wasser.*[3]

Wie im Herzogtum Jülich-Berg wurde die Wasserprobe im Fürstbistum Münster zwar schon früh offiziell verboten.[4] Dessen ungeachtet praktizierte man sie überall: im Unterschied zu anderen Territorien trat sie hier meistens nicht als eine Station des Hexenprozesses, sondern als freiwillig gewähltes Reinigungsritual vor einer offiziellen Anklage auf. Der Ablauf des Probe vollzog sich dabei getreu dem Schema, das Pfarrer Niesert später anschaulich im 'Magazin der Geographie, Geschichte, Statistik' von 1816 in Anlehnung an einen zeitgenössischen Text beschrieb: *Wenn man den Beklagten entkleidet hatte, band man ihm die Hände und Füße kreuzweise, und warf ihn in ein fließendes Wasser, hielt ihn aber an einen Strick, welchen man vorher an seinem Körper befestigt hatte.*[5] Zahlreiche indivi-

---

2 Schon Friedrich Majer schrieb in seiner 'Geschichte der Ordalien'. Jena 1795. S. 100: Dieses Hexenbad war in vielen Gegenden von Deutschland, vorzüglich aber in einem großen Theil von Westphalen und Niedersachsen gewöhnlich.

3 Binsfeld und Graminaeus werden hier zitiert nach der Arbeit von Michael Siefener: Hexerei im Spiegel der Rechtstheorie. Das crimen magiae in der Literatur von 1574 bis 1608. Frankfurt am Main, Bern, New York, Paris 1992. S. 199.

4 Anhand der Regierungsprotokolle läßt sich die kritische Haltung der münsterischen Räte gegenüber der Probe dokumentieren. In der Auseinandersetzung mit dem Borkener Hexenprozeß gegen die Geschwister Maeß wurde etwa über das ganze Jahr 1611 hinweg immer wieder über die Wasserprobe diskutiert. Die Haltung der Räte blieb dabei unverändert skeptisch. Münster StaatsA. Regierungsprotokolle. Nr. 17, 1610/1611.

5 Magazin der Geographie, Geschichte, Statistik. Band I. 1816. S. 91f. Daß die Wasserprobe in der oben geschilderten Form bis ins 19. Jahrhundert hinein im osteuropäischen Raum angewendet wurde, beschreibt Russell Zguta: The Ordeal by water (swimming of witches) in the

duelle Zeugnisse belegen die dauerhafte Popularität der Wasserprobe im Münsterland, so u.a. ein im Stadtarchiv Werne erhaltenes Schreiben, das der von seiner Nachbarin als Zauberer denunzierte Bernhard Oesthaus aus der Herrlichkeit Stockum im Jahre 1613 verfaßte. Gegenüber seinem Junker beklagte sich Oesthaus zunächst über das ihm von seinen *mittchristen* zugefügte *hertzlaidts*, um dann an den Herren von Stockum die Bitte zu richten, ihn im Rahmen einer Kampfwasserprobe[6] zusammen mit seiner Bezichtigerin aufs Wasser zu *schmeißen*. Trotzdem sie von *etzlichen verworffen* werde, sei die freiwillig geleistete Wasserprobe *an vielen Gerichteren noch in gebrauch und zwange gehalten*, argumentierte Oesthaus. Man bediene sich ihrer nicht zuletzt in der Hoffnung, die Angeklagten *dadurch etwaß lichtsamer zur bekandtnuß* zu bewegen, die meisten forderten sie allerdings aus eigenem Antrieb, um damit öffentlich ihre Unschuld *an den Tag zu pringen*.[7]

Im Unterschied zu der berühmten Hexenwaage von Oudewater, deren tatsächliche Reichweite und Wirkung in der Vergangenheit maßlos überschätzt wurde,[8] ist der volkstümliche Charakter der Wasserprobe im Münsterland quellenmäßig einigermaßen exakt zu belegen. Die Wasserprobe prägte die Alltagswelt der münsterischen Untertanen in der Frühen Neuzeit, etablierte sich mehr und mehr als soziale Praxis: Wer in den Verdacht der Zauberei geriet, absolvierte sie fast schon standardmäßig in der Hoffnung, ein amtliches Unschuldszertifikat zu erlangen. So jener Johann Wennickmann aus dem Kirchspiel Buldern, dem der Herr von Raesfeld zu Ostendorf im August 1646 offiziell attestierte, daß er *zu verschidenen mahln wie preuchlich auffs wasser gesetzt* und *jeder zeitt alsovortt zu grundt gangen und steetshin unter wassers geplieben* sei.[9] Gelegentlich wurden in den Dörfern und Städten aber auch Wasserproben auf eigene Faust organisiert. Nicht unüblich war es, daß Personen in aller Heimlichkeit eine Test-Wasserprobe veranstalteten, um über das eigene Maß an Schuld Klarheit zu gewinnen. Anna Ebbing, die Frau eines Coesfelder Bürgers, hatte sich *selbst aufs waßer probirt und dadurch unschüldig befunden*; dies bewahrte sie allerdings nicht vor einer offiziellen Anklage.[10] Daß Experimente solcher Art leicht in Akte von Lynchjustiz ausuferten, zeigt die improvisierte Wasserprobe, die drei Männer in aller Hast 1629 im Beifang Capelle mit dem Sohn des Schweinehirten zu Westerwinkel durchführten. Sie banden Johann Balthasars Sohn in der bekannten Art und Weise und stießen

---

East Slavic World. In: Slavic Review. American Quarterly of Soviet and East European Studies 36. Number 2. June 1977. S. 220-230.

6 Rainer Walz: Hexenglaube und Magische Kommunikation im Dorf der Frühen Neuzeit. Die Verfolgungen in der Grafschaft Lippe. Paderborn 1993. u.a. S. 56.

7 Werne StadtA. Bestand Haus Stockum, III A 6. Nr. 13.

8 Dazu neuerdings Hans de Waardt: Oudewater. Eine Hexenwaage wird gewogen – oder: Die Zerstörung einer historischen Mythe. In: WestfZ 144.1994. S. 249-263.

9 Münster StaatsA. Sammlung Altertumsverein 317a. Fol. 290.

10 Coesfeld StadtA. I, Abteilung II. Nr. 46. Prozeß gegen Anna Ebbing. Fol. 11.

ihn dann von der Brücke hinab in den Hausgraben, um zu erkunden, ob er *ein zeuber wehre*. Als sich der Junge aus dem Wasser gerettet hatte, wiederholten sie ihr Experiment unter Zuhilfenahme eines Eishakens.[11]

Im Münsterland waren es die kleinen Gerichtsherrschaften Gemen, Merfeld, Lembeck und Ostendorf, die bis ins späte 17. Jahrhundert hinein als Zentren einer regelrechten Wasserprobenkultur fungierten.[12] Der für die korrekte Durchführung der Probe verantwortliche Scharfrichter war dort an manchen Tagen fast pausenlos im Einsatz, um den Andrang der über Hunderte von Kilometern Angereisten zu bewältigen, deren Familien sich nicht selten hoch verschuldeten, um das nötige Geld für die Probe zu beschaffen. Wie genau bei der Probe verfahren wurde, ist minutiös in einer Korrespondenz dokumentiert, die der *adlig landsaß* Adolf von Raesfeld zu Ostendorf zwischen Oktober und Dezember 1629 mit den Heimgelassenen Räten führte. In Münster hatte man durch die Beamten des Amtes Ahaus Kenntnis erhalten, daß der Ostendorfer gegen alle Verbote und in großem Stil *diejenige*[n], *welche deß hexen: od*[er] *zauberey lasters halber betzichtigt* seien, *durch die waßerprob versuchen* lasse.[13] Als er in scharfem Ton angewiesen wurde, davon künftig Abstand zu nehmen, spielte von Raesfeld, der die Wasserproben zur Demonstration seiner individuellen Gerichtsrechte nutzte, den Part des Naiven. Er habe schließlich *niemandten darzu genöttigt*, sondern nur auf die Bitten *furnehmer geist und weltlicher auch adelicher Persohnen* reagiert. Aus den benachbarten Fürstentümern und Ländern seien diese Personen in Begleitung eigens engagierter Scharfrichter und ihrer Gerätschaften bei ihm aufgetaucht und hätten von ihm gewünscht, *das ihnen das wasser zur proben allein verlehnet werden mochte*.[14]

Mit solchen Argumenten kehrte der Gerichtsherr gerne sein Mitgefühl für die Opfer von Zaubereiverdächtigungen heraus, verschwieg jedoch die Tatsache, daß er aus der Not der Betroffenen kräftig Kapital zu schlagen wußte. Angefangen von dem Nachen, mit dem man aufs Wasser fuhr, bis hin zu dem Ofen, in dem die Kleider des Probanden getrocknet wurden, forderte er für sämtliche, mit der Probe zusammenhängenden Dienstleistungen beträchtliche Summen ein.[15] Dabei endete das Hexenbad für viele Kandidaten mit einem Fiasko. Schwamm der vom Scharfrichter wie ein Paket verschnürte Mann – oder die Frau – wie eine *Gans* oder ein

---

11 Archiv Nordkirchen. Kasten 188. Davensbergische Jurisdiction. Aschebergische Gerichtsprotokolle 1620-1649. Fol. 562v.

12 Als erste hat Marielies Saatkamp auf dieses Phänomen aufmerksam gemacht. Vgl. Marielies Saatkamp: Bekandt daß sie ein Zaubersche were. Zur Geschichte der Hexenverfolgung im Westmünsterland. Vreden 1994. S. 192.

13 Münster StaatsA. Landesarchiv, 122. Nr. 3. Fol. 67.

14 Münster StaatsA. Landesarchiv, 122. Nr. 3. Fol. 59.

15 Zahlreiche Hinweise zum praktischen Umgang mit der Wasserprobe in: Münster StaatsA. Sammlung Altertumsverein 317a und 317b. Aufschlußreich ferner der Beitrag von Hugo Hölker: Die Kosten der Wasserprobe. In: Heimatkalender für die Herrlichkeit Lembeck und Dorsten. 1995. S. 114.

Antvogel an der Wasseroberfläche, kam das im zeitgenössischen Horizont einem Schuldgeständnis nahe, basierend auf der Annahme, daß der Körper des Unschuldigen auf den Boden sinken, der ätherisch leichte Körper der Hexe dagegen vom reinen Wasser abgestoßen werden würde. Das Scheitern bei der Wasserprobe leitete allerdings nicht automatisch in einen Prozeß über.

Mit der gelehrten Diskussion über den Nutzen oder Schaden der Wasserprobe wird Conrad Tier gewiß nicht vertraut gewesen sein, als er seinen Nachbarn Rosenplanter in der skizzierten Weise beschimpfte. Das Hexenbad dürfte er jedoch sogar aus persönlicher Anschauung gekannt haben. Männer und Frauen aus Ascheberg[16] hatten sich in den Vorjahren schließlich immer wieder zur Wasserprobe gemeldet und damit allgemeine Aufmerksamkeit auf sich geladen, denn solche Ereignisse pflegten vor großem Publikum inszeniert zu werden. Kurz vor dem 14. Januar 1612 war eine Frau auf ihr inständiges Bitten vom Herrn von Merfeld zur Wasserprobe zugelassen worden, ohne daß sich indessen ihre Hoffnungen erfüllen sollten. Als sie *auff das wasser* geworfen wurde, notierte der adlige Gerichtsherr, habe *sie alß ein ente oder plume geschwommen,* aber *nit sinken können*; und das alles sei im Beisein von *viell hundert menschen* geschehen.[17]

Den Charakter von Volksschauspielen nahmen die Wasserproben zeitweilig auch in der Herrschaft Gemen an. Noch für das Frühjahr 1650 wird in den Gemener Gerichtsprotokollen von einer erfolgreichen Probe berichtet, der sich ein Mann namens Junius Beinß *offentlich, beiseinß seiner verwanten, nachbarn unnd unzeilbarn gemeinen leuten* unterworfen und für die er eine Urkunde erhalten habe.[18] Wie tief sich die Wasserproben-Episoden dem Gedächtnis der Dorfgesellschaft eingruben, trat im übrigen noch lange nach dem Ende der eigentlichen Hexenverfolgungen bei ganz unerwarteten Gelegenheiten zutage. So wurde etwa der Barbier zu Selm, Henrich Vielhaber, im März 1653 vor das Ascheberger Gericht zitiert, weil er einem Zechkumpanen mit der Begründung, derselbe wäre *auffm wasser gewesen*, das Zuprosten verweigert hatte.[19]

Angesichts solcher Implikationen war es im Jahre 1628 für einen Ascheberger um so gefährlicher, mit der Wasserprobe – oder zauberischen Dingen überhaupt – assoziiert zu werden. Nach vereinzelt bereits erfolgten Hexenhinrichtungen herrschte in den Dörfern eine Atmosphäre der Angst und Anspannung, in der Verleumdungen, Beschimpfungen und Verdächtigungen rasch auf fruchtbaren Boden fielen. Verlangte es der frühneuzeitliche Normencode ohnehin von einem Gekränkten, seine Ehre gegenüber Anwürfen und verbalen Aggressionen zu ver-

---

16 Vgl. dazu Archiv Nordkirchen. Kasten 188. Davensbergische Jurisdiction. Aschebergische Gerichtsprotokolle 1620-1649. Fol. 1f.

17 Münster StaatsA. Sammlung Altertumsverein 317a. Fol. 261.

18 Münster StaatsA. Depositum Landsberg-Velen 31920. Fol. 56.

19 Archiv Nordkirchen. Kasten 188. Davensbergische Jurisdiction. Aschebergische Gerichtsprotokolle 1650-1657. Fol. 98.

teidigen,[20] so empfahl sich dies erst recht für jemanden in Rosenplanters Situation. Zum Wesen einer Beleidigung gehörte es, die 'Ehre' einer Person – verstanden als eine Chiffre für untadelige Herkunft, Lebenswandel und Charakter – zu verletzen, bzw. dem oder der Gescholtenen sogar eine strafbare Handlung wie die der Zauberei vorzuwerfen.[21] Den Schaden, den er durch die von Tier ausgestoßenen *atrocissimas iniurias* an seiner Ehre erlitten habe, werde sein Prinzipal um keinen Preis der Welt dulden, hieß es denn auch ausdrücklich in der vom Anwalt des Rosenplanter vorgelegten Injurienklage. Tatsächlich bedeutete die Schmähung des Conrad Tier für Rosenplanter eine Gefährdung seiner gesamten Existenz: Die Ehre repräsentierte für ihn ein Synonym und Symbol für alles, was er zu verlieren hatte: den sozialen Status, die Reputation und schlimmstenfalls das nackte Leben.

II.

Gewiß dokumentiert die Prozeßakte Rosenplanter gegen Tier zunächst nur die Eskalation eines Streits zwischen zwei Nachbarn in einem kleinen münsterländischen Dorf des 17. Jahrhunderts. Über die spezifischen Begleitumstände hinaus läßt der Fall jedoch weitergehende Schlußfolgerungen zu. Erstens steht er exemplarisch für die vielen, en masse in jeder größeren Gerichtsüberlieferung zu findenden Verbalauseinandersetzungen, in denen sich die außerordentlich hohe, kategoriale Bedeutung der Ehre für das Denken und Handeln der Zeitgenossen in ihrer prägnantesten Form widerspiegelte. Der Ascheberger Injurienprozeß gewährt freilich nicht nur einen allgemeinen Zugang zu der von einem hohen Konflikt- und Gewaltpotential geprägten agonalen Alltagskultur der Frühen Neuzeit, sondern läßt außerdem bislang noch wenig erforschte,[22] auf den Schlüsselbegriff der

---

[20] Zur präziseren Annäherung an das Konzept der Ehre in der Frühen Neuzeit sei aus der inzwischen durchaus umfangreichen Sekundärliteratur nur exemplarisch zitiert Martin Dinges: Die Ehre als Thema der Stadtgeschichte. Eine Semantik im Übergang vom Ancien Régime zur Moderne. In: ZHF 16. 1989. S. 409-440. Hinzuweisen ist ferner auf die Beiträge des gerade erschienenen, von Gerd Schwerhoff und Klaus Schreiner herausgegebenen Bandes: Verletzte Ehre. Ehrkonflikte in Gesellschaften des Mittelalters und der Frühen Neuzeit. Köln, Weimar, Wien 1995.

[21] Dazu u.a. Rudolf His: Das Strafrecht des Deutschen Mittelalters. Aalen 1964 (ND der Ausgabe von 1935). Bd. II. S. 107-109.

[22] Zu erwähnen wären hier allerdings die Arbeiten des Münchener Historikers Ralf Peter Fuchs, der sich in seiner auf der Analyse von Reichskammergerichtsakten beruhenden Dissertation 'Um Ehre und Recht: Westfälische Injurienprozesse der Frühen Neuzeit' mit der Thematisierung der Ehre im Kontext von Hexenverfolgungen befaßt hat. Vgl. dazu Ralf Peter Fuchs: Hexerei und Zauberei vor dem Reichskammergericht. Nichtigkeiten und Injurien. Wetzlar 1994 (Schriftenreihe der Gesellschaft für Reichskammergerichtsforschung. Bd. 16); ders.: Der Vorwurf der Zauberei in der Rechtspraxis des Injurienverfahrens. Einige Reichskam-

Ehre konzentrierte Verhaltens- und Kommunikationsweisen im Kontext von Hexenverfolgungen evident werden.

Dem Umgang mit verdächtigen Frauen und Männern im Dorf lag, wenn man den Quellen glauben darf, ein recht simples schwarz-weiß Muster der Attribution von Ehre und Unehre zugrunde. Zwischen Hexerei und Unehre bestand in den Köpfen der Zeitgenossen ein direkter Zusammenhang, galt die Hexe doch als per se unehrlich.[23] Es entsprach nur dieser Logik, wenn im Rahmen von Injurienklagen u.a. mit dem Argument hantiert wurde, daß *kein ehrliche persohn fliegens bezichtiget* werden solle.[24] Je eindeutiger sie für ihre Umwelt zum Inbegriff des Ehrlosen avancierten, desto überzeugendere Taktiken mußten die Verdächtigten entwickeln, um den Angriffen auf ihre Ehre Paroli zu bieten. Eine offensive Maßnahme bildete die Anstrengung einer Injurienklage, die mit der vollen Rehabilitierung des Klägers enden, im anderen Falle aber auch gefährliche Konsequenzen für den ohnehin schon ins Abseits Gedrängten haben konnte. Aufgrund der Gefahr eines Umschlagens in einen echten Hexenprozeß hat die Hexenforschung den Wert der Injurienklagen als Mittel der Abwehr von Zaubereiverdächtigungen bislang eher gering eingeschätzt. Skeptisch äußerte sich beispielsweise Walter Rummel in seiner Untersuchung über die kurtrierischen und sponheimischen Hexenverfolgungen, in der er ausdrücklich die "Entwertung" der Injurienverfahren betonte.[25] Nun ist der Hinweis auf die Ambivalenz der Injurienverfahren einerseits sicher gerechtfertigt. Da die Rolle von Injurienklagen als Mittel der Abwehr von Hexereiverdächtigungen und Hexereianklagen m.W. jedoch noch nie systematisch in größerem Stil und über einen längeren Zeitraum analysiert worden ist, bedürfen solche Aussagen andererseits erst einmal sorgfältigerer Überprüfung am Material. Welches Stadium der Beleidigung machte eine Klage notwendig? Verfügte der Bezichtigte über Handlungsalternativen? Und welches Ergebnis erzielten die Injurienklagen? Schoben sie einen Hexenprozeß lediglich hinaus oder lieferten sie den Klägern vielmehr Schutz und Zuflucht vor weiterer Verfolgung? Auf der Basis der ungewöhnlich dichten Quellenüberlieferung des Gogerichts Davensberg soll nachfolgend zumindest für einen kleinen regionalen Bereich und im mikrohistorischen Zuschnitt der Versuch unternommen werden, das Verhältnis und die Wechselwirkungen von Zaubereiverdächtigungen, Hexenprozessen und Injurienklagen präziser zu beleuchten.

---

mergerichtsprozesse westfälischer Herkunft im Vergleich. In: Zeitschrift für Neuere Rechtsgeschichte 17. 1995. S. 1-29.

23 Hierzu R. P. Fuchs: Der Vorwurf der Zauberei (Anm. 22) S. 3.

24 Archiv Nordkirchen. Kasten 188. Davensbergische Jurisdiction. Aschebergische Gerichtsprotokolle 1620-1649. Fol. 245^{v}.

25 Walter Rummel: Bauern, Herren und Hexen. Studien zur Sozialgeschichte sponheimischer und kurtrierischer Hexenprozesse 1574-1664. Göttingen 1991. S. 149.

III.

Daß – wie im Fall des Jörgen Rosenplanter – jemand vor das Gogericht ging, um seine gekränkte Ehre zu retten, stellte im Westfalen des 17. und 18. Jahrhunderts keine Seltenheit dar. In einer auf territorialer Ebene überaus komplizierten, von einem Nebeneinander konkurrierender Gerichte geprägten Gerichtsorganisation, die ex post "einigermaßen verworren",[26] wie ein "chaotisches Durcheinander"[27] anmutet, kam den Gogerichten eine wichtige Aufgabe zu. Als landesherrliche Gerichte oder grundherrliche Patrimonialgerichte übten sie gleichermaßen die hohe wie die niedere Gerichtsbarkeit aus,[28] wobei die Größe der einzelnen Gerichtsbezirke erheblich schwankte. Allein im münsterischen Amt Werne existierten acht solcher Gerichte,[29] deren Kompetenzen sich partiell überlappten. Nur das Stadtgericht Werne unterstand der Kontrolle der münsterischen Regierung. Die anderen Gerichte lagen in den Händen alteingesessener adliger Familien, die eifersüchtig über die Unversehrtheit ihrer Gerichtsrechte wachten und wegen realer – oder imaginärer, taktisch betonter – Verletzungen immer wieder an das Reichskammergericht zu Speyer appellierten.

Auf eine ganze Reihe von Dörfern, Kirchspielen und Bauernschaften erstreckte sich der Zuständigkeitsbezirk des 'zweiherrigen' Gogerichts Davensberg,[30] das zur Hälfte dem Fürstbischof und zur Hälfte den Besitzern des Hauses Davensberg gehörte. Ging es im 17. Jahrhundert nach den Herren von Morrien als den *einhaberen der herligkeit unnd hauses zum davenßbergh*, so hatte das Gericht von *uralten unverdencklichen zeiten* an die *criminal und civil jurisdiction, mit allem, was derselben anklebt*,[31] besessen. Tatsächlich sah sich der Davensberger Richter bis zur Auflösung des Gerichts im 19. Jahrhundert mit Verstößen unterschiedlicher Schwere konfrontiert, mit Beleidigungen und Diebstählen, Betrügereien und Kindstötungen, Gewaltexzessen und Mißhandlungen. Das ganze Spektrum frühneuzeitlicher Kriminaldelikte, das Gerd Schwerhoff am Beispiel der Reichsstadt

---

26 So konstatierte schon Reinhard Lüdicke: Die landesherrlichen Zentralbehörden im Bistum Münster. Ihre Entstehung und Entwicklung bis 1650. In: Zeitschrift für vaterländische Geschichte und Alterthumskunde 59. 1901. S. 1-168, hier S. 90.

27 So das Urteil von Karl Oppenheim: Das Gerichtswesen im Münsterland. Denkschrift zur Einweihung der Justizneubauten in Münster am 21. Dezember 1957. Münster 1957 (masch.). S. 46.

28 K. Oppenheim (Anm. 27) S. 24.

29 K. Oppenheim (Anm. 27) S. 58.

30 Zur Gerichtsorganisation, die immer wieder zu Konflikten führte, vgl. Josef Lappe: Stadtgründung und Stadtverfassung im Gebiet der Einzelhöfe. (Werne im Münsterland). In: WestfZ 89. 1932. S. 1-147, hier S. 89.

31 So die Behauptung der Gerichtsherren in einer vor das Reichskammergericht getragenen Auseinandersetzung mit der Regierung zu Münster. Münster StaatsA. Bestand Reichskammergericht M 1437. Bd. 1. Fol. 32.

Köln beschrieben hat,[32] findet sich in der archivalischen Überlieferung des Gogerichts Davensberg wieder – und zudem in sehr gut dokumentierter Form. Die zahlreich erhaltenen Gerichtsprotokolle erlauben zwar nur einseitige, eben an der Übertretung der Norm orientierte – aber dennoch ungemein aussagekräftige Rückschlüsse auf den konflikt- und emotionsgeladenen Alltag einer bäuerlichen Bevölkerung, die unter der Knappheit der Ressourcen ebenso zu leiden hatte wie unter den Folgen des spanisch-niederländischen und Dreißigjährigen Krieges.

Vor allem jedoch zeigen sie, in welchem Maße sich das Gogericht Davensberg seit der zweiten Hälfte des 16. Jahrhunderts dem Thema Zauberei und Hexerei zu widmen begann. Bis 1618 gerieten die lokalen *Zauberschen* und *Zeubener* nur sporadisch ins Visier der Davensberger Richter. Im Zuge einer ersten kleinen Verfolgungswelle wurden im Jahre 1618 allerdings gleich mehrere Personen wegen angeblicher Schadenszaubereien festgenommen und in den als Gefängnis dienenden Davensberger Turm gesteckt. Sieben dieser *zum Davenßpergh geseßenen Zauberschen* – zwei Männer und fünf Frauen – endeten unter der Hand des Scharfrichters, eine weitere Verdächtige starb im Gefängnis, nachdem der Teufel ihr, wie es in der offiziellen Version hieß, *den halß zerbrochen* hatte.[33] Auf die Hexenverbrennungen von 1618 folgte zunächst eine Phase relativer Ruhe mit wenigen Einzelprozessen, ehe ein Jahrzehnt später eine regelrechte Verfolgungshysterie ausbrach.

Rechnet man zu den Davensberger Verfahren von 1629 die für das Amt Werne in den 1620er Jahren im Beifang Capelle,[34] im domkapitularischen Gericht Lüdinghausen[35] und im Gericht Wolfsberg[36] belegten Hexenprozesse hinzu, verdichtet sich allmählich die Annahme, daß der süd-östliche Teil des Münsterlandes dem 'Hexenwahn' einen hohen Tribut gezollt und das Thema Hexerei den Alltag der Untertanen in den Schlüsseljahren zwischen 1624 und 1630 in beträchtlichem Maße bestimmt haben muß. Auf den ersten Blick wird dieser Befund nicht verwundern. Denn er bestätigt nur den aus der neueren Sekundärliteratur gewonnenen Eindruck, daß die Hexenverfolgungen im Alten Reich auch im rheinisch-westfälischen Raum in den Jahren um 1628/1630 einen Höhepunkt erreichten. Zwischen 1628 und 1631 wurde das kurkölnische Sauerland von einer Verfolgungswelle erschüttert. Ähnliche Verhältnisse herrschten im rheinischen Erzstift, wo Kurfürst Ferdinand und seine Hofräte – wie bei Gerhard Schormann

---

32 Gerd Schwerhoff: Köln im Kreuzverhör. Kriminalität, Herrschaft und Gesellschaft in einer frühneuzeitlichen Stadt. Bonn, Berlin 1991.

33 Münster StaatsA. Fürstentum Münster. Amt Werne. Nr. 80. Fol. 49.

34 Dazu Archiv Nordkirchen. Kasten 172. Nr. 3. Fol. 248ff.

35 Die Akten der Lüdinghauser Prozesse sind archiviert im Münster StaatsA. Msc. VI, 264b.

36 Archiv Boeselager-Höllinghofen. Bestand Wolfsberg VI (Prozeßsachen des Gutes Wolfsberg).

nachzulesen – in der zweiten Hälfte der 1620er Jahre unter dem Leitbegriff der *exstirpatio* einen wahren "Krieg gegen die Hexen" entfachten.[37]

Ungewöhnlich ist die Häufung der Hexenprozesse im Amt Werne allerdings insofern, als sie einem gängigen Bild widerspricht. Gemeinhin gilt das Fürstbistum als prozeßarme Zone, die – ähnlich wie das Herzogtum Jülich-Kleve-Berg – unter dem Einfluß Johann Weyers[38] weitgehend von Ausrottungsexzessen verschont blieb, obwohl im Jahre 1585 auf Betreiben der altkirchlichen Partei der Wittelsbacher Ernst von Bayern vom Domkapitel zum Fürstbischof gewählt worden war und sein als verfolgungseifrig bekannter Neffe Ferdinand ihn als Landesherrn ablöste.

Für das westliche, an die Niederlande angrenzende Münsterland lassen sich tatsächlich nur vereinzelte Verfahren belegen,[39] und auch in den Ämtern Stromberg und Sassenberg fiel die Bilanz, gemessen an den Verhältnissen im Herzogtum Westfalen oder in der nahen Stadt Osnabrück,[40] vergleichsweise bescheiden aus. Den Verfolgungen des Amtes Werne kommt im münsterischen Gesamtrahmen also eine deutliche Ausnahmestellung zu, und die – an anderem Ort zu erörternden – Gründe dafür dürften zu einem guten Teil in der Auseinandersetzung zwischen dem Landesherren und dem landsässigem Stiftsadel zu suchen gewesen sein. Denn es waren in erster Linie die adligen Privatgerichte, an denen Hexenprozesse geführt wurden, während die von der münsterischen Regierung kontrollierten Gerichte nur wenig Neigung dazu zeigten.

IV.

Unabhängig von der Frage, inwieweit die im Jahre 1629 am Gogericht Davensberg geführten Prozesse machtpolitischen Bestrebungen dienten, ist ihr enger Zusammenhang mit einer früheren Verfolgungswelle unübersehbar. Wie ein roter Faden zieht sich durch die Davensberger Gogerichtsakten die Erinnerung an Ereignisse, deren Schauplatz ein paar Jahre zuvor das benachbarte Lüdinghausen

---

[37] Diese These vertritt Gerhard Schormann in seinem Buch: Der Krieg gegen die Hexen. Das Ausrottungsprogramm des Kurfürsten von Köln. Göttingen 1991. S. 56f.

[38] Vgl. dazu u.a. ebenfalls G. Schormann: Krieg gegen die Hexen (Anm. 37) S. 133-136.

[39] M. Saatkamp (Anm. 12) S. 26; vgl. auch Marielies Saatkamp: Zur Geschichte der Hexenverfolgung, dargestellt an Beispielen aus dem Westmünsterland. In: Marielies Saatkamp, Dick Schlüter (Hg.): Van Hexen un Düvelslüden. Über Hexen, Zauberei und Aberglauben im niederländisch-deutschen Grenzraum. Vreden 1995. S. 15-31.

[40] Vgl. zu den Hexenverfolgungen in der Stadt Osnabrück Heinz-Jürgen Stebel: Die Osnabrükker Hexenprozesse. Diss. Osnabrück 1969. S. 131-137.

gewesen war.[41] Seit dem frühen 16. Jahrhundert – und bis zur Säkularisation – bildete Lüdinghausen zusammen mit den Bauernschaften Elvert, Bechtrup, Aldenhövel, Brochtrup, Westrup, Ermen und Tüllinghof das dem Domkapitel zu Münster unterstehende Amt Lüdinghausen.[42] Als im Jahre 1624 ein neuer Richter zu Lüdinghausen eingesetzt wurde, kam es unter der Regie des vom Domkapitel *auf besondere bei unß beschehene recommendation* ernannten Johann Hülshorst[43] zu einem jähen Anstieg der Verfolgungsintensivität. Den im Staatsarchiv Münster archivierten, bisher noch nicht einmal oberflächlich ausgewerteten Akten zufolge,[44] eröffnete ein Mann namens Bernhard Schwarte Anfang Juli 1624 den Reigen der Angeklagten. Anlaß seiner Gefangennahme waren massive, der hohen Obrigkeit angezeigte Beschuldigungen. Schwartes Nachbarn, unter ihnen der Scharfrichter, Meister Henrich, hatten demnach bei einer Kindstaufe mit eigenen Augen eine von ihm ausgeübte zauberische Handlung beobachtet. Schwarte habe bei dem Fest, wie sie sagten, einem Gast eine halbe Kanne *Koits*[45] zum *außzutrincken* gebracht. Als der Betroffene dies mit dem Hinweis auf sein hohes Alter ablehnte, entzündete sich darüber ein Streit, den der Gastgeber Assekamp kurzerhand beendete, indem er selbst die Kanne mit dem Bier leerte. Für sein Eingreifen hatte Assekamp – in den Augen der Denunzianten – jedoch einen hohen Preis gezahlt. Der am gleichen Abend lebensgefährlich Erkrankte habe, so ihre Version, ein Jahr lang im Elend gelegen, ehe er an den Folgen des Biergenusses schließlich gestorben sei.[46] In den drei Monaten zwischen Anfang Juli und Anfang Oktober, die Schwartes Festsetzung folgten, wurden an die 20 Frauen und Männer festgenommen, verhört und angeklagt; belegt sind mindestens sieben Hinrichtungen und einige Todesfälle im Gefängnis.

---

41 Bezüge zu den Lüdinghauser Hexenprozessen von 1624 finden sich in hoher Zahl unter den Akten des Gogerichts Davensberg.

42 Für die Lüdinghauser Geschichte der Frühen Neuzeit immer noch unverzichtbar ist die Darstellung von Julius Schwieters: Geschichtliche Nachrichten über den westhlichen Theil des Kreises Lüdinghausen. Münster 1891. S. 163-204.

43 Vgl. dazu Münster StaatsA. Amt Lüdinghausen. Misc. 24.

44 Wie Recherchen im Bundesarchiv Frankfurt zeigten, wurde dieser Bestand aus dem Staatsarchiv Münster zwar vom sogenannten Hexen-Sonderkommando benutzt (Film 25/Nr. 1684), bisher aber noch nie gründlich ausgewertet. Bei Schwieters finden sich lediglich verstreute und nicht immer korrekte Anmerkungen zum "Hexenwahn" in Lüdinghausen; über einen der Prozesse hat vor kurzem Ilona Tobüren-Bots berichtet: Wie der Teufel dem Henker ins Handwerk pfuschte. Hexenwahn im Kirchspiel Lüdinghausen anno 1624. In: Lüdinghauser Geschichtshefte 10. 1994. S. 25-30.

45 *Koit* oder *Kout* wurde das dünne, im Münsterland gerne getrunkene Bier genannt. Vgl. August Lübben: Mittelniederdeutsches Handwörterbuch. (Nach dem Tode des Verfassers vollendet von Christoph Walther). Darmstadt 1983 (ND der Ausgabe Leipzig 1888). S. 186.

46 Münster StaatsA. Msc. VI, 264b. Fol. 73f.

V.

In welchem Maße die Hexereithematik zwischen 1600 und 1630, vor allem aber nach 1624 in das Gerede und die Ehrauseinandersetzungen der Dörfer des Amtes Werne einzudringen begann, läßt sich nachträglich zunächst vor allem an solchen Quellenüberlieferungen nachvollziehen, die das frühneuzeitliche Stadt- und Dorfleben "unterhalb der aufsehenerregenden Hexenprozesse"[47] beleuchten. Gemeint sind damit vor allem Brüchtenregister, jene 'Abfallprodukte' der niederen Gerichtsbarkeit,[48] denen die Historiker lange nur eher sporadisch ihre Aufmerksamkeit schenkten. Anders dagegen die Volkskundler: Die Brüchtenregister der Stadt Wilster nahm Ruth E. Mohrmann zum Anlaß, die Entwicklung von Sittlichkeitsdelikten im Zeitraum zwischen 1701 bis 1858 zu untersuchen.[49] Für den süddeutschen Raum hat sich Karl-Sigismund Kramer, der Nestor der rechtlichen Volkskunde, intensiv mit dieser Quellengattung befaßt und daraus das Material für eine Reihe von Aufsätzen geschöpft.[50] Der besondere Wert der Brüchtenprotokolle für die Hexenforschung resultierte für ihn explizit aus ihrer Trivialität: Gerade weil sie nicht die spektakulären Phasen der Hexenverfolgung reflektierten, sondern statt dessen die ganz gewöhnlichen Auseinandersetzungen und Konflikte der Dorfbewohner in panoramatischer Breite festschrieben, boten sie für ihn die Möglichkeit eines neuen, erweiterten Zugriffs auf kollektive Zauberei- und Hexereivorstellungen.

Eine ähnliche Auffassung vertrat Gerhard Schormann, als er in seinem 1977 gedruckten Buch über die Hexenprozesse in Nordwestdeutschland auf ein umfassendes Freistuhlsregister aus dem Oberamt Dringenberg verwies, das für den Zeitraum zwischen 1571 und 1689 über tausend Fälle von Diebstählen und Beleidigungen aufführte,[51] darunter eine beträchtliche Anzahl von Zaubereibeschimpfungen und -beschuldigungen. In jüngerer Vergangenheit haben die Arbeiten Eva Labouvies[52] über das Saargebiet, Wolfgang Behringers Untersuchung über Ver-

---

[47] Karl-Sigismund Kramer: Schaden- und Gegenzauber im Alltagsleben des 16.-18. Jahrhunderts nach archivalischen Quellen aus Holstein. In: Christian Degn, Hartmut Lehmann, Dagmar Unverhau (Hg.): Hexenprozesse. Neumünster 1983. S. 222-239, hier S. 222.

[48] Zum Forschungsstand siehe die Hinweise von Michael Frank: Dörfliche Gesellschaft und Kriminalität. Das Fallbeispiel Lippe1650-1800. Paderborn 1995. S. 176.

[49] Ruth E. Mohrmann: Sittlichkeitsdelikte in Wilster im Spiegel rechtlicher Quellen des 18. und 19. Jahrhunderts. In: Kieler Blätter zur Volkskunde 8. 1976. S. 41-61.

[50] Vgl. etwa Karl-Sigismund Kramer: Würzburger Volk des 16. Jahrhunderts vor Gericht. In: Bayerisches Jahrbuch für Volkskunde 1955. S. 141-156.

[51] Gerhard Schormann: Hexenprozesse in Nordwestdeutschland. Hildesheim 1977. S. 94.

[52] Eva Labouvie: Zauberei und Hexenwerk. Ländlicher Hexenglaube in der Frühen Neuzeit. Frankfurt am Main 1991. Zu Hexereibeschimpfungen hier vor allem S. 75f.

brechen und Strafen in Kurbayern[53] sowie Rainer Walz' Habilitationsschrift[54] über die Hexenverfolgungen in der Grafschaft Lippe die Fruchtbarkeit des Materials erwiesen.

In der rheinisch-westfälischen Lokalforschung führen die sogenannten Brüchtenprotokolle noch immer ein Schattendasein. Erst vereinzelt sind sie in den letzten Jahren gedruckt – und somit einem breiteren Kreis von Interessierten zugänglich gemacht worden, zu erwähnen wäre hier etwa eine einschlägige Quellen-Publikation aus dem Stadtarchiv Werl.[55] Der Herausgeber einer kleinen, 1952 im Selbstverlag erschienenen Edition von Brüchten-Registern aus dem sauerländischen Amt Medebach leistete mit seiner Tätigkeit mithin noch echte Pionierarbeit, waren westfälische Brüchten-Register in größerem Stil vor seiner Zeit doch kaum zur Veröffentlichung gelangt.

Als Brüchten figurierten in der frühneuzeitlichen Rechtsterminologie jene an den jeweiligen Gerichtsherren gezahlten Geldstrafen, mit denen der regelmäßig 'vor Ort' agierende Vogt, Amtmann oder Brüchtenmeister kleinere Verstöße ahndete. Geregelt wurde die Verhängung der Brüchten z.T. über spezielle Brüchten-Verordnungen, wie sie etwa der Kölner Erzbischof Ferdinand im Jahre 1616 erließ. In Brüchtensachen sei *simpliciter* zu verfahren, hieß es in einem der 33 Paragraphen seiner Brüchtenordnung. Der Brüchtmeister solle im Beisein des Orts-Amtmanns, Kellners, Vogts oder Schultheissen sowie zweier Schöffen und eines Schreibers den Brüchtfälligen vorladen, zur Rede stellen und im Falle eines Geständnisses eine angemessene Geldstrafe festsetzen. Weigere sich ein Brüchthafter, der Vorladung zu folgen, sei er nach vergeblicher Ermahnung in Strafe zu nehmen. Die Zahlung einer Brüchte bedeute dabei keineswegs eine Verletzung des Ehrenstandes, da der Betroffene deswegen nicht verleumdet oder gescholten werden dürfe.[56]

An Brüchtenregistern herrscht in den westfälischen Archiven kein Mangel. Aufzeichnungen über die Einziehung der Brüchten findet man in Amts- und Stadtrechnungen, in den Beständen der Patrimonialgerichte und in den Überlieferungen der westfälischen Freigerichte.[57] Der besondere Reiz der Brüchtenprotokolle rührt

---

53 Ergebnisse präsentierte Behringer u.a. in einem Beitrag über 'Weibliche Kriminalität in Kurbayern in der Frühen Neuzeit'. In: Von Huren und Rabenmüttern. Weibliche Kriminalität in der Frühen Neuzeit. Hg. von Otto Ulbricht. Köln 1995. S. 63-83.

54 R. Walz (Anm. 6) bes. S. 422-439.

55 Brüchtenregister der Stadt Werl von 1597. Bearbeitet von Werner Kohn und Heinrich Josef Deisting. In: Beiträge zur westfälischen Familienforschung 50. 1992.

56 Amt Medebacher Brüchten-Register. Mönchengladbach 1952 (masch.). S. 4.

57 Vgl. etwa Münster StaatsA. Depositum Landsberg-Velen 24049. Protokolle des Freigerichts Heiden, 1589-1601. In den Protokollen sind zahlreiche Beleidigungen verzeichnet; vgl. etwa die Eintragung unter dem Datum des 6. Mai 1597: Eine Nachbarin hat Bernd Tackens Frau *vor ein Molckentoversche und ein hoer* gescholten und ausgeschrien. Tackens Frau revan-

aus dem Reichtum der oft über einen langen Zeitraum hinweg erhaltenen Quellenüberlieferung, die Brüche und Kontinuitäten des Alltagslebens zu rekonstruieren erlaubt. Die ältesten, im Archiv Nordkirchen gesammelten Brüchtenregister stammen beispielsweise aus den 60er Jahren des 16. Jahrhunderts,[58] die letzten Brüchtenregister vor der Neuordnung des Gerichtswesens im Zuge der Säkularisation greifen bis weit ins 18. Jahrhundert hinein. Dazwischen liegt ziemlich lükkenlos das ganze 17. Jahrhundert dokumentiert. Geregelt wurde das Brüchtenverfahren im Gebiet des alten Stifts Münster im allgemeinen über die Münsterische Landgerichtsordnung von 1571, die festsetzte, daß *kein länger Prozeß gehalten, sonder allein Clag, Antwort und Beweiß angehört und darauf alsbald erkendt werden* solle.[59]

Daß Beleidigungen und Beschimpfungen in den Brüchtenregistern einen der größten, wenn nicht den größten Posten überhaupt ausmachen, erhebt sie zu einem für die Erforschung der Ehre in der Frühen Neuzeit unverzichtbaren, allerdings nicht immer unproblematischen Bestand. So verlockend das in den Brüchtenprotokollen enthaltene semantische Material ist, so erlaubt es doch keinen ungefilterten Zugang zur Sprache der Vergangenheit. Zum Vergleich: Am Anfang des 18. Jahrhunderts verfaßte der etymologisch interessierte Vredener Scholaster Jodokus Hermann Nünning unter dem programmatischen Titel 'Elenchus Injuriosarum Appellationum' einen bemerkenswerten Text, nämlich eine Art enzyklopädischer Aufzählung der in seiner Heimat gebräuchlichen Schimpf- und Scheltworte. In alphabetischer Ordnung nannte Nünning insgesamt 52 injuriöse Begriffe, deren Spektrum von A wie *Apffelteff* über D wie *Deutscher Michel* und M wie *Mausmacher* bis hin zu W wie *Werwolf* und *Wettermacher* reichte.[60]

Ein solch breitgefächertes und differenziertes Vokabular der Ehrenkränkung haben die Brüchtenregister dem Historiker über weite Strecken hinweg nicht anzubieten. Statt den genauen Hergang und Verlauf der einzelnen Beleidigungsfälle zu schildern, begnügen sie sich mit knappen Notizen, die das Geschehen in formelhafte, monotone Wendungen kleiden. Die Standardeintragungen lauteten also, daß jemand einen anderen *vor einen Dieb*, *Mörder*, *Schelm*, *Ehebrecher*, *Lügner*,

---

chierte sich, indem sie ihrer Gegnerin vorhielt, *daß sie ein kindtt verbracht habenn soll*. Deshalb sind beide vom Stuhlherren in gebührende Strafe genommen worden.

58 Archiv Nordkirchen 1410. 'Memorial darin alle upkumpft der brocke und verfelle, auch excesse deß ampts Werne angetenkendt horende anß Hauß Davenßberch geführt', 1561-1577.

59 So nach der Darstellung von Johannes Bartmann: Das Gerichtsverfahren vor und nach der Münsterischen Landgerichtsordnung von 1571 und die Aufnahme des römischen Rechts im Stifte Münster. Heidelberg 1908. S. 303.

60 Nünnings 'Elenchus' ist heute einzusehen im Archiv von und zur Mühlen. Haus Ruhr. Nachlaß Nünning. ND 429.

Verräter gescholten habe[61] oder daß eine Frau als *Hure*, *diebische Hure*, *Schandhure* oder *Diebinne* beschimpft worden sei. Ausführlichere Berichte zur Genese des Konflikts flossen dagegen nur selten in das Protokoll ein. Der Umstand, daß die Brüchtenregister eben keine spontanen, individuellen Aussagen wiedergaben, sondern einem Verfertigungsprozeß entsprangen, der selbst bereits einer Zensurmaßnahme gleichkam, verpflichtet in Hinsicht auf den manchmal behaupteten Grad ihrer Individualität nun zu interpretatorischer Behutsamkeit. Dies gilt in hohem Maße gerade für diejenigen Beschimpfungen und Beleidigungen, die den Komplex Zauberei berührten, und vordringlich in bezug auf die Frage, inwieweit die Schelt- und Schimpfwörter tatsächlich als authentische Ausdrucksformen eines konkreten volksmagischen Wissens um zauberische Angelegenheiten betrachtet werden können.

Besonders an den frühen Brüchtenzetteln fällt auf, wie pauschal die Scheltworte *Teubell,*[62] *Zeuffel*, *Tovener*, *Zeubener*, *molcken tovener* oder *werwulf* hier erscheinen. Folgt man den Quellen, begann der im 15. Jahrhundert aufgekommene Begriff der 'Hexe' erst gegen Ende des 16. Jahrhunderts unter den Untertanen des münsterischen Fürstbischofs populär zu werden. Einer der frühesten Belege für das Westmünsterland stammt aus der Korrespondenz des Johann von Raesfeld zu Ostendorf. Dieser begegnete 1581 der Bitte seines Lembecker Vetters, sich den Ostendorfer Scharfrichter ausleihen zu dürfen, mit dem Einwand, daß bei ihm zunächst eine *hexe* zu bestrafen sei.[63] In den münsterischen Regierungsprotokollen ist erst nahezu ein Vierteljahrhundert später eine 'Hexe' erwähnt. Unter dem Datum des 22. Mai 1604 figuriert der Verweis auf eine im Amt Wolbeck gefänglich eingezogene *hexe* namens Lise Frei, die in der Stadt Ahlen nächtlicherweile viel Schaden angerichtet und ein *medlein* zu der Kunst *angeritzt* habe.[64] Obwohl sogar Männer als *du hex* tituliert wurden[65] – als männliches Pendant zur 'Hexe' zirkulierte gewöhnlich der Begriff *haexer*[66] – blieben als geläufigste Scheltworte im *westphälisch deutsch*[67] doch *tovener*, *zaubersche* und *warwulf* in Mode, sei es, daß sie in dieser einfachen Form, sei es, daß sie in Wortkombinationen auftauchten. Er *wäre so grahe und so gries, man saghe ihm vor d*[en] *kopff alß einen wulff*, warf

---

61 Hier zitiert nach dem Davensberger Brüchtenregister aus dem Jahre 1608 (Archiv Nordkirchen 12241), das als typisch für die Gattung anzusehen ist.

62 Archiv Nordkirchen 5404. Brüchtenregister für 1615-1617. Fol. 2.

63 Zit. nach M. Saatkamp: Bekandt (Anm. 12) S. 55.

64 Münster StaatsA. Fürstentum Münster. Regierungsprotokolle 6. 1604. Fol. 6^{v}.

65 So in einem Beleidigungsfall aus den 1660er Jahren. Archiv Cappenberg. Gerichtssachen IV, 5b. Fol. 260.

66 Bocholt StadtA. Kasten 37. Ratsprotokolle 1626-28. Fol. 4. Ein Jacob Hunningh hatte seinen Nachbarn Jann Moyland u.a. mit dem Satz beleidigt: *du haexer, gehe hin nach Bredevort und kaufe deinen schwager von dem galgen.*

67 So formulierte es ein Zeitgenosse des 17. Jahrhunderts. In: Archiv Nordkirchen. Kasten 172. Nr. 3. Fol. 69^{v}.

Schneider Wilhelm im Mai 1659 beispielsweise seinem Kontrahenten Johann Kuhirte vor.[68] Ungeachtet solcher sprachlichen Variationen hielten die Brüchtenregister im großen und ganzen aber nur selten originelle Formulierungen fest wie diejenige, für die sich im Jahre 1608 oder 1609 ein Bewohner des Kirchspiels Bork vor dem Davensbergischen Brüchtenmeister verantworten mußte. *Wo wultu alter kerll hen, wultu mit der alten zeuberschen zu bett gehen*, hatte der Betroffene provozierend einen Nachbarn gefragt.[69]

Daß Beschimpfungen und Ehrenkränkungen häufig nach einem quasi ritualisierten Schema verliefen, ein Ensemble aus Worten und Gesten bildeten und über das unbedachte Ausstoßen eines Scheltwortes hinaus eine eigene Dynamik aus Beleidigung und Retorsion entwickelten, tritt in den Quellen anschaulich zutage. Eine effektvolle Steigerung bedeutete beispielsweise die mehrfache Wiederholung des jeweiligen Scheltwortes. So verletzte Wessell tem Donnebrink aus der Freiheit Velen den Johann tem Brinckheiß nicht allein durch den Ausruf *wat hebb ick mit di tovener tho doen!*, sondern besonders durch den Umstand, daß er dies mehrfach hintereinander bekräftigte.[70]

Zumindest für die im Archiv Nordkirchen gesammelten Brüchtenregister läßt sich im Lauf der Jahrzehnte ein erstaunlicher qualitativer Wandel konstatieren. Zwar gehörten die simplen Scheltworte *werwolf*, *zauberer* oder *zaubersche* unverändert – und noch bis weit ins 18. Jahrhundert hinein – zum gängigen Repertoire, doch kristallisierte sich mit zunehmendem Abstand zu den eigentlichen Hexenprozessen – zumindest sichtbar auf der Ebene der Niederschrift im Protokoll – allmählich eine neue Qualität der Beschimpfung heraus. In welchem Maße der 'Hexenwahn' in das kollektive Gedächtnis des Dorfes eingegangen war, zeigte sich eine oder zwei Generationen später in der unverhohlenen Art und Weise, ja Brutalität, mit der man die Nachfahren der Opfer immer wieder an das Schicksal ihrer Eltern oder Großeltern erinnerte. Viele Eintragungen in den späten Brüchtenprotokollen hatten Anspielungen auf in der Vergangenheit vollzogene Wasserproben und Hinrichtungen zum Gegenstand. Johann Peters beleidigte den Gert Bodden im Kirchspiel Herbern 1642 mit dem Satz, *soll man dir nicht sagen, das du ein zeuber bist? Ist dein mutter nicht auff dem wasser gewesen?*[71] Im gleichen Jahre 1642 wurde eine Frau aus dem benachbarten Werne zu einer Geldzahlung verurteilt, weil sie einer anderen vorgehalten hatte, deren Vater wäre ja *verbrendt* worden.[72] Bestrafte die Obrigkeit 1658 einen gewissen Gerd Korsting dafür, daß er den Him

---

[68] Archiv Cappenberg. IV, 5b, Gerichtssachen. Fol. 254.

[69] Archiv Nordkirchen. 12241. Fol. 26v.

[70] Münster StaatsA. Depositium Landsberg-Velen, Velen 24817. Protokollbuch des Gerichts Velen, Mai 1612.

[71] Archiv Nordkirchen. 5406. Brüchtenregister von 1642. Fol. 2.

[72] Archiv Nordkirchen. 5406. Brüchtenregister von 1642. Fol. 2.

Schulten *auf sein Mutter gewiesen* hatte,[73] so wurden längst geschehene Ereignisse auch in dem Streit berührt, den Herm Witenhorst 1666 in Nordkirchen anzettelte. *Waß wilstu*? – fuhr er seinen Gegenspieler Gert Schlüter an, um ihn dann mit den Worten abzukanzeln, er solle nur schweigen, wo seine Mutter doch *gebrant* worden sei.[74] Drei Jahre danach gerieten die in der Vergangenheit geführten Hexenprozesse erneut zum Gegenstand der Diskussion, als ein Mann aus Herbern namens Borkenfelt für die gegenüber Johann tho Heiningh geäußerten Unverschämtheiten bestraft wurde. Der Beklagte hatte dem Kläger vorgehalten, er *solte seine eine tochter wie die ander ahn hexen, putando Kampeshove* verheiraten, und auf die Frage, was er mit den *hexen* meine, hatte er geantwortet, der *vatter ist verbrandt*.[75] Tatsächlich war die Familie Kampeshove Jahre zuvor in Hexenprozesse involviert worden. Eine Else Kampeshove zählte zu den Opfern der Prozesse von 1618,[76] ihr Mann, Henrich Kampeshove, fiel der Lüdinghauser Prozeßwelle von 1624 zum Opfer.[77]

Bestand zwischen den Nennungen im Brüchtenprotokoll und späteren Hexereiprozessen ein direkter Zusammenhang? Da die meisten Opfer von Zaubereianklagen zum Teil schon Jahre oder Jahrzehnte vor ihrem Prozeß im Gerücht der Zauberei gestanden hatten, läge die Vermutung einer entsprechenden Präsenz dieser Personengruppe in den Brüchtenprotokollen auf der Hand. Unter solchen Prämissen wären in quantitativer Hinsicht ex post eigentlich konvergierende Kurven zu erwarten: Die Hochzeit des Hexenwahns müßte demzufolge von einer Zunahme an amtlich registrierten Beschimpfungen und Beleidigungen begleitet gewesen sein, wie ja auch gerne von den Zeitgenossen behauptet worden ist. Es habe sich leider *bey groß und kleinen, alten und jungen* eingebürgert, *daß eines das ander umb eines zwerchen Worts und nichtigen Dingen willen, einen Zauberer, Hexenmeister, Wehrwolff, Hexin und mit dergleichen lästerlichen Nahmen außzumachen und zu schelten* pflege, verkündete etwa ein Edikt des Siegener Fürsten Johann Moritz vom 24. April 1657, das zwischen dem weit verbreiteten Hexenschelten und Hexereianklagen eine Verbindung herstellte.[78]

Für die vom Gogericht Davensberg erfaßten Gemeinden des südöstlichen Münsterlandes ist das offenbar nicht der Fall. Ganz im Gegenteil belegt die systematische Durchsicht der Brüchtenprotokolle zwar ein allmähliches Eindringen der Scheltworte in das dörfliche Vokabular der Ehrenkränkung, doch bleibt das Verhältnis von Zaubereibeleidigungen zu anderen Beleidigungen in den Protokollen

73 Archiv Nordkirchen. 5419. Fol. 3.
74 Archiv Nordkirchen. 12177. Fol. 5.
75 Archiv Nordkirchen. 12247. Fol. 5.
76 Münster StaatsA. Fürstentum Münster. Amt Werne. Nr. 81. Rechnungen des Amts Werne für das Jahr 1619. Fol. 60^{v}; zu ihrem Fall ferner Archiv Nordkirchen 12028, 4358, 12207.
77 Münster StaatsA. Msc. VI. Nr. 264b. Hexenprozesse im Emsland. Fol. 60.
78 M. Kringe: Hexenverfolgungen im Siegerland. In: Recht im südlichen Westfalen. Festschrift zum 50jährigen Bestehen des Landgerichts Siegen. o.O. 1983. S. 65.

erstens selbst über die verfolgungsintensiven 1620er Jahre hinweg konstant und waren zweitens längst nicht alle späteren Angeklagten auch schon auf den Brüchtenzetteln vertreten, während umgekehrt zahlreiche als *zaubersche* oder *werwulf* beleidigte Dorfbewohner im engeren Kreis der Verdächtigen später nicht mehr erschienen. Eine genauere Aufschlüsselung der komplizierten Zusammenhänge wird sicher einer mikrohistorischen Analyse vorbehalten bleiben müssen,[79] doch läßt die hohe Zahl an Fällen schon jetzt den vorläufigen Schluß zu, daß jemand, der in den Brüchtenregistern als *molckentoversche* oder *werwolf* auftauchte, vermutlich eher Objekt relativ unspezifischer Beschimpfungen gewesen war als Adressat konkreter Bezichtigungen.

VI.

Obwohl der Begriff der Zaubereibeleidigung und -beschimpfung in der Literatur ziemlich pauschal verwendet wird, gilt es doch sehr genau zwischen der einfachen, mit einer Brüchtenstrafe abgetanen Beschimpfung und einer im Rahmen eines oft langwährenden Injurienprozesses verhandelten, schwerwiegenden Zaubereibeleidigung zu differenzieren. Der frühneuzeitliche Injurienprozeß gründete sich auf einen "durch Rechtsgelehrte vorgezeichneten Rahmen, in dem gerichtlich um die Wiederherstellung der Ehre gestritten werden sollte".[80] Die Basis bildete das römische Injurienrecht, das Spuren schon in deutschen Rechtsquellen des 13. Jahrhunderts – so im 'Schwabenspiegel' und verschiedenen Stadtrechten – hinterlassen hat.[81] Wie in juristischen Formelsammlungen niedergelegt, verlief der frühneuzeitliche, entweder zivil- oder strafrechtlich geführte Injurienprozeß nach einem bestimmten Muster. Der erste Fall schloß die Festsetzung des sogenannten Ästimationseides ein, bei dem der Kläger schwor, daß er lieber eine geschätzte Geldsumme verlieren wolle, als die Beleidigung zu erdulden, von der Aufforderung des Beklagten zum öffentlichen Widerruf der Schmähung einmal ganz abgesehen. Über Widerruf und Abbitte hinaus konnte das strafrechtliche Injurienverfahren dagegen gravierende Maßnahmen wie eine Prangerstrafe oder die Landesverweisung nach sich ziehen.[82]

---

79 Ähnliche Abweichungen konstatierte R. Walz (Anm. 6) S. 268: "In viel höherem Umfang als von den Hexenprozessen her zu erwarten, wurden auch Männer als Hexenmeister, Werwölfe und Zauberer verdächtigt".

80 R.P. Fuchs: Der Vorwurf der Zauberei (Anm. 22) S. 4.

81 So die Darstellung von Robert Mainzer: Die ästimatorische Injurienklage in ihrer geschichtlichen Entwicklung. Stuttgart 1908. S. 64.

82 Maßgeblich zur Erhellung der rechtsgeschichtlichen Hintergründe ist immer noch die Arbeit von Karlheinz Bartels: Die Dogmatik der Ehrverletzung in der Wissenschaft des Gemeinen Rechts bis zum Ausgang des 18. Jahrhunderts. Göttingen 1955.

Neben einer nahezu geschlossenen Brüchtenregisterüberlieferung enthält das Archiv Nordkirchen eine beträchtliche Zahl an Akten genuiner Injurienprozesse. Bis zur Auflösung des Gerichts im frühen 19. Jahrhundert sind mindestens 85 Injurienklagen quellenmäßig zu belegen. Die Spannweite der hier verhandelten Injurien erstreckte sich von Diebstahlsbezichtigungen bis hin zum Vorwurf der Blutschande. Da sich 27 Klagen immerhin auf Auseinandersetzungen bezogen, die in mehr oder weniger subtiler Form den Vorwurf der Zauberei oder Hexerei thematisierten, dürfte hiermit ein recht aussagekräftiger Quellenbestand zur Verfügung stehen.

Gewöhnlich begann eine Injurienklage damit, daß der Anwalt des Klägers dem *ehrenvest und hochgelarten* Davensberger Richter eine nach einem festem Schema gestaltete *iniuri clag* übermittelte. Deren Akzent lag zunächst stets auf der Hervorhebung der moralischen Untadeligkeit des Klagenden, der sich *bis auff heutige zeitt* durch einen tugendhaften Handel und Wandel hervorgetan und niemandem Grund geliefert habe, ihn an seinem *herbrachten leumuth und ehren* anzugreifen. Dem Hinweis darauf, daß es nach den *gemeinen rechten* verboten sei, seinen Nächsten *unbefugter sachen* ehrenrührig auszuschreien, folgte die detaillierte wörtliche Wiedergabe des Beleidigungshergangs. An sie knüpfte schließlich die Forderung nach dem Widerruf der Ehrenkränkung und der Zahlung einer bestimmten Entschädigungssumme von seiten des Beklagten an,[83] da *keinem Christen Menschen höhere und grössere schmach widerfahren und angethan werden könne, als daß er für einen zauber gehalten und außgeschreiet werde.*[84]

Welche Ehrenkränkungen gingen nun den auf Zaubereiinjurien bezogenen Injurienklagen voraus? Eine der frühesten diesbezüglichen Klagen datiert aus dem Jahre 1617, also aus einer Epoche, in der im Sprengel des Gogerichts Davensberg erst sporadisch Hexenprozesse durchgeführt worden waren. Anlaß der von Henrich Heller gegen Ewalt Boddeker erhobenen Klage waren die im Zuge eines bösen Streits gefallenen Scheltworte *Ertzzauberer* und *Zauberer.*[85] Mutet diese Auseinandersetzung ex post eher harmlos an, weil die verwendeten injuriösen Begriffe noch vage blieben, so beinhalteten die Injurienklagen der 1620er Jahre schon erheblich mehr Zündstoff. Den 13 bis 1630 vor das Gogericht getragenen Klagen waren plakative Behauptungen und unmißverständlich ausgesprochene Verdächtigungen vorausgegangen. Ihren unmittelbaren 'historischen' Referenzpunkt bildeten in der Regel entweder aktuelle oder aber die in den Vorjahren geführten Hexenprozesse, und manchmal arteten sie auch in Raufhändel aus. So eskalierte schnell der Streit, der zwischen Diederich Walboem und Melius Hölscher um die – je nach Sichtweise gerechtfertigte oder ungerechtfertigte – Entwendung eines

---

[83] Hier zitiert etwa nach dem Muster der Injurienklage, die Catharina uff der Bruggen 1628 gegen Gerd Hageman anstrengte; vgl. Archiv Nordkirchen 11677.

[84] Archiv Nordkirchen. 10927.

[85] Archiv Nordkirchen. 11073.

beuschken unschedliches holtzes entbrannt war. Beschimpfte Hölscher den Walboem zunächst nur als *dieff*, *zeuberer* und *wollenfresser*, scheute er sich zuletzt nicht, den Kläger mit einer Latte *abzuschmieren*, während der Provozierte seinerseits sein Messer zückte.[86]

Fiel das Schimpfwort *zeuberer* im Streit zwischen Hölscher und Walboem eher beiläufig neben anderen ehrenkränkenden Ausdrücken, gewannen die Zaubereibeleidigungen – wie der Fall der Zankerei zwischen Else Cösters und Gertrud Ranges belegt – um Pfingsten 1628 einen neuen Grad an Heftigkeit, denn von jetzt an rückte mehr und mehr das *gemein gerüchte* in den Vordergrund.[87] In welchem Maße Besitzstreitigkeiten und nachbarschaftliche Neidgefühle dabei in die Injurienklagen hineinspielten, zeigte sich im Sommer/Herbst 1628 in der Klage, die Catharina uff der Bruggen gegen Gerd Hageman anstrengte. Der Beklagte hatte sie – ihrer Darstellung nach –, nicht nur hinterrücks in seinem Haus als eine *offentliche zeubersche* ausgeschrien, sondern zudem noch in der Herberge verbreitet, sie hätte ihn um das Seine gebracht.[88] Geht man davon aus, daß die bäuerliche Welt der Frühen Neuzeit in starkem Maße von der Vorstellung der 'Summenkonstanz' geprägt war, verwundert es nicht, daß sich die in einer Zeit der Krise und der kriegsbedingten Verwüstungen steigenden sozialen Spannungen Ehrenhändeln entluden.

Die meisten, auf vorherige Zaubereiinjurien reagierenden Klagen – mindestens sieben an der Zahl – wurden für 1628 und 1629 verzeichnet, fielen also mit den Jahren zusammen, in denen die Hexenverfolgungen im Amt Werne ihren Zenit erreichten. Schon ein oberflächlicher chronologischer Abriß läßt die enge Verzahnung von Hexenprozessen und Injurienklagen erkennen. Eine Art Initialfunktion besaß der im Mai 1629 eröffnete Prozeß gegen Else Vorwicks, eine Frau, die seit langen Jahren im Gerücht der Zauberei stand und in Lüdinghausen von dem 70jährigen Henrich Kampeshove 'besagt' worden war.[89] Daß sie ihrerseits unter der Folter eine ganze Reihe von Dorfbewohnern und -bewohnerinnen als Komplizen beim Hexentanz nannte, löste eine Prozeßwelle aus, in deren Verlauf zwischen Juli und Dezember 1629 über 20 Personen hingerichtet wurden.[90]

Obwohl vor der Verhängung der Todesstrafe eigentlich die Räte zu Münster unterrichtet und entsprechende Gutachten hätten eingeholt werden müssen, war davon bei den Davensberger Prozessen, bei denen die Verdächtigen quasi im Eilverfahren abgeurteilt wurden, selten die Rede. Daß die am Gogericht Davensberg geführten Hexenprozesse in den münsterischen Regierungsprotokollen mit keinem

---

86 Archiv Nordkirchen. 11676, Frühjahr 1627.
87 Archiv Nordkirchen. 10540.
88 Archiv Nordkirchen. 11677.
89 Archiv Nordkirchen. 11769.
90 Einen ersten, aber nicht vollständigen Überblick liefert das 'Protocollum Criminale' von 1628/29. Archiv Nordkirchen. 12219. Fol. 60.

Wort auftauchen und auch in den einzelnen Prozeßakten kaum Hinweise auf Absprachen mit Münster existieren, deutet darauf hin, daß die Prozesse weitestgehend in eigener Regie vom herrschaftlichen Gericht Davensberg geführt wurden.

Die Geschwindigkeit, mit der man prozedierte, setzte die Opfer von Zaubereibeleidigungen ganz offensichtlich unter massiven Zugzwang. Sensibel geworden für die aus einer eventuellen Bezichtigung resultierenden Gefahren sahen sie sich zu einer beherzten Gegenwehr getrieben. So empfand es Johan Storcks als Notwendigkeit, den über seine Frau zirkulierenden Gerüchten demonstrativ entgegenzutreten, hatte man diese doch öffentlich beschuldigt, zusammen mit anderen *zeubersche*[n] einen Mann namens Johann Randers *bey abent zeit übel tractirt* zu haben.[91]

In welchem Maße den genuinen Injurienklagen detaillierte, mithin potentiell gefährliche Anspielungen auf Besagungen und Bezichtigungen vorausgingen, läßt sich auch für andere Kontexte nachweisen. In den Ratsprotokollen der Stadt Dülmen wurden zwischen 1607 und 1620 mehrere gravierende, in Injurienklagen umgemünzte Ehrenkränkungen verzeichnet. Nur wenige Stunden, nachdem er von Stephan Primes mit dem Satz *Bottergese, ist das nicht dein mutter, und ist gebrant* als Sohn einer Zauberin beschimpft worden war, forderte der Dülmener Henrich Frencking den Rat zu sofortigen Sanktionen auf: Primes, der seine zutiefst beleidigenden Äußerungen noch durch den Zusatz *ich will dich wol finden, eß sei zu Borcken, zu Bockholt, zu Dülmen, zu Stadtlohn* verschärft hatte, solle gefänglich eingezogen werden, und er wolle ihm *fueß und mal halten*.[92]

Aus den skizzierten Fällen schält sich in bezug auf die zur Abwehr von Zaubereibezichtigungen eingeleiteten Injurienverfahren sehr deutlich ein bestimmtes Handlungs- und Verlaufsmuster heraus. Eine entscheidende katalysatorische Rolle spielten demnach Ort und Publikumswirksamkeit der Schmähung. Je öffentlicher eine Beleidigung ausgestoßen wurde, desto schlimmer traf sie das vor Zeugen bloßgestellte Opfer, das sich entsprechend um öffentlichen Widerruf bemühen mußte.[93] Die frühneuzeitlichen Beleidigungspraktiken standen mit der jeweils dörflichen oder städtischen Soziabilität in engem Zusammenhang. Die Zusammenkünfte der Dorf- oder Stadtbewohner lieferten – vom Kirchenbesuch bis zu gemeinsamen Festen – einen idealen Nährboden für Verbalattacken. An einem Maisonntag des Jahres 1618 überfiel Jobst Piper Gerd Schwertfeger auf dem Kirchhof zu Herbern mit den Worten, er wäre ein *Schelm im Mutterleib geboren*. Gleich darauf war es Schwertfegers Frau, die er im Beisein etlicher *ehrliebender*

---

[91] Archiv Nordkirchen. 12044.

[92] Dülmen StadtA. A 572. Ratsprotokolle der Stadt Dülmen 1607-1612, hier unter dem Datum des 4. August 1607.

[93] Dazu Michael Frank: Ehre und Gewalt im Dorf der frühen Neuzeit. In: Verletzte Ehre. (Anm. 20) S. 320-339, hier S. 323.

leuthe als *Zeubenersche* und *Zeuberinne* beschimpfte.[94] Daß Piper sein Verhalten später mit einem Rausch rechtfertigte – er sei so *dull und vull* gewesen, daß er sich nun an nichts mehr erinnern könne –, mag man zwar zunächst als durchsichtige Ausflucht und strategisches Argument werten, doch läßt der Rückblick auf die zeitgenössischen Trinkgewohnheiten durchaus an einen Zusammenhang zwischen der enthemmenden Wirkung des Alkohols und der Eskalation von Beleidigungsfällen denken. Ein großer Teil der Zankereien resultierte nämlich aus der spezifischen Situation des Gelages, das für die Kommunikation im Dorf einen zentralen Stellenwert besaß. Das von Ritualen geprägte gemeinsame Trinken, bei dem man sich reihum zuprostete, bildete einen wesentlichen Bestandteil vorwiegend, aber nicht ausschließlich männlicher Geselligkeit.[95] Das Wirtshaus fungierte als intensiv von den Dorfbewohnern frequentierte Nachrichtenbörse, wo nicht allein Informationen ausgetauscht, sondern zugleich Rivalitäten ausgetragen und die Karten der Reputation neu gemischt wurden. Die Quellen vermitteln ein recht farbiges Bild von den Prahlereien und dem sich hochschaukelnden Gerede, das die Gelage prägte und nicht selten in Tätlichkeiten mündete. Außerdem löste das Bier die Zungen; unter seinem Einfluß wurden Schmähungen und Verleumdungen ausgestoßen, die die Beleidiger unter normalen Umständen wohl für sich behalten hätten. Mit dem Verweis auf ihre Trunkenheit in der Streitsituation rechtfertigten sich jedenfalls viele Diffamanten gegenüber den Gografen. So etwa noch im Mai 1693 Bernd Wenßman, nachdem er die alte Mutter Tyr *für eine alte hexe* ausgerufen hatte.[96]

Alles andere als ein zwangloses Beisammensein, wirkte das Gelage als Instrument sozialer Disziplinierung und Normierung. Die Anwesenheit der 'anderen' konfrontierte gerade denjenigen, der in der dörflichen (Ehren)Hierarchie einen unteren oder prekären Platz bekleidete, mit einer gegebenenfalls handfest demonstrierten Erwartungshaltung. Daß das, was die Gelagsteilnehmer als Fehlverhalten interpretierten, entsprechende Sanktionen erfuhr, geht aus der Aussage des Herman Lepper hervor, dessen Frau im Herbst 1629 in ein offizielles Hexereiverfahren verwickelt wurde. Befragt, ob er von dem *bösen Gerücht* gegen Trine Heiling gewußt habe, antwortete Lepper mit einem klaren Ja. Er habe seine Frau, wie er bekannte, an die *thausentmhall* geschlagen, weil ihm ihr schlechter Ruf von seinen Zechkumpanen ständig vorgehalten und er selbst deswegen während eines Gelages zu Ottmarsbocholt übel traktiert worden sei.[97] Andere Sanktionen bestanden in dem Ausschluß aus dem gemeinsamen Trinken, d.h. in der brüsken Weigerung der

---

94 Archiv Nordkirchen. Kasten 187. Davensbergische Jurisdiction. Ascheberger Gerichtsprotokolle aus dem Jahre 1618. Fol. 82.

95 Zur Anwesenheit von Frauen beim Gelage vgl. etwa Archiv Nordkirchen. 11769.

96 Archiv Vischering. Class. I. Loc. I. Nr. 24. Bd. 2. Vischeringsche Gerichtsprotokolle von den Jahren 1645 bis 1676.

97 Archiv Nordkirchen. 11075, Aussage vom 1. Oktober 1629.

ehrliebenden Gelagsleute, mit der betreffenden Person – ob Mann oder Frau – *auß dem potte zu trincken.*[98]

Wie reagierten die Gescholtenen auf solche drastischen Ausgrenzungsbemühungen? Den Quellen nach scheint ihnen die Tragweite zunehmender Isolierung im Gelage in hohem Maße bewußt gewesen zu sein. Obwohl der später im Frühjahr 1618 in einen Hexenprozeß verwickelte Henrich Leisting nach außen hin so tat, als sei das Gerede über seine Zauberkünste nur harmloser Spott, muß er den Ernst seiner Lage doch begriffen haben. Denn nachdem er eines Abends von zwei anderen Gelagsleuten mehrfach als Zauberer bezeichnet worden war, versuchte er am folgenden Tag seine Position durch eine Art Bestechung zu verbessern. Daß er für seine Bezichtiger auf eigene Rechnung Butter und Stockfisch holen ließ, um mit ihnen gemeinsam *lustig und frolich* zu essen und zu trinken, mag auf das – letztlich allerdings vergebliche – Bestreben hindeuten, sich Achtung und Stillschweigen zu erkaufen.[99]

In welchem Maße das Thema Hexerei und Zauberei die Gelagsgäste teilweise beschäftigte, dokumentieren ausschnitthaft die aus den 1620er Jahren stammenden Gerichtsprotokolle des Beifangs Capelle. Die Schuld einer Person wurde demnach ausführlich sowohl beim wie nach dem Gelage diskutiert, manchmal schloß man gegenseitige Wetten ab, ob es sich bei Frauen aus dem Dorf um *zeubenersche* handele oder nicht.[100] Bernd Wördeman zu Werne, ein Eigenhöriger des Drosten zu Vischering, erörterte den gegen seine Nachbarn geäußerten Zaubereiverdacht intensiv mit dem Fronen, als sie sich nach einem Gelage in Schepers Haus auf den Heimweg begaben.[101]

Beim Gelage wurden örtliche Gerichtspraktiken gerne kommentiert und kritisiert, und in diesem Zusammenhang auch – zum Ärger der Obrigkeit – schlampige Verfahrensweisen in Hexenprozessen aufgedeckt. So mußte sich ein Mann namens Schulte Capellen im Juli 1621 gegen den Vorwurf verantworten, dem *gantzen Gericht zur Capellen übel nachgeredet* zu haben. Im Wirtshaus hatte Schulte Capellen gegenüber seinen Zechkumpanen offen behauptet, auf Anstiftung des alten Fronen Putmann hätte man den Verstrickten Johann Queck, genannt Nibbenhagen, unrechtmäßig und über das gebührende Maß hinaus gepeinigt.[102] Tatsächlich war ein Johann Queck im Jahre 1619 unter den wegen Zauberei inhaftierten Dorfbewohnern gewesen. Sein Sohn Jan Nibbenhagen hatte sich im Februar 1620 bei den Heimgelassenen Räte zu Münster über die seinem Vater, einem *stockaltenn achtzighjarigen* Greis, zugemutete, tödlich endende Behandlung be-

---

98 Archiv Nordkirchen. 12104. Fol. 14^{v}.
99 Archiv Nordkirchen. 5391. Fol. 5^{v}. und 6.
100 Archiv Nordkirchen. Kasten 172. Gerichtsprotokolle aus dem Beifang Capelle. Fol. 254.
101 Vgl. Anm. 100. Fol. 340^{v}.
102 Vgl. Anm. 100. Fol. 134, der Vorfall fand im Juli 1621 statt.

schwert,[103] und die Nachricht von seiner Initiative war schließlich offenbar bis ins Gelage vorgedrungen.

Wie rigoros man solche Enthüllungen gerade in den Hochphasen des Hexenwahns verfolgte, erfuhren im Dezember 1629 schmerzlich Sophie Cösters und Peter Sanders, als sie wegen ihres Geredes gerichtlich zur Verantwortung gezogen wurden. Sophie Cösters, die Tochter einer verbrannten Hexe, hatte im Dorf Nordkirchen bei vielen Gelegenheiten abfällig über den Büttel gesprochen, dem sie die Schuld am Tod ihrer Mutter anlastete. Nach direkt auf sie gemünzten dunklen Andeutungen des Büttels, er habe *die kluckhen zum feur bracht wolte die kuecken auch darzu pringen*, hatte Sophie Cösters überall über ihn hergezogen und sein Tun verurteilt, da er, wie sie streute, *ihr moder fromb und unschuldig* verbrannt hätte.[104] Peter Sanders, ein herren- und dienstloser Knecht, hatte sich im Gelage ebenfalls zu unverhüllten Drohungen gegen den Büttel verstiegen. Er wäre extra *umb des grossen Bodden willen* gekommen, behauptete er, *und wolte den großen vogell abdreschen.*[105]

VII.

In der Abfassung der Klagartikel betonten die Anwälte der Kläger stets das von ihren Prinzipalen bewiesene Maß an Eigeninitiative. Daß der gute Name einer Person mit keinem Gut der Welt zu vergleichen sei, und daß der Geschmähte die ihm widerfahrene *verglimpffung, schmahe, schimpff* um so weniger erdulden wolle, als sie *in conspectu et coram multis hominibus et vicinis* geschehen sei, wurde immer wieder – und nahezu leitmotivisch – hervorgehoben.[106] Solche spezifischen Akzentsetzungen im Text verdecken allerdings, daß auf die Diffamierten von seiten ihrer Nachbarn – und vor allem der Familien – ein außerordentlich hoher Druck ausgeübt wurde. Mit den Erwartungen ihrer Umwelt wurde etwa Catharina Prümers aus dem Beifang Capelle konfrontiert, nachdem ihr Christoffer in der Hegge zweimal hintereinander die Tür *hart fur der Nasen verschloßen* und dazu ausgerufen hatte: *Du zeubersche, du hexe, pleib mir auß dem hauße, ich will dich im hauße nit haben, so lang ich lebe*. Durch derartig massive Vorwürfe alarmiert, fanden sich die Verwandten der Prümers zu einem familiären Kriegsrat zusammen. Zunächst forderte man die Beschimpfte zum Absolvieren der Wasserprobe auf. Ihr Halbbruder Trost erbot sich sogar, die entstehenden Unkosten zu bezah-

103 Münster StaatsA. Landesarchiv. Fach 338. Nr. 17 1/2.
104 Archiv Nordkirchen. 11844.
105 Vgl. Anm. 104.
106 Archiv Nordkirchen. 11689.

len.[107] Als Catharina Prümers dies ablehnte, und sich in der Folgezeit die Gerüchte im Dorf mehrten, geriet sie zunehmend in Bedrängnis. Eines abends tauchte ein Mann namens Henrich Kremer aus Südkirchen bei ihr zuhause auf, um sie zu warnen und zur Gegenwehr zu bewegen. Ihre Lage hielt er ihr drastisch vor Augen. Es sei an der Zeit, daß sie sich verteidige, denn es gingen *woll 30 menschen uber das Goerfeldt*, welche alle sagten, daß sie *ein offenbahr zeubnersche* wäre.[108] Möglicherweise aufgrund dieser Intervention entschloß sie sich später dann doch noch zusammen mit ihrem Ehemann Ernst Prümers, gegen zwei Männer zu klagen, die sie als *zeubnersche* gescholten hatten.

Die unmißverständliche Aufforderung *vertedige di!* richtete man ebenso häufig an Verdächtige, wie den Opfern von Zaubereianklagen später während ihrer Prozesse die Tatsache vorgehalten wurde, daß sie sich eben nicht *mit ordentlichen rechtsmittelen* – oder in nur unzureichendem Maße – verteidigt hätten.[109] Der Verzicht auf Verteidigung wurde von den Anklägern in Hexereiverfahren immer wieder als gravierendes Belastungsmoment angeführt: Ob er nicht wisse, daß seine Mutter, seine Schwester und er selbst schon vor langer Zeit zur Zielscheibe des Geschreis geworden seien, und *warumb sie solch geruichte so lang über sich ersitzen lassen, und nicht zur entschuldigung oder Verandtworttung dagegen gethan haben*, hielt man dem 70jährigen, im Jahre 1608 unter Verdacht geratenen Hermann Scheventrupp aus dem Amt Sassenberg vor[110] und wiederholte damit nur einen in vielen Hexenprozessen aufgegriffenen Vorwurf.

Der Eigenhörige Bernhard Schwarte war vor seiner Gefangennahme zu Lüdinghausen von seinem Herren, dem Junker Wulff zu Füchtelen, auf das *geschrey* seiner Nachbarn hin sogar mit konkreten Drohungen zum Handeln aufgefordert worden: Entweder solle er sich der Gebühr nach verteidigen oder sonst seinen Kotten räumen.[111] Solche handfesten Einschüchterungsmaßnahmen bildeten zwar eine Ausnahme und nicht die Regel, aber die litaneihafte Aufforderung an den Verdächtigen, sich zu verteidigen, dürfte auf den Betroffenen nicht minder stark zurückgewirkt haben.[112]

Was aber genau beinhaltete nach zeitgenössischem Verständnis die Forderung nach Verteidigung? Ausgehend von den Quellen lassen sich im nachhinein ver-

[107] Archiv Nordkirchen. Kasten 172. Fol. 254.

[108] Archiv Nordkirchen. Kasten 172. Nr. 3. Fol. 254.

[109] Vgl. dazu Archiv Nordkirchen. 12288. Kriminalhandlung des Gogerichts Davensberg gegen Johan Lammerts und Maria Schröders betr. Zauberei, 1629. Fol. 1: *Gantz ohn aber, das sie sich jemals rechtlich, oder sonsten in andere zugelassene wege, davor entschuldiget oder purgirt habe.*

[110] Münster StaatsA. Sammlung Altertumsverein 317c.

[111] Münster StaatsA. Msc. VI. Nr. 264b. Hexenprozesse im Emsland. Fol. 33^{v}.

[112] R. Walz (Anm. 6) S. 336, verweist jedoch auf die Problematik der Verteidigung: "Einerseits erwartete man von den Frauen die Wiederherstellung ihrer verletzten Ehre, andererseits minderte eine Erfüllung der Forderung dieselbe, weil sie das Gerücht anschwellen ließ."

schiedene Handlungsformen und Abwehrstrategien auf seiten der Bezichtigten unterscheiden. Für den münsterländischen Raum sind dies vor allem die bereits erwähnten Wasserproben und Injurienklagen. Berichte über andere Hexenproben existieren nur spärlich. Nur vereinzelt sind in den Gerichtsüberlieferungen des Münsterlandes Wiegeproben erwähnt, bei denen, wie in Oudewater, die Schuld oder Unschuld einer Person am Gewicht des oder der Verdächtigen gemessen wurde.[113] Bernd Franzes, ein Leibeigener des Hauses Nordkirchen, konnte dem Davensberger Richter beispielsweise eine vom Pastor zu Bocholt ausgestellte Bescheinigung präsentieren, wonach er im März 1627 auf der Stadtwaage gewogen und ein Gewicht von 150 Pfund errechnet worden war.[114] Ein weiteres Beispiel für die Wiegeprobe stammt aus dem Umkreis der Lüdinghauser Hexenprozeßwelle von 1624. Eine der gefangenen Frauen, bekannt als die 'alte Heitmansche', unterzog sich zunächst – mit negativem Ergebnis – der Wasserprobe, ehe sie in einem verzweifelten Versuch der Eindämmung des Gerüchts nach Holland zum Wiegen reiste.[115] Auf die Frage im späteren Verhör, warum sie sich *in Hollandt auff der wage* habe probieren lassen, antwortete sie mit einer Erwiderung, die ebenso schlicht wie treffend die Problematik ihrer Situation charakterisierte: *hette anders keine mittell gewist sich zu verthetigen und ihre ehr zu retten.*[116]

Obwohl exakte Aufschlüsse über den Zusammenhang zwischen gewählter Verteidigungsstrategie und sozialer Situierung des Betroffenen im Dorf derzeit noch fehlen, lassen sich anhand des ausgewerteten Materials zumindest vorläufige Thesen formulieren. Hervorzuheben wäre als erstes die relative Exklusivität der Injurienklage, die, da sie als Auftakt zu einem aufwendigen und langwährenden Verfahren fungieren konnte, einer gutbetuchten Klientel vorbehalten blieb. *Hets auß mangel geldts nit verthettigen konnen*, antwortete Anne Freidag 1630 in ihrem Verhör, als das Gericht zu Wolfsberg von ihr wissen wollte, warum sie sich gegen die Diffamierungen der Else Aulickers nicht gewehrt habe.[117]

Die finanzielle Problematik der Injurienklagen wurde auch in der Supplik umrissen, die Johann Temmenkindt zu Harsewinkel im August 1615 *wegen seiner haußfr*[au] *bezichtigter zauberey* an den zuständigen Drosten richtete. Ein Fall schwerwiegender Ehrenkränkung lieferte ihm Anlaß zur Abfassung seines Bittschreibens: Obwohl es, wie er schrieb, bei *hoher Poen* verboten sei, seinen Nächsten an seinen *ehren zu verleumen, zu iniurieren und zu schmehen*, habe wenige Wochen zuvor ein Hans zur Bruggen seine Hausfrau aufs gröblichste beleidigt. Er

[113] Vgl. dazu die kurze Darstellung in Frauen in Bocholt im Wandel der Zeit. Hg. von Mechthild Theilmeier-Wahner. In: Unser Bocholt 42/3. 1991. S. 1-62, hier S. 14.

[114] Archiv Nordkirchen. 12407. Fol. 14.

[115] Münster StaatsA. Msc. VI. Nr. 264b. Hexenprozesse im Emsland. Fol. 84^{v}.

[116] Vgl. Anm. 115. Fol. 81.

[117] Archiv Boeselager-Höllighofen. Bestand Wolfsberg, VI A 2. Kriminalprozesse. Akten über Verhandlungen des Wolfsbergischen Richters gegen die Eingesessenen der Gerichtshoheit Wolfsberg. Protokoll vom 31. Oktober 1630.

sei an sein Haus gelaufen gekommen und habe die Frau ungestüm mit den Worten herausgerufen: *Du Molckenzaubersche, du hast mich meine Kühe vergeben, die saltu mir bezahlen.*[118] Damit nicht genug, hatte zur Bruggen sein Opfer offenbar beim Hals gepackt, in den *Modder* geworfen und dann erneut mit den Worten beschimpft: *Du bist ein offenbaer zaubersche, so ich dir nicht kan zu brennen kriegen, so will ich hanggen.*[119] Der Tatsache, daß diese Handlungen ein rasches Eingreifen erforderten, war sich Temmenkind durchaus bewußt. *Unvermügenheit halber* fühlte er sich allerdings außerstande, *costbare processe* zu führen, daher verlangte er, daß seine Frau zur Wasserprobe *müchte gepracht und verstattet werden,* und zwar *durch die dienere* und nicht durch den als unehrlich geltenden Scharfrichter.[120]

Den Quellen zufolge scheint es manchmal so, als hätten sich die münsterländischen Wasserproben zu einem Selbstläufer entwickelt. Derjenige, der nicht mit eigenen Augen einer solchen Veranstaltung beigewohnt hatte, bezog sein Wissen über die Probe über allerlei Tratsch und Gerede eben aus zweiter Hand. Nicht zuletzt deshalb dürfte die Wasserprobe verdächtigen Personen in einer verzweifelten Situation als erstes in den Sinn gekommen sein. Sie wisse keine anderes Mittel, *womit sie sich defendiren könne* als daß sie sich *zum waßer* erbiete, äußerte Gößken Lohoff 1624 gegenüber denen, die sie in einen Zaubereiprozeß hineingezogen hatten.[121]

Bedienten die Wasserproben einerseits die Bedürfnisse einer bestimmten sozialen Klientel, so muß der dramatische Enthüllungseffekt die Attraktivität des Hexenbades noch zusätzlich gesteigert haben. Im Gegensatz zu den sich oft über Jahre hinschleppenden Injurienprozessen brachte die Probe – zumindest nach Ansicht vieler Zeitgenossen – unmittelbaren Aufschluß über Schuld oder Unschuld eines Kandidaten. Ihre Popularität speiste sich zu einem beträchtlichen Teil aus der trügerischen Annahme der Verdächtigen, daß sie die Probe unbeschadet und vollkommen rehabilitiert überstehen würden.[122] Das eben war der Grund, weshalb die wegen Zauberei angeklagte Elseke Tobbeke aus Stockum im Jahre 1611 unter allen Umständen aufs Wasser geworfen werden wollte. Dabei werde sich ihre Unschuld herausstellen, insistierte sie, denn *Zeubenerß sollen flieten* [= fließen], *sie sei kein Zeubenersche, darumb wol sie auch nitt flieten.*[123] Diese Denkweise war

---

118 Münster StaastsA. Msc. VI. Nr. 264b.

119 Vgl. Anm. 118. Ergänzender Bericht von Bürgermeister und Frohnen zu Harsewinkel an die Beamten zu Sassenberg, 6. August 1615.

120 Vgl. Anm. 118.

121 Archiv Nordkirchen. 12227. Fol. 7^v.

122 Dazu auch Gudrun Gersmann: Auf den Spuren der Opfer – zur Rekonstruktion weiblichen Alltags unter dem Eindruck frühneuzeitlicher Hexenverfolgung. In: Vergessene Frauen an der Ruhr. Hg. von Bea Lundt. Köln, Weimar, Wien 1992. S. 243-272.

123 Werne StadtA. Bestand Stockum, III A 6a. Acta Criminalia des Fiscus der Herrlichkeit Stockum 1594-1730. Nr. 10.

so tief in den Köpfen der Zeitgenossen verwurzelt, daß die Betroffenen eher den Fehler bei sich suchten, als die Glaubwürdigkeit der Probe – mithin die Logik des Gottesurteils – anzuzweifeln. Bonifatius Voith, ein Eingesessener des Kirchspiels Hoetmar, mochte es im Herbst 1658 kaum begreifen, daß er bei der Wasserprobe kläglich gescheitert und *gleich wie ein andtvogel* geschwommen war. Dem Richter gegenüber beharrte er zunächst *mit weinenden augen* darauf, daß ihm das schlechte Ergebnis ganz unverständlich sei. Er führte nach einigem Nachdenken jedoch an, daß *gott der allmechtig* ihn damit vielleicht strafe, weil er zwanzig Jahre zuvor *mit einem pferdt peccatum sodomiticum commitirt hette.*[124]

Soweit den Quellen zu entnehmen, entschlossen sich die meisten Betroffenen schon aufgrund der jeweiligen finanziellen Voraussetzungen in der Regel nur für eine der beiden Hauptverteidigungsmöglichkeiten. Sie habe sich nicht *zu rechte* gegen die über sie ausgeschütteten Injurien *defendirt*, sondern *mit dem waßer sich zu purgiren understanden*, betonten die Angehörigen der unter Zaubereiverdacht gefänglich eingezogenen Anna Lindemann aus Werne in einer im Mai 1620 an die Heimgelassenen Räte zu Münster adressierten Bittschrift.[125] Seltener kam es vor, daß Betroffene – wie die alte Heitmansche aus Lüdinghausen – auf die gesamte Palette verfügbarer Abwehrmaßnahmen zurückgriffen. Nicht ungewöhnlich war es dagegen, nach fehlgeschlagenem ersten Anlauf die Wasserprobe an einem anderen Ort zu absolvieren. Zu einem solchen – pragmatischen Umgang – mit dem *iudicium aquae frigidae* sah sich 'mit sanfter Gewalt' der Bauer Henrich Jaspers aus dem Kirchspiel Buldern gezwungen. Als er bei der Probe versagte, riet ihm sogar der Büttel zu Buldern, doch lieber anderswo sein Glück zu versuchen: *er solle nicht wederumb nach Bullern gehen.*[126]

Unabhängig davon, ob er aus eigenem Antrieb eine Injurienklage anstrengte oder ob er in erster Linie nur den aus seiner Umgebung an ihn herangetragenen Verteidigungswünschen gehorchte, stellte sich für jeden Gescholtenen die Frage, wann genau er gegen die über ihn *ausgegossenen* Injurien mit rechtlichen Mitteln ankämpfen mußte. Den Prozeßakten zufolge lagen oft nur wenige Tage zwischen der Beleidigung und der Einreichung einer Klagschrift. Als der Fiskus Walter Ossenbecke am 11. Dezember 1629 im Namen des Henrich Lammerts gegen Christoph Kötken Klage erhob, weil dieser *seinem principalen verschiedene unleydtliche Iniurien zugefügt* habe, welche er *sintemal dieselbe poenam sanguinis meritiren, auff sich nit ersitzen lassen können*, waren seit dem der Obrigkeit angezeigten Vorfall kaum mehr als ein paar Tage verstrichen. Am 2. Dezember, einem Sonntag, hatte Köteken in Buningmans Haus im Kirchspiel Ascheberg im gemeinen Gelage gesessen und folgende Geschichte erzählt. Einige Abende zuvor wären ihm im Dorf, etwa auf der Höhe von Lammerts Haus, zwei schwarze Hunde

---

[124] Münster StaatsA. Sammlung Altertumsverein 317a. Fol. 232, 5. Oktober 1658.
[125] Münster StaatsA. Msc. VI. Nr. 264b. Hexenprozesse im Emsland. Fol. 23.
[126] Münster StaatsA. Sammlung Altertumsverein 317b. Fol. 250^{v}.

entgegengekommen, die ihn zu beißen bedroht hätten. Dabei müsse es sich um Lammerts und seinen Sohn gehandelt haben, denn das *blecken des hundts* habe wie Lammerts Stimme geklungen. Da Kötken mit seinen Worten offen auf Tierverwandlungen anspielte, wie sie nach zeitgenössischem Verständnis zu den speziellen Fähigkeiten der Hexen gehörten, hatte er Lammerts dadurch in eine prekäre Lage gebracht. Zur Verteidigung seiner *gutten ehren* durfte – der in der Vergangenheit schon mehrfach als Zauberer beschimpfte, mithin besonders gefährdete – Lammerts keine Zeit verlieren, denn im Monat November 1629 waren in Ascheberg und Umgebung mindestens sechs Personen unter Hexereiverdacht hingerichtet worden, und weitere Prozesse liefen noch am Gogericht.[127] Vor der Einschaltung des Gerichts griff Lammerts zunächst aber auf die Beschickung, das traditionelle Instrument dörflicher Konfliktregelung, zurück.[128] Am Tag nach der Schmähung ließ er seinen Gegner durch Jobst Schmidt, Tonnies Frerich und Laurentz Nagels aufsuchen, um die Rücknahme seiner Behauptungen zu erwirken. Doch Kötken beharrte auf seiner Version.[129] Das Bemühen um die Erzielung einer außergerichtlichen Einigung war gescheitert.

Nach nur kurzer Überlegung entschloß sich im Spätsommer 1624 auch Jacob Bruneman, mittels einer Klage den Unterstellungen der Gertrud Stellers einen Riegel vorzuschieben. Nicht einmal eine Woche zuvor hatte Gertrud Stellers beim *offenen Gelage* zu Ascheberg das Gerücht ausgesät, er wäre von den zu Lüdinghausen festgenommenen Zauberern besagt worden.[130] Da ihre Andeutungen ausgerechnet zu einem Zeitpunkt fielen, als der 'Hexenwahn' in Lüdinghausen seinem Höhepunkt zustrebte, blieb ihm kaum eine andere Wahl als das Gericht einzuschalten.[131] Daß er mit der Anstrengung einer Klage in der Tat die einzig richtige Entscheidung getroffen hatte, scheint auf den ersten Blick der direkte Vergleich mit dem Schicksal des Jorgen Boddeker – genannt Georg, der alte Brinkmann – zu belegen. Denn Gerüchte einer Besagung durch Lüdinghauser Hexen waren auch über den am 9. September zum Haus Davensberg gebrachten Boddeker verbreitet worden, ohne daß er es unternommen hätte, sich frühzeitig gegen solche Bezichtigungen zu wehren. Seine Passivität sollte ihm im Prozeß wiederholt zum Vorwurf gemacht werden, und während Bruneman von weiteren Sanktionen verschont blieb, führte man Boddeker im Herbst 1624 zur Richtstätte.[132]

In einem entscheidenden Punkt unterschieden sich die beiden Fälle allerdings voneinander. Im Gegensatz zu Brunemann stand Boddekers Name tatsächlich in

---

[127] Zur Chronologie der Hexenprozesse von 1629 vgl. das Protocollum criminale von 1628/29. Archiv Nordkirchen 12219; zu den Hinrichtungen im November etwa Fol. 89^{v}, 92, 95, 96, 98 und 99.

[128] Zur Beschickung vgl. R. Walz (Anm. 6) S. 314f.

[129] Archiv Nordkirchen. 12104. Fol. 5.

[130] Archiv Nordkirchen. 11632. Fol. 5 und Fol. 9.

[131] Münster StaatsA. Msc. VI. 264b. Hexenprozesse im Emsland.

[132] Archiv Nordkirchen. 11675.

den Lüdinghauser Prozeßprotokollen nachzulesen. In den Akten findet sich noch heute ein vom Davensberger Rentmeister Johann Freusberg an Johann Hülshorst, den Richter zu Lüdinghausen, adressiertes Schreiben vom September 1624, in dem Freusberg in Sachen Boddeker dringend um nachbarschaftliche Hilfe und Aufklärung bat. Auf dem Davensberg zeigte man sich zu diesem Zeitpunkt höchst interessiert an dem, was von den Lüdinghauser Hexen über Jorgen Boddeker und seine Frau ausgesagt worden war und verwendete die Informationen schließlich auch im Prozeß gegen den Angeklagten.[133]

Wie reagierte nun die Obrigkeit auf das Hexenschelten? Auf explizite Handlungsanweisungen haben – zumindest den Quellen nach – die kleinen Gerichtsherren des Amtes Werne in der Regel verzichtet. Ein Hinweis darauf, daß 'von oben' Versuche der Eindämmung von Gerüchten unternommen wurden, läßt sich allerdings im Kontext jener Injurienklage entdecken, die Bernhard Vorwicks und seine Hausfrau gegen Henrich Altenermen und dessen Hausfrau Greita anstrengten. Anlaß der Klage waren gefährliche Andeutungen des Altenermen, er habe Meister Henrich, den Büttel zu Lüdinghausen, sagen hören, *es sein vier ahn Vorwichs hauß, die können zauberen.* Die Beklagten rechtfertigten sich im Prozeß später zwar damit, daß sie die besagten Worte nicht aus einem *bösen hertzen* gesprochen hätten und daß die Beschuldigungen über die engen Grenzen des Kirchspiels nicht hinausgedrungen wären. Diesen Einwand mochte der Anwalt der klagenden Partei jedoch nicht gelten lassen, da die *böse fam und schmach*, wie er argumentierte, *nach durch sie beschehene boßhaffter schmehung* leicht auch in den benachbarten Kirchspielen werde erschallen können.[134] Auf eine neue Ebene gelangte der Fall mit der Einmischung der Anna Sophia, Freifrau von Morrien zu Nordkirchen, die sich in einem Schreiben an den Rentmeister Freusberg dezidiert auf Vorwicks Seite schlug. Da aus den diesbezüglichen Attesten der Richter zu Lüdinghausen und zu Wolfsberg hervorgehe, daß Vorwicks auf den Listen der Besagten nicht auftauche, dürfe niemand *so ein gefehrlich gerüchte* ausstreuen. Deshalb solle man die Beklagten einem strengen Verhör unterwerfen.[135]

Das Beispiel Boddeker verdeutlicht vielleicht am sinnfälligsten Chancen wie Grenzen des Injurienverfahrens. Keiner der insgesamt 27, wegen einer Hexerei-Beschimpfung und Ehrenkränkung am Gogericht Davensberg geführten Prozesse löste einen sogenannten Bumerang-Effekt aus, d.h. in keinem einzigen Fall wurde ein Kläger im Prozeßverlauf selbst einer Hexereianklage unterzogen. In jedem der 27 Fälle schützte die Anstrengung einer Injurienklage den Kläger vor einem ex officio initiierten Hexenprozeß. In einem Fall geriet sogar eine ehemalige Denunziantin in einen Hexenprozeß hinein. Im Spätherbst 1626 mußte sich Adolpha von

---

[133] Münster StaatsA. Msc. VI. 264b. Hexenprozesse im Emsland. Fol. 64.

[134] Archiv Nordkirchen. 10927.

[135] Archiv Nordkirchen. Kasten 188. Davensbergische Jurisdiction. Aschebergische Gerichtsprotokolle. Fol. 303.

der Halver, die Schmeddesche genannt, gegen den Vorwurf der Verbreitung schwerer Verleumdungen verteidigen. Als Klägerin trat Maria Uphoves auf, die Witwe des Johann Bömers auf Haus Nordkirchen, die ebenfalls den Namen Schmeddes trug. Ihr hatte die Beklagte mehrfach nachgeredet, sie würde in Lüdinghausen *mit fur ein zeubnersche uff der zettelen* stehen, ganz abgesehen davon, daß sie sie gehässig als *große frawen, die dar gehet mit den greinen mützen und groiten greinen kragen* zu bezeichnen pflegte.[136] Dies war allerdings aus Gründen eigener Absicherung, als eine Art Tarnmanöver, geschehen, hatte man Adolpha von der Halver ihrerseits doch in Lüdinghausen mit Hexerei in Verbindung gebracht. Exakt drei Jahre später sollten sich Adolpha von der Halvers Befürchtungen bewahrheiten, dann nämlich, als sie einer Hexereianklage zum Opfer fiel. Am 30. Oktober 1629 erfolgte ihre Hinrichtung.[137]

Nur einmal 'versagte' m.W. der Injurienprozeß als Abwehrinstrument, und zwar im bereits kurz geschilderten Fall der Catharina Prümers aus dem Beifang Capelle. Diese wurde 1629 wegen Hexerei zum Tode verurteilt, obwohl sie ein Jahr zuvor – 1628 – erfolgreich gegen zwei Diffamanten geklagt hatte. Die Rekonstruktion der Vorgeschichte zeigt im Grunde aber sehr deutlich, daß gegen so starke Verdachtsmomente, wie sie in ihrem Fall vorlagen, selbst eine Injurienklage kaum etwas ausrichten konnte. Denn erstens stand Christoffer in der Hegge mit seinen Beschimpfungen und Provokationen nicht allein, zweitens hatte sie sich durch ihre zeitweilige Flucht aus dem Amt Werne noch zusätzlich verdächtig gemacht, drittens gehörte sie einer seit Jahrzehnten der Zauberei berüchtigten Familie an, und viertens – was vielleicht am schwersten wog – war sie von der Davensberger Hexe Trine Heiling besagt und als Komplizin genannt worden. Eine solche Häufung von negativen Voraussetzungen mußte einem Kläger schon allein deshalb den Boden unter den Füßen entziehen, weil seine Vorgeschichte im Injurienverfahren oft in ausgedehnten Zeugenverhören durchleuchtet wurde.[138]

Daß ein Injurienprozeß einen günstigen Verlauf nahm, bot dem Kläger Schutz vor obrigkeitlicher Anklage, aber stärkte damit keineswegs automatisch dessen Position im Dorf. Im Zuge des Verfahrens konnten leicht neue Konflikte zwischen den streitenden Parteien aufbrechen, und das vor allem dann, wenn sich der Diffamant durch die Anstrengung der Klage überfahren und ins Abseits gedrängt fühlte. Dies war der Fall unter anderem in einer vor dem Gericht zu Wolfsberg verhandelten Beleidigungssache aus dem letzten Jahrzehnt des 16. Jahrhunderts. Im Jahre 1590 klagte ein Mann namens Bernd Groethauß dort gegen den *zankdorstig*[en] Johann zum Ostrup und dessen Hausfrau, von der er öffentlich als ein *molcken zeuber* gescholten worden war. Kurz darauf hatte Johann zum Ostrup bei

---

[136] Archiv Nordkirchen. 11689.

[137] Archiv Nordkirchen. 12219. Fol. 87v.

[138] Vgl. Archiv Nordkirchen. 12104. In der Klage Lammerts gegen Kötken wurden sieben Zeugen verhört.

einer Kindtaufe diese Worte in Anwesenheit des Gescholtenen sowie zahlreicher Gäste wiederholt und die Kränkung noch durch die Hinzufügung gesteigert, er halte den Groethauß ebenfalls für einen Milchzauberer, zumal er *solches nicht kontte verthedigen*. Das erste Treffen der beiden Parteien nach der Klageerhebung, das auf einer *kermisse* stattfand, endete mit einem Eklat. Mit dem wütenden Satz *warumb hastu schelm mihr zum Wulfesbergh ahn das gerichte bedaget?* hatte sich der schon schwer betrunkene Ostrup gleich auf Groethauß gestürzt, ihn mit einer *kuse* – also einer Keule – attackiert und schwer an Armen und Händen verletzt.[139]

Auch der Streit zwischen Jörgen Rosenplanter und Conrad Tier schwelte unterhalb der Ebene der gerichtlichen Verhandlung weiter. Während des Prozesses hatte Tier den Kläger mehrfach in massiver Weise behelligt, hatte – trotz der Bitten des Rosenplanter, mit ihm Frieden zu wahren – dessen Haustür mit einem Stück Holz aufzubrechen versucht, ihn selbst als Schelm beschimpft und zum Schluß mit Steinen beworfen.[140] Dies mag als ein weiterer Beleg für das aggressive Klima gelten, in dem sich die Beleidigungen abspielten.

VIII.

Ziel des vorliegenden Beitrags war es, anhand der reichen Quellenüberlieferung des Gogerichts Davensberg Aspekte des Umgangs mit der Ehre im Kontext von Hexereianklagen zu beleuchten. Auch für den kleinen, bisher noch kaum erforschten regionalen Raum des südöstlichen Münsterlandes bestätigte sich der Eindruck, daß Auseinandersetzungen um die Ehre nicht nur allgemein einen integralen Bestandteil frühneuzeitlicher Alltags- und Volkskultur bildeten, sondern im Umfeld von Hexenverfolgungen zu besonderer Bedeutung gelangten. Wie gerade die Analyse von Quellen der niederen Gerichtsbarkeit zeigte, rangierten Begriffe wie *tovener* oder *zeubersche* ganz vorn auf der Beliebtheitsskala der zeitgenössischen Scheltworte.

Stellten solche Beleidigungen noch relativ harmlose verbale Anwürfe dar, die gewöhnlich auf der Ebene der Brüchtengerichtsbarkeit abgehandelt wurden, so kamen daneben weitaus gravierendere Injurien vor, die den Gescholtenen mit angeblichen zauberischen Aktivitäten in Zusammenhang brachten, tief in seiner Ehre kränkten und möglicherweise sein Leben gefährdeten. Wenn die Beschimpfungen über einfache Scheltworte hinausgingen und den Charakter konkreter Bezichtigungen annahmen, und wenn dies alles geschah, während die nähere Umgebung von einer Verfolgungswelle erschüttert wurde, dann war die betroffene Person

[139] Archiv Boeselager-Höllinghofen. Bestand Wolfsberg. VI, A 1. Zivilprozesse. Streitigkeiten der Einwohner untereinander.

[140] Archiv Nordkirchen. 12205.

förmlich zum Handeln gezwungen. Das geeignete Mittel dazu boten entweder Wasserproben oder Injurienklagen, die im günstigsten Fall für den Kläger mit dem Widerruf der Schmähung, mithin der öffentlichen Rehabilitation endeten. Anhand der im Archiv Nordkirchen überlieferten Akten von regulären, auf der Basis des rezipierten römischen Rechts geführten Injurienprozessen ließ sich zumindest exemplarisch in Hinsicht auf die Hexenverfolgungen des münsterischen Amtes Werne die Wirksamkeit solcher Verteidigungsmaßnahmen belegen. Von Catharina Prümers einmal abgesehen, fand in keinem Fall eine Umwandlung des Injurienverfahrens in einen Hexenprozeß statt. Deutlich wurde allerdings auch, warum sich die Injurienklagen nie zu einem populären Instrument der Abwehr von Zaubereiverdächtigungen entwickelten, sondern einer kleinen Klientel vorbehalten blieben. Denn die Einleitung eines teuren Injurienverfahrens setzte nicht nur hohe finanzielle Rücklagen voraus, sie mußte auch zum richtigen Zeitpunkt – d.h. unter dem noch 'frischen Eindruck' der Beleidigung – passieren. Die Erfolgschancen des Klägers stiegen bzw. sanken zudem in dem Maße, wie andere belastende Momente gegen ihn vorhanden waren. Wurde ihm nicht nur Zauberei vorgeworfen, sondern hatte man ihn in der Vergangenheit bereits schon einmal besagt und entstammte er vielleicht einer seit langem berüchtigten Familie, war das Scheitern – wie die Biographie der Catharina Prümers veranschaulicht – vorprogrammiert.

Blutzeugen: Autorität und Ehre in de Braghts 'Bloody Theatre or Martyrs Mirror'

Gerhild Scholz Williams

Du sollst deinen Vater und deine Mutter ehren – Martin Luthers 'Kleiner Katechismus' hat viel zu sagen über Ehre. Er spricht über die Ehre Gottes, der Gemeinschaft, der einzelnen Gläubigen, er spricht von Ehre als Seelenzustand und als Instrument der Sozialdisziplinierung: *du sollst Vater und Mutter ehren, damit es dir wohlgehe und du lange lebest auf Erden* [...]. In vielen seiner Schriften spricht der Reformator über die Ehre von Mann und Frau, und wie diese Ehre das Verhältnis beider zueinander in Ehe und Familie bestimmt, *sieh, um der Ehr willen, daß Vermischung Manns und Weibs ein so groß Ding bedeutet* [...]. *Drum soll ein ehelich Mensch solchs Sakrament achthaben, daß man die heilige Ding ehret und sich mäßig in ehlichen Pflichten hielte.*[1] Luther unterscheidet sich wenig von seinen Zeitgenossen, wenn er – im Kontext seines Ehreverständnisses – der Frau, ihrer Sexualität (sexuality) und ihrer Geschlechterrolle (gender) besondere Aufmerksamkeit widmete. Das Zusammenleben von Frau und Mann, die protestantische Aufwertung der Ehe als eine grundlegende gesellschaftliche Ordnungsinstanz waren im 16. Jahrhundert Thema von endlosen Debatten, von Vorschriften, Satiren und gerichtlichen Verlautbarungen. Nicht wegzudenken aus dieser Diskussion – und vielfach problematisiert – war das von der Gemeinschaft bestimmte und, im Falle der radikalen Reformer, gegen die Gemeinschaft verteidigte Konzept individueller und gesellschaftlicher Ehre, dem Männer und Frauen auf unterschiedliche Art und Weise verpflichtet waren.

Ehre – die auf Selbstachtung beruhende Wertschätzung des Menschen in den Augen seiner Mitmenschen – hat, damals wie heute, öffentliche und private, religiöse und weltliche Dimensionen; männliche und weibliche Auffassungen von Ehre bedingen einander, sind jedoch keinesfalls deckungsgleich. Vorstellungen

---

[1] So etwa und stellvertretend für viele weitere Verlautbarungen vgl. Martin Luther: Sermon vom ehelichen Stand. In: Hutten. Müntzer. Luther. 2. Bd. Hg. von den Nationalen Forschungs- und Gedenkstätten in Weimar. Ausgewählt und eingeleitet von Siegfried Streller. Berlin 1982 (Bibliothek der deutschen Klassiker) S. 10f.

von Ehre sind hierarchisch geordnet. In der frühneuzeitlichen Ontologie gebührt Gottes Ehre der oberste Platz; dieser am nächsten steht die Ehre des Gemeinwesens. Diese konstituiert sich aus dem von der Gemeinschaft als verbindlich deklarierten Konzept der persönlichen Ehre. Im Idealfall widmet der Mensch seine persönliche, individuelle Ehre dem Dienst an der Ehre Gottes. Dieser Dienst sollte der Ehre des Gemeinwesens nicht entgegenstehen, ihr zumindest nicht abträglich sein.

Im 16. Jahrhundert enstanden Konflikte meistens dort, wo der Dienst zu Ehren Gottes mit der Ehrauffassung der Gemeinschaft und des Einzelwesens – auf Grund unterschiedlicher Interpretationen der Heiligen Schrift und der sich daraus ergebenden divergierenden Haltungen zum Gemeinwesen und zu politischer Autorität – kollidierte. Das konnte bedeuten, daß die Auffassungen von Staatswesen, von kirchlicher Autorität, Ehe und Familie, der Rolle der Frau und von wirtschaftlichen Prioritäten als gegensätzliche Ehrauffassungen gegeneinander ins Feld geführt wurden. Diese Erfahrung machten die Reformatoren wie Luther, Zwingli und Calvin ebenso wie ihre radikalen Gegenspieler.

Der Konfessionalismus des 16. Jahrhunderts ist zum Teil dadurch gekennzeichnet, daß man sich bemühte, das Konfliktpotential impliziert in unterschiedlichen individuellen und gemeinschaftlichen Ehrauffassungen entweder zu mildern oder zu lösen. Man argumentierte in Wort und Schrift, man predigte und man kämpfte; manchmal einigte man sich im Kompromiß, wie es im Straßburger Interim der Fall war (1552). Erwies sich ein Ausgleich als unmöglich, spalteten sich die Konfessionen und gründeten eigene Orthodoxien. Diesen Weg beschritten Zwingli und Calvin. Andere reformierten, ohne den Schoß der Kirche zu verlassen, so die katholische Gegenreformation. Wieder andere versuchten, Reformation und Restitution bis zur Vollendung der Geschichte im Gottesreich auf Erden voranzutreiben; dies war das Anliegen der Radikalen. Wenn der Kampf um die rechte Konfession mit dem Tod endete, wenn Märtyrer und Märtyrerinnen ohne Zögern ihr Leben für ihre religiösen Überzeugungen opferten, dann stellte dies die extremste Form der Konfliktresolution dar – hier verstanden als Erfüllung des göttlichen Auftrags auf Erden.

Alle Reformer, auch die radikalen, sprachen und schrieben ausführlich über Ehre und Ehrverlust im Kontext ihrer Glaubensbekenntnisse und ihrer Forderungen nach Reformation der als korrupt verdammten Kirche und Gesellschaft. Thomas Müntzer erklärte in Allstedt und vor den deutschen Fürsten, daß seine Ehre, Ruf und Name und die seiner Zuhörer, Freunde und Widersacher wenig bedeuteten angesichts der nahenden neuen Weltordnung.[2] Er klagte, daß seine Gegner ihrer Ehre hauptsächlich mit ihrem vollen Bauch frönten *(das sanfte*

---

2 Steven E. Ozment: Mysticism and Dissent. Religious Ideology and Social Protest in the Sixteenth Century. New Haven 1973. S. 107.

Fleisch, d.h. Luther[3]), ihrem leiblichen Wohl vor dem geistigen den Vorrang gaben.[4] Felix Manz und Balthasar Hubmaier verurteilen die Gottlosen, weil sie die Ehre ihrer Mitmenschen verwundeten, die Ehre *which people regard as the most precious jewel on earth*.[5] Die vornehmste Aufgabe des Menschen, so Hubmaier, sei der Dienst zu Ehren Gottes und der Wohlfahrt des Staates.

Am Beispiel von Thieleman van Braghts Sammlung anabaptistischer Märtyrergeschichten, 'The Bloody Theater of Martyrs',[6] möchte ich diesen Konflikt zwischen individuellen und gesellschaftlichen Ehrauffassungen im Kontext frühneuzeitlicher literarischer Artikulation untersuchen.

I.

Im Mittelpunkt des radikalen Schrifttums über die Natur des Gemeinwesens steht die Auseinandersetzung darüber, wem Ehre gebührt und inwieweit weltliche Ehre gegen weltliche und geistliche Widersacher verteidigt werden kann oder soll. So betrachtet ist die radikale Reformation eine mit Engagement und Agression geführte öffentliche Debatte über theologische, politische und gesellschaftliche Ehrauffassungen. Die Frau und ihre Rolle in Ehe, Familie und Gemeinwesen ist aus dieser Debatte nicht wegzudenken, denn ihre Ehre ist untrennbar mit der des Mannes und des Gemeinwesens verbunden. Die Hinwendung zu reformatorischen Bewegungen bedeutet immer auch die Notwendigkeit, persönliche und gemeinschaftliche Ehrauffassungen schweren Prüfungen zu unterziehen.

Erstes und wichtigstes Element der weiblichen Ehre war die Reinheit und Keuschheit. Nach der Eheschließung war die Ehre der Frau gleichbedeutend mit ihrer gesellschaftlichen Position; sie fand Ausdruck in ihrer ehelichen Treue, in ihren hausfraulichen und mütterlichen Tugenden. Obwohl ihr kostbarstes Gut, war die weibliche Ehre keinesfalls unverkäuflich. Nahm ein Mann einer unverheirateten Frau ihre Jungfräulichkeit, konnte er durch Eheschließung oder mit der Übergabe einer Mitgift diese Ehrverletzung in den Augen der Öffentlichkeit ungeschehen machen. Das besagt nichts anderes, als daß die Ehre

---

3 Thomas Müntzer. Hochverursachte Schutzrede. In: Hutten. Müntzer. Luther (Anm. 1) Bd 1. S. 240f.

4 S. Ozment (Anm. 2) S. 86f. u. S. 90.

5 Felix Manz: Protest and Defense. Balthasar Hubmeier. On the Sword. In: The Radical Reformation. Hg. von Michael G. Baylor. Cambridge 1991. S. 95-101; 181-210, hier S. 99 und S. 182.

6 Der 'Martyrs Mirror' erscheint in Holland im Jahre 1562 unter dem Titel 'Het Offer des Heeren'. Neue Auflagen mit Erweiterungen folgen 1567, 1570, 1576, 1580, 1589, 1595, 1599, 1617. Im Jahre 1631 wird Hans Passchiers 'Marteloers Spiegel' in Harlem gedruckt. Dieses Buch nimmt Braght als zweiten Teil in den 'Martyrs Mirror' auf.

im Bewußtsein der Gemeinschaft wiederhergestellt war. Ihre Reintegration konnte die Frau nicht selbst vornehmen, denn sie war nur bedingt fähig, ihre Ehre selbst zu verteidigen. Diese Aufgabe blieb den Männern vorbehalten, die auch sonst über das weibliche Leben bestimmten: Brüder, Väter, Ehemänner und Söhne.

Die Definition und Bewahrung weiblicher Ehre war den Reformatoren ein äußerst ernstes Anliegen. Als Luther den Ehestand als allein gottgefällig lobte, stellte sich ihm ebenso wie Calvin und Zwingli die dringende Frage, wie Männer und Frauen denn zurechtkommen würden mit ihrer Freiheit vom Zölibat und von traditioneller obrigkeitlicher Kontrolle? Wie konnte sich die Auflösung klösterlicher Gemeinschaften mit der neuen, zum Teil radikal persönlichen Auffassung vom Glauben und mit der Sozialdisziplinierung von Frau und Mann vertragen? Wie standen die Zeitgenossen zu dem Gebot besonders der radikalen Reformer, unerschrocken, gegen alle Autoritäten und öffentlich, Zeugnis abzulegen für den Glauben, Gottes Ehre zu verteidigen bis in den Tod, dem Geist mehr zu vertrauen als dem Buchstaben? Ein potentiell neues Ehrkonzept für Frau und Mann erschien als selbstverständliche Forderung radikalen Christentums.

Dieses neue Ehrkonzept zeichnete sich schon ab, als Martin Luther dem Augustinerorden den Rücken kehrte und heiratete. In der Folgezeit verwandte er einen nicht unbeachtlichen Teil seiner rhetorischen Begabung darauf, diese Entscheidung nicht nur zu rechtfertigen, sondern zu heiligen. Die Frau als Ehefrau und Mutter rückte in den Mittelpunkt bürgerlicher Ehrauffassung. Virginität und klösterliche Abgeschiedenheit verloren in den Augen der Öffentlichkeit ihre moralische, gesellschaftliche und theologische Wertschätzung. Man sollte sich jedoch davor hüten – Wiesner, Karant-Nunn und Roper haben wiederholt darauf hingewiesen –, die Aufwertung der Ehe mit der Aufwertung der Frau gleichzusetzen.[7] Eng verbunden mit der Sakralisierung der Ehe als Eckpfeiler der protestantischen Gemeinde- und Gesellschaftsordnung vollzog sich der Rückzug der Frau in das Haus, in die Familie als der Ort, wo die weibliche Ehre für die folgenden Jahrhunderte ihren vollen und bald einzig legitimen Wirkungskreis finden sollte.

Mit der Zeremonie der Eheschließung, die nun – obwohl ihres sakramentalen Charakters beraubt – nicht mehr vor, sondern in der Kirche, vor dem Altar, inmitten der Gemeinde stattfindet, überantwortet die Frau ihre jungfräuliche Ehre dem Ehemann. In seinem Namen vertrat sie die Ehre des Hauses, die nun mit ihrer persönlichen und ihrer Standesehre synonym geworden war; sie herrschte über sein Haus, das bedingt auch ihr häusliches Reich war.[8] Gegenüber den öffentlich-repräsentativen maskulinen Ehrauffassungen, die in Reichtum, Ruhm und Herr-

---

7 Susan Karant-Nunn: Kinder, Küche, Kirche. Social Ideology in the Sermons of Johannes Mathesius. In: Germania Illustrata: Essays on Early Modern Germany Presented to Gerald Strauss. Hg. von Andre C. Fix, Susan Kranat-Nunn. Kirksville 1992 (Sixteenth Century Essays and Studies. Bd. 18). S. 121-140, S. 136.

8 Lyndal Roper: The Holy Household. Women and Morals in Reformation Augsburg. Oxford 1989. S. 145.

schaft ihren Ausdruck fanden, blieb die weibliche Ehre intern, gebunden an den Haushalt, an die Erziehung der Kinder, an die Rolle der Frau als moralisches Vorbild und als Stütze ihres Mannes und der Gemeinde.

Zwei Frauentypen fallen aus dem reformatorisch und gegenreformatorisch geprägten Rahmen. Das sind zum einen die Hexen, die besonders in der zweiten Hälfte des 16. Jahrhunderts die Öffentlichkeit zunehmend in Panik versetzten. Und zum anderen sind dies die Frauen, die mit den radikalen Reformbewegungen sympathisierten, sich ihnen sogar anschlossen und deshalb häufig gezwungen waren, die Sicherheit des Hauses, der Familie, der Gemeinschaft, manchmal sogar der Ehe, zu verlassen. Eine Untersuchung der Ehrauffassung vermeintlicher Hexen wäre sicher aufschlußreich. Mein Interesse gilt hier jedoch den Anabaptisten, deren Märtyrium Braght in seinem 'Märtyrerspiegel' ein Denkmal setzt.

Der 'Märtyrerspiegel' als Beispiel eines sehr alten, nun wieder ganz neuen literarischen Diskurses – der Martyrologie – bietet uns die Möglichkeit, den Ehrbegriff der Frauen und Männer der radikalen Reformation im Kontext ihrer Leidensideologie zu untersuchen. Das Medium der Schrift vermittelt, wenn auch vielfach gebrochen und deshalb oft unscharf, Einblicke in die Erfahrungen vieler männlicher und einer nicht unbeachtlichen Zahl weiblicher Märtyrer. Der 'Spiegel' schildert, wie geduldig die Frauen manche schwere öffentliche Verletzung ihrer Scham ertragen und wie selbstbewußt sie sich gegen den Tadel verwahren, "männlich", d.h. unpassend affirmativ ihr ketzerisches Glaubensbekenntnis zu verkünden.[9]

Den weltlichen und kirchlichen Mächten erschienen die anabaptistischen Männer und Frauen als gefährliche Außenseiter und Rebellen. Die zuweilen dramatischen Schilderungen der Verfolgungen, die schier endlosen Glaubensdispute, die verbalen Inszenierungen der Konfessionskonflikte, der bittere Kampf zwischen Orthodoxie und Heterodoxie, zwischen Einzelwesen und Gemeinschaft, sie alle sind Teil des Unterhaltungs- und Erbauungswertes dieser Texte.[10]

---

9 Hans J. Hillerbrand: Tieleman van Braght. Anabaptist Martyrology. Manuskript des Vortrags bei der Sixteenth Century Studies Conference 1994: "the 'Martyrs' Mirror' presents the true Christian confession as inescapably leading to suffering". Robert Kolb: For all the Saints. Changing Perception of Martyrdom and Sainthood in the Lutheran Reformation. Macon 1987. S. 1-11. Tieleman J. van Braght: A Martyrology of the Churches of Christ Commonly Called Baptists During the Era of the Reformation. Bd. II. Hg. von Edward Bean Underhill. London 1853; der neueste Nachdruck der Ausgabe von 1886: Thielman J. van Braght: The Bloody Theatre or Martyrs' Mirror of the Defenseless Christians who Baptised only upon Confession of Faith, and Who Suffered and Died for the Testimony of Jesus, Their Savior. From the Time of Christ to the Year A.D. 1660. Hg. von Joseph F. Sohm. Scottsdale 1994.

10 Heinz Schilling: Alternatives to the Lutheran Reformation and the Rise of Lutheran Identity. In: Germania Illustrata (Anm. 7) S. 99-121, S. 108.

II.

Der 'Märtyerspiegel' wurde zwischen 1562 und 1599 neunmal aufgelegt. Er ist eine Kompilation, bestehend aus Verhörberichten, Briefen aus dem Gefängnis, Geständnissen und Auszügen aus Urteilssammlungen des Amsterdamer Gerichts. Das literarische Modell, dem die Kompilatoren verpflichtet waren, findet sich unter anderem in Sebastian Francks 'Ketzerchronik'.[11] Die Martyrologie enthält Berichte über 1007 Personen, darunter 288 Frauen und 661 nicht identifizierte Personen.[12] Die ersten dieser Berichte wurden schon 1562 gesammelt und gedruckt. Es folgten mehrere Editionen, bis van Braght in der ersten Hälfte des 17. Jahrhunderts das niederländische Original der hier vorliegenden englischen Übersetzung verfaßte.

Der in der neuesten Auflage in Großformat über tausend Druckseiten umfassende 'Märtyrerspiegel' ist in zwei Teile geteilt. Der erste Teil, ca. ein Drittel des ganzen Werkes, enthält die Geschichten von den Märtyrern aus der Zeit der frühen Christen bis zu den ersten Anabaptistenverfolgungen (1526); in ihnen überwiegt das hagiographische Element.[13] Der zweite Teil ist ganz den täuferischen Märtyrern gewidmet, deren Exemplarität darin besteht, Zeugnis abzulegen für das lebendige Wort Gottes unter den Menschen, "to confess faith boldly."[14] Die Kompilatoren reihen die Anabaptisten ein in die Zahl der Christen, die von Beginn der neuen Zeitrechnung an bis ins 16. Jahrhundert für ihren Glauben freudig ihr Leben hingaben. Der 'Spiegel' legitimiert und glorifiziert die Leiden, die die Anabaptisten um ihres Glaubens willen zu ertragen bereit waren. Der gewaltsame Tod verbindet die Märtyrer der radikalen Reformation mit den Leiden ihrer frühchristlichen Brüder und Schwestern ebenso wie mit den Opfern der mittelalterlichen Verfolgungen, z. B. mit denen, die bei den Kreuzzügen gegen die Albigenser ihr Leben lassen mußten. Der leid- und ehrenvolle Tod der Täufer fügt

---

[11] H. Hillerbrand (Anm. 9): "Sebastian Francks 'Chronica' wielded enormous influence."

[12] T.J. van Braght: The Bloody Theatre (Anm. 9) S. 413; Merry E. Wiesner: Women and Gender in Early Modern Europe. Cambridge 1993. S. 191; John Klassen: Women and the Family among Dutch Anabaptist Martyrs. In: Mennonite Quarterly Review 60. 1986. S. 548-571, S. 549.

[13] Catharine Coats: Scripting the Body. An example of Martyrology/Hagiography. Vortrag bei der Sixteenth Century Studies Conference 1994: "The saint's life is predominantly glorified in and through the body [...] the ability to withstand torture, abstain from food or sexual activity, the power to enact miracles through touch, all demonstrate that saintliness miraculously inheres corporeally".

[14] R. Kolb (Anm. 9) S. 15.

sich ein in die Welt- und Heilsgeschichte zu einer Zeit, die vielen Gläubigen – radikal und orthodox – als Endzeit erschien.[15]

Auch wenn die Anabaptisten die Heiligenverehrung als eine altkirchliche Glaubensverwirrung ablehnen mußten, ist der 'Spiegel' so angelegt, daß die frühchristlichen und mittelalterlichen Märtyrer den frühneuzeitlichen Anabaptisten eine Aura von Heiligkeit und Unmittelbarkeit zum gekreuzigten Christus verleihen. Umgekehrt legitimieren und heiligen die Anabaptisten mit ihrem Leiden und Sterben das Opfer ihrer Vorgänger. Der Text wird zu einer immer von neuem inszenierten 'imitatio Christi' in Wort und Tat, die den Gang der Geschichte begleitet und deren Vollendung einleitet. Die Berichte fügen sich zusammen zu dem, was Robert Kolb eine "theology of martyrdom" nennt. Sie soll den Gläubigen trotz aller Anfechtungen Mut machen, ihnen helfen, eine anabaptistische Tradition zu etablieren und sich damit gegen andere konfessionell determinierte Geschichtsinterpretationen zu behaupten.[16]

III.

Der den Täufern gewidmete zweite Teil des 'Märtyrerspiegels' beginnt mit der Hinrichtung von Hans Koch und Leonhard Meister in Augsburg im Jahre 1524. Die Sammlung endet mit der Verfolgung und Vernichtung von 700 Gläubigen in Bern im Jahre 1660. Trotz der dem heutigen Leser monoton anmutenden Wiederholungen von anabaptistischen Gerichtsverhören und Glaubensbekenntnissen geben uns diese Berichte einen Einblick in die Theologie sowie die religiösen und gesellschaftlichen Praktiken der oft nur beschränkt lese- und schreibkundigen Anhänger der radikalen Reformbewegungen. Die als unbeirrbar bibelfest geschilderten Männer und Frauen lassen ihre Peiniger, die Vertreter der orthodoxen Konfessionen und der weltlichen Obrigkeit, ungelehrt und oberflächlich erscheinen. Die ehrenvolle, häufig mit Folter und Tode besiegelte Glaubensfestigkeit der Beschuldigten steht in dramatischem Kontrast zu der als Schein verurteilten Gläubigkeit der orthodoxen Inquisitoren, Theologen, Richter und Staatsbeamten, die weder der Ehre Gottes noch dem Wohl der Gemeinschaft dienen. Sie berauben das Wort Gottes um seine Ehre, so urteilt etwa der abtrünnige Lutheranhänger Andreas Karlstadt. Ihre Gerechtigkeit ist nichts als eine Lüge, denn sie strafen der Menschen Unehre härter als Schmähungen gegen Gott.[17]

---

15 Vgl. Robin B. Barnes: Prophecy and Gnosis. Apocalypticism in the Wake of the Lutheran Reform. Stanford 1988; Hans J. Hillerbrand. The Antichrist in the Early German Reformation. Reflection on Theology and Propaganda. In: Germania Illustrata (Anm. 7). S. 3-19.

16 H. Hillerbrand (Anm. 9); R. Kolb (Anm. 9) S. 96.

17 Andreas Bodenstein von Karlstadt: Ob man gemach faren, vnd des ergernüssen der schwachen verschonen soll, in sachen so gottis willwn angehn. [Basel: Thomas Wolff] 1524. Fol. B_3^r: *Ist*

Ihr unbeirrtes Festhalten am Glauben, ihre biblische Buchstabentreue ebenso wie die Überzeugung mancher Prediger, wie etwa Hut und Denck, daß Gott direkt zu den Herzen der erwählten Gläubigen spricht, trugen den Täufern häufig den Vorwurf der Satansverfallenheit ein. Dies signalisiert nicht nur die Schärfe der Debatte, Anschuldigen dieser Art sind sicher auf den Einfluß der in der 1560er Jahren zunehmenden Hexenpolemik zurückzuführen. Der Hexendiskurs beeinflußt die Häresiediskussion und umgekehrt.[18] Im Verhör des Märtyrers Claes de Preat wird dies deutlich, *you persist obstinately in your belief; you are like your master.* [Claes] asked: *Who is my master?* [der Inquisitor] replied: *The Devil.*[19]

Diese Anschuldigungen und Verdächtigungen machen es verständlich, warum die Reformatoren und die weltlichen Obrigkeiten die Märtyrer als eine akute Bedrohung der Gemeinschaft fürchteten. Das galt ganz besonders für die Frauen, die den Lehren der Radikalen folgten. Der ihnen von Gott verliehene freie Wille, ihre Fähigkeit, im vollen Bewußtsein der Konsequenzen den gefährlichen Weg der radikalen Religiosität beschreiten zu können, ihre Bereitwilligkeit, sich den Regierungsgewalten zu widersetzen und ihren Glauben als Akt rebellischer öffentlicher Ehrerweisung an Gott zu zelebrieren, machte diese Frauen zu nicht zu unterschätzenden Antagonisten der öffentlichen und geistlichen Ordnungsgewalten. Rechtsfähig, strafmündig und, wie im 'Märtyrerspiegel' wiederholt betont wird, theologisch sicher und diskussionsgewandt stellten die Frauen sich den Inquisitoren, deren Bekehrungsbemühungen sie sich konsequent entzogen. Eine unter ihnen, lediglich mit ihrem Vornamen als Claesken identifiziert, steht dem Gericht bescheiden, doch selbstbewußt gegenüber, *although I am a simple person before men, I am not unwise in the knowledge of the Lord* [...]. *I have resolved to remain steadfast in that to which the Lord has called me.*[20] Unfähig, sie im theologischen Disput als gleichgestellt zu akzeptieren, von ihrer Redegewandtheit und Bibelfestigkeit jedoch ebenso beeindruckt wie frustriert, beschuldigt der Inquisitor auch sie, unter satanischem Einfluß zu stehen, *the devil has called you; he transforms himself into an angel of light in your people.*[21]

Claeskens Standhaftigkeit half ihr wenig; ihre Glaubensfestigkeit wurde den grausamsten Prüfungen unterzogen. Am Ende opferte sie ihr Leben für ihren Gott. Claeskens Ehemann, der ebenfalls mehrere Male im Gefängnis verhört wurde, verharrt beständig wie sie in seinem Glauben. Die Ehegatten werden 1559 in Leeuwarden ertränkt, nachdem der Inquisitor verkündet, daß Claeskens Verdammnis besonders schwer wiege, weil sie lesen könne und ihren Mann verführt

---

es nit ein teüflische sach/ das sie der menschen vnere/ grösser achten vnd gröber straffen/ denn gottes vnere?

18 Hierzu Gerhild Scholz Williams: Defining Dominion. Discourses of Magic and Witchcraft in Early Modern France and Germany. Ann Arbor 1995.

19 T.J. van Braght: The Bloody Theatre (Anm. 9) S. 557.

20 T.J. van Braght: The Bloody Theatre (Anm. 9) S. 611.

21 T.J. van Braght: The Bloody Theatre (Anm. 9) S. 611.

habe.[22] Lesen und Lehren waren besonders schwere Vergehen, weil sie in die Domäne der den Männern vorbehaltenen Predigt- und Lehrprivilegien eingriffen. Zur Anklage gegen die Anabaptistin Elisabeth, die am 15. Januar 1549 hingerichtet wurde, kam erschwerend der Vorwurf hinzu, sie habe mit ihrem Wissen die Gläubigen verführt, *we say that you are a teacher, and that you seduced many.*[23]

Der 'Märtyrerspiegel' zelebriert demnach einen Typ Frau, der im Disput mit den Theologen 'ihren Mann' steht. Ihre Leidensfähigkeit, traditionellerweise intim, persönlich oder familiär verstanden, erscheint der Obrigkeit im gerichtlichen, d.h. öffentlichen Kontext als 'mannbarer' Mut und deshalb in besonderem Maß verdächtig und verdammenswürdig. Sie verstehen nur zu gut, daß das Verlangen der Frauen nach männlichem, d.h. öffentlichem Leiden und Sterben dazu dienen soll, die Inquisitoren zu beschämen und ihre Autorität zu untergraben. Deren Ehre wird so als von dieser Welt, als nichtig und teuflisch, entlarvt. Braghts Werk schildert eindringlich, wie der Märtyrerlebenslauf traditionelle Verhaltenszwänge außer Kraft setzt. Frauen ermutigen andere Frauen, 'männlichen' Mut zu zeigen und 'männliche' Gedanken zu hegen. *Be manful now*, ermahnt eine Tochter ihre Mutter und meint damit, die Mutter solle ihre Tochter ohne Zögern in den Tod gehen lassen. Selbst die normalerweise als weibliche Schwäche kritisierte Unfähigkeit zu schweigen wandelt sich hier zur Tugend. Von zwei Männern wird erzählt, daß sie von ihrem Leiden überwältigt traurig geschwiegen hätten, *the women, however, spoke much and greatly reproved the monks.*[24]

Die Verhöre der Anabaptisten sind Schauplätze des geistigen und körperlichen Terrors.[25] Der 'Märtyrerspiegel' berichtet von Folterungen, die wir aus den Hexenprozessen kennen, deren Schilderungen offensichtlich die Berichtstruktur der Märtyrologien beeinflußt haben. Die den Opfern zugefügten körperlichen Schmerzen wurden durch die psychischen Qualen um ein vielfaches gesteigert. Häufig wird berichtet, daß man die Frau nackt zum Verhör und zur Folter führt. Wie in den Hexenprozessen ist auch hier die Hilflosigkeit des nackten Opfers eine bevorzugte und oft praktizierte Form der Terrorisierung. Man greift die Frau vorsätzlich dort an, wo man sie am verwundbarsten glaubt, nämlich in ihrem Schamgefühl und damit in ihrem Ehrgefühl. Von einer jungen Frau namens Maeyken Doornaerts wird berichtet, *she had to lie naked on the rack, and when they by no pain or suffering could cause her to apostasize, they began to accost her with asking her, whether she was not ashamed to lie there so nude.* Ihr Glau-

---

22 T.J. van Braght: The Bloody Theatre (Anm. 9) S. 613-616.

23 T.J. van Braght: The Bloody Theatre (Anm. 9) S. 481.

24 T.J. van Braght: The Bloody Theatre (Anm. 9) S. 886.

25 Vgl. den Bericht über Hans Hut bei Gottfried Seebass: Der Prozeß gegen den Täuferführer Hans Hut in Augsburg 1527. In: Ketzerverfolgung im 16. und frühen 17. Jahrhundert. Hg. von Silvan Seidel Menchi in Gemeinschaft mit Hans Rudolf Guggisberg und Bernd Moeller. Wiesbaden 1992. S. 213-247. Dabei darf der Einfluß der Legendenliteratur natürlich nicht außer acht gelassen werden.

ben stärkte sie jedoch angesichts dieses Angriffs auf ihren Körper und ihre Psyche, *though she was tortured to such degree, that her blood flowed down by the rack, she remained by the grace of God* [...] *steadfast in the faith.*[26] Die gewaltsame Enthüllung vor den Richtern, d.h. öffentlich inszenierte Verletzung der Integrität des weiblichen Körpers, stellt eine bewußte Verletzung der weiblichen Ehre dar. Aus vielen Wunden blutend evoziert dieser weibliche Körper Vergewaltigung, heiligt ihn aber zugleich in Geste und Bild einer eindrucksvollen 'imitatio Christi'. Die Märtyrerin wird in Wort und Tat Christus gleich. Die Frau triumphiert über ihre Erniedrigung: *the executioner, in order to put her to shame, made Anneken stand in her bare chemise.*[27] Die junge Märtyrerin wandelt den Akt der Scham in ihren persönlichen Triumph; im Tode noch preist sie Christus, ihren Bräutigam.

Unverhüllte sexuelle Aggression gehört zu den erzählerischen Versatzstücken der Märtyrerlegenden. Die hier geschilderten Schicksale gewinnen an Ausdruckskraft, eben weil sie an die Schilderungen vergangener Märtyrerleiden anknüpfen und weil sie den Beschreibungen der in der zweiten Hälfte des 16. Jahrhunderts stark zunehmenden Hexenverfolgungen so ähnlich sind. Den Hexen ist die Heiligung ihres Sterbens versagt. Die Bitterkeit ihres Leidens übertraf das der Anabaptisten um ein Vielfaches. Nachdem sie der schlimmsten Verbrechen gegen ihre Mitmenschen und der Apostasie für schuldig befunden worden waren, mußten sie – in vielen Fällen aus der Gemeinschaft der Gläubigen ausgestoßen – das Leben lassen. Sie starben einen zweifachen Tod, den geistlichen und den körperlichen. Die Anabaptistinnen des 'Märtyrerspiegels' dagegen fanden Trost in ihrer Gemeinschaft mit Gleichgesinnten und in der Gewißheit, das ewige Leben zu gewinnen. Ihr Glaube gab ihnen Kraft und gewährte ihnen geistlichen Schutz vor den begehrlichen Augen der Folterknechte. Von einer jungen Frau namens Elisabeth wird berichtet, *the executioner unlaced* [her] *the gown, which, when she arose, fell down, so that she stood there in her shift and linen trousers, which the executioner, by way of mockery, had made her put on.*[28] Nicht genug damit, daß der Henker ihr das Kleid abstreift; er zwingt sein Opfer zudem, sich in Hosen, in Männerkleidern, der Öffentlichkeit zu zeigen. Elisabeth reagierte auf diese Ehrverletzung mit dem beschleunigten Gang zur Verbrennung – ein weiteres Beispiel des mehrfach an den Märtyrerinnen gelobten männlichen Mutes *feeling greatly ashamed,* [...] *she immediately went to the stake.*[29]

Elisabeth wurde verbrannt. Diese Todesart war in den meisten Fällen den Männern vorbehalten. Frauen wurden vorzugsweise ertränkt oder, in selteneren Fällen, lebendig begraben. Ein Grund für diese Unterschiede in den

---

26 T.J. van Braght: The Bloody Theatre (Anm. 9) S. 553.
27 T.J. van Braght: The Bloody Theatre (Anm. 9) S. 495.
28 T.J. van Braght: The Bloody Theatre (Anm. 9) S. 502.
29 T.J. van Braght: The Bloody Theatre (Anm. 9) S. 502.

Hinrichtungsmethoden ist darin zu suchen, daß man fürchtete, Frauen könnten in Ohnmacht fallen und so die Aufgabe des Scharfrichters unnötig erschweren, und Ertränken ließ sich einfacher unter Ausschluß der Öffentlichkeit erledigen.[30] Geschlechterunterscheidung bei Hinrichtungen scheint den Verurteilten durchaus bewußt gewesen zu sein. Einer unter ihnen, ein körperbehinderter Mann namens Tij, verlangt eine ehrenvollere Todesart als Ertränken, denn *nur Hunde und Katzen* – und oft eben auch Frauen – würden ertränkt.[31] Das als ehrlos empfundene, häufig heimlich stattfindende Ertränken bedeutete, daß man den Tod ohne Öffentlichkeitswirkung erleiden mußte. Damit verlor das Märtyrium eine der wichtigsten Legitimationsgesten: das Opfer, der Mensch und der Akt, verlangten nach Öffentlichkeit. Die Ehre Gottes und die eigene Glaubensfestigkeit duldeten nichts anderes, *seeing that they were about to be murdered privately,* [she] *complained; for she would rather have publicly borne witness to the truth by her death.*[32]

Mit dem Ertränken allein war es jedoch noch nicht getan. Auch nach dem Tode verletzte man die Ehre der Opfer und ihrer Familien. Im Jahre 1557 wurden drei Frauen im Gefängnis ertränkt; danach warf man sie *ignominiously* (ehrlos) *naked into the Scheldt; but they shall be clothed* [...].[33] Manchmal warf man die Opfer auch ins Meer, *where their bodies were ignominiously left to float about for a long time.*[34] *Ignominiously* – entehrend, schändlich, schmachvoll – d.h. im Leben wie auch im Tode ertrugen die Märtyrer ihre Leiden wie Christus, ihr Herr. Dagegen sollten die Hinrichtung, das Leiden, die Folter und schließlich das in den Augen der Ordnungsmächte würde- und ehrlose Sterben über den Tod hinaus den Glauben der Täufer als Lüge entlarven und auf Glaubensgenossen oder Sympathisanten abschreckend wirken. Dem gläubigen Leser dagegen sollten die Schilderungen Mut machen und den Schrecken des eigenen Schicksals mildern.

Während die Frauen außer der körperlichen Qual oft grausame Verletzungen ihres Schamgefühls ertragen mußten, wurden die Qualen der Männer zuweilen dadurch gesteigert, daß sie wie Frauen, d.h. besonders beschämend behandelt wurden. Von einem Gefangenen wird berichtet, *they burned candles under* [Gerrit Corneliss's] *arms.*[35] Diese bei den Hexenverhören häufig angewandte Form von Folter wandelt sich in eine in der Feminisierung parodisierte 'imitatio Christi': *having been brought into court, he was mockingly crowned with a hat of flowers, and sentenced to be strangled and burned.*[36]

---

30 M.E. Wiesner (Anm. 12) S. 191f.

31 T.J. van Braght: The Bloody Theatre (Anm. 9) S. 540.

32 T.J. van Braght: The Bloody Theatre (Anm. 9) S. 334.

33 T.J. van Braght: The Bloody Theatre (Anm. 9) S. 569.

34 T.J. van Braght: The Bloody Theatre (Anm. 9) S. 443.

35 T.J. van Braght: The Bloody Theatre (Anm. 9) S. 876.

36 T.J. van Braght: The Bloody Theatre (Anm. 9) S. 876.

Die Eindringlichkeit der vorgestellten Szenen macht deutlich, daß wir es hier wie auch in anderen der zu dieser Zeit entstandenen Märtyrologien in erster Linie mit verbalen Glaubens- und Leidenszeugnissen zu tun haben: *the martyr is made verbally and textually Christiform* [...] *the only spiritual* journey [the martyrs] *undertake* [is] *located in the universe of the text.*[37] Dem verbalen Charakter ihrer geistlichen Zeugenrolle ensprechend, ließen die Märtyrer keine Gelegenheit ungenutzt, bei der Hinrichtung für ihren Glauben öffentlich Zeugnis abzulegen, *that people present might hear and see for what cause they died.*[38]

IV.

Das Gegeneinander von weltlicher Macht und geistlichen Ansprüchen, typisch für die radikalen Theologien, führte dazu, daß die Vertreter der Regierungsmacht bei den Prozessen häufig zugegen waren. Manchmal disputierten sie mit den Gefangenen, die sie als aufwieglerisch fürchteten, bevor sie diese hinrichten ließen.[39]

Damit sind wir wieder bei der gesellschaftlichen Ordnung, die in dem 'Märtyrerspiegel' eine wichtige Rolle spielt. Wie sollte man Menschen behandeln, die sich in ihrer Lebensweise und in ihrer Glaubenspraxis der gesellschaftlichen und religiösen Orthodoxie verweigerten? Melanchthon nannte sie die 'grausame Teufelssekte der Anabaptisten'.[40] Seine Angriffe gegen die Häretiker waren die üblichen; er war überzeugt, daß sie falsche, staats- und glaubensgefährdende Lehren verbreiteten, daß sie in den Köpfen des gemeinen Mannes die Saat der offenen Rebellion säten, daß sie zu Raub und Mord ermutigten und, entsprechend den Stereotypen des Häretikers, moralisch und ethisch verdorben seien. Häresieverdacht schließt auch hier den Verdacht der sexuellen Abartigkeit ein, *holding women in common* [...] *blowing out the candles after their accursed, devilish suppers.*[41] Der prägende Einfluß der Vorstellung von Ketzer- und Hexensabbat ist nicht zu leugnen.

---

[37] So etwa in Ludwig Rabus: Der Heyligen auserwoehlten Gottes Zeugen, Bekennern und Martyrern [...] Historien. 8 Bde. Straßburg 1552-1572; Jean Crespin: Maertyrerbuch Darinnen merckliche denckwürdige Reden vnd Thaten vieler heiligen Maertyrer beschriben werden. Herborn 1590 (1. Ausg. Genf 1554); John Foxe: Acts and Monuments. Straßburg 1554. C. Coats (Anm. 13).

[38] C. Coats (Anm. 13).

[39] T.J. van Braght: The Bloody Theatre (Anm. 9) S. 473, 544, 546, 555.

[40] Marion Kobelt-Groch: Why did Patronella Leave her Husband? Reflections on Marital Avoidance among Halberstadt Anabaptists. In: The Mennonite Quarterly Review 62. 1988. S. 26-41, hier S. 26.

[41] T.J. van Braght: The Bloody Theatre (Anm. 9) S. 780.

Die weltlichen und kirchlichen Mächte gaben sich große Mühe, die Anabaptisten in die ordnenden Bahnen theologischer Orthodoxie und juristischer Rechtmäßigkeit zurückzuführen, damit im Lande Ruhe einkehre. Einem Brief des Grafen von Cleve ist zu entnehmen, daß er die Täufer als Initiatoren eines möglicherweise reichsweiten Aufstandes des 'gemeinen Mannes' fürchtete. Er hatte sie im Verdacht, die Beseitigung der rechtmäßigen gesellschaftlichen Ordnung nicht nur herbeizuwünschen, sondern aktiv vorzubereiten, "to iradicate and suppress completely all authority and honesty, Christian religion, concord and peace".[42] Die Furcht vor einem Aufstand beherrschte die Diskussion auf höchster Regierungsebene, etwa auf dem Reichstag in Worms im April 1535. Die Niederlage der münsterischen 'Biblokratie' im Juni des gleichen Jahres war noch nicht erfolgt. Man fragte sich daher mit zunehmender Panik, was es mit den Täufern auf sich hätte, daß sie solche Aufruhr anzettelten, "what design lay concealed under this anabaptism since they had thus exhorted them to raise a new uproar and sedition [...]. Who had told [them] [...] to plant the evil seed of anabaptism".[43] Berichte über die Vielweiberei und die gotteslästerliche Regierung des anabaptistischen 'Königs' Johann Mathijs erschreckten die Zeitgenossen.

Die Münsterischen Täufer packten die frühneuzeitliche Ehe- und Ehrauffassung an ihrer empfindlichsten Stelle. Vielweiberei und die Erhebung eines 'gemeinen Mannes' zum König und die des Pöbels zu seinem Hofstaat sowie die gotteslästerliche Verachtung aller hergebrachten Ordnung, kündete in den Augen vieler in der Tat den Anfang vom Ende an. Die gegen die Täufer erhobene und in dem Münsterischen Debakel scheinbar wahr gewordene Beschuldigung, sie sympathisierten mit den Atheisten und den Libertinern, erklärt, zumindest teilweise, die Unnachgiebigkeit, mit der die Inquisitoren des 'Märtyrerspiegels' ihre Opfer verhörten, und mit welchem Engagement orthodoxe Dogmatik anabaptischer Buchstabentreue entgegentritt. Dabei wird dem Leser wiederholt versichert, daß selbst die unnachgiebigsten Inquisitoren und Richter den anabaptistischen Märtyrern zwar unautorisierten Umgang mit den heiligen Texten, kaum jedoch Unglauben vorwerfen könnten.

Die Zunahme der radikalen Sekten in der ersten Hälfte des 16. Jahrhunderts erschien vielen Zeitgenossen als Zeichen der allenthalben herrschenden religiösen und gesellschaftlichen Unordnung. Die Anabaptisten, so glaubte man zu wissen, entzogen sich der ordnenden Hand öffentlicher Gewalt. Ihr Verhalten schien diesen Verdacht zu bestätigen. Da man sie bald aus den Städten vertrieb und in der Ausübung ihres Glaubens stark einschränkte, trafen sie sich außerhalb der Stadt, hinter den Hecken, im Wald, im Feld, in den Bergen, auf Booten und manchmal

---

[42] Günter Vogler: The Anabaptist Kingdom of Münster in the Tension Between Anabaptism and Imperial Policy. In: Radical Tendencies in the Reformation. Divergent Perspectives. Hg. von Hans Hillerbrand. Kirksville 1988. S. 99-117, hier S. 114.

[43] G. Vogler (Anm. 42) S. 99-114, T.J. van Braght: The Bloody Theatre (Anm. 9) S. 425f.

auch heimlich in Häusern von Glaubensbrüdern oder -schwestern.[44] So offen und frei sie sich – so jedenfalls schildert es Braghts Werk – zu ihrem Glauben bekannten, so konsequent verweigerten sie sich dem Öffentlichkeitsgebot des kirchlichen Rituals, das Luther, Zwingli und Calvin in ihren Gemeindesatzungen vorschrieben. Sie gaben vor, nur die Vornamen ihrer Mitbrüder und -schwestern zu kennen und wenig über die Mitglieder ihrer oft kleinen Gemeinschaften zu wissen. Bei ihren Verhören jedoch verkündeten sie ihre Glaubenssätze zur Taufe, zu den Sakramenten, zur Natur Christi laut und ohne Zögern. Sie verteidigten sich bibelfest und, wie es dem Medium des 'Märtyrerspiegels' entspricht, ohne Furcht, der Inquisitor *spoke so long, that he sometimes already* fancied *that I would heed him; hence I had to speak now and then, because I did not want him to think this.*[45]

V.

Der 'Märtyrerspiegel' bietet relativ wenige Details über das tägliche Leben der hier beschriebenen Männer und Frauen. Im Mittelpunkt des Interesses steht nicht die Einzelperson, sondern die Selbstbehauptung der Gläubigen angesichts des Todes, die Auseinandersetzung mit der kirchlichen und weltlichen Gewalt und die Einordnung in die Reihen derer, die für den wahren Glauben ihr Leben lassen mußten, die Apotheose des mittelständischen oder auch des armen Lebens im ehrenvollen Sterben für den Glauben. Der Tod historisiert, mythologisiert und heiligt das Täuferleben. Nur vereinzelt erfahren wir etwas über das Unstete ihrer Existenz, über die heimlichen Treffen, die kleinen Gemeinden, über die Treue oder die Krisen in der ehelichen Gemeinschaft, über die Ehre dieses vor Gott geschlossenen Bundes, der der Heiligung durch den priesterlichen Segen nicht mehr bedurfte. Hans de Vette aus Gent beschreibt dies in einem Brief aus dem Gefängnis, der Inquisitor

> [...] *asked how long had I been married. I said: "Not very long." He asked me in what church and by what parish priest I had been married. I asked him where he found anything in the Scriptures that a parish priest was required for it. He said that in the world whores and knaves came together without parish priests.*[46]

Die Märtyrerin Lijsken weist den Vorwurf, sie lebe mit ihrem Mann in illegitimer Gemeinschaft, entschieden zurück; nicht sie, sondern ihre Peiniger sündigten und

---

[44] T.J. van Braght: The Bloody Theatre (Anm. 9) S. 557.
[45] T.J. van Braght: The Bloody Theatre (Anm. 9) S. 613.
[46] T.J. van Braght: The Bloody Theatre (Anm. 9) S. 620.

seien ehrlos im Angesicht Gottes: *they say I have lived in adultery, because I was not married in Baal* – wie die, die sie verhörten.[47]

Manchmal geschah es, daß die Frau nicht nur das eigene Glaubensbekenntnis verteidigen mußte, sondern auch das ihres Mannes. Auch war es für sie besonders schwierig und gefährlich, die Ablehnung der Taufe ihrer Kinder und – in den Augen der Richter – deren sichere Verdammnis zu erklären und zu verteidigen:

> *Inq. Why were you baptized? Claesken. The Scriptures speak of a new life* [...] *thus did I repent, was converted, and then baptized. To this he said very little. Inq. Why have you not had your children baptized? Claesken. I cannot understand from the Scriptures that they ought to be* [...]. *He* [the Inquisitor] *would have it that we had it all from the devil, and that a proud devil was in us.*[48]

Die vertrauten, für die Frauen der niederen Schichten besonders lebenswichtigen Bande von Freundschaft und Nachbarschaft erweisen sich in der Isolierung und Schutzlosigkeit ihres religiösen Außenseitertums als nur begrenzt verläßlich. Gezwungen, sich wegen ihres Glaubens zu verstecken, mußte die Magd Hadewijk erfahren, wie Freunde zu Feinden werden konnten: *she entreated* [einen ehemaligen Meister und dessen Frau] *whether they would not please give her shelter in this distress, but they refused.*[49] Ein Pfarrersknecht bietet ihr Zuflucht auf dem Boden des Pfarrhauses, *but in the night he came to her, and made indecent advances,* [...] [he was] *strong of body and passions, with whom reasoning had little influence.*[50] Das Erzählinteresse gilt hier weniger der Gefahr, der eine unverheiratete Frau niederen Standen schutzlos ausgesetzt war, sondern ihrer Glaubensfestigkeit, die gegen jegliche Bedrohung aufrechterhalten und mit dem Leben als wahr bezeugt wird. Alles andere ist nur insoweit erwähnenswert, als es diesem Ziel dient. Weibliche Ehre ist in der Tat nicht mehr von dieser Welt.

Ein Großteil des 'Märtyrerspiegels' berichtet, wie Frauen ohne Zögern und mit großer Sachkenntnis die Heilige Schrift zitieren. Sprachgewandt, zuweilen leicht ironisch, sind sie bereit, ihren Glauben mit dem Tod zu heiligen, *to testify with blood,* wie es immer wieder heißt. Geschickt umgehen sie die rhetorischen und die theologischen Fallen, die die Richter ihnen stellen. Dabei gelingt es ihnen nicht selten, die orthodoxe Religiosität ihrer Peiniger bloßzustellen, denen es lediglich auf die Form und nicht auf den wahren Glauben anzukommen scheint: *would you have just these words; they are not here; why make so much ado about it.* [...] *They* [die Richter] *would not hear but adhered to their dead text.*[51] Ein anderes Mal weist der Märtyrer Hans de Vette das Argument, die Beschneidung des

---

[47] T.J. van Braght: The Bloody Theatre (Anm. 9) S. 515.
[48] T.J. van Braght: The Bloody Theatre (Anm. 9) S. 611-613.
[49] T.J. van Braght: The Bloody Theatre (Anm. 9) S. 547.
[50] T.J. van Braght: The Bloody Theatre (Anm. 9) S. 547.
[51] T.J. van Braght: The Bloody Theatre (Anm. 9) S. 545f.

Neugeborenen sei ein Sinnbild für die Taufe, mit dem feministisch anmutenden Verweis zurück: *then female children in the Old Testament must all be damned.*[52] Der Bündigkeit dieses bibelgeleiteten Arguments konnten sich die Richter nur schwer entziehen. Das wußten sie nur allzugut. Deshalb der Verweis auf die Inquisitionsvorschrift aus dem 14. Jahrhundert, dem Diskussionsimpuls bei Herätikerverhören nicht stattzugeben: *the thought is not to be entertained of overcoming the heretics by skill of learning, or knowledge of the Scriptures, since the learned men are much sooner confounded by them.*[53] Ein Gefangener namens Jacques versichert im Laufe eines längeren Verhörs, *search for nothing but what it is permitted me to believe, and I am well content simply to believe what a good Christian is bound to believe.*[54] Auf die Frage, wie er das Wort Gottes verstehe, antwortet er, *just as it is written.*[55] Auf die Frage nach dem Glaubensbekenntnis seiner Frau verweigert auch er die Auskunft; diese müsse für sich selbst antworten. Der Inquisitor tadelt Jacques' religiöse Diskursfestigkeit als unpassend für einen sozial Niedrigstehenden: *you must not study so high, but suffer yourself to be instructed by those who are more learned and wise than you.* [...] *Jac.: My Lord, you cannot prove to me by the Holy Scriptures, nor can anyone else.*[56]

Immer wieder wird der/die ruhige, beherrschte, in der Ehre bedrohte Gläubige dem unbeherrschten, schier von Sinnen kommenden Henkern und Richtern wirkungsvoll gegenübergestellt. Die im Tode geheiligten Glaubenbekenntnisse der Märtyrer fügen sich zu einer Laientheologie zusammen, in der die Versenkung in die Schrift, die Distanzierung von politischer Macht und der Aufruf zur Beständigkeit und Festigkeit im Glauben, die direkte Erfahrung des göttlichen Wortes im Mittelpunkt stehen. Die Wahrheit des Erzählten wird der Welt – häufig über den Tod hinaus – an Hand von spektakulären göttlichen Strafaktionen verkündet. Richter, Inquisitoren und Vertreter der weltlichen Obrigkeit fallen nicht selten einem plötzlichen, grausamen Tod oder einer geheimnisvollen Krankheit zum Opfer. Manche werden von ihrem Gewissen derart gepeinigt, daß sie jede weitere Beteiligung an den Verhören und Hinrichtungen ablehnen: *the Palsgrave was terrified and troubled by various ways, that afterwards he had no longer a desire to wash his hands in innocent blood.*[57] Legendenhafte Ereignisse, das direkte, allen sichtbare Eingreifen Gottes in die Gegenwart und historisch glaubwürdiges Erzählen waren für die anabaptistischen Berichterstatter offenbar nicht unvereinbar. Das Wunder ist die Wirkung des göttlichen Willens, nicht die Antwort Gottes auf die Bitten der Gläubigen. Gott greift als Zeuge und nicht als Helfer in das Weltgeschehen ein. Die Gottesstrafe bürgt für die Erwählung der

---

52 T.J. van Braght: The Bloody Theatre (Anm. 9) S. 621.
53 T.J. van Braght: The Bloody Theatre (Anm. 9) S. 329.
54 T.J. van Braght: The Bloody Theatre (Anm. 9) S. 593.
55 T.J. van Braght: The Bloody Theatre (Anm. 9) S. 594.
56 T.J. van Braght: The Bloody Theatre (Anm. 9) S. 593.
57 T.J. van Braght: The Bloody Theatre (Anm. 9) S. 438.

Gläubigen. Die Vorsehung steht auf der Seite der Verfolgten. Der Tod der Peiniger ist gleichbedeutend mit Schuldzuweisung und Ehrverlust; die Strafen zeigen eindrucksvoll Gottes triumphierende Gerechtigkeit. In einem besonders spektakulären Fall zerstört Lepra einen Pfarrer bei lebendigem Leib: *his flesh became putrified that pieces fell off from his body* [...]. *It once happened, that a large piece of putrid flesh, which had fallen or was cut from his body, was eaten up by a dog before his eyes* [...] *the fulfillment of a curse.*[58] Ein Henker stirbt unerwartet auf dem Heimweg nach einer Hinrichtung.[59] Die Brücke, über die ein Märtyrer zu seinem Tod geleitet wurde, bricht zusammen und tötet den Schergen.[60] Ein Bürgermeister, der einen Unschuldigen gequält hatte, wird stumm: *visited by the avenging hand of the Lord, so that he was tormented by lice, and lost his speech for a time and thus died in great misery.*[61] Der Sprachverlust des Verfolgers wird zur Metapher für die Unfähigkeit, das Glaubenszeugnis der Verfolgten zum Verstummen zu bringen.

VI.

Die radikalen Reformer wurden bald nach dem Debakel in Münster ins religiöse Abseits gedrängt. Trotz ihres 'männlichen' Mutes und ihrer Beständigkeit in Glauben und Leiden verlor die Frau als Teilnehmerin und Opfer der Bewegung an Bedeutung. Ihr theologisch-gläubiges Selbstbewußtsein, ihre Fähigkeit, zu predigen, zu prophezeien, mit den Inquisitoren unerschrocken Glaubenssätze zu disputieren, bescherten ihr keine Emanzipation, sondern erneuerte und verschärfte in manchen Fällen die Marginalisierung. Sie teilte mit den männlichen Glaubensgenossen das Exil, die Folter, den Tod. Der Beschluß der münsterischen Anabaptisten, im Augenblick der höchsten Bedrohung ihres kurzlebigen Sakralreiches die Polygamie einzuführen, machte die fortdauernde Instrumentalisierung und Objektivierung der Frau überdeutlich.[62] Die Frau, deren freier Wille und mutige Verteidigung der bibelgeleiteten Theologie und der Erwachsenentaufe eine bedeutende Rolle im Fortschreiten der radikalen Reform gespielt hatte, wurde im pseudo-göttlichen Größenwahn der münsterischen Rebellen auf ihre Gebärfunktion reduziert. Ihre öffentliche Rolle als Zeugin für den Glauben und ihr ebenso öffentlich artikuliertes Ehrverständnis verloren im Rückzug der radikalen Reformer ins Abseits des Sektendaseins ihr Emanzipationspotential. Die Niederlage in

[58] T.J. van Braght: The Bloody Theatre (Anm. 9) S. 665.
[59] T.J. van Braght: The Bloody Theatre (Anm. 9) S. 416.
[60] T.J. van Braght: The Bloody Theatre (Anm. 9) S. 440.
[61] T.J. van Braght: The Bloody Theatre (Anm. 9) S. 525.
[62] Lyndal Roper: Oedipus and the Devil: Witchcraft, Sexuality, and Religion in Early Modern Europe. London 1994. S. 84-87.

Münster nahm Männern und Frauen für lange Zeit die Freiheit, ihre Art von Glaubensbekenntnis ungestraft und ohne Angst öffentlich verkünden zu können. Das bedeutete auch, daß der Versuch, einer radikalen neuen weiblichen Ehrauffassung zum Durchbruch zu verhelfen, gescheitert war.[63]

---

63 Vgl. D. Jonathan Grieser: A Tale of Two Convents. Nuns and Anabaptists in Münster, 1533-35. In: The Sixteenth Century Journal 24/1. 1995. S. 31-47.

Kontakte und Konflikte zwischen Landjuden und Christen in Schwaben während des 17. und zu Anfang des 18. Jahrhunderts*

Sabine Ullmann

In der neueren Diskussion zum Forschungsbegriff der Randgruppen wird die Ehrlosigkeit als ein entscheidender Aspekt der minderen Stellung verschiedener Bevölkerungsgruppen betont. Als Randgruppen gelten unterschiedliche Personenkreise, "die durch negative kollektive Attributionen einem partiellen oder totalen Verlust ihrer Ehre unterworfen waren."[1] Damit wird auf eine zentrale Funktion des Ehrkonzeptes verwiesen: Gesellschaftliche Ausgrenzung und soziale Geringschätzung wurden durch Ehrminderungen vollzogen; Ehrabsprechungen wirkten somit sozialstrukturierend und waren ein wesentlicher Bestandteil von Marginalisierungsprozessen, denen unterschiedliche soziale und berufsständische Gruppen, wie z. B. Scharfrichter, Prostituierte oder Bettler unterworfen waren.[2] Auch die

---

* Der vorliegende Beitrag ist im Rahmen meines Dissertationsprojektes über das Landjudentum in Schwaben entstanden. Sabine Ullmann: Juden und Christen in den Dörfern der Markgrafschaft Burgau 1650 bis 1750: Binswangen, Buttenwiesen, Kriegshaber und Pfersee. Diss. masch. Augsburg 1997.

1 Bernd-Ulrich Hergemöller: Randgruppen der spätmittelalterlichen Gesellschaft. Wege und Ziele der Forschung. In: Randgruppen der spätmittelalterlichen Gesellschaft. Ein Hand- und Studienbuch. Hg. von Bernd-Ulrich Hergemöller. 2., neubearb. Aufl. Warendorf 1994. S. 1-55, hier S. 3 und S. 48f.

2 Zu den Begriffen Unehre/Ehrlosigkeit vgl.: Martin Dinges: Ehre als Thema der historischen Anthropologie. In: Verletzte Ehre. Ehrkonflikte in Gesellschaften des Mittelalters und der Frühen Neuzeit. Hg. von Klaus Schreiner, Gerd Schwerhoff. Köln, Weimar, Wien 1995. S. 1-29, hier S. 34f.; Friedrich Zunkel: Ehre, Reputation. In: Geschichtliche Grundbegriffe. Historisches Lexikon zur politisch-sozialen Sprache in Deutschland. Bd. 2. Hg. von Otto Brunner, Werner Conze, Reinhart Koselleck. Stuttgart 1975. S. 16f.; Jutta Nowosadtko: Betrachtungen über den Erwerb von Unehre. Vom Widerspruch 'moderner' und 'traditionaler' Ehren- und Unehrenkonzepte in der frühneuzeitlichen Ständegesellschaft. In: Ehre. Archaische Momente in der Moderne. Hg. von Ludgera Vogt, Arnold Zingerle. Frankfurt am Main 1994. S. 230-249, hier bes. S. 234f.; vgl. hierzu auch Jutta Nowosadtko: Die Ehre, die Unehre und das Staatsinteresse. Konzepte und Funktionen von 'Unehrlichkeit' im historischen Wandel am Beispiel des Kurfürstentums Bayern. In: GWU 44. 1993. S. 362-380.

sozialgeschichtliche Einordnung der Juden als Randgruppe vormoderner Gesellschaften beruht weitgehend auf der Analyse der verschiedenen Formen der Entehrungen sowie der ausgrenzenden Normen und Bestimmungen der geistlichen und weltlichen Obrigkeiten. Ihr rechtlicher Sonderstatus als Schutzjuden,[3] die erzwungene Kenntlichmachung durch gelbe Judenzeichen[4] und die zahlreichen Judenvertreibungen aus Städten und Territorien[5] stützen diese Argumentation. Juden gelten als "klassischer Sonderfall"[6] der Randgruppen u.a. in den Arbeiten von Frantisek Graus, Wolfgang Hartung und Bernd-Ulrich Hergemöller.[7] Die Autoren beziehen sich dabei vor allem auf die Situation der jüdischen Bevölkerung im Spätmittelalter, während Richard van Dülmen, Wolfgang von Hippel und Bernd Roeck diese begriffliche Einordnung auch auf die Frühe Neuzeit übertragen haben.[8]

---

3 Das Wohnrecht war für Juden seit dem 16. Jahrhundert an den Besitz meist befristeter Schutzbriefe einzelner Reichsstände gebunden, die auch die rechtlichen Rahmenbedingungen jüdischer Existenz festsetzten; vgl. zur verfassungsrechtlichen Sonderstellung und dem Schutzbriefwesen zusammenfassend Friedrich Battenberg: Das Europäische Zeitalter der Juden. Zur Entwicklung einer Minderheit in der nichtjüdischen Umwelt Europas. Bd. 1: Von den Anfängen bis 1650. Darmstadt 1990. S. 140-143.

4 Zur Kennzeichnungspflicht vgl. Robert Jütte: Stigma Symbole. Kleidung als identitätsstiftendes Merkmal bei spätmittelalterlichen und frühneuzeitlichen Randgruppen (Juden, Dirnen, Aussätzige, Bettler). In: Saeculum 44. 1993. S. 65-89; Bernward Deneke: Die Kennzeichnung von Juden. Form und Funktion. In: Anzeiger des Germanischen Nationalmuseums und Berichte aus dem Forschungsinstitut für Realienkunde. Nürnberg 1993. S. 240-252; Guido Kisch: The Yellow Badge in History. In: Historia Judaica 19. 1957. S. 89-144.

5 Markus J. Wenninger: Man bedarf keiner Juden mehr. Ursachen und Hintergründe ihrer Vertreibungen aus den deutschen Reichsstädten im 15. Jahrhundert. Wien, Köln, Graz 1981 (Beihefte zum AKG. Bd. 14); Rotraud Ries: Zum Zusammenhang von Reformation und Judenvertreibung: Das Beispiel Braunschweig. In: Civitatum Communitas. Festschrift für Heinz Stoob. Hg. von Helmut Jäger, Franz Petri, Heinz Quirin. Köln 1984 (Städteforschung A 21/I/II). S. 630-654; Michael Toch: 'Umb Gemeyns Nutz und Notdurfft Willen.' Obrigkeitliches und jurisdiktionelles Denken bei der Austreibung der Nürnberger Juden 1498/99. In: ZHF 11. 1984. S. 1-21.

6 Frantisek Graus: Randgruppen der städtischen Gesellschaft im Spätmittelalter. In: ZHF 8. 1981. S. 385-437, hier S. 430.

7 Wolfgang Hartung: Gesellschaftliche Randgruppen im Spätmittelalter. Phänomen und Begriff. In: Städtische Randgruppen und Minderheiten. Hg. von Bernhard Kirchgässner, Fritz Reuter. Sigmaringen 1986. S. 49-114, bes. S. 113; B.-U. Hergemöller: Randgruppen (Anm. 1) S. 6.

8 Richard van Dülmen: Kultur und Alltag in der Frühen Neuzeit. Bd. 2: Dorf und Stadt 16. bis 18. Jahrhundert. München 1992. S. 6-9 und S. 178-214; Wolfgang von Hippel: Armut, Unterschichten, Randgruppen in der Frühen Neuzeit. München 1995 (Enzyklopädie Deutscher Geschichte. Bd. 34). S. 40f.; Bernd Roeck: Außenseiter, Randgruppen, Minderheiten. Fremde im Deutschland der Frühen Neuzeit. Göttingen 1993. S. 23-42 und ders.: Randgruppen und Minderheiten in der deutschen Geschichte der frühen Neuzeit. In: Minderheiten in der Geschichte Südwestdeutschlands. Hg. von Otto Borst. Tübingen 1996. S. 9-27, hier S. 12f.

Randständige und auch Juden waren selbstverständlich nicht völlig ehrlos. Sie verfügten meist über einen eigenen Ehrenkodex[9] und konnten bei individuellem Fehlverhalten ehrmindernden Strafen durch die Obrigkeit unterworfen werden.[10] Ehrlose Randgruppen besaßen also ein ausreichendes 'Ehrvermögen',[11] um an ihrer Ehre gestraft werden zu können und über deren Verlust Sorge tragen zu müssen. Sie standen somit keineswegs außerhalb des gesellschaftlichen Ehrdiskurses. Robert Jütte hat weiter darauf hingewiesen, daß auch Juden als Beklagte und als Kläger in Ehrenhändel mit Christen verwickelt werden konnten.[12] Dieser Befund steht deutlich im Gegensatz zu der zunächst plausiblen Vorstellung, daß Auseinandersetzungen um Ehre die Anerkennung des Gegners als beachtenswerte, sozial gleichrangige Person voraussetzen. Die in den Gerichtsquellen überlieferten Ehrkonflikte zwischen Juden und Christen sind ein Indiz dafür, daß gegenseitige Verletzungen des Ehrgefühls möglich waren, und die Konflikte auch vor Gericht ausgetragen werden konnten. Gleichzeitig verweisen diese Kampf- und Schimpfrituale aber auch auf die zahlreichen Kontakte und alltäglichen Interaktionen zwischen den beiden Religionsgruppen, die trotz der vorhandenen antijüdischen Feindbilder offensichtlich bestanden haben.

Die Schwerpunkte der Forschungen zum Verhältnis zwischen Juden und ihrer christlichen Umwelt im frühneuzeitlichen Reich lagen bisher hauptsächlich im Bereich der Rechts- und Verfassungsgeschichte[13] und wurden weitgehend von Fragen nach der jeweiligen Judenpolitik der einzelnen Herrschaftsinstanzen (Kaiser, Landesherren, Adel, Städte) bestimmt. Daneben standen vor allem geistes- und religionsgeschichtliche Fragestellungen nach dem theologischen Diskurs

---

9 Zum innerjüdischen Ehrbegriff vgl. Robert Jütte: Ehre und Ehrverlust im Spätmittelalterlichen und frühneuzeitlichen Judentum. In: Verletzte Ehre (Anm. 2) S. 144-166.

10 Am 20.10.1533 wird z. B. der Jude Abraham aus Neuburg an der Kammel in Augsburg nach einem Wirtshaushändel zusammen mit zwei Christen in das *Narrenheußlen* gebracht. Vgl. Augsburg StadtA. Strafamt. Urgicht vom 20.10.1533. Vgl. auch die zitierten Fälle bei J. Nowosadtko: Ehre (Anm. 2) S. 367 in denen Scharfrichter und Abdecker mit Ehrenstrafen belegt wurden.

11 Zur Begrifflichkeit vgl. Martin Dinges: Der Maurermeister und der Finanzrichter. Ehre, Geld und soziale Kontrolle im Paris des 18. Jahrhunderts. Göttingen 1994. S. 26; ders.: Die Ehre als Thema der Stadtgeschichte. Eine Semantik im Übergang vom Ancien Regime zur Moderne. In: ZHF 16. 1989. S. 409-440, hier S. 418f.

12 R. Jütte: Ehre (Anm. 9) S. 152f.

13 Grundlegend sind hierzu besonders die Arbeiten von Friedrich Battenberg. Vgl. stellvertretend seinen aktuellsten Beitrag: F. Battenberg: Rechtliche Rahmenbedingungen jüdischer Existenz in der Frühneuzeit zwischen Reich und Territorium. In: Judengemeinden in Schwaben im Kontext des Alten Reiches. Hg. von Rolf Kießling. Berlin 1995 (Colloquia Augustana. Bd. 2). S. 53-80; Wilhelm Güde: Die rechtliche Stellung der Juden in den Schriften deutscher Juristen des 16. und 17. Jahrhunderts. Sigmaringen 1981; unter Betonung der landesherrlichen Judenpolitik vgl. Jonathan J. Israel: European Jewry in the Age of Mercantilism 1550-1750. Oxford 1985.

zwischen den beiden Religionsgruppen im Mittelpunkt[14] sowie literarische und ikonographische Traditionen antijüdischer Mythen und Bilder.[15] Die Festlegungen des Forschungsinteresses auf Erscheinungsformen der Ausgrenzung und auf die spektakulären Ereignisse im Verhältnis zwischen Juden und Christen, z. B. auf die Vertreibungen aus den Territorien und den Städten, hat außerdem dazu geführt, daß die christlich-jüdische Koexistenz unter Betonung der trennenden Aspekte überwiegend negativ beurteilt wurde.[16] Erst in jüngster Zeit setzt sich eine neue Sichtweise durch, die mit der Forderung verbunden ist, das Augenmerk stärker auf die rechtlichen und sozialen Strukturen des Zusammenlebens zwischen Juden und Christen zu legen;[17] nachwievor liegen aber in diesem Bereich die größten Forschungsdefizite. Unter sozialgeschichtlichen Fragestellungen nach den alltäglichen Kontaktbereichen, Wechselbeziehungen und typischen Konfliktsituationen

14 Vgl. z. B. Kirche und Synagoge. Handbuch zur Geschichte von Christen und Juden. Bd 1. Hg. von Karl Heinrich Rengstorf, Siegfried von Kortzfleisch. Stuttgart 1968. S. 363-449 und S. 453-499; Die Juden und Martin Luther – Martin Luther und die Juden. Hg. von Heinz Kremers. Neukirchen 1987; Alexander Patschovsky: Der 'Talmudjude'. Vom mittelalterlichen Ursprung eines neuzeitlichen Themas. In: Juden in der christlichen Umwelt während des späten Mittelalters. Hg. von Alfred Haverkamp, Franz-Josef Ziwes. Berlin 1992 (ZHF. Beihefte. Bd. 13). S. 13-29.

15 Die umfassendste Zusammenstellung findet sich in: Judenbilder. Kulturgeschichte antijüdischer Mythen und antisemitischer Vorurteile. Hg. von Stefan Rohrbacher, Michael Schmidt. Reinbek 1991. Zu antisemitischen Sprachtraditionen vgl. Nicoline Hortzitz-Ernst: 'Früh-Antisemitismus' in Deutschland. Strukturelle Untersuchungen zu Wortschatz, Text und Argumentation. Tübingen 1988; dies.: Verfahrensweisen sprachlicher Diskriminierung in antijüdischen Texten der Frühen Neuzeit. Aufgezeigt am Beispiel der Metaphorik. In: Judengemeinden (Anm. 13) S. 194-217; Hans Wellmann: Linguistik der Diskriminierung. Über die Agitation gegen Juden in Flugblättern der Frühen Neuzeit. In: Judengemeinden (Anm. 13) S. 183-194; Rainer Wohlfeil: Die Juden in der zeitgenössischen bildlichen Darstellung. In: Reuchlin und die Juden. Hg. von Arno Herzig, Julius Schoeps. Sigmaringen 1993. S. 21-35; Ruth Mellinkoff: The Horned Moses in Medieval Art and Thought. Berkeley, Los Angeles, London 1970.

16 Den größten Einfluß hatte wohl u.a. das Werk von Jacob Katz, der auch für die Frühe Neuzeit die weitgehende Segregation der Juden von ihrer nichtjüdischen Umwelt betont; vgl. Jacob Katz: Vom Vorurteil bis zur Vernichtung. Der Antisemitismus 1700-1933. München 1989; vgl. z. B. auch Peter Herde: Von der mittelalterlichen Judenfeindschaft zum modernen Antisemitismus. In: Geschichte und Kultur des Judentums. Hg. von Karlheinz Müller, Klaus Wittstadt. Würzburg 1988. S. 11-69.

17 Robert Jütte: Contacts at the Bedside: Jewish Physicians and their Christian Patients. S. 137-150 und Yacov Guggenheim: Meeting on the Road: Encounters between German Jews and Christians on the Margins of Society. S. 125-136, beide in: In and out of the Ghetto. Jewish-Gentile Relations in Late Medieval and Early Modern Germany. Ed. by Ronnie Po-chia Hsia, Hartmut Lehmann. Cambridge 1995; Zerbrochene Geschichte. Leben und Selbstverständnis der Juden in Deutschland. Hg. von Dirk Blasius, Dan Diner. Frankfurt am Main 1991. S. 7; Rainer Walz: Der nahe Fremde. Die Beziehungen zwischen Christen und Juden in der Frühen Neuzeit. In: Essener Unikate. Berichte aus Forschung und Lehre 6/7. Essen 1995. S. 54-63.

zwischen Juden und der jeweiligen christlichen Bevölkerung wurden die einschlägigen Quellen bisher kaum bearbeitet.[18] Eine differenzierte Betrachtung von Segregations- und Integrationstendenzen ist aber m. E. nötig, um die in Handbüchern und Überblicksdarstellungen erfolgte Einordnung der Juden als Randgruppe zu rechtfertigen.

Ausgrenzung und Marginalisierung gehörten zu den wesentlichen Charakteristika der Randständigkeit, da es offensichtlich ein existenzielles Anliegen der frühneuzeitlichen Gesellschaft war, Abstand zu den 'Ehrlosen' zu halten. Um das Funktionieren dieser Grenzziehungen zwischen Juden und Christen zu analysieren, soll über die normativen Bestimmungen hinaus, das Handeln und Verhalten von Christen und Juden, das sich unter den spezifischen Bedingungen der bekannten zeitgenössischen antijüdischen Stereotypen und Feindbilder abspielte, untersucht werden. Spiegeln die Aufforderungen zur Trennung der Lebensbereiche zwischen Juden und Christen von kirchlicher und weltlicher Seite nur die Haltungen der jeweiligen Obrigkeiten wider oder entsprachen sie auch den Empfindungen und Vorstellungen der Bevölkerung, die mit ehrlosen Juden nur den notwendigsten geschäftlichen Umgang pflegte?

Für die Frühe Neuzeit wird eine zunehmende Verrechtlichung und damit verbundene Verbesserung der Lebenssituationen der jüdischen Bevölkerung betont – jüdisches Leben wurde kalkulierbarer. Dies wird nicht zuletzt am Übergang von befristeten zu generellen Schutzzusagen durch die Landesherren deutlich.[19] Die Rechtsprechungen des Reichskammergerichts und der zahlreichen landesherrlichen Gerichtshöfe, denen die jüdische Bevölkerung im Zuge der Territorialisierung des Judenregals unterstand, gewährten Juden nun zunehmend Rechtsschutz gegen willkürliche Gewaltakte.[20] Welche Rolle spielten Ehrverletzungen in diesen Angriffen gegen Juden, über die sie vor Gericht berichteten, und in welchem Spannungsverhältnis standen dabei obrigkeitliche Rechtsnormen und das Rechtsempfinden der Bevölkerung?

---

[18] Für das schwäbische Landjudentum mit entsprechender Fragestellung vgl. Rolf Kießling: Zwischen Vertreibung und Emanzipation – Judendörfer in Ostschwaben während der Frühen Neuzeit. In: Judengemeinden (Anm. 13) S. 154-180; zu Konfliktmuster im Verhältnis von Juden und Christen bes. S. 173-180; sowie die weiteren Quellenhinweise in der ortsgeschichtlichen Literatur bei Gerhard Hetzer: Anmerkungen zur Geschichte der Judensiedlungen in Steppach und Schlipsheim. In: Neusäß. Die Geschichte von acht Dörfern auf dem langen Weg zu einer Stadt. Hg. von Manfred Nozar, Walter Pötzl. Neusäß 1988. S. 239-260, hier S. 251-253; Michael Piller: Die Juden in Fischach. Teil I. In: Jahresbericht des Heimatvereins für den Landkreis Augsburg e.V. 1976. S. 302-363.

[19] F. Battenberg: Das Europäische Zeitalter (Anm. 3) S. 175f.

[20] Ronnie Po-chia Hsia: A Religious Minority in a Confessional Society: Jews in the Holy Roman Empire of the Seventeenth Century. In: Christentum in Europa im 17. Jahrhundert: Säkularisierung, Dechristianisierung, Rechristianisierung. Hg. von Hartmut Lehmann, Anne-Charlott Trepp. Göttingen (in Vorbereitung).

Im Folgenden soll versucht werden, diesen Fragen am regionalen Beispiel des Landjudentums in Schwaben nachzugehen. Dabei werden die unterschiedlichen Kontakte auf der Ebene der gemeinderechtlichen (1), der wirtschaftlichen (2) und der nachbarschaftlichen Beziehungen (3) auf dem Lande skizziert, die zwischen Juden und Christen gezwungenermaßen und freiwillig bestanden haben. Die Streitpunkte, die sich dabei ergaben, sollen im Hinblick auf das spezifische Konflikt- und Gewaltpotential zwischen den beiden Religionsgruppen geprüft, und in einem letzten Abschnitt (4) schließlich die in den Quellen dokumentierten antijüdischen Ausschreitungen der christlichen Bevölkerung näher untersucht werden.

Nach ihrer Vertreibung aus den Reichsstädten und einigen Territorien im Laufe des 15. und zu Anfang des 16. Jahrhunderts lebte die jüdische Bevölkerung im Alten Reich mehrheitlich auf dem Lande, in Dörfern, Märkten und Kleinstädten. Im Gegensatz zum urbanen Judentum des Hoch- und Spätmittelalters sind für die Frühe Neuzeit daher die ländlichen Siedlungen der Juden charakteristisch.[21] Ein wichtiger Siedlungsschwerpunkt befand sich in Schwaben; zwei bedeutende jüdische Gemeinden, Pfersee und Kriegshaber, lagen direkt vor den Toren der Reichsstadt Augsburg, andere wie Buttenwiesen oder Binswangen in einer weitgehend agrarisch strukturierten Landschaft zwischen Donau und Lech. Nach einem letzten Vertreibungsversuch durch Markgraf Karl von Burgau im Jahr 1617 konnten sich besonders in der Markgrafschaft Burgau aufgrund einer intensiven Ansiedlungspolitik sowohl durch die vorderösterreichische Landesherrschaft als auch durch die zahlreichen Kleinterritorien mehrere jüdische Gemeinden fest etablieren. Das Judenregal – das Vorrecht zur Ansiedlung von Juden – gewann hier neben seiner finanz- und wirtschaftspolitischen Bedeutung auch eine herrschaftliche Dimension, da es zu den umstrittenen landeshoheitlichen Rechten zwischen der Markgrafschaft Burgau und den einzelnen Kleinherrschaften gehörte.[22] Der verfassungsrechtliche Konflikt zwischen den beiden Herrschaftsebenen wirkte sich dabei äußerst günstig auf die Entwicklung der Judengemeinschaften aus und ermöglichte so die Etablierung von sehr großen, stabilen Landgemeinden: in der ersten Hälfte des 18. Jahrhunderts betrug der jüdische Bevölkerungsanteil in einigen Dörfern des 'Medinats Schwaben'[23] somit bis zu 40 Prozent an der Gesamtbevölkerung.[24]

---

21 Monika Richarz: Die Entdeckung der Landjuden. Stand und Probleme ihrer Erforschung am Beispiel Südwestdeutschland. In: Landjudentum im Süddeutschen- und Bodenseeraum. Dornbirn 1992. (Forschungen zur Geschichte des Vorarlbergs. Bd. 11). S. 11-22. Zur Siedlungsgeschichte der Juden nach ihrer Vertreibung aus den Städten vgl. Michael Toch: Aspects of Stratification of Early Modern German Jewry: Population History and Village Jews. In: In and out of the Ghetto (Anm. 17) S. 77-89.

22 R. Kießling: Zwischen Vertreibung und Emanzipation (Anm. 18) S. 154-180, bes. S. 163f.; Wolfgang Wüst: Günzburg. Historischer Atlas (HAB). Teil Schwaben. Heft 13. München 1983. S. 69-70.

23 Der Begriff 'Medinat Schwaben' als Bezeichnung für den Verbund der Judenschaft zwischen Ulm und Augsburg wird in jüdischen Quellen bereits Anfang des 16. Jahrhundert erwähnt,

1. Kooperation und Konkurrenz innerhalb der Dorfgemeinden

Innerhalb dieser 'Judendörfer' entstanden Strukturen des Zusammenlebens, die den spezifischen Bedingungen der Koexistenz auf dem Lande entsprachen. Da beide Gruppen in einer kommunalen Einheit lebten, mußten sie bei den unterschiedlichsten gemeindlichen Belangen gezwungenermaßen kooperieren. Juden und Christen bildeten zwar zwei autonome, parallele Gemeindestrukturen mit kollektiven Führungsorganen und Amtsfunktionen, aber über ihren Hausbesitz partizipierten Teile der jüdischen Bevölkerung auch an den Allmenderechten und waren zur Beteiligung an den gemeindlichen Abgaben verpflichtet. Damit waren sie auf der Basis des Realienrechtes in die Nutzungsgemeinde des Dorfes eingebunden, obwohl sie selbstverständlich nicht zur politischen Gemeinde gehörten. Der rechtliche Rahmen dieser Doppelgemeinden stellt eine Sonderform der dörflichen Genossenschaftsbildung dar, die bisher in der Literatur kaum Beachtung gefunden hat.[25] Entscheidend für die hier behandelte Fragestellung sind die zahlreichen Kontaktbereiche, die sich aus den gemeinderechtlichen Verknüpfungen ergaben. So wurden nicht nur die dörflichen Gewerbebetriebe wie der Schmied, der Bader und der Bäcker gemeinsam unterhalten, sondern auch die Bestellung und Bezahlung des Viehhirten von Juden und Christen zusammen vorgenommen.

1718 erhielt Johann Prehle die Hufschmiede in Pfersee mit dem ausdrücklichen Hinweis übertragen, daß er seine Arbeiten sowohl für Christen als auch für Juden zu verrichten habe.[26] Und als 1721 im gleichen Ort der Bader Andreas Weinmann verstarb, bat *eine ganze gemeindt sowohl Christen als Juden* darum, nun die Ehaft

vgl. Stefan Rohrbacher: Medinat Schwaben. Jüdisches Leben in einer süddeutschen Landschaft in der Frühneuzeit. In: Judengemeinden (Anm. 13) S. 80-110, bes. S. 81f.

[24] In Pfersee war die jüdische Gemeinde seit der ersten jüdischen Ansiedlung durch Erzherzog Ferdinand 1569 kontinuierlich auf insgesamt 19 Familien im Jahr 1682 angewachsen; vgl. Augsburg StadtA. St. Jakobs Pfründe. Fach 91. Fasz. B. Steuerbeschreibung über das Dorf Pfersee 1682. 1701 wohnten hier neben 96 christlichen insgesamt 28 jüdische Familien; vgl. Augsburg StadtA. St. Jakobs Pfründe Fach 91. Lit. G. Grundbuch der St. Jakobsstiftung in Augsburg vom Orte Pfersee von 1701. In Kriegshaber, nur wenige Kilometer entfernt, umfaßte die jüdische Gemeinde 1730 68 Haushalte; vgl. Augsburg StadtA. Markgrafschaft Burgau. Akten. Nr. 28; die Dorfbevölkerung in Binswangen bestand 1736 neben 96 christlichen aus 46 jüdischen Familien; vgl. Augsburg StaatsA. Adel von Knöringen. Herrschaft Binswangen. Bd. 39/I.

[25] In seiner klassischen Studie weist K.S. Bader zwar auf das Phänomen der dörflichen Judengemeinden hin, stellt aber keine Verbindung zur Christengemeinde her: Karl Siegfried Bader: Dorfgenossenschaft und Dorfgemeinde. Studien zur Rechtsgeschichte des Mittelalterlichen Dorfes. 2. Teil. Wien, Köln, Graz 1974. S. 230-233; das Problem wird erstmals thematisiert bei R. Kießling: Zwischen Vertreibung und Emanzipation (Anm. 18) S. 174f., ebenso G. Hetzer: Judensiedlungen (Anm. 18) S. 251.

[26] Augsburg StadtA. St. Jakobs Pfründe. Fach 112. Lit A. Fol. 163-164.

abzuschaffen; die jährliche pauschale Abgabe für den Bader sollte in Zukunft durch eine direkte Bezahlung nach beanspruchter Dienstleistung erfolgen.[27] Auch in Binswangen mußten die Zahlungen an die Baderehaft 1665 gemeinsam entrichtet werden, und der Bader Hans Georg Wegel erhielt in seiner Klage vor dem Dorfgericht gegen den Juden Marx wegen noch schuldiger Abgaben den Anspruch auf sein Dienstgetreide explizit zugesprochen.[28] Die Quellen lassen allerdings offen, ob die Dienste der Bader tatsächlich auch von Juden in Anspruch genommen wurden, in jedem Fall mußten sie sich aber an den Abgaben für diese Ehaft beteiligen und traten dabei gemeinsam mit der christlichen Gemeinde vor dem Vogt der Dorfherrschaft auf. Meist erfahren wir von der gemeinsamen Nutzung des dörflichen Gewerbes nur durch Konflikte, die vor dem Dorfgericht ausgetragen wurden. So klagte der Bäcker Sebastian Reiß in Binswangen den Juden Nathan im Februar 1681 wegen einer unbeglichenen Rechnung an.[29] Seit drei Wochen schuldete der Jude ihm schon für das abgeholte Brot 34 Kreuzer; als er das Geld bei ihm einfordern wollte, hätte Nathan *im vile bese worth gesagt vund zue der haustuer hinausstossen wollen.*[30] Da Juden nur der Verzehr von koscherem Brot erlaubt war, buk der Bäcker offensichtlich an bestimmten Tagen für die jüdische Gemeinde ein Brot, das den rituellen Speisegesetzen entsprach. Während der Backofen durch die rituelle Handlung eines Rabbiners für das Backen koscherer Brote präpariert werden konnte, war es Juden aber verboten, Fleisch von Tieren zu verzehren, die von christlichen Metzgern geschlachtet und nicht den religiösen Vorschriften entsprechend geschächtet worden war. Für die Einhaltung ihrer Speisevorschriften war es daher unerläßlich, daß die jüdische Gemeinde von der Dorfherrschaft die Erlaubnis zum Schächten erhielt. Damit trat sie aber in Konkurrenz zu den Metzgern, deren Einkünfte somit geschmälert wurden. Um Konflikten vorzubeugen, enthielt der Ehaftbrief für den Metzger in Binswangen daher 1663 den Hinweis, daß *die Juden bey ihrem ueblichen hergebrachten recht deß schechtens halben verbleiben sollen.*[31] In Pfersee mußte die jüdische Gemeinde dagegen 1659 dem Metzger 15 Kreuzer für jedes Stück Vieh bezahlen, das sie bei ihm schächten durfte.[32] Da es Juden aber nur erlaubt war, bestimmte Fleischteile zu essen, verkauften sie die übrigen nichtkoscheren Stücke an die Christen und

---

27 Augsburg StadtA. St. Jakobs Pfründe. Protokolle des Vogtamts Pfersee. Nr. 202. Fol. 207.

28 Augsburg StaatsA. Adel von Knöringen. Herrschaft Binswangen. Bd. 8. Fol. 169. Eintrag vom 25.8.1665.

29 Augsburg StaatsA. Adel von Knöringen. Herrschaft Binswangen. Bd. 9. Eintrag vom 14.2.1681.

30 Vgl. Anm. 29.

31 Augsburg StaatsA. Herrschaft Binswangen. Bd. 8. Fol. 100f. Eintrag vom 27.3.1663.

32 Augsburg StaatsA. Adel von Zobel. Bd 4. Fol. 120. Eintrag vom 3.7.1659.

traten auch dadurch wieder in Konkurrenz zu den christlichen Metzgern, die sich folglich über den jüdischen Fleischhandel beklagten.[33]

Die wichtigste gemeindliche Nutzung, die von Juden und Christen gemeinsam in Anspruch genommen wurde, war die Viehweide und damit verbunden die Bestellung des Viehhirten. In allen vier untersuchten Ortschaften, in Binswangen, Buttenwiesen, Kriegshaber und Pfersee, partizipierten die jüdischen Gemeinden in unterschiedlichem Ausmaß an diesem zentralen Allmenderecht.[34] In Buttenwiesen regelte ein Vertrag von 1604 zwischen der Christen- und Judengemeinde den Viehaustrieb:

> *weil die gemaindt Buttenwißen mit einem zimblichen weithen und guethen trieb, trab, vnd bluemben besuech versehen,* [darf] *ein iedes haus, so gemaindts gerechtigkeit, es seye der Inhaber gleich baur, Söldtner, oder Judt, an Ross, gehürnten, vnd Schmal Viehe, so vil er vermach, aber ein geheüs mehr nit dan ein Rinder Viehe auschlagen möge.*[35]

Eine vergleichbare Regelung wurde auch in Kriegshaber 1658[36] und in Binswangen 1651 getroffen.[37] In Pfersee sind zwar keine detaillierten Verträge überliefert, aber ein Hinweis in der Gerichtsordnung aus der Mitte des 17. Jahrhunderts belegt, daß auch hier Juden und Christen die Gemeindeweide gemeinsam nutzten. So wurde festgelegt, daß weder *Christ noch Jude*[38] sein Vieh auf die Weide treiben dürfe, ohne daß es vorher von den Beschauern für gesund befunden wurde. In einer erweiterten Fassung der Ordnung um 1750 erhielt jeder neue Seldner die Erlaubnis, *zwey stuckh Rindvieh, so er solche zu Pfersee und nit anderswo gewinthert, darunter auch die Juden verstanden,*[39] dem Hirten mitzugeben.

---

[33] Vgl. Augsburg StaatsA. Herrschaft Binswangen. Bd. 8. Fol. 25. Eintrag vom 13.8.1659; Augsburg StaatsA. Adel von Zobel. Bd. 2. Fol. 162. Eintrag vom 23.12.1640.

[34] Vgl. zu Kriegshaber: Augsburg StadtA. Hospitalarchiv. Tit. VI. Tom. 37b. Nr. 24: Verträge zwischen der Christen- und Judengemeinde 1658; zu Buttenwiesen: Augsburg StaatsA. Deutschorden Kommende Donauwörth. Akt. Nr. 123: Gemeindeordnungen von 1604; zu Pfersee: Augsburg StadtA. St. Jakobs Pfründe. Fach Nr. 123. Lit. K: Differenzen zwischen denen Christen und der Judenschaft zu Pfersee 1704-1712; in diesem Akt findet sich auch ein Attest des Vogtes zu Binswangen über die Gemeinderechte der dortigen Judenschaft vom 15.1.1712; vgl. auch: Susanne Braun: 'Von gemainer Judischhait in Schwaben'. Der rechtliche Rahmen für das Leben der Juden in der Markgrafschaft Burgau, untersucht an den Beispielen Ichenhausen und Fischach. Zulassungsarbeit Augsburg 1991. S. 65-75.

[35] Augsburg StaatsA. Deutschorden Kommende Donauwörth. Akt. Nr. 123.

[36] Augsburg StadtA. Hospitalarchiv. Tit. VI. Tom. 37b. Nr. 24: Vergleichsreceß zwischen einer Gemeind zu Kriegshaber und der daselbst wohnenden Judenschaft aufgerichtet am 7.8.1658.

[37] Augsburg StaatsA. Adel von Knöringen. Herrschaft Binswangen. Bd. 5. Amtsprotokolle 1648-1652. Fol. 129. Eintrag vom 13.1.1651: Vergleich zwischen der Judenschaft und den christlichen Dorfvorstehern.

[38] Augsburg StadtA. St. Jakobs Pfründe. Fach 112 Fasz. A: Pferßheimische Gerichtsordnung [ca. 1650].

[39] Augsburg StadtA. St. Jakobs Pfründe. Fach 91 B. Gerichtsordnung von Pfersee [ca.1750].

Die Verträge über die Partizipation der Juden an den gemeindlichen Weiderechten wurden keinesfalls im gütlichen Einvernehmen geschlossen, sie sind die Ergebnisse ständiger, heftiger Auseinandersetzungen und wurden daher immer wieder modifiziert und differenziert.[40] Im Mittelpunkt der Auseinandersetzungen standen zwei Vorwürfe der Christen: Zum einen würden die Juden mit ihrem starken Viehausschlag die Allmende überweiden, und zum anderen würden sie ihr Vieh ohne vorherige Prüfung durch die bestellten dörflichen Viehbeschauer austreiben. 1699 beschwerten sich die Untertanen in Buttenwiesen bei ihrer Grundherrschaft, der Deutschordenskommende in Donauwörth: Das Dorf habe nur

> *ein gahr Cleine viehwaidt vnd die ganze gemain sich dermassen beschwert befindet, daß nit ieder nach Nottdurfft Vieh halten oder austreiben kann, ohneracht dessen, Nistlen sich die Juden ieziger Zeit bey uns heuffig ein, Pauen grosse heüßer, dz bißweilen 4 par in einem hauß seindt vnd will ieder viech halten und den viehtribe behaupten, haben oft zu 30.40. Ross auf der waidt, wann etwann ein armer underthan den ganzen tag mit hartem saurem schweiß im feldt zubring, sein auspann zu abents hinaus laß, ist khein waidung mehr da, sondern alles abgefrezt.*[41]

Die Überweidung der Gemeindewiesen stellte vor der Einführung der Stallfütterung tatsächlich ein ernsthaftes Existenzproblem für die Landbevölkerung dar. Besonders die Zunahme der Kleinstellenbesitzer in protoindustriellen Landschaften wie der ostschwäbischen Region während der zweiten Hälfte des 17. und im Laufe des 18. Jahrhunderts, mit denen gleichzeitig auch die jüdischen Gemeinden anwuchsen, verschärfte diese Problematik entscheidend.[42] Ein Großteil der Landjuden lebte zudem in Ostschwaben vom Viehhandel. Daher mußten die meisten Juden wesentlich mehr Vieh auf die Weide treiben als die christlichen Seldner, die oft nur eine oder zwei Kühe besaßen. Da die jüdischen Gemeinden über keinen eigenen Weidegrund verfügten, waren die Händler auf die dörflichen Nutzungsrechte an der Gemeindeweide angewiesen.

---

[40] Vgl. z. B. Buttenwiesen: Dem ersten überlieferten Vertrag von 1604 folgen erneute Vergleiche 1609, 1616 und 1697, alle in: Augsburg StaatsA. Deutschorden Kommende Donauwörth. Akt. Nr. 123.

[41] Vgl. Anm. 40.

[42] Zum Zusammenhang von Protoindustrialisierung und Bevölkerungsentwicklung in Ostschwaben vgl. Rolf Kießling: Entwicklungstendenzen im ostschwäbischen Textilrevier während der Frühen Neuzeit. In: Gewerbe und Handel vor der Industrialisierung. Regionale und überregionale Verflechtungen im 17. und 18. Jahrhundert. Hg. von Joachim Jahn, Wolfgang Hartung. Sigmaringendorf 1991. S. 27-48, hier S. 46; Hermann Grees: Ländliche Unterschichten und ländliche Siedlungen in Ostschwaben Tübingen 1975. (Tübinger Geographische Studien. Bd. 58). Bes. Tabelle S. 307.

Auch die Vorschriften der Viehschauordnungen, die als Schutzmaßnahme vor den grassierenden Seuchen erlassen wurden,[43] gehören in diesen Kontext. Immer wieder klagten die Christen, daß die jüdischen Viehhändler die Bestimmungen umgingen und ihre Tiere ohne Schau auf die Weide brächten. Als im April 1658 in Kriegshaber der Bauer Michl Bruckhay den jüdischen Viehhändler Hudel Hitzig angegriffen und geschlagen hatte, schimpfte er ihn – nach der Aussage des Juden – *Einen Schelmen, Dieben schuldenmacher und Leüthbetrüeger* [...] *vnnd bezüchtiget,* [ihn] *alß ob er ungesundes Vüech* [...] *ahn krankhen ortten eingehandlet vnd* [...] *solches Vüech ab der wäydt geschlagen* hätte.[44] In Kriegshaber wurde die Ordnung schließlich dahingehend verschärft, daß für jedes Tier ein Gesundheitsschein gegen eine Gebühr gefordert wurde.[45] Die Konflikte waren oftmals vorprogrammiert, da die von der Gemeinde gewählten Viehbeschauer meist über weniger veterinäre Kenntnisse verfügten als die jüdischen Viehhändler und zudem der Ausschluß von Vieh durch Verweigerung des Gesundheitsscheines auch als Instrument benutzt werden konnte, den Tieren der Juden die Weide zu versperren.

Weidestreitigkeiten zwischen den beiden Religionsgruppen sind allerdings in erster Linie strukturell bedingte Konflikte, die so auch zwischen Seldnern und Vollbauern stattgefunden haben[46] und weniger von der Tatsache bestimmt wurden, daß Juden und Christen sich als Kontrahenten gegenüberstanden. Sie müssen im Kontext der Auseinandersetzungen um die knapper werdenden gemeindeeigenen Ressourcen innerhalb der ländlichen Wirtschaft gesehen und dürfen nicht allein als primär judenfeindliche Einstellungen der Dorfbevölkerung interpretiert werden. Außerdem sollte ihre Bewertung und Einordnung im Zusammenhang mit dem allgemeinen Konflikt- und Gewaltpotential innerhalb des Dorfes geschehen. Neuere sozialanthropologische Studien haben gezeigt, daß Agrarkonflikte und Querelen um die sozialen Hierarchien die dörflichen Lebensbedingungen entscheidend prägten.[47] Nicht nur Christen und Juden stritten somit um 'knappe Güter'

---

[43] Eine aktuelle Übersicht über die bekannten Seuchenzüge auch für Schwaben findet sich bei: Barbara Schnurrer: Tierseuchenbekämpfung im Territorium der freien Reichsstadt Rothenburg o.T. München 1991.

[44] Augsburg StadtA. Hospitalarchiv. Tit. X . Tom. 63. Akt. Nr. 1: Verkündbrief des Hofgerichts zur Rottweil vom 16.4.1658.

[45] Augsburg StadtA. Hospitalarchiv. Tit. VI. Tom. 37b. Nr. 24: Vergleichsrezeß von 1658.

[46] H. Grees: Ländliche Unterschichten (Anm. 42) S. 27-41.

[47] Vgl z. B. Jan Peters: Der Platz in der Kirche. Über soziales Rangdenken im Spätfeudalismus. In: Jahrbuch für Volkskunde und Kulturgeschichte 28. 1985. S. 77-196; Heinrich-Richard Schmidt: Pazifizierung des Dorfes – Struktur und Wandel von Nachbarschaftskonflikten vor Berner Sittengerichten 1570-1800. In: Kirchenzucht und Sozialdisziplinierung im frühneuzeitlichen Europa. Hg. von Heinz Schilling. Berlin 1994 (ZHF. Beihefte. Bd. 16). S. 91-128 mit weiteren Literaturhinweisen; Bernhard Müller-Wirthmann: Raufhändel, Gewalt und Ehre im Dorf. In: Kultur der einfachen Leute. Hg. von Richard van Dülmen. München 1983. S. 79-111.

wie etwa um Anteile am Weidegrund oder an Holzrechten, auch innerhalb der christlichen Dorfgemeinschaft standen Ressourcenkonflikte und Auseinandersetzungen um die Besitzstandswahrung im Zentrum der Nachbarschaftsstreitigkeiten. Die unterschiedliche Religionszugehörigkeit gab dabei selbstverständlich den Streitfällen zwischen Juden und Christen eine besondere, verstärkende Dynamik. So wurden die Kontroversen um gemeindliche Nutzungen – wie das Beispiel des Metzgers zeigte – von den weitreichenden kulturellen Konsequenzen der jüdischen Religionsgesetze bestimmt.[48]

Auch die Popularität des in zahlreichen zeitgenössischen Legenden und Schmähschriften verbreiteten Bildes vom 'ehrlosen gotteslästernden Wucherjuden' hat sich auf die Auseinandersetzungen um die Nutzungsrechte innerhalb der Dorfgemeinschaften ausgewirkt, aber sie eben nicht allein verursacht. Antijüdische Polemiken finden sich immer wieder in den Gerichtsprotokollen, da sie als Argumentationsstrategien in den Streitfällen von christlicher Seite benutzt und bewußt als symbolträchtige Waffe eingesetzt wurden. 1664 kam es bei der Bezahlung und Bestellung des Hirten in Kriegshaber in der Dorfwirtschaft zu einem heftigen, handgreiflichen Streit zwischen einigen anwesenden Juden und den christlichen Bauern. Der Jude Löw klagte schließlich beim Landgericht in Isny gegen den Wirt im Dorf, Michl Gleich, daß dieser seine Frau während des Streites so geschlagen habe, daß sie nicht nur *vnder dem Gesicht blau gewessen, sondern gar brüchig worden und recht darüber erkhrankt*[49] und dadurch ihr Kind verloren habe. Die christliche Dienstmagd der Jüdin, Elisabeth Pfezerin, bestätigte diesen Vorwurf:

> [...] *sie hab wohl gesehen, daß sie* [die Jüdin] *am backhen blau gewest seye, darnach seye sye gleich am Morgen fliessend worden; da die Frau in der 14. oder 15. wuchen* [gewesen sei] *khöndte man sehen ob etwaß vorhanden seye oder nit, Vndt Sie habe gesehen dz es ain andeütung gehabt, daß Eß ein knäblein worden were.*[50]

Michl Gleich leugnete, die Frau des Juden angegriffen zu haben und versuchte seiner Aussage Nachdruck zu verleihen, indem er daran erinnerte, daß man Juden grundsätzlich nicht glauben dürfe, da sie mit *ihren jüdischen falschen Außflüchte*[n ...] *luegen vnnd betruegen.*[51] Während ein anderer Streitfall in Kriegshaber 1659 zwischen dem Bauern Michl Bruckhay und dem jüdischen Viehhändler

---

[48] Zu religiösen Konflikten zwischen Juden und Christen innerhalb der Dörfer vgl. Sabine Ullmann: Sabbatschnüre und Fronleichnam. Zu religiösen Konflikten zwischen Christen und Juden in den schwäbischen Landgemeinden. In: Christentum in Europa im 17. Jahrhundert: Säkularisierung, Dechristianisierung, Rechristianisierung. Hg. von Hartmut Lehmann, Anne-Charlott Trepp. Göttingen (in Vorbereitung).

[49] Augsburg StadtA. Hospitalarchiv. Tit. X . Tom. 63. Akt. Nr. 2: Schreiben des Hans Bernhard Landoldt Landsvogtknecht zu Rommelsried an die Oberbeamten der Markgrafschaft Burgau vom 24.7.1664.

[50] Vgl. Anm. 49.

[51] Vgl. Anm. 49.

Hudel Hitzig beim kaiserlichen Hofgericht in Rottweil verhandelt wurde,[52] rächte sich der Sohn des Bruckhay zusammen mit seinen Freunden bei dem Juden mit einem symbolträchtigen Angriff: Sie warfen in der Nacht vor dem *heiligen Ostertag* dem Hudel Hitzig *ain Schwein in den pronnen* und schlugen *mit Stainen an seyne fensterläden.*[53] Bezeichnenderweise sanktionierte die Ortsherrschaft diesen nächtlichen Überfall und belegte die Väter der Söhne mit einer Geldstrafe. Sie wurden verurteilt für *alle schäden, neben heraußthuenlassung des schweinlins auß dem pronnen* 45 Gulden zu bezahlen.

Das Schwein war ein populäres Attribut, das verwendet wurde, um Juden z. B. in antijüdischen Flugschriften gezielt entehrend darzustellen.[54] Ein besonders deutliches Beispiel für diesen Zusammenhang findet sich auf dem Titelblatt eines Pamphlets von 1571 mit der polemischen Überschrift 'Der Jüden Erbarkeit', auf dem drei Juden als Teufelskreaturen dargestellt wurden, einer von ihnen reitet auf einem Schwein.[55] Auch das Bewerfen der Fensterläden der Juden mit Steinen war eine symbolische Provokation und Ehrverletzung.[56] Die Anwendung dieses Instrumentariums durch die christliche Jugend belegt, daß auch sie bewußte Angriffe auf die Ehre der Juden unternehmen wollten. Gleichzeitig zeigen diese Fälle die Existenz und Wirksamkeit der antijüdischen Bilder in den Auseinandersetzungen zwischen Christen und Juden.

2. Soziale Formen wirtschaftlicher Beziehungen

Die zahlreichen wirtschaftlichen Beziehungen zwischen Christen und Juden stehen zunächst im Widerspruch zu den oben geschilderten Vorwürfen in den Streitfällen um die gemeindlichen Nutzungen und zeigen, daß Christen ihren jüdischen Händlern durchaus vertrauten und ausgesprochen komplexe Geschäftsverbindungen – meist auf Kreditbasis – mit ihnen eingingen. Haupterwerbszweige der Landjuden waren der Viehhandel, der Hausierhandel mit landwirtschaftlichen Produkten und Fertigwaren vom städtischen Markt sowie die Vergabe von Kleinkrediten. Die Auswertung der erhaltenen Amtsprotokolle der einzelnen Ortschaf-

---

52 Augsburg StadtA. Hospitalarchiv. Tit. X . Tom. 63. Akt. Nr. 1: Verkündbrief des Hofgerichts zur Rottweil vom 16.4.1658.

53 Augsburg StadtA. Hospitalarchiv. Tit. X. Tom. 63. Akt. Nr. 3: Bericht des Spitalpflegers vom 19.4.1659.

54 Zu Darstellungen von Schweinen und damit verbundenen Judenassoziationen vgl. Judenbilder (Anm. 15) S. 157-163 und S. 168; in diesen Kontext gehören auch die entehrenden Formen des Judeneides, bei denen Juden auf der Haut eines frisch geschlachteten Schweines ihren Eid leisten mußten.

55 Abgebildet in: Judenbilder (Anm. 15) S. 160.

56 Vgl. hier S. 309f. und 311.

ten und Vogteiämter belegt, daß die geschäftlichen Beziehungen zwischen jüdischen Händlern bzw. jüdischen Kreditgebern und ihren christlichen Kunden durch dauerhafte Verbindungen gekennzeichnet waren.[57] So tauschte Joseph Seitz aus Stillnau mit Abraham Hitzig, Viehhändler in Buttenwiesen, im März 1731 ein Pferd gegen einen Stier und zahlte dabei zusätzlich 14 Gulden;[58] einen Monat später kaufte er ein weiteres Pferd bei ihm für 28 Gulden,[59] davon bezahlte er 14 Gulden sofort, den Rest in zwei Raten bis zum nächsten Herbst, und 1732 sind wieder zwei neue Viehhandelsgeschäfte zwischen den beiden protokolliert.[60] In Binswangen schloß der Jude Abraham Michl mit Joseph Saur aus Apfeltrach im Juli 1739 einen Tauschkontrakt um *einen Wallach gegen zwey Rösser*,[61] und am 31. Januar 1740 wurde ein weiteres umfangreiches Handelsgeschäft verzeichnet, beide tauschten ein Pferd gegeneinander, wobei der Christ noch 8 Gulden und *2 mezen Roggen vnnd 4 mezen haaber*[62] zu bezahlen hatte, die er in zwei Raten jeweils zu Martini am 11. November 1741 und 1742 begleichen mußte. Bei keinem der 14 Geschäftsabschlüsse von Juden aus Kriegshaber und Pfersee mit den christlichen Untertanen im Pflegamt Bobingen des Hochstifts Augsburgs, die dort 1699 zu Protokoll gegeben wurden, erfolgte die Bezahlung sofort, sieben davon wurden im Frühjahr abgeschlossen mit einer Zahlungsfrist bis zum Herbst, bei den

---

57 Vgl. z. B. die protokollierten Geschäftsabschlüsse in: Augsburg StaatsA. Adel von Knöringen. Herrschaft Binswangen Bde. 5-18; Augsburg StaatsA. Vorderösterreich. Lit. Nr. 96-98 zu Buttenwiesen; Augsburg StadtA. St. Jakobs Pfründe. Amtsprotokolle zu Pfersee sowie die unterschiedlichen Protokollbände des Bestandes Augsburger Pflegämter in Augsburg StaatsA. Eine quantitative Auswertung dieser Marktakten von 1650 bis 1750 nach Kundenkreis, Aktionsradius und Handelsvolumen wurde im Rahmen meiner Dissertation über die jüdischen Landgemeinden in Binswangen, Buttenwiesen, Kriegshaber und Pfersee vorgenommen. S. Ullmann (Anm. 1) Kap. 4. Für das 18. und 19. Jahrhundert vgl. Christoph Daxelmüller: Kulturvermittlung und Gütermobilität. Anmerkungen zur Bedeutung des jüdischen Handels für die ländliche und kleinstädtische Kultur. In: Wandel der Volkskultur in Europa. Festschrift für G. Wiegelmann zum 60. Geburtstag. Münster 1988; Monika Richarz: Viehhandel und Landjuden im 19. Jahrhundert. Eine symbiotische Wirtschaftsbeziehung in Südwestdeutschland. In: Menora. Jahrbuch für deutsch-jüdische Geschichte. München, Zürich 1990. S. 66-88.

58 Augsburg StaatsA. Vorderösterreich. Lit. Nr. 96. Kauf-, Tausch-, Schuld- und Handlungsprotokolle der Juden im Amt Buttenwiesen. Fol. 4. Eintrag vom 12.3.1731.

59 Vgl. Anm. 58. Fol. 12. Eintrag vom 8.4.1731.

60 Vgl. Anm. 58. Fol. 79. Eintrag vom 24.6.1732 und Fol. 101. Eintrag vom 21.10.1732. Weitere Beispiele von Christen, die mehrmals bei dem gleichen jüdischen Händler in Buttenwiesen einkaufen: Franz Boehmb aus Langenreichen. Fol. 3, 22 und 166; Jacob Sailer aus Untertürkheim. Fol. 49, 100, 153; Johann Deffner aus Bliensbach. Fol. 47, 54 und 71.

61 Augsburg StaatsA. Adel von Knöringen. Herrschaft Binswangen. Bd. 26. Fol. 63f. Eintrag vom 15.7.1739; vgl. auch die Geschäftsabschlüsse zwischen Jacob Lewe aus Buttenwiesen und Caspar Hurle aus Binswangen: Augsburg StaatsA. Adel von Knöringen. Herrschaft Binswangen. Bd. 26. Fol. 99: Eintrag vom 29.5.1699 und Fol. 106: Eintrag vom 22.7.1699.

62 Augsburg StaatsA. Adel von Knöringen. Herrschaft Binswangen. Bd. 26. Fol. 94: Eintrag vom 31.1.1740.

restlichen sieben gewährten die jüdischen Händler ihren Kunden einen Kredit von bis zu zwei Jahren.[63] Die Binswanger Amtsbücher verzeichnen vom 15. Januar bis zum 20. April 1700 insgesamt 31 christlich-jüdische Kontrakte; davon sind 27 Viehhandelsgeschäfte, zwei Geldgeschäfte, zwei Warengeschäfte. Auch hier zahlte keiner der christlichen Kunden, die aus Dörfern in einem Umkreis von ca. 15 km nach Binswangen gekommen waren, sein eingekauftes Vieh sofort. Die Raten erstreckten sich meist bis zur Erntezeit im Herbst, wobei ein Teil der Summe mit Naturalien, meist Roggen, Dinkel oder Hafer beglichen wurde.[64] Nicht selten blieben auch die jüdischen Händler eine Restsumme bei einem Kuh- oder Pferdetausch schuldig. Der Jude Joseph Heym versprach Georg Igelspacher, beide aus Binswangen, beim Vogtamt im Februar 1663, die aus einem Handel noch schuldigen 12 Gulden innerhalb von vierzehn Tagen zu bezahlen,[65] und der jüdische Händler Mayrle, auch aus Binswangen gab, am 2. Januar 1681 zu Protokoll, daß er Andreas Punckh *wegen eines eingehandelten Rosses noch 5 fl schuldig sey.*[66]

Die Kunden der Juden kamen nicht nur aus den benachbarten Dörfern, auch die Christen der 'Judendörfer' bezogen ihre Waren bei den jüdischen Nachbarn vor Ort. Die Handelsgeschäfte von Hans Reitschuster, Mitglied des Viererausschusses und Kronenwirt in Binswangen, sind von 1670 bis 1699 im Gemeindeprotokoll festgehalten. Er kaufte in diesem Zeitraum mehrere Kühe und Pferde bei Nathan, Schimel, Moises, Mauschi, Mayerle, Kopelle und Abraham, die ausnahmslos als Schutzjuden in Binswangen ansässig waren.[67] Ein letztes Beispiel aus Pfersee von 1683 soll exemplarisch die Komplexität dieser Geschäftsbeziehungen verdeutlichen: Der Bauer Johann Geiger aus Neusäß verglich sich vor dem Amt in Pfersee mit Lazarus Günzburger, Schutzjude im Dorf, wegen einer Geldschuld. Es verblieb ein Restbetrag von 10 Gulden, den er bis Michaeli zu bezahlen versprach. Gleichzeitig verkaufte der Bauer dem Juden drei Kühe für 18 Gulden unter der Bedingung, daß die Tiere noch bis Michaeli bei ihm im Stall stehen blieben, *er*

---

63 Augsburg StaatsA. Augsburger Pflegämter. Pflegamt Bobingen. Amtsprotokolle Bd. 669. Fol. 1-3, 5-7, 10, 13, 47f.

64 Augsburg StaatsA. Adel von Knöringen. Herrschaft Binswangen. Bd. 25. Fol. 115-125: Einträge vom 15.1. bis 20.4.1700.

65 Augsburg StaatsA. Adel von Knöringen. Herrschaft Binswangen. Bd. 8. Fol. 90. Eintrag vom 26.2.1663.

66 Augsburg StaatsA. Adel von Knöringen. Herrschaft Binswangen. Bd. 9. Ohne Folierung: Eintrag vom 2.1.1681; vgl. etwa auch die Einträge in Bd. 26: Fol. 135; Bd. 9: ohne Folierung. Eintrag vom 9.8.1680; Bd. 5: Fol. 1; Bd. 8: Fol. 90, 91, 108.

67 Augsburg StaatsA. Adel von Knöringen. Herrschaft Binswangen. Bd. 25. Fol. 5. Eintrag vom 19.5.1695; Fol. 14. Eintrag vom 29.10.1695; Fol. 22. Eintrag vom 11.3.1696; Fol. 49. Eintrag vom 3.3.1697; Fol. 59. Eintrag vom 9.10.1697; Fol. 101. Eintrag vom 1.7.1699; Bd. 8. Fol. 190. Eintrag vom 1.4.1667; Fol. 233. Eintrag vom 24.8.1670; Fol. 243. Eintrag vom 17.7.1671.

Baur den Genuß daran haben sollte, entgegen ihm Juden dafür 6fl bestandtsgeld zustehen sollten.[68]

Die jüdischen Händler bedienten einen festen Kreis von Stammkunden, die über mehrere Jahre hinweg immer wieder bei ihnen Vieh kauften, Geld liehen oder Waren bezogen. Die Geschäftspraktiken der Juden waren dabei in sensibler Weise an den Bedürfnissen der Landbevölkerung orientiert und führten zu einer engen wirtschaftlichen Symbiose: Sie stellten auch, wie das letzte Beispiel zeigt, Vieh auf Kredit in den Stall, das sogenannte Borg- oder Leihvieh,[69] und boten ausgesprochen lange Zahlungsfristen, die sich über mehrere Jahre erstrecken konnten und die dem jahreszeitlichen Arbeits- und Verdienstzyklus des agrarischen Wirtschaftens entsprachen. Gleichzeitig erfüllten sie eine wichtige Funktion "für die Binnenstruktur des ländlichen Wirtschaftsraumes",[70] wobei neben dem Viehhandel ihre wichtigsten Warengruppen Getreide, Hülsenfrüchte, Obst, Textilien und Garn, Eisen, Holz, Felle oder Häute waren.

Die jüdischen Händler in den beiden Augsburger Vorstadtgemeinden Kriegshaber und Pfersee hatten sich im Gegensatz dazu vor allem auf Geschäfte mit den städtischen Einwohnern spezialisiert. Am bedeutendsten war hier – neben dem Handel mit Edel- und Altmetallen, Leder-, Tuch- und Textilwaren – die Vergabe von Kleinkrediten auf der Basis der Pfandleihe an städtische Einwohner aus den mittleren und unteren Einkommensgruppen.[71] Um kurzfristig über Bargeld zu verfügen, versetzten die Augsburger Bürger bei den Juden meist Kleidungsstücke, Haushaltsgegenstände und einzelne mehr oder weniger wertvolle Schmuckstücke. Seit der Vertreibung 1438/40 war Juden der Aufenthalt in der Stadt nur mit beschwerlichen Auflagen möglich, d.h. gegen Zahlung eines Einlaßgeldes und in Begleitung eines Stadtsoldaten.[72] Die christlichen Kunden gingen daher selbst zu

---

68 Augsburg StaatsA. Reichsstadt Augsburg. St. Jakobs Pfründe. Protokolle des Vogtamtes Pfersee. Nr. 202. 1682-1691. Fol. 30. Eintrag von 8.7.1683.

69 Augsburg StaatsA. Vorderösterreich. Lit. Nr. 96. Kauf-, Tausch-, Schuld- u. Handlungsprotokolle der Juden im Amt Buttenwiesen 1730-39. Fol. 4, 55f., 130f., 134.

70 R. Kießling: Judendörfer (Anm. 18) S. 170.

71 In den Protokollbänden der Ortsherrschaft zu Pfersee finden sich zwischen 1640 und 1727 insgesamt 95 Streitfälle, die sich auf Pfandhandelsgeschäfte zwischen Christen und Juden beziehen. Vgl. Augsburg StaatsA. Adel von Zobel. Bd. 2, 3, 4 und 6; Augsburg StadtA. St. Jakobs Pfründe. Fach 112. Lit A. Pfersheimisches Conferenz- und Resolutionsprotokoll von 1711; Augsburg StaatsA. Reichsstadt Augsburg. St. Jakobs Pfründe. Nr. 202: Protokolle des Vogtamtes Pfersee; Augsburg StadtA. Reichsstadt Augsburg. Lit. 210. Pferseisches Amts- und Verhörsprotokoll 1733-1738. Aus dem Zeitraum zwischen 1592 und 1645 sind außerdem die Pfandzettel von 77 Augsburger Einwohnern erhalten. Vgl. Augsburg StadtA. Judenakten. Fasz. 3, ausgewertet in Sabine Ullmann: 'Über der Juden schädlichen Wucher und Kipperey.' Die Beziehungen der Judengemeinden in Kriegshaber und Pfersee zur Reichsstadt Augsburg im 17. Jahrhundert. Magisterarbeit. Masch. Augsburg 1992.

72 Vgl. zu den restriktiven Einlaßbestimmungen [Stetten, Paul von (d.J.)]: Geschichte der Juden in der Reichsstadt Augsburg. Augsburg 1803. S. 18; Bernd Roeck: Eine Stadt in Krieg und Frieden. Studien zur Geschichte der Reichsstadt Augsburg zwischen Kalenderstreit und Pari-

den jüdischen Händlern in die Dörfer oder trafen sich mit ihnen am Schießgraben der Stadt.[73] Ein erheblicher Teil der Geschäftsabschlüsse wurde über christliche Zwischenhändler abgeschlossen, die die Kontakte zu den jüdischen Händlern vermittelten. 1640 löste Jacobina Glum, eine *Käuferin zu Augsburg im namen Neubergers ein schwarz wullenen Rock und ein grien zigen mit pelz,*[74] die bei Moises in Pfersee für 9 Gulden und 50 Kreuzer versetzt worden waren, und Jörg Steinmeir brachte für Balthasar Koch einen Mantel zu Seligmann, für den er dort 3 Gulden und 30 Kreuzer erhielt.[75] Städtische Einwohner verrichteten auch Boten- und Vermittlungsdienste für jüdische Händler. So gab der Pferseer Jude Elias bei einem gerichtlichen Verhör 1628 zu Protokoll, daß er einem Augsburger Schneider *zu zeiten gellt geben, korn in der Schrannen Jn Augspurg einzukaufen,*[76] und Johann Baur sagte aus, daß *er mehrmahlen von David Ulman geschickt worden* sei,[77] um für ihn Schriftstücke in die Stadt zu bringen.

Dabei brachten die wirtschaftlichen Beziehungen vermutlich auch weiterführende Kontakte mit sich; Hinweise dazu geben die Orte an denen die Geschäftsabschlüsse getätigt wurden. Neben den klassischen Marktgeschäften während der Wochen- und Jahrmärkte[78] waren die Orte der Verhandlungen entweder das Haus des Juden bzw. des Christen oder öffentliche Wirtshäuser. Als im Oktober 1628 der Augsburger Schneider Matthes Schnatterer und seine Ehefrau des Getreidediebstahls angeklagt wurden, verhörte das städtische Gericht auch die jüdischen Pfandleiher und Kleinhändler in Pfersee, da sie im Verdacht der Hehlerei standen. Die Aussagen der Juden in den Verhörprotokollen geben ein eindrucksvolles Zeugnis von der Selbstverständlichkeit, mit der die Augsburger in den Häusern der Juden verkehrten. Schimel Jud gab zu Protokoll, daß

---

tät. Göttingen 1990 (Schriftenreihe der Historischen Kommission bei der Bayerischen Akademie der Wissenschaften. Bd. 37). Bd. 2. S. 472; Richard Hipper: Die Reichsstadt Augsburg und die Judenschaft vom Beginn des 18. Jahrhunderts bis zur Aufhebung der reichsstädtischen Verfassung (1806). Diss. masch. Erlangen 1923. S. 13-18; Wolfram Baer: Zwischen Vertreibung und Wiederansiedlung. Die Reichsstadt Augsburg und die Juden vom 15. bis zum 18. Jahrhundert. In: Judengemeinden (Anm. 13) S. 110-127, hier S. 115f.

73 Augsburg StadtA. Judenakten. Fasz. 12. Nr. 34. Dekret vom 8.4.1732.

74 Augsburg StaatsA. Adel von Zobel. Bd. 2. Fol. 153. Eintrag vom 11.11.1640.

75 Vgl. Anm. 74. Fol. 197. Eintrag vom 1.11.1641. Vgl. auch die folgenden Einträge: Augsburg StaatsA. Reichsstadt Augsburg. St. Jakobs Pfründe. Nr. 202. Protokolle des Vogtamtes Pfersee. Fol. 37 und 66; Augsburg StaatsA. Adel von Zobel. Bd. 6. Fol. 18.

76 Augsburg StadtA. Strafamt. Urgicht vom 27.11.1628.

77 Augsburg StaatsA. Adel Langenmantel. Nr. 34. Pfersheimische Amts-, Brief- und Kontraktenprotokolle 1700-1707. Fol. 81^{r}. Eintrag vom 10.1.1703.

78 Zu den Marktbesuchen der jüdischen Händler in Augsburg vgl. z. B. die Passierlisten der Torwächter am Göggingertor während der Kirchweihtage: SuStB Augsburg. 2° Cod. S. 229: Acten die Juden in Augsburg betr. 1617-1804: Spezifikation derjenigen Juden die vom 3. Oktober 1697 bis 4. Januar 1698 die Stadt passiert haben; Spezifikation derjenigen Juden, welche die St. Ulrichs Kirchweih vom 7.7. - 12.7.1697 besucht haben; ebenso aus dem Jahre 1698; Verzeichnis derjenigen Juden, welche die Michaelis Kirchweih 1697 besucht haben.

> *ain unbekandte Mannsperson aus der statt zu Jme [...] komen, vnd Jme von sechs dickhen goldtstuckhen in der größe wie ain thaler angebotten, Welches er aber abgeschlagen, vnd nichts damit zu thuen haben wöllen den er hab leichtlich erachten können, Es gehe nit recht darmit zu.*

Für Salomon hatte Schnatterer gearbeitet *vnd* [habe] *noch Arbeit bey Jme im hauß.* Der Jude Elias verneinte zwar auch, wie alle Befragten, daß Schnatterer ihm das gestohlene Getreide zum Kauf angeboten hätte, aber der Schneider hätte *noch etlich pfandt Vermög gegebnen Zettels bey Jnen steendt, seye täglich bey Jnen Jm hauß gewest, Jnen gearbeitet, auch allerhandt sachen versezt vnd gelöst.*[79] Als 1672 Wolfgang Pöschel, ein Augsburger Fuhrknecht, von Martin Wanner, Unterbleicher in Augsburg, angeklagt wurde, mehrere Stücke Leinwand gestohlen zu haben, stand Henle Jude aus Kriegshaber unter dem Verdacht, die Leinwand wissentlich aufgekauft zu haben. Er verteidigte sich, daß er nur einmal mit dem Fuhrknecht an einem Sonntag gehandelt hätte. Der Fuhrknecht sei *zue ihme Juden in das haus hinauf gangen, ein Stukh golschen von 24 Elen auf den tisch gelegt, vnnd [...] habe ihn fir einen vnverdechtigen man angesehen.*[80] Dieser Kauf aber läge schon längere Zeit zurück, daher könnte es sich nicht um die gestohlene Leinwand handeln.

Jüdische Händler gingen schließlich auch in öffentliche Wirtshäuser, um dort ihre Kunden zu treffen. 1739 klagte der Landkrämer Andreas Bock den Schutzjuden David Ulman aus Pfersee an, daß dieser ihn in der Schäffler Herberge beim Wechseln einer größeren Summe von Dukaten gegen halbe Gulden betrogen habe. Der Wirt Peter Schuster bestätigte die Aussage des Krämers und berichtete, *daß der Jude gesteren Mittags allda getruncken und nach Tisch mit dem Land Cramer in sein Camer gegangen um mit ihm zu wechslen.*[81] Ein Erlaß des Hochstiftes von 1620, der 1736 nochmals publiziert wurde, belegt, daß es sich hier keineswegs um einen Einzelfall gehandelt hatte: Den Untertanen wurde verboten, bei den jüdischen Händlern Geld zu wechseln, die *sonderlich bey den würthen das gueth wol gangbare gelt aufweichslen* und es gegen minderwertige Münzen eintauschten.[82]

Bei diesen unterschiedlichen wirtschaftlichen Beziehungen, die in den Amtsprotokollen dokumentiert wurden und über die Juden und Christen scheinbar selbstverständlich auch vor Gericht Auskunft gaben, spielte die 'Ehrlosigkeit' der

---

79 Vgl. Anm. 77. Hieraus auch die obigen Zitate.

80 Augsburg StadtA. Strafamt. Urgicht vom 16.1.1672. Vgl. auch die Hehlereivorwürfe in den folgenden Akten mit entsprechenden Hinweisen: Augsburg StadtA. Strafamt. Urgichten vom 11.7.1693; 15.9.1610; 19.7.1628; 11.1.1669; Augsburg StaatsA. Adel von Zobel. Bd. 2. Fol. 188f. Eintrag vom 23.7.1641; Augsburg StaatsA. Adel Langenmantel. Nr. 34. Pfersheimische Amts-, Brief- und Kontraktenprotokolle 1700-1707: Fol. 68. Eintrag vom 22.1.1702 und Fol. 84^{r}. Eintrag vom 28.7.1702.

81 Augsburg StadtA. Judenakten. Fasz. 3. Fol. 441-452, hier Fol. 443.

82 Augsburg StaatsA. Augsburger Hochstift. NA Akten. Nr. 5395. 'Von den Juden'. Abschrift eines Dekretes vom 7.12.1620 aus dem Jahr 1736.

jüdischen Händler offensichtlich keine Rolle. In keinem der Fälle wurde von den christlichen Kunden die mindere soziale Stellung der Juden thematisiert oder zur Sprache gebracht, ebensowenig nahmen Christen selbst Schaden an ihrer Ehre, wenn sie mit Juden Handelsgeschäfte eingingen. Obwohl der Rat der Reichsstadt durch mehrere Erlasse immer wieder versuchte, die wirtschaftlichen Verbindungen der Einwohner zu den Vorstadtjuden zu unterbinden, und dabei auch gängige antijüdische Stereotype über den Wucher als Argumente einsetzte,[83] war es für die Augsburger selbst eine notwendige Selbstverständlichkeit, bei ihnen ihre Pfänder zu versetzen oder Waren einzukaufen. Zudem sind die christlich-jüdischen Wirtschaftsbeziehungen über ihre funktionalen, ökonomischen Aspekte hinaus auch als soziale Handlungs- und Begegnungsräume zu begreifen – langjährige Geschäftskontakte, die zu einem gewissen Grad der Bekanntschaft und der Vertrauensbildung führen mußten sowie das öffentliche Wirtshaus als Kommunikationszentrum[84] der Handelsverbindungen verdeutlichen dies.

3. Nachbarschaftliche Kontakte und Grenzen der Geselligkeit

Auch Nachbarschaften als soziale Netze von Geselligkeiten und gegenseitigen Hilfsleistungen lassen sich in den dörflichen Gerichtsquellen nachweisen, wenn man diese 'gegen den Strich' liest. Die überlieferten Streithändel, die sich in den Wirtshäusern der Dörfer ereigneten, belegen etwa, daß dieses wichtige soziale Zentrum des Dorfes nicht nur zum Zweck der Geschäftskontakte von beiden Gruppen besucht wurde. So klagte der Metzger Hans Prothreiß 1659 gegen den Juden Joseph Heym, daß dieser ihn im Wirtshaus in Binswangen ohne Grund einen *Dieb gehaißen* hatte,[85] und 1650 wurden der Jude Hirschle und Anton Geiger in Pfersee jeweils mit 30 Kreuzer bestraft, *weilen sie bey Hans Laußer bier wirth mit straichen hinder einander komen.*[86] Von einem Wirtshausbesuch der Juden – wieder in Binswangen – 1739 zeugt auch ein Eintrag im Dorfprotokoll, der ver-

---

[83] Augsburg StadtA. Judenakten. Fasz. 13. Fol. 186: Dekret vom 28.1.1659; Judenakten Fasz. 12: Dekrete gegen den jüdischen Handel vom 25.5.1680 (Nr. 26), 26.1.1719 (Nr. 28); 18.3.1732 mit Verweis auf gleichlautende Mandate vom 4.3.1700 und vom 15.12.1718 (Nr. 33), 8.4.1732 (Nr. 34).

[84] Vgl. allgemein zur Funktion der Wirtshäuser: Hans Konrad Peyer: Von der Gastfreundschaft zum Gasthaus. Studien zur Gastlichkeit (MGH. Schriften Bd. 31) Hannover 1987. S. 220-230 und S. 246-254.

[85] Augsburg StaatsA. Adel von Knöringen. Herrschaft Binswangen. Bd. 8. Fol. 27. Eintrag vom 28.4.1659; vgl zu Binswangen auch die folgenden Einträge im gleichen Band am 28.4.1666. Fol. 173; Bd. 26. Eintrag vom 27.2.1738. Fol. 33f.

[86] Augsburg StaatsA. Adel von Zobel. Bd. 2. Fol. 166. Eintrag vom 12.3.1650.

merkt, *daß Itzig Levi und Moyses Samsohn schutzjuden allhir wider das herrschaftliche verbott über die gewöhnliche zeit bey den preyen gewessen* und *selbe darmahl gleich den Christen, undt zwahr jeder gestrafft* [worden] *mit 30 kr.*[87] Daneben gab es aber auch jüdische Bier- und Weinschenken, z. B. in Pfersee, die von Christen ebenso besucht wurden. Der Wirt Andreas Käußer beschwerte sich hier 1713, daß die Juden das Bier nicht *zu eignem und täglichen hauß-brauch* brauen, sondern auch *die fremde und von Außenher ankomende Juden und Christen damit bedienen.*[88] Er forderte daher von der Ortsherrschaft, daß *besagte Judenschaft* angehalten werden solle, *das bier* [...] *bey denen Wirthen zu Pfersee zu nemen.*[89]

Ein wichtiger Beleg für das Funktionieren nachbarschaftlicher Hilfsleistungen und Solidarbeziehungen auch zwischen Juden und Christen sind Darlehen, mit denen Christen jüdischen Dorfbewohnern in unterschiedlichen Notsituationen aushalfen. In Binswangen läßt sich ein solches nachbarschaftliches Kreditnetz vom Oktober 1738 bis zum September 1742 nachweisen. Insgesamt nahmen in diesem Zeitraum zwölf jüdische Familien größere Summen bei Christen auf, u.a. um Häuser zu kaufen oder Anbauten vorzunehmen, um größere Investitionen in ihren Handelsgeschäften vorzufinanzieren oder ihre Töchter mit einer entsprechenden Aussteuer bei der Hochzeit versorgen zu können.[90] So liehen sich etwa der Jude Marum Schmuel und seine Ehefrau Gittel bei dem christlichen Seldner Lorenz Hodum *zur Aussteyerung ihrer tochter margam ein verzünsliches Capital von 50 fl gegen jährlich 2 fl 30 kr zinns,*[91] und der Jude Jakob Abraham erhielt im gleichen *Jahr zur bestrittung seines Eyßenhandels von Matheß Riger bauern 150 fl* zu einem jährlichen Zins von 7 Gulden 30 Kreuzer vorgestreckt.[92] Bei diesen nachbarschaftlichen Darlehensvergaben traten die Vorurteile und Feindbilder gegenüber den Juden offensichtlich in den Hintergrund. Auch gesellige Kontakte, z. B. gemeinsame Wirtshausbesuche von Christen und Juden, waren möglich, oh-

---

87 Augsburg StaatsA. Adel von Knöringen. Herrschaft Binswangen. Bd. 26. Fol. 68.

88 Augsburg StadtA. St. Jakobs Pfründe. Fach 112. Lit A. Pfersheimisches Conferenz- u. Resolutionsprotokoll ab 1711. Fol. 106. Eintrag vom 19.10.1713.

89 Vgl. Anm. 88.

90 Vgl. neben den im folgenden einzeln angeführten Beispielen: Augsburg StaatsA. Adel von Knöringen. Herrschaft Binswangen. Bd. 26 Fol. 34f., 37, 49, 72, 76-78, 83, 101, 211, 303. Darunter sind keine Schulden inbegriffen, die jüdische Händler aus offenen Posten ihrer geschäftlichen Beziehungen mit Christen im Dorf hatten und die ebenfalls in den Protokollbänden verzeichnet wurden; bei den hier angeführten Beispielen handelte es sich um rein 'private' Schuldverschreibungen der Juden, die im deutlichen Gegensatz zum bisher bekannten Sachverhalt jüdischer Kreditgeschäfte stehen.

91 Augsburg StaatsA. Adel von Knöringen. Herrschaft Binswangen. Bd. 26. Eintrag vom 26.10.1738. Fol. 3.

92 Augsburg StaatsA. Adel von Knöringen. Herrschaft Binswangen. Bd. 26. Eintrag vom 19.4.1739. Fol. 52. Kredite von Juden bei christlichen Nachbarn sind auch keine Besonderheit des 18. Jahrhunderts, bereits im Januar 1674 lieh der Zoller in Binswangen dem Mäyerle Juden im Dorf zur Erbauung seines Hauses 30 Gulden. Vgl. Augsburg StaatsA. Adel von Knöringen. Herrschaft Binswangen. Bd. 8. Eintrag vom 26.1.1674. Fol. 270.

ne daß Christen dadurch Schaden an ihrer eigenen Ehre nahmen, wie dies etwa geschehen konnte, wenn man mit anderen Unehrlichen, z. B. dem Scharfrichter, zusammen trank.[93]

Dies änderte sich allerdings entscheidend, wenn Gerüchte über sexuelle Beziehungen zwischen Juden und Christen entstanden. So wurde 1708 Ursula Engelschalck in Augsburg mit dem Pranger und einem ewigen Stadtverweis, einer typischen Ehrenstrafe, belegt, und der Jude Simon Deffele aus Pfersee erhielt eine Geldstrafe von 50 Gulden, weil sie beide unter dem Verdacht des gemeinsamen Beischlafes gestanden waren. Aus den umfangreichen Verhörprotokollen erfahren wir, daß sie *öfters in dem Neuen Würthshaus zue Pferschen getrunken vndt getanzt* haben. Simon gestand, der Ursula Essen und Wein bezahlt zu haben, dies sei

> *aber zu dem ende beschehen sich von ir Raths zu erhollen, wie ihme eine Judendochter Von fürth, welche reicher als Er were, vnd deswegen sie nicht lust zu ihm hete, lieben mueste* [...] *zu solchem ende dan hete sie ihme einen liebestrunckh Von einem apoteggersgesellen mit welchem sie gar wohl bekant were, zuwegen zu bringen versprochen.*[94]

Im gleichen Jahr wurde die Prostituierte Anna Glozin in Augsburg mit der Fronfeste bestraft, weil sie von einem Pferseer Juden *an dem Rosnauberg bestellet* [worden und sich] *allda mit ihm fleischlich vermischet vnd desswegen von ihm 1fl empfangen hete.*[95] Im Gegensatz zur mittelalterlichen Rechtssprechung, die vorsah, Juden und Christen bei sexuellen Kontakten zu verbrennen,[96] fiel die Bestrafung in der Frühen Neuzeit zumindest in Augsburg wesentlich milder aus. Die verhafteten christlichen Frauen wurden mit einer Schandstrafe belegt, während die jüdischen Männer eine Geldstrafe erhielten, wie es ein Statut von 1590 festsetzte, das offensichtlich auch zu Anfang des 18. Jahrhunderts noch beachtet wurde. Als der Jude Seligmann von Frankfurt am Main im Mai 1590 in Augsburg wegen seiner Beziehungen zu einer Christin namens Anna Maria verhaftet wurde, erhielt er nur eine Geldstrafe, nachdem der Stadtvogt Matthias Thalman in einem Schreiben darauf verwiesen hatte, daß *vermelter Jud inflagranti crimine nicht ergriffen* [und

---

93 Vgl. Kathy Stuart: Unehrlichkeitskonflikte in Augsburg in der frühen Neuzeit. In: ZHVS 83. 1990. S. 113-129 und ihren Beitrag in diesem Band.

94 Augsburg StadtA. Strafamt. Urgicht vom 14.8.1708. Fol. 111.

95 Augsburg StadtA. Strafamt. Zucht- und Strafbuch der ledigen und verwitibten Personen 1705-1742. Bd. 24. Fol. 95. Eintrag vom 11.8.1708.

96 Nach dem Stadtrecht von 1276, vgl. dazu Bernhard Schimmelpfennig: Christen und Juden im Augsburg des Mittelalters. In: Judengemeinden (Anm. 13) S. 23-38, hier S. 26. Diese Rechtsnorm wurde aber nicht immer in der Praxis entsprechend gehandhabt. Vgl. dazu Karl Heinz Burmeister: Medinat bodase. Bd. 1: Zur Geschichte der Juden am Bodensee 1200-1349. Konstanz 1995. S. 121f.

somit] *nicht Peinliche straff nach dem Statut gegen im fürgenommen werden soll.*[97]

Diese letzten Beispiele aus den Verhörprotokollen des Augsburger Strafamts markieren die Grenze in den geselligen Kontakten zwischen Juden und Christen, zwischen der Ehrbarkeit der Christen und der Unehrbarkeit der Juden. Während die Ehrlosigkeit der jüdischen Bevölkerung auf nachbarschaftliche und gesellige Kontakte offensichtlich keine Auswirkungen zeigte, wirkte sie sehr wohl im sexuellen Bereich, und eine christliche Frau konnte dabei erheblichen Schaden an ihrer Ehre erleiden.

4. Antijüdische Angriffe

Trotz der beschriebenen gemeinderechtlichen Verknüpfungen sowie der wirtschaftlichen und nachbarschaftlich-geselligen Kontakte, war die jüdische Bevölkerung aber nach wie vor nur eine geduldete Gruppe, die jederzeit angegriffen werden konnte und verbalen sowie handgreiflichen Ehrverletzungen ausgesetzt war. Im folgenden sollen der Täterkreis, die Orte und Situationen der Überfälle genauer betrachtet werden, um die Ursachen und Hintergründe der Angriffe zu entschlüsseln.

Im August 1675 kam es zu einem Vorfall gegen die Juden in Kriegshaber durch betrunkene Studenten des Jesuitenkollegs St. Salvator in Augsburg. Auf dem Rückweg von einer Wallfahrt bewarfen die Schüler – nachdem sie *in bier gezecht*[98] – die Fenster der Judenwohnungen mit Steinen, brachen das Tor zum Judenfriedhof auf und beschädigten mehrere Grabsteine. Gegen diese Schändung ihres Friedhofes klagte die jüdische Gemeinde bei der landesherrlichen Schutzherrschaft, dem Oberamt der Markgrafschaft Burgau in Günzburg. Unter Berufung auf seine Schutzpflicht gegenüber den Juden forderte das Oberamt den Schulleiter auf, die drei gefaßten Schüler zu bestrafen. Der Rektor des Kollegs riet in seinem Antwortschreiben von einer harten Vorgehensweise ab, denn

> *die ohne daß dem Judengeschlecht gehässigen handtwercksburschen* [werden] *in Ihren ainmahl gefasten grollen, hass und verbiterung noch mehre geschürt*

---

[97] Augsburg StadtA. Strafamt. Urgicht vom 9.5.1590. Dem Akt liegt auch eine Abschrift des Statuts bei, danach sollten beide nur dann verbrannt werden, wenn man sie *beyeinander* [...] *ergreifft* [...] *ist aber das sein der Vogte Jnnen wirdt so sy von einander khommen* [...] *so sol er sein schuldt gewinnen nach seinen gnaden.*

[98] Augsburg StadtA. Katholisches Wesensarchiv. G 4/10. Konzeptschreiben des Jesuitenkollegs an das Oberamt vom 8.10.1675. Vgl. auch G. Hetzer: Judensiedlungen (Anm. 18) S. 251, der ebenfalls auf diesen Vorfall hinweist. Eine Friedhofsschändung in Buttenwiesen ist auch von 1665 überliefert. Vgl. Augsburg StaatsA. Vorderösterreich und Burgau. Nr. 23. Fol. 545^r.

> [...] *und nichts anders als noch ärger und größßere ungelegenheiten zuerwahrten sein, und man villeicht aber hernach zu spath allerorthen wünschen wurde, man hete die Sach in statu quo beruhen lassen.*[99]

Das Oberamt wies bei seiner Forderung nach einer harten Bestrafung u.a. auf weitere Angriffe gegen die jüdische Bevölkerung in der Umgebung von Augsburg hin. So hätten *erst disen dagen etwelch den Mauschi Gunzi zu Pfersheim nägst der Statt Augspurg umb würffl angemüsset.*[100] Auch in den Akten des Augsburger Strafamts finden sich Streithändel und Übergriffe, bei denen Christen Juden auf der Straße zur Herausgabe von Würfeln nötigten. So wurde Lazarus Günzburger aus Pfersee 1677 mit einer Geldstrafe von zwei Gulden belegt, weil es zu einem Raufhändel zwischen ihm und Matthias Sandtholzer, einem Studenten aus Feldkirch, gekommen war, nachdem der Student von ihm auf offener Straße *würffel von Ihme begehrt* hatte.[101]

Gerd Mentgen[102] und Karl Heinz Burmeister[103] haben in jüngster Zeit Einzelstudien über diese Erscheinungsform des Antijudaismus vorgelegt und dabei die unterschiedlichen Deutungsmuster sowie die religiös-kulturellen Hintergründe der Würfelzollforderungen erarbeitet. Nach diesen Analysen ging die willkürliche Würfelerpressung auf eine Variante des Leibzolls zurück, einer der entwürdigenden Abgabeformen, mit denen Juden belegt wurden. Während der herkömmliche Leibzoll in einer Geldabgabe bestand, die Juden an den verschiedensten Zollstellen zu entrichten hatten, handelte es sich beim Würfelzoll um die materiell zunächst unbedeutende Darreichung von Spielwürfeln. Entscheidend ist der Symbolcharakter der Forderung: Der Würfel galt als Metapher für die Wertlosigkeit; indem ein Jude sich selbst mit nur einem Würfel verzollen mußte, wurde sein

---

99 Augsburg StadtA. Katholisches Wesensarchiv. G 4/10.

100 Vgl. Anm. 98. Schreiben des Oberamtes vom 6.8.1675.

101 Augsburg StadtA. Strafamt. Strafbuch 1677-1687. Fol. 1. Eintrag vom 10.7.1677; vgl. auch Strafbuch 1667-1677. Fol. 224. Eintrag vom 23.5.1676.

102 Gerd Mentgen: Der Würfelzoll und andere antijüdische Schikanen in Mittelalter und Früher Neuzeit. In: ZHF 22. 1995. S. 1-48. Mentgen liefert eine umfassende Interpretation der symbolischen Bedeutung und des kulturellen Hintergrundes der Würfelzollforderung allerdings ohne den Bezug zur Ehre der Juden herzustellen. Wie sehr die Würfelzollforderung als Ehrverletzung von den angegriffenen Juden verstanden wurden belegen aber gerade ihre Reaktionen, die Würfel sind tatsächlich "eine große Kostbarkeit" (S. 11) für die Juden gewesen.

103 Karl Heinz Burmeister: Der Würfelzoll der Juden. In: Festschrift für Louis Carlen. Hg. von Louis C. Morsatz, Markus Escher. Zürich 1989. S. 121-131; ders.: Der Würfelzoll – eine Abart des Leibzolls auf Juden. In: Steuerliche Vierteljahresschrift. 2. 1990. S. 232-236; ders.: Der Würfelzoll, eine Variante des Leibzolls. In: Aschkenas 3. 1993. S. 49-64. Burmeister betont besonders das diskriminierende Moment des Würfelzolls. Vgl. auch Emanuel Hecht: Der Würfelzoll der Juden. In: Monatszeitschrift für Geschichte und Wissenschaft des Judentums 10. 1861. S. 275-276.

eigener minderer Status dokumentiert.[104] Bezeichnenderweise leisteten Juden früh gegen diese Abgabenform Widerstand und suchten sich durch erkaufte Privilegien von diesem Zoll zu befreien.[105] Obwohl die Zollordnungen in Schwaben keine Bestimmungen zum Würfelzoll verzeichneten, wurden Juden auch hier immer wieder mit der populären, parodistischen Form des Würfelfrevels belästigt. Die Reaktionen der Juden auf diese verbalen Angriffe, die oft in Handgreiflichkeiten eskalierten,[106] machen deutlich, daß Würfelforderungen als bewußte Beleidigungen und massive Provokationen zu interpretieren sind – daß sie als Ehrverletzungen von den Juden verstanden wurden. Wenn Christen von einem Juden die Herausgabe eines Würfels forderten, verlangten sie im Grunde eine symbolische Unterwerfungsgeste, die den Juden empfindlich in seinem eigenen Ehrgefühl verletzte. Gleichzeitig zeigen diese Provokationen, daß sie jederzeit zur Zielscheibe christlicher Angriffe werden konnten, *weilen die Christen* [es] *vast durchgehents ohne dz für ein sonderbahres Gott gefälliges opfer halten, wan sie denselben etwas zu laidt thuen und vil Unbildts anfiegen.*[107]

Neben der Würfelzollforderung wurde das Werfen mit Steinen als typische Angriffswaffe gegen jüdische Häuser, ihre Fensterläden oder die Juden selbst eingesetzt. Am 28. September 1719 bestrafte der Dorfvogt in Binswangen die beiden Schreinergesellen Johann Höchstetter aus Possenried und Hans Jörg Frech aus Lutzingen mit 2 Gulden, da sie dem Juden Abraham Michl im Dorf *seine fünster mit stainen hineingeschlagen* hatten, [108] und der Untervogt zu Pfersee zeigte im Oktober 1718 an, daß *etliche Bauern knecht aus Bergen* [Stadtbergen], *durch das Judengeßlin oben im dorff gelauffen und schmechtwortt gegen die Juden getriben vnnd mit stainen darbey geworffen.*[109] Auch das Werfen mit Steinen ist als symbolischer Angriff zu verstehen. Der Brauch des Judensteinigens ging auf mittelalterliche antijüdische Rituale besonders während der Osterzeit zurück[110] und war eine

---

[104] In Basel fungierte der Würfel in einer Kleiderordnung von 1418 für Zuhälter auch als Infamiezeichen; vgl. Katharina Simon-Muscheid: Randgruppen, Bürgerschaft und Obrigkeit. Der Basler Kohlenberg, 14.-16. Jahrhundert. In Spannungen und Widersprüche. Gedenkschrift für Frantisek Graus. Hg. von Susanna Burghartz u.a. Sigmaringen 1992. S. 203-225, hier S. 215.

[105] K.H. Burmeister: Der Würfelzoll, eine Variante des Leibzolls (Anm. 103) S. 57f.

[106] Vgl. etwa die oben zitierten Fälle (Anm. 98); Lazarus Günzburger z. B. wehrt sich mit einer *Maultasch*, die er dem Christen auf seine Würfelzollforderung erteilt.

[107] Augsburg StadtA. Katholisches Wesensarchiv. G 4/10. Konzeptschreiben des Jesuitenkollegs an das Oberamt vom 8.10.1675.

[108] Augsburg StaatsA. Adel von Knöringen. Herrschaft Binswangen. Bd. 26. Fol. 75. Eintrag vom 28.10.1719.

[109] Augsburg StaatsA. Adel von Zobel. Bd. 6. Fol. 36[r]. Eintrag vom 24.11.1626; Bd. 3. Fol. 102. Eintrag vom 12.2.1646: Christian Mayr wird mit einem Gulden bestraft, weil er dem Juden Salomon aus Pfersee die Fenster nachts eingeworfen habe.

[110] Cecil Roth: The Eastertide Stoning of the Jews and its liturgical Echoes. In: The Jewish Quarterly Review 35. 1944/45. S. 361-370.

provokante Anspielung auf Episoden aus den Passionsberichten, wie z. B. die Legende nach der Christus von Judenkindern auf seinem Weg zum Kreuz mit Steinen beworfen wurde.[111] Bei den hier geschilderten Vorfällen handelte es sich aber weniger um kollektive Rituale als vielmehr um individuelle Angriffe gegenüber Juden, die als Ventil persönlicher Problemlagen der einzelnen Angreifer zu verstehen sind.

Dieser Befund verdeutlicht sich bei einer genaueren Betrachtung des Täterkreises: Sowohl die in der Literatur geschilderten Fälle als auch die hier angeführten Quellenbeispiele belegen,[112] daß die meisten dieser schikanösen Übergriffe von Jugendlichen, Studenten oder Schülern, Knechten, Gesellen oder Soldaten verübt wurden, oft waren sie dabei betrunken. Es handelte sich also um einem Personenkreis, der meist unter widrigen Lebensbedingungen seine Existenz sichern mußte und in der sozialen Hierarchie der Ständegesellschaft weit unten angesiedelt war, bzw. um Jugendliche, die sich ihren Platz dort erst noch erringen mußten. In vielen Fällen wirkte offensichtlich auch der Alkoholeinfluß, unter dem die Täter standen, aggressionsfördernd.[113] Ein vergleichbarer Täterkreis, der in Gewaltdelikten frühneuzeitlicher Gesellschaften eine herausragende Rolle einnahm, wurde auch in den Studien zur Kriminalitätsforschung ermittelt.[114]

Bezeichnenderweise finden sich in den Quellen kaum Hinweise, daß Juden von ihren Nachbarn innerhalb des Dorfes ohne ersichtlichen Grund mit provokanten Ehrverletzungen wie der Würfelzollforderung oder mit Steinschlägen angegriffen wurden; meist ist es die offene Landstraße, und in der Regel sind es Christen, die in keinem direkten persönlichen Kontakt zu den Juden standen.[115] Schließlich zeigt

---

[111] Auf diesen Zusammenhang verweist G. Mentgen: Würfelzoll (Anm. 102) S.18f. mit zahlreichen Belegstellen.

[112] Zum Täterkreis vgl. K.H. Burmeister: Der Würfelzoll eine Variante des Leibzolls (Anm. 102) S. 59f.; G. Mentgen: Würfelzoll (Anm. 102) S. 11f.

[113] Vgl. auch die folgenden Beispiele: Augsburg StaatsA. Adel Langenmantel. Bd. 34. Pfersheimische Amts-, Brief- und Kontraktenprotokolle 1700-1707. Fol. 168r. Eintrag vom 17.7.1706; Augsburg StadtA. Hospitalarchiv. Tit. X. Tom. 1. Protokoll 1723-1738. Fol. 99. Eintrag vom 11.7.1725; Fol. 278. Eintrag vom 8.7.1728.

[114] Vgl. z. B. Gerd Schwerhoff: Köln im Kreuzverhör. Kriminalität, Herrschaft und Gesellschaft in einer frühneuzeitlichen Stadt. Bonn, Berlin 1991. S. 301-312; H.-R. Schmidt: Pazifizierung des Dorfes (Anm. 47) S. 95f.; B. Müller-Wirthmann: Raufhändel (Anm. 47) S. 104f.

[115] Auf die Gefährdung, der Juden bei ihren Reisen ausgesetzt waren, verweist auch die Einschränkung der Kennzeichnungspflicht, die besonders jüdische Händler nicht als mögliche Opfer auf offener Landstraße ausweisen sollte. Nach dem Mandat Kaiser Ferdinands I. von 1551 war es Juden erlaubt, ohne den gelben Ring zu reisen. Vgl. Innsbruck Tiroler Landesarchiv. Pestarchiv. Akten 1400-1780. Nr. XXIX,37; die gleiche einschränkende Bestimmung in der Judenordnung für die Markgrafschaft Burgau bereits 1534: Augsburg StaatsA. Vorderösterreich. Lit. 646. Fol. 111r. Vgl. auch die Transkription in Rosemarie Mix: 'Wider der Juden und Jüdinen wuocherliche gesuoch, Conträct und handlungen.' Die kaiserlichen Privilegien für die Reichsstädte Ulm, Memmingen und Augsburg und die geistlichen Territorien Wettenhausen und Roggenburg als restriktive Maßnahmen gegenüber den Juden der Mark-

die frühneuzeitliche Rechtspraxis, daß entsprechende Klagen der jüdischen Bevölkerung gegen polemische und handgreifliche Angriffe durch die jeweiligen Obrigkeiten auch verfolgt wurden. Die betroffenen Juden konnten Angriffe zur Anzeige bringen, und die Täter wurden – soweit man ihrer habhaft werden konnte – auch bestraft. Die Veränderungen in der Rechtsnorm, die zu einer Verrechtlichung jüdischen Lebens geführt hatten, zeigten also durchaus auch ihre Wirkungen in der Rechtspraxis und brachten der jüdischen Bevölkerung einen bedeutenden Zuwachs an rechtlichem Schutz vor antijüdischen Ausschreitungen. Die geschilderten Fälle verweisen aber zugleich auf die nicht unerhebliche Diskrepanz zwischen einem obrigkeitlichen Rechtsverständnis, das vor allem am Erhalt des innerstädtischen und innerdörflichen Friedens ausgerichtet war, und dem Rechtsempfinden weiter Teile der Bevölkerung, die Überfälle gegen Juden nicht nur als 'gerechte Sache vor Gott' empfanden, sondern im Wissen um die mindere soziale Stellung der Juden auch bewußt provokante Ehrangriffe gegen sie unternahmen, um den eigenen überlegenen Status zu demonstrieren bzw. mit diesen Aggressionen persönliche Probleme zu kompensieren.[116] Die Supplikationsschrift eines Augsburger Bürgers, dessen Frau bei einem Diebstahl in einem Judenhaus in Pfersee gefaßt wurde und an den Pranger gestellt werden sollte, brachte dieses Rechtsempfinden deutlich zum Ausdruck. Der Mann bat seiner Frau

> *den offentlichen Spott, der vielmehr vns als sie selbst treffen würde, aus gnaden nachzusehen* [...] *da die entfrembdung gegen einen Juden intentiert worden denen nach einfälltig gemeiner Leüth meinung Von Christen /:man thue ihnen auch zu Laid was man wolle:/ nicht unrecht geschehen kann.*[117]

5. Zusammenfassung

Die Kontakte zwischen Juden und Christen waren von Gegensätzen geprägt, sie verweisen sowohl auf Ausgrenzungstendenzen als auch auf Formen der Interaktion bis hin zur Integration. Es liegt dabei an der Art der vorhandenen und benutzten Quellen, daß wir – außer den wirtschaftlichen – selten von konfliktfreien Kontakten erfahren. Zu typischen Konfliktsituationen zählten z. B. die Auseinandersetzungen um die Nutzungsrechte innerhalb der dörflichen Gemeinden. Bei diesen Streitpunkten handelte es sich um strukturell bedingte Ressourcenkonflikte, in

---

grafschaft Burgau in der zweiten Hälfte des 16. Jahrhunderts. Zulassungsarbeit (masch.) Augsburg 1993. S. 126; vgl. auch B. Deneke: Kennzeichnung (Anm. 4) S. 244f.

[116] Zur Sündenbocktheorie vgl. Jean Delumeau: Angst im Abendland. Die Geschichte kollektiver Ängste im Europa des 14. bis 18. Jahrhunderts. Hamburg 1985. S. 418f.; B. Roeck: Aussenseiter (Anm. 8) S. 21.

[117] Augsburg StadtA. Strafamt. Urgicht vom 18.3.1677.

denen antijüdische Argumentationsstrategien von christlicher Seite zur Verteidigung der eigenen Positionen eingebracht wurden. Der religiöse Gegensatz zwischen den beiden Gruppen hat diese Auseinandersetzungen wohl verschärft, aber nicht verursacht. Eine Betrachtung der ökonomischen Transaktionen unter sozialen Aspekten zeigt zudem, daß die geschäftlichen Beziehungen auch gesellige Kontakte mit sich brachten, und damit die wirtschaftlichen Funktionen der Juden auch zu weiteren Formen einer partiellen Integration in die jeweilige christliche Gesellschaft führten. Daneben kam es aber auch zu nachbarschaftlich-geselligen Kontakten, die unabhängig von den ökonomischen Kontakten stattfanden; gemeinsame Wirtshausbesuche und gegenseitige nachbarschaftliche Hilfsleistungen sind hierfür Indizien.

Zu diesen Begegnungen stehen die antijüdischen Ausschreitungen im scheinbaren Widerspruch, die ebenso wie die verbotenen sexuellen Kontakte, auf die Grenzziehung zwischen Juden und ihrer christlichen Umwelt verweisen bzw. auf die gefährdete Stellung der jüdischen Bevölkerung. Diese Angriffe belegen erneut, daß die jüdische Bevölkerung als Gruppe von ihrer Umwelt "nicht als gleichwertig akzeptiert"[118] wurde, ebenso zeigen die Äußerungen der Christen vor Gericht, daß das Rechtsempfinden der Bevölkerung von den antijüdischen Stereotypen stark beeinflußt war. Dabei wurde die Ehre der Juden mit der Anwendung symbolhafter Angriffe bewußt verletzt, um damit ihren niedrigen sozialen Status immer wieder neu festzuschreiben – in diesem Sinne ist ihre soziale Stellung mit der anderer minderer Gruppen wie Bettlern, Dirnen oder Scharfrichtern vergleichbar. Juden waren aber solchen Angriffen meist nur durch Bevölkerungsgruppen ausgesetzt, die nicht mit ihnen unmittelbar zusammenlebten. Man griff in der Regel nicht die jüdischen Nachbarn an, sondern die fremde jüdische Bevölkerung auf offener Landstraße.

Innerhalb der schwäbischen Dörfer waren die Mitglieder der jüdischen Gemeinde alles andere als Außenseiter. Sie waren über ihre Anteile an den Nutzungsrechten in die gemeindlichen Belange zumindest punktuell integriert und über nachbarschaftlich-gesellige Kontakte auf vielfältige Weise mit den dörflichen Sozialstrukturen verbunden. Nicht zuletzt zeigen auch die Siedlungssituationen innerhalb der Dörfer keine räumliche Aufteilung der Lebenswelten.[119] Aus dieser

---

[118] F. Graus: Randgruppen (Anm. 6) S. 396.

[119] Augsburg StadtA. St. Jakobs Pfründe. Fach 91. Lit. G: Grundbuch der St. Jakobsstiftung in Augsburg vom Orte Pfersee von 1701. Topographische Umsetzung nach: Bayerisches Landesvermessungsamt München. Uraufnahme 1:5000 Blattnummer N.W.XI.23; Johann Lambert Kolleffel: Schwäbische Städte und Dörfer um 1750. Geographische und Topographische Beschreibung der Markgrafschaft Burgau 1749-1753. Tafelband. Hg. von Robert Pfaud. Weißenhorn 1974 (Beiträge zur Landeskunde von Schwaben. Bd. 2). S. 309: Kriegshaber, Augsburg StaatsA. Vorderösterreich. Lit. Nr. 111: Grund- und Saalbuch Buttenwiesen 1760/80. Topographische Umsetzung nach: Bayerisches Landesvermessungsamt München. Uraufnahme 1:5000 Blattnummer: N.W.XXIII.27; Augsburg StaatsA. Adel von Knöringen.

Perspektive fällt es schwer, die jüdische Bevölkerung in Schwaben den Randgruppen zuzuordnen, denn die Grenzziehung zwischen ihnen und einer 'ehrbaren' christlichen Umwelt war in den wirtschaftlichen und den sozialen Beziehungen nur sehr bedingt wirksam. Eine differenzierte Bewertung zwischen den Formen der Ausgrenzung, z. B. ehrverletzenden Angriffen und den damit verbundenen partiellen Ehrverlusten sowie den Formen des Zusammenlebens zeigt, daß die integrierenden Faktoren auf gemeinderechtlicher, ökonomischer und geselliger Ebene innerhalb der Dorfgemeinschaften oftmals dominierten. Damit erweist sich der Forschungsbegriff der Randgruppen in seiner Anwendung auf die soziale Situation der Landjuden nur als bedingt brauchbar. Gleichwohl liefert dieses Forschungskonzept – u.a. mit dem Ehrbegriff – wichtige methodische Ansätze, um die Stellung der Juden in ihrer christlichen Umwelt zu analysieren. Das angeführte regionale Beispiel weist dabei Charakteristika auf, die zu einem relativ hohen Grad der Integration führten, wie etwa die jüdische Siedlungsgröße, die dörfliche nachbarschaftliche Wohnsituation und die gemeinderechtlichen Verknüpfungen. Dabei führten möglicherweise diese spezifischen Strukturen des schwäbischen Landjudentums zu den dargestellten Ergebnissen und Bewertungen, die selbstverständlich für andere Orte und Regionen zu überprüfen sind.

Herrschaft Binswangen Nr. 39/I. Topographische Umsetzung nach Bayerisches Landesvermessungsamt München: Ortsblätter 1:2500. B52. Vgl. dazu ausführlich: S. Ullmann (Anm. 1) Kap. 5.

Des Scharfrichters heilende Hand – Medizin und Ehre in der Frühen Neuzeit

Kathy Stuart

Vom Henker sich curieren lassen, und unter seiner Hand bei der scharfen Frag sein, ist ein anders.[1] So rechtfertigte 1668 ein Bortenmachergeselle einen Gesellenstreik in seinem Handwerk. Der Streik war durch einen Unehrlichkeitskonflikt zwischen Meistern, Gesellen, Rat und einem als unehrlich angefochtenen Bortenmachergesellen ausgelöst worden. Dieser Geselle, der einundzwanzigjährige Augustin Gestecker, war der Hexerei bezichtigt, verhaftet und gefoltert worden. Der Verdacht der Hexerei bestätigte sich in diesem Fall allerdings nicht. Daher wurde Gestecker nach siebenwöchiger Haft und ausgestandener Folter für unschuldig deklariert und aus der Haft entlassen. Obwohl die Obrigkeit Gestecker vom Verdacht freigesprochen hatte, beschlossen die Bortenmacher, den Gesellen aus ihrem Handwerk auszuschließen. Der junge Mann mag der Hexerei zwar unschuldig gewesen sein, aber seine Unschuld tat hier nichts zur Sache, denn ganz abgesehen von Schuld oder Unschuld war der junge Mann durch die Berührung des Scharfrichters infamiert, unehrlich geworden. Seine Mitgesellen weigerten sich, neben ihm zu arbeiten, *darumb weil er unter des Scharfrichters Hand gewesen.* Die Gesellen erklärten ihren Boykott wie folgt: *Wann einer ein Flecken in ein Kleid bekomme, so kenne zwar der Flecken wider ausgewaschen werden, gleichwol aber kenne nicht gesagt werden, daß kein Flecken darin gewesen.*[2]

Dieses Zitat verdeutlicht, daß dieser Konflikt durch eine rituelle Verunreinigung ausgelöst wurde. Nach Mary Douglas erfolgt rituelle Verunreinigung durch eine Übertretung *ex opere operato*, unabhängig von jeglichen moralischen Intentionen.[3] Und so erfolgte der Ausschluß des jungen Gesellen unabhängig von Fragen der Gerechtigkeit, der Ethik, von Schuld und Unschuld; sie beruhte auf der

---

1 Augsburg StadtA. HWA. Bortenmacher 4. 1664-1672, 29.11.1668.

2 Vgl. Anm. 1.

3 Mary Douglas: Purity and Danger. An Analysis of the Concepts of Pollution and Taboo. London 1991. S. 108-113.

einfachen Tatsache, daß eine Berührung durch den Scharfrichter stattgefunden hatte. In diesem, wie auch in anderen Fällen, schienen die Handwerker ihre Ehre fast als einen körperlichen Zustand zu empfinden, der durch körperliche Berührung verletzbar und zerstörbar war.[4] In solchen Konflikten scheint die Handwerkerehre mit der weiblichen sexuellen Ehre durchaus vergleichbar: Genausowenig wie die Jungfräulichkeit einer *geschwächten Weibsperson* durch obrigkeitlichen Erlaß wiederhergestellt werden konnte,[5] konnte der Rat den infamierten Gesellen wieder ehrlich sprechen. Die Bortenmacher argumentierten demgegenüber, sie könnten nichts dafür, daß Gestecker zwar der Hexerei unschuldig sei, dennoch könnten ehrliche Gesellen nicht mehr mit ihm verkehren. Ein anderer hätte das gleiche Schicksal erlitten.[6]

Dieser Fall ist repräsentativ für rituelle Verunreinigungskonflikte, die durch Kontakt mit unehrlichen Personen oder Gegenständen in deutschen Zünften und Handwerken der Frühen Neuzeit immer wieder ausgelöst wurden. Die Unehrlichkeit war ein erblicher, sozialer und rechtlicher Zustand, der eine verminderte Rechtsstellung von ganzen Berufsgruppen bewirkte. Der Scharfrichter war die zentrale Figur unter diesen unehrlichen Leuten, und in seinem Fall konnte die Unehrlichkeit in höchstem Maße ansteckend wirken.[7] Mit einem Scharfrichter zu essen, zu trinken, in seiner Kutsche mitzufahren oder seiner Leiche das letzte Geleit

---

4 In Ehrhändeln aller Art drückten die Handwerker ihr außerordentliches körperliches Ehrverständnis mit ihrer Wortwahl aus: jemanden zu beleidigen hieß jemanden an *Ehren antatschen* oder *an Ehren angreiffen* oder *ergreifen*. Beging ein Handwerker eine unehrliche Handlung, hatte er seine Ehre *besudelt* oder *befleckt*, er hatte sich ein *Schandtfleck* [...] *angehenckt*, ein *Makul klebete Ihm an*. Die ausführliche Handwerkerkorrespondenz über Unehrlichkeitskonflikte in den Augsburger Handwerkerakten enthält zahlreiche Beispiele solcher Ausdrucksweisen. So z. B. die Korrespondenz zwischen Tobias Frank und dem Augsburger Goldschmiedhandwerk (Augsburg StadtA. HWA. Goldschmiede 6. 1611-1620).

5 Nach Lyndal Roper veränderte sich in der Wahrnehmung der Augsburger Obrigkeit das Wesen einer Frau grundsätzlich mit dem Verlust ihrer Jungfräulichkeit, unabhängig davon, ob dieser Verlust inner- oder außerhalb des Ehebettes erfolgte: "Women were either virgins or sexually experienced creatures of lust; a categorization which made it difficult for the council to believe in wifely 'chastity', for underneath even the most pious wifely exterior there might be a lusting, power-hungry woman." Lyndal Roper: The Holy Household. Women and Morals in Reformation Augsburg. Oxford 1989. S. 85.

6 Augsburg StadtA. HWA. Bortenmacher 4. 1664-1672, 29.11.1668.

7 Vgl. Kathy Stuart: The Boundaries of Honor – 'Dishonorable People' in Augsburg, 1500-1800. Ph.D. diss. Yale University 1993 und dies.: Unehrlichkeitskonflikte in Augsburg in der frühen Neuzeit. In: ZHVS 83. 1990. S. 113-129. Vgl. auch Karl-Sigismund Kramer: Ehrliche/Unehrliche Gewerbe. In: Handwörterbuch zur deutschen Rechtsgeschichte. Hg. von Adalbert Erler, Ekkehardt Kaufmann. Berlin 1971. Bd. 1. S. 855-858; Jutta Nowosadtko: Scharfrichter und Abdecker. Der Alltag zweier 'unehrlicher Berufe' in der Frühen Neuzeit. Paderborn 1994; Giesela Wilbertz: Scharfrichter und Abdecker. Zur Sozialgeschichte zweier 'unehrlicher' Berufe im nordwestdeutschen Raum vom 16. bis 19. Jahrhundert. Osnabrück 1979.

zu geben – das alles waren potentiell verunreinigende Handlungen, die die Ehre eines Handwerks verletzen konnten. Solche Übertretungen des handwerklichen Ehrenkodex konnten den Ausschluß aus dem Handwerk bewirken und stellten somit die soziale und wirtschaftliche Existenz eines Handwerkers in Frage. Während des Vollzugs einer Ehrenstrafe oder in der Folter unter des Scharfrichters Hand zu kommen, bewirkte eine Infamie, die nicht mehr zu tilgen war.[8]

Vom Henker sich curieren lassen stellte indessen keine Gefährdung der handwerklichen Ehre dar. Deutsche Scharfrichter führten spätestens vom 15. bis in das 19. Jahrhundert eine aktive medizinische Praxis und zählten ehrbare Handwerker wie auch Angehörige aller anderen sozialen Stände zu ihren Patienten.[9] Die Berührung des Scharfrichters, die im Fall des Augustin Gestecker die Ehre des jungen Gesellen ein für allemal zerstörte, war nicht in jedem Fall verunreinigend. Die Ehre der Handwerker, die im Kontext des Strafrechts, wie auch im Kontext der Geselligkeit so prekär war, blieb bei einer medizinischen Behandlung durch den Scharfrichter völlig intakt. Daß ehrbare Bürger im Krankheitsfall den Scharfrichter aufsuchten, fiel nicht aus dem Rahmen der alltäglichen Normalität; es war nicht weiter bemerkenswert.

Im Gegensatz zu dieser frühneuzeitlichen Einstellung stellt die medizinische Praxis des Scharfrichters für moderne Betrachter keine Selbstverständlichkeit dar. Deshalb ist die scharfrichterliche Medizin ein geeigneter Gegenstand, um Robert Dartons methodischem Postulat zu folgen: den Zugang zu einer vergangenen Mentalität gerade dort zu suchen, wo wir am allerwenigsten verstehen, wenn wir bei einem Witz nicht mitlachen können,[10] oder wenn eine frühneuzeitliche Selbst-

---

8 Für weitere Beispiele von Unehrlichkeitskonflikten, die durch Folter ausgelöst wurden, vgl. die Korrespondenz über Georg Faul vom November 1602 (Augsburg StadtA. HWA. Gerber 2. 1584-1617) oder die Korrespondenz um Christian Schweitzer von Januar/Februar 1757 (Augsburg StadtA. HWA. Schmiede 9. 1724-1762). Obwohl sich diese Handwerker aus der Perspektive der Obrigkeit durch ausgestandene Folter von jeglichem Verdacht *gereinigt* oder *purgiert* hatten, konnte der Magistrat in den meisten Fällen die Ehrlichkeitserklärungen der freigelassenen Handwerker gegen den erbitterten Widerstand ihrer Handwerksgenossen nicht durchsetzen. Der Konflikt um Augustin Gestecker z. B dauerte mindestens ein Jahrzehnt, und Gestecker ist anscheinend nie wieder zu seinem Handwerk zugelassen worden. Vgl. Augsburg StadtA. HWA. Bortenmacher 4. 1664-1672, 29.11.1668.

9 Zur medizinischen Praxis des Scharfrichters vgl. Franz Heinemann: Die Henker als Volks- und Viehärzte seit Ausgang des Mittelalters. In: Schweizerisches Archiv für Volkskunde 4. 1900. S. 1-16, bes. S. 14; Markwart Herzog: Scharfrichterliche Medizin. Zu den Beziehungen zwischen Henker und Arzt, Schafott und Medizin. In: Medizinhistorisches Journal 29. 1994. S. 309-332; Jutta Nowosadtko: Wer leben nimmt, kann auch leben geben – Scharfrichter und Wasenmeister als Heilkundige in der frühen Neuzeit. In: Medizin, Gesellschaft und Geschichte. 12. 1993. S. 43-74.

10 Robert Darnton: The Great Cat Massacre and other Episodes in French Cultural History. New York 1984. S. 78: "The perception of that distance may serve as the starting point of an investigation, for anthropologists have found that the best points of entry in an attempt to penetrate an alien culture can be those where it seems most opaque."

verständlichkeit, wie die scharfrichterliche Medizin, für uns eher befremdlich oder sogar ekelhaft ist.

Die scharfrichterliche Medizin ist für moderne Betrachter in verschiedener Hinsicht problematisch. Erstens gilt es zu entschlüsseln, nach welcher sozialen und symbolischen Logik frühneuzeitliche Patienten die zwei Rollen des Scharfrichters, der einerseits bei einer Hinrichtung mit gesellschaftlicher Billigung tötete und andererseits populärer Heiler war, in Einklang brachten. Zweitens verdeutlicht die medizinische Praxis des Scharfrichters die grundsätzliche Ambiguität und Ambivalenz von jedem sozialen Umgang mit unehrlichen Leuten. Die Grenze zwischen Ehrlichkeit und Unehrlichkeit war eben keine klare Linie, sondern eher eine fließende Grauzone. Selbst den Beteiligten war oft nicht klar, wie diese Grenze eigentlich verlief oder durch welche Übertretung ein Unehrlichkeitskonflikt ausgelöst werden konnte.[11] In der medizinischen Praxis des Scharfrichters wurde die Unehrlichkeit als solche nie zum Thema, weshalb es zu erklären gilt, wie die verunreinigende Wirkung der Unehrlichkeit je nach Kontext sozusagen ein- und ausgeschaltet werden konnte.

Um diese Problematik zu entschlüsseln, muß ein Reihe von Fragen beantwortet werden. Zuerst muß die medizinische Praxis der Scharfrichter möglichst detailliert rekonstruiert werden. Welche Krankheiten behandelten Scharfrichter, und auf welche Weise? Wer waren ihre Patienten? Wie sah die soziale Interaktion zwischen Scharfrichtern und Patienten aus, und inwiefern läßt sich dieses Verhältnis mit der sozialen Interaktion zwischen anderen frühneuzeitlichen Heilern und ihren Patienten vergleichen? Dann wird die Selbstdarstellung der Scharfrichter in ihrem Wettbewerb mit autorisierten, "professionellen" Heilern, den gelehrten Ärzten und Handwerkschirurgen, untersucht. Sowohl Scharfrichter als auch autorisierte Heiler entwickelten rhetorische Strategien, um ihre Chancen auf dem medizinischen Markt zu verbessern.

Scharfrichter waren in diesem medizinischen Wettbewerb sehr erfolgreich. Ihre medizinischen Fähigkeiten ermöglichten es ihnen, mit Menschen aus den höchsten sozialen Ständen in Kontakt zu kommen. Um ihre Patienten zu behandeln, erhielten Scharfrichter – die in zeitgenössischen Rechtsquellen als abscheulich, garstig und verächtlich beschrieben wurden[12] – Zugang zu Patrizierhäusern, adligen Gütern, den Höfen von Landesherren und selbst zum kaiserlichen Hof in Wien.[13] In diesen Kontexten war die Unehrlichkeit des Scharfrichters latent bzw. wurde sogar in ihr Gegenteil verkehrt: Scharfrichter als Heiler erhielten eine gewisse soziale Anerkennung, Prestige, ja sogar Ruhm.

---

[11] Vgl. K. Stuart: Boundaries (Anm. 7) Kapitel 2.

[12] Vgl. z. B. Paul Döpler: Theatrum Poenarum, Supplicorum, et Executionum Criminalium, der Schauplatz der Leib und Lebensstrafen. Sonderhausen 1697. S. 537, 559, 566.

[13] Vgl. S. 334.

Es bestanden einige offensichtliche Verbindungen zwischen der medizinischen Praxis und den strafrechtlichen Funktionen der Scharfrichter, die von Zeitgenossen klar erkannt und artikuliert wurden. Ferner gab es einige tiefer liegende, eher verborgene kulturelle Einstellungen, die eine symbolische Assoziation von Hinrichtung und Heilung begründeten. Es bestand eine Diskrepanz, ein Kontrast zwischen der nüchternen Selbstdarstellung der Scharfrichter als rationale, qualifizierte und fleißige Heiler und dieser tiefer liegenden, symbolischen Assoziation, die letztendlich erklärt, warum der Scharfrichter als Heiler eine solche Attraktivität hatte, warum eine solche Nachfrage für scharfrichterliche Medizin bestand. Zeitgenossen artikulierten diesen Zusammenhang nicht explizit, aber er ist erkennbar, wenn die scharfrichterliche Medizin im Kontext des Hinrichtungsrituals selbst untersucht wird. Eine Untersuchung des grundsätzlich christlichen Rahmens des Hinrichtungsrituals ermöglicht es, die symbolische Logik der scharfrichterlichen Medizin zu entschlüsseln und das Paradoxon der Doppelrolle des Scharfrichters, als jemand, der sowohl heilt als auch tötet, zu erklären.

Die folgenden Ausführungen beruhen auf zwei Gruppen von Quellen. Die erste Gruppe besteht aus Augsburger Quellen, u.a. den Handwerkerakten der Bader und Barbiere sowie des Collegium Medicums,[14] die es mir ermöglichen, die scharfrichterliche Praxis in einer Stadt vom 16. bis zum 18. Jahrhundert zu rekonstruieren. Diese Bestände enthalten ausführliche Bittschriften der Scharfrichter, die mit autorisierten Heilern im Konflikt lagen. Die zweite Quellengattung erlaubt es, die scharfrichterliche Praxis in Augsburg mit der medizinischen Praxis von Scharfrichtern in anderen Städten des Reiches zu vergleichen. Es handelt sich um die kaiserlichen "Legitimationen" aus dem Haus-, Hof- und Staatsarchiv in Wien.[15] Diese Sammlung enthält Bewerbungen von Scharfrichtern aus dem Reich, die um Ehrlichsprechung baten, sowie um kaiserliche Privilegierung im Reichsgebiet Medizin praktizieren zu dürfen. Diese Akten enthalten nicht nur die persönlichen Bittschriften der Scharfrichter selbst, sondern auch eine besonders ergiebige Quellengattung, nämlich Empfehlungsbriefe ihrer Patienten. Quellen, in denen frühneuzeitliche Patienten selbst zu Wort kommen, sind relativ selten, und diese Patientenbriefe verdeutlichen, wie frühmoderne Kranke in die medizinische Praxis von Scharfrichtern gelangten. Bewerbungen von Scharfrichtern aus fast allen Teilen des Reichs sind erhalten, u.a. aus Basel, Köln, Danzig, Nürnberg, Schlesien und Hessen.

---

[14] Augsburg StadtA. CM und HWA: Bader und Barbiere.

[15] Wien HHStA. Restitutiones natalium ac legitimationes.

Scharfrichterliche Medizin

Quellen für die scharfrichtliche Medizin liegen für die Frühe Neuzeit in großer Dichte vor. Scharfrichter, die als Heilkundige tätig waren, sind für das gesamte Reich belegt. So errichtete z. B. der Frankfurter Scharfrichter 1443 im Stadtgebiet einen Stand, wo er seine Medikamente verkaufte. Der Hildesheimer Rat befahl 1471 dem ansässigen Scharfrichter, schwangere Frauen zu behandeln. Der Schaffhausner Magistrat bezahlte 1560 den Scharfrichter für die Behandlung verschiedener Bürger, die unter einer Geschlechtskrankheit litten. Der Hamburger Scharfrichter erhielt 1618 vom Senat den Auftrag, zwei geisteskranke Mädchen im städtischen Waisenhaus in Behandlung zu nehmen. In einigen Fällen war medizinische Qualifikation Vorbedingung für eine Einstellung als Scharfrichter. Die Stadt Frankfurt wählte 1590 einen Kandidaten unter mehreren Anwärtern für die dortige Scharfrichterstelle aus, weil er belegen konnte, daß er *ein guter Pferds Arzt* sei. Die Stadt Eger nahm 1648 einen Scharfrichter unter der Bedingung in Dienst, daß er gebrochene Beine heilen konnte. Die medizinische Tätigkeit der Scharfrichter läßt sich bis in die erste Hälfte des 19. Jahrhunderts belegen.[16]

Die früheste Quelle zur medizinischen Tätigkeit Augsburger Scharfrichter ist eine Bittschrift des Scharfrichters Caspar Behem von etwa 1533.[17] Kurz nachdem er als Scharfrichter eingestellt worden war und bereits mehrere Patienten in Behandlung hatte, gab er, unter Gewissensnöten leidend, seinen Posten auf, um von nun an seinen Lebensunterhalt mit *frumbkait und eeren* als Heilkundiger zu verdienen. Aber Behem bedauerte bald seinen Entschluß. Er sah sein *klaingefuegens vermögens* schwinden und klagte, daß er von Medizin allein seinen Lebensunter-

---

16 Zu Hildesheim vgl. Wolfgang Oppelt: Über die Unehrlichkeit des Scharfrichters. Unter bevorzugter Verwendung von Ansbacher Quellen. Langfeld 1976. S. 377. Zu Schaffhausen vgl. Hans von Hentig: Zur Genealogie des Scharfrichters. In: Schweizerische Zeitschrift für Strafrecht 80. 1964. S. 198-199. Zu Hamburg vgl. Otto Beneke: Von Unehrlichen Leuten. Cultur-Historische Studien und Geschichten. Hamburg 1863. S. 149. Zur medizinischen Qualifikation als berufliche Erfordernis für Scharfrichter vgl. Albrecht Keller: Der Scharfrichter in der deutschen Kulturgeschichte. Bonn 1921. S. 225. Für Beispiele der scharfrichterlichen Praxis in Preußen vgl. Christian Otto Mylius: Corpus Constitutionum Marchicarum, oder Königlich Preussische und Churfürstlich Brandenburgische [...] Ordnungen [...]. Bd. 5. Berlin 1740. S. 278 und F. Heinemann (Anm. 9) S. 14. Zur scharfrichterlichen Praxis im allgemeinen vgl. auch Johann Glenzdorf, Fritz Treichel: Henker, Schinder und Arme Sünder. Bad Münder am Deister 1970. S. 104-112 mit vielen weiteren Beispielen.

17 Augsburg StadtA: Reichsstadtakten. Stadtbedienstete 1081/46. Die Bittschrift ist undatiert, stammt aber höchstwahrscheinlich aus dem Jahr 1533, da sie die Entlassung eines *Meister Peter* erwähnt, die in diesem Jahr stattfand. Die Handschrift ist aus dem frühen 16. Jahrhundert. Im Zweifelsfall sollte die Petition früher datiert werden, da nach 1533 alle Augsburger Scharfrichter namentlich identifiziert werden können; vgl. K. Stuart: Boundaries (Anm. 7) S. 84-124, S. 288-293.

halt nicht bestreiten könne. Es gab viele Ärzte, schrieb er, und er wurde – *aus ursachen das sich die reichen mir vielleicht nit vertrauen wellen* – nur von armen Leuten aufgesucht, die ihn nicht bezahlen konnten. Er bat den Rat um seinen alten Posten als Scharfrichter. Er versprach, als Scharfrichter die *armen und unvermögenlichen unterthan, inwoner und andern mitburger, die kunst meiner arzney, auch wo die not und armut vorhanden, one ainiche belonung, mit höchstem trewen und fleyss* zu behandeln. Es finden sich aber keine weiteren Belege für einen Scharfrichter Behem in Augsburg. Der Rat hat seine Bitte anscheinend abgeschlagen, höchstwahrscheinlich weil Behem durch seine Kündigung für unzuverlässig gehalten wurde – nicht weil der Rat seine medizinische Praxis an sich ablehnte. Behems Angebot, arme Leute umsonst zu behandeln, sollte offensichtlich seiner Bewerbung helfen.

Ein paar Jahre später, 1540, wurde Wolf Forsdorfer, ein Scharfrichter aus Pfaffenhofen in Bayern, mit Ruten ausgeschlagen, im Pranger ausgestellt und der Stadt auf ewig verwiesen. Er hatte sich als Arzt ausgegeben und seine Medikamente in Augsburg verkauft. Auch hatte er weiße Magie betrieben und behauptet, daß er gestohlene Gegenstände herbeizaubern und wahrsagen könne.[18] Forsdorfer wurde wegen seiner magischen Praktiken und wegen Vortäuschung falscher Identität bestraft, nicht wegen seiner medizinischen Tätigkeit an sich. Dieser Fall ist in zweifacher Hinsicht ungewöhnlich. Erstens verbargen Scharfrichter normalerweise ihre Identität nicht. Ganz im Gegenteil, da sie ihre Heilpraxis als legitimes Recht ihres Berufsstandes ansahen, betonten sie die Tatsache, Scharfrichter zu sein, geradezu, um mehr Patienten anzulocken. Zweitens, wie noch klar werden wird, hielten Scharfrichter die Bereiche von Medizin und Magie relativ getrennt. Der Rat stand solchen vagierenden "ausländischen" Scharfrichtern und Zauberern, wie allen Vaganten, feindselig gegenüber. Im gleichen Jahr wurde der Scharfrichter aus Landsberg am Lech der Stadt verwiesen, weil er in Augsburg seine Medikamente zum Verkauf angeboten hatte.[19] Andererseits hatten die Augsburger Stadträte nichts gegen die medizinische Praxis ihres eigenen Scharfrichters, Veit Stolz, einzuwenden. Ein Ratsdekret von 1545 erlaubte Stolz, Knochenbrüche zu behandeln, es verbot ihm allerdings andere medizinische Tätigkeiten.[20]

Der Scharfrichter praktizierte nicht alleine, seine ganze Familie arbeitete in seiner medizinischen Praxis mit. Die städtischen Hebammen beklagten sich 1567, daß sich die Schwägerin des Scharfrichters unterstehe, in der Vorstadt *von den geberenden frauen* [...] *Ire Khind zu empfahen und wie eine andere Hebam zur Teiffe zu tragen.*[21] Die Barbiere beschuldigten 1573 den *Nachrichter alhie mitt*

---

[18] Augsburg StadtA. Strafamt. Urgicht vom 6.7.1540. Wolf Forsdorfer.
[19] Augsburg StadtA. GRP 5, 1539-1540. Fol. 226^{r}. 15.6.1540.
[20] Augsburg StadtA. RP 19, 1545. Teil II . Fol. 48^{v}. 10.11.1545.
[21] Augsburg StadtA. CM. Hebammen/Obfrauen, 1548-1813. 14.10.1567.

sambt seinem Weib und Söhnen der Quacksalberei.[22] Eine Frau, die an einem gebrochenen Handgelenk litt, wurde 1611 von der Frau des Scharfrichters kuriert.[23] Die Barbiere beschwerten sich 1686 über die Praxis der Anna Catherina Hartmann, der Frau des Scharfrichters Matthäus Hartmann.[24] Offensichtlich war es nichts Ungewöhnliches, daß die Frauen im Scharfrichterhaushalt an der medizinischen Praxis teilnahmen. Bei der scharfrichterlichen Praxis handelte es sich um einen Familienbetrieb.[25]

Warum hatten Scharfrichter und ihre Angehörigen eine solche Neigung zur Medizin? Der Nürnberger Scharfrichter Franz Schmidt betonte 1624 in seinem Gesuch um kaiserliche Legitimierung *die von Natur mit eingepflanzte Begierd zur arzeneykunst,* [...] *gestaltsam fast ein jeder Mensch ein sonderliche Inclination zu einem gewissen Dinge hat, und dadurch seine Ergözlichkeit suchet* [...].[26] Nun beruhte aber der Drang der Scharfrichter zur Medizin auf mehr als nur persönlicher Inklination. Die Verbindung zwischen der medizinischen Praxis der Scharfrichter und ihren strafrechtlichen Funktionen war für Zeitgenossen offensichtlich: Scharfrichter erwarben ihre medizinischen Kenntnisse beim Vollzug ihrer strafrechtlichen Funktionen. Das Handwerk des Scharfrichters erforderte eine gewisse Kenntnis der menschlichen Anatomie. Scharfrichter mußten die körperliche Verfassung von Delinquenten, die der *strengen Frag* unterzogen werden sollten, abschätzen und sie nach erfolgter Folter wieder gesund pflegen. So mußte z. B. der Scharfrichter Johann Adam Hartmann 1694 die *Leibs Constitution* einer neunundsiebzigjährigen Delinquentin untersuchen und berichten, *was sie vor eine Tortur noch ausstehen könne.*[27] Ermittlungen wegen Hexerei erforderten besonders detaillierte Untersuchungen der Verdächtigten. Die mutmaßliche Hexe wurde am ganzen Körper rasiert, um das Teufelszeichen ausfindig zu machen. Der eingangs erwähnte Geselle, Augustin Gestecker, verdankte paradoxerweise gerade einer solchen Untersuchung sein Leben. Der Scharfrichter Marx Philipp Hartmann berichtete, daß er bei dieser *Untersuchung dem Verhafften die Haar am Leib aller Orthen rasiert*, jedoch *kein einzig Mahlzeichen vom Bösen Feind* gefunden hätte.[28] Manchmal unternahm die Frau des Scharfrichters diese Besichtigung bei weiblichen Gefangenen, so z.B 1686, als der Rat dem Scharfrichter Johann Adam Hartmann befahl, mit seiner Frau im Kerker zu erscheinen, damit diese eine Hexe un-

---

22 Augsburg StadtA. CM. Pfuscher, 1562-1793, Petition vom 5.12.1573.

23 Augsburg StadtA. HWA. Bader und Barbiere 3. 1601-1633. Petition vom 17.12.1611.

24 Die Barbiere beschwerten sich über *allerhand Stimpler* [...] *als Totengräber, Henkerin und Schergen.* Augsburg StadtA. HWA. Bader und Barbiere 8. 1679-1688, Gesuch vom 18.5.1686.

25 Zu weiteren Beispielen bezüglich der Teilnahme der Scharfrichterfrauen an der scharfrichterlichen Praxis vgl. J. Nowosadtko: Scharfrichter (Anm. 7) S. 165-166, 173.

26 Wien HHStA. Restitutiones natalium ac legitimationes. Fasz. 6/S, Franz Schmidt.

27 Augsburg StadtA. GRP 23, 1693-1696. Fol. 459^{v}-460^{r}. 15.6.1694.

28 Augsburg StadtA. Strafbuch 1654-1699. S. 203, Eintrag zu Augustin Gestecker.

tersuchen konnte. Sie sollten das Teufelszeichen suchen, *sonderlich in haimlichen orthen.*[29] Es ist aber wahrscheinlich, daß weibliche Delinquentinnen normalerweise eine Untersuchung durch den Scharfrichter selbst über sich ergehen lassen mußten.

Aufgrund seiner strafrechtlichen Funktionen hatte der Scharfrichter leichteren Zugang zu Leichen, als dies für studierte Ärzte der Fall war, und so hatte er auch mehr Gelegenheit, den menschlichen Körper anatomisch zu untersuchen. Vor der Mitte des 17. Jahrhunderts wurden anatomische Untersuchungen von studierten Ärzten nur selten durchgeführt. Eine Chronik beschreibt eine solche von einem Arzt durchgeführte Obduktion als ein seltenes Ereignis. Die regelmäßige Durchführung von anatomischen Untersuchungen durch gelehrte Ärzte begann – aus Gründen, die noch zu klären sind – in deutschen Ländern viel später, blieb seltener, und erregte größeren kulturellen Widerstand, als z. B. in Italien. Anatomische Untersuchungen fanden in Italien seit dem 14. Jahrhundert regelmäßig statt. Dagegen wurden an der Universität Köln anatomische Demonstrationen erst 1658 dem Lehrplan beigefügt, was selbst dann noch heftigen Widerstand bei den Chirurgen und Hebammen auslöste, die diesen Veranstaltungen beiwohnen sollten. Die Regierung mußte die Teilnahme der Chirurgen und Hebammen durch die Androhung von Geldstrafen erzwingen.[30]

Im Gegensatz zur Zurückhaltung der gelehrten Ärzte scheint es im Reichsgebiet allgemein üblich gewesen zu sein, daß Scharfrichter ihre Opfer sezierten. Der Nürnberger Meister Franz Schmidt, der auf Grund seines "Scharfrichter Tagebuches", in dem er alle Körperstrafen, die er vollzog, notierte, posthum eine gewisse Berühmtheit erlangte, berichtete mehrmals, daß er die Leiche eines Delinquenten *anadomiert und geschnitten* habe.[31] In München nahmen Scharfrichter an den seltenen anatomischen Demonstrationen der studierten Ärzte und Handwerks-Chirugen teil, wie ein Ratsdekret von 1641, welches die Gegenwart des Scharfrichters bei solchen Veranstaltungen verbot, belegt.[32] In Augsburg blieben anatomische Demonstrationen studierter Ärzte bis zur Mitte des 18. Jahrhundert selten. Eine 'Malefikanten Liste', die alle Hinrichtungen nach 1700 festhielt, berichtete erst 1737 von einer anatomischen Untersuchung, die von gelehrten Ärzten durchgeführt wurde.[33] Bis dahin war das Recht des Scharfrichters, die Leichen der hingerichteten Verbrecher zu sezieren, unumstritten; gelehrte Ärzte drangen bis etwa

[29] Augsburg StadtA. RP 82. S. 612, 4.5.1686.

[30] Zu anatomischen Untersuchungen in Italien vgl. Katherine Park: The Criminal and the Saintly Body: Autopsy and Dissection in Renaissance Italy. In: Renaissance Quarterly 47. 1994. S. 1-33, bes. S. 8. Für Köln vgl. Robert Jütte: Ärzte, Heiler und Patienten. Medizinischer Alltag in der frühen Neuzeit. München 1991. S. 116f.

[31] Das Tagebuch des Meister Franz, Scharfrichter zu Nürnberg. Hg. von Jürgen Carl Jacobs, Heinz Rölleke. Dortmund 1980 (ND der Ausgabe von 1801) S. 8.

[32] München StadtA. Bürgermeister und Rat 60 B 3. Scharfrichter Mandat vom 20.6.1641.

[33] 'Maleficanten Liste' 1737. Augsburg SuStB. 2° Cod. Aug. 285.

zur Mitte des Jahrhunderts nicht in diesen traditionellen Bereich der scharfrichterlichen Praxis ein. Aber seit 1742 sollte der Augsburger Scharfrichter Johann Georg Trenkler die Körper der hingerichteten Verbrecher ans Hospital abliefern, wo sie von studierten Ärzten anatomisch untersucht werden sollten, und 1747 wurde ihm gänzlich verboten, Sektionen durchzuführen.[34]

Dieses Verbot war ein schwerer Schlag für die traditionelle scharfrichterliche Praxis, die eine regelmäßige Zufuhr menschlicher Leichname benötigte. Den Scharfrichtern ging es bei ihren Sektionen wohl weniger um Wissenserweiterung als um den Gebrauch der Leichenteile selbst. Die Leichenteile der Hingerichteten waren ein wichtiger Bestandteil von verschiedenen Heilpräparaten. So gebrauchte z. B. eine Scharfrichtersfrau 1611 *Menschenschmalz* für ihre Behandlung der Patientin mit der gebrochenen Hand.[35] Menschliches Fett, das sog. Armsünderfett, das aus den Leichen der hingerichteten Verbrecher gewonnen wurde, galt als ein hochwirksames Mittel für allerlei Gebrechen, insbesondere Knochenbrüche, Verstauchungen oder Gicht. So lautete z. B. ein traditionelles Sprichwort: *Zerlassen Menschenfett ist gut fur lahme Glieder, So man sie damit schmiert, sie werden richtig wieder.*[36]

Dieses Armsünderfett war ein Standardmittel im scharfrichterlichen Repertoire. Die gelehrten Ärzte drückten in einer Petition von 1661 ihre Verachtung gegenüber dem Scharfrichter aus, indem sie ihm empfahlen, er solle bei seinem Menschenfett und Hundeschmalz bleiben *dann einem gefolterten und torquirten, die glieder widerum einrichten können, ist noch lange nicht die krankheiten verstehen, und denselben abhelffen.*[37] Das bedeutet allerdings nicht, daß studierte Ärzte Menschenfett für unwirksam hielten; sie wollten nur den Scharfrichter aus ihrem Gebiet der inneren Medizin vertreiben. Es scheint sogar ein allgemeiner Konsens über die medizinische Effizienz von Armsünderfett bestanden zu haben. Der Münchner Scharfrichter z. B. belieferte die städtischen Apotheken bis Mitte des 18. Jahrhunderts regelmäßig mit Menschenfett,[38] ein sicherer Hinweis dafür, daß nicht allein der Scharfrichter Armsünderfett verschrieb. Noch 1747 rechtfertigte der Augsburger Scharfrichter sein Gesuch, weiterhin Sektionen an hingerichteten Verbrechern durchführen zu dürfen, mit der Begründung, daß dies die beste Quelle für menschliches Fett sei. Es sei der ganzen Stadt bekannt, schrieb er, daß er *mit Vermischung des Menschenschmalzes unter die Schwind Salb hauptsächlich*

---

34 Augsburg StadtA. RP 116, 1742. S. 372, 26. Mai 1742 und Reichsstadtakten. Stadtbedienstete 1081/46, Dekret vom 28.3.1747.

35 Augsburg StadtA. HWA. Bader und Barbiere 3, 1601-1633. Petition vom 17.12.1611.

36 Für dieses Sprichwort und für andere Verwertungen von Armsünderfett vgl. den Art. 'Fett' im Handwörterbuch des deutschen Aberglaubens. Hg. von Hans Bächtold-Stäubli. Bd. 2. Berlin 1929/1930. S. 1383-1385.

37 Augsburg StadtA. CM. Apotheker von 1564-1804. Tom. II: Korrespondenz von Januar bis Februar 1661.

38 J. Nowosadtko: Scharfrichter (Anm. 7) S. 170.

in Nervengichtern manischen Menschen geholfen [...] habe. Er behandelte auch Krämpfe, Kropf, Schwindsucht und andere Gebrechen mit diesem Mittel. Der Rat schlug Trenklers Gesuch ab, nicht weil er den Gebrauch von Menschenfett in Medikamenten an sich ablehnte, sondern weil mittlerweile die studierten Ärzte selbst anatomische Demonstrationen durchführten. Apotheken und Wundärzte, so entschied der Rat, sollten ihr Menschenfett direkt von den Ärzten beziehen,[39] ein klarer Hinweis, daß der medizinische Gebrauch von Menschenfett noch Mitte des 18. Jahrhunderts allgemein üblich war. Der Gebrauch von Menschenfett war demnach keine Besonderheit der scharfrichterlichen Praxis; Scharfrichter hatten nur bis in die zweite Hälfte des 18. Jahrhunderts zu diesem wertvollen Rohstoff privilegierten Zugriff.

Menschliches Fett war nicht der einzige menschliche 'Rohstoff', den Scharfrichter für ihre Medikamente nutzten. Eine Chronik berichtete, der Scharfrichter hätte 1617 einem Apotheker den Schädel einen jungen Frau für sechs Gulden verkauft. Der Chronist erläuterte allerdings nicht, wie der Schädel verwertet werden sollte.[40] Nach volkskundlichen Untersuchungen wurde der menschliche Schädel gebacken und zu einem Pulver zermahlen, das dann mit einem Getränk eingenommen wurde; dieses Mittel sollte Epilepsie heilen.[41] Die offizielle Londoner 'Pharmacopoeia' von 1617 beschreibt das gleiche Rezept,[42] noch ein Indiz, daß nicht allein Scharfrichter menschliche Leichenteile verwerteten und daß es sich hierbei nicht um ein ausschließlich deutsches Phänomen handelt.[43] Der Augsburger Scharfrichter Trenkler lobte auch die heilsame Wirkung von gegerbter menschlicher Haut. In seiner Petition von 1747 berichtete er, daß er *denen gebehrenden frauen durch applicierung der menschen haut sehr gute hilfe geleistet* hätte, er erklärte allerdings nicht auf welche Weise.[44] Auch Hebammen verwendeten in ihrer Praxis Menschenhaut. Der Münchner Scharfrichter Hans Stadler vereinbarte z. B. mit einer benachbarten Hebamme, er würde sie gratis mit Menschenhaut versorgen, wofür sie seine Frau während ihrer Schwangerschaft kostenlos betreuen sollte.[45] Die gegerbte menschliche Haut wurde, laut volkskundlichen

---

39 Augsburg StadtA. Reichsstadtakten, Stadtbedienstete 1081/46. Petition vom 18.3.1747 und Dekret vom 28.3.1747.

40 Augsburg StadtA. Chroniken 27, zum 23.2.1617.

41 Oskar von Havorka, Adolf Kronfeld: Vergleichende Volksmedizin. Eine Darstellung volksmedizinischer Sitten. Bd. 2. Stuttgart 1909. S. 211.

42 William Brockbank: Sovereign Remedies. A Critical Depreciation of the 17th-Century London Pharmacopoeia. In: Medical History 8. 1964. S. 1-14, hier S. 3.

43 Zu englischen Vorstellungen über die heilende Wirkung der Leichname hingerichteter Verbrecher vgl. Peter Linebaugh: The Tyburn Riot against the Surgeons. In: Albion's Fatal Tree. Crime and Society in Eighteenth-Century England. Hg. von Douglas Hay. London 1975. S. 65-117, hier S. 109-111.

44 Augsburg StadtA. Reichsstadtakten, Stadtbedienstete 1081/46. Petition vom 18.3.1747.

45 J. Nowosadtko: Scharfrichter (Anm. 7) S. 170.

Untersuchungen, in Streifen geschnitten, welche Frauen als Gürtel trugen, um die Wehen zu erleichtern.[46] Einen Streifen menschlicher Haut um den Hals zu tragen sollte gegen Gicht helfen.[47] Die Verwendung des Blutes hingerichteter Verbrecher zur Heilung von Epilepsie ist für weite Gebiete des Reiches und das restliche Europa während der gesamten Frühen Neuzeit und bis in die zweite Hälfte des 19. Jahrhunderts belegt. Epileptiker warteten am Hochgericht, während eine Enthauptung stattfand, und tranken dann das 'Armsünderblut', solange es noch frisch und warm war.[48] Die Zimmerische Chronik berichtet von einer Hinrichtung zu Beginn des 16. Jahrhunderts, bei der ein Vagant den Körper eines Enthaupteten ergriff *wie der noch nit gefallen, und supft das Blut von ihm, und wie mann sagt, ist er der hinfallenden Siechtagen davon genesen*.[49]

Johann Joachim Becher, Leibarzt des Mainzer Kurfürsten, empfahl 1662, daß Apotheken jederzeit vierundzwanzig Teile des menschlichen Körpers vorrätig haben sollten.[50] Und tatsächlich bestätigen Apothekeninventare und offizielle Pharmacopöen, daß ein reichlicher Vorrat vorhanden war. Die offizielle Nürnberger Pharmacopöe, die in ganz Süddeutschland Nachahmung fand, nannte unter anderem: unverarbeitete und präparierte menschliche Schädel (*Cranii Humani*), menschliche Körner (*Granii Humanii*), balsamiertes Menschenfleisch (*Mumia*),[51]

---

46 Zur heilkräftigen Wirkung menschlicher Haut vgl. den Artikel 'Haut' in: Handwörterbuch des deutschen Aberglaubens (Anm. 36) Bd. 3. Berlin, Leipzig 1930/1931. S. 1581-1586 und den Art. 'Hingerichteter, Armsünder, Hinrichtung' in: Handwörterbuch des deutschen Aberglaubens (Anm. 36) Bd. 4. Berlin, Leipzig 1931/1932. S. 38-59, bes. S. 46.

47 G. Lammert: Volksmedizin und Medizinischer Aberglaube in Bayern. Würzburg 1869. S. 239.

48 Für detaillierte Beschreibungen dieser Praktiken vom 16. bis ins 19. Jahrhundert vgl. den Art. 'Hingerichteter, Armsünder, Hinrichtung' in: Handwörterbuch des deutschen Aberglaubens (Anm. 36). Bd. 4. Berlin, Leipzig 1931/1932. S. 47-50; Richard J. Evans: Öffentlichkeit und Autorität. Zur Geschichte der Hinrichtungen in Deutschland vom Allgemeinen Landrecht bis zum Dritten Reich. In: Räuber, Volk und Obrigkeit. Studien zur Geschichte der Kriminalität in Deutschland seit dem 18. Jahrhundert. Hg. von Heinz Reif. Frankfurt am Main 1984. S. 197-202; ders. Rituals of Retribution. Capital Punishment in Germany, 1600-1987. Oxford 1996. S. 90-98. Für Beispiele aus Schweden, Dänemark und der Schweiz für die Frühe Neuzeit und das 19. Jahrhundert vgl. Mabel Peacock: Executed Criminals and Folk-Medicine. Folk-Lore 7. 1896. S. 268-283.

49 Vgl. den Art. 'Hingerichteter, Armsünder, Hinrichtung' in: Handwörterbuch des deutschen Aberglaubens (Anm. 36) Bd. 4. Berlin, Leipzig 1931/1932. S. 47.

50 Elfriede Grabner: Der Mensch als Arznei. Alpenländische Belege zu einem Kärntner Schauermärlein. In: Festgabe für Oskar Moser. Beiträge zur Volkskunde Kärntens. Hg. vom Landesmuseum für Kärnten. Klagenfurt 1974 (Kärtener Museumsschriften Bd. 55). S. 81-95, bes. S. 85.

51 In der Nürnberger Ordnung kommen nur die lateinischen Begriffe vor. Ich habe *Mumia*, ein Begriff, der oft einfach als 'Mumie' übersetzt wird, mit 'balsamiertes Menschenfleisch' übersetzt, weil diese Übersetzung mit der in der deutsch-lateinischen Ausgabe der Ulmer Apothekerordnung von 1737 übereinstimmt. Augsburg StadtA. CM. Medizinal- und Apothekerordnungen: Des Heiligen Reichs-Stadt Ulm Erneuerter Apotheker Tax. Ulm 1737.

menschliches Fett (*Pinguedo Hominis*), Menschenkörnersalz (*Salis Granii Humani*) und Schnaps aus menschlichen Knochen (*Spiritus Ossium Humanorum*).[52] Die Ulmer Apotheken boten 1737 außer diesen Materialien auch *Moos von Menschenhirnschalen* (*usneae*) zum Verkauf an, und eine Bayerische Medizinalordnung ordnete noch 1755 die Lieferung von Menschenschmalz an Militärkrankenhäuser an.[53] Alle diese Beispiele verdeutlichen, daß der Gebrauch menschlicher Leichenteile sowohl in inoffizieller als auch in autorisierter medizinischer Praxis, in der volktümlichen wie in der gelehrten Medizin völlig unumstritten war.

Wie erklärten Zeitgenossen diese Heilkraft?[54] Scharfrichter, ihre Patienten, gelehrte Mediziner und Obrigkeiten waren sich einig, daß die medizinische Wirksamkeit menschlicher Leichenteile keineswegs auf irgendwelchen "magischen" oder übernatürlichen Kräften beruhte, sondern auf natürlichen Kräften, die den Leichenteilen inhärent waren.[55] Als der Münchner Scharfrichter zu Beginn des 17. Jahrhunderts unter Verdacht stand, weiße Magie zu betreiben, rechtfertigte er sich, daß er nur natürliche Mittel in seinen Medikamenten verwende, nämlich Kräuter, Wurzeln und Menschenfett.[56] Offensichtlich zogen Menschen der Frühen Neuzeit die Grenze zwischen Medizin und Magie, zwischen natürlicher und übernatürlicher Effizienz anders als wir sie heute ziehen würden.

---

52 Augsburg SuStB. 4° Med. 399. Erneuerte Gesetz, Ordnung und Tax Eines Edlen [...] Raths des Heil: Reichs Statt Nürnberg, dem Collegio Medico, den Apothekern [...] gegeben. Nürnberg 1652.

53 Augsburg StadtA. CM. Medizinal und Apotheker Ordnungen: Des Heiligen Reichs-Stadt Ulm Erneuerter Apotheker Tax. Ulm 1737 und CM. Deputation ad Collegium Medicum. Apotheker Ordnungen: Ordnung über die Militärischen Krankenhäuser [...] nebst der Apotheker Tax, auf s. Churfürst in Bayern verfasset. Augsburg 1755. Für weitere Beispiele vgl. Augsburg SuStB. 4° Med. 39. Neue Apotheker Taxa der Stadt Basel. Basel 1701 oder Ludwig von Hörnigk: Politia Medica. Frankfurt am Main 1638. S. 56, 80, 82, 83f. Für Beispiele aus dem 19. Jahrhundert vgl. E. Grabner (Anm. 50) S. 86.

54 Zur Diskussion über die Heilkraft der Leichname unter gelehrten Medizinern vgl. Alfred Wiedemann: Mumie als Heilmittel. In: Zeitschrift des Vereins für rheinische und westfälische Volkskunde 3. 1906. S. 1-38.

55 Vgl. z. B. Philippe Ariès Besprechung der Werke des deutschen Arztes Christian Friedrich Garmann (1640-1709). In 'De Miraculis Mortuorum'. Dresden 1709 argumentierte Garmann, daß wirksame Medikamente, die auf natürlichen Kräften beruhten, aus Leichnamen gewonnen werden könnten. Vgl. Philippe Ariès: The Hour of our Death. Oxford 1981. S. 357.

56 J. Nowosadtko: Scharfrichter (Anm. 7) S. 186.

Die scharfrichterliche Praxis

Wenn also die Verwertung menschlicher Leichenteile in der scharfrichterlichen Medizin als natürlich und nicht als magisch angesehen wurde, wie verwendeten Scharfrichter eigentlich ihre menschlichen Rohstoffe in der Behandlung ihrer Patienten? In diesem Abschnitt wird die scharfrichterliche Praxis möglichst detailliert rekonstruiert, um ein besseres Verständnis der scharfrichterlichen Medizin und der sozialen Interaktion zwischen Scharfrichtern und ihren Patienten zu gewinnen. Hier stellen die kaiserlichen Legitimationen und insbesondere die Empfehlungsschreiben der Patienten der Scharfrichter eine ergiebige Quelle dar.

Die Behandlung von Knochenbrüchen, Verstauchungen und Verrenkungen war ein Spezialgebiet der Scharfrichter. Selbst in den seltenen Fällen, in denen Obrigkeiten – unter dem Druck der studierten Ärzte und Handwerkschirurgen – versuchten, die scharfrichterliche Praxis einzuschränken, durften Scharfrichter immer noch solche äußeren Verletzungen behandeln. Dies war anscheinend im ganzen Reich ihr traditionelles Recht. Der Nürnberger Rat berichtete 1661 auf eine Augsburger Anfrage über die medizinischen Befugnisse des dortigen Scharfrichters, daß Scharfrichter *dergleichen äußerliche gebrechen, davon sie zuweilen wissenschaft haben* kurieren durften.[57] Preußische Scharfrichter erhielten 1708 und 1744 die ausdrückliche Erlaubnis, Beinbrüche zu behandeln.[58] Die Patientenbriefe bestätigen die Geschicklichkeit des Scharfrichters bei der Heilung solcher Verletzungen. Die Patienten erzählen dramatische Leidensgeschichten über ihre Erfahrungen mit studierten Ärzten und Handwerkschirurgen, Geschichten von brandigen Gliedmaßen und bevorstehenden Amputationen. Als alles verloren schien, wandten sie sich an den Scharfrichter, der ihre Gliedmaßen dann doch noch retten konnte. So berichtete z. B. Lorenz Seitz, ein Bierbrauergeselle aus Nürnberg, in einem Empfehlungsbrief von 1747, er sei durch die Pflege des Nürnberger Scharfrichters Johann Michael Schmidt vor einem übereifrigen Barbier, der auf Amputation drängte, gerettet worden. Schmidt heilte Seitz' Bein, indem er ihn zweimal täglich zuhause besuchte und neu verband und ihn *auf solche Weise* [...] *mit Göttlicher Hülffe glücklich hergestellet, so daß ich* [...] *gehen und Gottlob meines Beruff nachgehen kann.*[59] Seitz' Brief informiert allerdings nicht über die Einzelheiten der Kur. Gebrauchte der Scharfrichter menschliches Fett? Zu diesem Punkt schweigen sich Seitz und alle anderen Patienten aus. Es ist unklar, ob dieses Schweigen bedeutet, daß die Verwendung von menschlichem Fett bei äußeren Verletzungen so alltäglich war, daß es keiner weiteren Erwähnung bedurfte oder

---

57 Augsburg StadtA. CM. Pfuscher 1562-1793. Nürnberger Schreiben vom 15.5.1661.

58 C.O. Mylius (Anm. 16) S. 278.

59 Wien HHStA. Restitutiones natalium ac legitimationes. Fasz. 6/S, Johann Michael Schmidt.

ob der medizinsche Gebrauch von menschlichen Leichenteilen vielleicht doch nicht ganz unproblematisch war.

Was die autorisierten Heiler, insbesondere die studierten Ärzte, völlig aus der Fassung brachte, war, daß sich Scharfrichter nicht auf die Behandlung von Knochenbrüchen beschränkten, sondern regelmäßig in die innere Medizin, die die Ärzte als ihr rechtliches Monopol ansahen, eindrangen. So beschwerten sich die Ärzte 1661 in einem Gesuch an den Augsburger Rat, daß der Scharfrichter sich

> *erkühnet* [...] *interna Medicamenta* [...] *nicht alleine zue verschreiben, sondern auch* [...] *selbsten zu praeparieren, die urin zue besichtigen, auch mit Rath, purgationen, und Arzeneyen Ausgebung, haimblich und offentlich, Inner: und Ausser seines Hauses, zu practicieren.*[60]

Daß die Ärzte hier nicht übertrieben, wird in den Briefen der Scharfrichter selbst sowie in den Patientenbriefen bestätigt. Als sich der Augsburger Scharfrichter Johann Adam Hartmann 1708 um eine kaiserliche Legitimation bewarb, schrieb er, daß er *nit allein der chirurgia, sondern auch der innern und äusseren medizin* [...] *obgelegen* sei.[61] Patienten beschrieben die Urinschau durch Scharfrichter, eine Praxis, die rechtlich in den Bereich der inneren Medizin fiel. Ein Brillenmacher aus Fürth berichtete 1750, wie er dem Nürnberger Scharfrichter Johann Michael Schmidt eine Urinprobe seiner Frau, die einen Blutsturz erlitten hatte, brachte, *da erzehlte er mir solches aus dem urin, was meiner frau fehlt, besser als ich es ihm hätte sagen sollen.* Anscheinend hatte der Brillenmacher dem Scharfrichter den Urin zur Besichtigung gegeben, ohne ihm die Symptome seiner Frau zu beschreiben – vielleicht als eine Art Prüfung der Geschicklichkeit des Scharfrichters. Der Scharfrichter bestand diese Prüfung zur Zufriedenheit des Brillenmachers und nahm dessen Frau in Kur.[62] Den Patientenbriefen nach zu urteilen, behandelten Scharfrichter fast jedes erdenkliche Gebrechen. In den 1740er und 1750er Jahren behandelte Johann Michael Schmidt Patienten, die unter Fieber, Blutsturz, Knochenbrüchen, Brand, *Schwächung im Haupt* (es handelte sich anscheinend um Geisteskrankheit) und der *hinfallende*[n] *Krankheit* (Epilepsie) litten.[63] Die Patienten des Mainzer Scharfrichters Balthasar Hirschfeld litten in den 1760er Jahren unter Rheumatismus, Schwindsucht, Verbrennungen, Lähmungen, Krebs und Knochenbrüchen.[64]

---

[60] Augsburg StadtA. CM. Apotheker von 1564-1804. Tom. II: Korrespondenz von Januar bis Februar 1661.

[61] Wien HHStA. Restitutiones natalium ac legitimationes. Fasz. 3/H, Johann Adam Hartmann, 1708.

[62] Wien HHStA. Restitutiones natalium ac legitimationes. Fasz. 6/S, Johann Michael Schmidt, 1757.

[63] Vgl. Anm. 62.

[64] Wien HHStA. Restitutiones natalium ac legitimationes. Fasz. 3/H, Balthasar Hirschfeld, 1766.

Die Patientenbriefe beweisen außerdem, daß Scharfrichter ihre Patienten in der Tat abtasteten, eine Tatsache, die nicht auf der Hand liegt, da ja bekanntlich frühneuzeitliche medizinische Behandlungen oft auf Ferndiagnosen beruhten, bei denen Ärzte ihre Patienten oft nicht einmal sahen, geschweige denn berührten. Die Frage der Berührung ist natürlich von entscheidender Bedeutung, wenn wir der Latenz der Unehrlichkeit im medizinischen Bereich auf den Grund gehen wollen. Die Medizinhistorikerin Barbara Duden schreibt in ihrem gedankenanregenden Buch 'Geschichte unter der Haut' sogar von einem 'Tabu der Berührung' zwischen dem Arzt und seinen weiblichen Patientinnen.[65] Solch ein Berührungstabu existierte offensichtlich nicht zwischen Scharfrichtern und ihren Patienten, wie die Briefe der Patienten belegen. So attestierte z. B. 1763 ein Mainzer Hofrat Balthasar Hirschfeld, daß er dessen Tochter von einem Geschwür geheilt hätte, indem er *meine Tochter unter seine geschickte Hände nahm.*[66] Die Wortwahl des Hofrats ist hier bemerkenswert, weil Handwerker die gleiche Formulierung gebrauchten, wollten sie einen Handwerksgenossen nach ausgestandener Folter unehrlich schelten. So boykottierten die Bortenmachergesellen in dem eingangs erwähnten Fall von 1668 Augustin Gestecker, *darumb weil er unter des Scharfrichters Hand gewesen.*[67]

Ein Aspekt der scharfrichterlichen Praxis wurde allerdings in den Patientenbriefen und in den Scharfrichterpetitionen nie erwähnt. Und dies war das eine Gebiet, in dem autorisierte Heilkundige dem Scharfrichter höchstwahrscheinlich eine gewisse Kompetenz zuerkannten, nämlich die Diagnose und Behandlung von Krankheiten, die auf Schadenszauber, auf 'Maleficium', zurückzuführen waren. Daß Scharfrichter solche übernatürlichen Beschwerden tatsächlich behandelten, steht außer Zweifel, denn obwohl die Scharfrichter selbst sich in ihren Petitionen über diese Seite ihrer Arbeit ausschwiegen, ist die magische Praxis der Scharfrichter in Verhörsprotokollen und anderen amtlichen Quellen ausführlich belegt. So konsultierte 1701 ein Augsburger Kaufmann den Scharfrichter Johann Adam Hartmann, weil seine kleine Tochter unter Krämpfen und einem geschwollenen

---

65 Barbara Duden: Geschichte unter der Haut. Ein Eisenacher Arzt und seine Patientinnen um 1730. Stuttgart 1987. S. 102.

66 Wien HHStA. Restitutiones natalium ac legitimationes. Fasz. 3/H, Balthasar Hirschfeld, 1766.

67 Augsburg StadtA. HWA. Bortenmacher 4, 1664-1672. 29.11.1668. Weitere Beispiele: Die Lauinger Rotgerber sperrten einem Gesellen nach ausgestandener Folter das Handwerk, weil er *einmal mit dem Nachrichter sei angegriffen worden.* Augsburg StadtA. Gerber 2, 1584-1617, Georg Faul, 2.11.1602. Das Schmiedehandwerk in Schwäbisch-Gmünd boykottierte 1757 einen ihrer Gesellen, weil er *dem Scharfrichter* [...] *unter die Hände gekommen* [...]. Augsburg StadtA. Schmiede 9, 1724-1762, Christian Schweitzer, 22.1.1757. Der Jurist Paul Döpler erörterte 1697 die Frage, *ob derjenige / welcher einmal unter des Scharfrichters oder Henkhers Händen gewesen / infam oder Ehrlos worden* [...] sei. Vgl. P. Döpler (Anm. 12) S. 567.

Bauch litt. Nachdem der Scharfrichter den Urin des Mädchens besichtigt hatte, widersprach er dem Urteil der Ärzte, die das Leiden des Mädchens als einen *Windt Zustand* diagnostiziert hatten, und kam stattdessen zum Schluß, daß es sich – *bey so schönem und gesunden Urin* – um etwas 'unnatürliches', 'malefizisches' handelte. Das Kind sei der Hexerei zum Opfer gefallen. Hartmann behandelte das Kind mit *Infusionen von hexenpulver.*[68]

Der Scharfrichter Johann Georg Trenkler hatte 1747 die Frau und kleine Tochter eines Sekretarius beim Domkapitel wegen *maleficus* in Behandlung.[69] Es ist nicht weiter überraschend, daß Leute den Scharfrichter aufsuchten, damit er die Wirkungen von Schadenszauber feststellte und rückgängig machte. Der Scharfrichter konnte schließlich das Teufelsmahl im Rahmen eines Hexenprozesses ausfindig machen. Warum sollte er dann nicht auch die Symptome des *maleficium* im täglichen Leben identifizieren können? So bestand eine lebhafte Nachfrage nach den magischen Dienstleistungen des Scharfrichters.[70] Die Tatsache, daß die Behandlung übernatürlicher Beschwerden in den Patientenbriefen und in den Petitionen der Scharfrichter nie Erwähnung fand, ist allerdings ein Indiz dafür, daß diese Seite der scharfrichterlichen Praxis problematischer war als die Behandlung 'natürlicher' Gebrechen mit 'natürlichen' Mitteln. Wie noch gezeigt werden soll, paßte es in die rhetorische Strategie der Scharfrichter, ihre Kompetenz in diesen übernatürlichen Angelegenheiten herunterzuspielen.

Die Patienten der Scharfrichter

Wer waren die Patienten der Scharfrichter? Zu dieser Frage ist das Augsburger Quellenmaterial recht fragmentarisch. Der Scharfrichter Caspar Behem beklagte sich 1533, wie wir sahen, daß die meisten seiner Patienten zu arm waren, um ihn bezahlen zu können. Aber Behems Erfahrung scheint in dieser Hinsicht untypisch gewesen zu sein. Andere Scharfrichter behandelten Patienten aus den verschiedensten sozialen Ständen. Veit Malch, ein vagierender 'ausländischer' Scharfrichter, der 1591 wegen Diebstahls in Augsburg verhaftet wurde, sagte aus, er hätte einen Adeligen für 22 Gulden kuriert.[71] Hierbei handelte es sich um keine geringe Summe, wenn man bedenkt, daß das jährliche Gehalt einer städtischen Hebamme

---

68 Augsburg StadtA. Strafamt. Urgicht vom August 1701, Christeiner. Aussage des Johann Adam Hartmann.

69 Augsburg StadtA. RP 115, 1741. S. 469. 27.7.1741.

70 J. Nowosadtko: Scharfrichter (Anm. 7) S. 178-192.

71 Augsburg StadtA. Strafamt. Urgicht vom 7.8. und 26.8.1591, Veit Malch. Ich möchte B. Ann Tlusty danken, daß sie mich auf diesen Fall aufmerksam gemacht hat.

ganze acht Gulden betrug.[72] Malch hatte des weiteren einen Koch für die gleiche Summe behandelt.[73]

Maurer und andere Handwerker wandten sich regelmäßig an den Scharfrichter Marx Philipp Hartmann um medizinischen Rat einzuholen.[74] 1679 hatte Hartmann einen nicht näher identifizierten *Ihro Hochfürstliche Durchlaucht*, Herzog in Lothringen, *an dero kranken Schenkel in der Kur.*[75] In diesem Jahr erhielt Hartmann mit der Unterstützung *ihro Kayserl. May. Herrn Beichtvater*[76] eine kaiserliche Legitimation und das Privileg, *die chirurgi und medicin noch ferner zu continuiren.*[77] Es bleibt allerdings unklar, ob Hartmann den Beichtvater des Kaisers in Behandlung hatte. Johann Adam Hartmann behandelte 1701, wie wir sahen, eine Kaufmannstochter wegen *maleficium,*[78] und er zählte 1719 *Bauers- und hiesige gemeine Leuth* zu seinen Patienten.[79]

Ein vagierender Weber, der 1726 außerhalb der Stadtmauern verhaftet wurde, erklärte seinen Verhörern, daß er sich *seiner offnen bösen Füße halben* in Augsburg aufhalte; er habe gehört, daß der Augsburger Abdecker *solche Schäden wohl und wohlfeil curiere.*[80] Der Scharfrichter Johann Georg Trenkler behandelte 1741, wie wir sahen, Frau und Tochter eines Sekretarius beim Domkapitel wegen *maleficium.*[81] In einer Petition von 1747 behauptete Trenkler, er hätte sowohl Katholiken als auch Protestanten mit medizinischem Rat geholfen.[82] Scharfrichter hatten offensichtlich eine sehr gemischte Klientel. Verarmte Beisitzer, Bauern, Vaganten, Handwerker, Katholiken und Protestanten, Angehörige der oberen Stände, darunter ein Anwalt, ein Adeliger, ein Landesherr, vielleicht sogar der Beichtvater des Kaisers – alle waren in der medizinischen Behandlung des Scharfrichters.

Die Scharfrichterpetitionen um Legitimation und die Briefe ihrer Patienten ergänzen das Bild der Patienten, die bei Scharfrichtern in Behandlung waren. Der Nürnberger Scharfrichter Franz Schmidt fügte seiner Bewerbung um Legitimation von 1624 eine Patientenliste von *hohen und vornehmen Standtpersonen* bei, die

---

72 Merry Wiesner: Working Women in Renaissance Germany. New Brunswick 1986. S. 56.

73 Vgl. Anm. 71.

74 Augsburg StadtA. Maurer 2, 1651-1687. Petition vom 4.12.1677.

75 Augsburg StadtA. CM. Schedarum quarum in Actis Collegii medici mentio sit, Fasz. IIdus, ad Prot. Vol. I pertinens [...] 1673-1683. Dieser *Herzog von Lothringen* war nicht der einzige Landesherr, der sich von Scharfrichtern verarzten ließ. So ernannte z. B. Friedrich I. von Preußen den Berliner Scharfrichter Coblenz zum Hof- und Leibmedicus. Vgl. F. Heinemann (Anm. 9) S. 14.

76 Vgl. Anm. 75.

77 Wien HHStA. Restitutiones natalium ac legitimationes. Fasz. 3/H, Marx Philipp Hartmann, 1679.

78 Vgl. Anm. 68.

79 Augsburg StadtA. CM. In genere, 1548-1795. 29.7.1719.

80 Augsburg StadtA. Buchloe 4. Vagantenliste vom 29.3.1726.

81 Augsburg StadtA. RP 115, 1741. S. 469. 27.7.1741.

82 Augsburg StadtA. Reichsstadtakten, Stadtbedienstete 1081/46. Petition vom 18.3.1747.

alle bereit wären, für seine medizinischen Qualifikationen zu bürgen. Diese Liste umfaßte *Röm. Kayserl. May. Räth und Commissarien*, Personen *vom Adel*, Personen *aus eines Edlen* [...] *Raths* [...] *zu Nürnberg*, und noch *viel vornehme im Geschlecht und Erbare Handelsleuth*, alles in allem 41 Personen.[83] Johann Michael Schmidt, von 1726 bis 1753 ebenfalls Scharfrichter in Nürnberg, diente einer viel bescheideneren Klientel. Er zählte unter anderen die Frau eines Brillenmachers, einen Bierbrauergesellen, einen Goldschmied von einem benachbarten Dorf, die Frau eines Kammachers, einen Krämer, einen Bauern, einen Bäcker und einen Müllergesellen zu seinen Patienten.[84] Die Patienten Balthasar Hirschfelds, in den 1760er Jahren Scharfrichter im Erzbistum Mainz, waren wiederum von wesentlich höherem sozialen Status. Vier waren eindeutig von Adel. Ein Domherr, ein Baron, eine Freyfrau, ein Jesuit, ein Regimentshauptmann und zwei Hofräte waren bereit, Hirschfelds Bewerbung um kaiserliche Legitimation und medizinische Privilegierung durch ihr Empfehlungsschreiben zu unterstützen.[85]

Die Scharfrichter haben offensichtlich nur ihre einflußreichsten Patienten um Empfehlungsschreiben gebeten, so daß diese Listen kein repräsentatives Bild der scharfrichterlichen Klientel darstellen. Diese Empfehlungsschreiben zeigen allerdings, daß Scharfrichter durch ihre medizinische Praxis Zugang zu den höchsten sozialen Ständen erlangten. Und diese hochgestellten Persönlichkeiten fühlten sich ihren Heilern in einem gewissen Maße verpflichtet, denn sie waren bereit, die Gesuche der Scharfrichter durch Empfehlungsschreiben zu unterstützen. Die Briefe verdeutlichen zudem, daß die soziale Grenze zwischen Laienstand und Klerus auf die Wahl des Scharfrichters als Heiler keinen Einfluß hatte. Arm und Reich, Kleriker und Laien, Männer und Frauen hatten keine Bedenken, den Scharfrichter für medizinische Behandlung aufzusuchen.

Unehrlichkeit wurde in diesen medizinischen Kontakten zwischen Scharfrichtern und ihren Patienten nie zum Thema. Es existieren meines Wissens keine Fälle, in denen ehrbare Bürger durch die medizinische Behandlung des Scharfrichters verunreinigt wurden. Scharfrichter praktizierten öffentlich, und ihre Patienten konsultierten sie öffentlich. "Erst die Phantasie unserer Tage läßt die Besucher des Henkers nachts heimlich durch die Gassen schleichen", so erläutert ein Rechtshistoriker dieses Phänomen.[86] Man kann sogar sagen, daß Scharfrichter ihre medizinische Praxis absichtlich besonders öffentlich betrieben. So äußerte der Augsburger Scharfrichter Johann Adam Hartmann 1708 die Absicht, seine medizinische

---

83 Wien HHStA. Restitutiones natalium ac legitimationes. Fasz. 6/S, Franz Schmidt 1624.

84 Wien HHStA. Restitutiones natalium ac legitimationes. Fasz. 6/S, Johann Michael Schmidt, 1754.

85 Wien HHStA. Restitutiones natalium ac legitimationes. Fasz. 6/S, Balthasar Hirschfeld, 1766.

86 Joachim Gernhuber: Strafvollzug und Unehrlichkeit. In: ZSRG.G 74. 1957. S. 141.

Wissenschaft, dem gemeinen wesen zum besten öffentlich fortzutreiben.[87] Scharfrichter, wie andere Heilkundige auch, legten großen Wert auf ihre medizinische Reputation. Sie prahlten in ihren Petitionen über ihre Beliebtheit bei ihren Patienten. So behauptete z. B. 1724 Johann Peter Rach, Scharfrichter in Trier, er und sein Sohn betrieben die Wundarznei *zu höchstem ruehm.*[88] Sogar Obrigkeiten attestierten den medizinischen Ruf ihrer Scharfrichter mit offenbarem Stolz. So bestätigte die Kölner Obrigkeit 1663 ihrem Scharfrichter Johann Georg Hoffmann, er heile die verschiedensten Gebrechen *ganz meisterlich, wie Statt- und Landtkundig.*[89]

Barbara Duden hat beschrieben, wie sich die Reputation frühneuzeitlicher Heiler durch Hörensagen verbreitete und wie sich kranke Menschen auf ein umfangreiches Netz von Verwandten, Freunden und Bekanntschaften verließen, um einen Heilkundigen auszuwählen: Die Klientel macht eine Praxis, denn "man muß eingeführt sein, um sich halten zu können."[90] Ein solches soziales Beziehungsgeflecht war auch für die Scharfrichterpraxis unentbehrlich. So konsultierte eine Frau, die an monatlichen Blutungen aus dem Kopf (!) litt, 1751 den Nürnberger Scharfrichter, weil *mir endlich durch guthe Leute gerathen worden, ich sollte zu unserem Scharfrichter Johann Michael Schmidt gehen, der solle auch hohe Wissenschaft haben* [...]. Ein Goldspinner nahm im gleichen Jahr *auf instendiges anrathen verschiedener persohnen und guter freunde* bei Schmidt seine *Zuflucht.*[91] So oder ähnlich beschrieben die meisten Patienten ihren Weg in die scharfrichterliche Praxis.[92]

Durch solch ein öffentliches Gerede kamen nicht nur die Scharfrichter, sondern alle anderen – sowohl autorisierte als auch inoffizielle – Heilkundigen zu ihren Patienten. So argumentiert Robert Jütte, daß die medizinische Praxis einer "spezifischen Öffentlichkeit" unterlag. Der Heilkundige wurde zum Krankenbett gerufen und behandelte dort den Patienten vor einem Publikum von Verwandten und Freunden des Kranken.[93] Barbara Duden beschreibt die Öffentlichkeit der Therapie und den öffentlichen Kontext, in dem Kommunikation zwischen Heil-

---

87 HHStA Wien. Restitutiones natalium ac legitimationes. Fasz. 3/H, Johann Adam Hartmann, 1708.

88 HHStA Wien. Restitutiones natalium ac legitimationes. Fasz. 5/R, Johann Peter Rach.

89 HHStA Wien. Restitutiones natalium ac legitimationes. Fasz. 2/3, Johann Georg Hoffmann, 1663.

90 B. Duden (Anm 65) S. 71f.

91 Wien HHStA. Restitutiones natalium ac legitimationes. Fasz. 6/S, Johann Michael Schmidt, 1754.

92 Patienten gebrauchten immer wieder ähnliche Formulierungen. So wandte sich 1763 ein Mainzer Patient an den dortigen Scharfrichter Balthasar Hirschfeld, *da mir die Geschicklichkeit des Herrn Hirschfelds von verschiedenen Personen, welchen er den gleichen gefahrlichen zustanden glücklich curieret angerühmet worden.* Wien HHStA. Restitutiones natalium ac legitimationes. Fasz. 3/H, Baltasar Hirschfeld, 1766.

93 R. Jütte (Anm. 30) S. 211f.

kundigem und Patienten stattfand. Patienten zögerten nicht, ihre Blut- und Urinproben durch Freunde, Nachbarn oder Boten öffentlich beim Arzt abliefern zu lassen. Nachbarn wußten auch in allem Detail "um Flüsse, Blutung, Farbe des Urins, Schleimigkeit des Aderlaßgeblüts, um all das, was aus dem Leib tritt."[94] Dieses Kommunikationsnetz zwischen Heilkundigem und Patienten war geprägt von einer "Öffentlichkeit von Leibphänomenen, die wir heute peinlich verbergen würden".[95] Alison Lingo argumentiert in ihrer Studie über Quacksalber und Scharlatane, daß das Publikum der Straßenheiler zum eigentlichen Heilungsprozeß beitrug: "Das öffentliche Heilen war eine Art sozialer Ritus, der zur seelischen, wenn nicht zur körperlichen Gesundheit der Kranken beitrug."[96] So entsprach die öffentliche Praxis der Scharfrichter und ihre öffentliche Interaktion mit ihren Patienten der allgemein üblichen Beziehung zwischen Heilkundigen und Patienten im frühneuzeitlichen Europa. Ich lege hier solches Gewicht auf die Öffentlichkeit der Scharfrichterpraxis, weil der theoretisch so komplexen Frage über die Grenzen zwischen Öffentlichem und Privatem in der Frühen Neuzeit, gerade für Ehrhändel und die Ehre allgemein, so große Bedeutung zukommt.

Rhetorische Strategien des medizinischen Wettbewerbs

Unehrlichkeit war in der Beziehung zwischen Scharfrichter und Patienten nicht relevant, so daß die soziale Interaktion zwischen Scharfrichtern und Patienten problemlos ablief. Die Scharfrichterpraxis führte allerdings zu konstantem Streit zwischen Scharfrichtern und autorisierten Heilkundigen, den Handwerkschirurgen und studierten Ärzten. Es ging in diesen Streitfällen nicht um Infamie oder um das Problem der Verunreinigung, sondern um die Arbeitsteilung auf dem medizinischen Markt. Autorisierte Heilkundige sahen die scharfrichterliche Praxis als eine Verletzung ihres rechtlichen Monopols an. Handwerkschirurgen und Ärzte erwähnten die Unehrlichkeit des Scharfrichters mit keinem Wort, sondern betonten statt dessen seine medizinische Inkompetenz und seine mangelnde Ausbildung. Scharfrichter indessen verteidigten ihre Praxis, indem sie sich als qualifizierte Heilkundige darstellten.

1573 beschwerten sich die Wundärzte, daß der Scharfrichter *mit sambt seinen weib und söhnen* sich *je lenger je mer, unbefugter weis, under steet, nitt allain beinbrüch sondern alte und neue Schäden zu haillen, und allerley arzeneiens sich*

---

94 B. Duden (Anm 65) S. 105.

95 B. Duden (Anm 65) S. 104.

96 Alison Lingo: Empirics and Charlatans in Early Modern France: The Genesis of the Classification of the 'Other' in Medical Practice. In: Journal of Social History 19. 1986. S. 583-603, bes. S. 587.

gebraucht und auf solche Weise ihre Rechte beeinträchtigte. Der Scharfrichter könne außerdem seine Behandlungen billiger anbieten als sie, denn er erhielt ja zusätzlich sein Scharfrichtergehalt. Diese Konkurrenz durch den Scharfrichter gereichte ihnen *allen zu grossem merklichen Spott, verachtung und verklainerung, alls ob wir unser handwerk dermaßen nit gelernet hetten* [...] *und als ob die Leut durch uns verderbt werden.*[97] Aber diese Verachtung wurde, wie das Zitat verdeutlicht, durch Zweifel an der medizinischen Kompetenz der Wundärzte ausgelöst, nicht durch ihre Konkurrenz mit dem unehrlichen Scharfrichter. Wir wissen nicht, wie der Rat auf dieses Gesuch der Wundärzte reagierte, aber 1594 versuchte der Magistrat, Ärzte und Handwerkschirurgen vor solchem unautorisierten Wettbewerb zu schützen. Ein Dekret aus diesem Jahr verbot *frevelhafte Stimpler, als* [...] *der alhiesige Scharfrichter* [...] *und dergleichen Kälberarzt, die weder die Lateinische Sprach verstehen, weniger mit den rechten artzneyen wissen gebührend weiß umzugehen*, Urin zu besichtigen oder Arzneien zu mischen, weil ihre Mixturen oft so stark waren, daß die Patienten daran starben.[98] Die Barbierordnung enthielt sogar einen Artikel, der die Barbiere vor Eingriffen des Scharfrichters schützen sollte. Artikel 39 verordnete, *wann der Züchtiger, die Frauenbilder, oder andere dergleichen unbefuegte Personen sich understehn sollten, ein verwundete Person zu binden*, so sollten sie bei den Strafherren angezeigt werden, *damit sie ihre geziemende Straf darumb empfangen.*[99] Nach der Verfassungsänderung von 1548 galten Handwerksordnungen als Ratsdekrete; dieser Artikel verdeutlicht also sowohl die Furcht der Barbiere vor der medizinischen Konkurrenz des Scharfrichters als auch die Absicht des Magistrats, das medizinische Monopol der Barbiere zu schützen.

Der chronische Konflikt zwischen Scharfrichtern und autorisierten Heilkundigen gewann während der Amtszeit des Scharfrichters Marx Philipp Hartmann besondere Brisanz. Hartmann machte eine bemerkenswerte Karriere. Er kam 1652 aus der benachbarten Reichsstadt Ulm nach Augsburg und wurde als Gehilfe im Haushalt des Scharfrichters Dietrich Metz aufgenommen. Im gleichen Jahr heiratete er Metz' Tochter Barbara. Als sein Schwiegervater 1654 seinen Scharfrichterposten aufgab, wurde Marx sein Amtsnachfolger.[100] Er wartete nicht lange, um seine medizinische Praxis aufzubauen. 1658 und 1659 appellierte das Collegium Medicum an die Obrigkeit, Meister Marx die Praxis der inneren Medizin zu verbieten.[101] Wir wissen nicht, inwiefern die Obrigkeit auf diese Beschwerden reagierte, aber 1661 lag das Collegium Medicum mit Meister Marx wieder im Streit.

---

97 Augsburg StadtA. CM. Pfuscher 1562-1793. Petition vom 5.12.1573.
98 Augsburg StadtA. CM. Pfuscher 1562-1793. Dekret von 1594.
99 Augsburg StadtA. HWA. Bader und Barbiere 8, 1679-1688. Barbier-Ordnung von 1638.
100 Augsburg StadtA. HAP. 1650-1659. Fol. 143^r, 29.9.1652; Reichsstadtakten, Stadtbedienstete 1081/46, Bestallungsbrief vom 9. Juni 1654.
101 Augsburg StadtA. HV. CM Prot. I. S. 614-615, 623.

Als ein Arzt erfuhr, daß einer seiner Patienten den Scharfrichter aufgesucht hatte, ging er zur Apotheke, um herauszufinden, welche Medikamente Marx verschrieben hatte. Dort traf er einen Scharfrichtersknecht an, der gerade verschiedene Zutaten für die Medikamente seines Meisters einholte. In einem Wutanfall attackierte der Arzt den Knecht und warf dessen Kräuter und Öle auf den Boden. Das Collegium Medicum appellierte daraufhin noch einmal an den Rat, er solle solche Quacksalber, die der lateinischen Sprache unkundig wären und daher die Fundamente der Medizin nicht verstehen könnten *und demnach pur Lautere idioten sein*, abschaffen. Meister Marx *sei under allen idioten der Lateinischen Sprach am wenigsten kundige.*[102] Mit seiner Pfuscherei hätte er die Gesundheit vieler Patienten zerstört und sogar einige umgebracht.

Das Collegium Medicum versuchte zudem seine Position zu untermauern, indem es sich bei anderen Freien Reichsstädten über deren Medizinalwesen erkundigte. Der Frankfurter Rat berichtete, daß seine Medizinalordnungen dem Scharfrichter jegliche medizinische Praxis verboten, und Nürnberg antwortete, daß ihr Scharfrichter nur externe Verletzungen behandeln durfte. Wenn die Augsburger Regierung die Eingriffe des Scharfrichters weiterhin duldete, argumentierte das Collegium Medicum, führe das *zue nicht geringer disreputation einer so weitberüehmten Respublique* sowie *zur verschimpfung des* [...] *Collegii Medici* und unterminiere die Autorität des Rates.[103]

Meister Marx' Antwort läßt viel von dem Selbstverständnis des Scharfrichters als Heilkundiger erkennen. Er verteidigte sich energisch gegen die Anschuldigung der Quacksalberei. Mit Stolz betonte er seine eigene medizinische Qualifikation und lobte die medizinische Praxis der Scharfrichter im allgemeinen. Obwohl er seine Arzneikunst nicht auf *Hohen Schulen* studiert hätte, so hätte er doch die Medizin durch langjährige, tägliche Übung von seinen Eltern und Voreltern, insbesondere aber von seinem Schwiegervater, der ein *berühmter Arzt* gewesen sei, erlernt.[104] In diesem Punkt übertrieb Hartmann nicht: Ein Chronist notierte 1658 den Tod des ehemaligen Scharfrichters Metz mit dem Kommentar, er sei ein *guter medicus* gewesen; *da Doktor und Barbier von dene Leitten abgestanden sind, hat ers zu recht gebracht.*[105] Die medizinische Praxis der Scharfrichter sei nichts Neues, argumentierte Hartmann, sondern ein *Uhraltes herkommen.* Seine Behandlungen beruhten auf langer Erfahrung und auf ausführlichen Studien. Er hätte von seinen Voreltern voluminöse Manuskripte mit den Rezepten seiner Medikamente

---

[102] Augsburg StadtA. CM. Apotheker 1564-1804. Tom. II. Petition vom 15.1.1661.
[103] Vgl. Anm. 102
[104] Vgl. Anm. 102
[105] Augsburg StadtA. Chroniken 27. 1.12.1658.

geerbt.[106] Er halte sich an die Apothekerordnung, kaufe die Zutaten für seine Medikamente in Augsburger Apotheken und lasse seine Rezepte dort mischen. Seine Gegner würden keinen Patienten finden können, dessen Gesundheit er ruiniert hätte. Er könne allerdings problemlos 30 bis 40 Patienten nennen, welche die Ärzte als verloren aufgegeben hätten, die er aber geheilt hätte.[107]

Marx versuchte sich offensichtlich in dieser Petition als einen nüchternen, qualifizierten, ja gelehrten Heilkundigen darzustellen. Scharfrichter, die sich um Legitimationen bewarben, verfolgten alle eine ähnliche Stategie. Sie betonten ihre 'Wissenschaft' und die Ausbildung, die sie von ihren Vorgängern erhalten hätten. Ihre medizinische Ausbildung war sowohl handwerklich als auch theoretisch. Scharfrichter gaben ihren Söhnen eine praktische medizinische Ausbildung und förderten gleichzeitig ihre Studien. Scharfrichter bewarben sich teilweise deswegen um Legitimationen, um ihren Söhnen das Medizinstudium zu ermöglichen, wofür der ehrliche Status Vorbedingung war.[108] Die scharfrichterliche Medizin erscheint in diesen Petitionen sehr 'männlich', denn die Scharfrichter beschrieben ausschließlich männliche Modelle der Berufsausbildung. Die Scharfrichter erwähnten nie, daß die Frauen in ihrem Haushalt an ihrer medizinischen Praxis teilnahmen.

In ihrer Selbstdarstellung versuchten Scharfrichter außerdem jeden Verdacht hinsichtlich abergläubischer Praktiken von sich zu weisen. Deswegen erwähnten Scharfrichter die Identifikation und Behandlung von *maleficium* in Petitionen nie; deswegen legten sie solches Gewicht auf die 'natürliche' Effizienz ihrer Mittel und pochten auf Arbeit, Mühe und Fleiß, mit der sie ihre Praxis betrieben. Die konstante Betonung der mühsamen Arbeit, die in den Scharfrichterpetitionen wie auch in Patientenbriefen immer wieder vorkommt, war auch ein Versuch, sich von Zaubermitteln zu distanzieren, die angeblich sofort und mühelos funktionieren sollten.[109] Statt auf diabolische Intervention verließen sich Scharfrichter auf *Gottes*

---

[106] Augsburg StadtA. CM. In genere 1548-1795. Fasz. 6, Testament vom 24.1.1659. Daß Marx seine medizinischen Studien wirklich ernst nahm, verdeutlicht sein Testament: Er besaß 21 medizinische Texte.

[107] Augsburg StadtA. CM. Apotheker1564-1804. Tom. II. Petition vom 12.2.1661.

[108] Vgl. z. B. Wien HHStA. Restitutiones natalium ac legitimationes. Fasz. 6/S, Franz Schmidt, 1624 oder Fasz. 1/B, Johannes Bast, 1701. Zur Zeit seiner Bewerbung um Legitimation, 1701, versuchten zwei Söhne Johannes Basts, bei einer medizinischen Fakultät aufgenommen zu werden.

[109] Nach Marcel Mauss tut die Magie "mit Worten und Gesten, was die Technik durch Arbeit vollbringt [...]". Die Magie sei "immer die leichteste Technik [...]. Sie meidet die Anstrengung [...]". Zit. nach Bernd Roeck: Eine Stadt in Krieg und Frieden. Studien zur Geschichte der Reichsstadt Augsburg zwischen Kalenderstreit und Parität. Bd. 1. Göttingen 1989. S. 110. Zeitgenossen machten die gleiche Unterscheidung zwischen mühelosem Zauber und mühevoller Arbeit. So unterschieden französische Ärzte der Frühen Neuzeit z. B. zwischen diabolischem Wissen und Wissen, das auf Arbeit und Studium beruht. Die Praxis von unautorisierten Heilkundigen beruhe auf diabolischem Wissen. A. Lingo (Anm. 96) S. 591.

Hilfe, und jedesmal, wenn ein Scharfrichter einen Patienten erfolgreich behandelte, so geschah die Heilung zu *Gottes größerer Ehre*.[110]

Der Augsburger Scharfrichter Marx Philipp Hartmann verlor den Streitfall von 1661 gegen die Ärzte. Der Augsburger Rat blieb von Marx' Rhetorik unbeeindruckt. Frühere Medizinalordnungen hätten die freie Praxis des Scharfrichters bereits verboten, begründete der Rat seine Entscheidung. Die Ordnung von 1594 hatte sogar genau den gleichen Grund genannt, den die Ärzte in ihrem Gesuch betonten, nämlich daß der Scharfrichter und andere *Kälberärzten* kein Latein konnten.[111] 1661 stimmte die Regierung dem Argument der studierten Ärzte zu; Hartmanns Versuch, sich als qualifizierter und gelehrter Heilkundiger darzustellen, sei *ganz absurd*: Da er kein Latein, geschweige denn Griechisch beherrsche, könne er die grundlegenden Prinzipien der Medizin nicht verstehen.[112] Der Amtsbürgermeister schickte einen Stadtknecht zum Scharfrichter mit dem Befehl, er solle sich der *inneren Medizin* enthalten. Es wurde ihm allerdings erlaubt, externe Verletzungen, wie Beinbrüche, weiterhin zu behandeln. *Ob er dem Befelch nachkommen werde, stehet zu erwarten*, bemerkte ein Arzt zum Ausgang dieses Falles.[113] Und Marx gehorchte nicht. Der Rat veröffentlichte 1667, 1668 und 1671 Mandate, welche die scharfrichterliche Praxis erneut verboten.[114] Allen Mandaten zum Trotz blieb der Scharfrichter ein Teilnehmer am medizinischen Markt.

1678 protestierte das Collegium Medicum erneut gegen Hartmanns Übergriffe. Frühere Dekrete gegen den Scharfrichter würden nicht durchgesetzt, behaupteten die Ärzte, weil Meister Marx Beziehungen hätte: Der Scharfrichter praktiziere *unter der Protection eines oder des anderen Herrn*, was sie *bishero wider unseren Willen gedulden* müssen. Die Regierung sollte ihre Statuten endlich durchsetzen, nicht nur um die öffentliche Ordnung und den gemeinen Nutzen innerhalb der Republik zu bewahren, sondern weil solche Mißbräuche *Gottesgebot zuwider, als der einen ieden in seinen gewissen Standts und Ambts Schranken gesezt und haben will*.[115]

Meister Marx ignorierte allerdings weiterhin die Schranken seines Standes. Im folgenden Jahr beendete er seine Karriere als Scharfrichter mit einem spektakulären sozialen Aufstieg. Ein Chronist schloß einen Bericht über die Hinrichtung eines Diebes am 17. Juni 1679 mit der Bemerkung: *Dieser war der letzte so Meister Marx Philipp Hartmann gericht, hat nach demselben das Kayserliche Privileg*

---

110 Vgl z. B. Wien HHStA. Restitutiones natalium ac legitimationes. Fasz. 6/S, Christian Strauch, 1677.

111 Augsburg StadtA. CM. Pfuscher 1562-1793. Dekret von 1594.

112 Augsburg StadtA. CM. Apotheker von 1564-1804. Tom. II.: Januar bis Februar 1661.

113 Augsburg StadtA. HV. CM Prot. I. S. 666-670.

114 Augsburg StadtA. HWA. Bader und Barbiere 8, 1679-1688. Eine Petition vom 13.7.1686 nennt frühere Dekrete vom 17. September 1667, vom 18.9.1668 und vom 8.10.1671.

115 Augsburg StadtA. CM. Pfuscher 1562-1793. 23.7.1678.

erhalten, ohne einigen Vorwurff, als andere Medici zu practicieren.[116] In diesem Sommer, nachdem er 28 Jahre als Scharfrichter gedient hatte, erhielt Marx eine kaiserliche Legitimation, welche ihn und seine Tochter *in den Ehrenstand* setzte und ihm vergönnte, *wie vorhero, also noch inskünftig sowol die Chyrurgi als die Medizin* zu praktizieren.[117] Er wollte seine Praxis in Augsburg fortsetzen und nun seinen Lebensunterhalt *in Ehren* verdienen, und so bewarb er sich um das Bürgerrecht für sich und seine Tochter, welches ihm auch *aus gnaden gratis* gewährt wurde.[118] In offiziellen Dokumenten wurde Hartmann jetzt als *medicinae practicus* beschrieben.[119] Die Benennung als Scharfrichter verschwand; Marx' früherer Beruf wurde in offizieller Korrespondenz nicht mehr erwähnt.

Ars Moriendi: Hinrichtung, Erlösung und Heilung

Scharfrichter präsentierten sich in ihrer Selbstdarstellung als nüchterne, gewissenhafte, gelehrte, arbeitsame Heilkundige. Es gab nichts 'Magisches' an ihrer Praxis, sie waren keine Wunderheiler. Unehrlichkeit stand nie zur Debatte, weder in ihrem Verhältnis zu ihren Patienten noch in ihrer Konkurrenz mit autorisierten Heilkundigen. Scharfrichter, die sich um Legitimationen bewarben, distanzierten sich von ihren strafrechtlichen Funktionen. So behaupteten sie, daß sie zu alt seien, um die körperlich anstrengenden Hinrichtungen weiterhin korrekt durchführen zu können, oder sie gaben an, daß sie jemanden als Gehilfen eingestellt hätten, der die Hinrichtungen ausführte, damit sie sich hauptamtlich der Medizin widmen könnten.[120] Eine solche Argumentationslinie war Teil ihrer Strategie, ihre medizinische Praxis zur sozialen Mobilität zu nutzen. Ihre Unehrlichkeit folgte schließlich aus ihren strafrechtlichen Funktionen. Eine Legitimation konnte nur stattfinden, wenn ein Scharfrichter keine Körperstrafen mehr vollzog und sein Amt niederlegte. Aber indem Scharfrichter von ihren strafrechtlichen Funktionen Abstand zu nehmen suchten, distanzierten sie sich gleichzeitig von der eigentlichen Quelle ihrer medizinischen Gabe. In der Wahrnehmung ihrer Patienten waren Scharfrichter als Heilkundige so erfolgreich, nicht weil sie arbeitsam und gelehrt waren, sondern eben weil sie Scharfrichter waren.

---

116 Augsburg SuStB. 4° HV 250/ Beibd. 1. Fol. 17^{v}.

117 Wien HHStA. Restitutiones natalium ac legitimationes. Fasz. 3/H, Marx Philipp Hartmann, 1679.

118 Augsburg StadtA. RP 81, 1679-1682. Fol. 142^{v}, 5.10.1679.

119 Augsburg StadtA. HAP, 1688-1695. Fol. 10, 22.3.1688.

120 Vgl. z. B. Wien HHStA. Restitutiones natalium ac legitimationes. Fasz. 6/S, Johann Michael Schmidt, 1754.

Wir können als Zwischenergebnis festhalten, daß Scharfrichter als Heilkundige fungierten, weil es im Rahmen ihrer strafrechtlichen Aufgaben erforderlich war und weil sie privilegierten Zugang zu den Leichnamen hingerichteter Verbrecher hatten, die sowohl in der gelehrten Medizin wie auch in der Volksmedizin als hochwirksame Medikamente verwertbar waren. Damit haben wir aber das Paradox der Scharfrichter-Medizin keineswegs entschlüsselt, sondern wir stehen nun vor einem zweiten Paradox: Warum glaubten gelehrte *Medici*, Obrigkeiten, Scharfrichter und ihre Patienten alle an die medizinische Wirksamkeit von menschlichen Leichen, insbesondere solcher hingerichteter Verbrecher? Warum sollte die Leiche eines hingerichteten Verbrechers – der abscheuliche Verbrechen begangen hatte, der unter des Scharfrichters Hand während der Folter infamiert wurde, der die entehrende öffentliche Hinrichtung über sich ergehen lassen mußte und dessen Leiche auch verunreinigend wirken konnte –, warum sollte ausgerechnet eine solche Leiche Heilkraft besitzen?[121]

Menschen der Frühen Neuzeit, insbesondere Handwerker, fühlten eine tiefe Ambivalenz gegenüber den Leichen hingerichteter Verbrecher. Eine solche Leiche zu berühren, scheint nur für medizinische Zwecke zulässig gewesen zu sein. Jeder andere Kontakt mit einer solchen Leiche konnte infamieren. So erklärten die Augsburger Gerber 1562 einen Zunftgenossen, der eine Menschenhaut gegerbt hatte, für unehrlich.[122] Wenn eine schwangere Frau die gegerbte Haut eines hingerichteten Verbrechers als Gürtel trug, stellte das für ihre Ehre keine Bedrohung dar, aber wenn ein Handwerker die Haut zu diesem Zweck erst einmal gerbte, konnte das zu einem Unehrlichkeitskonflikt führen. Die Leiche von Hingerichteten zu sezieren, um medizinische Mittel zu erhalten, war für die Obrigkeit völlig unproblematisch, aber als ein Webergeselle 1587 den großen Zeh einer Leiche, die beim Hochgericht auf ein Rad geflochten war, abschnitt und in seine Tasche steckte, um am Spieltisch besseres Glück zu haben, war das eine ganz andere Sache. Es war erlaubt, Leichenteile medizinisch zu verwerten, aber der Versuch, mit Leichenteilen Fortuna zu beeinflussen, war unzulässig. Hier stoßen wir wieder an die problematische Grenze zwischen Medizin und Magie. Der Geselle wurde wegen Verdacht der Hexerei verhaftet, kam aber relativ glimpflich davon – er wurde nur wegen 'Aberglauben' ausgepeitscht und der Stadt verwiesen. Seine Zunft aber erklärte ihn für unehrlich, weil er den infamen Leichnam eines Hingerichteten berührt hatte.[123] Ärzte, Apotheker, Handwerkschirurgen, Hebammen und Patienten berührten laufend zu Medizin verwertete Leichenteile, aber als Augsburger To-

---

[121] Richard J. Evans stellt die gleiche Frage. R. J. Evans (Anm. 48) S. 199.

[122] Augsburg StadtA. HWA. Gerber 1, 1548-1584. 23.11.1562.

[123] Augsburg StadtA. Strafamt. Urgicht vom 20. und 21.1.1587, Leonhard Nadler; Strafbuch 1581-1587, 24.1.1587. Fol. 214^{v}.

tengräber 1684 die Leiche eines Hingerichteten beerdigten, wurden sie aus diesem Grunde von Handwerkern unehrlich gescholten.[124]

Wie können wir diese Ambivalenz erklären? Die Lösung dieses Problems wird wesentlich dazu beitragen, die Doppelrolle des Scharfrichters als Vernichter und Bewahrer von Leben zu entschlüsseln. Gleichzeitig ermöglicht dies eine Erklärung, warum die Unehrlichkeit des Scharfrichters während seiner medizinischen Praxis inaktiv war und nicht die geringste Rolle spielte, ja dem Scharfrichter auf diesem Tätigkeitsfeld zu besonderem Prestige verhalf. Die Scharfrichter-Medizin darf nicht als Gegensatz, sondern muß vielmehr als logische Konsequenz der Funktion des Scharfrichters in Gerichtsverfahren begriffen werden. Die symbolische Logik der Scharfrichter-Medizin beruht auf dem Hinrichtungsritual[125] selbst.

Der verurteilte Verbrecher wurde auf die zeremonielle Rolle, die er im Hinrichtungsritual spielen sollte, intensiv vorbereitet. Sobald das Urteil gefällt war, nannte man ihn den *armen Sünder*. In Augsburg fand die Hinrichtung drei Tage nach der Verurteilung statt.[126] Der arme Sünder sollte diese drei Tage zur Versöhnung sowohl mit Gott als auch mit der weltlichen Obrigkeit nutzen. Es ist vielleicht kein Zufall, daß die Obrigkeit drei Tage *zur Buß und Versöhnungszeit mit Gott*[127] einplante – die gleiche Zeitspanne verbrachte Jesus zwischen Kreuzigung und Auferstehung im Grab. Während dieser Tage wurde der Verurteilte in einer sauberen, hellen Zelle untergebracht, und er erhielt die Speisen, nach denen er verlangte.[128] Aus den Quellen wird nicht deutlich, ob der arme Sünder auch in Augsburg an einer 'Henkersmahlzeit' mit Richtern und dem Scharfrichter teilnahm, wie es in anderen deutschen Gebieten üblich war. Aber indem der Verurteilte besondere Speisen annahm – ob das nun in den letzten drei Tagen vor der Hinrichtung geschah oder in einer gemeinsamen letzten Mahlzeit –, drückte er seine Versöhnung mit seinen Richtern aus,[129] ein Zeichen, daß die Hinrichtung vielleicht problemlos ablaufen würde.

Zur gleichen Zeit, in der sich die Verurteilten mit der Welt versöhnten, wurden sie von Geistlichen intensiv betreut. Alle Aufmerksamkeit galt in diesen letzten drei Tagen dem geistlichen Zustand des armen Sünders. Zwei oder drei katholi-

---

124 Augsburg StadtA. Bestand Gottesäcker. Acta, die Totengrebel betreff. Juni 1684 bis April 1685.

125 Zum Hinrichtungsritual im frühneuzeitlichen Deutschland allgemein vgl. Richard van Dülmen: Theater des Schreckens. Gerichtspraxis und Strafrituale der frühen Neuzeit. München 1988.

126 Augsburg StadtA. Schätze 194a. Eidbuch. Fol. 40f.; Strafamt. Modus Procedendi in Malefizsachen (2 unverzeichnete Hefte); Augsburg SuStB. 2° Cod. Aug. 268. Das Hinrichtungsritual änderte sich vom 16. bis ins 18. Jahrhundert kaum.

127 Augsburg StadtA. RP 127. 8. Juni 1747. S. 376f.

128 Vgl. Anm. 127.

129 Zu den verschiedenen Formen der Henkersmahlzeit und zu den Funktionen dieses Rituals vgl. Hans von Hentig: Vom Ursprung der Henkersmahlzeit. Tübingen 1958.

sche bzw. lutherische Geistliche wurden dem armen Sünder zugeteilt. Diese Geistlichen besuchten den armen Sünder abwechselnd, jeden Tag stundenlang, so daß der Verurteilte selten allein war. Dieses geistliche Team erklärte dem Gefangenen den Opfertod Christi und versuchte Reue und "Zerknirschung" bei ihm zu erwecken. Einer der Geistlichen nahm dem bußfertigen armen Sünder die Beichte ab, wobei er ihm Absolution und Kommunion erteilte. Diese Prozedur unterschied sich zwischen den Konfessionen kaum. Ein protestantischer armer Sünder erhielt beim Abendmahl Wein und Brot. Geistliche beider Konfessionen erteilten die Absolution, manchmal mit Handauflegen.[130] Die Geistlichen forderten den armen Sünder auf, der Leiden Christi und, wenn der Gefangene katholisch war, dem Märtyrium der Heiligen zu gedenken. Sie ermunterten ihn, seinen eigenen bevorstehenden Tod als Nachfolge Christi und der Heiligen zu erfahren.[131] Flugschriften stellten Verbindungen zwischen den Qualen des verurteilten Verbrechers und den Leiden Christi her. Sie schilderten die letzten Tage und Stunden des armen Sünders auf ähnliche Weise, wie spätmittelalterliche Mystikerinnen ihre ekstatischen religiösen Erfahrungen umschrieben.[132] Der arme Sünder wurde – unabhängig vom Geschlecht – als 'Braut Christi' dargestellt und die Geistlichen als Brautführer, welche die Braut zum Bräutigam Christus führen.[133] Pamphlete erzählten in einer mystischen Bildersprache, wie sich arme Sünder an den *fünf heiligsten Wunden Jesu* labten und in der Prozession zum Hochgericht ihrer Erlösung entgegeneilten.[134] Die Schande der Hinrichtung wurde der Herrlichkeit der Wiederauferstehung gegenübergestellt. Am Tag der Hinrichtung begleiteten die Geistlichen den armen Sünder auf seiner 'Todesreise' zur Richtstätte, bestiegen das Hochgericht und hielten dem armen Sünder, bis die Hinrichtung vollzogen war, ein Kreuz vor

---

[130] Vgl. die fiktionale Beschreibung der letzten Tage des verurteilten protestantischen Mörders Samuel Keck: *Darauf legte ich meine demüthige Herzen-Beicht ab. Wurde von Gottes Dienern absolvieret* [...] *welches unter Auflegung der Hand auf mein Haupt geschahe* [...]. Vgl. Des auf dem Rad ligenden Samuel Keckens Erzehlung seines Mords, Bekehrung, und Todes, nebenst aufrichtigen von ihm, in dem Gefaengnuß, aufgesetzten Buß-Gedanken [...] Augsburg: Kaspar Brechenmacher 1711. Augsburg SuStB. 4° Aug. 744.

[131] So in etwa beschreibt der Jesuit Pater Jacob Schmid seine geistliche Betreuung der armen Sünder. Vgl.: Jacob Schmid: Trauben der Heiligkeit aus den Dörnern der Bosheit, oder verwunderliche Bekehrungen allerhand Mördern, Räubern, Zauberern, auch viler zum Tod veruthеilten Übeltätern oder Malifikanten, welche entweders noch frühzeitig, oder wenigst vor ihren Tod herrliche Buss gewürket. Zu besonderem Nutz der Gefangenen und Übelthätern, sambt einer Weiss fur die Seelsorger, die arme Sünder zu einem guten Tod anzuleiten. Augsburg, Würzburg 1752. S. 283-370. Augsburg SuStB. 8° Aug 2408.

[132] Caroline Walker Bynum: Fragmentation and Redemption. Essays on Gender and the Human Body in Medieval Religion. New York 1992. S. 205.

[133] S. Keck (Anm. 130).

[134] Trauergeschichte und schröckliches Lebensende des nebst vier anderen Malefikanten sub 20sten May 1786 zu Augsburg durch das Schwert vom Leben zum Tod gebrachten Missethaters Johann Woelfle von Fröstingen. Augsburg: Joahnn Bernhard Stadelberger 1786. Augsburg SuStB. 4° Aug. 2408.

Augen. Das Letzte, was der arme Sünder auf dieser Welt sehen sollte, war das Kreuz.[135]

Das Hinrichtungsritual war geprägt von einer Spannung zwischen Infamie und Erlösung. Einerseits war der Tod durch Hinrichtung in den Augen der Welt infam, andererseits war der Tod des armen Sünders in christlicher Weltanschauung ein guter Tod, sogar ein seliger Tod.[136] Der Verurteilte starb *mit allerdenklichen Hilfs- und Heilmitteln*, berichtet eine Leichenpredigt.[137] Da der arme Sünder den Zeitpunkt seines Todes genau kannte, konnte er beichten, die Absolution erhalten und die Kommunion einnehmen; er ging auf diese Weise von allen Sünden gereinigt in die Ewigkeit ein. Andere Christen lebten, im Gegensatz dazu, in ständiger Angst vor einem schnellen und unzeitigen Tod.

Öffentliche Hinrichtungen hatten die Form eines religiösen Rituals. Das weiße Kleid, welches der Verurteilte manchmal trug, symbolisierte die Reinheit des armen Sünders auf seinem letzten Weg. Der verurteilte Verbrecher war abscheulich und infam, aber das Hinrichtungsritual verwandelte ihn in einen reumütigen armen Sünder, der durch Beichte, Absolution und Eucharistie sowie durch sein öffentliches Geständnis und durch die öffentliche Todesstrafe, die er über sich ergehen ließ, von seinen Sünden gereinigt wurde. So verwandelte sich der Verbrecher im Volksglauben im Laufe dieses Rituals zu einer Art Heiligem.[138] Eine Münchner Chronik, die von einer mißlungenen Hinrichtung im Jahr 1438 berichtet, beschreibt diese Verwandlung explizit. Nachdem ein Gehenkter vom Galgen heruntergeschnitten worden war, stellte man fest, daß er noch atmete: *Do er hailig ward am galgen, half man im davon.*[139]

Diese Assoziation zwischen armen Sündern und Heiligen wird durch einige klare Parallelen zwischen der medizinischen Verwertung der Leichenteile hingerichteter Verbrecher und der Heilkraft von Heiligenreliquien bestätigt. Zermahlener Menschenschädel galt, wie wir sahen, als wirksames Mittel gegen Epilepsie.

---

135 Die unmittelbare Beteiligung der Geistlichen am Hinrichtungsritual ist in bildlichen Darstellungen von Hinrichtungen klar sichtbar. Vgl. z. B. Augsburg SuStB. Graphik 29/112-137, Verbrecher, etc. Für eine makabere Beschreibung der geistlichen Betreuung des armen Sünders bis zum letzten Augenblick vgl. J. Schmid (Anm. 131) S. 336-342.

136 J. Schmid (Anm. 131) beschreibt, wie Verbrecher aller Art sich noch rechtzeitig, manchmal unmittelbar vor ihrer Hinrichtung, bekehrten und so einen heiligen Tod starben.

137 Zweyfache Glückseligkeit aus der von Rechts wegen vollzogenen Todesstrafe, in einer Sittenrede von P. Bonaventura Lueger [...], als einige Maleficanten, den 20. May des 1786 Jahres zu Augsburg vm leben zum Tode hingerichtet worden. Augsburg o.J. S. 24. Augsburg SuStB. 4° Aug. 1478.

138 Für eine ähnliche Interpretation des Hinrichtungsrituals vgl. Gustav Radbruch: Ars Moriendi. Scharfrichter – Seelsorger – Armersünder – Volk. In: ders.: Elegantiae Juris Criminalis. Vierzehn Studien zur Geschichte des Strafrechts. Basel 1950. S. 141-173. Außerdem R. J. Evans (Anm. 48) S. 200 und K. Park (Anm. 30) S. 23.

139 Louis Morsak: Aus dem Rechtsleben bayerischer Wallfahrten. In: Forschungen zur Rechtarchäologie und rechtlichen Volkskunde. Hg. von Louis Carlen. Zürich 1978. S. 115.

Außerdem tranken Epileptiker Wein aus den Schädeln hingerichteter Verbrecher, eine Praxis, die das Trinken von gesegnetem Wein aus den Schädeln von Heiligen, die von der Kirche offiziell anerkannt wurden, nachahmt.[140] 'Armsünderfett' kann mit den heiligen Ölen, die aus den Körpern mancher Heiliger hervorquellten, verglichen werden.[141] Wenn sich Frauen während den Wehen einen Gürtel aus gegerbter Menschenhaut umbanden, dann erinnert das an den Kult der Hl. Margarethe. Sie wurde in Schwaben von schwangeren Frauen verehrt, weil sie die Kraft des 'lösenden Gürtels' besaß. Wenn sich Frauen einen Strick oder ein Stück Stoff im Namen der Hl. Margaretha um die Hüften banden, garantierte das eine leichte Geburt.[142] Der Gürtel aus menschlichem Leder erinnert auch an einen Volksglauben, an die Heilkraft von Gürteln mit der *gewissen und wahrhaften Länge Christi.* Auch diesen Gürtel, dessen Länge angeblich genau der Größe Christi entsprach, trugen schwangere Frauen, um die Geburtswehen zu erleichtern.[143]

Wie die Reliquie eines Heiligen erhielt der Körper des armen Sünders im Laufe des Hinrichtungsrituals eine Art sakrale Kraft. Auf dieser sakralen Kraft beruht m.E. die medizinische Wirkung der Verbrecherleiche, und der Scharfrichter konnte sich diese Kraft zu eigen machen, wenn er im Rahmen seiner medizinischen Praxis die Leiche des armen Sünders weiterverarbeitete und medizinisch verwertete. Auf dieser Assoziation beruht, so möchte ich vorschlagen, die symbolische Logik, die den Scharfrichter in der Phantasie der Zeitgenossen zum begabten Heiler machte.

Zusammenfassung

Der Glaube an die heiltätige Kraft des Scharfrichters und an die medizinische Wirksamkeit menschlicher Leichenteile prägte sowohl die Elite- als auch die Volkskultur, die gelehrte Medizin wie auch die Volksheilkunde. Scharfrichter hatten Patienten aus allen sozialen Ständen, und studierte Ärzte besprachen den Gebrauch menschlicher Leichenteile in offiziellen Pharmacopöen. Die scharfrichterliche Praxis hatte viel gemeinsam mit der Praxis aller anderen Heilkundigen, ganz gleich, ob autorisiert oder inoffiziell. Der therapeutische Prozeß fand in der Öffentlichkeit statt, und Scharfrichter hatten eine ähnliche soziale Interaktion mit ihren Patienten wie andere Heilkundige auch. Scharfrichter versuchten sich von abergläubischen oder magischen Praktiken zu distanzieren und betonten, daß

[140] M. Peacock (Anm. 48) S. 276; L. Morsak (Anm. 139) S. 114f.
[141] C.W. Bynum (Anm. 132) S. 80; Lammert (Anm. 47) S. 26.
[142] G. Lammert (Anm. 47) S. 165.
[143] G. Lammert (Anm. 47) S. 166. Ich habe bis jetzt allerdings nicht feststellen können, ob die Gürtel aus 'Armsünderleder' eine bestimmte Länge haben sollten.

ihre Medizin auf natürlichen Mitteln beruhe. Indem sie sich als arbeitsam, gewissenhaft, gelehrt und rational darstellten, versuchten sich Scharfrichter dem Stil der studierten Ärzte anzupassen. Einige Scharfrichtersöhne wollten sogar dem Stand der gelehrten Ärzte beitreten und versuchten an medizinischen Fakultäten zu studieren. Die tiefgründige Assoziation, die m.E. in der Vorstellung der Zeitgenossen die Scharfrichter-Medizin mit dem Hinrichtungsritual verbindet, wurde nie klar artikuliert.

Die Obrigkeit nahm der Scharfrichter-Medizin gegenüber eine ambivalente Haltung ein. Theoretisch unterstützte sie das rechtliche Monopol der autorisierten Heilkundigen. Seit dem 16. Jahrhundert wurde die scharfrichterliche Praxis in obrigkeitlichen Dekreten immer wieder verboten. Solche Edikte stützten sich auf die Argumente der studierten Ärzte, welche die mangelnde medizinische Ausbildung und Kompetenz des Scharfrichters anprangerten: Alle diese Edikte wurden allerdings nie konsequent in die Tat umgesetzt. Daß Obrigkeiten die Scharfrichter-Medizin – allen Mandaten zum Trotz – weiterhin duldeten, ist ein Indiz dafür, daß sie die medizinische Kompetenz des Scharfrichters implizit anerkannten. So erfreute sich der Augsburger Scharfrichter ja anscheinend hoher Protektion, das behaupteten zumindest die Ärzte.

Aus den Patientenbriefen wird weiterhin deutlich: Wenn Patrizier, Adelige, kaiserliche Räte, landesherrliche Beamte oder Landesherren krank wurden, ignorierten sie alle lokalen Medizinalordnungen, welche die scharfrichterliche Praxis einschränkten, und suchten den Scharfrichter für medizinische Behandlung auf. Daß solche hochgestellten Patienten die Bewerbungen der Scharfrichter um Legitimationen und medizinische Privilegien unterstützten und daß kaiserliche Beamte solche Legitimationen auch bereitwillig gewährten, ist ein weiteres Indiz dafür, daß soziale Eliten im ganzen Reichsgebiet den Glauben an die Heilkraft des Scharfrichters teilten.

Abb. 5. Jakob Schmid S.J.: Das von der Welt verachtete, bei Gott angenehme Völklein. Augsburg: Maximilian Joseph Anton Wachter für Franz Anton Strötter, 1738.
Augsburg SuStB. 4°Th.Pr. 855/1, Frontispiz.

The Dishonorable Dead: Perceptions of Suicide in Early Modern Germany

David Lederer

I.

Suicide is shrouded in a triste veil of reticence. The reluctance to descend into the depths of despair or to intrude upon the private grief of survivors is almost instinctive. Despite that reluctance, historians are now gaining critical insight into the central cultural tenets of past societies by examining attitudes toward suicide, which Albert Camus characterized as the "one truly serious philosophical problem [...]".[1] The relationship of suicide to the concept of honor was particularly strong in early modern Europe. However,any historical investigation of suicide is limited by a peculiar set of methodological constraints. While normative sources reflect the strategic concerns of theologians, secular authorities and scholars, they often offer only limited access to the art of everyday living. In early modern Germany, these strategic normative sources began associating suicide with individual honor, while the general populace perceived suicide as a direct threat to the entire community, linking honor to agrarian fertility.

As late as 1790, the luminary Dr. Christian Gottfried D. Gruner could still express his despondency over the unenlightened attitude of common people toward suicide in an article entitled 'Dishonor'.[2] He bemoaned the habit of refusing unfortunate and obviously disturbed individuals a Christian burial, exhorting the public to compassion. Dr. Gruner also attacked popular prejudices against executioners and knackers, those professions most clearly associated with the inhumation of self-killers. Legal proscriptions against intermarriage and physical contact with said 'dishonorable' persons had been officially abolished in the Holy Roman Empire since 1731, he noted, but the common rabble persisted in their superstitions. Similarly, the text of a 1785 mandate from the Electorate of Bavaria reflects

1 Albert Camus: The Myth of Sisyphus. London 1975. 11.

2 Christian Gottfried D. Gruner: Unehrlichkeit und unehrliches Begräbnis. Der Selbstmord. In: Almanach für Ärzte und Nichtärzte auf das Jahr 1790. Jena: Christian Heinrich Cunos Erben 1790. S. 112-121.

the spirit of Gruner's accusations, chastising craftsmen for harboring unfounded prejudices against any person who came into contact with a self-murderer, particularly executioners, knackers and dog-catchers.[3]

This inherent implication of a distinction between elite and plebeian perceptions of suicide is opposed by Michael MacDonald, although he admits its "partial validity".[4] H.C. Erik Midelfort has pointed out the dangers of an uncritical reliance on literary interpretations by tracing the genealogy of the specious "one law" of nineteenth-century sociology (i.e. Protestants kill themselves more often than Catholics) to the confessional polemics of sixteenth-century literature.[5] At that time, many theologians viewed suicide as the dishonorable act *non plus ultra*, because it jeopardized the hope of individual salvation, and they condemned offenders to ignominious burials which threatened survivors with shame. Protestant reformers not only "tolerated" these ritual desecrations,[6] which contained both medieval Christian and pagan elements, they condoned them outright. Evangelicals predominated as contributors to the literary discourse on suicide in the sixteenth and early seventeenth centuries. The work of one Evangelical theologian, Johann M. Neser (1553-1621), exemplifies the confessional interpretation of self-murder. Neser studied at Leipzig, Jena and Tübingen before assuming the post of church superintendent in his native Rothenburg ob der Tauber.[7] In his 'Drey Christliche Predigten [...] von Melancholia/ [...] von den schrecklichen Anfechtungen der Verzweifflung und was von derer Seligkeit zu halten/ die sich selbsten entleiben' (1613), he emphatically condemned suicide because: *Oh surely dear Christians,*

---

3 Georg Karl Mayr: Sammlung der Churpfalz-Bairischen allgemeinen und besondern Landes-Verordnungen. Bd. 4. München 1788. 125.

4 Michael MacDonald, Terence Murphy: Sleepless Souls: Suicide in Early Modern England. Oxford 1994. 215. Curiously, chapter six ('Elite Opinions, Plebian Beliefs') is based overwhelmingly on literary evidence; mention of a single complaint to a justice in Lancashire (212) is inconclusive. A laudatory reference to David Sabean's: Power in the Blood. Popular Culture and Village Discourse in Early Modern Germany, passes over an implicit chronology, which subtly characterizes a mounting polarization of values between the central authorities and communities from the sixteenth to the eighteenth centuries; see, for example, Sabean's concluding chapter and associated remarks on 212. Indeed, MacDonald's attitude toward dichotomous cultural perceptions remains ambivalent. In a recent article: The Career of Astrological Medicine in England. In Religio Medici. Medicine and Religion in Seventeenth Century England. Ed Ole Peter Grell, Andrew Cunningham. Hants 1996. 62-90, he explicitly adopts a elite/plebian model (63: 'Elite culture changed at a very different pace from that of the common people, and between 1500 and 1800 they grew further apart in many ways'), but then attacks the model in an Endnote (82, fn. n. 3) as 'crude'.

5 H.C. Erik Midelfort: Selbstmord im Urteil von Reformation und Gegenreformation. In: Die Katholische Konfessionalisierung. Wissenschaftliches Symposion der Gesellschaft zur Herausgabe des Corpus Catholicorum und des Vereins für Reformationsgeschichte 1993. Hg. von Wolfgang Reinhard, Heinz Schilling. Aschendorf 1995. 296-310, esp. 296-298.

6 M. MacDonald, T. Murphy (cf. n. 4 above) 44.

7 Christian Gottlieb Joecher: Allgemeines Gelehrten-Lexikon. Bd. III. Leipzig 1751. 866.

there could be no greater insult and dishonor displayed toward the pious faithful God who is the truth himself and who sustains belief eternally.[8]

Neser's remark is consistent with a 'demonization' of suicide mounting in vehemence during the 16th-century as part of a general campaign against deviant behavior and groups, including confessional opponents, sexually promiscuous women and priests, the Jews and witches.[9] Theologians agreed on the need to physically dishonor self-killers through degrading funerary rituals, justifying their remarks with references to the hand of the devil at work. In 1532, Luther insisted that magistrates treat these corpses with exemplary harshness, not only as a deterrent to others, but in response to an increase in demonic activity in recent times.[10] The Magdeburg Evangelical theologian, Andreas Celchius, echoed Luther's sentiments in 1578:

> *Therefore, the secular ordinance (as Luther said) is to be sustained and upheld, whereby such persons are pulled out under the threshold and dragged to the cesspit, or under the scaffold, in order to act as a deterrent and to insure that prayers are observed and the devil resisted more assiduously.*[11]

---

8 Johann M. Neser: Drey Christliche Predigten [...]. Von Melancholia/ [...]. Von den schrecklichen Anfechtungen der Verzweifflung und was von derer Seligkeit zu halten/ die sich selbsten entleiben. Wittenberg: Wolfgang Meißner 1613. 59: *Ach freylich liebe Christen/ könte dem frommen getrewen Gott/ der die Wahrheit selbsten ist/ unnd Glauben helt Ewiglich/ kein grössere Schmach und Unehr erwiesen werden.*

9 Although this association was on the rise in the sixteenth century, Gabriela Signori correctly notes that suicide was not always taken to indicate the work of the devil, either in the Middle Ages, or in the early modern period; see Gabriela Signori: Rekonstruktionen und religiöse Fiktionen. Bemerkungen zur Selbstmordfrage im Mittelalter. In: Trauer, Verzweiflung und Anfechtung. Selbstmord und Selbstmordversuche in mittelalterlichen und frühneuzeitlichen Gesellschaften. Hg. von Gabriela Signori. Tübingen 1994. 9-54, esp. 18. The demonization of deviant sexual behavior is a key to understanding changing gender roles in the sixteenth century; see Lyndal Roper: Oedipus and the Devil: Witchcraft, sexuality and religion in early modern Europe. London, New York 1994. 21, 40-48, 56f. On the demonization of the European Jewry, Ronnie Po-Chia Hsia: The Myth of Ritual Murder: Jews and Magic in Reformation Germany. New Haven, London 1988. 133-135. The demonization of the Jewry gave rise to a new racist anti-semitism, especially among Evangelical theologians: Ronnie Po-Chia Hsia: The Usurious Jew: Economic Structure and Religious Representations in an Anti-Semitic Discourse. In: In and Out of the Ghetto. Jewish-Gentile Relations in Late Medieval and Early Modern Germany. Eds. Ronnie Po-Chia Hsia, Hartmut Lehman. Cambridge 1995. 161-176.

10 D. Martin Luthers Werke. Kritische Ausgabe. Tischreden. Bd. 1. Weimar 1912. Nr. 222.

11 *Darumb halte man die Weltliche Ordnung/ (wie Lutherus spricht) unnd bleibe darbeÿ/ das man solche Leute unter der Schwellen hiefür ziehe/ und schleyffe sie in die Schindgrube/ oder unter den Galgen/ auff das man ein Abschreckhen habe/ und desto emsiger mit dem Gebet anhalte/ und dem Teufel widerstrebe*, see Andreas Celichius: Nutzlicher und Notwendiger Bericht/ Von den Leuten/ so sich selbst aus angst=verzweifflung/ oder andere ursa-

Demonic agency also dominated Zwinglian interpretations of suicide in Zurich, at least until orthodox preachers shifted to a more repressive doctrine of predestination and election after 1600 – for Markus Schär, the key to rising rates of suicide during the seventeenth century.[12] However, theories of demonic agency were limited neither confessionally to Evangelical theologians nor geographically to Central Europe, holding sway in Elizabethan England as well.[13] In the seventeenth century, the importance of suicide as an impediment to personal salvation so impressed the English divine, Robert Burton, that he concluded his famous 'Anatomy of Melancholy' (1621) with five subsections on despair, setting it apart from other forms of religious melancholy. He noted that, *The principall agent and procurer of this mischiefe, is the Divell, those whom God forsakes, the Divell by his permission layes hold on.*[14] Theologians viewed despair as a distinct form of spiritual affliction, the only type thought to provoke intentionally motivated (*compos mentis*) suicide, and as such it was a condition with grave metaphysical implications. As Burton pointed out:

> *It is controverted by some whether a man so offering violence to himselfe, dying desperate, may be saved or no. If they dye so obstinately and suddenly that they cannot so much as wish for mercy, the worst is to be suspected because they dye impenitent. If their death have beene a little more lingring, wherein they might have some leasure in their hearts to cry for mercy, charity may judge the best, diverse have been recovered out of the very act of hanging and drowning themselves, and so brought* ad sanem mentem, *they have beene very penitent, much abhorred their former fact, confessed that they have repented in an instant, and cryed for mercy in their hearts. If a man put desperate hands upon himselfe by occassion of madnesse or melancholy, if hee have given testimony before of his regeneration, in regard he doth this not so much out of his will as* ex vi morbi, *we must make the best construction of it, as Turkes doe, that thinke all fooles and mad men goe directly to heaven.*[15]

---

chen/ entleiben und hinrichten. Magdeburg: Wolfgang Kirchner, 1578. Fol. Z_7. VD-16 C:1800.

12 Markus Schär: Seelenöte der Untertanen. Selbstmord, Melancholie und Religion im Alten Zürich, 1500-1800. Zürich 1985. 150-219.

13 M. MacDonald, T. Murphy (cf. n. 4 above) 49-60.

14 Robert Burton: The Anatomy of Melancholy. Eds. Thomas C. Faulkner, Nicolas K. Kiessling, Rhonda L. Blair. Bd. 3. Oxford 1994. 411. The attribution of Godly permission for the devil's intervention in wordly affairs is also a well-known theme of witchcraft theory. NB: The rumor that Burton hung himself in Christ's Church to fulfill his own vague prophecies on the year of his death is unsubstantiated.

15 R. Burton (cf. n. 14 above) 424.

Theologically, suicide motivated by despair implied a "defective love of God"[16] – the individual loss of hope in the resurrection and the prospect of eternal salvation rather than outright atheism. This opinion was supra-confessional, shared by Catholic and Protestants authors alike, even if Catholic polemicists sometimes employed it as an exposé of the pitfalls of justification through faith alone.[17] The Munich court secretary and zealous polemicist, Aegidius Albertinus, located despair as the last link in the chain of human folly and demonic temptations in his 'Lucifers Königreich und Seelengejaidt' (1616).[18] In doing so, this Dutch-born Catholic also took a poke at Luther:

> *When the nightingale sees that it is ensnared, it becomes so angry that it dies of grief, just as the sinner who, when ensnared by the devil, becomes so angry with himself and feels that he has failed, saying: I have despaired and want to live no longer* [...]. *Just as Judas, who despaired of God's mercy and hanged himself on a tree* [...] *[however] No one has cause to despair of God* [...].[19]

In metaphysical terms, suicidal despair not only challenged the salvific tenets of Christianity, but also usurped God's authority over life and death. Andreas Celchius reminded readers that self-murder: [...] *robbed God of his honorary title, transforming God from a friend of humankind into an inimical tyrant* [...] *transforming the almighty God into an impotent idol, demeaned from a wise all-knowing God to a dumb ignorant beast.*[20]

Or, as Neser put it, despair is the worst of sins, because it implies doubt over God's supreme authority: *desperate lies penalize God and his word.*[21]

---

16 Ruth A. Fox: The Structure of Disorder in the Anatomy of Melancholy. Berkeley, Los Angeles, London 1976. 189-195.

17 R.A. Fox (cf. n. 16 above) 298-303. Suicide captured the imagination of several Evangelical authors, but, to my knowledge, not one sixteenth-century Catholic treatise deals solely with that subject.

18 Lucifers Königreich und Seelengejaidt. Hg. von Rochus Freiherr von Liliencron. Berlin 1883. 348.

19 Lucifers Königreich (cf. n. 18 above) 348: *Wann die Nachtigal sihet, daß sie gefangen ist, alsdann wird sie dermassen zornig, daß sie vor Laid stirbt, wann der Sünder empfindet, daß er vom Teufel gefangen ist, alsdann zürnet er der massen im selbst, daß er verzaget, und spricht: Ich hab verzweifelt und wil lenger leben nicht* [...] *Inmassen Judas gethan, der an Gottes barmherzigkeit verzweifelte, und sich selbst an einen Baum erhenckte* [...] [dennoch] *Der Mensch hat nicht Ursach an Gott zuverzweifeln* [...].

20 A. Celichius (cf. n. 11 above) Fol. O_7.

21 J.M. Neser (cf. n. 8 above) 58.

II.

In secular legal terms, suicide challenged the legitimacy of God's appointed representatives on earth, the magistrates. Theologians encouraged rulers to damn suicide as a treasonous act, akin to heresy, since it usurped their authority to pronounce capital judgments on their subjects. Celchius reminded magistrates that the *murder Devil* goaded self-killers into action *as their own bailiff and executioner.*[22] In the 16th-century, the vigilance of secular authorities increased and they dealt with suicides severely and dishonorably. The town council of Rothenburg o.d.T. insisted that even unsuccessful suicide attempts be punished by fines, forced labor or expulsion, *in order to serve as an open deterrent and exemplify the premeditated evil, frivolity and despair of the act to other frivolous persons.*[23] Methods of dishonoring the corpses of desperate self-murderers varied according to regional exigencies. In the Duchy of Württemberg, territorial ordinances denied self-murderers burial in cemeteries, dishonoring the body through 'disposal' under the scaffold.[24] In Augsburg, spatial limitations preserved the venerable custom of packing the corpses of suicides in barrels and tossing them into the river Lech, a purifying water-ritual known as 'running'.[25] Rothenburg and Dinkelsbühl generally favored cremation, while in the Duchy/Electorate of Bavaria, "disposal at a place where neither man nor beast treads" became common.[26] All dishonorable burial rites were intended to deter other persons from the act and counter-act the influence of Satan. They were conducted by executioners or knackers, 'pariah' professions, thereby enhancing the ignominy of the deed.

However, early modern regimes took special care to establish the personal motivation behind each self-murder. They conducted regular investigations according to established procedures, questioning witnesses, neighbors, local officials and the parish clergy to corroborate accusations of despair, establish mitigating circumstances such as mental and physical suffering, or uncover foul play. In the course of the 17th-century, a conscious tendency toward leniency eventually gained the

---

22 A. Celichius (cf. n. 11 above) Fol. B_1.

23 Rothenburg StadtA. A 846. Fol. 515^r, 137^r: *umb solchen furgefesstenn bösenn fursaz leichtvertiggkeit unnd verzweÿffellung anndern der gleichen leichttferttigenn Personnen zu Einem scheinlichen Abscheuch unnd Exempel* [zu dienen]. This is, of course, a blatant contridiction of imperial penal law, the so-called Carolina, article 135.

24 Christoph Besold: Thesaurus Practicus. Augsburg: Andreas Aperger, 1641. 859, article 77 on *Sich, selbst entleiben.*

25 David Lederer: Reforming the Spirit: Society, Madness and Suicide in Central Europe, 1517-1809. Ph.D. Diss. New York University 1995. 394. On this method, the so-called Rinnen, see Handwörterbuch des deutschen Aberglaubens. Hg. von Hanns Bächtold-Stäubli. Bd. 7. Berlin 1935/36. 1630.

26 D. Lederer: Spirit (cf. n. 25 above) 394; Rothenburg StadtA. A 370, A 371.

upper hand in Catholic Bavaria. Statistically, despair and infirmity each accounted for seven percent of all suicides presided over by the Court Council in Munich from 1610 to 1619 for which motivation can be established.[27] By the decade 1650-59, however, despair ceased to play a significant role in any verdicts, while over thirty percent of all suicides were attributed to infirmity, reflecting a 'secularizing' mood among the ruling elite in the wake of a regional debate on witchcraft persecutions.[28] The horrors of religious warfare only added weight to such arguments. Mitigating circumstances increasingly justified the lenient conduct of burials. They might be conducted silently in the cemetery, just outside the cemetery walls or in the cemetery for unbaptized children. In practice, the physical proximity to the cemetery approximated the degree of personal dishonor associated with any particular act of suicide.

The authorities were very keen to identify the precise cause of suicide to ensure an appropriate burial. In Bavaria, they conducted over 300 investigations into the matter between 1610 and 1670. Apart from a genuine concern for fairness and order, their investigations reflected a heightened sensitivity to epidemiological concerns arising from improper burials, especially in cases where the self-killer exhibited symptoms of illness prior to death. For example, a habeas-corpus-dispute between the Bishopric of Freising and the Electorate of Bavaria occurred in the particularly vicious plague year of 1628, delaying the burial of one woman for so long that the corpse began to *smell horribly*.[29] The Court Council of Munich urged local officials to convince the Bishop that fear of contagion compelled them to press for immediate burial rather than any desire to infringe upon his authority over the bodies of his subjects. In other cases, local officials were admonished to cremate without delay, especially during warm summer months to prevent decomposition and the threat of contagion.

In theory as well as practice, repentance offered a means for self-killers to regain honor and salvation, even if the deed was motivated by the diabolical temptations of despair. In 1561, a man from the contado of Rothenburg was forgiven in a letter of pardon (*Urphede*) for attempting suicide because he repented *and it now appears hopeful that he will undoubtedly abide by the same*, i.e. he would refrain from future attempts on his own life.[30] Another case handled by the Ecclesiastical Council of Freising in 1670 offers an instructive account of Catholic despair as reported by a member of the lower clergy. The report indicated that a hunter named Jacob suffered tribulations and bouts of melancholy for ten weeks,

---

27 D. Lederer: Spirit (cf. n. 25 above) 402.

28 Wolfgang Behringer: Hexenverfolgung in Bayern.Volksmagie, Glaubenseifer und Staatsräson in der Frühen Neuzeit. München 1988. 224-331. Forthcoming in English translation.

29 München BayHStA. Kurbayern Hofrat (HR) 219. Fol. 328^{r-v}.

30 Rothenburg StadtA. A846. Fol. 515^{v}: *nun guetter Hoffnung werden Zuversicht, daß er dem selbenn allso Unzweÿffennlich nachkhommen soll.*

reflected in an inability to perform his duties with industry and joy.[31] In a conversation with the Vicar of Wassenhausen, he repeatedly mentioned that he owed atonement for his sins; he skipped Easter mass and mandatory auricular confession, feeling unworthy to attend. The Vicar proposed a make-up confession, but despite Jacob's sincere desire to confess, something stuck in his throat, keeping the words from coming out. Otherwise, he led a "Christian life" and eventually confessed on three separate occasions, the last time just eight days prior to his suicide. When a farm hand arrived at the parsonage on Whitsuntide around 10 p.m. with the news that Jacob had mortally wounded himself, the Vicar dispatched a priest with the specific instructions to discover if Jacob displayed signs of contrition and, in that case, to grant absolution.

The priest entered Jacob's quarters to find him sitting on a bench near a stove and asked bystanders to leave the room to facilitate a private sacramental confession. The priest reported examining Jacob along the decalogue, but soon discovered that the hunter was only semi-conscious, having lost much blood from the bullet wound to his head, and was unable to offer any intelligible answers. The priest laid him out onto a mattress, but he worried that Jacob might die soon and so redoubled his efforts to obtain a sign of contrition, asking: *Jacob, do you know who you are? Give me just one sign, that you are sorry* [...] *that you have harmed yourself and thereby have insulted God; if you regret it, raise your head.*[32] Jacob did so and received absolution. Unsatisfied, the priest continued to urge Jacob to signs of contrition for over an hour, asking repeatedly whether he still regretted harming himself and insulting the Lord, to which Jacob responded by nodding his head and moaning, *AHHH* [sic]. The priest seriously remanded Jacob to atonement, wiping the blood from his head until he passed away at 3 a.m.

Whether or not this melodramatic report composed as a matter of public record is accurate or not, it illustrates the critical implications of an official verdict of despair for personal honor, rites of burial and, ultimately, individual salvation. The Ecclesiastical Council of Freising concluded that Jacob the Hunter had conducted his life in a Christian manner, but suffered from serious melancholy and wondrous fantasies. Since he confessed regularly as of late and professed contrition by nodding his head, he was absolved, removing all impediments to a Christian burial, if not an honorable funeral. The Council ordered a nighttime burial after 11 p.m., but before midnight (the hour when ghosts appeared[33]), in an inconspicuous part of the cemetery. His grave was leveled rather than raised and the interment was con-

---

31 München AE. GR 87. Fol. 102^r-105^v.

32 München AE. GR 87. Fol. 102^r-105^v: *Jacob, erkhennt ihr euch? gebt mir ein ainziges anzaigen, das euch laÿdt seÿe? das ihr euch also verlezt, und Gott scharlich dadurch beleÿdigt habt, wann es euch reuet, höbt den Khopf ÿber sich.*

33 On ghosts and suicides see David Lederer: Aufruhr auf dem Friedhof: Pfarrer, Gemeinde und Selbstmord im frühneuzeitlichen Bayern. In: G. Signori (cf. n. 9 above) 205-208.

ducted in silence (*sine pulsu campanile*) by the executioner. The taint of dishonor had been mitigated, though not completely removed.

Criminal records also reveal some practical honorific concerns of the authorities. The reputation of the self-killer was paramount in their burial decisions. The Court Council in Munich strongly recommended interment in the cemetery for those considered dutiful in prayer, god-fearing, neighborly or pious.[34] In Evangelical Württemberg, a widow received favorable consideration after killing herself because *the aforementioned woman enjoyed an otherwise honorable reputation and had lived peaceably with her deceased husband in marriage*.[35] By the late 17th-century, the neo-stoicist principles of authors like Montaigne had even penetrated ecclesiastical circles. In a 1687 funeral oration, the Rothenburg-preacher Heinrich Arnold Stockfleth (1643-1708)[36] defended an honorable burial for a local patrician merchant, not only out of respect for his own reputation, but for that of his surviving wife and children. Stockfleth unambiguously condemned suicide from despair, but cited Justus Lipsius to recommend that the merchant not be judged too harshly.[37] Thus, the reputation of survivors also played a role in official decisions to dishonor or not. In one case, the Catholic Ecclesiastical Council of Freising recommended leniency out of concern for the honor of survivors, since *this* [deed] *also exposes the honorable next of kin to the highest mockery and disadvantage*.[38]

III.

Despite the moralizing injunctions of confessional polemicists, normative regulations in legal codes and subsequent attacks on popular beliefs by 'enlightened' authors like Dr. Christian Gottfried D. Gruner, there is considerable evidence to suggest that questions of individual honor were alien to beliefs surrounding suicide in early modern communities. It has already been established that, in practice, the charge of despair became secondary in the decisions of secular authorities; the influence of classical philosophy, the insanity defense and epidemiological con-

---

34 München BayHStA. HR 330. Fol. 115^{r-v}; 373, 69^{r-v}; 373, 306^{r-v}; 379, 313^{r-v} und 342^{r}.

35 Stuttgart HStA. A209. Bü 65: *ermelte Frau, außer disem wines ehrlichen praedicats und mit ihrem Mann seelig eine fridliche Ehe beseßen*.

36 Ch. G. Joecher (cf. n. 7 above) 849.

37 Heinrich Arnold Stockfeth: Das dem verborgenen Gericht Gottes [...] in der Amptspredigt vorgestellet. Münchberg 1687.

38 München AE. GR 34. Fol. 74^{v} : [...] *auch derselben negst ehrlichen befreundten höchstem Spott und Nachteil geraichen thue*.

cerns all contributed to a 'secularization' of suicide.[39] Common people, on the other hand, only superficially appropriated learned opinions. In fact, after failed suicide attempts, persons accused of despair generally tried to rationalize their way out of the charge by projecting guilt onto their families or communities; in a functional sense, their confessions manifested a cry for help. For example, Ulrich Knobloch and Anna Koppin separated in 1558 after six months of marriage.[40] Subsequently, both engaged in extra-marital relationships, whereupon Anna threatened to kill herself and give herself over to the "evil enemy". Her damnable threats were enough to draw the attention of the town council in Rothenburg, which intervened to resolve the marital crisis. In another example from 1685, a resident of the episcopal capitol city of Freising flatly denied the dogged accusations leveled at him by his interrogators, who claimed he attempted suicide out of despair. He insisted that the threat to kill himself followed a lengthy visit to the Franciscan tavern after Sunday mass, and that poverty, the poor housekeeping of his wife and the demands of his numerous children were his sole motivations.[41] Indeed, a neighbor rushed into his house armed with a knife and admitted her intent to cut him down, blatantly disregarding the potential dishonor supposedly associated with touching a suicide. In a similar case, drunkenness provided one Rothenburg man with a mitigating alibi for despair in 1561. In a tavern, *He drank and accordingly became so drunk, that he began to despair of God on this account.*[42] When he actually hung himself from a tree, the proprietor's wife cut him down in the nick of time, once again ignoring any potential threat to her personal honor through physical contact with a suicide. There are many other examples of this disregard for personal honor, which appears to have been secondary to the immanent threat to the community posed by a successful suicide. If individual dishonor was not at the core of popular anxieties, then what were the explicit concerns expressed by communities confronted with self-killers?

Fear appears to have been the primary characteristic of communal dealings with suicide. Early modern communities feared natural calamities stemming from a breach of the Godly order, either generally through social discord in the commonwealth[43] or, in this case, the burial of infamous sinners in their cemeteries.

---

39 D. Lederer: Spirit (cf. n. 25 above) 397-403; M. MacDonald, T. Murphy (cf. n. 4 above) 109, 214-216, et.al.; similarly, see H.C. Erik Midelfort: Johann Weyer and the Transformation of the Insanity Defense. In: The German People and the Reformation. Ed. Ronnie Po-Chia Hsia. Ithaca 1988. 234-262.

40 Rothenburg StadtA. A846. Fol. 136^v-137^v.

41 München BayHStA. Gen. Reg. 1191.

42 Rothenburg StadtA. A846. Fol. 515^r: *Zechett unnd nach notturfft gedrunckhenn, daß er uf solcheß am Gott dem Allmechtigenn verzweiffelt.*

43 In general, see Hans-Christoph Rublack: Political and Social Norms in Urban Communities in the Holy Roman Empire. In: Religion, Politics and Social Protest: Three Studies on Early Modern Germany. Ed. Kaspar von Greyerz. London 1984. 26-30. On the role of magical folk

Attached to the parish church, the cemetery represented a metaphysical link between the sacral community and the hereafter.[44] Profanation of the cemetery disturbed that link, brought shame upon the entire community and, it was feared, might provoke celestial displeasure manifest as weather damage to agricultural production. Here, it is important to recall that most Europeans relied on subsistence agriculture, either directly or indirectly. Jacob Burckhardt noted two southern European examples of this popular perception in his 'Civilization of the Renaissance in Italy':

> "In 1478, when Piacenza was visited with a violent and prolonged rainfall, it was said that there would be no dry weather till a certain usurer, who had been buried at S. Francesco, had ceased to rest in consecrated earth. As the bishop was not obliging enough to have the corpse dug up, the young fellows of the town took it by force, dragged it round the streets amid frightful confusion, offered it to be insulted and maltreated by former creditors, and at last threw it into the Po. Even Politian accepted this point of view in speaking of Giacomo Pazzi, one of the leaders of the conspiracy of 1478 in Florence which is called after his name. When he was put to death he devoted his soul to Satan with fearful words. Here, too, rain followed and threatened to ruin the harvest; here, too, a party of men, mostly peasants, dug up the body in the church, and immediately the clouds departed and the sun shone."

So gracious was fortune to the opinion of the people, adds the great scholar. The corpse was first cast into unhallowed ground, the next day again dug up, and after a horrible procession through the city thrown into the Arno.[45]

The perception of weather-related calamities resulting from the burial of the dishonorable dead in hallowed ground was widespread in Germany during the early modern period. In Bavaria, no less than eight 'suicide revolts' were registered by the Court Council in the seventeenth century.[46] Communities took to the streets and addressed supplications to Munich openly expressing their fears. The Court Council ridiculed these fearful objections as 'common superstitions' and, on occasion, employed para-military force and fines to ensure compliance with its burial decrees.[47] The official representatives of the Catholic Church opposed popular

---

culture, see Bernd Roeck: Eine Stadt in Krieg und Frieden. Studien zur Geschichte der Reichstadt Augsburg zwischen Kalenderstreit und Parität. Göttingen 1989. (Schriftenreihe der historischen Kommission bei der Bayerischen Akademie der Wissenschaften. Bd. 37). 111-113.

44 On the sacral community, Bernd Moeller: Imperial Cities and the Reformation. Three Essays. Trans. by H.C. Erik Midelfort, Mark U. Edwards. Philadelphia 1972. The liminal role of cemeteries in the Christian communities of classical antiquity is described in Peter Brown: The Cult of the Saints: its rise and function in Latin Christianity. London 1981.

45 Jacob Burckhardt: The Civilization of the Renaissance in Italy. New York 1958. 495f.

46 D. Lederer: Aufruhr (cf. n. 33 above) 195.

47 D. Lederer: Aufruhr (cf. n. 33 above) 189-195.

beliefs with ideological weapons as well. In 1612, the Ecclesiastical Council of Freising reminded pastors in the See:

> [...] *that they should preach against the perceptions and superstitions of the subjects, to whit, that hail and showers will strike if persons who kill themselves are buried in hallowed ground, exhorting from the pulpit and through examples to discourage them in these beliefs as far as possible.*[48]

In Protestant Württemberg, the general populace harbored precisely the same apprehensions of calamity. In 1682, the community of Brackenheim tendered a supplication to Duke Friedrich Karol opposing the burial of a suicide in their cemetery, *Because experience has already proven that wherever such dubious persons are buried, a spate of hail has often followed.*[49] Ten years later, the citizenry of Canstatt raised similar objections against the burial of a suicide in their cemetery. In their supplication to the Duke, they cited several seasons of hail following the interment of three soldiers executed for sodomy many years before as evidence of their fears.[50] Local officials attached a memo to the recommendation for a proper burial issued by the central authorities in Stuttgart, in which they uncritically restated this point to their superiors.

The latter example demonstrates that fears of divine retribution were not limited to the countryside. Early modern cities acted as magnets. Few had an excess of births over deaths. They required a constant influx of labor from the surrounding countryside, thereby promoting a mental 'ruralization' of the cities.[51] In Augsburg, the cosmopolitan city of the Fuggers, for example, the Kölderer Chronicle reports on the profanation of the cemetery there in 1593. Sorely beset by the devil, Merchants' Hall (*Kaufleutestube*) proprietor Hans Wagner jumped out a window to his death at midnight on Easter Monday.[52] Despite a widespread suspicion that

---

48 München AE. GR 34. Fol. 73^{r}-74^{v}: [...] *daß sie der Unterthonen gefassten Wahr- und Superstitionen, also schlage der Hagl und Schawer zum Fal dergleichen selbst hingerichten Personen in daß geweicht Erdrich begraben were, uf der Canzel außreden und benemmen dawider predigen und davon sovil möglich abhalten sollen* [...].

49 Stuttgart HstA. A 209. Bü 607: *Weil schon mehrmallen die erfahrung bezeuget, daß Wo einige dergleichen Verdächtiger Persohnen begraben werden, sich gar einige Hagelwetter dahin ziehen.*

50 Stuttgart HstA. A 209 Bü 800: *Ein solches aber beÿ der bürgerschafft wegen der schon Lauth gemachten impression, es dörfte allsdann das Hochgewitterr Ihre früchten erschlagen (warum Sie sonderheitlichen ehe disen, da mann vor Jahren die zu Cantstatt exequirte funkhische, auf Ihren Kirchhof begraben und darauf etlich Jahr hernach daß hageln wetter Ihre früchten getroffen weren bestärcket worden).*

51 On the population demands of early modern towns, see Ferdinand Braudel: Civilization and Capitalism, 15th-18th Centuries. Vol. 1: The Structures of Everyday Life. The Limits of the Possible. New York, et.al. 1979. 489-491; The ruralization of the cities is also a theme of Moshe Lewin: The Making of the Soviet System. Essays in the Social History of Interwar Russia. New York 1985. 17, 220f., 303f.

52 Augsburg SuStB. 2° Cod. S. 43. Fol. 288^{r-v}.

the devil had played a role in the tragedy, the town council authorized a burial in consecrated ground. The next day, an unusually severe thunderstorm struck without warning, causing alarm among the citizenry. Some blamed the council, others the 'Prince of All Evil'. It rained for eight days, *Yes, the weather remained quite triste until the end of the month,*[53] extensive storm damage resulted.

The perception that suicides profaned hallowed ground, thus causing terrible storms and crop failures, was deeply rooted in animistic beliefs about agrarian fertility. These beliefs were confidently condemned by the Enlightenment as unfounded superstition. Today, scholars often regard these beliefs as the remnants of a dualistic cosmology in existence since pagan antiquity.[54] Although these suggestions hold an anthropological kernel of truth, the theological subtleties of the argument would surely have been lost on most early modern Europeans. The productive reliance of society on subsistence agriculture remained unchanged until the nineteenth century and, in a simplistic fashion, we too might be tempted to view suicides as mere 'scapegoats' for agrarian misfortune. However, the materialistic nature of popular belief in the early modern period also had a historical context, even if its internal logic sometimes seems elusive. In the case of suicide, it is now possible to illuminate the material foundations of one of these beliefs. Suicide statistics (their limitations notwithstanding[55]) for different regions of the Holy Roman Empire are beginning to reveal that a perception of a relationship between suicide and agrarian crisis was not so far-fetched after all. These statistics indicate an unmistakable coincidence between high rates of suicide and subsistence crises and, like the caricature of a hideous visage, this coincidence is particularly pronounced for the years 1580-1640, the era generally known to historians of climate as the peak of the 'Little Ice Age'.[56]

---

53 See n. 52 above: *Ja sehr trauig Wetter wartt biß in ausgehenden Monat.*

54 M. MacDonald, T. Murphy (cf. n. 4 above) 44. Carlo Ginzburg remains the most famous proponent of a "deeply rooted stratum of basically autonomous popular beliefs."; see: Carlo Ginzburg: The Cheese and the Worms. The Cosmos of a Sixteenth-Century Miller. New York 1982. vii-xxvi. Sabean (s. 3, fn. n. 1) has criticized his view for its static nature outside the context of practical power-relationships.

55 See, for example, Jean Claude Schmitt: Autour de la mort: Le suicide au moyen age. In: Annales 31. 1976. 3-28, esp. 5-7.

56 On the coincidence of suicide and subsistence crises, see also M. MacDonald, T. Murphy (cf. n. 4 above) 241f. The literature on the 'Little Ice Age' is extensive. One standard work of particular value is the glacial study of Christian Pfister: Klimageschichte der Schweiz 1512-1860. Das Klima der Schweiz von 1525-1860 und seine Bedeutung in der Geschichte von Bevölkerung und Landwirtschaft. Bern 1988. A recent historiographic overview is provided by Winfried Schulze: Untertanen-Revolten, Hexenverfolgung und 'kleine Eiszeit': Eine Krisenzeit um 1600? In: Venedig und Oberdeutschland in der Renaissance: Beziehungen zwischen Kunst und Wirtschaft. Hg. von Bernd Roeck, Klaus Bergdolt, Andrew John Martin. Sigmaringen 1993.

Figure 1 illustrates a clear correlation between high rates of suicide and crises in the administrative province of Munich in the Duchy (after 1623 an Electorate) of Bavaria.[57] Suicide rates reached their peak during the plague of 1627/28, when the Duchy simultaneously convened an independent commission to administer the epidemiological catastrophe.[58]

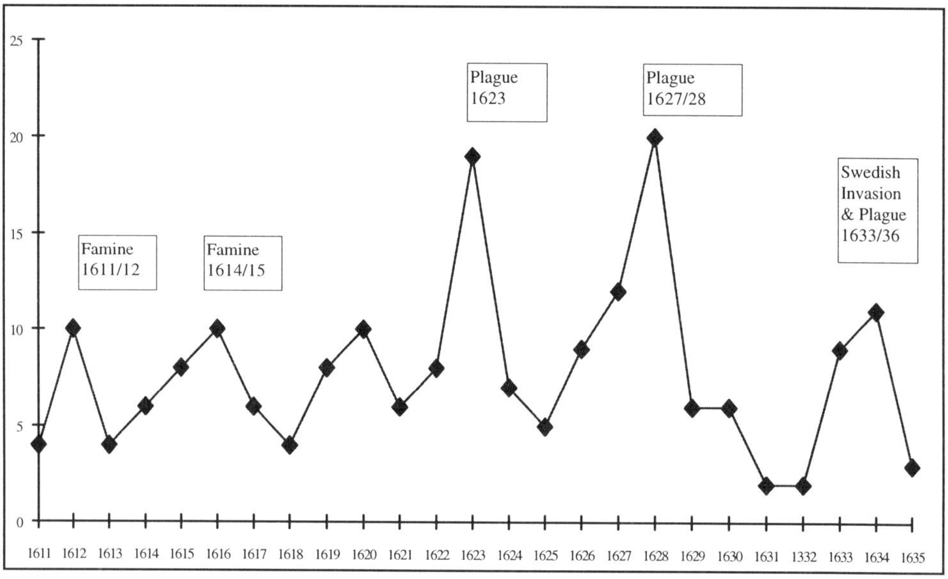

Figure 1: Suicide Rates and Subsistance Crises in Munich Province, Upper Bavaria, 1611 - 1635

These periods of crisis were also characterized by crop failures, famine, and high rates of inflation. The exact coincidence of each dramatic rise in suicides with a crisis (with one exception, which may sooner reflect a lacuna in the chronicles) is a key link between cultural perceptions and material circumstances. Furthermore, if one takes the mounting theological demonization of deviant activities in the sixteenth century into consideration as well, it is hardly surprising that

57 These statistics were taken from the extensive protocols of the Bavarian Court Council: München BayHStA. HR 93-486. In all, 300 cases were identified for the years 1611-1670. The fact that not one case of an attempted cover-up appears attests to their reliability, if not to their absolute comprehensiveness.

58 Apart from reports appearing in the Court Council Protocols, evidence of subsistence crises is found in W. Behringer: Hexenverfolgung (cf. n. 28 above) 103f.; Paul von Stetten: Geschichte der Heil. Röm. Reichs Freyen Stadt Augsburg. Frankfurt, Leipzig 1743. Bd. 1: 817, 850, 865; Bd. 2: 2, 16, 272, 301.

witches, also blamed for crop and livestock damage, were persecuted most severely at this time.[59]

Figure 2 demonstrates a coincidence between trials for witchcraft and rates of suicide in Augsburg during the 'Little Ice Age', with an especially high incidence of both in the 1580s and 1590s, an era dubbed the 'Witchcraft Psychosis' by Bernd Roeck.[60] The Augsburg data on suicide is even more reliable than that for Munich, since it is based upon the corroboration of several independent sources.[61]

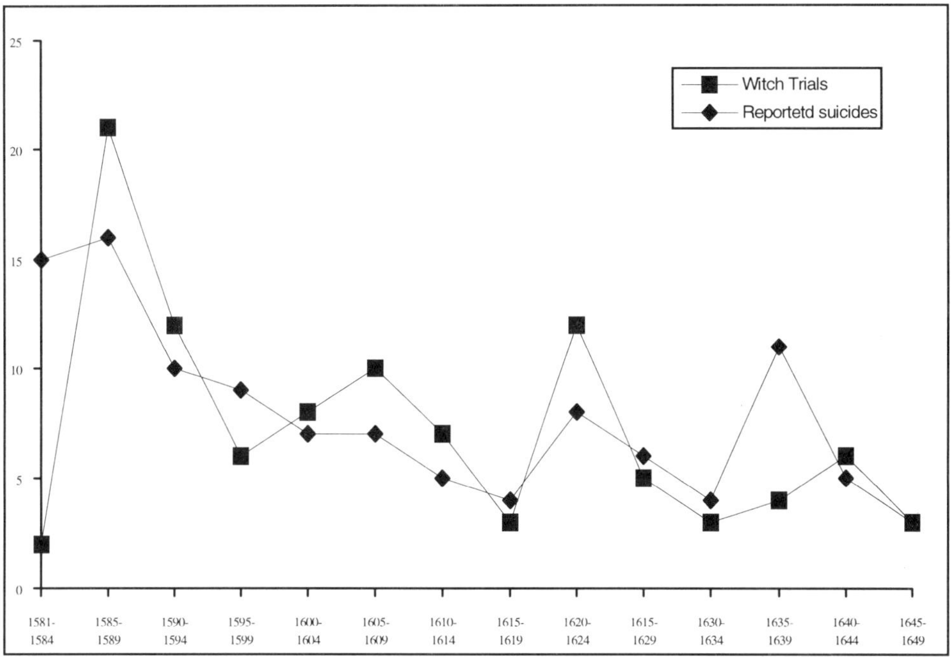

Figure 2: Witch Trials and Suicides in Augsburg, 1581- 1649

59 On the connection between popular fears of witchcraft and weather-related crop damage see Wolfgang Behringer: Weather, Hunger and Fear: Origins of the European Witch-Hunts in Climate, Society and Mentality. In: German History 12. 1994. 1-26.

60 B. Roeck (cf. n. 43 above) 113.

61 On suicide: Augsburg StA. Baumeisterbücher 150-248; Augsburg StA. Reichsstadt Chroniken 27; Augsburg SuStB 2° Cod. Aug. 53, 2° Cod. Aug. 99, 2° Cod. S. 43, 2° Cod. S. 65. The figures on witch trials are from B. Roeck (cf. n. 43 above) 112. NB: This data was used instead of the figures given in W. Behringer: Hexenverfolgung (cf. n. 28 above) 48, because B. Roeck employs the Urgichten, which indicate the initiation of a trial, while W. Behringer uses the Strafbücher, which list sentencing at the end of trials.

The populace was presumably correct in its perception that high rates of suicide and crises coincided, even if the popular belief that suicides brought on hail storms actually inverted cause and effect. Although suicide was not responsible for causing the crises, the crises did promote suicide; apparently, many chose to end their misery by ending their life.[62] Communal refusals to bury the dishonorable dead in their cemeteries were an inversion as well, albeit with ritual, physical and psychological implications. On the one hand, they inverted Christian mortuary ritual by shunning the self-killer in a manner analogous to the exclusion of unbaptized children from the community of the dead.[63] On the other, this entailed an inversion of the 'salvific display' in an attempt to physically erase all traces of shame from the collective memory of the community and, hopefully, the sight of God.[64]

IV.

During the early modern period, elite perceptions of suicide began to emphasize an individualized concept of honor. Theologians blamed individual despair for what they viewed as a growing social malady, symptomatic of the rise of Satan's influence on earth. As a result, early modern confessional states probed more deeply into the causes of suicide, into the reputation of an individual self-killer and, increasingly, their state of mind at the time the act was committed. However, the popular concept of honor regarding suicide retained its orientation toward the community and the family. This explains the growing difficulty of ruling elites to understand popular 'superstition'. Certainly, early modern communities were not monolithic units and actions were restricted by the web of inter-personal relationships – indeed, the partisan instrumentalization of suicide within the framework of factional conflict has been dealt with in detail elsewhere.[65] Nevertheless, there were culturally established perceptions of suicide transcending singular incidents, which depended largely upon the relative social position of the observer. Each of these perceptions had its own intrinsic (and apparently valid) logic which stood in

---

62 On this account, I cannot agree with B. Roeck's theologically based comment, "Wer den Tod selbst suchte, verspielte das ewige Leben. Aus Angst vor Hunger und Tod scheint auch kaum jemand Hand an sich gelegt zu haben [...]". See B. Roeck (cf. n. 43 above) 756.

63 M. MacDonald, T. Murphy (cf. n. 4 above) 44. On the burial of unbaptised children in early modern Europe, see the penetrating article by Silvano Cavazza: Double Death: Resurrection and Baptism in a Seventeenth-Century Rite. In: History from Crime. Eds. Edward Muir, Guido Ruggiero. Baltimore 1994. 1-31, esp. 18-22.

64 On the salvific display, see Robert Scribner: Cosmic Order and Daily Life: Sacred and Secular in Pre-Industrial German Society. In: Popular Culture and Popular Movements in Reformation Germany. Ed. Robert Scribner. Ronceverte 1987. 14f.

65 D. Lederer: Aufruhr (cf. n. 33 above) 189-209.

a direct relationship to how individuals experienced the world around them. The building of modern states required a shift of allegiance from the sacral community and the integration of subjects as building blocks into a larger society. As a result, the campaign against popular superstitions regarding the dishonorable dead in the 17th-century culminated in an ideological victory of enlightened moralizers in the 18th-century. To that extent, the luminaries' open contempt for popular perceptions of suicide reflects the haughty attitude of a dominant culture, that 'honorable' society which scorned plebeian beliefs and unquestioningly accepted the science of medical professionals like Dr. Christian Gottfried Gruner. Medicinization had triumphed, at least at the strategic level. On the ground, popular beliefs persisted well into the 19th-century and changed only gradually with the material conditions of everyday life.

Ehre in einer pluralistischen Gesellschaft: die Republik der Vereinigten Niederlande

Herman Roodenburg

Für die deutsche Geschichtsforschung ist Johan Huizinga ohne Zweifel der bekannteste niederländische Historiker. Wer aber erwartet hätte, daß es in den Niederlanden eine 'Huizinga-Schule' gibt oder einst gegeben hat, sieht sich betrogen. Eine kulturhistorische Richtung im Sinne der 'Annales-Schule' oder der 'Warburg-Schule', die sich bekanntlich beide in starkem Maße von Huizinga inspirieren ließen, hat es in den Niederlanden nie gegeben. Es ist ein merkwürdiges Manko, das auch teilweise erklärt, warum nur wenige niederländische Historiker an einer historischen Anthropologie interessiert sind und noch weniger am Thema von Ehre und Schande.[1] Für die frühmoderne Zeit, die Republik der Vereinigten Niederlande, gibt es vielleicht sieben oder acht Historiker, die sich mit dieser Thematik auseinandergesetzt haben. Im folgenden Beitrag möchte ich kurz die Resultate ihrer Forschungen zusammenfassen. Zugleich werde ich an Hand der internationalen Historiographie versuchen, einen Rahmen zu skizzieren, der den spezifischen ökonomischen, sozialen und auch städtischen Strukturen der Republik gerecht werden soll. In den meisten Untersuchungen zur Ehre werden Nord- und Südeuropa, oder besser gesagt, werden die Befunde von Historikern in Nordwesteuropa und die Befunde von Anthropologen in mediterranen Bauern- und Hirtengemeinschaften miteinander verglichen. Es ist an der Zeit, die nordeuropäischen Gebiete selbst eingehender zu untersuchen. In der Republik haben sich die sozialen, ökonomischen und politischen Strukturen in vieler Hinsicht ganz anders entwik-

---

1 Die Arbeiten Huizingas wurden in den siebziger Jahren von einer neuen Generation von Historikern wiederentdeckt. Es waren Richtungen außerhalb der Niederlande, wie die 'Annales-Schule' oder die 'Elias-Schule', die diesen Prozeß in Gang gebracht haben. Zur historischen Anthropologie in den Niederlanden vgl. u.a. Willem Frijhoff: Inleiding. Historische antropologie. In: Cultuur en maatschappij in Nederland 1500-1850. Een historisch-antropologisch perspectief. Hg. von Peter te Boekhorst, Peter Burke und Willem Frijhoff. Meppel, Amsterdam 1992. S. 11-38; Jozef Vos: Historische antropologie. Een plaatsbepaling. In: Tijdschrift voor Sociale Geschiedenis 20. 1994. S. 77-98.

kelt als in Deutschland oder Frankreich. Wir sollten uns fragen, inwiefern diese Unterschiede – beispielsweise bezüglich den Verhältnissen zwischen Mann und Frau, Adel und Bürgertum, 'Eingesessenen' und 'Außenseitern' – andere Akzente gesetzt und vielleicht auch teilweise eine unterschiedliche Auslegung von Ehrgefühlen herbeigeführt haben. Klare Antworten lassen sich noch nicht erwarten. Ich möchte nur einige Fragen aufwerfen und sie ihrer Beantwortung – angesichts der noch vorhandenen Forschungslücken – etwas näher führen.

Ein kurzer Rückblick

Man könnte sagen, daß das Interesse an diesem Thema mit einer kleinen Katastrophe begonnen hat, mit einer völlig mißlungenen Annäherung zwischen Historikern und Anthropologen. 1980 wurde ein Sonderheft der 'Tijdschrift voor Sociale Geschiedenis' publiziert, eine Zeitschrift, die bis dahin hauptsächlich der historischen Sozialwissenschaft gewidmet war und viele Aufsätze über Arbeitergeschichte und die Geschichte von Löhnen und Preisen aufgenommen hatte. Die Beiträge des Sonderhefts wurden von Kulturanthropologen verfaßt, die dazu von der Redaktion eingeladen worden waren. Ein Jahr später jedoch, wurde in der gleichen Zeitschrift eine Replik aufgenommen, die nicht viel mehr war als eine schroffe Ablehnung jeder kulturanthropologischen Methode: das Grenzwächtertum hatte zeitweilig triumphiert.[2]

Das Sonderheft wurde allerdings eingeleitet von dem Kulturanthropologen Anton Blok, der zudem einen anregenden Aufsatz über Ehre und die natürliche Person geschrieben hatte. Es war vor allem dieser Beitrag, der einige jüngere Historiker dazu gebracht hat, die Konzepte von Ehre und Schande, die sie in ihren archivalischen Untersuchungen vorgefunden hatten, auch aus dieser Perspektive zu betrachten und in ihren präzisen, alltagsgeschichtlichen Kontexten zu untersuchen.[3]

---

[2] Vgl. dazu: Tijdschrift voor Sociale Geschiedenis 6. 1980. S. 99-230 und für die Debatte: Tijdschrift voor Sociale Geschiedenis 7. 1981. S. 265-288.

[3] Anton Blok: Eer en de fysieke persoon. In: Tijdschrift voor Sociale Geschiedenis 6. 1980. S. 211-230. Die englische Fassung dieses Aufsatzes: Rams and Billy Goats: A Key to the Mediterranean Code of Honor. In: Man N.S. 16. 1981. S. 427-440. Andere kulturanthropologische Arbeiten, die von niederländischen Historikern in ihren ersten Untersuchungen über die frühmoderne Ehre rezipiert wurden: Julian A. Pitt-Rivers: The People of the Sierra. Chicago, London 1963; ders.: The Fate of Shechem or the Politics of Sex. Cambridge 1977; John K. Campbell: Honour, Family and Patronage. A Study of Institutions and Moral Values in a Greek Mountain Community. Oxford 1964; Stanley Brandes: Like Wounded Stags: Male Sexual Ideology in an Andalusian Town. In: Sexual meanings. The Cultural Construction of Gender and Sexuality. Hg. von Sherry B. Ortner, Harriet Whitehead. Cambridge 1981. S. 216-239.

Der Bloksche Aufsatz enthält einige Aspekte, die noch immer unsere Aufmerksamkeit verdienen. So hat er als erster eine überzeugende Erklärung für den Terminus 'Gehörnte' oder 'Hörnerträger' gegeben, die wohlbekannte Bezeichnung des betrogenen Ehemannes. Blok konnte feststellen, daß mit diesem Schimpfwort nicht der Rammbock oder andere 'Machos' unter den Horntieren angedeutet wurden, sondern nur der Ziegenbock, der ja – im Gegensatz zum Rammbock – auch andere Männchen zu den Weibchen zuläßt. In Italien und Spanien gibt es immer noch Synonyme – z. B. *becco* für *cornuto* und *cabròn* für *cornudo* – die diesen Zusammenhang vor Augen führen. Der Autor analysiert die verschiedenen Gegensätze – Rammbock/Ziegenbock, Männlichkeit/Weiblichkeit, Öffentlichkeit/Häuslichkeit usw. – als binäre Oppositionen.

Wichtig ist, daß Blok versucht hat zu erklären, warum das Konzept der Ehre mit der natürlichen Person verbunden wurde. Wie er und andere Anthropologen feststellen konnten, wurde ehrenvolles Benehmen vorzugsweise symbolisiert in Begriffen von physischer Kraft und Integrität, genauso wie unehrenhaftes oder schändliches Verhalten ausgedrückt wurde in Begriffen von physischer Schwäche und Schaden. Zum Beispiel, Männer mit Ehre haben *cojones* (sp.) oder *i coglioni grossi* (it.); Männer ohne Ehre werden dagegen als *manso* (sp. und it.), als kastriert und zahm, betitelt. Ein ähnliches Zusammengehen von physischen und moralischen Qualitäten findet sich natürlich in Ausdrücken wie 'Ansehen' oder 'Gesichtsverlust'. In den mediterranen Bauern- und Hirtengemeinschaften können Männer jedoch im sogenannten *sfregio* auch buchstäblich ihr 'Gesicht verlieren': das Antlitz wird dann mit einem Messer geschändet.

Blok war damals ein erklärter Anhänger der Zivilisationsthese von Norbert Elias, und er hat denn auch versucht, diese Verwandtschaft von Ehre und der natürlichen Person mit Hilfe dieser Theorie zu erklären. Er wies darauf hin, daß die mediterranen Gemeinschaften nie von einer zentralen und relativ stabilen Obrigkeit regiert wurden. Die Bevölkerung konnte sich für ihren Schutz und ihre Sicherheit nur auf die eigenen Kräfte verlassen. Unter solchen Umständen ist es gerade das Äußere einer Person, die physische Wehrhaftigkeit des Mannes, die sein Ansehen und damit seine Ehre bestimmt. Er muß imstande sein, seinen Besitz, d.h. seine Frau, seine unmittelbaren Verwandten sowie sein Haus und Land, gegen andere zu schützen und zu verteidigen.

Zum Schluß meinte Blok – der Schule von Elias folgend –, daß je nach Länge und Differenzierung der menschlichen Abhängigkeitsketten sowie dem Durchsetzungsvermögen einer stabilen Obrigkeit, diese Aspekte mehr und mehr an Bedeutung einbüßen würden. Seiner Meinung nach ist die Ehre noch immer ein zentrales Konzept, obgleich sie heute meistens als 'Identität' oder 'Selbstbewußtsein' bezeichnet wird. Was jedoch aus dem Ehrenkodex verschwunden ist, so der Autor, sind die vielen, auf den menschlichen Körper bezogenen Symbole. Lediglich im frühmodernen Europa behielten diese Symbole ihre Funktion.

Es war gerade dieser eher theoretische Vergleich zwischen dem mediterranen Ehrenkodex und dem Kodex des Ancien Régime, der dann einige niederländische Historiker dazu angeregt hat, das Konzept der Ehre auch in der Republik der Vereinigten Niederlande zu untersuchen. Weitere Anregungen für ihre Untersuchungen erhielten sie von Peter Burke, besonders von seiner Veröffentlichung 'The Historical Anthropology of Early Modern Italy'.[4] Eine geringere Rolle spielten die Arbeiten deutscher Volkskundler, wie z. B. die Ausführungen von Karl-Sigismund Kramer.[5]

Es war natürlich von Anfang an ein Problem, ob sich dieser mediterrane Ehrenkodex überhaupt auf eine nordeuropäische Gesellschaft übertragen ließe. Weil die ersten Forscher vor allem an der persönlichen Ehre interessiert waren, insbesondere an den konkreten Bedeutungen von männlicher und weiblicher Ehre in Kontexten des Alltags, lag es freilich auf der Hand, den südeuropäischen Kodex, mit seiner starken Betonung der Sexualehre und der Alltäglichkeit, als Ausgangspunkt zu nehmen. Doch war schon die Semantik der unterschiedlichen Begriffe recht problematisch. Es war klar, daß in den vielschichtigen Bezügen des frühmodernen Ehrbegriffs auch komplizierte, gesellschaftliche Ordnungsprinzipien wie Geschlecht, Gruppenzugehörigkeit und kollektive Verfemung eine Rolle spielten, und daß überdies die Kontexte des Alltags, insbesondere die städtischen Nachbarschaften mit ihrer 'agonalen Kultur', mitbestimmt wurden von spezifischen Sozial-

---

4 Peter Burke: The Historical Anthropology of Early Modern Italy. Essays on Perception and Communication. Cambridge 1987. S. 13f., S. 95-109. Anregend waren damals auch Yves Castan: Honnêteté et relations sociales en Languedoc, 1715-1780. Paris 1974; James Sharpe: Defamation and Sexual Slander in Early Modern England. The Church Courts at York. York 1980; David Garrioch: Neighbourhood and Community in Paris 1740-1790. Cambridge 1986; ders.: Verbal Insults in Eighteenth-Century Paris. In: The Social History of Language. Hg. von Peter Burke, Roy Porter. Cambridge 1987. S. 104-119.

5 Karl-Sigismund Kramer: Grundriß einer rechtlichen Volkskunde. Göttingen 1974. S. 46-60; ders.: Hohnsprake, Wrakworte, Nachschnack und Ungebühr. Ehrenhändel in Holsteinischen Quellen. In: Kieler Blätter zur Volkskunde 16. 1984. S. 49-85; Ruth E. Mohrmann: Volksleben im Wilster im 16. und 17. Jahrhundert. Neumünster 1977. S. 218-239; K.J. Lorenzen-Schmidt: Beleidigungen in Schleswig-Holsteinischen Städten im 16. Jahrhundert. Soziale Norm und soziale Kontrolle in Städtegesellschaften. In: Kieler Blätter zur Volkskunde 10. 1978. S. 5-27. Vgl. auch: Das Recht der kleinen Leute. Beiträge zur rechtlichen Volkskunde. Festschrift für Karl-Sigismund Kramer. Hg. von Konrad Köstlin, Kai Detlev Sievers. Berlin 1976. In den Niederlanden ist die Volkskunde nur mühsam rezipiert worden; nach dem Zweiten Weltkrieg wurde sie kaum noch an den Universitäten doziert. In den letzten zehn Jahren hat sie allerdings am P.J. Meertens-Institut (Amsterdam) eine überraschende Entwicklung erlebt, teilweise in enger Zusammenarbeit mit der historischen Anthropologie, wie sie in den achtziger Jahren vor allem an der Erasmus Universität Rotterdam entwickelt wurde.

entwicklungen in den Vereinigten Niederlanden, wie dem hohen Grad an Urbanisierung und Immigration, die im damaligen Europa eine Ausnahmeerscheinung konstituierten.[6]

Männer und Frauen

Um gleich eines der semantischen Probleme in Angriff zu nehmen: deutlich war, daß die weibliche Scham in Nordwesteuropa andere Konnotationen besaß und im allgemeinen auch weniger als Gegenbegriff zur männlicher Ehre und Männlichkeit betrachtet wurde als in den mediterranen Bauern- und Hirtengemeinschaften. Dort fand die weibliche Scham (ital.: *vergogna*; sp.: *verguenza*) bis vor kurzem ihren Ausdruck im abgeschiedenen Leben der Frauen.[7] In den frühmodernen Niederlanden wurde von den Frauen ebenfalls eine gewisse Scham (*schaamte*) verlangt, sie war aber viel weniger auf ein abgesichtertes Leben zu Hause bezogen.[8] Der einzige, in niederländischer Sprache erschienene Traktat, der eine analoge Zurückgezogenheit forderte, wurde gerade von einem Spanier verfaßt, dem Humanisten Juan Luis Vives.[9]

Nördlich der Alpen, so hat die Historikerin Olwen Hufton geschrieben, war die weibliche Ehre "on the side of work".[10] Wenn in diesen Gebieten ein Mädchen nicht im Hause ihrer Eltern beschäftigt war, gereichte das keineswegs zu ihrer Unehre. In den meisten Fällen wurde eine Stellung außer Hause als normal und eh-

[6] Zum Begriff der 'agonalen Kultur' vgl. Rainer Walz: Agonale Kommunikation im Dorf der frühen Neuzeit. In: Westfälische Forschungen 42. 1992. S. 215-251.

[7] Nur die armen Familien konnten dieses Ideal nicht erfüllen; sie ließen die Frauen leichte Arbeit auf den Feldern verrichten. Anton Blok: Notes on the Concept of Virginity in Mediterranean Societies. In: Women and Men in Spiritual Culture, XIV-XVII Centuries. A Meeting of South and North. Hg. von Elisja Schulte van Kessel. Den Haag 1986. S.1-12, hier S. 2.

[8] Für eine Sondierung der damaligen Auffassungen von weiblicher Scham, in denen interessanterweise Italien und die Niederlande verglichen wurden vgl. Maria-Theresia Leuker, Herman Roodenburg: 'Die dan hare wyven laten afweyen'. Overspel, eer en schande in de zeventiende eeuw. In: Soete minne en helsche boosheit. Seksuele voorstellingen in Nederland, 1300-1850. Hg. von Gert Hekma, Herman Roodenburg. Nijmegen 1988. S. 61-84, hier S. 67-71; vgl. auch Maria-Theresia Leuker: 'De last van 't huis, de wil des mans ...' Frauenbilder und Ehekonzepte im niederländischen Lustspiel des 17. Jahrhunderts. Münster 1992. S. 119-120.

[9] Juan Luis Vives: Die institutie ende leeringe van een christelijke vrouwe. Antwerpen 1554. Die lateinische Originalausgabe erschien 1540. Zur (gemäßigten) Verwertung seiner Ideen in der niederländischen Zeichenkunst vgl. Ilja M. Veldman: Lessons for Ladies. A Selection of Sixteenth and Seventeenth-Century Dutch Prints. In: Simiolus 16. 1986. S. 113-127. Vgl. zu Vives den Beitrag von Helmut Puff in diesem Band.

[10] Olwen Hufton: The Prospect Before Her. A History of Women in Western Europe. London 1995. Teil 1: 1500-1800. S. 70.

renvoll empfunden. Die Verhältnisse südlich der Alpen mögen dagegen eher dem mediterranen Ehrenkodex geglichen haben. Im frühmodernen Italien sowie vermutlich auch in Spanien und Portugal blieben die Frauen normalerweise zu Hause, und es war letztendlich nur die Armut, die sie dazu bringen konnte, Arbeit zu suchen und so ihre Scham aufs Spiel zu setzen.[11]

Möglicherweise nahmen die Frauen in den Niederlanden (die jüdischen, insbesondere die sephardischen, Frauen ausgenommen) im Vergleich zum übrigen Europa noch am meisten teil an der Öffentlichkeit.[12] Sie müssen ein auffallender Bestandteil des Straßenbildes gewesen sein. Dies wurde oft von Reisenden, auch aus nördlichen Ländern, bemerkt.[13] In den Städten im Westen des Landes wird dieses Bild noch mehr zu Staunen geführt haben, weil hier viele Frauen Handel trieben und in bestimmten Bereichen des Arbeitsprozesses, wie z. B. im Textilgewerbe, in großer Zahl beschäftigt waren.[14] Es liegt auf der Hand – doch dies wäre näher zu untersuchen –, daß diese auffallende Teilnahme an der Öffentlichkeit auch dazu geführt hat, daß sie mehr als andere Frauen in Nordwesteuropa die Bereitschaft und die juristischen Chancen hatten, selbst für ihre Ehre einzutreten.[15]

Trotz der Beteiligung der Frauen an Handel und Betrieb war die weibliche Ehre auch in einer Stadt wie Amsterdam viel weniger als die männliche im Gebiet der beruflichen Interessen verankert. Wie man schon mehrmals festgestellt hat, wurden Männer in den nördlicheren Ländern vorwiegend wegen ihrer 'beruflichen' oder 'ökonomischen' Ehrbarkeit attackiert.[16] Auch in Amsterdam wurden sie am liebsten als *schelm*, *dief* oder *bankroetier* bezeichnet. Was mit solchen Kraftwör-

---

11 O. Hufton (Anm. 10) S. 140.

12 Zur Öffentlichkeit als grundlegender Bedingung von Ehre vgl. Martin Dinges: Der Maurermeister und der Finanzrichter. Ehre, Geld und soziale Kontrolle im Paris des 18. Jahrhunderts. Göttingen 1994. S. 164f.

13 Für eine Diskussion solcher Berichte Els M. Kloek: De vrouw. In: Gestalten van de Gouden Eeuw. Hg. von Herman M. Beliën, Arie Th. van Deursen, Gert Jan van Setten. Amsterdam 1995. S. 247-249, S. 271-276. Vgl. auch Simon Schama: The Embarrassment of Riches. An Interpretation of Dutch Culture in the Golden Age. New York 1987. S. 402f.

14 Jan de Vries, Ad van der Woude: Nederland 1500-1815. De eerste ronde van moderne economische groei. Amsterdam 1995. S. 689-696.

15 Zur unterschiedlichen Bereitschaft in Nord- und Südeuropa vgl. Martin Dinges: Die Ehre als Thema der historischen Anthropologie. Bemerkungen zur Wissenschaftsgeschichte und zur Konzeptualisierung. In: Verletzte Ehre. Ehrkonflikte in Gesellschaften des Mittelalters und der Frühen Neuzeit. Hg. von Klaus Schreiner, Gerd Schwerhoff. Köln 1995. S. 29-62, bes. S. 54.

16 James Sharpe: Defamation and Sexual Slander in Early Modern England. The Church Courts at York. York 1980. S. 10, S. 16, S. 27f.; David Garrioch: Verbal Insults in Eighteenth-Century Paris. In: The Social History of Language (Anm. 4) S. 107-112; P. Burke (Anm. 4) S. 96f.; M. Dinges: Maurermeister (Anm. 12) S. 233-269. Dinges spricht übrigens von einer 'Mehrpoligkeit' der männlichen Ehre, die sich erst im Laufe des 18. Jahrhunderts verringerte. Es ist möglich – eine tiefergehende Untersuchung könnte dies zeigen –, daß die niederländischen Städte in dieser Hinsicht mehr der Stadt York geglichen haben, in der diese Mehrpoligkeit bereits im 17. Jahrhundert abgenommen hatte.

tern attackiert wurde, war ihre Professionalität, einschließlich aller möglichen Abstufungen. Frauen dagegen unterstellte man mit Schimpfwörtern wie Hure und den unterschiedlichen bildhaften Variationen dieses Ausdrucks vor allem eine sexuelle Unzuverlässigkeit, ein Defizit an Jungfräulichkeit und Reinheit. Und auch hier konnte schon der geringste Hinweis (z. B. Präsenz auf der Gasse) für eine Beschimpfung ausreichen. Mit anderen Worten: beide Vorwürfe hatten auch einen starken Symbolcharakter.[17]

Es mag auf den ersten Blick überraschen, daß in einer Gesellschaft in der die Ehre so unverkennbar an der Seite der Arbeit stand, die weibliche Ehre doch in solchem Maße von häuslichen Tugenden wie Keuschheit und Sittsamkeit bestimmt worden ist. Dies wird aber im Kontext einer Ökonomie verständlich, in der die Frauen trotz ihres wesentlichen Anteils am Arbeitsprozeß, einen viel geringeren Lohn als die Männer erhielten und deshalb außerhalb der Ehe kaum den eigenen Lebensunterhalt bestreiten konnten. Für die vielen im Arbeitsprozeß tätigen jungen, unverheirateten Frauen war die Ehe immer noch das Endziel, während viele gewerbetreibende Ehefrauen diese Tätigkeit nur als Nebeneinkommen zum Haushaltbudget ansahen. Mit anderen Worten, auch in den Niederlanden war die weibliche Ehre im Bourdieuschem Sinne immer noch ihr einziges *goed*, ihr einziges Kapital. Wie der Dichter Jacob Cats es formulierte: *Uw eer is al uw goed, uw bloem, uw beste schat.*[18]

1987 wurde von Florence Koorn eine bemerkenswerte Untersuchung über die Landschaft Twente publiziert, eine Gegend, die an die Landschaft Westfalen angrenzt. Anhand der reichen Gerichtsakten aus dieser Gegend beschreibt die Autorin, wie die ledigen Mütter oft einen Prozeß gegen den Erzeuger ihres Kindes anstrengten, gegen den Mann, der sie mittels eines Eheversprechens verführt hatte. Weil die meisten dieser Frauen Dienstmädchen waren und die Gerichtskosten überdies erheblich ins Gewicht fielen, waren ihre Aussichten, tatsächlich von dem meist höherstehenden Mann geheiratet zu werden, gering. Doch forderten sie fast alle eine Eheschließung oder alternativ dazu Wiedergutmachungszahlungen. Was diese Frauen erreichen wollten, war, daß nicht *ihre* Ehre zur Diskussion gestellt wurde, sondern die Ehre des Mannes, der sein Eheversprechen gebrochen hatte. Sie versuchten also, die Ehre, die sie 'verloren' hatten, zurückzugewinnen, zu 'reparieren', indem sie ihre Schande auf ihren Verführer übertrugen, wobei ihre ge-

---

17 Herman Roodenburg: Onder censuur. De kerkelijke tucht in de gereformeerde gemeente van Amsterdam, 1578-1700. Amsterdam 1990. S. 351-352; ders.: De notaris en de erehandel. Beledigingen voor het Amsterdamse notariaat, 1700-1710. In: Schimpen en schelden. Eer en belediging in Nederland, ca. 1600 - ca. 1850. Hg. von Annemieke Keunen, Herman Roodenburg (Volkskundig Bulletin 18.3. 1992). S. 376-378. Zu einer späteren Periode, in der auch *sodomieter* ein bekanntes (symbolisches) Schimpfwort wurde vgl. Annemieke Keunen: 'Ongaarne beticht en bevlekt'. Vrouwen, mannen en hun beledigingen voor de Correctionele Rechtbank te Amsterdam, 1811-1838. In: Schimpen en schelden. S. 415-431.

18 Pierre Bourdieu: Outline of a Theory of Practice. Cambridge 1977. S. 181f.; das Zitat in E.M. Kloek (Anm. 13) S. 254.

samte Strategie – ganz im Sinne von Erving Goffman – auf die Öffentlichkeit ausgerichtet war.[19] Die Klage, die von den betrogenen Frauen erhoben wurde, bildete dabei oftmals nur die letzte Phase in dieser Strategie. In vielen Fällen hatten die Auseinandersetzungen schon damit begonnen, daß sie ihr Kind im Umzug, also im Beisein der gesamten Gemeinschaft, zur Wohnung des Verführers gebracht hatten.[20]

Das Beispiel illustriert, wie sehr die Ehre in dieser agonalen Gesellschaft auch als 'knappes Gut', als 'limited good', erfahren wurde.[21] Dadurch, daß man jemand anderem die Ehre absprach oder die eigene Schande auf ihn transferierte, konnte man das eigene Ehrkapital erhöhen oder wiederherstellen. Die Leute, so ein skeptischer Amsterdamer Pfarrer am Ende des 16. Jahrhunderts, bilden sich eine Vermehrung ihrer Ehre und ihres guten Namens ein, und dies umso mehr, als sie diese dem Anderen entziehen.[22] Jungfrauen befanden sich aber beim Eheversprechen in einer besonderen Situation. Ihr 'einziges Gut' wurde dann in einem im Grunde asymmetrischen Tauschhandel eingesetzt, mit allen dazugehörenden Gefahren, die von den damaligen Pfarrern und Moralisten, wie Jacob Cats, ausführlich vorgetragen wurden, vielleicht umso ausführlicher wegen der großen Bewegungsfreiheit dieser Frauen. Im Tausch für das Eheversprechen des Mannes, normalerweise bekräftigt mit einem Unterpfand, legte die Frau ihre Ehrbarkeit in seine Hände. Mit seinem Versprechen, so könnte man sagen, erhielt sie die Garantie einer neuen Existenz, die ihr eine permanente Ehre sicheren würde. Die Ehe war schließlich völlig ehrenvoll.[23]

---

[19] Erving Goffman: The Presentation of Self in Everyday Life. New York 1959.

[20] Florence Koorn: Illegitimiteit en eergevoel. Ongehuwde moeders in Twente in de achttiende eeuw. In: Jaarboek voor Vrouwengeschiedenis 8. 1987. S. 74-98. Überraschenderweise wurde dieses Theater, dieses 'Nachhause bringen' des Kindes, auch in der Stadt aufgeführt, z. B. in Amsterdam. Daß die Betroffenen solche Strategien nicht schätzten, daß ihre Ehre auch tatsächlich angetastet wurde, läßt sich aus einem damaligen Gesetz aus Französisch-Flandern erschließen. Dort wurde das Nachhausebringen am striktesten verboten. Doch haben diese Folgen das calvinistische Presbyterium in Amsterdam nicht daran gehindert, einen solchen Umzug manchmal zu unterstützen. Dazu H. Roodenburg: Onder censuur (Anm. 17) S. 272f.

[21] Zur Ehre als 'limited good' vgl. R. Walz (Anm. 6) S. 221-223.

[22] H. Roodenburg: Onder censuur (Anm. 17) S. 350.

[23] Vgl. dazu Sandra Cavallo, Simona Cerutti: Female Honor and the Social Control of Reproduction. In: Sex and Gender in Historical Perspective. Selections from Quaderni Storici. Hg. von Edward Muir, Guido Ruggiero. Baltimore, London 1990. S. 73-109, hier S. 77-79.

Adel und Bürgertum

Beziehen wir uns wieder auf den mediterranen Ehrenkodex, dann gibt es deutlich noch ein zweites semantisches Problem. So lassen sich Beleidigungen wie *cornuto* (it.) und *cornudo* (sp.) für das frühmoderne Italien und Spanien leicht ermitteln,[24] für die Gebiete nördlich der Alpen sieht das anders aus. So sind in den Niederlanden solche Kraftwörter, ähnlich wie im Paris des 18. Jahrhunderts, kaum in den Gerichtsakten und sonstigen Archiven vorgefunden worden.[25]

Dennoch war die Beleidigung im Amsterdamer Theater, wo zahlreiche Lustspiele aufgeführt wurden, welche die Ehe und die Sexualität zum Thema hatten, sehr beliebt. Dort wurden die Männer fortwährend als *hoorndrager*, *hoornbeest* oder mit noch weiteren Variationen dieses Terminus gescholten.[26] Es ist ein Paradoxon, das uns dazu anregen sollte, nicht nur die künstlerischen Medien, insbesondere das Theater, in unsere Untersuchungen miteinzubeziehen, sondern auch die damalige Gesellschaftsstruktur, einschließlich ihrer komplexen Dynamik von Selbst- und Fremdbildern. Denn einerseits wurden in den Lustspielen Elemente aus der italienischen Renaissance-Komödie entlehnt (die ihrerseits stark beeinflußt wurde von der Novellenkultur, insbesondere Boccaccios 'Decamerone'); andererseits dienten diese Elemente zur Karikierung der Unterschichten, die im damaligen Bühnenschwank eine zentrale Rolle einnahmen.[27] Man könnte diese Karikatur vergleichen mit den wohlbekannten Bauernszenen von Adriaen Brouwer oder Jan Miense Molenaer, in denen die einfachen Bauern all jene verdrehten Haltungen und Gebärden zeigen, die in den damaligen teilweise aus Italien und Frankreich stammenden Anstandsbüchern verurteilt wurden.[28] Bemerkenswerterweise verschwanden beide Karikaturen am Ende des 17. Jahrhunderts, als die höheren Stände Europas einen gemeinsamen 'cult of decorum' entwickelten, in dem sie sich allmählich einen neuen, mehr verinnerlichten Ehrbegriff, den der 'honnêteté', als zentrales Verhaltensmodell zu eigen machten.[29]

---

24 P. Burke (Anm. 4) S. 96f.

25 M. Dinges: Maurermeister (Anm. 12) S. 245. Für England vgl. Laura Gowing: Gender and the Language of Insult in Early Modern London. In: History Workshop Journal 35. 1993. S. 2-21. Auch soll natürlich nicht vergessen werden, daß Beleidigungen, mit denen Ehefrauen als Hure gescholten wurden, indirekt auch ihre Ehemänner trafen.

26 M.-Th. Leuker (Anm. 8) S. 253-255.

27 Zur literarischen Tradition vgl. René van Stipriaan: Leugens en vermaak. Boccaccio's novellen in de kluchtcultuur van de Nederlandse renaissance. Amsterdam 1996. S. 86-105.

28 H. Roodenburg: Over scheefhalzen en zwellende heupen. Enige argumenten voor een historische antropologie van de zeventiende-eeuwse schilderkunst. In: De Zeventiende Eeuw 9. 1993. S. 152-168.

29 Für den Terminus 'cult of decorum' vgl. Keith Thomas: The Place of Laughter in Tudor and Stuart England. In: The Times Literary Supplement (21. Jan. 1977). S. 80.

Es würde zu weit führen, hier mehr als einige Konturen solcher Selbst- und Fremdbilder skizzieren zu wollen. Ich möchte nur einige Bemerkungen zu den Ehrvorstellungen des Adels und Regententums sagen, obgleich diese bisher kaum erforscht worden sind.[30] Man hat aber unterstellt, daß die Lebensstile des Landadels, auch im Osten des Landes, und der wohlhabenden Regenten ziemlich ähnlich gewesen seien. Die adligen Familien hingen zwar an ihrer Superiorität, an ihren Auffassungen von Blut, Ehre und *virtus*. Sie brachten dies unter anderem zum Ausdruck in einer Politik der Endogamie, die mit wenigen Ausnahmen auch hinsichtlich der Regenten aufrechterhalten wurde,[31] doch verringerten sich allmählich die kulturellen Unterschiede. Der landsässige Adel erlebte, vor allem in seiner ökonomischen Betriebsführung, eine begrenzte Verbürgerlichung; ihrerseits orientierten die Regenten sich in gewissem Maße an den aristokratischen Verhaltensweisen. Viele folgten schon früh der Etikette, wie sie ursprünglich an den italienischen und französischen Höfen entwickelt wurde. Auch kauften sie Landhäuser, die jedoch nur als Sommersitze dienten. Ihre Besitzer bezogen sich kaum auf die Adelstitel, die sie auf diese Weise erwarben, und übernahmen auch nicht die strikte Endogamie der Aristokratie. Zusammenfassend läßt sich sagen, daß es weder eine *bourgeois nobility*, noch eine tatsächliche 'Aristokratisierung' der Regenten gegeben hat.[32]

Diese Verhältnisse mögen vielleicht erklären, warum in den frühmodernen Niederlanden solche von der Adelsehre legitimierten Gewalttätigkeiten wie Duelle verhältnismäßig selten blieben. Die politische und ökonomische Beschäftigung des Adels, dazu noch die Meriten einer akademischen Ausbildung, vielfach im Ausland, öffneten den adeligen Söhnen mehr als nur eine Karriere in der niederländischen Armee, in der laut der erlassenen Anschläge die meisten Duelle stattfanden.[33] Auch die Regentenfamilien verurteilten die Duelle, konnten aber nicht verhindern, daß manchmal ihre Söhne durch den Ehrenkodex dazu gebracht wurden und so ihre Familien blamierten. Ein Beispiel ist der Regentensohn Volckert

---

[30] Die soziale und politische Bedeutung des Adels in der niederländischen Republik ist lange Zeit bagatellisiert worden. In den letzten zehn Jahren wurde dieses Bild jedoch beträchtlich revidiert, obgleich es immer noch sehr wenig Untersuchungen zur Ehre des Adels gibt. Vgl. vorläufig Johan Aalbers: Reinier van Reede van Ginckel en Frederik Willem van Reede van Athlone. Kanttekeningen bij de levenssfeer van een adellijke familie, voornamelijk gedurende de jaren 1722-1742. In: Jaarboek Oud-Utrecht 1982. S. 91-150; Henk F.K. van Nierop: Van ridders tot regenten. De Hollandse adel in de zestiende en de eerste helft van de zeventiende eeuw. Amsterdam 1984. S. 31-47; Conrad Gietman: Het adellijk bewustzijn van Sweder Schele tot Weleveld. In: Overijsselse Historische Bijdragen 107. 1992. S. 83-114.

[31] Überdies bezogen sich die Ausnahmen auf die Töchter, nicht die Söhne der Regentenklasse. Vgl. J. Aalbers (Anm. 30) S. 126f.

[32] J.L. Price: The Dutch Nobility in the Seventeenth and Eighteenth Centuries. In: The European Nobilities in the Seventeenth and Eighteenth Centuries. Hg. von H.M. Scott. Tl. 1: Western Europe. London, New York 1995. S. 82-113, hier S. 105, S. 112.

[33] P. de Jong: Beschouwingen over het tweegevecht. Utrecht 1881. S. 68-72.

Teding van Berkhout (1597-1632), der erst eine diplomatische Karriere anstrebte, dann in den Dienst des Duc de Guise trat – einem verrufenen Duellisten –, und einige Jahre später in einem Duell in Rom einen Landsmann tötete. Er starb 1632 in der Schlacht bei Nürnberg.[34]

Der Ehrenkodex der Offiziere und – auf verschiedene Weise – die Ehrgefühle am semi-monarchischen Hof der Prinzen von Oranien, müssen sich als klares Gegenbild zu den Auffassungen des Bürgertums gestellt haben. Am Hof in Den Haag befand sich eine teils niederländische Aristokratie, die sich, gefangen in 'höfischer Rationalität' (Norbert Elias), nicht nur durch ihre Endogamie, sondern auch durch ihren Prestigekonsum unterschied: ihre Lebensweise wurde von den anderen Gruppen als prunksüchtig und verschwenderisch erfahren. So wurde Prinz Wilhelm III. von dem Haager Regenten Paulus Teding van Berkhout (1609-1672), einem Neffen Volckerts, sogar als 'Vogelfänger' betitelt, weil der Hof seiner Meinung nach viele junge Männer ins finanzielle Unglück stürze.[35] Zugleich hatte der Hof, obgleich weniger berechtigt als die großen europäischen Höfe, den Ruf, daß in seinem Kreis weibliche Ehre und monogames Verhalten nicht gerade zusammenfielen.[36] Es gab zahlreiche Geschichten und auch Witze über die Geschehnisse am Hofe.[37] Die Regenten und der landsässige Adel hatten eine andere, weniger aristokratische Auffassung der Ehre. Als Hester Ranst (1671-1750) nach dem Tode ihres Mannes und nachdem sie ihm in zehn Jahren acht Kinder geboren hatte, ein allzu lockeres Leben führte, wurde sie letztendlich von ihrem Vater, einem Amsterdamer Regenten, enterbt.[38]

---

34 Vgl. Cees Schmidt: Om de eer van de familie. Het geslacht Teding van Berkhout 1500-1950, een sociologische benadering. Amsterdam 1986. S. 48-53. Obgleich der Titel eine tiefgreifende Analyse der Familienehre vermuten läßt und zahlreiche vom Autor zitierte Dokumente diese Ehre auch erwähnen, bietet das Buch wenig Explizites zum Ehrbegriff. Wohl wird Bourdieus 'soziales Kapital' umgedeutet als 'soziales Vermögen'; vgl. hierzu M. Dinges: Maurermeister (Anm. 12) S. 26 und ders.: Die Ehre (Anm. 15) S. 420.

35 C. Schmidt (Anm. 34) S. 62f.

36 Zur weiblichen Ehre an den europäischen Höfen vgl. erneut O. Hufton (Anm. 10) S. 145f.

37 Für die Geschichten siehe beispielsweise Rudolf Oekker: Sexuality and Court Life in the late seventeenth century. The Diaries of Constantijn Huygens jr. In: Eighteenth century Life (im Druck); für einige Witze vgl. Aernout van Overbeke: Anecdota sive historiae jocosae. Een zeventiende-eeuwse verzameling moppen en anekdotes. Hg. von Rudolf Dekker, Herman Roodenburg. Amsterdam 1991.

38 H. Roodenburg: De notaris (Anm. 17) S. 380f.

Eingesessene und Außenseiter

Ein drittes Ordnungsprinzip, so könnte man sagen, betraf die Kennzeichnung von Gruppen, denen eine kollektive 'Unehrlichkeit' zugeschrieben wurde. Es handelt sich also nicht um die Infamierung von Einzelpersonen aufgrund zuzurechnender Handlungen, sondern es geht hier um die Diffamierung ganzer Personengruppen aufgrund von gruppenspezifischen Merkmalen.[39] Bekannte Beispiele im frühmodernen Europa sind religiöse und ethnische Minderheiten wie Juden und Zigeuner, aber auch Personen, die lediglich wegen ihres Gewerbes oder Handwerks als 'unehrlich' galten, wie die Scharfrichter und die Abdecker. Ich skizziere auch hier nur einige Konturen.

Daß auch in der Republik der Vereinigten Niederlande die Scharfrichter lange Zeit für unehrlich gehalten wurden, ist offenkundig. So war es ihnen in verschiedenen Städten untersagt, innerhalb der Stadtmauern zu leben; bis weit in das 17. Jahrhundert konnten sie nur in einem der Stadttürme wohnen. Und auch wenn sie Mitglied der calvinistischen Kirche waren, mußten sie und ihre Ehefrauen zuletzt zum Abendmahl gehen.[40] Zugleich erläutern diese Beispiele, daß die Stigmatisierung im Alltag alles andere als umfassend gewesen ist.[41] Offensichtlich waren auch die Henker und ihre Familien Teil der Abendmahlsgemeinschaft, auch sie wurden als 'Bruder' und 'Schwester' betrachtet, wurden also miteinbezogen in die Werte von gegenseitigem Frieden und Versöhnung, die in der Abendmahlsfeier zum Ausdruck gebracht wurden.[42] Überdies ist zu bemerken, daß ihre Ausweisung aus der Stadt nicht während der ganzen Periode der Frühen Neuzeit gefordert wurde. Erst um 1550 wurden sie zum ersten Mal angewiesen, eine Wohnung in der Stadtmauer zu beziehen. Hundert Jahre später wurde dieser räumliche Aspekt ihrer Marginalisierung wieder aufgehoben.[43] Freilich hat das nicht verhindert, daß

---

[39] K. Schreiner, G. Schwerhoff: Verletzte Ehre. Überlegungen zu einem Forschungskonzept. In: Verletzte Ehre (Anm. 15) S. 16f. Zu 'Gefestigten'/'Außenseitern' und 'Gruppenehre'/'Gruppenschande' vgl. Norbert Elias, John L. Scotson: The Established and the Outsiders. A sociological enquiry into community problems. London 1965. Vgl. den Blokschen Vorschlag den Terminus 'Gruppencharisma' durch 'Gruppenehre' zu ersetzen: A. Blok (Anm. 3) S. 230, Anm. 53.

[40] Fr. de Witt Huberts: De scherprechter. In: Tijdschrift voort Strafrecht 34. 1924. S. 145-188. Die Daten beziehen sich auf Groningen und Arnheim. Vgl. hierzu Gisela Wilbertz: Scharfrichter und Abdecker im Hochstift Osnabrück. Untersuchungen zur Sozialgeschichte zweier 'unehrlicher' Berufe im nordwestdeutschen Raum vom 16. bis zum 19. Jahrhundert. Osnabrück 1979. S. 323f.

[41] Vgl. Jutta Nowosadtko: Die Ehre, die Unehre und das Staatsinteresse. In: GWU 44. 1993. S. 362-381, bes. S. 368.

[42] Zu diesen Werten vgl. H. Roodenburg: Onder censuur (Anm. 17) S. 98-100.

[43] Zur Relativierung der These, daß Scharfrichter nur in Häusern an der Stadtmauer oder sogar außerhalb der Stadt wohnen durften vgl. Gisela Wilbertz: Scharfrichter und Abdecker. Zur Sozialgeschichte zweier 'unehrlicher' Berufe im nordwestdeutschen Raum vom 16. bis zum

sie von der Bevölkerung bis zum Ende des 18. Jahrhunderts, und höchstwahrscheinlich noch viel länger, wegen ihrer medizinischen Fähigkeiten geschätzt wurden. Noch im Jahre 1797 wurde der Utrechter Scharfrichter von einigen Einwohnern ersucht, erkrankte Personen zu 'belesen'.[44]

Wie es auch um die alltägliche Tabuisierung der Henkersfamilien bestellt war, zeigt schon die Tatsache, daß das Berühren seiner Instrumente als ehrgefährdend aufgefaßt wurde. Es beeinträchtigte die persönliche Ehre des Einzelnen und damit die kollektive Ehre der Familie oder anderer Gruppen, denen er zugehörte. So berichtet ein Tagebuch aus der Mitte des 18. Jahrhunderts wie ein vermutlich völlig betrunkener Kornmesser aus Amsterdam am Galgenplatz auf ein Rad gestiegen war und darauf die Leiche eines Geräderten mit den Worten umarmt hatte: *Na Kamerad, wie geht's dir?* Keiner seiner Kollegen wollte nachher noch mit ihm zusammenarbeiten.[45]

Auch die Herstellung der für den Strafvollzug nötigen Gerätschaft galt als ehrgefährdende Handlung. Kollektives Handeln konnte aber die Schande neutralisieren. Gleichwie von den deutschen Zimmermannszünften die Errichtung von Galgen und dergleichen nur 'mit gesamter Hand' unternommen wurde, so geschah es in der Stadt Groningen, daß eine neue Henkersleiter nicht von einem, sondern von allen Mitgliedern der Zunft hergestellt wurde. Jeder schlug einen Nagel ein, so daß keiner von ihnen tatsächlich die Leiter hergestellt hatte.[46] Es mag sein, daß es vor allem die Zünfte waren, die versuchten sich in diesem Maße zur Wahrung der eigenen Gruppenehre gegenüber den Unehrlichen abzugrenzen. Wie wir sahen, vertraten die Kirche, und vermutlich auch die Obrigkeit,[47] einen nuancierteren Standpunkt. Die niederländischen Gilden besaßen aber nicht so viel soziale und politische Macht, wie die Zünfte in anderen europäischen Ländern mit ihren stär-

19. Jahrhundert. In: Unser Bocholt 32. 1981. S. 6-11; Jutta Nowosadtko: Scharfrichter und Abdecker. Der Alltag zweier 'unehrlicher Berufe' in der frühen Neuzeit. Paderborn 1994. S. 224-239.

44 Martinus A. van Andel: Onze collega de beul. In: Nederlandsch Tijdschrift voor Geneeskunde 69. 1925. S. 2107. Vgl. den Beitrag von Kathy Stuart in diesem Band.

45 Lotte C. van de Pol: Prostitutie en de Amsterdamse burgerij. Eerbegrippen in een vroegmoderne stedelijke samenleving. In: Cultuur en maatschappij (Anm. 1). S. 186f.

46 Fr. de Witt Huberts (Anm. 40) S. 172. Vgl. Walter Hartinger: Hochgericht und Handwerk. Zum Problem der Ehrlichkeit in der frühen Neuzeit. In: Oberpfälzer Heimat 19. 1975. S. 7-14; Lyndal Roper: The Holy Household. Women and Morals in Reformation Augsburg. Oxford 1989. S. 36f.; Jutta Nowosadtko: Ehre (Anm. 41) S. 369; dies.: Scharfrichter (Anm. 43) S. 304.

47 Am Ende des 16. Jahrhunderts wurde es den Amsterdamer Amtsknechten untersagt, Bordelle zu betreiben. Sie sollten einen entsprechenden Lohn empfangen, damit sie 'in aller Zucht und Ehrsamkeit leben würden'; zit. nach J.H. Böse: Had de mensch met één vrou niet connen leven. Prostitutie in de literatuur van de zeventiende eeuw. Zutphen 1985. S. 79. In Rotterdam wurde 1580 eine ähnliche Verordnung erlassen, obgleich einige Monate zuvor versucht worden war, alle Amtsknechte auf einer kleinen Insel anzusiedeln. Vgl. Rotterdamsch Jaarboekje 6. 1899. S. 199f.

keren feudalen Wurzeln.[48] Mit anderen Worten, die Republik war nicht die ständische Gesellschaft, die sich in Deutschland oder Frankreich entwickelt hatte. Sie kannte nicht die gleiche ständische Ehre und dies kann verdeutlichen, warum die Scharfrichter schon um 1650 wieder in die Mitte der ehrlichen Stadtbewohner zurückkehren konnten.[49]

Über die Abdecker und ihre räumliche sowie soziale Segregation ist ebenfalls nur weniges bekannt. In den Städten der Republik wurden sie wahrscheinlich weniger stigmatisiert als in den deutschen Städten. Dagegen dürften die Verhältnisse im Süden der Republik den dortigen ziemlich ähnlich gewesen sein. So hat Anton Blok beschrieben, wie die Abdecker, gerade als stigmatisierte Außenseiter in den sogenannten 'Bockreiterbanden', die im 18. Jahrhundert die Gegend zwischen Maastricht und Aachen unsicher machten, eine wichtige ideologische Rolle erfüllten. Angeführt von den Abdeckern begingen die Banden Kirchendiebstähle, die anderswo nur von jüdischen Banden und Zigeunerbanden, also von nichtchristlichen Banden, verübt wurden. Auch wurden die Diebstähle mit einem Ritual in Form einer parodierten Messe beschlossen: ein zweiter Hinweis, daß die Raubzüge auch aus Widerspruch gegen die gefestigte, christliche Gemeinschaft begangen wurden.[50]

Die Art und Weise in der einer ethnischen Gruppe wie den Juden in den Niederlanden begegnet wurde, war recht verschieden. In einigen Städten, unter diesen die Stadt Utrecht, war es ihnen nicht einmal erlaubt, innerhalb der Stadtmauern zu wohnen. In anderen Städten hatten sie jedoch ihre eigenen Gemeinschaften, *naties* genannt, und sie konnten eine relativ autonome Gerichtsbarkeit, die *herem* (wörtlich: Bann),[51] ausüben sowie als Individualperson sogar die – für Juden nicht vererbbaren – Bürgerrechte erwerben. Trotz dieser Toleranz waren sie im allgemeinen nur zweitklassige Bürger. Obgleich die Provinz Holland 1619 verordnete, daß die Städte sie nicht zwingen konnten, äußerliche Abzeichen zu tragen (es stand ihnen frei, den Juden ein separates Viertel zuzuweisen), durften die jüdischen Einwohner keine öffentlichen Ämter innehaben, sie wurden nicht zu den Bürgergarden zugelassen und es war ihnen auch untersagt, den Zünften beizutre-

Juden

---

48 J. de Vries, A. van der Woude (Anm. 14) S. 198-200.

49 Zu den unterschiedlichen Ehrvorstellungen von Obrigkeit und Zünften vgl. Jutta Nowosadtko: Umstrittene Standesgrenzen. Ehre und Unehrlichkeit der bayerischen Schergen. In: Verletzte Ehre (Anm. 15) S. 166-182.

50 Vgl. Anton Blok: De rol van vilders in de Bokkerijdersbenden. In: Volkskundig Bulletin 7. 1981. S. 121-142 und ders.: De bokkerijders. Roversbenden en geheime genootschappen in de landen van Overmaas (1730-1774). Amsterdam 1991. S. 57-88. Vgl. auch Florike Egmond: Underworlds. Organized Crime in the Netherlands, 1650-1800. Cambridge 1993. S. 110.

51 Yosef Kaplan: The Social Functions of the Herem in the Portuguese Jewish Community of Amsterdam in the Seventeenth Century. In: Dutch Jewish History. Proceedings of the Symposium on the History of the Jews in the Netherlands. Hg. von Joseph Michman, Tirtsah Levie. Jerusalem 1984. S. 111-155.

ten. Solche Vorrechte waren nur den 'ehrlichen', d.h. den christlichen und seßhaften Bürgern, vorbehalten.[52]

Bemerkenswerterweise verbanden sich diese zivilrechtlichen Bestimmungen mit impliziten Vorstellungen von kollektiver Unehre. Laut einer Amsterdamer Verordnung aus dem Jahre 1616 durften jüdische Männer – das Umgekehrte war nicht interessant – nie Sexualverkehr mit christlichen Frauen haben, auch nicht wenn diese 'unehrlich', also Prostituierte, waren.[53] Die Verordnung ist höchstwahrscheinlich nach Drängen des calvinistischen Kirchenrats zustandegekommen, denn diese Instanz hatte sich bei den Behörden über das 'Verführen' der christlichen Dienstmägde in jüdischen Familien beschwert und beklagte sich 1620 und 1650 aufs neue über das 'Schenden', das 'sich verführen lassen zur Unkeuschheit' dieser Mädchen.[54] Für die jüdischen Familien lag es freilich auf der Hand christliche Dienstmägde zu beschäftigen, weil sephardische Frauen (die aschkenasischen Flüchtlinge kamen erst um 1650) normalerweise das Haus nicht verlassen sollten.[55] Aus christlicher Sicht jedoch waren diese Dienstmägde in Gefahr als 'unehrlich' stigmatisiert zu werden. Wollten sie im Anschluß eine Stelle in einer christlichen Familie, erlebten sie viele Schwierigkeiten.[56]

Die Verordnungen der Obrigkeiten haben nicht verhindern können, daß manchmal christliche Mädchen mit Juden sexuellen Verkehr hatten, daß andere Frauen in der Absicht einen jüdischen Mann zu heiraten, zum Judentum konvertierten oder daß die Eheleute sich um die religiöse Erziehung ihrer Kinder stritten. Es geschah, daß auf Anregung des Vaters die Jungen beschnitten wurden, wonach sie von der Mutter wieder in die calvinistische Kirche gebracht wurden, um getauft zu werden. Das Gesetz war jedoch streng. 1671 wurde ein jüdischer Mann

---

[52] Arend H. Huussen jr.: De joden in Nederland en het probleem van de tolerantie. In: Een schijn van verdraagzaamheid. Afwijking en tolerantie in Nederland van de zestiende eeuw tot heden. Hg. von Marijke Gijswijt-Hofstra. Hilversum 1989. S. 114-120.

[53] Ähnliche Bestimmungen in Haarlem (1605) und in einer Konzept-Ordnung aus dem Jahr 1615, verfaßt von dem bekannten Juristen Hugo de Groot. Zu diesen Texten vgl. A.H. Huussen jr.: The Legal Position of Sephardi Jews in Holland, circa 1600. In: Dutch Jewish History. Proceedings of the Fifth Symposium on the History of the Jews in the Netherlands. Hg. von Joseph Michman. Assen, Maastricht 1993. S. 19-41.

[54] H. Roodenburg: Onder censuur (Anm. 17) S. 185.

[55] Das Verhalten aschkenasischer Frauen war aber sehr ähnlich; F. Egmond (Anm. 50) S. 51.

[56] Die 'Unehrlichkeit' der jüdischen Immigranten in den ersten Jahrzehnten des 17. Jahrhunderts sollte eingehender untersucht werden. Gegenüber der Meinung der Gilden, welche die Juden offenkundig nicht zulassen wollten, stand die nuanciertere Meinung der damaligen Stadtverwaltungen, welche die Immigranten beispielsweise als *luyden met eere ende van goeden handel en wandel* (zit. nach Daniel M. Schwetschinski: Tussen middeleeuwen en Gouden Eeuw, 1516-1621. In: Geschiedenis van de Joden in Nederland. Hg. von Johan C.H. Blom, Renate G. Fuks-Mansfeld, Ivo Schöffer. Amsterdam 1995. S. 53-94, hier S. 86) oder *als luyden van sorte aensien ende vermogen* bezeichneten (zit. nach Odette Vlessing: New Light on the Earliest History of the Amsterdam Portuguese Jews. In: Dutch Jewish History [Anm. 53] S. 66, Anm. 16).

aufs Schafott gebracht, nachdem er sich als Christ ausgegeben hatte, um sich mit einer christlichen Frau zu vermählen.[57]

Gerade weil Ehre gleichbedeutend mit einer christlichen und seßhaften Lebensweise war, hatten die Zigeuner ein doppeltes Problem. Da sie im ganzen Land herumzogen, standen sie schon deswegen, wie alle Landstreicher und Personen ohne festen Wohnsitz, unter dem Verdacht, daß sie ein ausschweifendes und kriminelles Leben führten. Zugleich wurden sie als *heidens* [Heiden] betrachtet: Männer und Frauen, die nicht einmal, wie die Juden, an den einen wahren Gott glaubten. Diese Kombination machte die Zigeuner um so empfindlicher für die Stereotypen, von denen sie beschrieben wurden als Tiere – mit allen dazugehörenden negativen Konnotationen –, die unter freiem Himmel lebten. Vor allem in den ersten Jahrzehnten des 18. Jahrhunderts wurden die Zigeuner streng verfolgt. Um 1730 hatten sie fast alle die Republik verlassen.[58]

Welches Selbstverständnis hatten diese Gruppen? Die jüdischen Gruppierungen sind ein interessantes Beispiel, denn es ist klar, daß sie ihre eigene Gruppenehre besaßen und daß sie ihrerseits gerade der christlichen Bevölkerung eine Kollektivschande zuschrieben. Beim *herem*, beispielsweise, handelte es sich eindeutig um Ehrenstrafen: der Verurteilte wurde mit Schande beladen und weitgehend vom sozialen Leben der Gemeinde ausgeschlossen.[59] Zugleich mögen die Juden eine eindeutige 'Ansteckungsangst' hinsichtlich der sonstigen Bevölkerung gehegt haben. So wurde 1740 eine jüdische Hure von einem jüdischem Mann ausgehorcht. Als sie zugab, daß sie gleichfalls mit Christen Verkehr hatte, wurde sie prompt fortgeschickt und gegen eine Christenhure eingetauscht. Er wollte, so sagte er, *mit einer Itzig (smousin), die mit einem Christen zu tun gehabt hatte, keinen Umgang pflegen.*[60]

---

57 H. Roodenburg: Onder censuur (Anm. 17) S. 181-185; vgl. S. Schama (Anm. 13) S. 591f.; siehe auch Renate G. Fuks-Mansfeld: De Sefardim in Amsterdam tot 1795. Aspecten van een joodse minderheid in een Hollandse stad. Hilversum 1989. S. 53-55 und die dort zitierte Literatur.

58 F. Egmond (Anm. 50) S. 87-96.

59 Y. Kaplan (Anm. 51) S. 119; vgl. Robert Jütte: Ehrverlust im spätmittelalterlichen und frühneuzeitlichen Judentum. In: Verletzte Ehre (Anm. 15) S. 144-165, bes. 161f.

60 L.C. van de Pol (Anm. 45) S. 206-208.

Stadt und Nachbarschaft

Es ist klar, daß Untersuchungen auf dem Lande, wie die von Koorn, ganz wichtige Aspekte des alltäglichen Ehrenhändels aufdecken können.[61] Zugleich ist von Untersuchungen, die – wie Martin Dinges' exemplarische Studie zum Paris des 18. Jahrhunderts – sich des frühmodernen Stadtviertels als Bezugsrahmen annehmen werden, viel zu erwarten. Leider steht eine solche Analyse in den Niederlanden noch aus. Doch gab es in den Städten der Republik eine ganze Reihe von überwiegend halb-offiziellen Instanzen, bei denen die Einwohner ihre Ehrkonflikte anhängig machen konnten. Schon die Anzahl und Verschiedenheit dieser Instanzen sowie die immer wieder betonten Werte von Frieden und Versöhnung deuten auf den agonalen Charakter der meisten Nachbarschaften hin. Vor allem die Städte im Westen des Landes kannten einen wahren Rechtspluralismus. Man könnte hinzufügen, daß all diese Instanzen, gerade als Formen der halb-offiziellen Sozialkontrolle und gleich wie der informelle, nicht institutionalisierte Ehrenhändel, die Grenzen der Sozialdisziplinierung herausstellen.[62]

Wir müssen zugleich im Auge behalten, daß das 17. Jahrhundert für viele niederländische Städte eine Periode schnellen Wachstums gewesen ist, insbesondere für die Stadt Amsterdam. Um der Masseneinwanderung Herr zu werden, wurde die Stadt mehrmals erweitert; aber der Zustrom ließ nicht nach. Um 1590 zählte Amsterdam noch rund 33000 Einwohner, um 1675 war diese Zahl bereits auf über 200 000 gestiegen. Die Immigranten kamen nicht nur aus den Niederlanden, sondern auch aus den entlegensten Gebieten Europas; sie wurden sowohl von dem Lebensstandard als auch von der relativen Glaubensfreiheit angezogen. Vor allem in den ärmeren Stadtvierteln, mit ihren engen Gassen und schmalen Gängen, muß es folglich eine bunte Mischung von Kulturen, Sprachen und Religionen gegeben haben. Ein weiteres Problem, das diese Viertel zu bewältigen hatten, war die ständige Belästigung durch die Prostitution, die in einer Hafenstadt wie Amsterdam ein enormes Ausmaß angenommen hatte.[63]

Wir dürfen also vermuten, daß innerhalb dieses unübersichtlichen Sozialgefüges Ehrenhändel besonders wichtig gewesen sind. Gerade in den Nachbarschaften, wo so viele Neuankömmlinge Unterschlupf fanden, mußte man einfach wissen,

---

[61] Anregend wegen des multibiographischen Ansatzes Willem De Blécourt: 'Schelm, hoer en kenaille'. Beledigingen in achttiende-eeuws Kolderveen. In: Schimpen en schelden (Anm. 17) S. 389-414. In niederländischen Untersuchungen zu Charivari's wird der Ehrbegriff nur sparsam thematisiert, vgl. Charivari in de Nederlanden. Rituele sancties op deviant gedrag. Hg. von Gerard Rooijakkers, Tiny Romme (Volkskundig Bulletin 15. 1989) S. 253-394.

[62] Zu diesem Punkt und zu den folgenden Angaben vgl. Hermann Roodenburg: Reformierte Kirchenzucht und Ehrenhandel. Das Amsterdamer Nachbarschaftsleben im 17. Jahrhundert. In: Kirchenzucht und Sozialdisziplinierung im frühneuzeitlichen Europa. Hg. von Heinz Schilling. Berlin 1994 (ZHF. Beihefte. Bd. 16). S. 129-152, hier 147-149.

[63] L.C. van de Pol (Anm. 45) S. 131f.

wie sich diese verhielten. Die Situation wird sich nicht gravierend unterschieden haben von den Verhältnissen, die zum Beispiel von David Garrioch und Martin Dinges für das Paris des 18. Jahrhunderts beschrieben wurden.[64] Auch in Amsterdam wurden die Menschen wohl nicht nach ihrer Herkunft, sondern nach ihrem tatsächlichen Verhalten beurteilt. Man brauchte Wissen über die anderen und sammelte die Indizien in einer Atmosphäre ständiger gegenseitiger Überwachung.[65] Auch hier können wir also eine offene Soziabilität voraussetzen, eine Bereitschaft, Neuankömmlinge grundsätzlich zu akzeptieren. Zugleich war diese Soziabilität ein zweischneidiges Schwert. Einerseits suchte man bereitwillig den Kontakt, andererseits bot diese Offenheit die Möglichkeit, alles Nötige in Erfahrung zu bringen, ohne den anderen zu brüskieren.

Ich glaube, wir können auch anders formulieren: Wenn Neuankömmlinge nicht nach altem Wissen über ihre Herkunft, sondern nach neuem Wissen über ihr alltägliches Verhalten beurteilt wurden, dann hatten sie, jedenfalls bei ihrer Ankunft, noch keine Ehre. Im Jahre 1749 wurde zum Beispiel eine Frau vom Amsterdamer Gericht getadelt, daß sie einem Fremden, einem Leipziger Kaufmann, aufs Wort geglaubt hatte. Sie hatte sich aufgrund eines Eheversprechens von diesem Mann verführen lassen. Mit anderen Worten, sie hatte die inhärente Asymmetrie ihrer Lage noch dadurch gesteigert, daß sie ihre Ehrbarkeit gegen das Scheinversprechen eines Fremden eintauschte.[66]

Wie wurden Ehrkonflikte nun im einzelnen den verschiedenen Instanzen angezeigt und wie sahen die Lösungen aus? Ein besonderes Phänomen dieser Städte waren die *gebuurten*, die Nachbarschaftsvereine, in denen die Bewohner einiger Straßen und Gassen sich organisiert hatten und die von Nachbarschaftsvorstehern, den sogenannten *buurtmeesters*, geleitet wurden.[67] Diese Vorsteher übten eine einfache Gerichtsbarkeit aus, die von den Einwohnern ebenfalls in Anspruch genommen wurde, um sich zu *purgeren*, wie es genannt wurde; um sich also von dem Makel, der ihrer Reputation von Nachbarn zugefügt worden war, zu säubern. Sie verlangten, gemeinsam mit der gegnerischen Partei angehört zu werden. Ein Einwohner Leidens in der Mitte des 17. Jahrhunderts, der Franzose Jean de Parival,

---

64 D. Garrioch: Neighbourhood (Anm. 4) S. 227-231; M. Dinges: Maurermeister (Anm. 12) S. 287ff.

65 M. Dinges: Maurermeister (Anm. 12) S. 287-296.

66 L.C. van de Pol (Anm. 45) S. 184.

67 Zu der lange Zeit von Historikern und Volkskundlern unterschätzten Bedeutung der städtischen Nachbarschaften in den Niederlanden und auch in Flandern vgl. jetzt Herman Roodenburg: Naar een etnografie van de vroegmoderne stad. De 'gebuyrten' in Leiden en Den Haag. In: Cultuur en maatschappij (Anm. 1) S. 219-243; Johan Decavele: De gebuurten tot omstreeks 1800. In: Gebuurteleven en dekenijen in Gent, 14de-20ste eeuw. Hg. von J. Decavele. Gent 1992. S. 9-52; Harald Deceulaer: Stadsbestuur en buurtbewoners in Gent. Interactie, participatie en publieke opinie, 1658-1668. In: Bijdragen en Mededelingen betreffende de Geschiedenis der Nederlanden 110. 1995. S. 3-26; Catharina Lis, Hugo Soly: Disordered Lives. Eighteenth-Century Families and their Unruly Relatives. Cambridge 1996. Kap. V.

hat beschrieben wie die monierten Ausdrücke zunächst widerrufen werden mußten: *par celuy qui a blessé la reputation de l'autre, en disant qu'il le tient pour honneste homme et que la parolle a esté laschée par colere*. Letztlich wurde die Versöhnung mit einem Händedruck besiegelt: *alors ils se donnent la main*.[68]

Dieses Widerrufen der Beleidigung, die 'amende honorable', war zur Zeit der Republik eine bekannte Rechtsform. Wir finden sie auch vor offiziellen Instanzen wie den *banken van kleine zaken*, den 'Gerichten für Bagatellfälle', die die Aufgabe hatten, die Parteien möglichst zu versöhnen. Auch für diese Instanzen galt, daß eine Versöhnung erst zustandekommen konnte, wenn die vorgeladene Person an Ort und Stelle, vor dem Kollegium, die Beleidigung widerrufen hatte. Interessanterweise bestimmte der Leidener Magistrat, daß die Parteien sich erst an diese Gerichte wenden durften, wenn es den Nachbarschaftsvorstehern nicht gelungen war, sie zu einer Einigung zu bewegen.[69]

Einen Notar einzusetzen war eine andere, diskretere Möglichkeit. Dieser war zwar nicht befugt, die Parteien zu einer Einigung zu zwingen, konnte aber als Mittelsmann eine besondere notarielle Urkunde aushändigen, die sogenannte *insinuatie*, in der er den Beleidiger aufforderte, vor ihm und dem Beleidigten die monierten Phrasen zurückzunehmen und eine Ehrenerklärung abzugeben.[70]

Ein anderes, auffälliges Phänomen war die von den calvinistischen und täuferischen Kirchen ausgeübte Kirchenzucht. Weil viele Gemeindemitglieder sich an ihren Kirchenrat wendeten, um sich von Gerüchten zu *purgeren*, die über sie kursierten, und weil der Kirchenrat auch gerne die Parteien zur Versöhnung brachte, bieten auch die Kirchenratsprotokolle ein deutliches Bild des alltäglichen Ehrenhändels. Zusätzlich könnten noch rechtliche Quellen bezüglich der Gesuche an den Schultheiß analysiert werden, um eine bestimmte Person aus der Nachbarschaft zu entfernen oder für eine Weile einzusperren.[71] Auch die eigene Straße und Nachbarschaft hatte ihre 'Ehre' und die Einwohner wollten gerne verhindern, daß sie ins Gerede kamen. Weitere indirekte Informationen könnten noch die Zünfte bieten, in denen gruppenkonformes Verhalten oft mit einer demonstrativen Abgrenzung von der Unehrlichkeit erzwungen wurde. So waren es lediglich die 'ehrlichen', seßhaften Männer, die als Mitglieder zugelassen wurden. Zugleich konnten einzelne Mitglieder von der eigenen, halb-offiziellen Gerichtsbarkeit *vuil* (zum 'geschimpften Gesell') erklärt werden, wenn sie diese Konformität nicht aufwiesen. Streikbrecher konnten zum Beispiel auf diese Weise zur Ordnung gerufen

---

68 Jean de Parival: Les délices de la Hollande. Oeuvre panegyrique. Leiden 1651. S. 17-19.

69 Zu diesen Instanzen vgl. Christian M.G. ten Raa: De oorsprong van de kantonrechter. Deventer 1970. S. 128-173.

70 H. Roodenburg: De notaris (Anm. 17) S. 373f.

71 Vgl. Pieter Spierenburg: Financiën en familie-eer. Opsluiting en opgeslotenen op verzoek te Leiden, 1680-1815. In: Armoede en sociale spanning. Sociaal-historische studies over Leiden in de achttiende eeuw. Hg. von Herman A. Diederiks u.a. Hilversum 1985. S. 117-135; ders.: Imprisonment and the Family. An Analysis of Petitions for Confinement in Holland, 1680-1805. In: Social Science History 10. 1986. S. 115-146.

werden.[72] Und auch in den Bürgergarden gab es Sanktionen, die letztendlich zum Entzug der Ehre und zum Ausschluß führen konnten.[73]

Es würde lohnen, für eine Stadt all diese Quellen zu erschließen, um sie für eine deutlich abgegrenzte Periode auf jede Angabe zum alltäglichen Ehrenhändel auszuschöpfen.[74] Wie dies schon in einigen Untersuchungen angedeutet wurde, könnte man auf diese Weise zahlreiche Daten sammeln, nicht nur zur Identität der Beteiligten, sondern auch zu den Orten des Ehrenhändels, zum Vokabular und den Gebärden, die von den Beteiligten verwendet wurden, und auch zu den Ritualen (z. B. das 'Nachhausebringen' oder das 'Herausfordern aus dem Haus') und zu der physischen Gewalt (einschließlich den *bek opsnijden*, eine niederländischen Spielart des *sfregio*, in der der Mundwinkel eingeschnitten wurde). Es ist aber offensichtlich, daß in diesen Quellen die städtischen Randgruppierungen und auch ethnischen Minderheiten, wie die Juden, nur selten auftauchen. Vor allem die Prostitutierten lassen sich kaum in diesen Texten entdecken. Im Einklang mit ihrer marginalen und stigmatisierten Existenz sind es überwiegend die Archive der höheren Gerichte, die uns über ihre Unehrlichkeit informieren können.

Interessanterweise gehörte auch ein Teil der Prostituierten zur offenen Soziabilität, die so treffend von Garrioch beschrieben wurde.[75] Die meisten der Amsterdamer Bordelle waren klein. Sie wurden von einer Wirtin geleitet, die nicht mehr als zwei oder drei Mädchen zu ihrer Verfügung hatte. Auch waren die Bordelle oftmals nicht nur auf ein Viertel, einige Straßen oder bestimmte Gassen konzentriert. Vor allem die 'stille Prostitution', welche die Nachbarschaft wenig belästigte, war in den ärmeren Vierteln zu finden. Die Huren und ihre Bordellwirtinnen lebten also inmitten der ehrlichen, eingesessenen Bevölkerung und hatten oft recht gute Beziehungen zu ihren Nachbarn. Auch gab es viele Frauen, die am Abend in den 'stillen' Bordellen verfügbar waren.[76] Ein schönes Beispiel dafür ist der Fall einer Frau, über die um 1700 eine notarielle Akte angelegt wurde. Sie stand in einem engen, vertraulichen Verhältnis zu ihren Nachbarinnen, denen sie ihre ganze Lebensgeschichte – einschließlich ihrer Vergangenheit als Hure – erzählt hatte.

---

[72] Rudolf Dekker: Handwerkslieden en arbeiders in Holland van de zestiende tot de achttiende eeuw. In: Cultuur en maatschappij (Anm. 1) S. 141-143.

[73] Paul Knevel: Burgers in het geweer. De schutterijen in Holland, 1550-1700. Hilversum 1994. S. 169f.

[74] Für das 16. Jahrhundert werden jetzt auch Gnadenbriefe und Urteile des Gerichtshofes von Holland und Zeeland untersucht. Vgl. vorläufig Hans de Waardt: Ehrenhändel, Gewalt und Liminalität. Ein Konzeptualisierungsvorschlag. In: Verletzte Ehre (Anm. 15) S. 303-324; für eine Untersuchung, ausgehend von den Archiven des Grote Raad van Mechelen vgl. Florike Egmond: Erezaken. Rond een echtelijk conflict in het zestiende-eeuwse Haarlem. In: Tijdschrift voor Geschiedenis 107. 1994. S. 3-22. Leider wird dieser Artikel verunziert von einer nachlässigen Kritik an M.-L. Leuker und H. Roodenburg (Anm. 8).

[75] D. Garrioch: Neighbourhood (Anm. 4) S. 227-231.

[76] L.C. van de Pol: Beeld en werkelijkheid van de prostitutie in de zeventiende eeuw. In: Soete Minne (Anm. 8) S. 130f.

Auf diesem Weg hatten die Nachbarinnen erfahren, in welchen Bordellen sie gearbeitet und welche Kunden sie gehabt hatte. Ferner zeigte sie ihnen auch das Geld, das sie auf diese Weise verdient hatte. Aber auch in diesen Fällen hatte die Soziabilität eine Kehrseite. Wenn die Nachbarinnen nicht bereit gewesen wären, belastende Aussagen zu machen, hätten wir nie von diesen Beziehungen erfahren.[77]

Trotz des allgemeinen Stempels der Ehrlosheit, der den Prostituierten anhaftete, hatten sie doch auch ihre eigene Ehre, und es gab zwischen den Dirnen immer noch die 'feinen Unterschiede'. Für das Rom des 17. Jahrhunderts hat die Historikerin Elizabeth Cohen sogar nachgewiesen, daß die Prostituierten jederzeit vor Gericht klagen konnten, um sich gegen eine Beleidigung zu verteidigen.[78] Solche Prozesse wurden in Amsterdam nicht geführt. Aber auch in dieser Stadt hatten die Dirnen ihre Maßstäbe. Es galt zum Beispiel als entehrend, wenn eine Prostituierte als 'Judenhure', als 'Jedermannshure' oder *getrouwde manshoer* (d.h. eine Hure, die auch verheiratete Männer akzeptierte) beschimpft wurde. Ebenso war es eine Beleidigung, wenn einer von ihnen ein Diebstahl unterschoben wurde. *Ich mag eine Hure sein*, so hatte eine Dirne geantwortet, als ein Kunde meinte, daß sie sein Geld gestohlen habe, *ich bin jedoch keine Diebin*. Tatsächlich war das Geld aus seinen Taschen ins Bett gerollt.[79]

Und auch die Bordellwirtinnen hatten ihre Maßstäbe. Diejenigen, die 'ehrliche' Mädchen zu verführen suchten, wurden geächtet. Auf gleiche Weise bangten die Bordellwirte, die Männer dieser Frauen, um ihre Reputation. Vor dem Gericht wollten sie nie gestehen, daß sie von unehrlich verdientem Geld ihren Lebensunterhalt bestritten. Ihre Rolle beschränke sich auf das Ausschenken der Getränke und das Entfernen lästiger Kunden. Was ihre Frauen trieben, war Frauensache, damit hatten sie nichts zu tun. Es ist bezeichnend, daß der einzige Bordellwirt, der eigenhändig sein Geschäft betrieb, prompt als 'ziemlich weiblich' umschrieben wurde, sowohl in seiner Stimme als in seinen Manieren.[80]

---

[77] L.C. van de Pol (Anm. 45) S. 214.

[78] Elisabeth S. Cohen: Honor and Gender in the Streets of Early Modern Rome. In: Journal of Interdisciplinary History 22. 1992. S. 597-625.

[79] L.C. van de Pol (Anm. 45) S. 200f.

[80] L.C. van de Pol (Anm. 45) S. 203. Ich verweise zugleich auf ihre Dissertation. Vgl. dies.: Het Amsterdams hoerdom. Prostitutie in een vroegmoderne stedelijke samenleving, 1650-1800. Amsterdam 1996.

Schluß

In diesem Beitrag habe ich versucht, die neuesten Untersuchungen zu Ehre und Schande in den frühmodernen Niederlanden zusammenzufassen. Zugleich habe ich einen Rahmen skizziert, der hoffentlich zu neuen Untersuchungen anzuregen weiß: es gibt noch zahlreiche Lücken in der Forschung, auch Lücken, die hier nicht erwähnt werden konnten. Ich habe diesen Rahmen aber auch als Stimulus zu einer intensiveren komparativen Forschung der Ehre angeben wollen. Es wäre spannend, die Geschichte der Ehre an den größeren sozialen und ökonomischen Strukturen festzumachen und auf diese Weise eine neue Beziehung zur historischen Sozialwissenschaft herzustellen. Gerade weil die Republik der Vereinigten Niederlande in vielen Hinsichten eine Ausnahmeerscheinung im damaligen Europa war, bietet sie ein interessantes Fallbeispiel.

Orts-, Sach- und Personenregister

Im folgenden Index wurden alle im Text genannten Orts-, Sach- und Personenbegriffe verzeichnet. Landesherren sind unter dem Namen des Territoriums aufgenommen; Päpste, Kaiser und Könige finden sich unter ihren Vornamen.

Abkürzungen: Ks. Kaiser
Kg. König

A

F

G

H

L

M

Q

R

S

W

Z

Verzeichnis der Autorinnen und Autoren

Sibylle Backmann M.A., Bonn

PD. Dr. Martin Dinges, Stuttgart

Dr. Renate Dürr, Stuttgart

Dr. Gudrun Gersmann, Bochum

Dr. Mark Häberlein, Freiburg im Breisgau

Dr. Hans Jörg Künast, Augsburg

Dr. David Lederer, Maynooth/Irland

Dr. Helmut Puff, Ann Arbor/Michigan

Dr. Hermann Roodenburg, Amsterdam

Dr. Ulinka Rublack, Cambridge/Großbritannien

Prof. Dr. Gerhild Scholz Williams, St. Louis/Missouri

Dr. Peter Schuster, Bielefeld

Dr. Kathy Stuart, Davis/California

Dr. Sabine Ullmann, Augsburg

Dr. B. Ann Tlusty, Lewisburg/Pennsylvania

Prof. Dr. Wolfgang Weber, Augsburg

Prof. Dr. Hans Wellmann, Augsburg

Prof. Dr. Merry Wiesner, Milwaukee/Wisconsin

Colloquia Augustana

ISSN 0946-9044

Band 1

Augsburg in der Frühen Neuzeit. Beiträge zu einem Forschungsprogramm

Herausgegeben von Jochen Brüning und Friedrich Niewöhner.
1995. 447 Seiten, 23 Abb., Gb, DM 88,–
ISBN 3-05-002645-6

Band 2

Judengemeinden in Schwaben im Kontext des Alten Reiches

Herausgegeben von Rolf Kießling.
1995. 335 Seiten, 1 Karte, 6 Abb., 6 Tab., Gb, DM 68,–
ISBN 3-05-002616-2

Band 3

Augsburger Handelshäuser im Wandel des historischen Urteils

Herausgegeben von Johannes Burkhardt unter Mitarbeit von Thomas Nieding und Christine Werkstetter.
1996. 427 Seiten, 7 Abb., 1 Tab., Gb, DM 68,–
ISBN 3-05-002653-7

Band 4

Samuel Urlsperger (1685–1772)

Augsburger Pietismus zwischen Außenwirkungen und Binnenwelt

Herausgegeben von Reinhard Schwarz.
1996. 313 Seiten, 7 Abb., Gb, DM 78,–
ISBN 3-05-002824-6

Band 5

Kunst und ihre Auftraggeber im 16. Jahrhundert

Venedig und Augsburg im Vergleich

Herausgegeben von Klaus Bergdolt und Jochen Brüning.
1997. 297 Seiten, 68 Abb., Gb, DM 78,–
ISBN 3-05-002823-8

Band 6

Wolfgang Musculus (1497–1563) und die oberdeutsche Reformation

Herausgegeben von Rudolf Dellsperger, Rudolf Freudenberger und Wolfgang Weber.
1997. 431 Seiten, 1 Abb., Gb, DM 78,–
ISBN 3-05-003204-9

Wolfgang Musculus wurde 1531 nach Augsburg berufen, wo er in entscheidender Weise für die Durchführung der Reformation verantwortlich war. Er gehörte zu den berühmtesten Theologen des 16. Jahrhunderts und zu den bedeutendsten Gestalten der zweiten Reformatorengeneration.

Band 7

Jacob Brucker

Herausgegeben von Wilhelm Schmidt-Biggemann und Theo Stammen.
(in Vorbereitung). Ca. 300 Seiten, ca. DM 78,–
ISBN 3-05-003097-6

Brucker gilt kategorial und institutionell als der wichtigste Historiker der Philosophie im 18. Jahrhundert, wenn nicht der Philosophiegeschichte überhaupt. Die Essays beleuchten facettenreich das Wirken dieses großen Wissenschaftlers und engagierten Pfarrherrn mit besonderem Akzent auf dessen Leistung in der Tradition und Transformation des abendländischen philosophischen Erbes. Brucker erhält hier den Stellenwert, den er im westlichen Ausland längst innehat.

Band 9

MARK HÄBERLEIN

Brüder, Freunde und Betrüger

Soziale Beziehungen, Normen und Konflikte in der Augsburger Kaufmannschaft um die Mitte des 16. Jahrhunderts

1998. 485 Seiten, Gb., DM 180,–
ISBN 3-05-003187-5

Die oberdeutsche Kaufmannschaft des 16. Jhs., bislang eine Domäne wirtschaftshistorischer Forschung, wird in dieser Studie aus sozialgeschichtlicher und historisch-anthropologischer Perspektive untersucht. Am Beispiel einer Bankrottwelle, in deren Verlauf zwischen 1556 und 1580 mehrere Dutzend Augsburger Handelsfirmen zusammenbrachen, werden die familiären und geschäftlichen Verflechtungen, die Wertvorstellungen und das Konfliktverhalten jener Kaufleute aufgezeigt. Das Buch vermittelt ein neues, differenziertes Bild der oberdeutschen Kaufmannschaft im Zeitalter der Fugger.

Bestellungen richten Sie bitte an Ihre Buchhandlung.

THEORIA CUM PRAXI

Akademie Verlag